入门·进阶·提高

Flash CS4

动画制作入门、进阶与提高

卓越科技 编著

電子工業出版社
Publishing House of Electronics Industry
北京 · BEIJING

内 容 简 介

Flash是目前功能最强大的矢量动画制作软件之一，广泛应用于网页设计和多媒体创作等领域。本书前两章介绍了Flash CS4的基础知识和基本操作，后面各章均分为入门、进阶、提高三个部分，通过“学习基础知识”、“精讲典型实例”和“让读者动手练”这三个过程，让读者循序渐进地掌握Flash CS4的功能和使用技巧。

全书分15章，内容包括绘图工具的使用、色彩编辑的基础知识、图形编辑及文本编辑的相关应用、基本动画制作、使用元件与库、ActionScript基础应用和特效动画制作等知识，使读者从入门到精通，掌握使用Flash CS4制作动画的方法和技巧及其相关应用。

本书适合使用Flash进行动画制作的初、中级用户阅读，也可作为Flash动画设计爱好者的学习和参考用书。

图书在版编目（CIP）数据

Flash CS4动画制作入门、进阶与提高 / 卓越科技编著.—北京：电子工业出版社，2010.1
（入门·进阶·提高）
ISBN 978-7-121-09814-7

I. F… Ⅱ.卓… Ⅲ.动画－设计－图形软件，Flash CS4 Ⅳ.TP391.41

中国版本图书馆CIP数据核字（2009）第201521号

责任编辑：牛晓丽
文字编辑：毕海星
印　　刷：北京市天竺颖华印刷厂
装　　订：三河市鑫金马印装有限公司
出版发行：电子工业出版社
　　　　　北京市海淀区万寿路173信箱　　邮编：100036
开　　本：787×1092　1/16　　印张：26　　字数：666千字
印　　次：2010年1月第1次印刷
定　　价：49.00元（含DVD光盘一张）

凡所购买电子工业出版社图书有缺损问题，请向购买书店调换。若书店售缺，请与本社发行部联系，联系及邮购电话：（010）88254888。

质量投诉请发邮件至zlts@phei.com.cn，盗版侵权举报请发邮件至dbqq@phei.com.cn。

服务热线：（010）88258888。

前　言

每位读者都希望找到适合自己阅读的图书，通过学习掌握软件功能，提高实战应用水平。本着一切从读者需要出发的理念，我们精心编写了《入门·进阶·提高》丛书，通过“学习基础知识”、“精讲典型实例”和“自己动手练”这三个过程，让读者循序渐进地掌握各软件的功能和使用技巧。随书附带的多媒体光盘更可帮助读者掌握知识、提高应用水平。

本套丛书的编写结构

《入门·进阶·提高》系列丛书立意新颖、构意独特，采用“书＋多媒体教学光盘”的形式，向读者介绍各软件的使用方法。本系列丛书在编写时，严格按照“入门”、“进阶”和“提高”的结构来组织安排学习内容。

入门——基本概念与基本操作

快速了解软件的基础知识。这部分内容对软件的基本知识、概念、工具或行业知识进行了介绍与讲解，使读者可以很快地熟悉并能掌握软件的基本操作。

进阶——典型实例

通过学习实例达到深入了解各软件功能的目的。本部分精心安排了一个或几个典型实例，详细剖析实例的制作方法，带领读者一步一步进行操作，通过学习实例引导读者在短时间内提高对软件的驾驭能力。

提高——自己动手练

通过自己动手的方式达到提高的目的。精心安排的动手实例，给出了实例效果与制作步骤提示，让读者自己动手练习，以进一步提高软件的应用水平，巩固所学知识。

答疑与技巧

选择了读者经常遇到的各种疑问进行讲解，不仅能够帮助解决学习过程中的疑难问题，及时巩固所学的知识，还可以使读者掌握相关的操作技巧。

本套丛书的特点

作为一套定位于“入门”、“进阶”和“提高”的丛书，它的最大特点就是结构合理、实例丰富，有助于读者快速入门，提高在实际工作中的应用能力。

结构合理、步骤详尽

本套丛书采用入门、进阶、提高的结构模式，由浅入深地介绍了软件的基本概念与基本操作，详细剖析了实例的制作方法和设计思路，帮助读者快速提高对软件的操作能力。

快速入门、重在提高

每章先对软件的基本概念和基本操作进行讲解，并渗透相关的设计理念，使读者可以快速入门。接下来安排的典型实例，可以在巩固所学知识的同时，提高读者的软件操作能力。

图解为主、效果精美

图书的关键步骤均给出了清晰的图片，对于很多效果图还给出了相关的说明文字，细微之处彰显精彩。每一个实例都包含了作者多年的实践经验，只要动手进行练习，很快就能掌握相关软件的操作方法和技巧。

举一反三、轻松掌握

本书中的实例都是在大量工作实践中挑选的，均具有一定的代表性，读者在按照实例进行操作时，不仅能轻松掌握操作方法，还可以做到举一反三，在实际工作和生活中实现应用。

丛书的实时答疑服务

为了更好地服务于广大读者和电脑爱好者，加强出版者与读者的交流，我们推出了电话和网上答疑服务。

电话答疑服务

电话号码：010-88253801-168

服务时间：工作日9:00~11:30，13:00~17:00

网上答疑服务

网站地址：faq.hxex.cn

电子邮件：faq@phei.com.cn

服务时间：工作日9:00~17:00（其他时间可以留言）

丛书配套光盘使用说明

本套丛书随书赠送多媒体教学光盘，以下是本套光盘的使用简介。

运行环境要求

操作系统	Windows 9X/Me/2000/XP/2003/NT/Vista简体中文版
显示模式	分辨率不小于800×600像素，16位色以上
光驱	4倍速以上的CD-ROM或DVD-ROM
其他	配备声卡与音箱（或耳机）

安装和运行

将光盘印有文字的一面朝上放入电脑光驱中，几秒钟后光盘就会自动运行，并进入光盘主界面。如果光盘未能自动运行，请用鼠标右键单击光驱所在盘符，在弹出的快捷菜单中选择“打开”命令，然后双击光盘根目录下的“Autorun.exe”文件，启动光盘。在光盘主界面中单击相应目录，即可进入播放界面，进行相应内容的学习。

本书作者

参与本书编写的作者均为长期从事Flash动画教学和科研的专家或学者，有着丰富的教学经验和实践经验，本书是他们多年科研成果和教学结果的结晶，希望能为广大读者提供一条快速掌握电脑操作的捷径。参与本书编写的主要人员有王宏、刘红涛、王晗、肖杨、谷丽英、岳琦琦、韩盘庭、崔晓峰、王翔宇、吕远、冯真真、高文静、何龙、张冰、兰波等。由于作者水平有限，书中疏漏和不足之处在所难免，恳请广大读者及专家不吝赐教。

目　录

Chapter 1

第1章 Flash基础知识

本章要点

Flash概述

- Flash动画的特点与应用领域
- Flash动画制作的基本流程
- Flash中的基本术语

Flash CS4的安装与卸载

- Flash CS4的硬件配置要求
- Flash CS4的安装与卸载

Flash CS4的工作环境

- Flash CS4的启动与退出
- Flash CS4的工作界面
- Flash CS4的帮助

本章导读

随着电脑技术的不断发展与进步，网络也随之不断改进，而作为网络的重要组成部分之一的Flash动画，在众多网友的支持下日渐流行，因此Flash被越来越多的网络动画制作者所关注并争相学习。

Flash是目前功能最强大的矢量动画制作软件之一，广泛应用于网页设计和多媒体创作等领域。Adobe Flash CS4是美国Adobe公司兼并Macromedia之后出品的Flash动画制作的最新版本。使用Flash工具，可以轻松创作网页上动态或交互的多媒体内容。本章主要介绍Flash CS4的基础知识。

1.1 简述Flash

Flash采用全新Creative Suite界面，这对于Macromedia界面来说，绝对是一个提高。因为在Macromedia界面上，杂乱的面板往往使用户无所适从。

目前最新版本的Flash是Flash CS4，它兼具多种功能，同时操作简易，是一种应用比较广泛的多媒体创意工具，还可用于创建生动且富有表现力的网页。

1.1.1 Flash动画的特点

在开始进行Flash动画制作之前，我们首先了解一下Flash动画的特点，为以后提高学习兴趣奠定基础。Flash动画的特点造就了Flash动画在网络中的流行，其具体特点主要表现在以下几个方面。

- **使用流播放技术**：Flash动画的最大特点就是以流的形式来进行播放，即不需要将文件全部下载，只需下载文档的前面一部分内容，然后在播放的同时自动将后面部分的文档下载并播放。
- **动画作品文件数据量非常小**：Flash动画对象可以是矢量图形，因此动画大小可以保持为最小状态，即使动画内容很丰富，其数据量也非常小。
- **适用范围广**：Flash动画适用范围极广。它可以应用于MTV、小游戏、网页制作、搞笑动画、情景剧和多媒体课件等领域。
- **表现形式多样**：Flash动画可以包含文字、图片、声音、动画以及视频等内容。
- **交互性强**：Flash具有极强的交互功能，开发人员可以容易地为动画添加交互效果。

Adobe Flash CS4除了继承传统Flash动画的以上优点之外，还具有以下一些突出的特点。同时，Flash CS4中还加入了Bridge资源管理工具以及针对小团队使用的Version Cue版本管理系统。

- **Adobe Photoshop和Illustrator导入**：Flash CS4从Illustrator和Photoshop中借用了一些创新的工具，最重要的是PSD和AI文件的导入功能，作为艺术工具，它们比Flash更好用。我们可以非常轻松地将元件从Photoshop和Illustrator中导入到Flash CS4中，然后在Flash CS4中编辑它们。

Flash CS4可与Illustrator共享界面，Illustrator中所有的图形在保存或复制后都可以导入到Flash CS4中。

将AI和PSD文件导入到Flash中时，一个导入窗口会自动弹出，它上面显示了大量单一元件的控制使用信息。可以从中选择要导入的图层，决定它们的格式、名称及文本的编辑状态等，还可以使用高级选项在导入过程中优化和自定义文件。

- **将动画转换为ActionScript**：即时将时间线动画转换为可由开发人员轻松编辑、再次使用和利用的ActionScript 3.0代码。
- **Adobe 界面**：享受新的简化的界面，该界面强调与其他Adobe Creative Suite 3应用程序的一致性，并可以进行自定义以改进工作流和最大化工作区空间。
- **ActionScript 3.0开发**：使用新的ActionScript 3.0语言可以节省时间，该语言具有改进的性能、增强的灵活性及更加直观和结构化的开发特点。
- **丰富的绘图功能**：比起Illustrator和Photoshop以及其他一些主要的专业级别设计工具

来说，Flash 8的绘图工具是非常逊色的，而Flash CS4则“借用”了Illustrator和After Effects中的钢笔工具，可以对点和线进行Bézier曲线控制。使用智能形状绘制工具以可视方式调整工作区上的形状属性，使用Adobe Illustrator所倡导的新的钢笔工具创建精确的矢量插图，从Illustrator CS4将插图粘贴到Flash CS4中。

- **用户界面组件：** 使用新的、轻量的、可轻松设置外观的界面组件为ActionScript 3.0创建交互式内容。使用绘图工具以可视方式修改组件的外观，而不需要进行编码。
- **高级QuickTime导出：** 使用高级QuickTime导出器，将在SWF文件中发布的内容渲染为QuickTime视频。导出包含嵌套的MovieClip的内容和ActionScript 3.0生成的内容和运行时的效果（如投影和模糊）。
- **复杂的视频工具：** 使用全面的视频支持，创建、编辑与部署流和渐进式下载的Flash Video。使用独立的视频编码器、Alpha通道支持、高质量视频编解码器、嵌入的提示点、视频导入支持、QuickTime导入和字幕显示等，确保获得最佳的视频体验。
- **省时编码工具：** Flash CS4使用了新的代码编辑器增强功能，能节省编码时间。功能强大的新ActionScript调试器提供了极好的灵活性和用户反馈以及与Adobe Flex Builder 2调试的一致性。

1.1.2 Flash的应用领域

随着电脑网络技术的发展和提高，Flash软件的版本也在不断升级，性能逐步提高。因此Flash也越来越广泛地应用到各个领域。利用Flash制作的动画作品，风格各异、种类繁多。目前Flash的应用领域主要有以下几个方面。

1. 网络动画

Flash具有强大的矢量绘图功能，可对视频、声音提供良好的支持，同时利用Flash制作的动画能以较小的容量在网络上进行发布，加上以流媒体形式进行播放，使Flash制作的网络动画作品在网络中大量传播，并且深受闪客的喜爱。Flash网络动画中最具代表性的作品主要有搞笑短片、MTV和音乐贺卡等。

使用Flash制作的网络动画一般嵌入到网页中，用于表现某一主题，如图1.1所示。

图1.1　网络动画

2. 网络广告

通过Flash还可以制作网络广告，网络的一些特性决定了网页广告必须具有短小、表达能力强等特点，而Flash可以充分满足这些要求，同时其出众的特性也得到了广大用户的认同，因此在网络广告领域得到了广泛的应用。

网络广告一般具有超链接功能，单击它可以浏览相关的网页，如图1.2所示。

图1.2　网络广告

3. 在线游戏

利用Flash中的动作脚本语句可以编制一些简单的游戏程序，配合Flash强大的交互功能，可制作出丰富多彩的在线游戏，如图1.3所示。

图1.3　网络游戏

这类游戏操作比较简单，趣味性强，老少皆宜，深受广大网络用户的喜爱。

4. 多媒体教学

Flash除了在网络商业应用中被广泛采用，在教学领域也发挥着重要作用，利用Flash还可以制作多媒体教学课件，如图1.4所示。

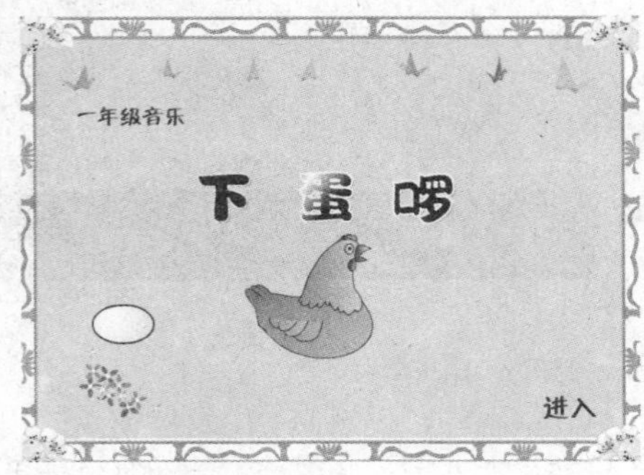

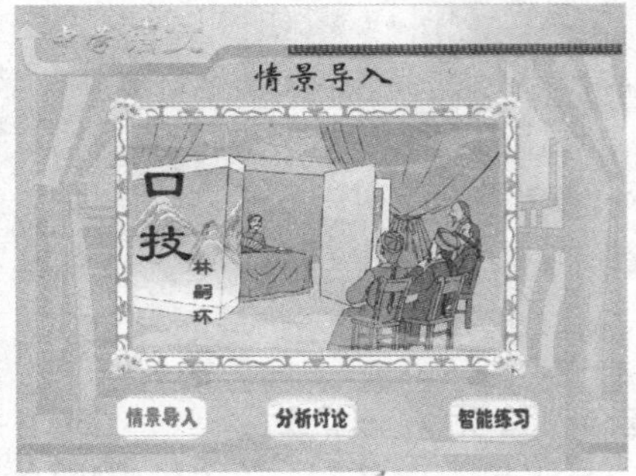

图1.4　多媒体教学

凭借其强大的媒体支持功能和丰富的表现手段，Flash课件已在越来越多的教学中被采用，并且还有继续发展和壮大的趋势。

5. 动态网页

使用Flash制作的网页可具备一定的交互功能，使得网页能根据用户的需求产生不同的网页响应，如图1.5所示。

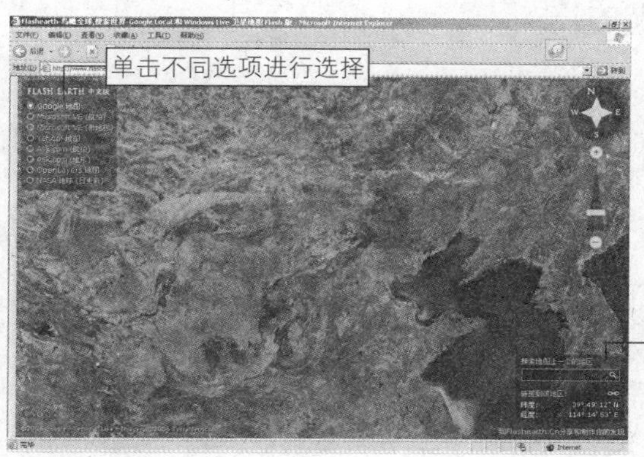

图1.5 动态网页

利用Flash制作的网页具有动感、美观和时尚等特点，由Flash制作的动态网页在网络中日益流行。

1.1.3 Flash动画制作的基本流程

我们在网络上看到的Flash动画都是按照一定流程经过多个制作环节制作出来的。要想制作出优秀的Flash动画，任何一个环节都不可忽视，其中的每个环节都会直接影响作品的质量。

Flash动画的制作流程大致可分为以下几个环节。

1. 整体策划

在制作动画之初，应先明确制作动画的目的。明确制作目的之后，就可以对整个动画进行策划，包括动画的剧情、动画分镜头的表现手法和动画片段的衔接，以及对动画中出现的人物、背景和音乐等进行构思。

动画策划在Flash动画制作中非常重要，对整个动画的品质起着决定性的作用。

2. 搜集素材

搜集素材是完成动画策划之后的一项很重要的工作，素材的好坏决定着作品的效果。因此在搜集时应注意有针对性、有目的性地搜集素材，最主要的是应根据动画策划时所拟定好的素材类型进行搜集。

3. 制作动画

Flash动画作品制作环节中最为关键的一步是制作动画，它是利用所搜集的动画素材表现动画策划中各个项目的具体实现手段。在这一环节应注意的是，制作中的每一步都应该保持严谨的态度，对每个细节都应该认真地对待，使整个动画的质量得到统一。

4. 调试动画

完成动画制作的初稿之后，便可以进行动画的调试。调试动画主要是对动画的各个细节、动画片段的衔接、声音与动画之间的协调等进行局部的调整，使整个动画看起来更加流畅，在一定程度上保证动画作品的最终品质。

5. 测试动画

测试动画是在动画完成之前，对动画效果、品质等进行的最后测试。由于播放Flash动画时是通过电脑对动画中的各个矢量图形及元件的实时运算来实现的，因此动画播放的效果很大程度上取决于电脑的具体配置。

注意 在测试时应尽可能多地在不同档次、不同配置的电脑上测试动画，然后根据测试的结果对动画进行调整和修改，使动画在较低配置的电脑上也可以取得很好的播放效果。

6. 发布动画

Flash动画制作过程的最后一步是发布动画，用户可以对动画的生成格式、画面品质和声音效果等进行设置。在动画发布时的设置将最终影响到动画文件的格式、文件大小以及动画在网络中的传输速率。

注意 在进行动画发布设置时，应根据动画的用途和使用环境等进行参数设置。

提示 要学好Flash还要掌握正确的学习方法，这样不仅可以节约时间，还可以提高学习的效率。可参考以下方法：

- 打好基础。熟练掌握Flash CS4最基本的功能和操作，再学习其他较为深入的、更具难度的操作。
- 注重实际操作。了解Flash CS4的基本操作之后，试着利用所学知识制作一些简单的动画作品，也可对一些简单且具代表性的作品进行临摹，在这种不断尝试和演练的过程中，逐步提高自身的水平。
- 善于汲取经验。可下载一些Flash作品的源文件，或反复观摩网络上的经典作品，从中分析别人使用的技巧和手段，通过仔细观察和认真思考，发现作品的亮点，然后将这些学到的知识应用于自己的作品中。
- 加强交流。在有条件的情况下，可经常访问一些知名Flash网站和论坛，和其他Flash爱好者一起学习探讨，交流经验。

1.1.4 Flash CS4的新增功能

相对于以前的版本，Flash CS4增添了多个激动人心的全新功能，这些新功能主要包括以下几点。

1. 基于对象的动画

此功能不仅可大大简化Flash中的设计过程，而且还提供了更大程度的控制。创作的动画补间将直接应用于对象而不是关键帧，使用控制点可轻松变更移动路径，从而精确控制每个单独的动画属性。

2. “动画编辑器”面板

这是Flash CS4的新增面板，通过此面板可以实现对每个关键帧参数（包括旋转、大小、缩放、位置、滤镜等）的完全单独控制，还可以使用关键帧编辑器借助曲线以图形化方式控制缓动。

3. 3D变形

全新3D平移与旋转功能，在3D空间内对2D对象进行动画处理，对任何物件套用局部或全域变形（变形工具包括旋转工具和平移工具），让物件沿着x、y和z轴运动。

4. 补间动画预设

对任何对象应用预置的动画可更快地开始项目。从数十种预置的动画预设中进行选择，或创建和保存自己的预设。在团队中共享预设可节省创建动画的时间。

5. 使用骨骼工具建立反向运动

使用全新的骨骼工具建立类似锁链物件的效果，或将单一形状快速扭曲变形。

6. 使用Deco工具进行装饰性绘画

将元件转变为即时设计工具。可使用多种方式套用元件，使用装饰工具快速建立类似万花筒的效果并套用填色，或使用喷刷在任意定义的区域内随机喷洒元件。

7. 支持 H.264 的 Adobe Media Encoder

Flash CS3支持视频的回放，但是没有视频编码功能，而Flash CS4不仅可以呈现最高品质的视频，而且提供了比以前更多的控制。使用其他Adobe视频产品（如Adobe® Premiere® Pro和After Effects®）中提供的相同工具编码为Adobe Flash Player可识别的任何格式，还包括MP4格式的视频文件。

8. 增强的元数据支持

利用新的XMP面板，用户可以方便而快速地对其SWF内容分配元数据标签。Flash CS4支持将元数据添加到Adobe® Bridge识别的SWF文件中和其他可识别XMP元数据的Creative Suite®应用程序中，改善了组织方式并支持对SWF文件进行快速查找和检索，增强协同作业并提供更佳的行动使用体验。

读者可以通过逐步的学习来充分体会Flash新功能的优越性。

1.1.5　Flash基本术语

作为一款优秀的动画制作软件，Flash的一个很重要的功能就是处理图形图像，将各种图形或图像制作成动感漂亮的动画。使用Flash制作动画的过程也就是对图形（像）文件修饰改造的操作过程，所以在学习制作动画之前应该先掌握有关图形（像）文件的一些相关知识。

位图和矢量图是电脑存储图像文件的两大方式。在使用Flash时经常会用到这两种图像。这两种类型的图像可以互相交替使用，取长补短。比如，当我们将一幅位图图像导入舞台后，根据动画制作的需要，可以改变图像中某一部分的颜色或形状，此时可以将该位图图像转换为矢量图像。

1. 位图

位图也叫像素图或点阵图，它由像素或点的网格组成。与矢量图形相比，位图更容易模拟真实场景效果。

如果将位图图像放大到一定的程度，图像边缘会出现锯齿效果，同时会发现位图实际上是由一个个小方格组成的，这些小方格被称为像素点。

像素点是图像中最小的图像元素，每个像素点显示不同的颜色和亮度。位图的大小和质量主要取决于图像中像素点的多少，通常说来，每平方英寸的面积上所含像素点越多，颜色之间的混合也越平滑，图像越清晰，同时文件也越大。一幅位图图像包括的像素点可以达到数百万个甚至更多。

由于位图由像素点组成，在存储和显示位图时就需要对每一个点的信息进行处理（如一幅200像素×300像素的位图就有60,000个像素点，电脑要存储和处理这幅位图就需要记住6万个点的信息）。因此尽管位图有色彩丰富、还原度高等特点，但位图的体积较之矢量图要大得多，且位图在放大到一定倍数时会出现明显的马赛克现象（如图1.6所示），所以一般用在对色彩丰富度或真实感要求比较高的场合。

如图1.6所示为位图的原图和图像放大后的效果对比。

位图原图

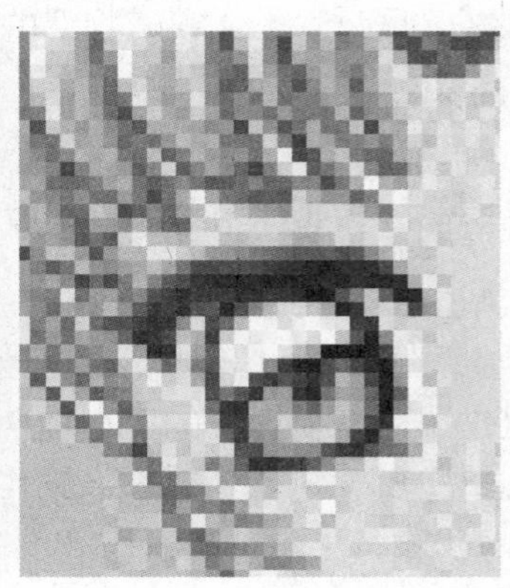

放大后的效果

图1.6　位图图像原图和图像放大后的效果

2. 矢量图

矢量图又叫向量图，是用数学的矢量方式来描述和记录图像内容的，它由点、线、面等元素组成，所记录的是对象的几何形状、线条粗细和色彩等，其中图像的组成元素被称为对象（因此矢量图又称为面向对象绘图），每个对象都是一个自成一体的实体，它具有颜色、形状、轮廓、大小和屏幕位置等属性。

因为每个对象都是独立的实体，它们在电脑内部表示成一系列的数值而不是像素点，这些值最终决定了图像在屏幕上显示的形状。所以电脑在存储和显示矢量图时只需记录图形的边线位置和边线之间的颜色这两种信息即可。我们可以在维持图像的原有清晰度和弯曲度的同时，多次移动和改变它的属性，而且不会影响图像中的其他对象。

矢量图的特点是占用的存储空间小。即便是改变对象的位置、形状、大小和颜色，但由于这种保存图形信息的方法与分辨率无关，因此无论放大或缩小多少倍，其图像边缘都是平滑的，而视觉细节和清晰度也不会有任何改变，如图1.7所示为矢量图原图和放大后的图像效果。

矢量图图像的复杂程度直接影响着矢量图文件的大小，图像的显示尺寸可以进行无极限缩放，且缩放不影响图像的显示精度和效果，因此可以说矢量图文件的大小与图像的尺寸无关，所以在制作Flash动画时，应尽量采用矢量图，这样可减少动画文件的大小，更适合网络上的播放和传播。

图1.7 矢量图原图和放大后的图像效果

提示 像素是位图图像的基本单位，在位图中每个像素都有不同的颜色值。因此，位图图像的大小和质量主要取决于图像中像素点的多少。
分辨率是指每平方英寸图像内包含的像素数目，它有图像分辨率、打印分辨率和显示器分辨率之分。

1.2 Flash CS4的安装与卸载

要使用Flash CS4进行动画制作，首先需要用户在电脑上安装Flash CS4。

1.2.1 Flash CS4的硬件配置要求

相对于以前版本的Flash软件来说，Flash CS4对硬件配置要求已经有了一定的提高。

由于Flash CS4的安装运行对电脑的硬件和软件配置有一定的要求，因此，在安装Flash CS4之前，先要检查电脑的硬件和软件配置是否满足需求。Flash CS4的系统配置需求如表1.1所示。

表1.1 Windows系统下Flash CS4的系统配置需求

名称	配置需求
CPU	Intel Pentium 4、Intel Centrino、Intel Xeon或Intel Core Duo（或兼容）处理器
内存	512MB内存（建议使用1GB）
硬盘可用空间	3.5GB的可用硬盘空间，且无法安装在基于闪存的设备上
操作系统	Microsoft Windows XP（带有Service Pack 2，推荐Service Pack 3）或Windows Vista Home Premium、Business、Ultimate或Enterprise(带有Service Pack 1，通过32位Windows XP和Windows Vista认证）
显示	1 024x768分辨率的显示器（推荐1 280x800），带有16位显卡

（续表）

名称	配置需求
光驱	DVD-ROM驱动器
其他注意事项	多媒体功能需要QuickTime 7.1.2软件和DirectX 9.0c软件 产品激活需要网络或电话连接 使用Adobe Stock Photoshop和其他服务需要宽带网络连接

1.2.2 Flash CS4的安装

在使用Flash CS4之前，需要先将Flash CS4下载并安装到电脑上，读者可以在网上下载Adobe Flash CS4的中文版。Flash CS4的安装画面和以前版本的有所不同，下面就来介绍安装Flash CS4的操作步骤。

1 首先关闭其他应用程序。

2 将Flash CS4的压缩包解压到桌面上，然后双击Flash CS4的安装程序文件，会出现初始化Adobe Flash CS4的画面，如图1.8所示。

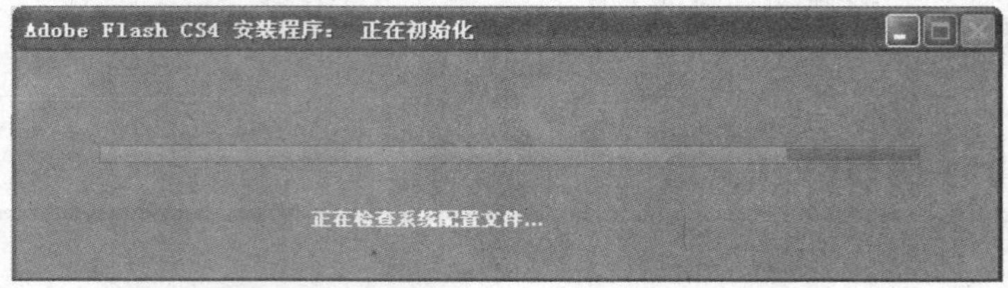

图1.8　初始化Adobe Flash CS4

3 数秒钟后，进入【正在加载安装程序】界面，对系统配置进行检测，如图1.9所示。

4 检测完成后进入【Adobe Flash CS4安装–欢迎】界面，如图1.10所示。

5 在【序列号】文本框中输入该软件的序列号。

图1.9　【正在加载安装程序】界面

图1.10　【Adobe Flash CS4安装–欢迎】界面

提示　如果不想正式使用此软件，可以不输入序列号而直接选中【我想安装并使用Adobe Flash CS4的试用版】单选项。

6 单击【下一步】按钮，出现如图1.11所示的【Adobe Flash CS4安装–许可协议】窗口。

7 单击【接受】按钮，会出现【Adobe Flash CS4安装–选项】窗口，如图1.12所示。

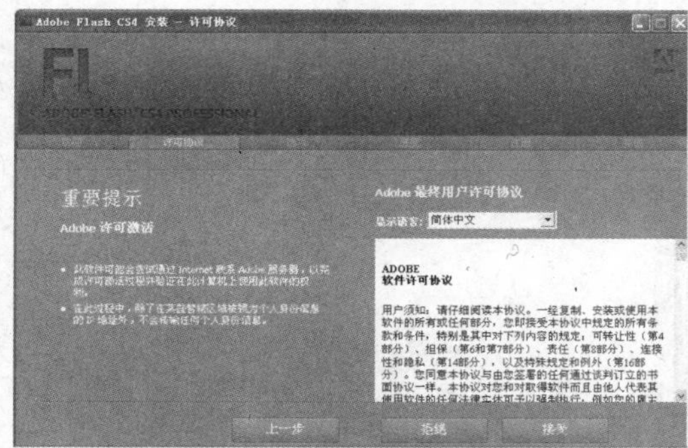

图1.11　【Adobe Flash CS4安装–许可协议】窗口

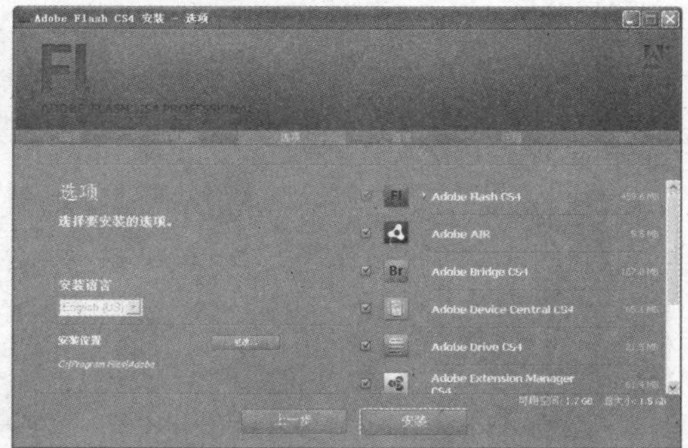

图1.12　【Adobe Flash CS4安装–选项】窗口

提示　单击【更改】按钮可以将Flash CS4安装到指定的文件夹中。本例将Adobe Flash CS4安装到默认的本地磁盘目录上。

8 单击【安装】按钮，系统提示正在准备安装，如图1.13所示。

9 稍候片刻，进入【Adobe Flash CS4安装–进度】窗口，显示软件安装的整体进度，如图1.14所示。

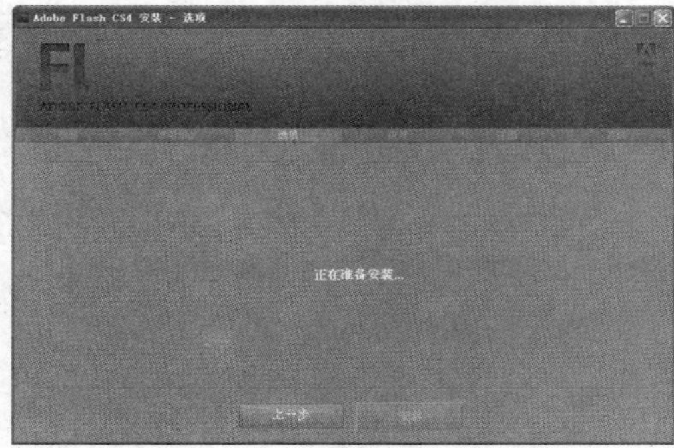

图1.13　正在准备安装

图1.14　【Adobe Flash CS4安装–进度】窗口

10 接着打开【注册您的软件】对话框，如图1.15所示。在此对话框中根据要求填写信息，填写完成后单击【立即注册】按钮可进行注册。这里我们单击【以后注册】按钮，以后再进行软件的注册。

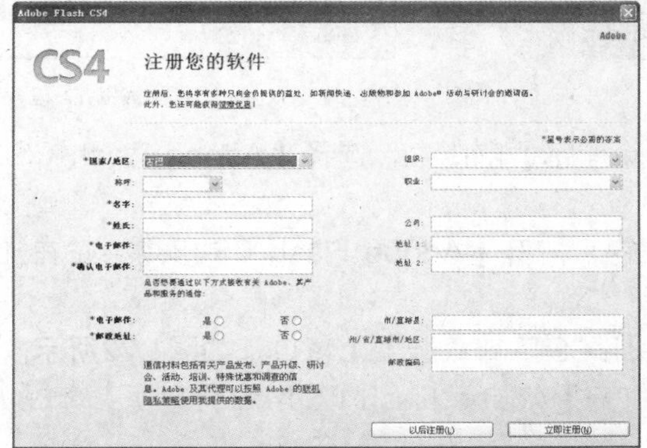

图1.15　【注册您的软件】对话框

11 最后进入【Adobe Flash CS4安装–完成】界面，如图1.16所示。单击【退出】按钮即可完成Flash CS4的安装。

安装完成后，在桌面上会出现Adobe Flash CS4程序的快捷方式，如图1.17所示。以后双击这个图标就可以进入Adobe Flash CS4程序的界面来制作动画了。

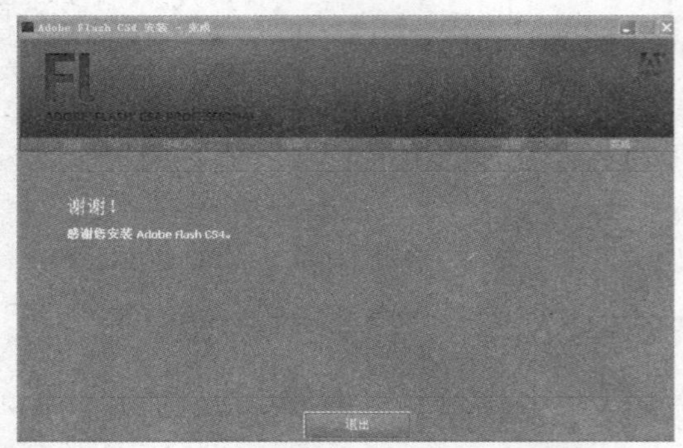

图1.16 【Adobe Flash CS4安装–完成】界面

图1.17 快捷方式

1.2.3 Flash CS4的卸载

有时候，电脑中安装的软件过多，会造成程序运行速度缓慢，这时就需要卸载一部分软件。如果暂时不用Flash CS4，也可以将其卸载，Flash CS4的卸载过程很简单，具体步骤如下：

1 执行【开始】→【控制面板】命令，如图1.18所示。

2 在打开的【控制面板】界面中，双击【添加或删除程序】选项，如图1.19所示。

图1.18 执行命令

图1.19 双击【添加或删除程序】选项

3 在打开的【添加或删除程序】窗口中，选择【Adobe Flash CS4 Professional】程序选项，如图1.20所示。

4 单击【更改/删除】按钮，打开【Adobe Flash CS4安装–正在加载安装程序】窗口，如图1.21所示。

5 稍后进入【Adobe Flash CS4–卸载选项】窗口，如图1.22所示。

6 单击【卸载】按钮，打开【Adobe Flash CS4–卸载选项】窗口，提示正在准备卸载，如图1.23所示。

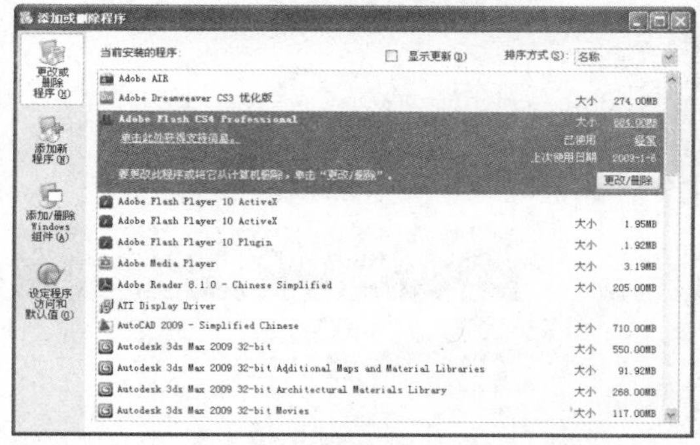

图1.20　选择【Adobe Flash CS4】程序选项

图1.21　【Adobe Flash CS4安装-正在加载安装程序】窗口

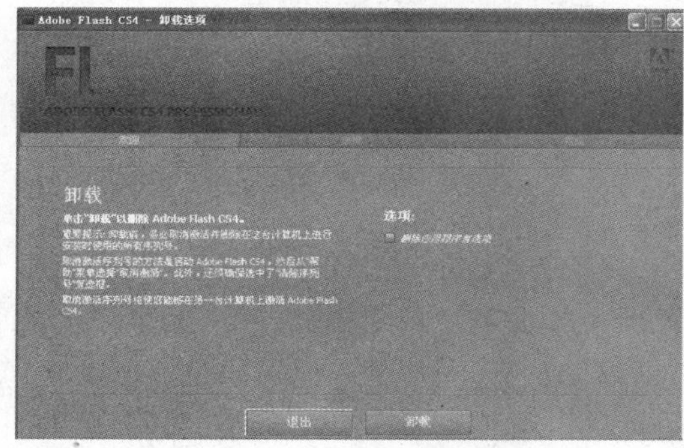

图1.22　【Adobe Flash CS4-卸载选项】窗口

图1.23　【Adobe Flash CS4-卸载选项】窗口

7　稍后，会打开【Adobe Flash CS4-正在卸载】窗口，显示卸载的整体进度，如图1.24所示。

8　最后进入【Adobe Flash CS4-卸载完成】界面，如图1.25所示。单击【退出】按钮即可完成Adobe Flash CS4程序的卸载。

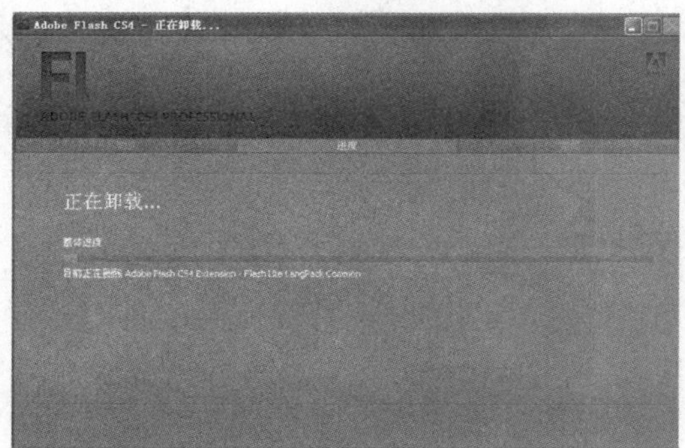

图1.24　【Adobe Flash CS4-正在卸载】窗口

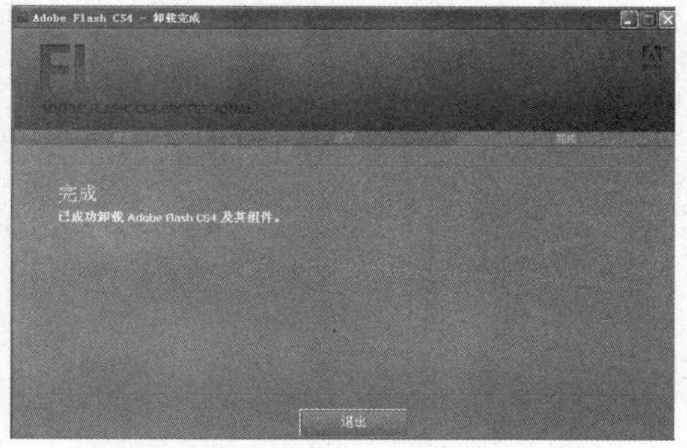

图1.25　【Adobe Flash CS4-卸载完成】窗口

1.3 Flash CS4的工作环境

启动和退出Flash是每次使用Flash软件必须要做的操作，因此掌握Flash的启动和退出方法非常重要。

1.3.1　Flash CS4的启动

安装Flash CS4后就可以使用它了。使用Flash CS4前首先要启动它，启动Flash CS4的方法有以下三种。

- 双击桌面上Flash CS4的快捷方式图标，打开Flash CS4的开始页。
- 执行【开始】→【所有程序】→【Adobe Flash CS4 Professional】命令。
- 通过打开一个Flash CS4的动画文档，启动Flash CS4。

如果用户不打开任何文档就运行Flash CS4，便会出现开始页，如图1.26所示。使用开始页，可以轻松地访问经常使用的操作。

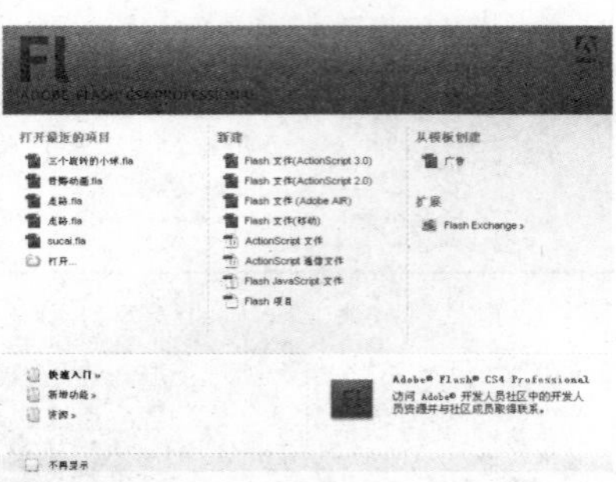

图1.26　Flash CS4开始页

开始页包含以下4个区域。

- **打开最近的项目：** 用来打开最近使用过的文档。单击【打开】图标，在弹出的【打开文件】对话框中可以选择要打开的文件。
- **新建：** 新建区域列出了Flash文件类型，如Flash文档、ActionScript文件和Flash项目等。单击所需的文件类型可以快速创建新的文件。
- **从模板创建：** 此区域列出了创建新的Flash文档最常用的模板。单击所需模板可以创建新的文件。
- **扩展：** 此区域链接到Macromedia Flash Exchange Web站点，通过该站点可以下载Flash辅助应用程序、扩展功能以及相关信息。

开始页还提供了对【帮助】资源的快速访问，可以浏览快速入门、新增功能、文档的资源等资料。

在使用Flash CS4的过程中，用户可根据需要隐藏和再次显示开始页。在开始页上，选中【不再显示】前面的复选框，则下次启动时不再显示开始页。

执行以下操作，可以在启动时再次显示开始页。

单击Flash CS4工作窗口菜单栏中的【编辑】菜单，在其下拉菜单中选择【首选参数】选项，如图1.27所示。

打开【首选参数】窗口，在【常规】类别中单击【启动时】选项后的下拉按钮，在其下拉列表框中选择【欢迎屏幕】选项，如图1.28所示。

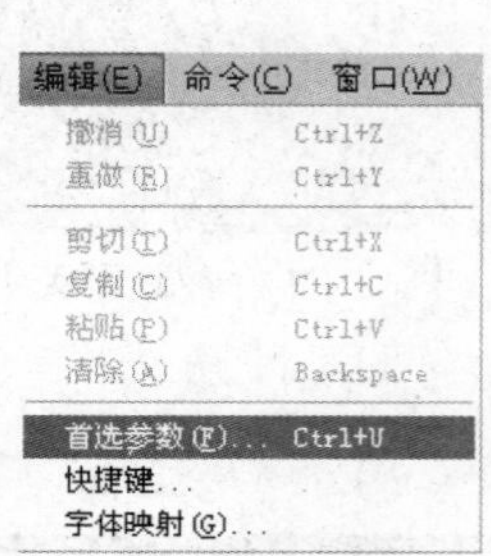

图1.27　选择【首选参数】选项

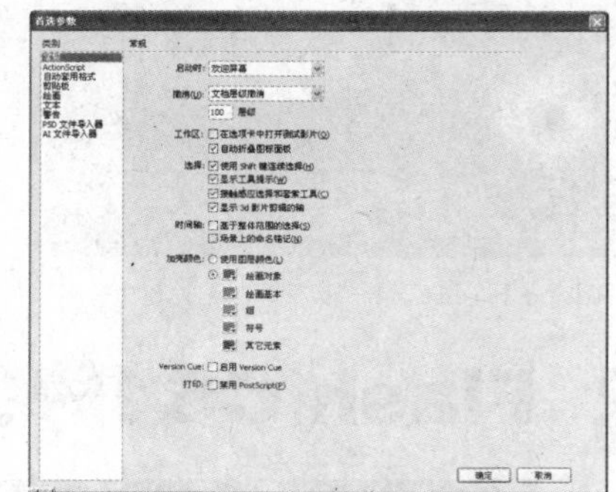

图1.28　【首选参数】窗口

1.3.2　Flash CS4的工作界面

启动Flash CS4后，就要熟悉一下其工作界面，为以后的学习打下坚实的基础。

在开始页的【新建】区域中，单击某一选项，如【Flash文件（ActionScript3.0）】，可打开Flash CS4的工作界面，如图1.29所示。

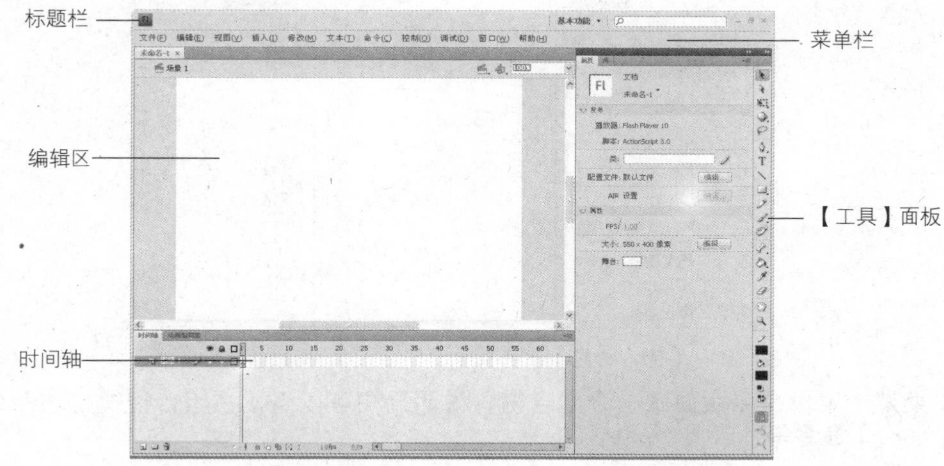

图1.29　Flash CS4工作界面

从图1.29中可以看出，Flash CS4的工作环境和其他程序很相似，包括标题栏、菜单栏、【工具】面板、编辑区和属性面板等。

下面逐一介绍各部分内容。

1. 标题栏

和其他Windows应用程序一样，标题栏用于显示应用程序的图标和名称，如图1.30所示。在标题栏中可以通过【最小化】按钮、【最大化】按钮和【关闭】按钮对窗口进行相应的操作。

图1.30　标题栏

在标题栏中有一个【基本功能】按钮，单击此按钮可打开其下拉菜单，根据动画制作的需要可以从中选择多种布局，如图1.31所示。

2. 菜单栏

在Flash CS4中共有11个菜单，用于执行Flash CS4常用命令的操作，由文件、编辑、视图、插入、修改、文本、命令、控制、调试、窗口和帮助等菜单组成。每个菜单都有一组自己的命令。Flash CS4中的所有命令都可在相应的菜单中找到。

选择菜单命令时，只需单击某个菜单项，在弹出的下拉菜单中选择要执行的命令即可。

如果某些命令呈暗灰色，说明该命令在当前编辑状态下不可用，需满足一定条件后才能使用。例如，图1.32中的【存回】、【还原】、【共享我的屏幕】和【AIR设置】4个命令在当前状态下不可用。

- 如果某个菜单命令后面有黑色三角符号，表示该命令下还有下级子菜单，比如【导入】命令。
- 如果某个菜单命令后面跟3个点符号，说明选择该命令将打开相应的对话框，比如【另存为】命令等。

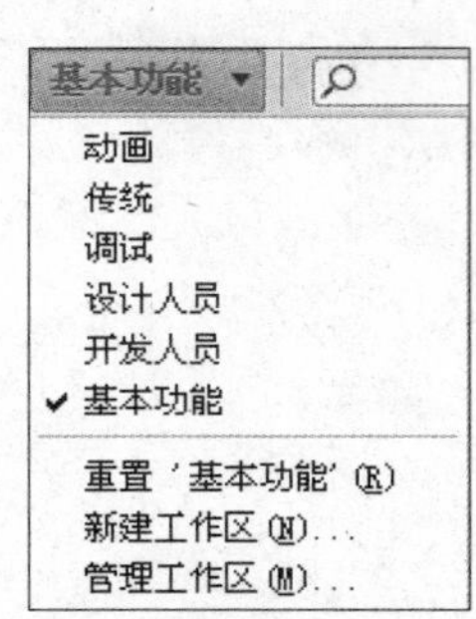

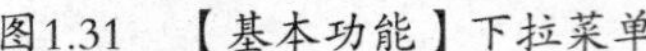
图1.31 【基本功能】下拉菜单　　图1.32 【文件】菜单

如果某个菜单命令后面跟一个组合键，说明用户可以直接按组合键执行该命令，比如【保存】命令等。

要切换菜单，只要在各菜单项上移动鼠标并单击即可。也可按【↑】或【↓】方向键选择各菜单项，再按【Enter】键执行该命令即可。

要关闭所有已打开的菜单，可单击已打开的菜单名称，按【Alt】或【F10】键，或在菜单命令列表以外的其他位置单击；要逐级向上关闭菜单，则按【Esc】键。

另外，每个菜单后边都有一个大写的英文字母，同时按【Alt】键和菜单后的英文字母可快速打开相应的下拉菜单。比如按【Alt+F】组合键可快速打开【文件】菜单，如图1.32所示。

3. 主工具栏

默认打开的工作界面没有主工具栏，选择【窗口】菜单中的【工具栏】子菜单，选择【主工具栏】选项，可显示或隐藏主工具栏，如图1.33所示。

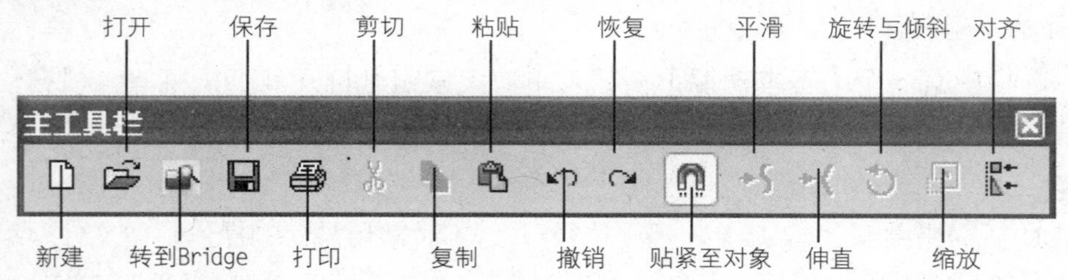

图1.33 主工具栏

主工具栏主要是完成对动画文件的基本操作（如：新建、打开和保存等）以及一些基本的图形控制操作（如：平滑、对齐、旋转和缩放等）。主工具栏中各按钮的名称和功能如表1.2所示。

表1.2 主工具栏各按钮功能

按钮名称	功能
新建	创建一个新的Flash CS4文档
打开	打开一个已经存在的Flash CS4文档
转到Bridge	查看和管理所有的图像文件

（续表）

按钮名称	功能
保存	保存当前的Flash CS4文档
打印	打印当前的Flash CS4文档
剪切	剪切选定范围并放入剪贴板中
复制	复制选定范围并放入剪贴板中
粘贴	插入剪贴板中存放的内容
撤销	撤销上一个动作
恢复	重做上一个撤销的动作
贴紧至对象	打开或关闭自动捕捉功能
平滑	自动平滑化选定的线段
伸直	自动直线化选定的线段
旋转与倾斜	显示控制点，用来旋转或倾斜选定的范围
缩放	显示控制点，用来放大或缩小选定的范围
对齐	对齐并平均分配选定绘图部分的空间

4.【工具】面板

在Flash CS4中，【工具】面板默认位于窗口的右侧，其中列出了Flash CS4中常用的绘图工具，用来绘制、涂色、修改和选择插图及更改舞台的视图等。

在Flash CS4中，【工具】面板的形状有了很大的改变，默认为长单条状态，如图1.34所示。经过拖动可将长单条变成短双条，甚至多条。还可将【工具】面板转换为图标的形式，这样可以使动画编辑区面积更大，制作动画时更方便。

如果不习惯【工具】面板的默认显示形式，也可以根据使用习惯将其转换成原来的短双条形式。将鼠标放在【工具】面板的边界线上，当鼠标变为↔形状时，拖动【工具】面板边界线，就可以转换成短双条形式，如图1.35所示。同样地，利用鼠标拖动边界线也可以返回长单条显示形式。

当然也可拖动【工具】面板上面的浅灰色区域到其他位置，当出现一条蓝色的线条时释放鼠标，【工具】面板就会组合在其他面板中，如图1.36所示。

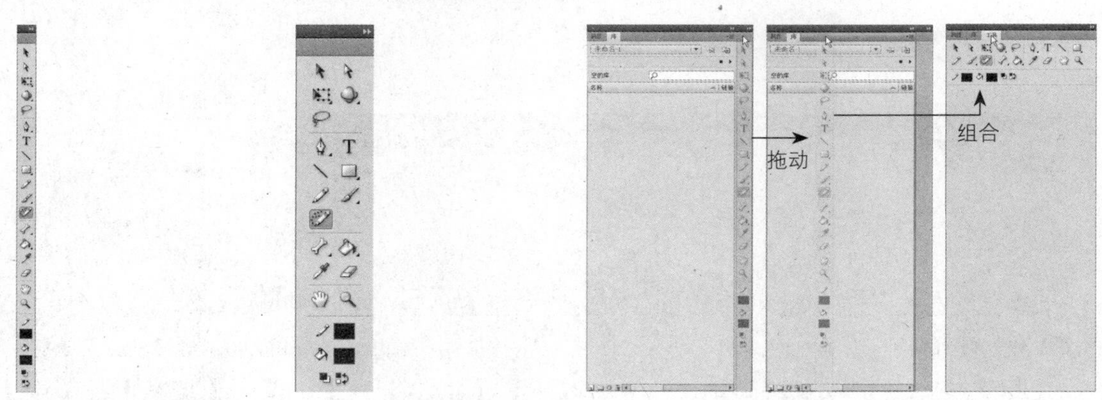

图1.34　长单条显示形式　　图1.35　短双条显示形式　　图1.36　【工具】面板组合在其他面板中

还有一种简化【工具】面板的方法，就是将其转换为图标形式。单击【工具】面板上面的区域，即可将整个【工具】面板转换为一个图标，如图1.37所示。

单击此图标，可以打开其子菜单，从中选择需要使用的工具，如图1.38所示。

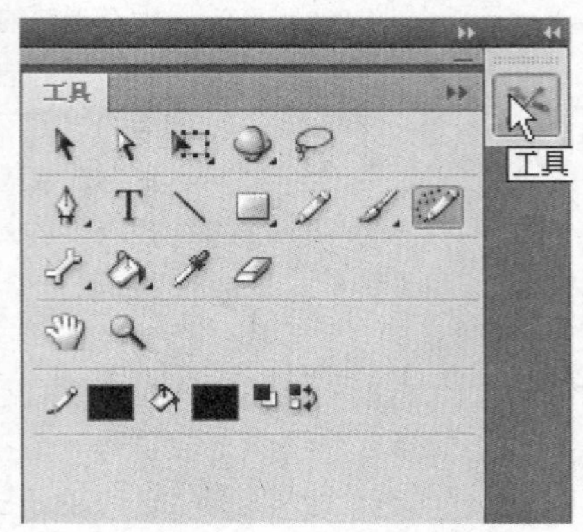

图1.37 【工具】面板的图标形式　　图1.38 【工具】面板图标的子菜单

Flash CS4的【工具】面板包含多种常用绘图工具，要使用这些工具，直接单击工具按钮或者在键盘上按相应的快捷键即可。

【工具】面板中并没有显示出全部工具，有些工具是被隐藏起来的。如果工具图标右下角带有标记，表示该工具是一个工具组，其中包含有多个与之相关的其他工具。要打开这些被隐藏了的工具，有两种方法。

- 将鼠标移至工具组上，单击鼠标右键，从弹出的工具列表中选择所需的工具即可。
- 将鼠标放在工具组上，按住左键不放，稍等片刻后也可以打开隐藏的工具列表。

5. 时间轴

时间轴在窗口最下边，主要用于创建动画和控制动画的播放等操作。时间轴分为左右两部分，左侧为图层区；右侧为时间线控制区，由播放指针、帧、时间轴标尺及状态栏组成，如图1.39所示。

时间轴右上角有一个向下的小箭头，单击它可打开时间轴的样式选项，如图1.40所示。

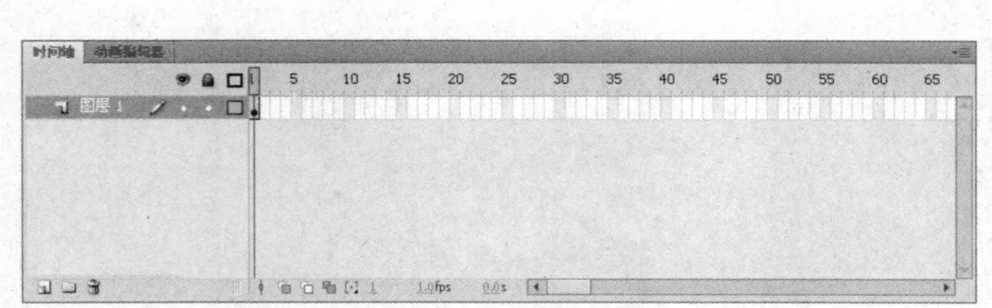

图1.39 时间轴

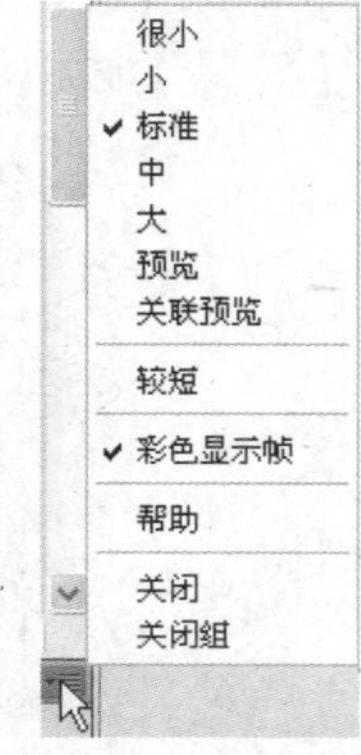

图1.40 时间轴样式选项

使用这些选项可以对时间轴做改动，其中，【很小】、【小】、【标准】、【中】和【大】等选项用来改变帧的宽度；【预览】选项的功能是在帧格里以非正常比例预览本帧的动画内容，这对于在大型动画中寻找某一帧内容是非常有用的；【关联预览】选项与【预览】选项的功能类似，只是将场景中的内容严格按照比例缩放到帧当中显示；【较短】选项用以改变帧格的高度；【彩色显示帧】选项的功能是打开或关闭彩色帧。

时间轴显示文档中哪些地方有动画，包括逐帧动画、补间动画和运动路径。

使用时间轴的图层部分中的控件可以隐藏、显示、锁定或解锁图层，并能将图层内容显示为轮廓。还可以将帧拖到同一图层中的不同位置，或是拖到不同的图层中。

6. 编辑区

Flash CS4提供的这一区域用来编辑制作动画内容，编辑区中将显示用户制作的原始Flash动画内容。根据工作的情况和状态，编辑区分为舞台和工作区。编辑区中心的白色区域称为舞台，舞台是最终发布的Flash影片（.swf文件）的可视区域，尽管舞台背景的颜色和大小可以随时更改，但是最好在开始制作动画前将这些设置确定下来。衬托在舞台后面浅灰色的区域是工作区，在制作动画时，可将制作动画的素材暂时放在工作区。

执行【视图】→【工作区】命令，可以隐藏或显示工作区。图1.41中灰色区域为工作区，而图像部分则为舞台。

图1.41　编辑区

7. 编辑栏

编辑栏位于编辑区上方，如图1.42所示。

图1.42　编辑栏

如果打开多个Flash文档，在编辑栏将以选项卡的形式显示文档名称，如图1.43所示。

图1.43　编辑栏的文档标题

文件名称右端为【关闭】按钮×，单击该按钮可以关闭当前动画文档。

文档名称下边是状态栏，如图1.44所示为动画的场景编辑状态和元件编辑状态。

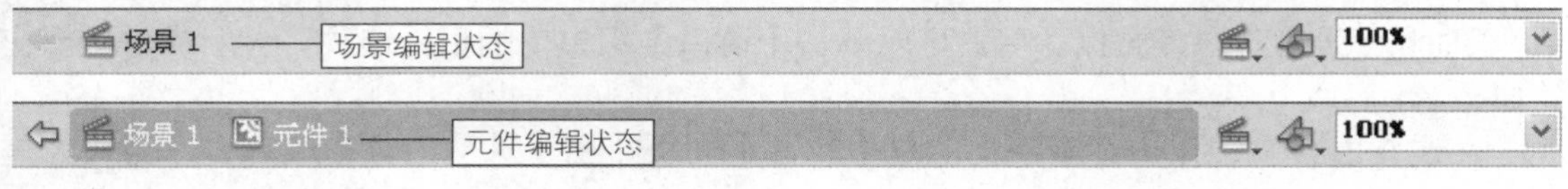

图1.44　状态栏和两种状态

状态栏最左端显示当前动画的编辑状态，处于元件编辑状态时，最左侧显示【返回】按钮，单击此按钮可以返回到动画的场景编辑状态。最右端为【编辑场景】按钮、【编辑元件】按钮和舞台的显示比例下拉列表框。单击【编辑场景】按钮，打开其下拉列表，可以快速选择要进行动画制作的场景，如图1.45所示。单击【编辑元件】按钮，可以在其下拉列表中选择要编辑修改的元件实例，如图1.46所示。在【显示比例】数值框中输入数值后按【Enter】键可以改变舞台中对象的显示比例，单击数值框右侧的下拉按钮，在打开的下拉列表中可以选择不同的选项，如图1.47所示。

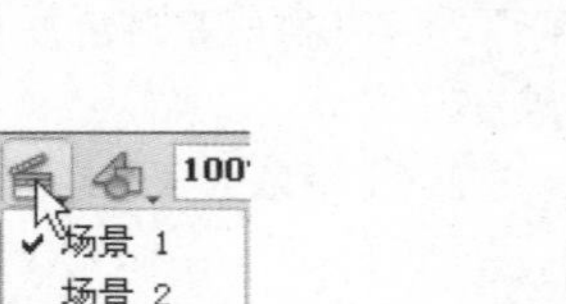

图1.45 【编辑场景】下拉列表

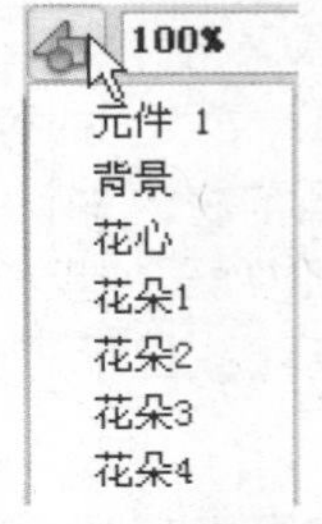

图1.46 【编辑元件】下拉列表

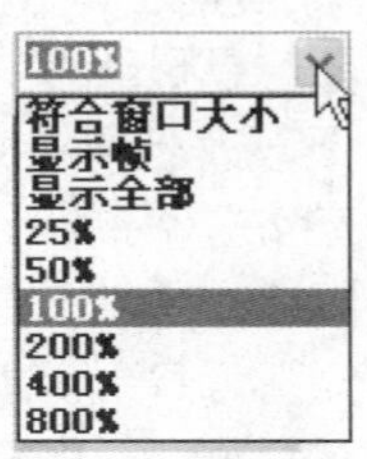

图1.47 【显示比例】下拉列表

8. 面板

使用面板可以实现对颜色、文本、实例、帧和场景等的处理。Flash CS4的工作界面包含多个面板，如【属性】面板和【颜色】面板等。执行【窗口】→【颜色】命令，可打开如图1.48所示的【颜色】面板。

为了使用方便，Flash将多个相关的面板组合成面板组，通过面板选项卡可实现多个面板的切换。例如，在图1.48中选择【样本】选项卡，可打开【样本】面板，如图1.49所示。

用户还可通过面板上方的控制柄移动面板位置或者将固定面板移动为浮动面板。单击面板右上角的按钮，可打开一个菜单，如图1.50所示。使用此菜单可实现面板的关闭、重命名、重组等管理。

图1.48 【颜色】面板

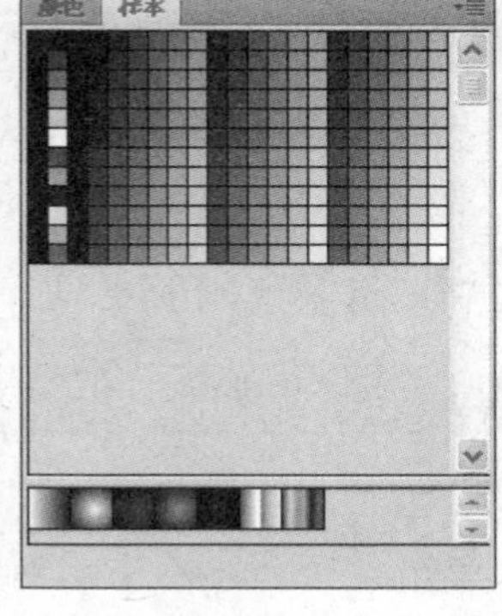

图1.49 【样本】面板

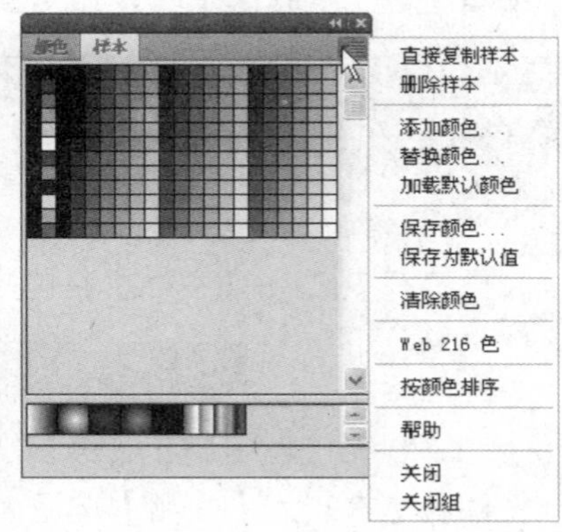

图1.50 打开菜单

Flash CS4包含许多面板，用户可以单击【窗口】菜单中的相关选项，显示或隐藏相应的面板。

在这些面板中，用户经常使用的是【属性】面板，由于其使用频率较高，作用较为重要，因此系统默认显示在编辑区的右侧，如图1.51所示。

根据用户操作的不同，【属性】面板会显示相关属性和操作界面，图1.52分别显示了当选择多角星形工具后和使用3D变形工具在舞台中选中影片剪辑元件后的【属性】面板。

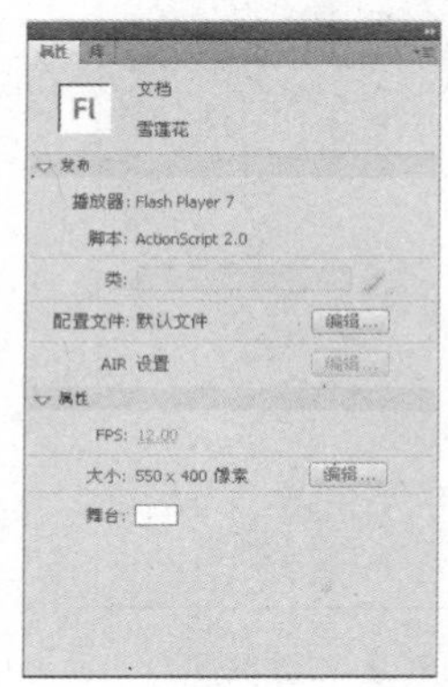

图1.51　【属性】面板

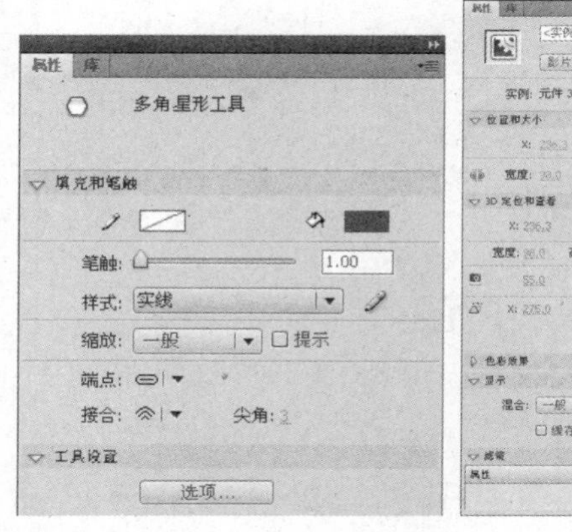

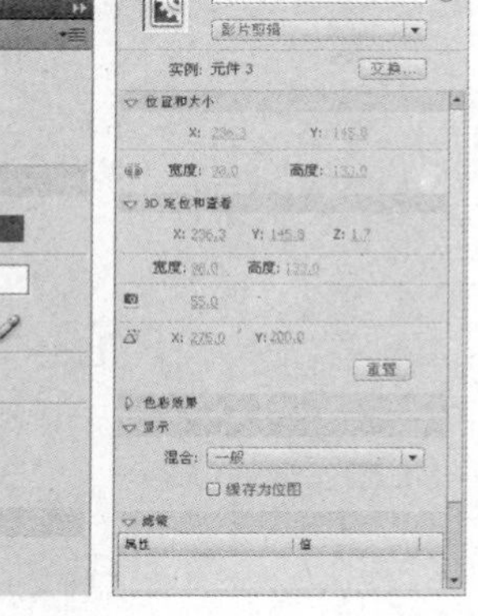

图1.52　不同选项的【属性】面板

默认情况下的【属性】面板占用面积很大，此时可以通过单击【属性】面板上面的区域，以图标形式显示【属性】面板，如图1.53所示，这样可以在最大程度上减少面板在Flash工作界面中的面积。此时单击某一面板的图标，可以弹出该面板，如图1.54所示。

同理，也可以通过单击图标形式上面的区域，返回面板的默认显示形式。

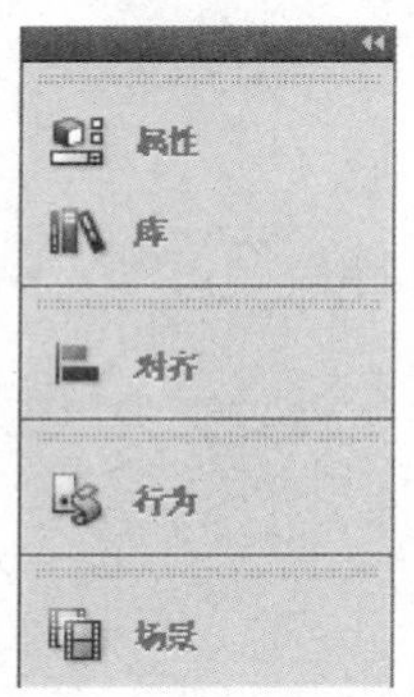

图1.53　面板的图标显示形式

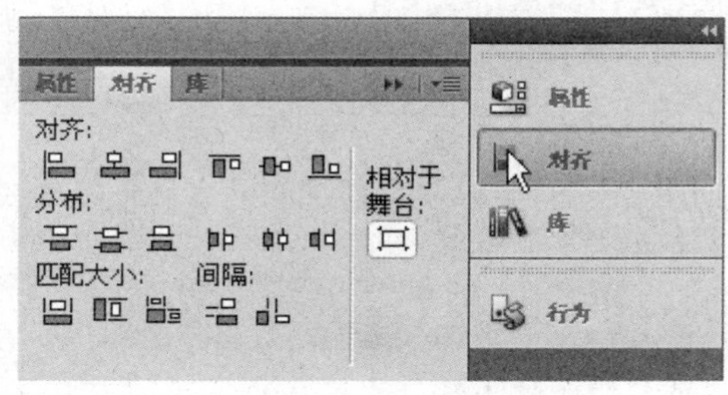

图1.54　显示面板

9. 快捷菜单

和其他很多应用程序一样，Flash也提供操作方便的快捷菜单。右击时间轴、面板或舞台上选中的项目，可以弹出快捷菜单。快捷菜单中包含了很多命令和选项，并且菜单中只显示与所选项目有关的命令选项，这样能大大提高工作效率。例如，右键单击时间轴中的某一帧，会弹出如图1.55所示的快捷菜单。

10. 快捷键

在动画制作中，使用快捷键可直接实现某种功能，而不需要频繁地使用鼠标来选择或单击菜单选项，从而使工作更方便快捷。例如，只要按下【Ctrl+C】组合键，就可以执行复制命令，而不用在【编辑】菜单中寻找【复制】选项。

在Flash CS4中，执行【编辑】→【快捷键】命令，可打开【快捷键】对话框，如图1.56所示。在该对话框中，可以查看已有的快捷键，还可以设置新的快捷键。用户可根据自己的需要选择自己熟悉的快捷键。

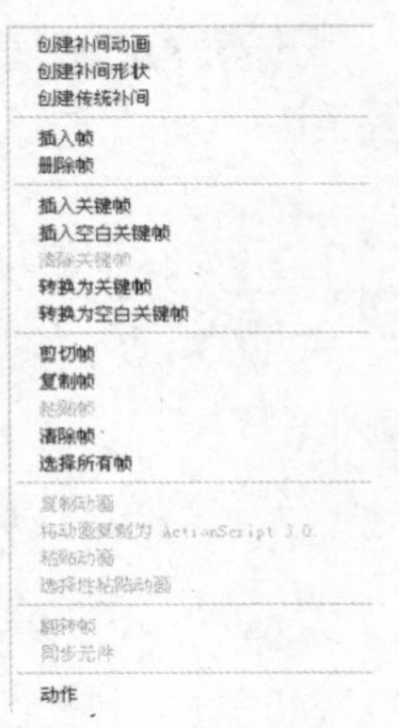

图1.55　右击时间轴某一帧弹出的快捷菜单

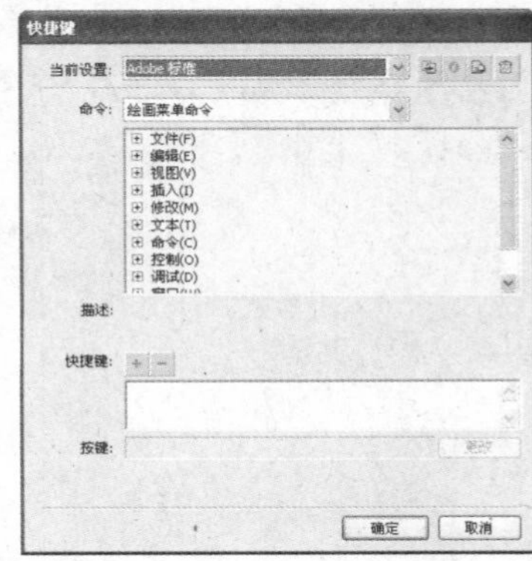

图1.56　【快捷键】对话框

说明　在Flash中也可以自定义快捷键，设置快捷键的详细知识参见第2章。

1.3.3　退出Flash CS4

当不使用Flash CS4或完成Flash CS4的编辑任务后，需要退出该程序，退出Flash CS4的方法有如下几种。

- 在菜单栏中选择【文件】中的【退出】选项。
- 单击Flash CS4窗口右上角的【关闭】按钮。
- 双击Flash CS4窗口左上角的带有“FL”标志的【控制菜单】按钮。
- 按【Alt+F4】组合键。
- 单击Flash CS4窗口左上角的带有“FL”标志的【控制菜单】按钮，在弹出的菜单中选择【关闭】命令。

1.3.4　Flash CS4帮助的使用

单击菜单栏中的【帮助】菜单项，可以打开【帮助】菜单，如图1.57所示。在图中，用户可以发现，【帮助】菜单中包含一些具体的帮助主题，选择相应的命令，可以快速进入该主题的帮助窗口。

执行【帮助】→【Flash帮助】命令（或按【F1】键），可以打开Flash CS4的在线帮助文档，如图1.58所示。

但是如果网速不快，打开在线帮助的速度会比较慢。其实，我们在安装Flash CS4时，软件已悄悄地在本机上安装了一份帮助文档，只是该文档默认是关闭的，我们只要稍加设置即可改变这个默认打开方式，下面以简体中文版为例进行讲解。

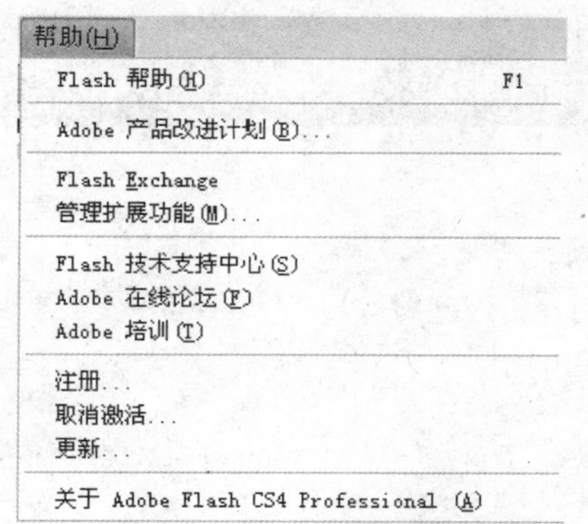

图1.57　【帮助】菜单

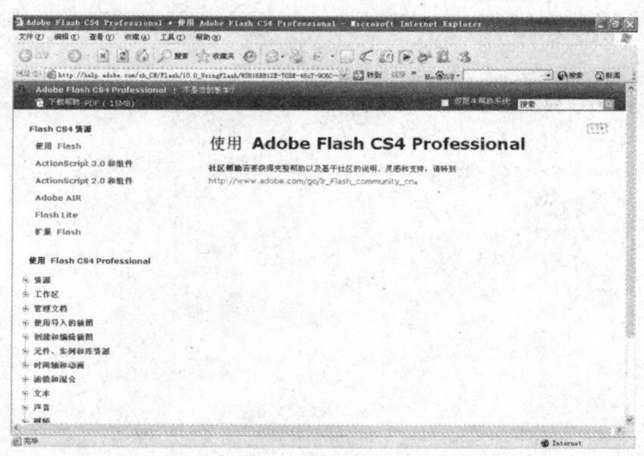

图1.58　Flash CS4的在线帮助文档

启动Flash CS4，执行【窗口】→【扩展】→【连接】命令，打开【连接】面板，如图1.59所示。单击面板右上角的小黑色三角按钮，在其下拉菜单中选择【脱机选项】，在弹出的对话框中选中【保持脱机状态】复选框，如图1.60所示，最后单击【确定】按钮即可。

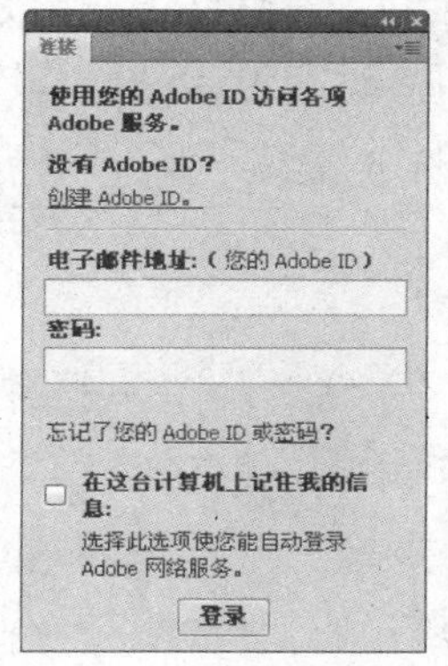

图1.59　【连接】面板

图1.60　选中【保持脱机状态】复选框

进行上述设置后，再次执行【帮助】→【Flash帮助】命令（或按【F1】键后），就可以以脱机状态打开Flash CS4的帮助文档了。

在帮助窗口的左侧区域显示了所有的帮助主题，用户可以通过单击⊞或⊟按钮，来展开或折叠隐藏的帮助主题。单击左侧区域中的帮助主题，就会在右侧显示具体的帮助信息，如图1.61所示。

另外，使用搜索功能查找需要的帮助主题也可以获取帮助信息。在帮助窗口右上角的【搜索】文本框中输入需要的关键词，然后按【Enter】键即可搜索到所有有关的信息。例如在【搜索】文本框中输入“视频”，按【Enter】键后搜索到的所有信息如图1.62所示。

使用帮助系统可以帮助用户更好地使用Flash CS4，当遇到不清楚的问题时，用户可以充分利用帮助菜单来了解相关知识。

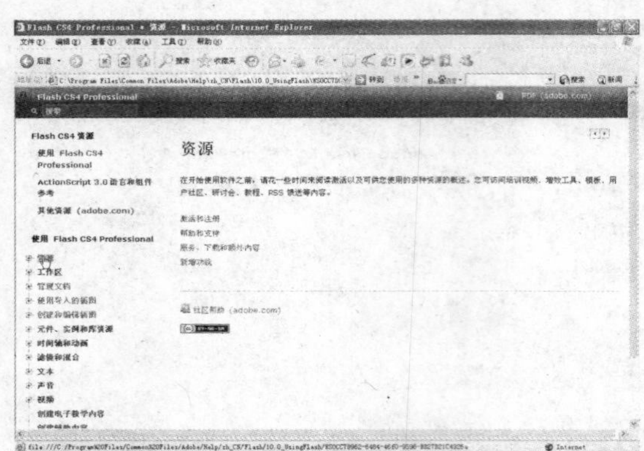
图1.61　显示具体的帮助信息

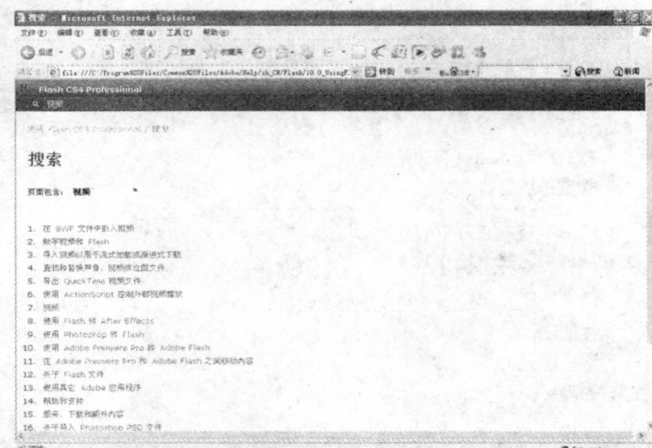
图1.62　搜索帮助主题

结束语

本章首先简单介绍了Flash CS4的功能特点、应用领域，然后介绍了Flash CS4的安装和卸载，最后详细介绍了Flash CS4的工作环境。其中Flash CS4的工作环境一节是本章最重要的内容，应熟练掌握。通过对本章内容的学习，用户应了解到Flash CS4的迷人魅力以及它在动画制作方面的广泛应用，并建立学好Flash的信心。

Chapter 2

第2章 Flash CS4的基本操作和设置

本章要点

Flash CS4文档的基本操作

- 创建新的Flash CS4文档
- 打开与关闭Flash CS4文档
- 保存Flash CS4文档

Flash CS4工作界面的基本操作

- Flash CS4的布局模式
- 自定义【工具】面板

Flash CS4的基本设置

- 场景设置
- 标尺、辅助线和网格的设置
- 设置Flash CS4的首选参数和快捷键

本章导读

对于Flash初学者来说，应该先掌握最基本的操作和设置，熟练掌握一些设置方法，这样会使以后的学习更加方便、快捷。

本章主要介绍Flash CS4文档的基本操作、Flash CS4的一些设置、辅助工具的应用以及Flash的首选参数和快捷键的设置等内容。学习本章的内容之后，用户学习Flash动画制作的准备工作就基本完成了。

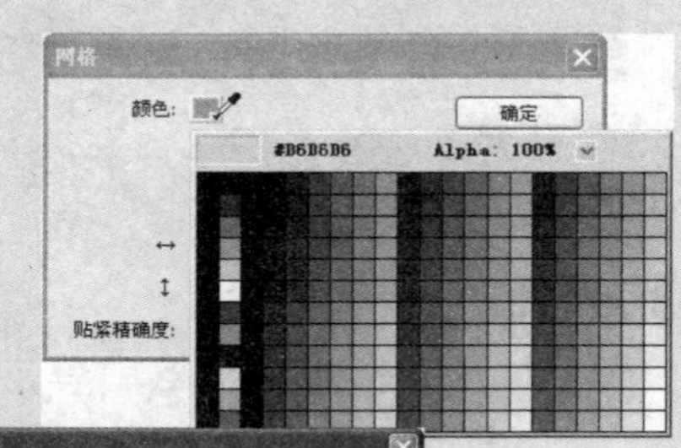

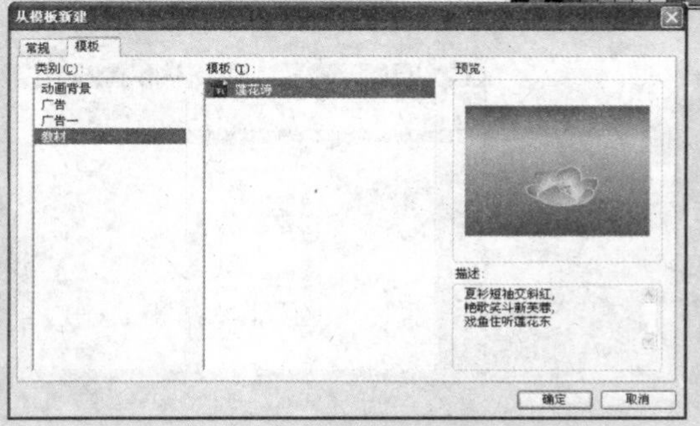

2.1 Flash CS4文档的基本操作

Flash的主要功能就是制作动画，所以掌握动画文档的基本操作非常重要。动画文档的基本操作包括新建、保存、打开和关闭等，下面首先学习这方面的知识。

2.1.1 新建Flash CS4文档

在使用Flash进行动画制作的过程中，新建Flash CS4文档是一个最基本的操作。新建Flash CS4文档是有一定的技巧和讲究的，下面详细介绍这方面的知识。

新建Flash CS4文档有如下3种方法。

1. 使用开始页

Flash CS4启动时，首先打开其开始页，如图2.1所示。

在【新建】区域，单击某个选项如【Flash文件（ActionScript3.0）】，即可新建Flash CS4文档。

2. 使用【新建文档】对话框

在Flash CS4工作界面中，单击【文件】菜单的【新建】选项（或按【Ctrl+N】组合键），可打开【新建文档】对话框，如图2.2所示。单击某种文档类型如【Flash文件（ActionScript3.0）】选项，再单击【确定】按钮也可新建Flash CS4文档。

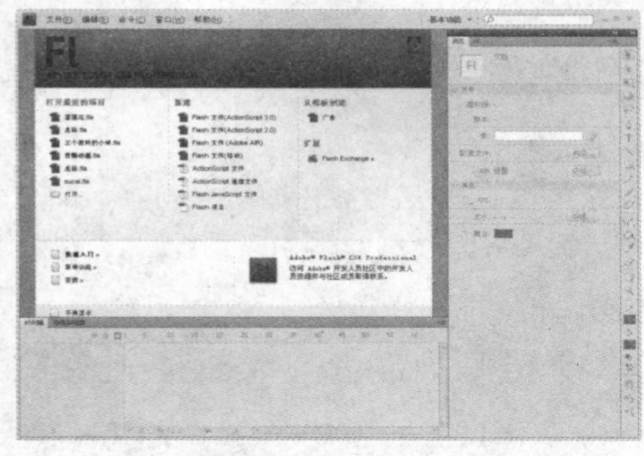

图2.1 Flash CS4开始页

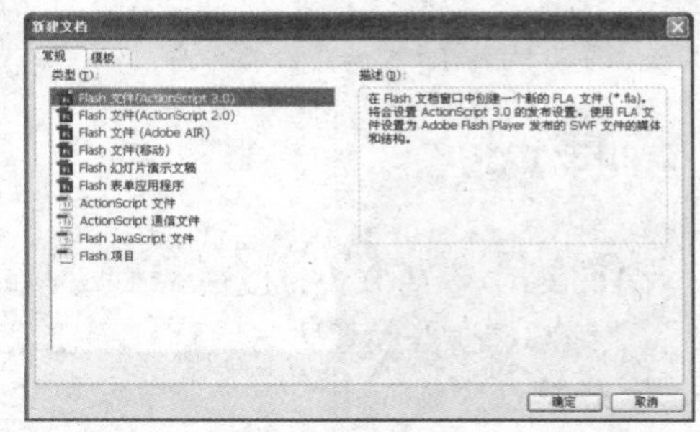

图2.2 【新建文档】对话框

3. 使用模板

在【新建文档】对话框中单击【模板】选项卡，对话框会变成【从模板新建】对话框，如图2.3所示。

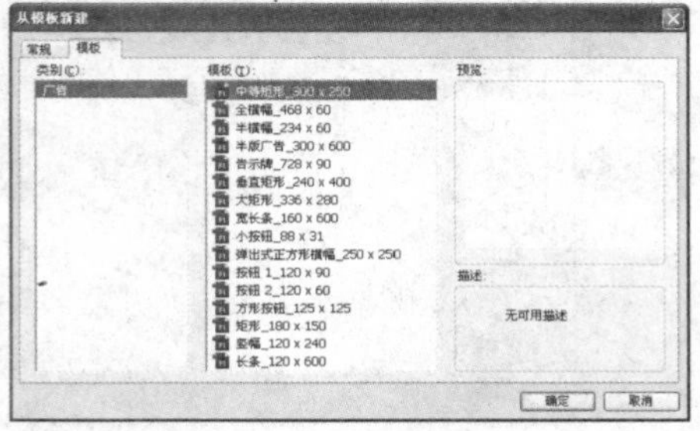

图2.3 【从模板新建】对话框

在此对话框的【类别】列表框中选择模板类别，再在【模板】列表框中选择一个模板，单击【确定】按钮即可新建一个基于模板的Flash CS4文档。

2.1.2 打开Flash CS4文档

在制作动画作品时，打开Flash CS4文档是最基本的操作之一。打开Flash CS4文档有多种方法，下面分别进行介绍。

1. 通过【打开】对话框

执行【文件】→【打开】命令，或按【Ctrl+O】组合键，均可打开【打开】对话框，如图2.4所示。

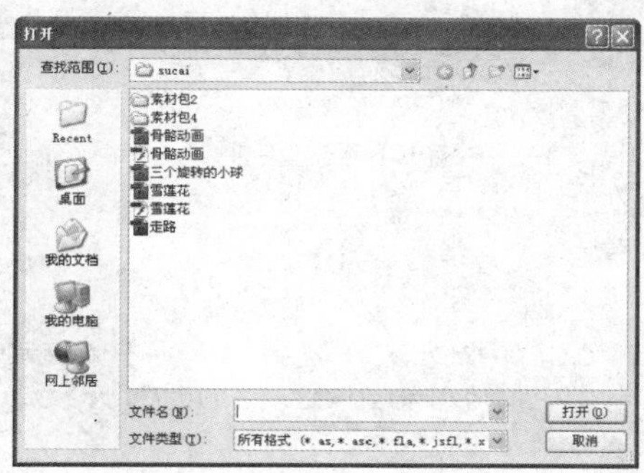

图2.4　【打开】对话框

在【查找范围】下拉列表框中指定要打开的文件的存储路径，在对话框中选择所需文档并单击【打开】按钮；或者双击目标Flash文档即可将其打开。

技巧　按住【Ctrl】键不放，单击多个需要打开的Flash文档，可以同时选择多个Flash文档；再次单击选择的Flash文档，可以取消选中该Flash文档。选择多个文档后，单击【打开】按钮可以同时打开多个文件。当打开多个Flash文档时，文档窗口顶部的选项卡会标识所打开的各个文档，允许用户在各个文档之间进行切换。同时还可以通过单击文档窗口顶部的 >> 按钮打开其下拉列表，从中选择需要编辑修改的Flash文档，如图2.5所示。

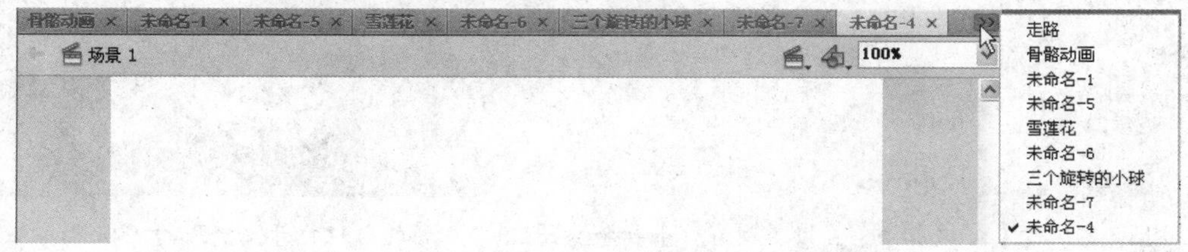

图2.5　选择Flash文档

默认情况下，选项卡按文档创建顺序进行排列。可以通过鼠标拖动文档选项卡来更改它们的排列顺序。

2. 通过打开最近的项目

要使用最近打开过的Flash文档时，只需执行【文件】→【打开最近的文件】命令，在弹出的子菜单中选择需要打开的文件名即可，如图2.6所示。

如果已经打开了Flash文档所在的文件夹，从中选择需要打开的Flash文档，并将其直接拖动到Flash窗口，也可以打开该文档。

提示　在刚开始启动Flash CS4开始页的时候，可以通过选择【打开最近的项目】区域中列出的文档打开Flash文档，如图2.7所示。还可以在此区域单击【打开】图标打开【打开】对话框，在其中选择要打开的文档。

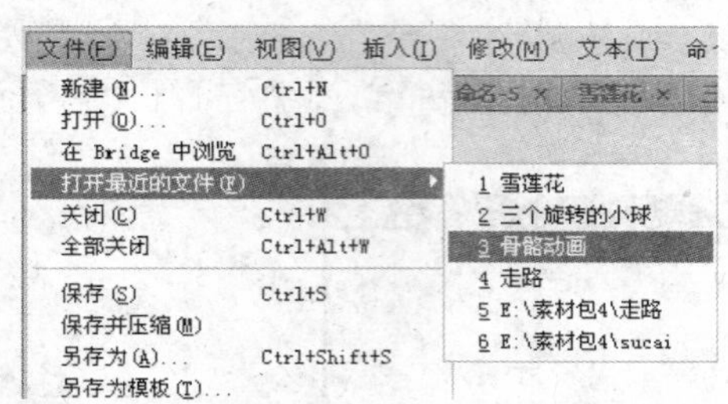

图2.6　打开最近文档

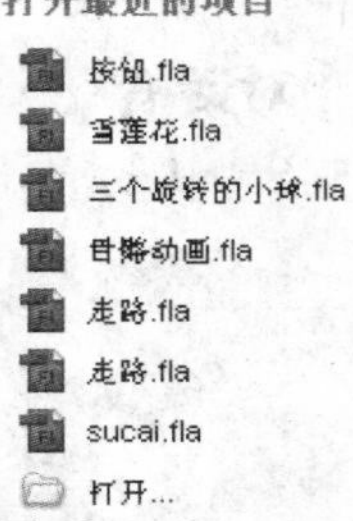

图2.7　【打开最近的项目】区域

注意　在未启动Flash CS4的情况下，若要打开某一个动画文档，用鼠标左键双击该动画文档图标，即可启动Flash CS4并同时打开该动画文档。

3. 通过复制窗口

在制作动画的过程中，如果我们想使用某个Flash文档而又不想在原文档上进行修改时，可以复制此窗口，然后在新的窗口中进行编辑修改。

执行【窗口】→【直接复制窗口】命令，如图2.8所示，即可在新的窗口打开要使用的文档，如图2.9所示。

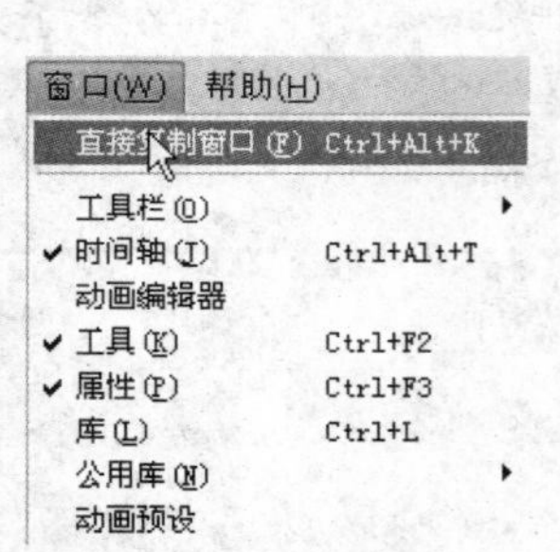

图2.8　执行【窗口】→【直接复制窗口】命令

图2.9　在新的窗口打开要使用的文档

2.1.3　保存Flash CS4文档

当作品创作完成后，或需要退出Flash程序时，应当将作品保存到硬盘上，以便以后使用。

提示　如果文档包含未保存的更改，则文档选项卡中的文档名称后会出现一个星号(*)。保存文档后星号即会消失。

打开【文件】菜单，可以发现保存文件的方法有5种，下面进行详细介绍。

1. 利用【保存】命令

执行【文件】→【保存】命令后，打开【另存为】对话框，如图2.10所示。

在默认状态下，文件采用fla格式保存。单击对话框中【保存在】下拉列表框右侧的下拉按钮，在打开的列表框中选择文档的保存路径；在【文件名】下拉列表框中输入文件的名称；如果需要保存成其他类型的文件，可以在【保存类型】下拉列表框中选择需要存储的类型。

最后，单击【保存】按钮即可将文档保存。

如果要保存的文档在设计之前已经保存过，且不需要改变文件保存的名称、路径和格式等，则执行该命令时，不会弹出对话框而直接保存。

提示 在退出Flash时如果文档未进行保存，Flash会提示用户保存或放弃每个文档的更改，如图2.11所示。单击【是】按钮保存更改并关闭文档；单击【否】按钮关闭文档，不保存更改；单击【取消】按钮，放弃退出程序。

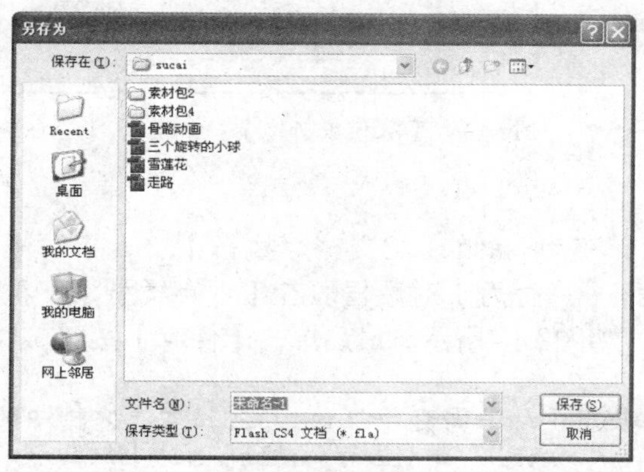

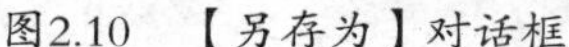
图2.10 【另存为】对话框

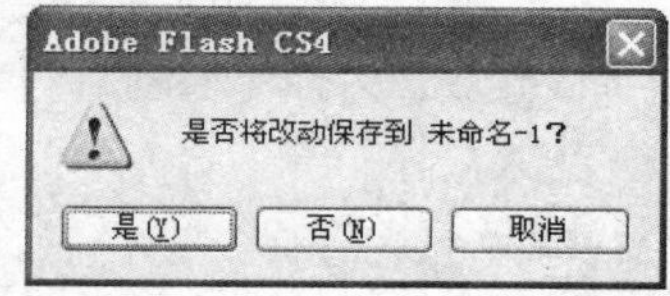

图2.11 保存提示框

2. 利用【另存为】命令

如果需要将当前Flash文档存储为其他格式，或者需要修改文档存储的路径和文件名等，可以通过执行【文件】→【另存为】命令（或按【Shift+Ctrl +S】组合键），在打开的【另存为】对话框中进行设置，最后单击【保存】按钮即可。

说明 【另存为】命令在任何状态下都可用，即使文档未做任何修改，也可通过【另存为】命令改变文档存储的名称或格式。在【另存为】对话框中，【保存类型】下拉列表框中的格式类型，都支持当前文档。

3. 利用【保存并压缩】命令

如果想在保存Flash文档的同时对其进行压缩，可以执行【文件】→【保存并压缩】命令，在打开的【另存为】对话框中进行设置，最后单击【保存】按钮即可。

4. 利用【另存为模板】命令

在制作完成某一动画以后，还可以将其保存为模板，以便以后调用。执行【文件】→【另存为模板】命令，打开【另存为模板】对话框，如图2.12所示。

在【另存为模板】对话框的【名称】文本框中输入模板的名称；从【类别】下拉列表框中选择一种类别，或输入一个名称以创建新类别；在【描述】文本框中输入模板说明（最多255个字符），然后单击【保存】按钮即可。

执行【文件】→【新建】命令后，在【新建文档】对话框中选择【模板】选项卡，在【类别】列表框中会显示刚刚创建并保存的模板类型；在【模板】列表框中会显示刚刚创建的模板名称；在右下角的【描述】文本框中显示保存为模板时输入的模板说明，如图2.13所示。

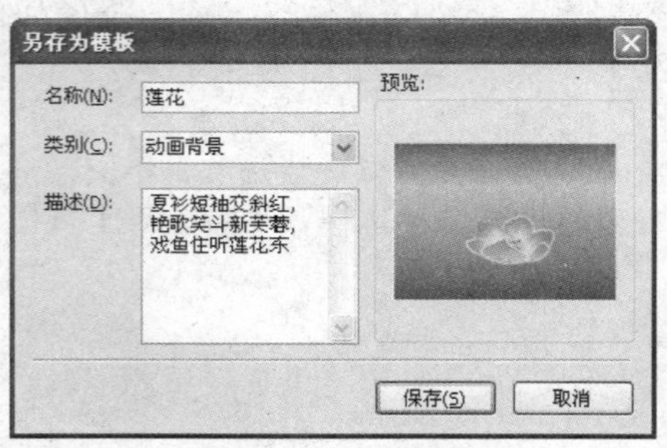

图2.12 【另存为模板】对话框

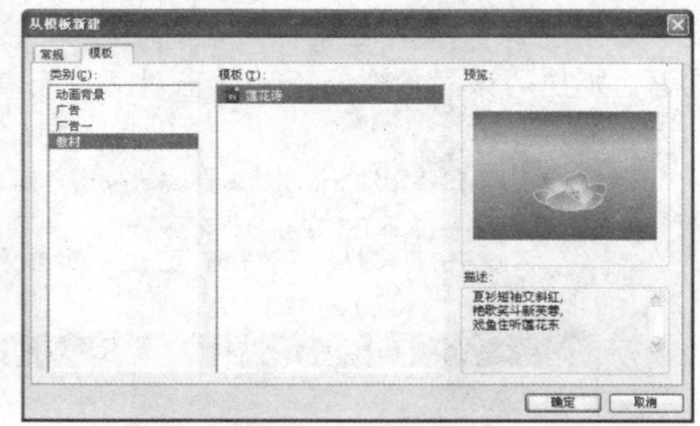

图2.13 【从模板新建】对话框

5. 将文档另存为 Flash CS3 文档

动画制作完成以后我们还可以将其保存为Flash CS3文档。执行【文件】→【保存】（或【文件】→【另存为】）命令，打开【另存为】对话框。在【保存类型】下拉列表框中选择【Flash CS3文档（*.fla）】选项，如图2.14所示。最后单击【保存】按钮。

说明 如果出现一条警告消息，并指示如果保存为Flash CS3格式，文档中的某些数据将被删除，如图2.15所示。此时单击【另存为Flash CS3】按钮可以继续保存。发生此情况是由于文档包含的某种功能仅在Flash CS4中适用，所以以Flash CS3 格式保存文档时，Flash不会保留这些功能。

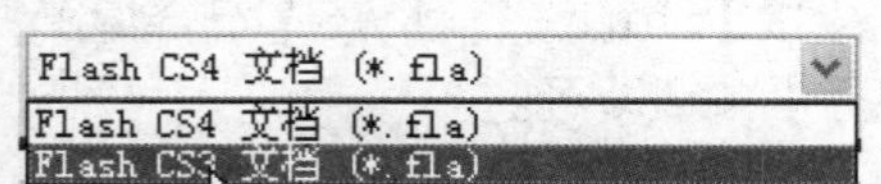

图2.14 选择【Flash CS3文档（*.fla）】选项

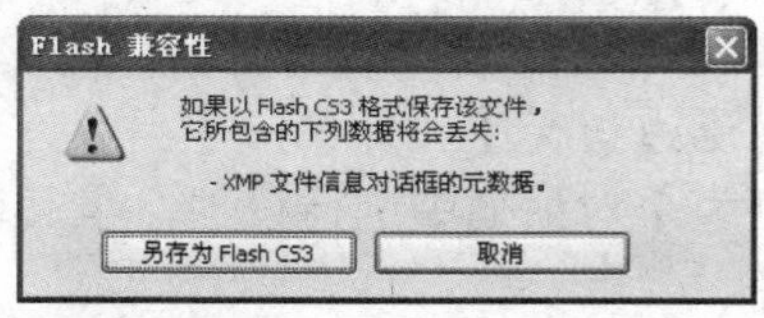

图2.15 警告提示框

技巧 在【文件】菜单中还有一个【还原】选项，对保存过的Flash文档进行修改后，会激活此选项，执行【文件】→【还原】命令后，弹出【是否还原】提示框，如图2.16所示，提示用户如果进行此操作，将无法撤销。

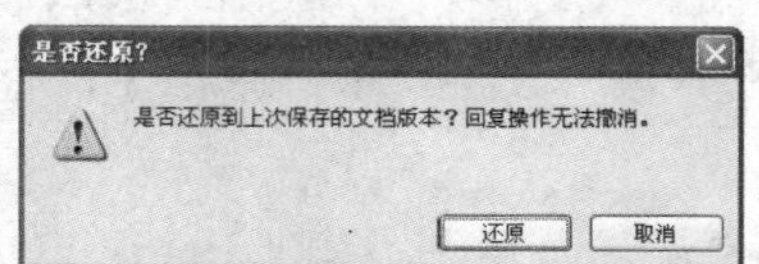

图2.16 【是否还原】提示框

2.1.4 关闭Flash CS4文档

编辑并保存Flash文档后，需要将其关闭，关闭Flash文档的方法有如下几种。

- 直接单击Flash文档名称右侧的关闭按钮 × ，此操作只是关闭Flash文档，而不退出Flash CS4界面。
- 选择【文件】菜单中的【关闭】选项。
- 按【Ctrl+W】组合键。

2.2 工作界面的基本操作

在第一章中介绍Flash CS4的工作界面时，简单介绍了工作界面的组成以及各部分的作用。在这一节中将详细介绍Flash CS4工作界面的布局模式及舞台的显示状态。

当我们新建一个Flash CS4文档时，系统会以默认的显示比例显示舞台并显示默认的工作界面布局，用户可以根据实际情况对舞台的显示比例进行修改，还可以根据需要更改工作界面的布局。

2.2.1 工作界面的布局模式

在Flash中，工作界面有几种显示模式，用户可以根据需要选择不同的模式编辑和制作动画。执行【窗口】→【工作区】命令打开【工作区】子菜单，如图2.17所示。

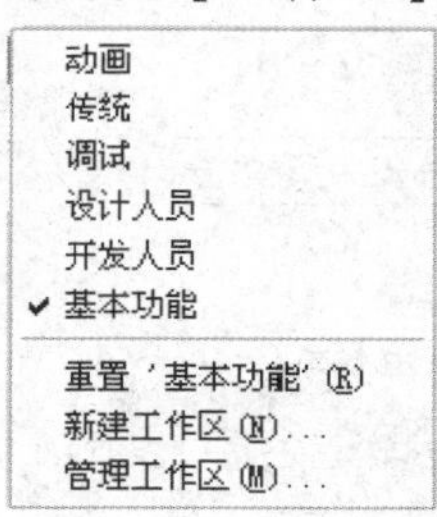

图2.17 【工作区】子菜单

从图中可以看出，在其子菜单中包含了除默认布局外的五种布局，用户根据需要选择不同的显示模式即可。下面简单介绍一下这五种布局。

- **动画：** 比较适合动画制作的布局模式。选择此布局模式后会显示多个在动画制作过程中常用的面板。
- **传统：** 此布局类似于Flash 8和Flash CS3的界面，更贴近原来就熟悉Flash软件的用户，这种布局可以使他们操作起来更方便。
- **调试：** 程序员开发完成之后还需要查错，此时就可以选择【调试】布局选项，以方便操作。
- **设计人员：** 适合设计人员使用的工作布局。
- **开发人员：** 更适合程序员进行程序开发时的布局模式。

图2.18所示依次为动画、传统、调试、设计人员、开发人员模式的显示状态。

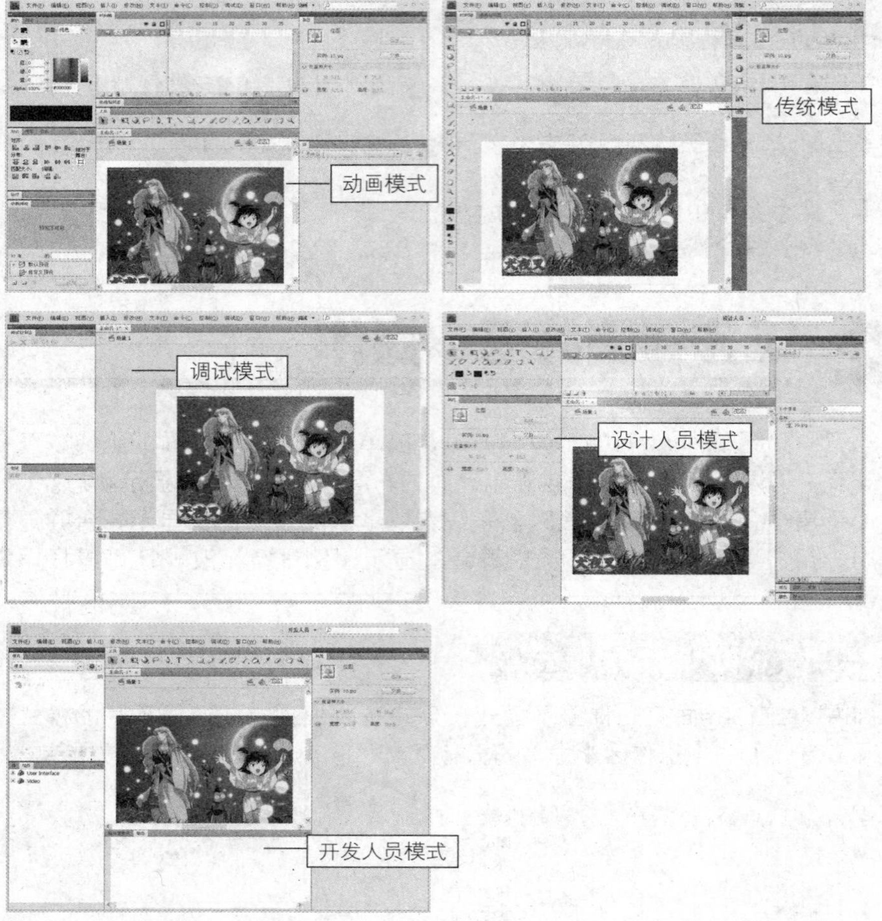

图2.18　工作界面的几种布局显示模式

除了从上述多个预设工作区中选择适合自己的工作区外，还可以创建自己的工作区，调整各个应用程序，以适合自己的工作方式，在一定程度上提高动画的制作效率。

在【工作区】子菜单中选择【新建工作区】选项，弹出【新建工作区】对话框，在【名称】文本框中输入要创建的工作区的名称，如图2.19所示。

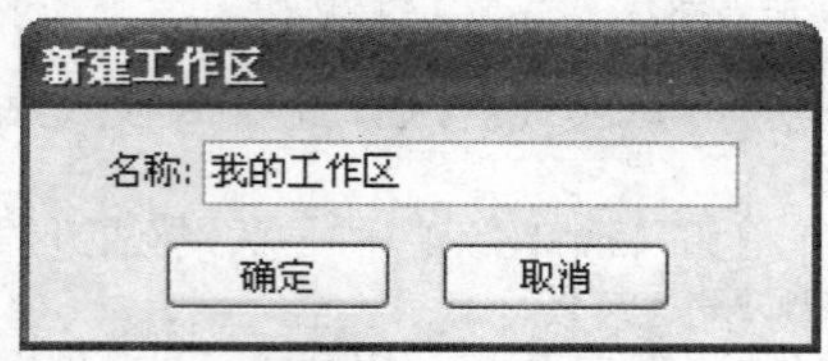

图2.19　【新建工作区】对话框

单击【确定】按钮完成新工作区的创建。然后根据动画制作需要进行设置，如图2.20所示为更改各项设置后的效果。

设置的具体操作步骤如下。

1 在Flash CS4基本界面中，将鼠标移动到【工具】面板上，按住鼠标左键并拖动鼠标，将【工具】面板向界面的左侧拖动，当将其拖动到界面最左侧时释放鼠标左键，将【工具】面板放置到界面的左侧，如图2.21所示。

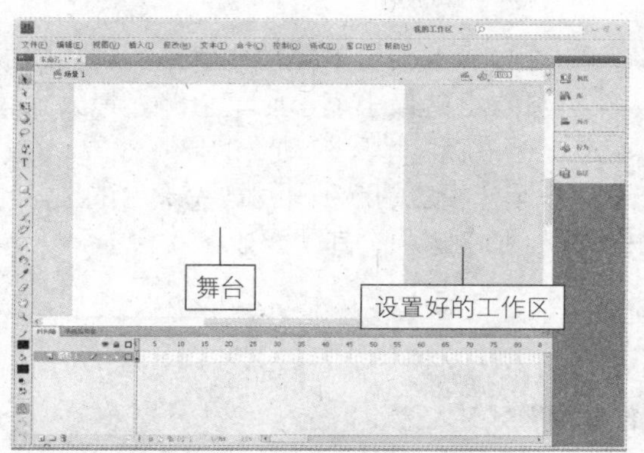

图2.20　设置好的新建工作区

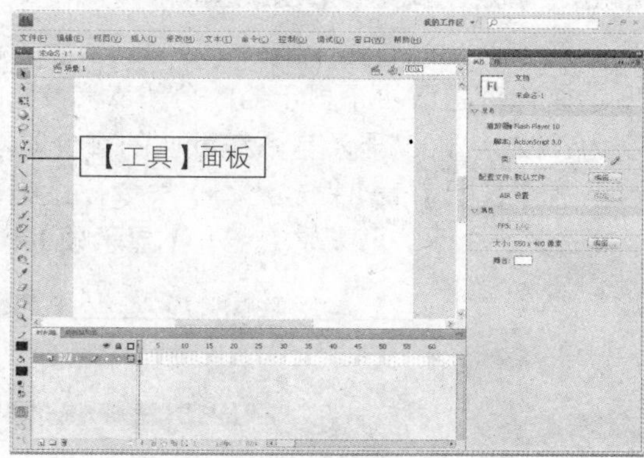

图2.21　将【工具】面板放置到界面的左侧

2 在基本界面中单击【属性】面板▶▶区域，将【属性】面板以图标的形式显示，以便为场景提供更大的编辑区域。

3 执行【窗口】→【对齐】命令，打开【对齐&信息&变形】面板。

4 执行【窗口】→【行为】命令和【窗口】→【其他面板】→【场景】命令，分别打开【行为】面板和【场景】面板。

5 将鼠标移动到【对齐&信息&变形】面板的名称栏的左侧，当鼠标指针变为✥形状时，按住鼠标左键并拖动鼠标，将面板向界面右侧拖动，当将面板拖动到界面最右侧时释放鼠标左键，将【对齐&信息&变形】面板放置到界面右侧。

6 用同样的方法，依次将【行为】面板和【场景】面板分别拖动到界面右侧，并放置到【对齐&信息&变形】面板下方。

7 用鼠标将工作区的大小调整好，完成界面的设置（参考图2.20）。

在制作动画的过程中，如果觉得工作区的布局仍然存在不合适的地方，还可以重新设置，只要在【基本功能】下拉菜单中选择【重置‘我的工作区’】选项，如图2.22所示。

提示 如果不再使用新建的工作区或想将其命名为特定的工作区，可以将其删除或为其重命名。在【基本功能】下拉菜单中选择【管理工作区】选项，打开【管理工作区】对话框，如图2.23所示。选中要删除或重命名的工作区，激活【重命名】和【删除】按钮，如图2.24所示，然后执行相应的命令即可，最后单击【确定】按钮关闭对话框。

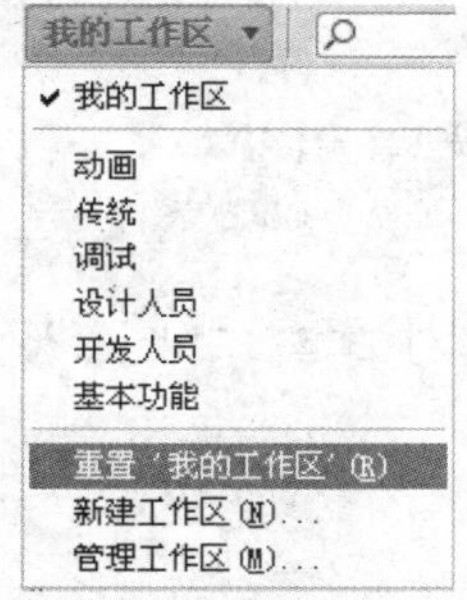

图2.22　【基本功能】下拉菜单

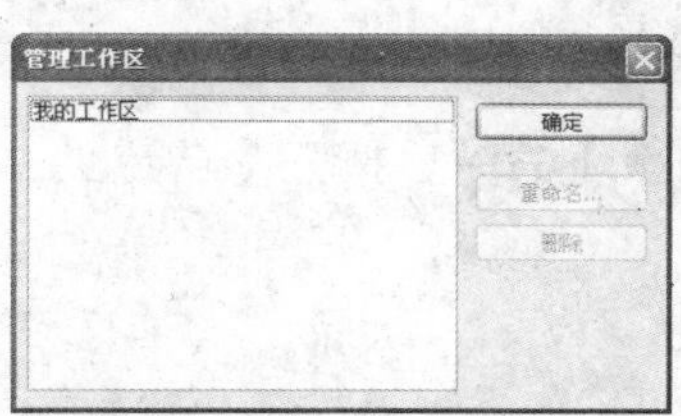

图2.23　【管理工作区】对话框

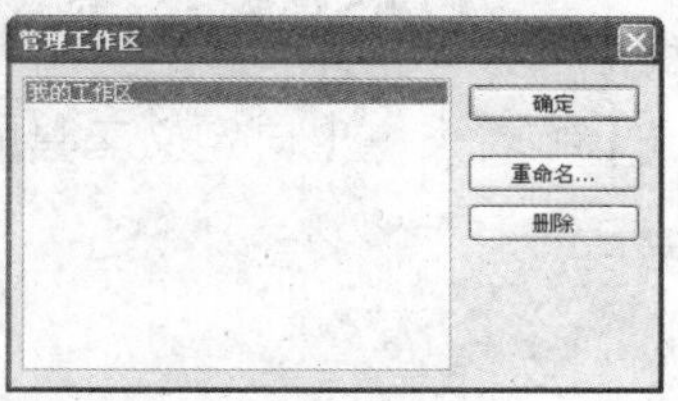

图2.24　激活【重命名】和【删除】按钮

2.2.2 舞台显示比率

要在屏幕上查看整个舞台，或要放大舞台，可以通过更改舞台的缩放比率来实现。缩放比率的变化范围取决于显示器的分辨率和文档大小。舞台上的最小缩小比率为8%，最大放大比率为2000%。100%显示是系统默认的舞台显示状态，能最真实地反映动画的显示效果。

执行【视图】→【缩放比率】命令，在其子菜单中选择相应的选项即可改变舞台的显示比例，如图2.25所示。子菜单中还有【显示帧】和【显示全部】选项，其功能如下。

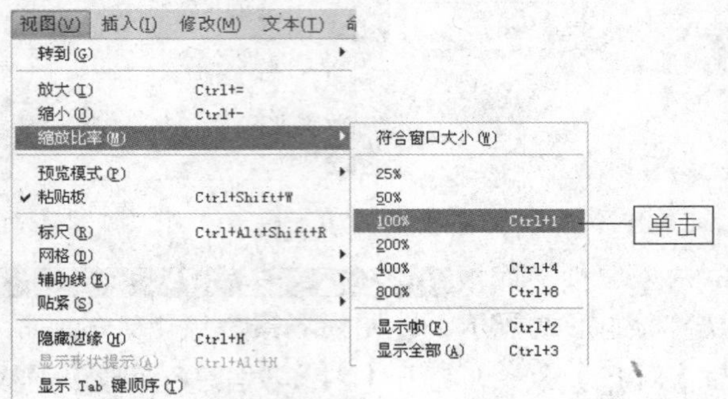

图2.25 执行【视图】→【缩放比率】命令

- **显示帧**：选择了该选项后，系统将按照在属性中设置的尺寸来显示动画。
- **显示全部**：选择该选项，系统会调节动画尺寸以适合当前帧的大小。如果该帧是空的，则显示整个场景。

通过下面几种方法也可改变舞台的缩放比率。

- 执行【视图】→【放大】命令，或按【Ctrl+“=”】组合键，可以使舞台的显示比例放大。
- 执行【视图】→【缩小】命令，或按【Ctrl+“-”】组合键，可以使图形对象的显示比例缩小。

除了以上方法之外，还可利用【缩放工具】按钮改变舞台的显示比率。

若要显示围绕舞台的工作区，或要查看场景中部分或全部超出舞台区域的对象，则执行【视图】→【粘贴板】命令。例如，要使一片云飘入舞台中，可以先将云朵放置在舞台之外的位置，然后以动画形式使云朵飘进舞台区域。

2.2.3 自定义【工具】面板

在【工具】面板中列出了常用的绘图工具，我们可以根据需要自定义【工具】面板，以方便操作。

技巧 可以将【工具】面板和其他面板一起隐藏（或显示），方法是执行【窗口】→【隐藏面板】命令，或者按【F4】快捷键。

执行【编辑】→【自定义工具面板】命令，打开【自定义工具面板】对话框，如图2.26所示。

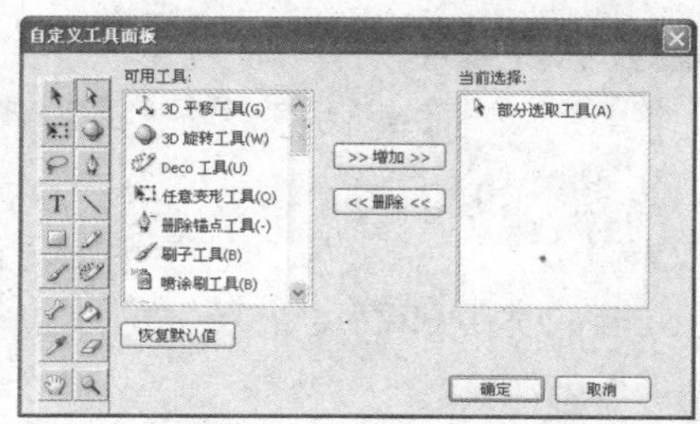

图2.26　【自定义工具面板】对话框

若要在【矩形工具】工具组中删除【多角星形工具】选项，并将其指定到其他工具组中，可以先单击左侧【工具】面板图像中的【矩形工具】图标，然后在【当前选择】列表框中选中【多角星形工具】选项，单击【删除】按钮，如图2.27所示。

说明　可以将一个工具分配到多个位置。

下面将【多角星形工具】选项指定到【线条工具】工具组中。首先在【工具】面板图像中选择【线条工具】图标，然后在【可用工具】列表框中选择【多角星形工具】选项，单击【增加】按钮，如图2.28所示。最后单击【确定】按钮即可。

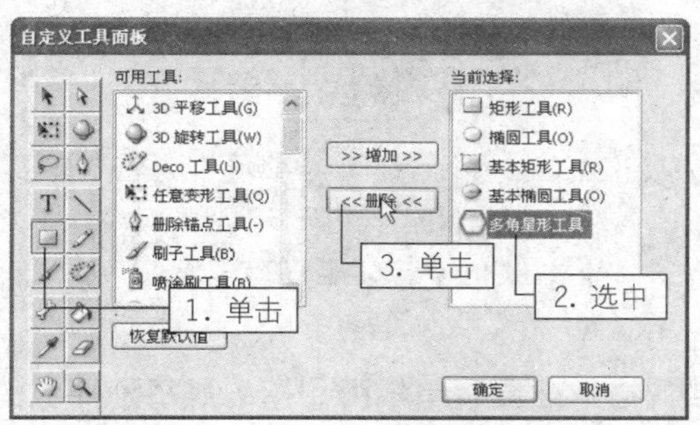

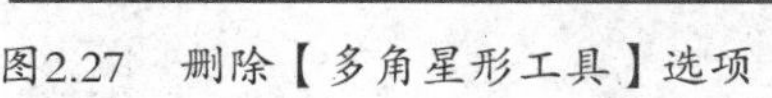

图2.27　删除【多角星形工具】选项

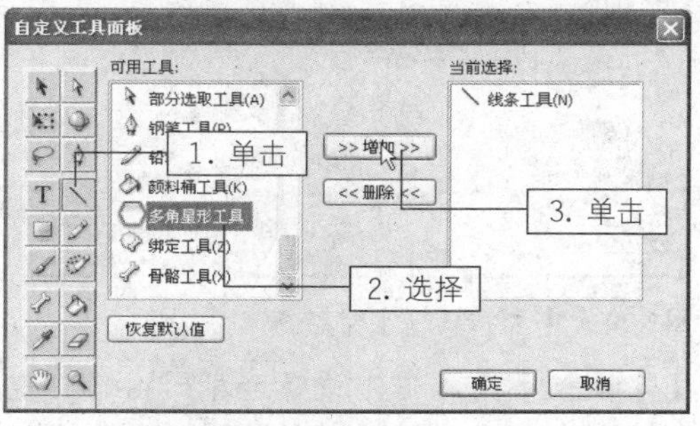

图2.28　添加【多角星形工具】选项

提示　若要恢复默认工具面板布局，单击【自定义工具面板】对话框中的【恢复默认值】按钮即可。

2.3 Flash CS4的基本设置

为了更好地使用Flash CS4软件，还需要学习一些有关Flash基本设置的方法，掌握了这些知识，会在以后的学习和使用过程中更加得心应手。

Flash CS4的基本设置主要包括对场景大小、背景颜色、标尺、网格以及辅助线等绘图环境的设置。

2.3.1 Flash CS4场景

场景属性决定了动画影片播放时的显示范围和背景颜色等。

1. 通过【文档属性】对话框设置场景属性

场景属性的设置主要通过【文档属性】对话框进行，其操作步骤如下。

1 启动Flash CS4，新建一个Flash文档。

2 选择【修改】菜单中的【文档】选项，打开【文档属性】对话框，如图2.29所示。

3 在【尺寸】文本框中指定文档的宽度和高度，尺寸的单位一般选择像素单位。最小为1x1像素；最大为2880x2880像素。

提示 要将舞台大小设置为内容四周的空间都相等，应选中【匹配】右边的【内容】单选按钮。要将舞台大小设置为最大的可用打印区域，则选中【匹配】右边的【打印机】单选按钮，此时打印区域是纸张大小减去【页面设置】对话框中的【页边距】区域中当前选定边距之后的剩余区域。如果要将舞台大小设置为默认大小（550x 400像素），则选中【默认】单选按钮。

4 单击【背景颜色】按钮中的小箭头，打开颜色拾取器，在其中为当前的Flash CS4文档选择背景颜色，如图2.30所示。

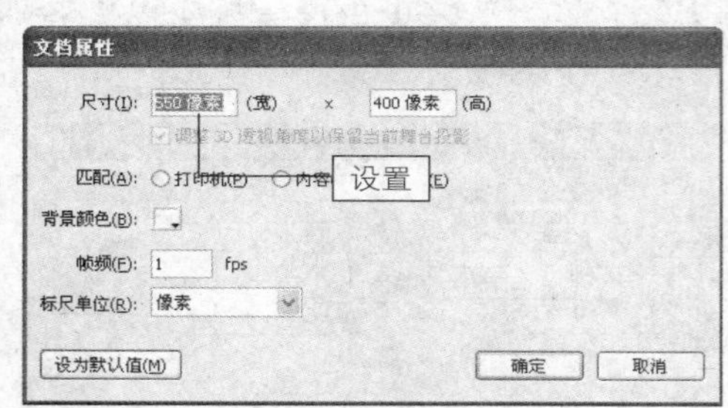

图2.29 【文档属性】对话框

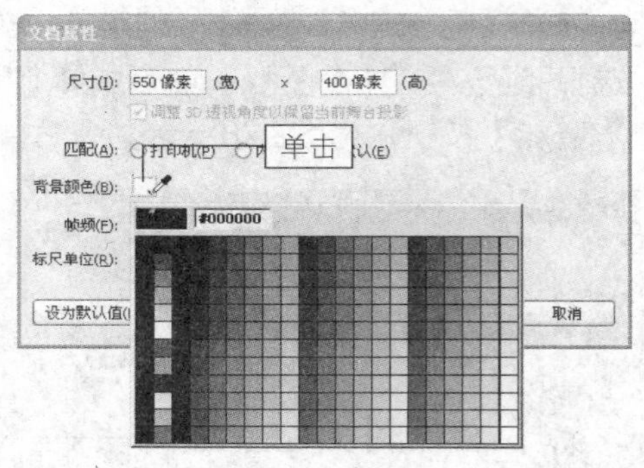

图2.30 Flash CS4的背景颜色拾取器

5 在【帧频】文本框中设置当前Flash CS4文档的播放速度，单位[fps]指的是每秒播放的帧数。Flash CS4默认的帧频率为12。

说明 不是所有Flash影片的帧频率都设置为12，而是应该根据影片发布的实际需要进行设置。如果制作的影片准备在多媒体设备上播放，比如在电视、电脑上，那么帧频率可以设置为24；如果是在互联网上播放，一般设置为12。

6 在【标尺单位】文本框中指定对应的单位，一般选择像素。

7 单击【确定】按钮完成文档属性的设置。

技巧 要将这些新设置用做所有新文档的默认属性，要先单击【设为默认值】按钮，然后再单击【确定】按钮。若要将新设置仅用做当前文档的默认属性，则直接单击【确定】按钮即可。单击【设为默认值】按钮后，将激活【调整3D透视角度以保留当前舞台投影】复选框。

2. 通过【属性】面板设置场景属性

除了可以通过【文档属性】对话框设置场景外，还可以利用【属性】面板进行简单设置。首先取消选择舞台中的所有对象，然后单击【选择】工具按钮。在【属性】面板的

【属性】区域单击【编辑】按钮，仍可打开【文档属性】对话框。单击【属性】面板中舞台右侧的颜色框，可以直接打开背景颜色拾取器，选择场景的背景颜色，如图2.31所示。

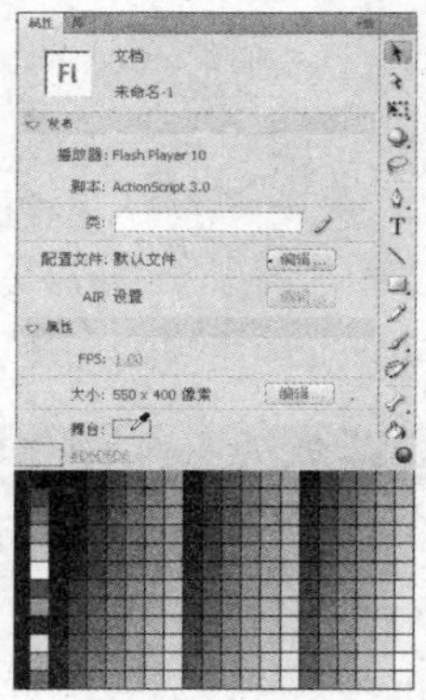

图2.31　选择场景的背景颜色

2.3.2　设置标尺、辅助线和网格

标尺是Flash CS4提供的一种绘图参照工具，在场景的左侧和上方显示。在绘图或编辑影片的过程中，标尺可以帮助用户对图形对象进行定位。辅助线与标尺配合使用，两者对应，可以帮助用户实现对图形对象更加精确的定位。网格是Flash CS4提供的另一种绘图坐标参照工具，它和标尺不同，分布于场景的舞台之中。

1. 设置标尺

标尺可以有效帮助设计者测量、组织和计划作品的布局。一般情况下标尺都以像素为单位，如果需要更改，可以在【文档属性】对话框中进行设置。要显示和隐藏标尺可以选择【视图】菜单中的【标尺】选项（或按【Ctrl+Alt+Shift+R】组合键）。垂直和水平标尺出现在文档窗口的边缘，如图2.32所示。

2. 使用辅助线

辅助线是用户从标尺拖到舞台上的直线。辅助线的功能是帮助放置和对齐对象，它是标记舞台的重要部分。设置辅助线的步骤如下：

1 选择【视图】菜单中的【标尺】选项，显示标尺。
2 用鼠标在上面或左面的标尺上单击并拖动。
3 在画布上定位辅助线，然后释放鼠标，效果如图2.33所示。

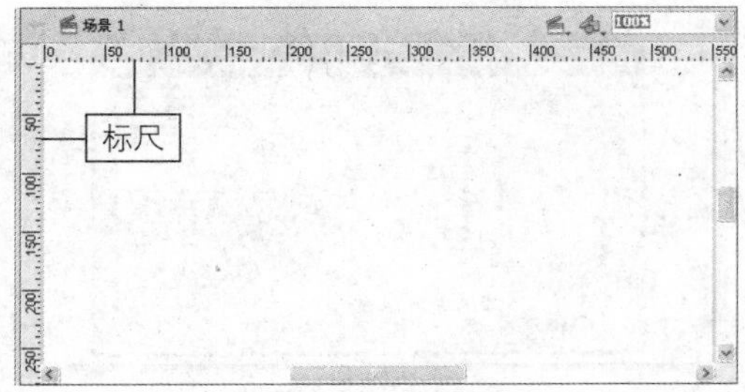

图2.32　Flash CS4中的标尺

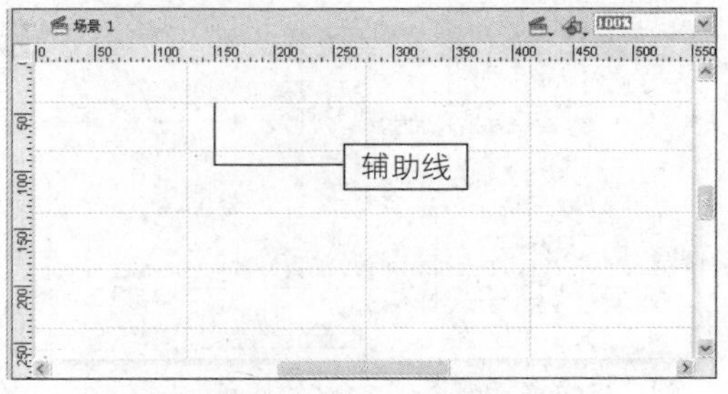

图2.33　Flash CS4中的辅助线

4 对于不需要的辅助线，可以将其拖拽到工作区外，或者在【视图】菜单的【辅助线】子菜单中选择【显示辅助线】选项（或按【Ctrl+；】组合键）来实现辅助线的显示或隐藏。

提示 导出文档时，不会导出辅助线。

执行【视图】→【辅助线】→【编辑辅助线】命令，可以打开【辅助线】对话框，如图2.34所示。在该对话框中可以对辅助线进行具体设置。

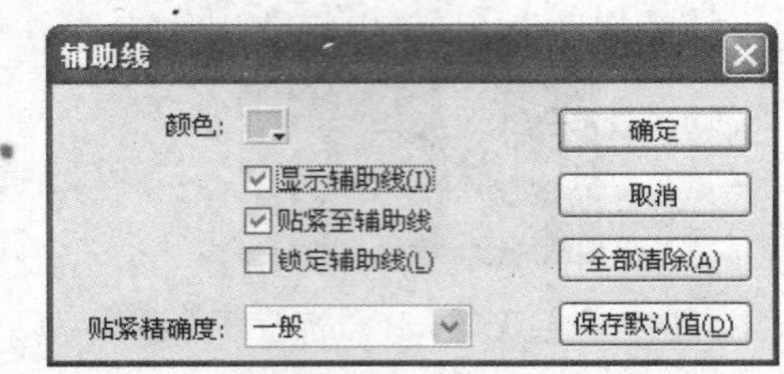

图2.34 【辅助线】对话框

提示 为了在编辑制作动画过程中使辅助线不被意外移动，可以将其锁定，执行【视图】→【辅助线】→【锁定辅助线】命令即可锁定。

3. 设置网格

除了标尺和辅助线外，可以在场景中显示的网格也是重要的绘图参照工具之一。Flash网格在舞台上显示一个由横线和竖线均匀架构的体系。网格可以被查看和编辑，其大小和颜色都可以调整和更改。设置网格的步骤如下。

1 打开【视图】菜单的【网格】子菜单，选择【显示网格】选项来显示网格（或按【Ctrl+'】组合键），显示效果如图2.35所示。

说明 再次选择【视图】的【网格】子菜单中的【显示网格】选项可以隐藏网格。

2 在【视图】菜单中的【网格】子菜单中，单击【编辑网格】选项，可打开【网格】对话框（或按【Ctrl+Alt+G】组合键），如图2.36所示。

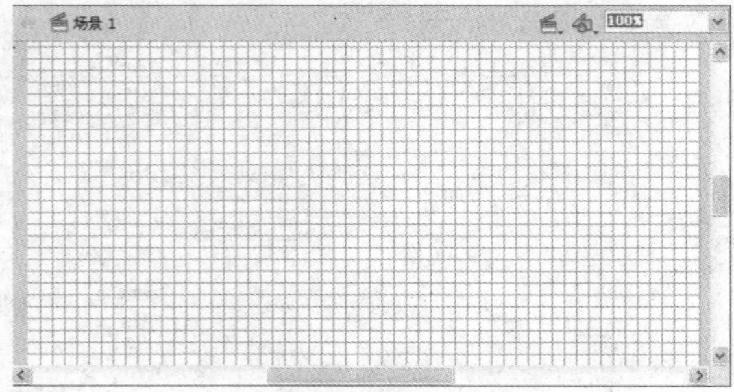

图2.35 显示Flash CS4中的网格

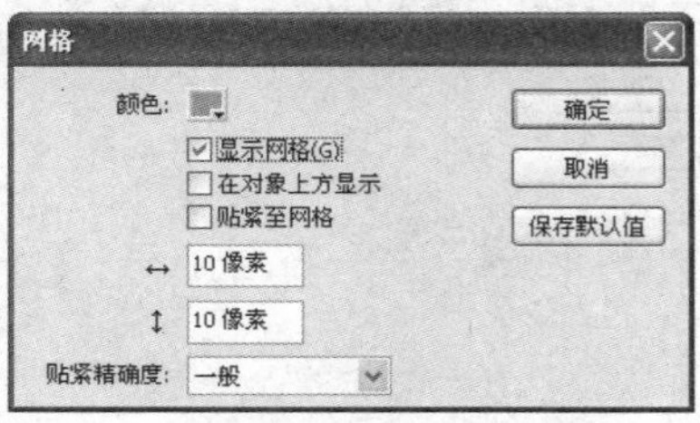

图2.36 【网格】对话框

3 在对话框中设定网格颜色和网格尺寸。

单击【颜色】按钮中的小箭头，打开颜色拾取器，如图2.37所示。在颜色拾取器中选择一种颜色作为网格的颜色。

在↕ 10像素 数值框和↔ 10像素 数值框中输入数值，可以改变网格的长度和宽度。

单击【贴紧精确度】下拉列表框右侧的下拉按钮，打开其下拉列表，如图2.38所示。在其中可以选择绘制图形过程中图形对象与网格的贴紧程度。

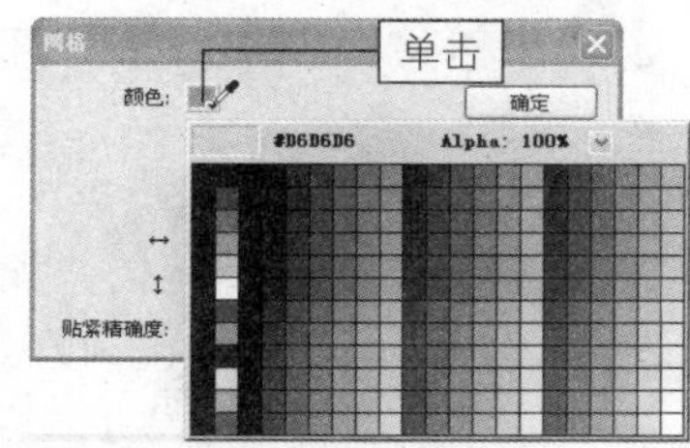

图2.37　设置颜色

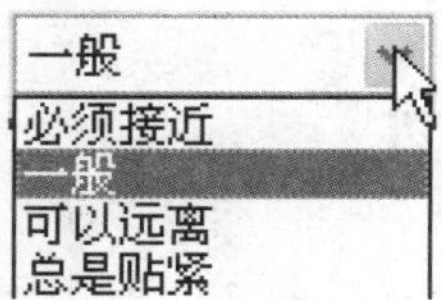

图2.38　【贴紧精确度】下拉列表

注意　网格只是一种设计工具，不会随文档导出。

2.4 设置Flash CS4的首选参数和快捷键

在Flash CS4中，用户可根据自己操作的需要，设置首选参数和快捷键，从而使软件更符合自己的使用习惯。

2.4.1 设置Flash中的首选参数

在Flash CS4中，可以在【首选参数】对话框中设置常规操作、编辑操作和剪贴板操作的首选参数。在Flash CS4的工作界面中，可以选择【编辑】菜单中的【首选参数】选项或者按【Ctrl+U】组合键，打开【首选参数】对话框，如图2.39所示。

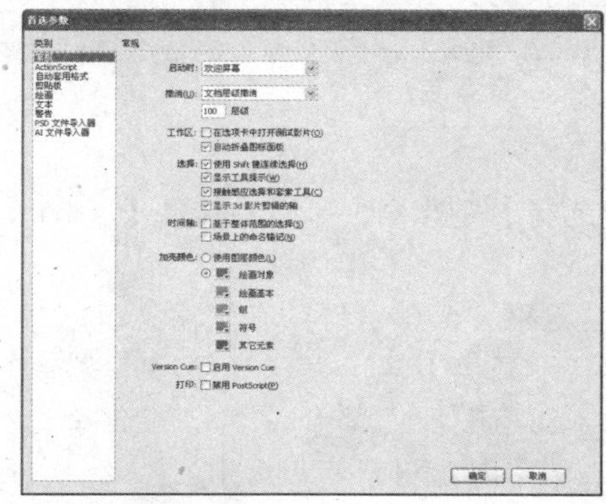

图2.39　【首选参数】对话框

在该对话框左侧的【类别】列表中，包含【常规】、【ActionScript】、【自动套用格式】、【剪贴板】、【绘画】、【文本】和【警告】等选项，单击某一选项，在对话框的右侧将显示相应的设置选项，用户可根据自己的需要进行设置。

1. 常规设置

打开【首选参数】对话框时，系统默认显示常规设置选项框。下面就该对话框中的每项文本条进行说明。

【启动时】

【启动时】下拉列表框包括【不打开任何文档】、【新建文档】、【打开上次使用的文档】以及【欢迎屏幕】等选项，如图2.40所示。

选择某一选项，在启动Flash CS4时，系统进行该选项所代表的操作，如选择【打开上次使用的文档】选项，则在每次启动Flash CS4时，将打开上次使用的文档；如果选择【欢迎屏幕】选项，则在每次启动Flash CS4时，将打开如图2.41所示的Flash CS4开始页。

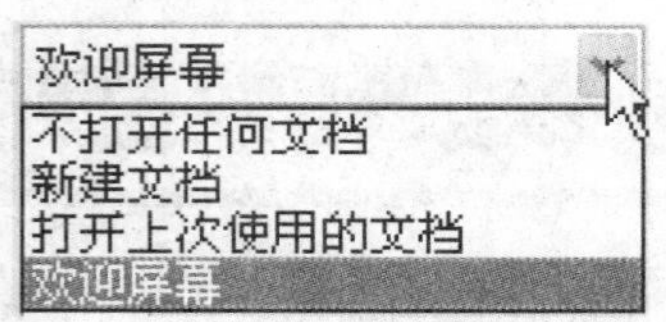

图2.40 【启动时】下拉列表框

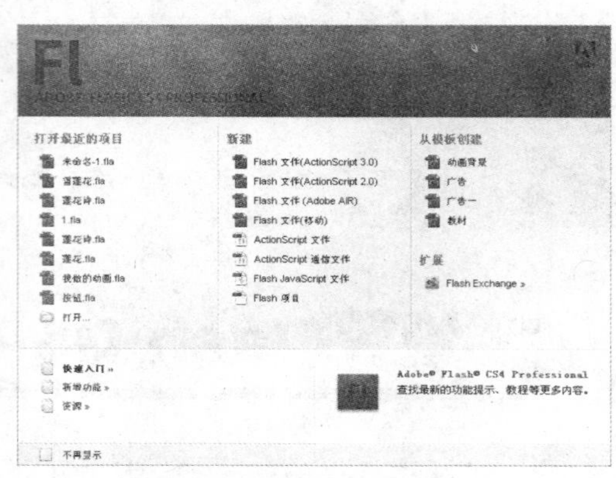

图2.41 Flash CS4开始页

【撤销】

【撤销】下拉列表框包括【文档层级撤销】和【对象层级撤销】两个选项。选择某一选项，然后在其下面的小文本框中输入一个2到300之间的值，可以设置该选项的撤销/重做级别数。

【工作区】

选中【在选项卡中打开测试影片】复选框，选择【控制】菜单中的【测试影片】选项时，会在应用程序窗口中打开一个新的文档选项卡。取消选中该对话框，将在应用程序窗口中打开【测试影片】窗口。

【选择】

选中【使用Shift键连续选择】复选框，可以在按住【Shift】键的同时选择Flash的多个元素。

选中【显示工具提示】复选框，当指针停留在控件上时，将显示该控件的工具提示。

选中【接触感应选择和套索工具】复选框，当使用【选择】工具或【套索】工具进行拖动时，如果矩形框中包括了对象的任何部分，则此对象将被选中；取消选中该复选框，只有当工具的矩形框完全包围对象时，对象才被选中。

【时间轴】

选中【基于整体范围的选择】复选框，在时间轴中可基于整体范围进行选择，而不是使用默认的基于帧的选择。

选中【场景上的命名锚记】复选框，可以让Flash CS4将文档中每个场景的第一个帧作为命名锚记。使用命名锚记，可以在浏览器中使用【前进】和【后退】按钮从Flash CS4应用程序的一个场景跳到另一个场景。

【加亮颜色】

选中【颜色面板】单选按钮，可以从面板中选择一种颜色作为加亮颜色；选中【使用图层颜色】单选按钮，则使用当前图层的轮廓颜色作为加亮颜色。

【打印】

此功能仅限于Windows操作系统。如果打印到PostScript打印机有问题，请选中【禁用PostScript】复选框。

2. ActionScript设置

在【类别】列表框中选择【ActionScript】选项，将打开ActionScript设置选项框，如图2.42所示。

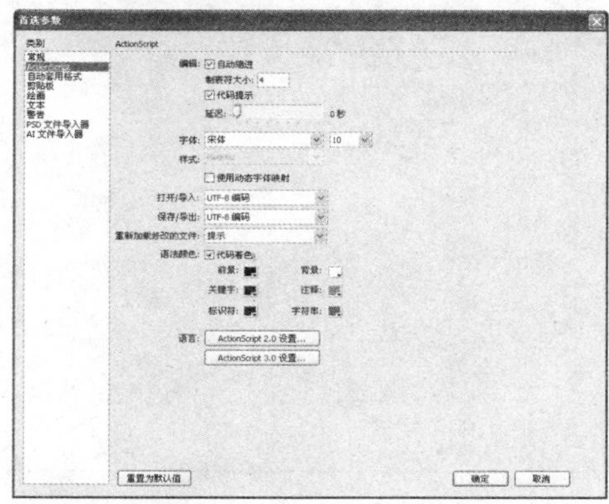

图2.42 ActionScript设置选项

【编辑】

选中【自动缩进】复选框，在左括号（或左大括号）之后输入的文本将按照下面【制表符大小】文本框中指定的大小自动缩进。

【制表符大小】文本框用于指定自动缩进偏移的字符数，默认值是4。

选中【代码提示】复选框，将在【脚本】窗格中启用代码提示。

【延迟】滑块用于指定代码提示出现之前的延迟时间（以秒为单位）。

【字体】

在第一个下拉列表框中指定【脚本】窗格中使用的字型名称，在第二个下拉列表框中指定字体大小。

选中【使用动态字体映射】复选框，检查每个字符的字型，以确保所选的字体系列具有呈现每个字符所必需的字型。如果没有，Flash CS4会替换上一个包含必需字符的字体系列。

【打开/导入】

使用此下拉列表框可指定打开和导入ActionScript文件时使用的字符编码。

【保存/导出】

使用此下拉列表框可指定保存和导出ActionScript文件时使用的字符编码。

【重新加载修改的文件】

此下拉列表框包含【总是】、【从不】和【提示】等选项，使用此下拉列表框可以选择重新加载修改文件的重新加载方式。选择【总是】选项，发现更改时不显示警告，自动重新加载文件；选择【从不】选项，发现更改时不显示警告，文件保留当前状态；选择【提示】选项，发现更改时显示警告，可根据用户的选择确定是否重新加载文件。

【语法颜色】

使用颜色面板，可分别设置脚本前景、背景、关键字、注释、标识符和字符串等的颜色。

【语言】

单击其中的按钮，可打开相应的【ActionScript设置】对话框，进行设置或修改路径。

3. 自动套用格式

在【类别】列表框中，选择【自动套用格式】选项，将打开自动套用格式设置选项框，如图2.43所示。

用户可根据ActionScript的编辑需要，选中相应的复选框，在【预览】区域可看到每次选择的效果。

4. 剪贴板

在【类别】列表框中，选择【剪贴板】选项，将打开剪贴板设置选项框，如图2.44所示。

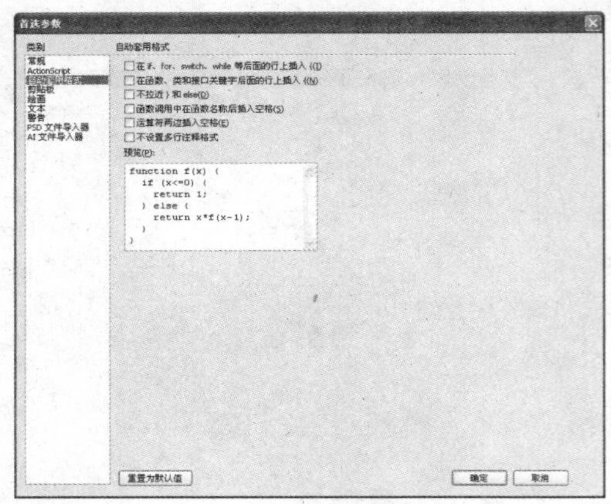

图2.43　自动套用格式设置选项

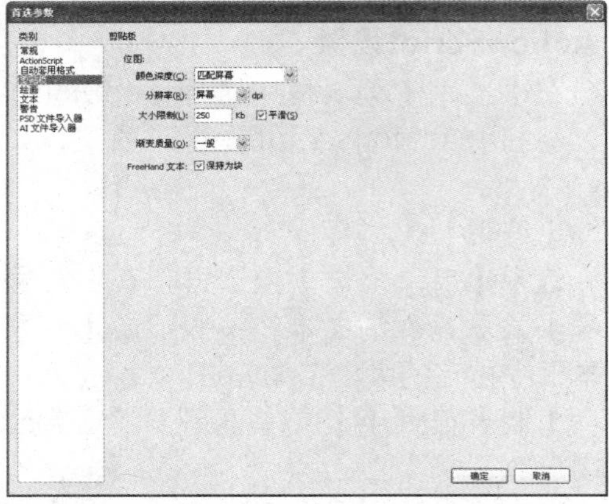

图2.44　剪贴板设置选项

使用【颜色深度】和【分辨率】下拉列表框可以指定复制到剪贴板时，位图的颜色深度和分辨率。选中【平滑】复选框，可以应用锯齿消除功能。

在【大小限制】数值框中输入值，可以指定将位图图像放在剪贴板上时所使用的内存量。在处理大型或高分辨率的位图图像时，需要增加此值。

在【渐变质量】下拉列表框中，可以指定在Windows源文件中放置的渐变填充的质量。使用此设置可以指定将项目粘贴到Flash外的位置时的渐变色品质。如果粘贴到Flash内，无论此选项如何设置，将完全保留复制数据的渐变质量。

选中【保持为块】复选框，可以确保粘贴的FreeHand文件中的文本是可编辑的。

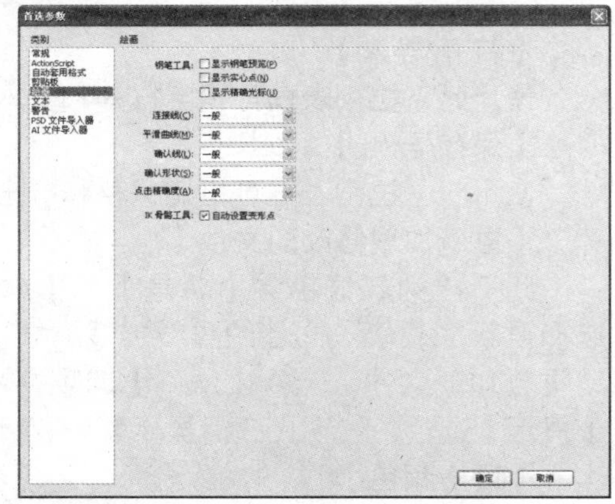

图2.45　绘图设置选项

5. 绘画

在【类别】列表框中，选择【绘画】选项，将打开绘画设置选项框，如图2.45所示。

- 选中【显示钢笔预览】复选框，可以在绘画时预览线段。
- 选中【显示实心点】复选框，可将选定的锚记点显示为空心点，并将没有选定的锚记点显示为实心点。
- 选中【显示精确光标】复选框，可指定钢笔工具指针以十字准线指针的形式出现，而不是以默认的钢笔工具图标的形式出现，这样可以提高线条的定位精度。

- 【连接线】下拉列表框中包含【必须接近】、【一般】和【可以远离】等选项。使用这些选项可确定绘制线条的终点必须距现有线段多近时，才能对齐到另一条线上最近的点。
- 【平滑曲线】下拉列表框中包含【关】、【粗略】、【一般】和【平滑】等选项，使用这些选项可指定当绘画模式设置为伸直或平滑时，应用到铅笔工具绘制曲线的平滑量。
- 【确认线】下拉列表框中包含【关】、【严谨】、【一般】和【宽松】等选项，使用这些选项可定义用铅笔工具绘制的线段必须有多直时，Flash才会确认为是直线并将其完全变直。在绘画时，如果选择【关】选项，可以在绘制线段完毕后，选择一条或多条线段，然后执行【修改】→【形状】→【伸直】命令来伸直线段。
- 【确认形状】下拉列表框中包含【关】、【严谨】、【一般】和【宽松】等选项，使用这些选项可指定绘制的圆形、椭圆形、正方形、矩形或90°和180°弧要达到何种精度，才会被确认为几何形状并精确重绘。
- 【点击精确度】下拉列表框中包含【严谨】、【一般】和【宽松】等选项，使用这些选项可指定指针必须距离某个项目多近时，Flash才能确认该项目。

6. 文本

在【类别】列表框中，选择【文本】选项，将打开文本设置选项框，如图2.46所示。

使用【字体映射默认设置】下拉列表框可选择在Flash中打开文档时，替换缺失字体所使用的字体。

- 选中【默认文本方向】复选框，可将默认文本方向设置为垂直。
- 选中【从右至左的文本流向】复选框，可以翻转默认的文本显示方向。
- 选中【不调整字距】复选框，可以关闭垂直文本的字距微调。
- 在【输入方法】区域，选中某一单选按钮可选择相应的语言。

7. 警告

在【类别】列表框中，选择【警告】选项，将打开警告设置选项框，如图2.47所示。

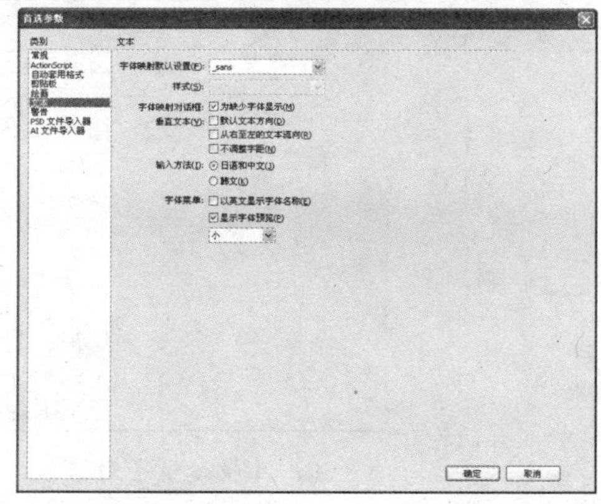

图2.46　文本设置选项

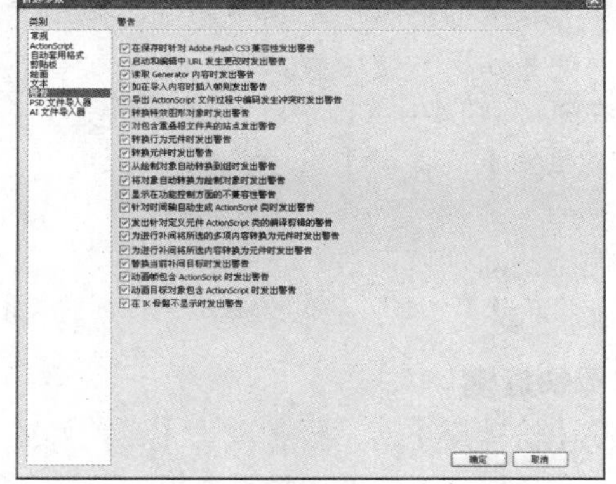

图2.47　警告设置选项

用户可根据自己的需要，选中或取消选中某一复选框，以此来设置或取消相应的提示警告。

8. PSD文件导入器

在【类别】列表框中，选择【PSD文件导入器】选项，将打开PSD文件导入器设置选项框，如图2.48所示。

通过PSD文件导入器，用户可以将Photoshop中的图像图层、文本图层和形状图层轻松自如地导入到Flash CS4中，用户还可以根据需要设置导入的方式。

【发布】设置是用户在完成作品进行发布时设置的项目，可以选择有损压缩和无损压缩两种方式。用户在选择有损压缩时可以根据需要设置作品的品质。

9. AI文件导入器

在【类别】列表框中，选择【AI文件导入器】选项，将打开AI文件导入器设置选项框，如图2.49所示。

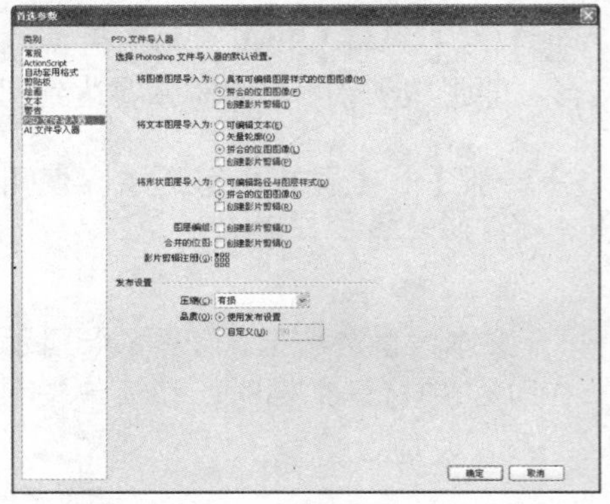

图2.48　PSD文件导入器

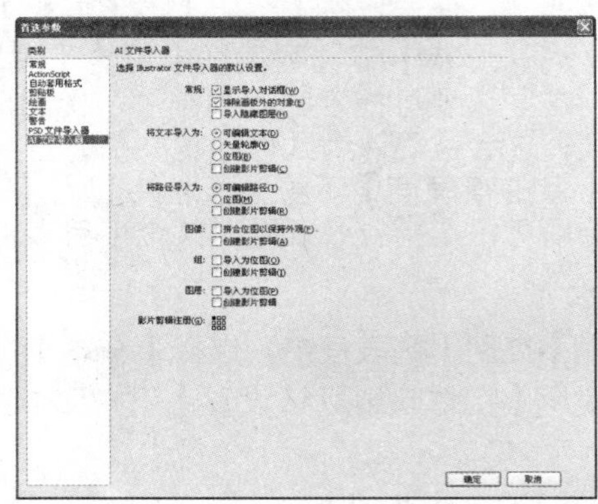

图2.49　AI文件导入器

AI文件导入器是从Flash CS3版本开始新增的功能。通过AI文件导入器，用户可以将Illustrator中的文件根据需要导入到Flash CS4中。

2.4.2　设置Flash中的首选参数

同其他应用系统一样，为了提高操作的效率，Flash也提供了大量的快捷键。利用快捷键，用户不需要频繁操作菜单，能使工作更方便快捷。

在Flash CS4中，用户可根据需要设置快捷键，选择【编辑】菜单的【快捷键】选项，打开【快捷键】对话框，如图2.50所示。

使用此对话框可进行选择、自定义、重命令、删除快捷键以及将设置导出为HTML等操作。

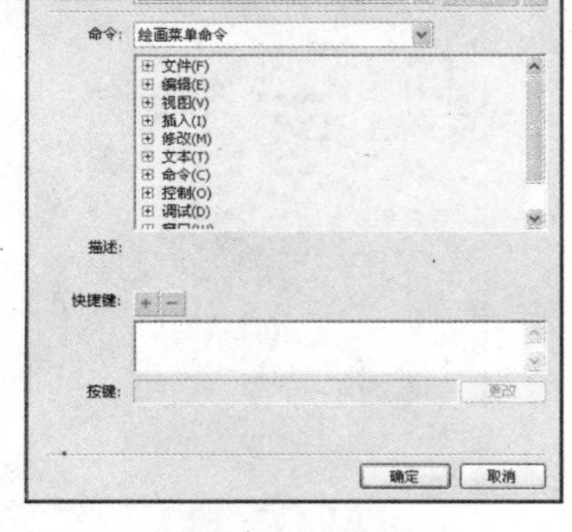

图2.50　【快捷键】对话框

1. 选择快捷键

在【快捷键】对话框中单击【当前设置】下拉列表框的下拉箭头，打开【当前设置】下拉列表框，如图2.51所示。

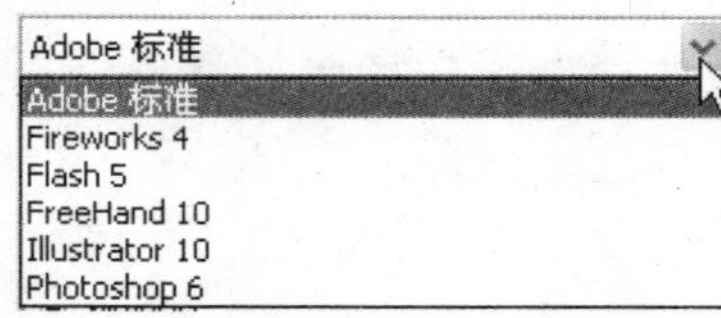

图2.51　【当前设置】下拉列表框

根据用户的需要，选择某一选项，可将Flash的快捷键设置为与用户熟悉的应用程序相同的快捷键。

2. 自定义快捷键

在Flash CS4中也可自定义快捷键，其操作步骤如下：

1 单击【当前设置】下拉列表框右边的【直接复制设置】按钮，打开【直接复制】对话框，如图2.52所示。

图2.52　【直接复制】对话框

2 在【副本名称】文本框中输入自定义快捷键的名称。

3 单击【确定】按钮，在【当前设置】下拉列表框中将出现自定义快捷键的名称，如图2.53所示。

4 在【命令】下拉列表框中，选择需要自定义快捷键的命令，如图2.54所示。

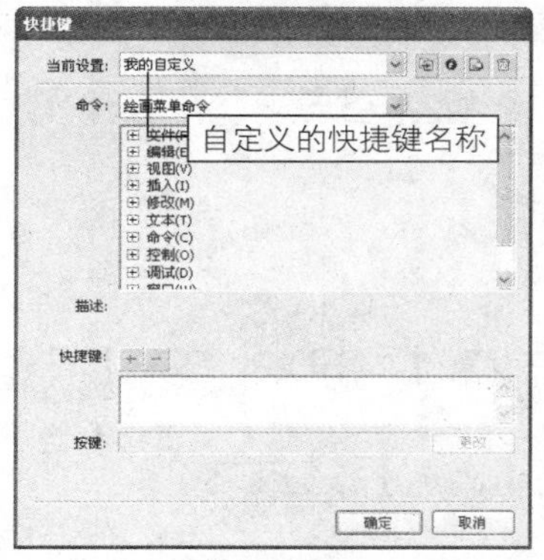

图2.53　出现自定义快捷键的名称

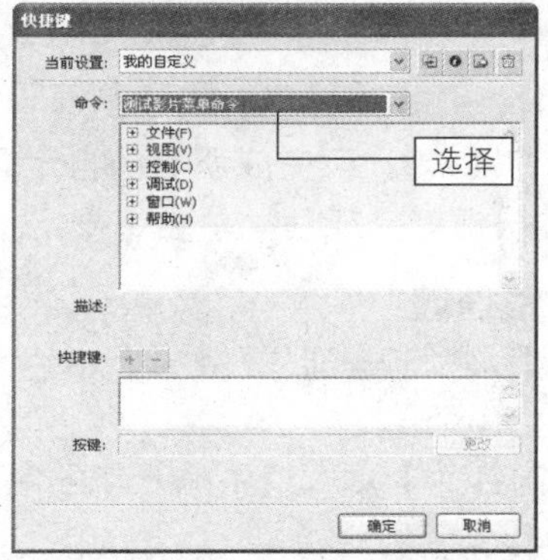

图2.54　选择需要自定义快捷键的命令

5 在【命令】下拉列表框下面的列表框中，双击某一命令将其展开（这里展开【控制】命令），然后选择需要自定义快捷键的菜单项，如图2.55所示。

6 将光标移到【按键】文本框中，按某一快捷键，在此文本框将显示相应的键值，如图2.56所示。

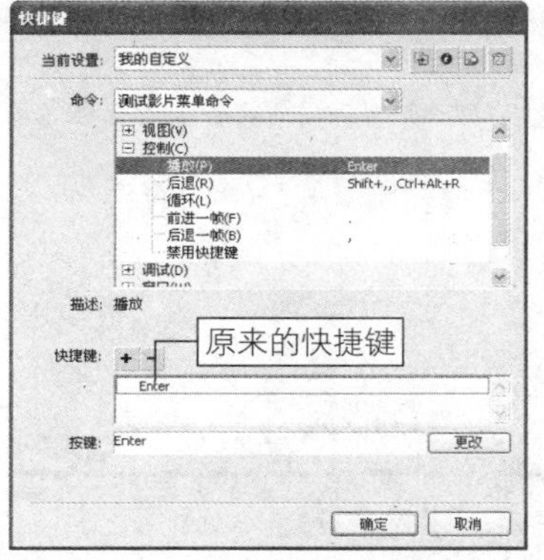

图2.55　选择需要自定义快捷键的菜单项

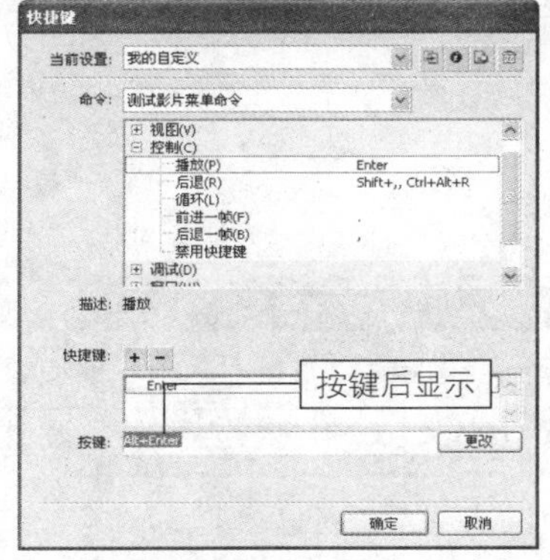

图2.56　显示相应的键值

7 单击【更改】按钮，选中的菜单项将修改（或设置）成相应的快捷键，如图2.57所示。

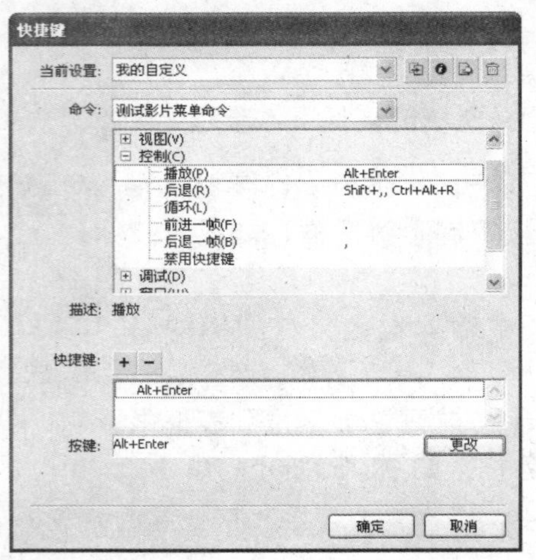

图2.57 修改或设置成相应的快捷键

8 单击【快捷键】右侧的【+】或【-】按钮可添加或删除快捷键。

9 重复步骤4～8，可完成所有的自定义快捷键。

10 自定义快捷键完成后，单击【确定】按钮即可。

3. 重命名快捷键

单击【当前设置】下拉列表框右侧的【重命名设置】按钮，打开【重命名】对话框，如图2.58所示。

在【新名称】文本框中输入新的名称，然后单击【确定】按钮即可。

4. 将设置导出为HTML

单击【当前设置】下拉列表框右侧的【将设置导出为HTML】按钮，打开【另存为】对话框，如图2.59所示。

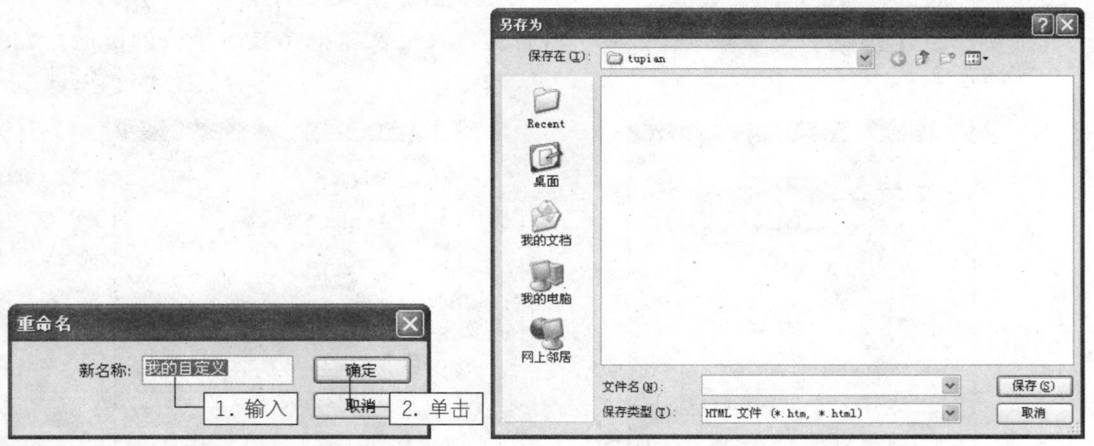

图2.58 【重命名】对话框　　图2.59 【另存为】对话框

选择HTML文件的保存位置以及文件名，单击【保存】按钮即可。

在IE浏览器中打开该HTML文档，可显示相应的快捷键，如图2.60所示。

5. 删除快捷键

单击【当前设置】下拉列表框右侧的【删除设置】按钮，打开【删除设置】对话框，如图2.61所示。

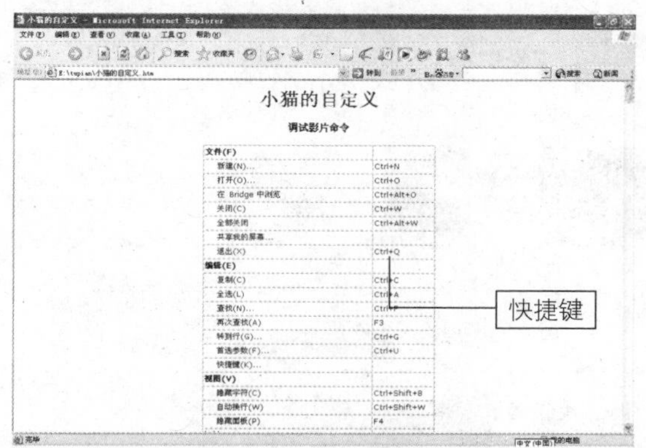

图2.60 在IE浏览器中显示相应的快捷键

图2.61 【删除设置】对话框

在左边的列表框中，选择需要删除的快捷键，然后单击【删除】按钮即可。

结束语

本章主要介绍了Flash CS4的一些基本操作、个性化设置、图形对象和舞台的显示状态以及一些辅助工具的应用。

通过本章的学习，读者应该熟练掌握Flash CS4的基本操作、熟悉各个工作布局的使用范围、自定义个性【工具】面板以及辅助工具的应用和设置方法、快捷键的设置方法等，为以后更加方便、快捷地应用Flash CS4打下坚实的基础。

Chapter 3

第3章 Flash基本图形绘制

本章要点

入门——基本概念与基本操作

- 绘图模式
- 绘制基本几何图形
- 绘制路径
- 对象选取

进阶——典型实例

- 绘制中国银行标志
- 绘制卡通电视机人

提高——自己动手练

- 绘制卡通鼠
- 绘制环环相扣
- 绘制卡通头像

答疑与技巧

本章导读

在Flash中，几乎所有的操作都是针对绘制的图形进行的。图形的绘制是制作动画的基础，图形是Flash动画不可缺少的组成部分。每个精彩的Flash动画都少不了精美的图形素材。虽然可以通过导入图片进行加工来获取影片的制作素材，但对于有些图形，特别是一些表现特殊效果及有特殊用途的图片，必须人工绘制。

Flash CS4的【工具】面板包括多种绘图工具，本章将介绍Flash CS4【工具】面板中的常用绘图工具，使读者掌握这些基本工具的使用方法，并学会在Flash CS4中利用这些基本工具绘制出一些矢量图形。绘制图形是最基本也是很重要的操作，读者要用心学习，熟练掌握。

3.1 入门——基本概念与基本操作

在制作Flash动画的过程中，可以自己动手绘制一些比较简单的图形，然后再对其进行编辑，但在学习绘图之前要了解与绘图相关的基本概念。

3.1.1 绘图模式

Flash CS4有一项功能——【合并对象】功能，利用这一功能可以对利用【对象绘制】模式绘制的图形对象进行联合、交集以及打孔等合并编辑，从而为绘制图形提供了极大的灵活性。

1.【对象绘制】模式

默认状态下，绘制的图形为【合并绘制】模式。在此模式下，绘制的图形会自动进行合并。如果所绘制的图形已与另一图形合并，那么在移动绘制的图形时，会改变与其合并的图形的形状，效果如图3.1所示。

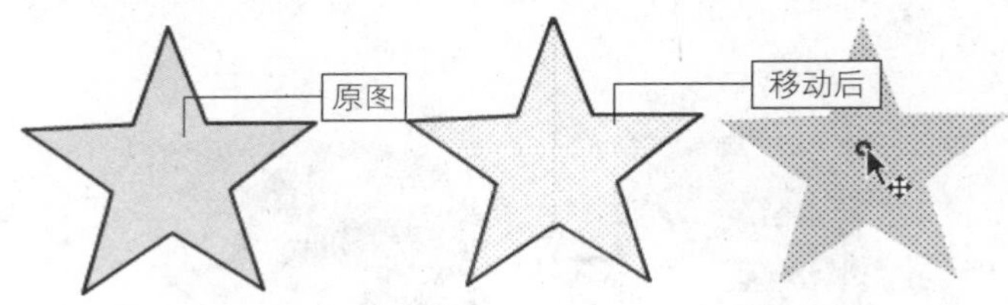

图3.1 合并绘制模式下移动图形

下面对【对象绘制】模式进行讲解。当在【工具】面板中选择线条、铅笔、钢笔和刷子等工具时，在选项区域中将显示【对象绘制】按钮。

选择【对象绘制】按钮后，在同一层绘制出的形状和线条会自动组合，同时还会为图形加上矩形边框，所以在移动时不会互相切割、互相影响，如图3.2所示。

图3.2 对象绘制模式下移动对象

注意 如果要移动在此模式下绘制的图形，单击选中边框并进行拖动即可。

2. 合并对象

在Flash CS4中，可以对绘制对象进行合并。选择需要合并的多个对象，执行【修改】→【合并对象】命令，打开【合并对象】子菜单，如图3.3所示。

由【合并对象】子菜单可以看出，在【合并对象】功能中，主要有【联合】、【交集】、【打孔】和【裁切】4种合并模式，下面以如图3.4所示的两个图形对象为例，对各合并模式的功能及含义进行介绍。

图3.3 【合并对象】子菜单　　图3.4 进行合并操作的基础图形

- **联合**：选择【联合】选项，可以将两个或多个图形对象合成单个图形对象，效果如图3.5示。

图3.5 原图与联合后的图形对比

- **交集**：选择【交集】选项，将只保留两个或多个图形对象相交的部分，并将其合成为单个图形对象，效果如图3.6所示。
- **打孔**：选择【打孔】选项，将使用位于上方的图形对象删除下方图形对象中的相应图形部分，并将其合成为单个图形对象，效果如图3.7所示。
- **裁切**：选择【裁切】选项，将使用位于上方的图形对象保留下方图形对象中的相应图形部分，并将其合成为单个图形对象，效果如图3.8所示。

图3.6 【交集】的效果

图3.7 【打孔】的效果

图3.8 【裁切】的效果

3.1.2 绘制基本几何图形

Flash CS4提供了强大的矢量图形绘制与填充工具，可以根据动画制作的需要，利用绘图工具绘制几何形状、对图形进行上色和擦除等操作。熟练掌握Flash CS4的绘图技巧，将为Flash动画制作奠定坚实的基础。下面我们先来熟悉图形绘制的相关知识和绘图工具的基本功能。

1. 矩形工具

矩形工具是Flash CS4中绘制图形最基本、最常用的工具。

单击【工具】面板中的【矩形工具】按钮后，【属性】面板将显示矩形工具的属性设置选项，如图3.9所示，【属性】面板中各选项和按钮的含义如下所述。

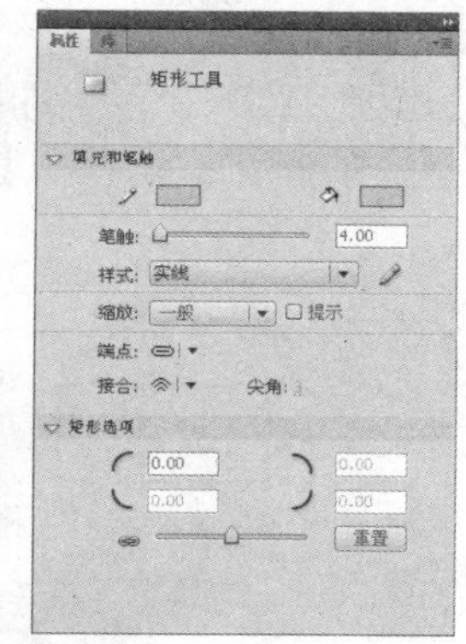

图3.9　矩形工具属性设置选项

- **笔触颜色**：用于设置矢量线条的颜色。
- **填充颜色**：用于设置矢量色块的颜色。
- **笔触**：用于设置矢量线条的粗细，既可以拖动滑块进行设置，也可以直接在数值框中输入数值，数值越大，线条越粗，反之，线条越细。
- **样式**：用于设置矢量线条的样式，单击右侧的下拉按钮，打开其下拉列表，可以从中选择样式，如图3.10所示。
- **编辑笔触样式**：单击此按钮，打开【笔触样式】对话框，如图3.11所示，在该对话框中可以对所选矢量线条的样式进行设置。

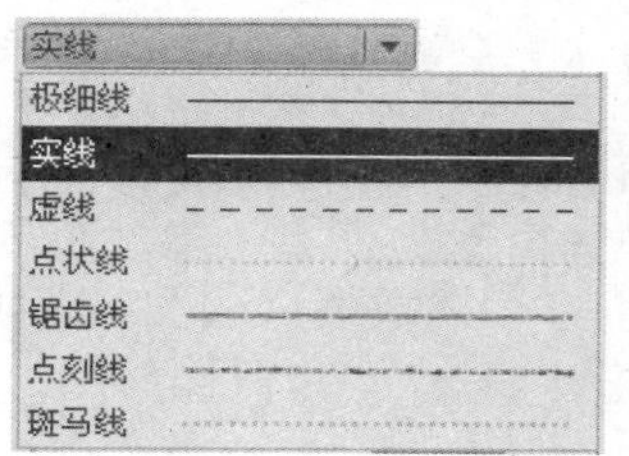

图3.10　【笔触样式】下拉列表

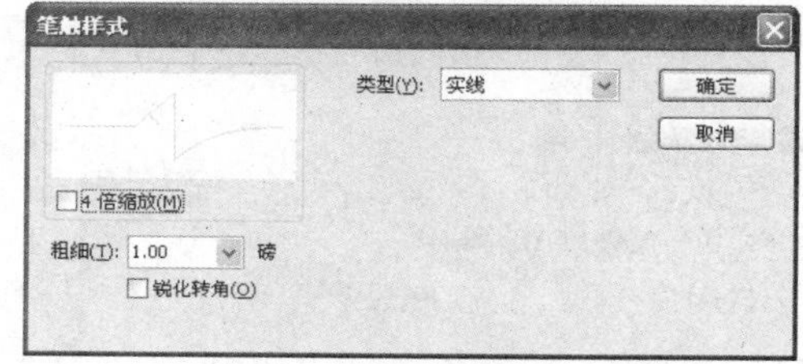

图3.11　【笔触样式】对话框

通过设置【属性】面板中的与四个弧对应的边角半径，可以设置所绘矩形边角的弧度。设置时，可以直接在数值框中输入-100～100之间的数值，，数值越小，绘制出来的圆角弧度就越小，默认值为0，即直角矩形。如果在数值框中输入“100”，绘制出来的圆角弧度最大，得到的是两端为半圆的圆角矩形。也可通过拖动下方的滑块进行设置，如图3.12所示。

单击【锁定】按钮，可以对矩形的四个边角的弧度分别进行设置，如图3.13所示。此时的【锁定】按钮成为形状，再次单击【锁定】按钮即将边角半径按件锁定为一个控件。

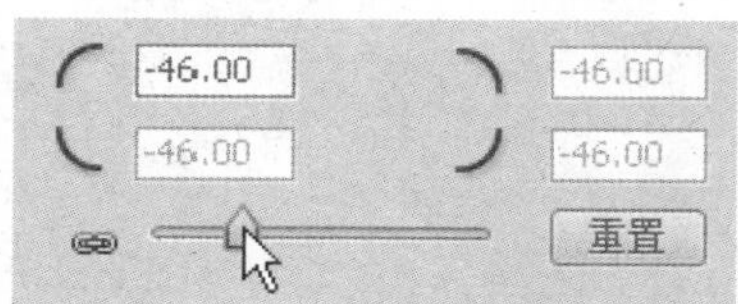

图3.12　设置矩形边角弧度

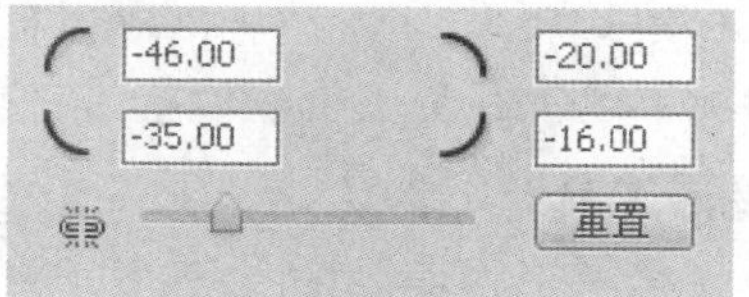

图3.13　边角半径的弧度不同

利用矩形工具进行绘图操作时，单击【工具】面板中的【矩形工具】按钮，将鼠标光标移动到舞台中，按住鼠标左键向任意方向拖动即可绘制一个矩形，如图3.14所示分别为边角半径为“0”、“100”、“-100”以及四个边角半径不同时的矩形。

提示 在绘制矩形的过程中同时按住【Shift】键不放，即可绘制正方形。

2. 椭圆工具

打开矩形工具的下拉列表框，选择【椭圆工具】选项可以绘制椭圆和正圆，选中【工具】面板中的椭圆工具后，【属性】面板将显示椭圆工具的属性设置选项，如图3.15所示。

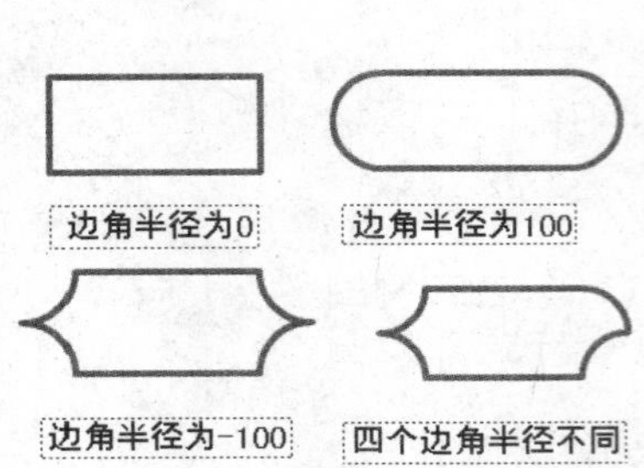

图3.14　不同边角半径的矩形

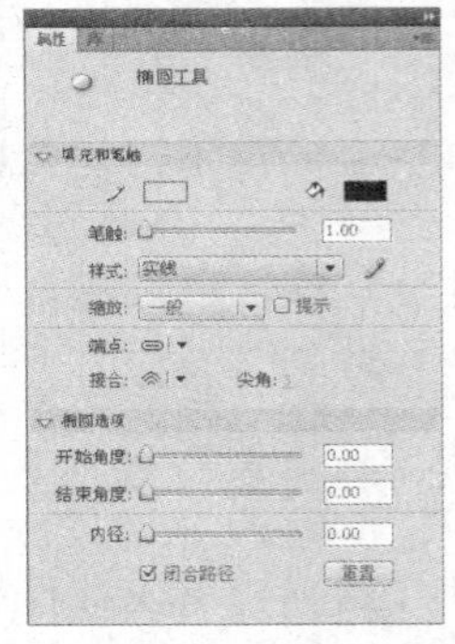

图3.15　椭圆工具属性设置选项

除了与矩形工具相同的属性之外，椭圆工具还具有如下属性。

- **起始角度/结束角度** 0.00：椭圆的起始点角度和结束点角度。使用这两个控件可以轻松地将椭圆和圆形的形状修改为扇形、半圆形及其他有创意的形状。既可以通过拖动滑块进行更改，也可以直接在右侧的数值框中输入数值。如图3.16所示为不同起始角度和结束角度的效果对比。

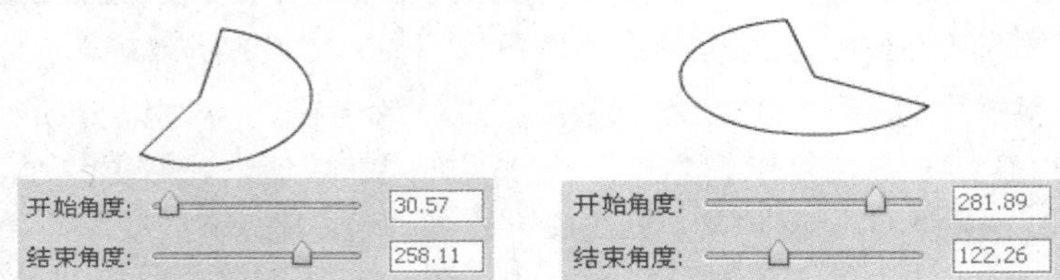

图3.16　不同起始角度和结束角度的效果对比

- **内径** 0.00：椭圆的内径（即内侧椭圆）。可以在数值框中输入内径的数值，或拖动滑块相应地调整内径的大小。输入的数值可以是介于0和99之间的值，以表示内径变化的百分比。
- **【闭合路径】复选框**：确定椭圆的路径（如果指定了内径，则有多条路径）是否闭合。如果指定了一条开放路径，但未对生成的形状应用任何填充，则仅绘制笔触。默认情况下选中此复选框。

3. 多角星形工具

使用多角星形工具可以绘制多边形和星形。用鼠标按住【矩形工具】按钮，打开【矩形工具】下拉列表框，从中选择【多角星形工具】，【属性】面板将显示多角星形属性的设置选项，如图3.17所示。

多角星形工具的使用方法和矩形工具类似，与椭圆工具和矩形工具不同的是多角星形工具的【属性】面板中多了【选项】按钮 选项... 。单击【选项】按钮 选项... ，打开如图

3.18所示的【工具设置】对话框。

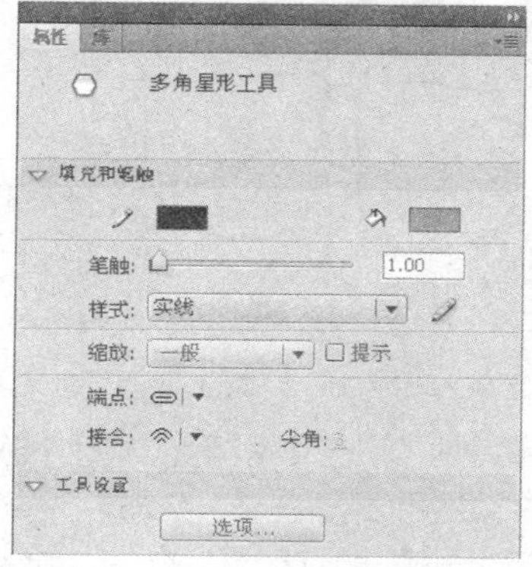

图3.17　多角星形工具的【属性】面板

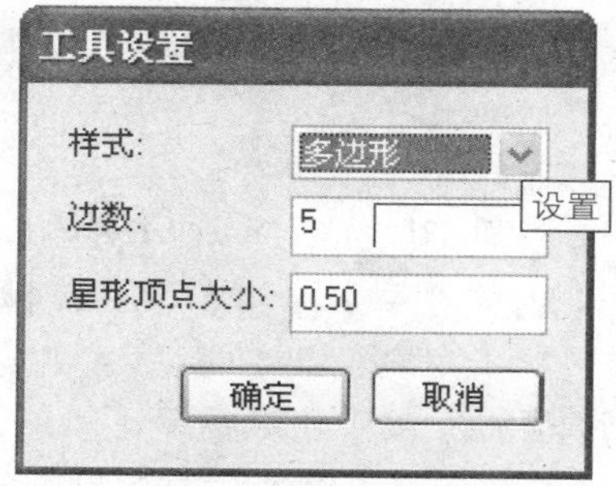

图3.18　【工具设置】对话框

在【样式】下拉列表框中可选择绘制的样式有【多边形】和【星形】两种，如图3.19所示。在【边数】文本框中可输入多角星形的边数，在【星形顶点大小】文本框中可输入星形顶点的大小。

注意　在【工具设置】对话框的【边数】文本框中只能输入介于3～32之间的数字；在【星形顶点大小】文本框中只能输入一个介于0～1之间的数字，用于指定星形顶点的深度，数字越接近0，创建的顶点就越深。在绘制多边形时，星形顶点的深度对多边形没有影响。

默认情况下，使用多角星形工具绘制的图形为正五边形。在【工具设置】对话框中设置不同的参数，可以绘制各种类型的多边形和星形，如图3.20所示。

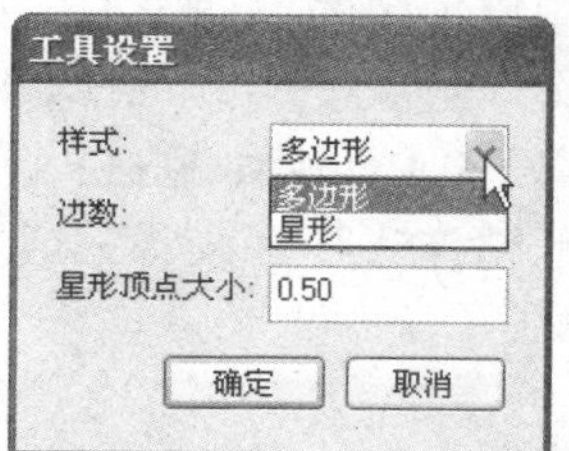

图3.19　【样式】下拉列表

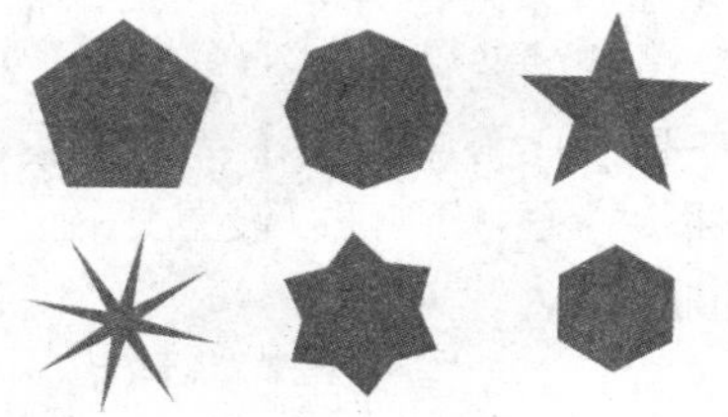

图3.20　绘制不同类型的多边形和星形

3.1.3　绘制路径

在Flash CS4中绘制路径的工具多为线条工具、铅笔工具和钢笔工具，用户可根据实际需要来选择不同的工具。

1. 铅笔工具

线条工具的用法比较简单，这里不再讲解。下面介绍一下铅笔工具，使用铅笔工具不仅可以绘制直线，还可以绘制曲线。

在【工具】面板中单击【铅笔工具】按钮，此时的【属性】面板如图3.21所示。

将鼠标移到舞台中，然后按住鼠标左键随意拖动即可绘制任意直线或曲线路径，如图3.22所示是利用铅笔工具绘制的图形。

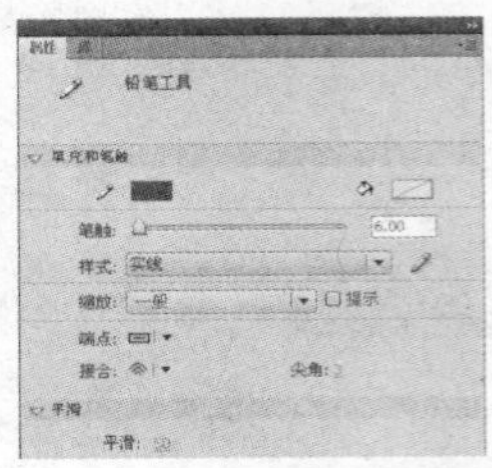

图3.21　铅笔工具的【属性】面板

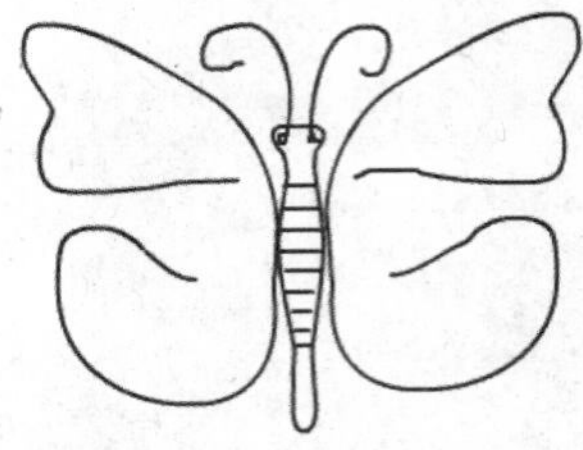

图3.22　利用铅笔工具绘制的图形

单击【铅笔工具】按钮后，可以看到【工具】面板的选项区变成了铅笔工具的选项设置区，包括【对象绘制】按钮和【铅笔模式】按钮。单击【铅笔模式】按钮，打开其下拉列表框，其中包括铅笔工具的三种模式，如图3.23所示。在三种模式下绘制的线条效果完全不同。如图3.24所示为伸直模式下绘制的过程及结果。

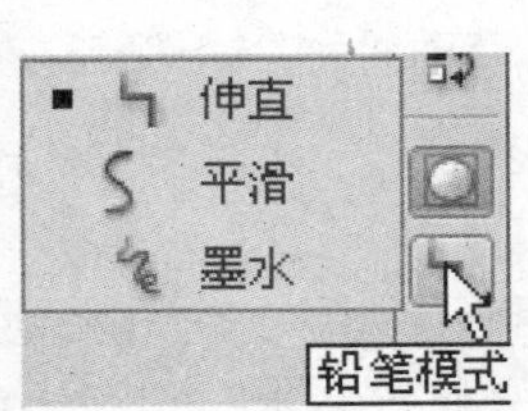

图3.23　铅笔工具的三种模式

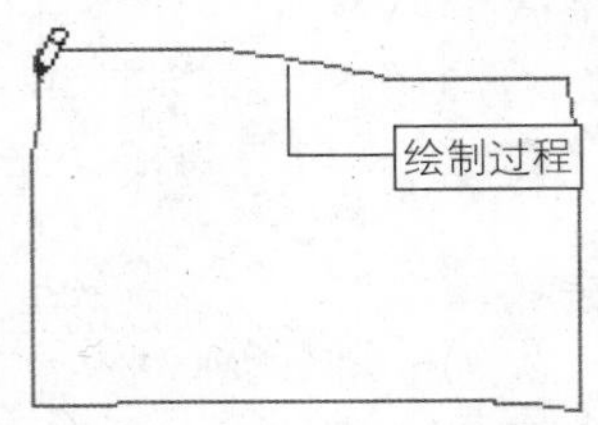

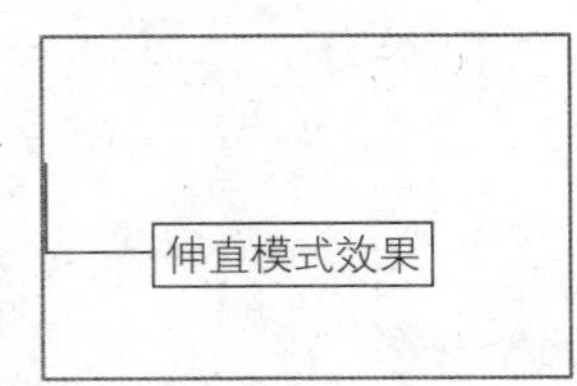

图3.24　直线的伸直模式效果

2. 钢笔工具

Flash CS4的【工具】面板还有一个绘制路径的工具，那就是钢笔工具。铅笔工具可以绘制直线和曲线，还可以调节曲线的曲率，使绘制的线条按照预想的方向弯曲，而钢笔工具可以绘制精确的路径。

在【工具】面板中单击【钢笔工具】按钮，此时的【属性】面板如图3.25所示。

在【属性】面板中可以设置路径的颜色、笔触大小和笔触样式等，设置完成后即可在舞台中绘制路径。

下面了解一下钢笔工具在各种状态下的鼠标形状。

- ：在该状态下，单击鼠标左键可确定一个点，该形状是选择钢笔工具后，鼠标指针的默认形状，如图3.26所示为此状态下单击鼠标前后的状态对比。
- ：将鼠标指针移到绘制曲线上没有手柄的任意位置时，鼠标指针将变为此形状，此时单击鼠标左键可添加一个手柄，如图3.27所示。

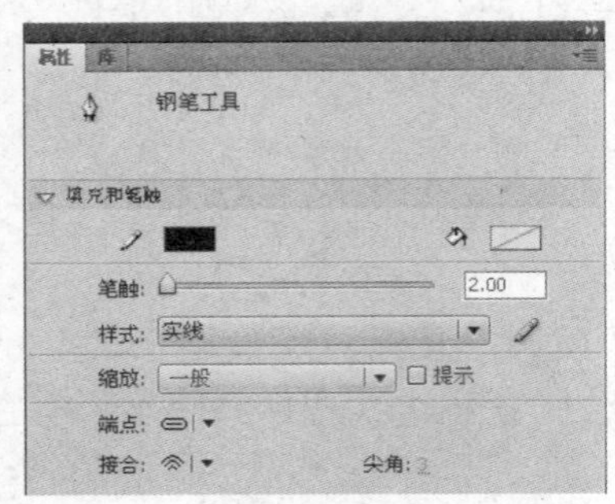

图3.25　钢笔工具的属性设置选项

图3.26　确定点前后状态对比

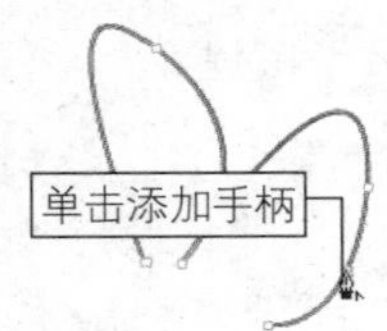

图3.27　添加手柄前后效果对比

：将鼠标指针移到绘制曲线的某个手柄上时，鼠标指针将变为此形状，此时单击鼠标左键即可删除该手柄，如图3.28所示。

提示 在Flash CS4中可以通过添加或删除路径点来得到满意的图形。在【钢笔工具】下拉列表框中选择【删除锚点工具】选项，如图3.29所示，可以删除一个锚点。如果选择【添加锚点工具】选项，则可添加一个锚点。

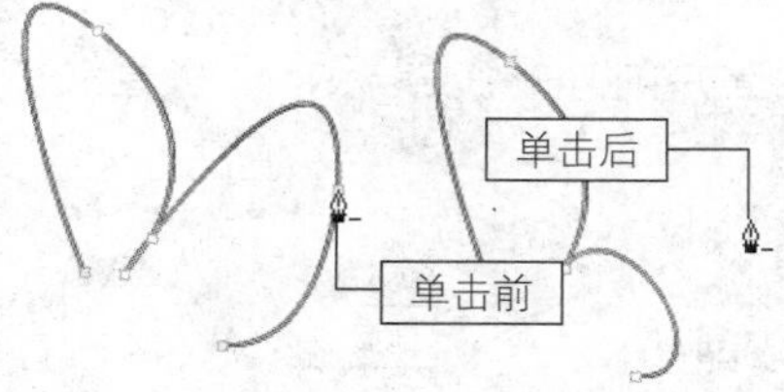

图3.28　删除手柄前后效果对比

图3.29　选择【删除锚点工具】选项

：将鼠标指针移到某个手柄上时，鼠标指针将变为此形状。此时单击鼠标左键可将弧线手柄变为两条直线的连接点，如图3.30所示。

提示 路径点分为直线点和曲线点，可将曲线点转换为直线点，当鼠标变为形状时单击即可将曲线点变为直线点。同时，在【钢笔工具】的下拉列表框中选择【转换锚点工具】选项，然后用钢笔工具单击所选路径上已存在的曲线路径点，也可将曲线点转换为直线点。

：当鼠标指针移动到起始点时，鼠标指针将变为此形状。此时单击鼠标左键可将图形封闭并可为其填充颜色，如图3.31所示。

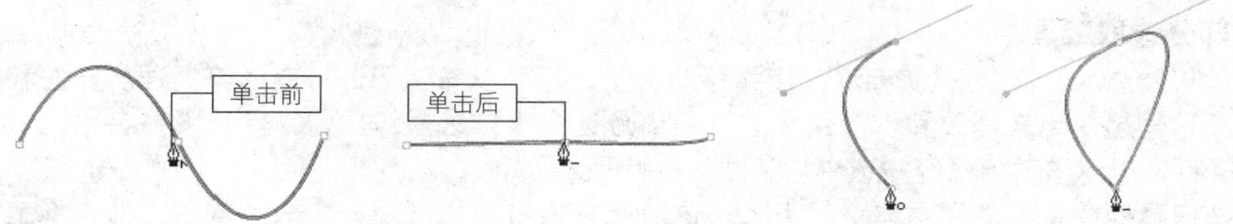

图3.30　将曲线点变成直线连接点的前后效果

图3.31　闭合路径前后效果

注意 只有将路径闭合以后才能利用颜料桶工具为其填充颜色。

3.1.4　对象选取

在Flash CS4中，可使用选择工具对编辑区的对象进行选择，对一些路径进行修改。

1. 选择工具

选择工具是Flash CS4中使用最多的工具，它可用于抓取、选择、移动和改变图形形状。它虽不是主要的绘图工具，但在绘图过程中是不可或缺的。

利用选择工具可移动对象的拐角，如图3.32所示为移动拐角后改变形状的过程。

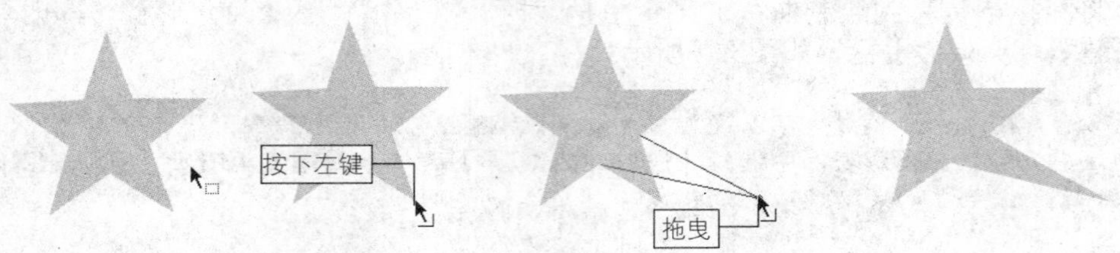

图3.32　移动拐角的过程

若将鼠标移动到对象的边缘，按住鼠标左键并向外拖曳鼠标，可将直线变为曲线，如图3.33所示。

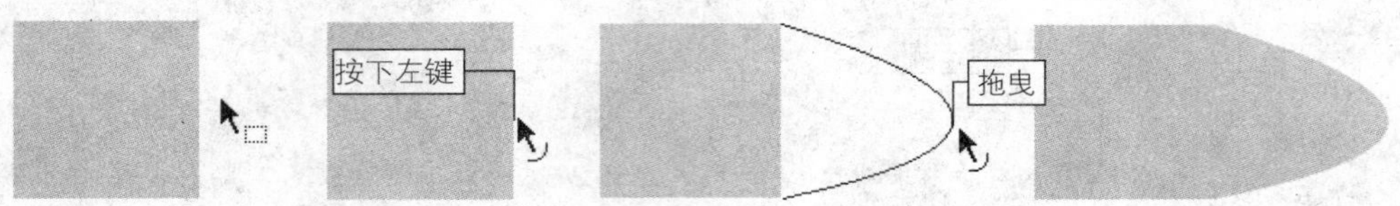

图3.33 将直线变曲线的过程

当鼠标指针下方出现一个弧线的标志时，按住【Ctrl】键不放，同时按住鼠标左键进行拖曳，到适当位置释放鼠标，就可以增加一个拐点，如图3.34所示。

图3.34　增加拐点

2. 部分选取工具

部分选取工具 不仅可以选择并移动对象，还可以对图形进行变形等处理。一般和钢笔工具一起使用来修改和调节路径。使用部分选取工具选择对象，对象边缘将会出现很多路径点，表示该对象已经被选中，如图3.35所示。

把鼠标指针移动到这些路径点上，这时鼠标的右下角出现一个白色的正方形，拖曳路径点可以改变对象的形状，如图3.36所示。

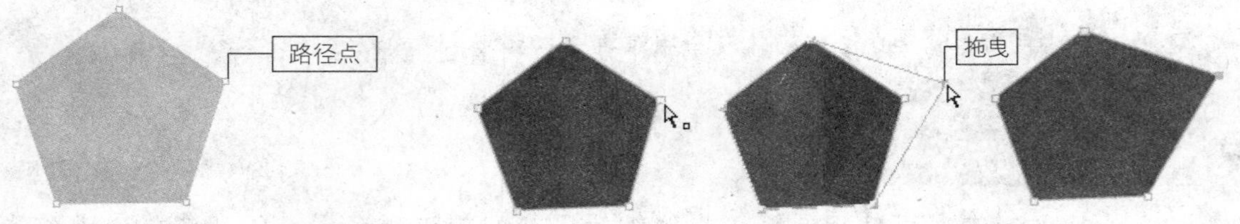

图3.35　被部分选择工具选中的对象　　图3.36　拖曳路径点

在对选中的路径点进行移动的过程中，在路径点的两端会出现调节路径弧度的控制手柄，此时选中的路径点将变为实心，拖曳路径点两边的控制手柄，可以改变曲线弧度，如图3.37所示。

使用部分选取工具选中对象上的任意路径点后，按【Delete】键可以删除当前选中的路径点，删除路径点也可以改变当前对象的形状，如图3.38所示。

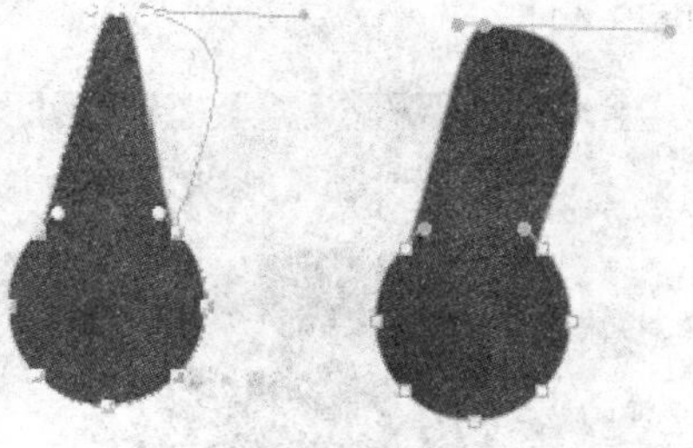

图3.37　调整路径点两端的控制手柄

图3.38　删除路径点

提示　选择多个路径点时同样可以使用框选的方法或者按【Shift】键进行复选。

3.2 进阶——典型实例

前面的章节具体介绍了基本绘图工具的属性与使用，使读者对Flash CS4中的基本绘图工具的概念和操作有了一定的了解，下面我们通过一些典型的实例练习使用这些绘图工具，使读者能够快速熟练掌握这些常用绘图工具的使用方法和技巧，为以后的动画制作打下坚实的基础。

3.2.1　制作中国银行标志

最终效果

动画制作完成的最终效果如图3.39所示。

图3.39　中国银行标志最终效果

解题思路

1 标志的设计以中国古代铜钱与“中”字为基本形状，铜钱图形是圆与形的框线设计，并将中间的方孔改为长方形，上下加上垂直线。
2 利用椭圆工具绘制正圆。
3 用矩形工具绘制出正中的圆角矩形。
4 利用合并对象功能的打孔模式制作圆环的效果。

操作步骤

1 新建一个Flash CS4文档。
2 执行【修改】→【文档】命令（或按【Ctrl+J】组合键），打开【文档属性】对话框，如图3.40所示。
3 在【尺寸】文本框中输入文档的宽度和高度均为“200像素”，将背景颜色设为白色，单击【确定】按钮。

4 选择【工具】面板中的椭圆工具，在其【属性】面板中将笔触颜色设为“无”。

5 在舞台中绘制一个和舞台一样大小的正圆，如图3.41所示。

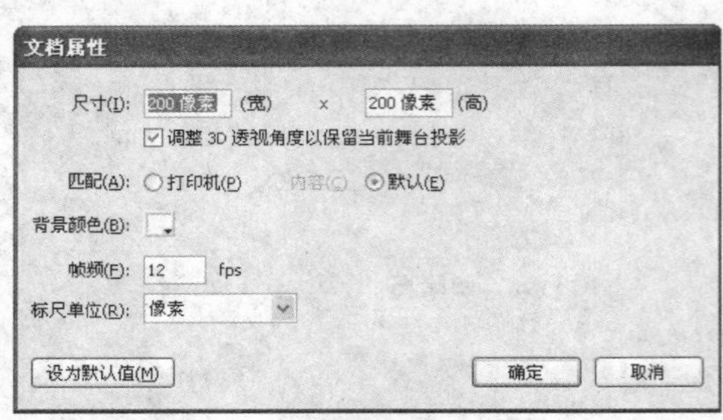

图3.40 【文档属性】对话框

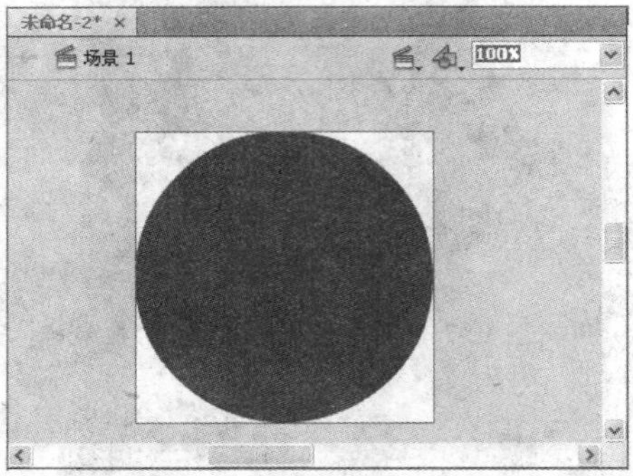

图3.41 在舞台中绘制一个正圆

6 执行【窗口】→【变形】命令（或按【Ctrl+T】组合键），打开【变形】面板。

7 在【变形】面板中单击【重制选区和变形】按钮，复制当前的正圆，如图3.42所示。

8 然后把当前的正圆缩小到原来的80%，此时的【变形】面板及圆的效果如图3.43所示。

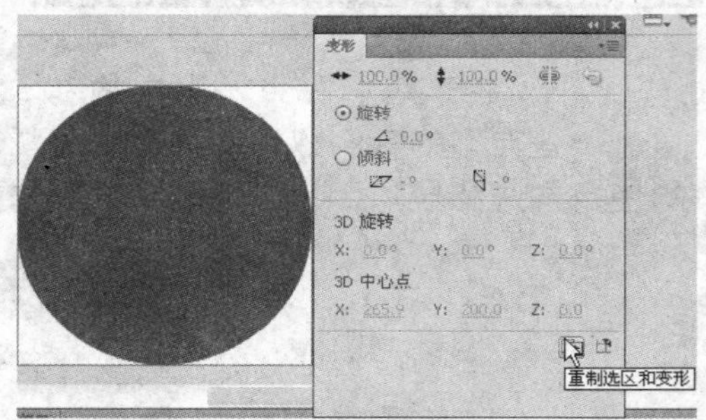

图3.42 复制当前正圆

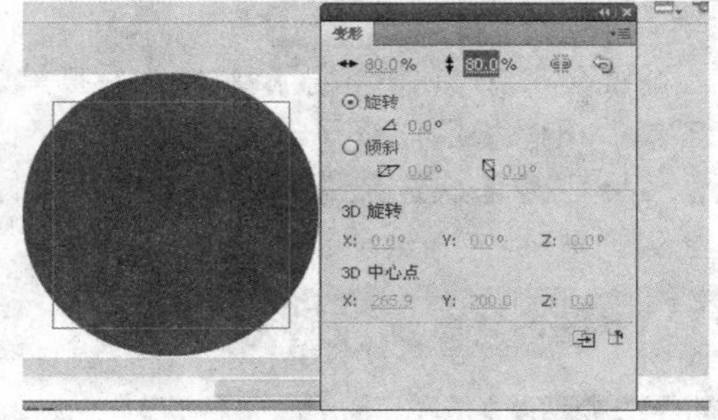

图 3.43 缩小复制的这个正圆

9 将两个正圆同时选中，执行【修改】→【合并对象】→【打孔】命令，做出圆环的效果，如图3.44所示。

10 选择【工具】面板中的矩形工具，在舞台中绘制一个宽度为25像素的矩形，高度和正圆一样高，如图3.45所示。

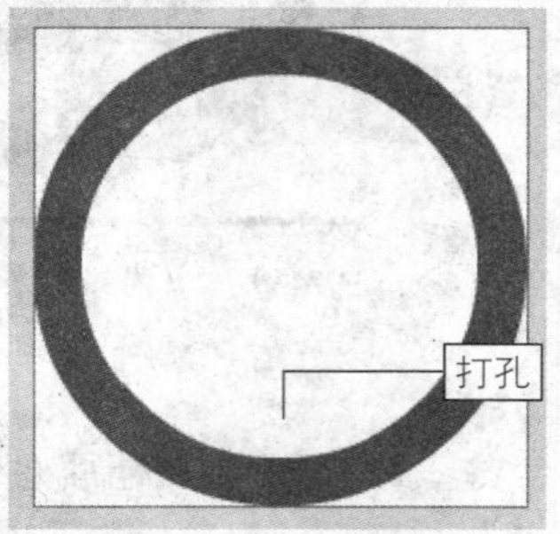

图3.44 制作圆环

图3.45 绘制矩形

提示　可以在矩形绘制完成之后在其【属性】面板中更改宽度和高度，如图3.46所示。

11 再次选择【工具】面板中的矩形工具，在其【属性】面板中设置矩形的边角半径为20，如图3.47所示。

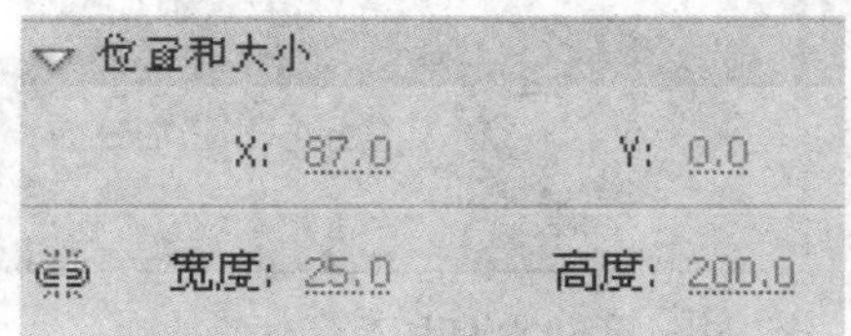

图3.46　设置矩形大小

图3.47　设置矩形边角半径

12 设置完成后在舞台的中心绘制一个宽度为100像素、高度为80像素的圆角矩形，效果如图3.48所示。

13 同样使用【变形】面板，复制这个圆角矩形，并且将其缩小到原来的50%，效果如图3.49所示。

14 在【属性】面板中将缩小后的圆角矩形的填充颜色更改为白色，效果如图3.50所示。

图3.48　绘制一个圆角矩形

图3.49　复制并缩小圆角矩形

图3.50　更改圆角矩形的颜色

15 中国银行的标志制作完毕，最终效果如图3.39所示。

提示　矩形与圆角矩形的位置可以通过执行【窗口】→【对齐】命令，在打开的【对齐】面板中选中【相对于舞台】按钮，进行精确定位。

3.2.2　制作卡通电视机人

最终效果

本例制作完成后的最终效果如图3.51所示。

解题思路

1　利用钢笔工具绘制出电视机背后的线条。

2 用矩形工具绘制出电视机的正面。

3 用椭圆工具和铅笔工具绘制出电视机的控制按钮和天线。

4 用多角星形工具绘制出背景图形。

图3.51　卡通电视机人最终效果

操作步骤

本案例分为三大部分：第一步，绘制电视机轮廓；第二步，绘制电视机按钮天线；第三步，绘制背景。

1. 绘制电视机轮廓

1 新建一个Flash CS4文档，在【属性】面板中单击【编辑】按钮 编辑... ，打开【文档属性】对话框，如图3.52所示。

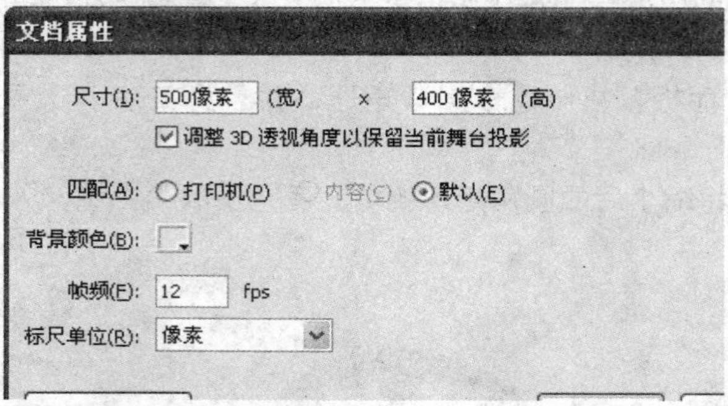

图3.52　【文档属性】对话框

2 设置文档大小为500像素×400像素，背景色为浅黄色，单击“确定”按钮。

3 选择【工具】面板中的【钢笔工具】按钮，在其【属性】面板中设置笔触颜色为“深蓝色”，笔触高度为“2”。

4 在场景中绘制出线条的各点，并将鼠标光标移至起始点，此时钢笔工具侧边将出现一个小圆圈，单击起始点封闭图形，完成电视机背后线条的绘制，效果如图3.53所示。

5 选中【工具】面板中的【颜料桶工具】按钮，将填充颜色设为“深灰色”，填充电视机的背后部分，如图3.54所示。

6 选中【工具】面板中的【矩形工具】按钮，在其【属性】面板中设置笔触颜色为“深蓝色”，笔触高度为“2”，填充颜色为“浅灰色”。

7 在【属性】面板的【矩形选项】区域中设置边角半径为“40”，如图3.55所示。

8 在场景中电视机背后线条的左边按住鼠标左键并向右下方拖动，到一定的位置时释放鼠标左键，即可绘制出一个浅灰色的圆角矩形，效果如图3.56所示。

9 在【属性】面板中设置填充颜色为“E5E5E5”，在圆角矩形中再绘制一个圆角矩形，如图3.57所示。

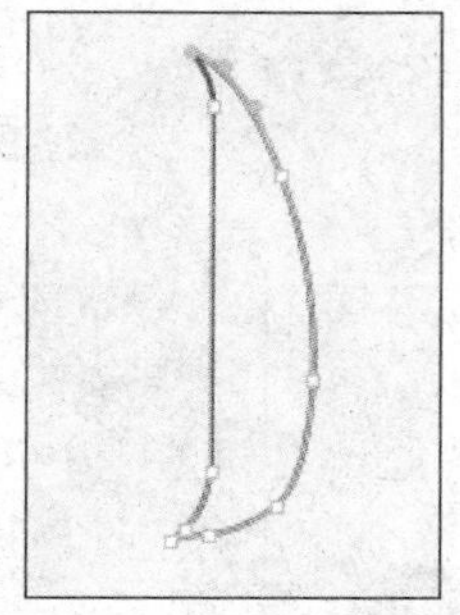

图3.53　绘制电视机背后的线条

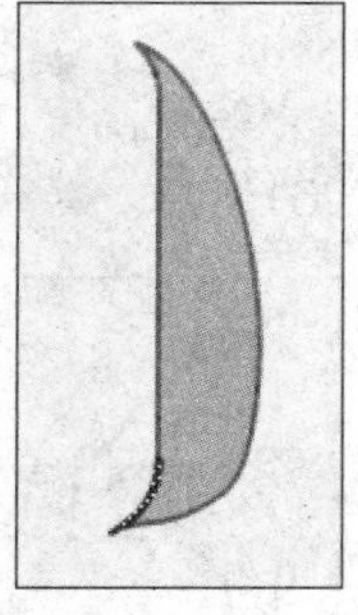

图3.54　填充颜色

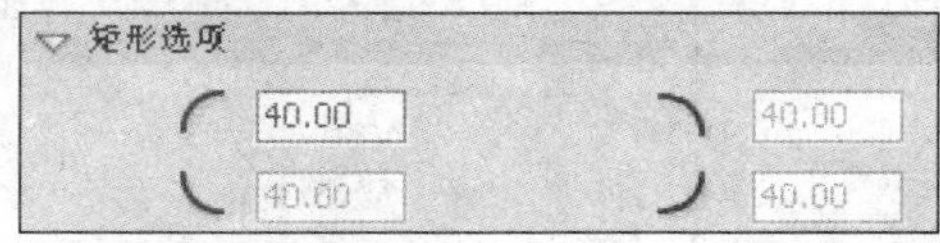

图3.55　设置半角半径

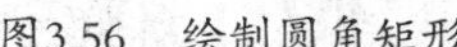

图3.56　绘制圆角矩形

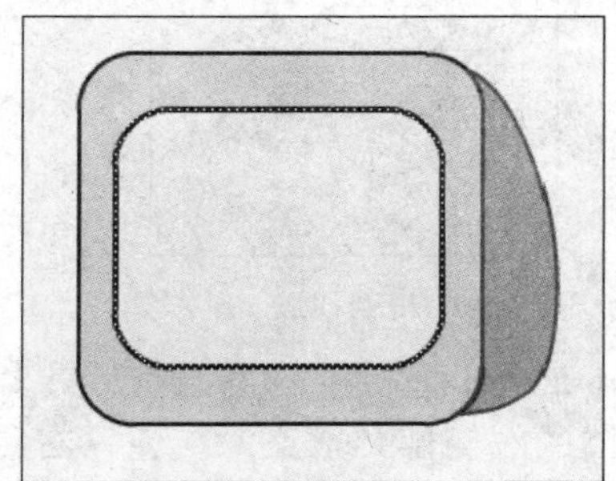

图3.57　电视机轮廓

2. 绘制电视机按钮天线

1 选中【工具】面板中的【椭圆工具】按钮，在【属性】面板中设置笔触颜色为“深蓝色”，笔触高度为“2”，填充颜色为“E5E5E5E”。

2 将鼠标光标移至电视机轮廓中，按住【Shift】键，并按住鼠标左键向左下方拖动，绘制出一个圆形。

3 用相同的方法拖动出其他圆形，效果如图3.58所示。

4 在【属性】面板中将填充颜色设置为“深灰色”，在电视机轮廓上方绘制两个圆形，如图3.59所示。

图3.58　绘制圆形

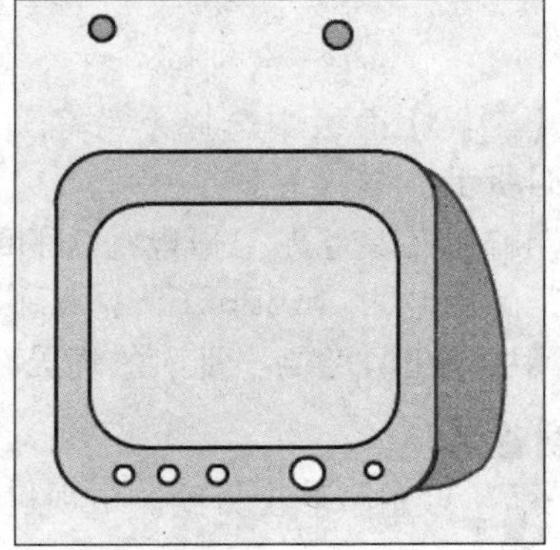

图3.59　绘制深色圆形

5 再在电视机的下方绘制四个正圆，作为电视机人物的四肢，如图3.60所示。

6 在【工具】面板中选择【铅笔工具】按钮，在铅笔工具的选项区域中，单击按钮，在打开的下拉列表框中选择【平滑】选项。

7 在【属性】面板中将笔触颜色设为“深蓝色”，笔触高度为“3”。

8 在电视机轮廓上方绘制两条线段，效果如图3.61所示。

图3.60 绘制四肢

图3.61 绘制线条

9 选中【工具】面板中的【钢笔工具】按钮，绘制身体部分，如图3.62所示。

10 为身体的左侧部分填充深灰色，右侧填充颜色设为浅灰色，然后将中间的线条删除，如图3.63所示。

图3.62 绘制身体部分

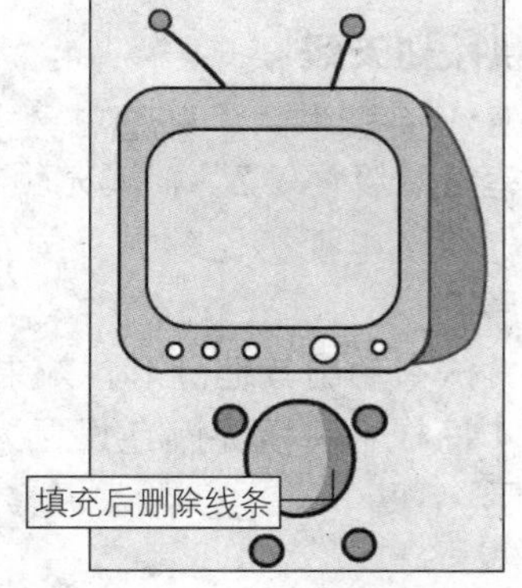

图3.63 为身体填充颜色

11 在【工具】面板中选择【铅笔工具】按钮，绘制线条将身体与四肢连接起来，如图3.64所示。

12 利用椭圆工具绘制卡通电视人的眼睛，在【属性】面板中将颜色设为“黑色”。然后将填充颜色改为“E5E5E5”，在眼睛上绘制两个小的圆形，如图3.65所示。

13 利用铅笔工具绘制电视人的嘴巴，如图3.66所示。

3. 绘制背景

下面用多角星形工具绘制电视机的背景，其具体操作如下：

1 在【工具】面板中选择【多角星形工具】按钮，在其【属性】面板中将笔触颜色设为“无”，填充颜色设为“CDFFFF”。

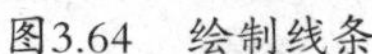

图3.64　绘制线条

图3.65　绘制眼睛

图3.66　绘制嘴巴

2 然后单击 选项... 按钮，在打开的【工具设置】对话框中设置多角星形的属性，如图3.67所示。

3 在场景中绘制出大小不一的星形，如图3.68所示。

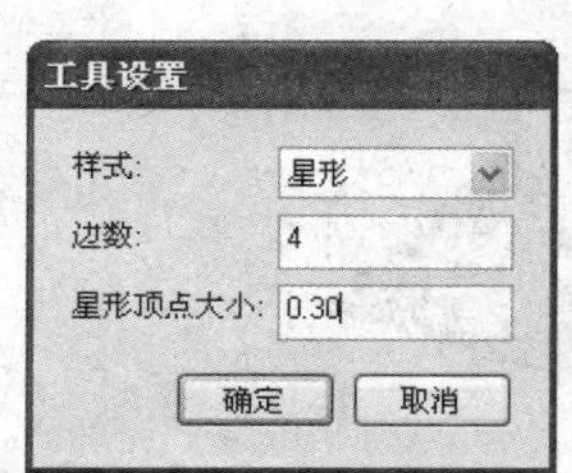

图3.67　设置多角星形的属性

图3.68　绘制星形

4 卡通电视机人的最终效果参考图3.51。

3.3 提高——自己动手练

在认识了Flash CS4的基本绘图工具以后，通过上一节典型实例的具体讲解进一步巩固了所学知识。但是要达到熟练操作的目的，就应该做大量练习。这一节我们继续学习这些基本绘图工具在动画制作中的应用，并在此基础上拓展思路。读者可以根据解题思路和操作提示自己动手练习。

3.3.1 制作卡通鼠

最终效果

本例制作完成后的最终效果如图3.69所示。

解题思路

1 利用多角星形工具和椭圆工具绘制鼠的头部。

2 用矩形工具绘制嘴巴。

3 用基本椭圆工具绘制身体。

4 用矩形工具配合椭圆工具绘制手、脚等部位。

图3.69 卡通鼠最终效果

操作提示

1. 绘制头部细节

1 新建一个Flash CS4文档，然后执行【文件】→【保存】命令，将其存储为“卡通鼠”动画。

2 在【工具】面板中单击【多角星形工具】按钮，将填充色设置为“黑色”，边框颜色设置为“无”，并单击按钮开启对象绘制模式。

3 在【属性】面板中单击【选项】按钮 选项... ，打开【工具设置】对话框，在其中设置多边形的属性，如图3.70所示。

4 将鼠标移到舞台中，拖动鼠标绘制一个三角形，作为卡通鼠的头部，如图3.71所示。

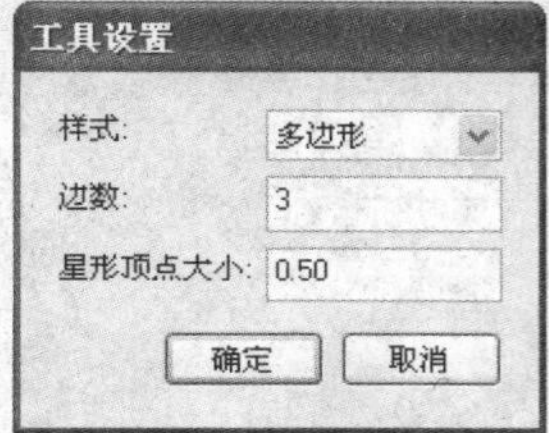

图3.70 【工具设置】对话框

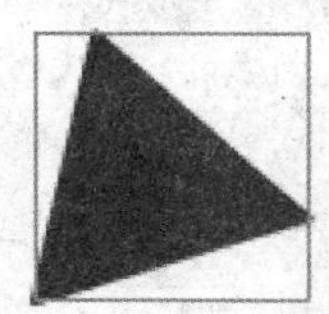
图3.71 绘制三角形

5 在【工具】面板中单击【椭圆工具】按钮，在其【属性】面板中将填充色设置为“黑色”，边框颜色设置为“无”。在舞台中绘制3个正圆，完成卡通鼠头部轮廓的绘制，如图3.72所示。

6 在【属性】面板中将椭圆的填充色修改为“白色”，然后在头部轮廓中绘制两个白色正圆，作为卡通鼠的眼睛如图3.73所示。

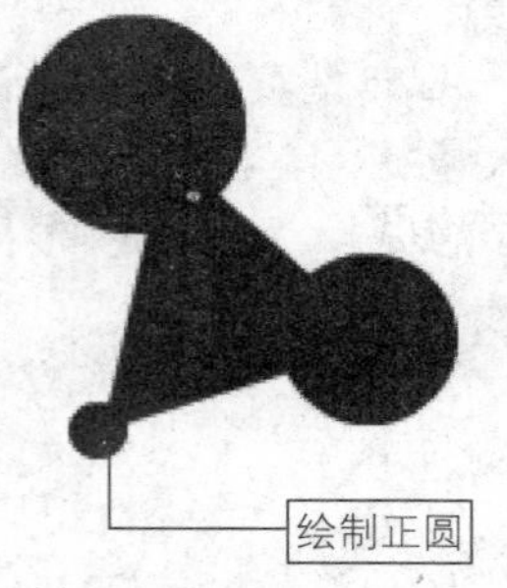

图3.72 绘制头部

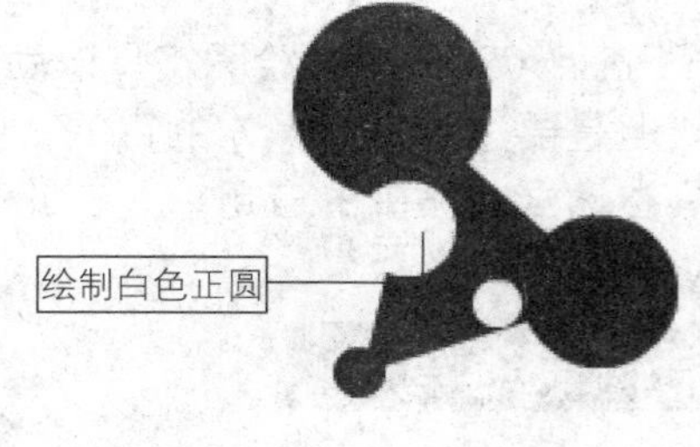

图3.73 绘制眼睛

7 在【属性】面板中将椭圆的填充色修改为“蓝色”，然后在白色椭圆中绘制作为瞳孔的蓝色椭圆。在【属性】面板中将椭圆的填充色修改为“黄色”，并在下方白色椭圆周围绘制作为眉毛的黄色椭圆，如图3.74所示。

8 单击【工具】面板中的【多角星形工具】按钮，将边框颜色设置为“无”，填充色设置为“白色”。在【属性】面板中单击 选项... 按钮，然后在打开的【工具设置】对话框中设置多边形的属性，如图3.75所示。

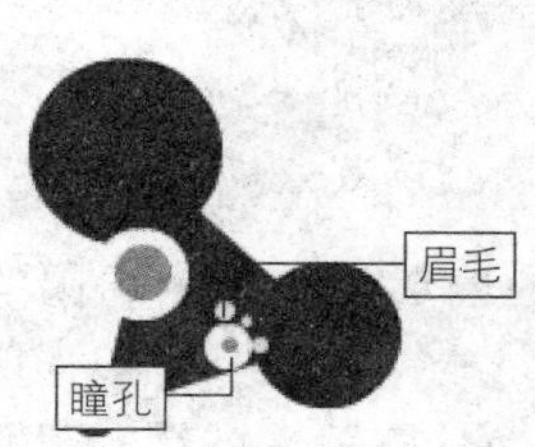

图3.74　绘制瞳孔及眉毛

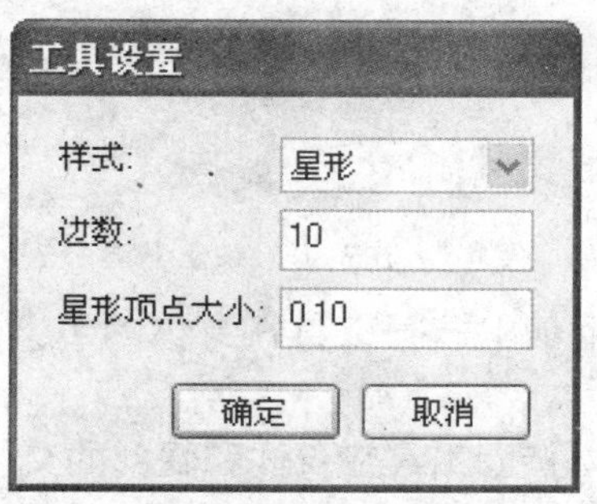

图3.75　【工具设置】对话框

9 使用多角星形工具在上方的蓝色椭圆中绘制作为眼球反光的白色星形，如图3.76所示。

10 单击【工具】面板中的【矩形工具】按钮，将矩形的笔触颜色设置为“无”，填充色设置为“白色”。然后在舞台中绘制4个白色正方形作为卡通鼠的嘴巴，完成头部细节的绘制，如图3.77所示。

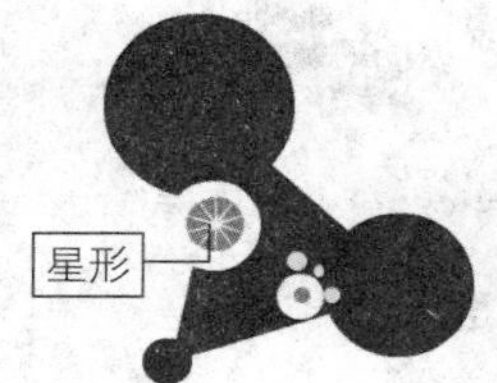

图3.76　绘制瞳孔中的白色星形

图3.77　绘制嘴巴

2. 绘制身体部分

1 在【属性】面板中将矩形的填充色修改为“黑色”，然后在头部轮廓下方绘制一个作为卡通鼠颈部的矩形，如图3.78所示。

图3.78　绘制颈部

图3.79　绘制身体

2 单击【工具】面板中的【基本椭圆工具】按钮，设置填充色为“黑色”，笔触颜色为“无”。在卡通鼠颈部的下方绘制一个正圆作为身体，如图3.79所示。

3 在【属性】面板中调整基本椭圆的【起始角度】、【结束角度】和【内径】数值，如图

3.80所示。

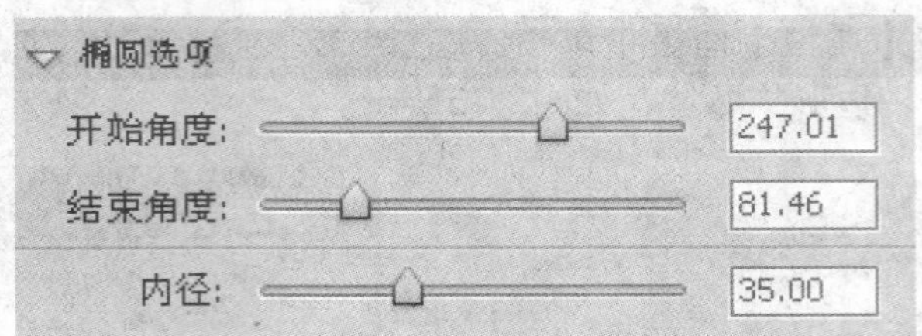

图3.80　设置基本椭圆属性

4 继续使用基本椭圆工具在身体的下方绘制一个黑色的扇形，作为卡通鼠的腿部，如图3.81所示。

5 使用基本椭圆工具在身体和腿部的交界处绘制一段白色的圆弧，如图3.82所示。

图3.81　绘制腿部

图3.82　绘制白色圆弧

6 选择【工具】面板中的【矩形工具】按钮，设置填充色为“黑色”，笔触颜色为“无”，在场景中绘制卡通鼠的脚和尾巴，如图3.83所示。

7 利用矩形工具配合椭圆工具，在场景中绘制黑色的手部图形，如图3.84所示。

图3.83　绘制脚和尾巴

图3.84　绘制黑色手

8 用相同的方法在卡通鼠的身体区域绘制白色的手部图形，如图3.85所示。

9 使用多角星形工具在卡通鼠身体上绘制3个三角形，完成身体细节的绘制，如图3.86所示。

图3.85　绘制白色手部分

图3.86　在鼠的背部绘制三个三角形

10 绘制完成后的最终效果参考图3.69，执行【文件】→【保存】命令保存制作完成的动画。

3.3.2　制作环环相扣

最终效果

本例制作完成后的最终效果如图3.87所示。

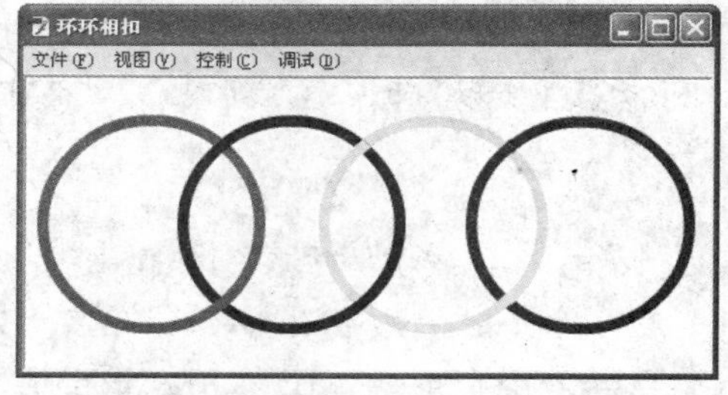

图3.87　环环相扣最终效果

解题思路

1 利用基本椭圆工具绘制圆环。
2 利用合并对象功能创建环环相扣的效果。

操作提示

1 新建一个Flash CS4文档。
2 单击【工具】面板中的【矩形工具】按钮，在其下拉列表框里选择【基本椭圆工具】选项。
3 在【属性】面板中将填充颜色改为“红色”，并将内径设为“90”，如图3.88所示。
4 将鼠标移至舞台中进行拖动，同时按住【Shift】键，绘制一个圆环，如图3.89所示。
5 选中圆环，在按住【Ctrl】键的同时拖动圆环复制出一个圆环，并将其填充色改为“黑色”，如图3.90所示。

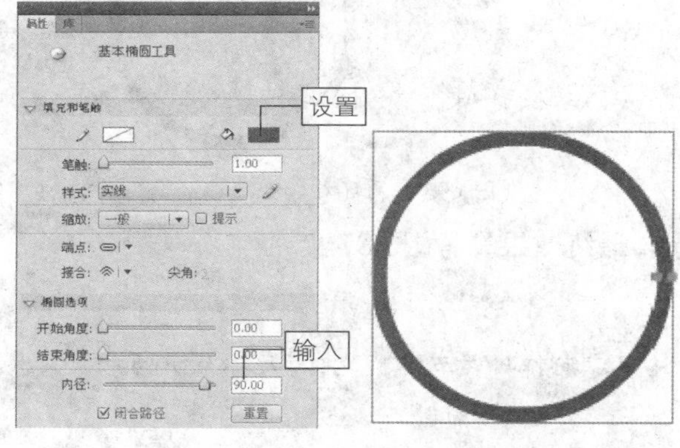

图3.88　设置圆环属性　图3.89　绘制圆环

图3.90　复制圆环

6 在【工具】面板中单击【选择工具】按钮，然后将两个圆环同时选中。

7 执行【窗口】→【变形】命令，打开【变形】面板，如图3.91所示。

8 单击【变形】面板中的【重制选区和变形】按钮，复制两个圆环并与前两个重合。

9 执行【修改】→【合并对象】→【交集】命令，得到两个圆环重合部分的图形，如图3.92所示。

10 在【工具】面板中单击【矩形工具】按钮，绘制一个矩形，并将两个圆环下面部分的相交区域遮住，如图3.93所示。

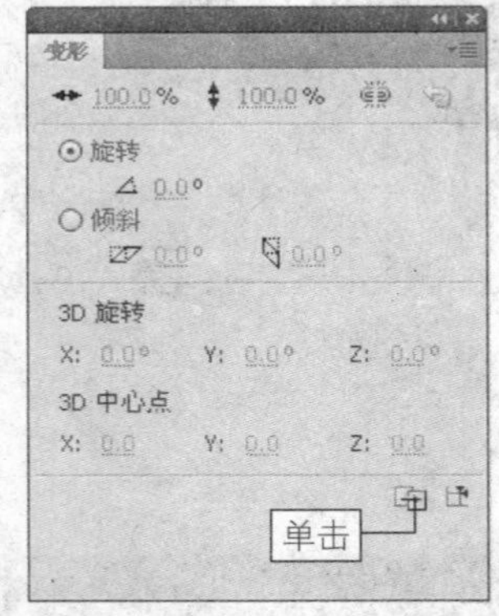

图3.91 【变形】面板

图3.92 得到重合部分的图形

图3.93 绘制矩形

提示 绘制矩形之前要将【工具】面板下方选项区域的【对象绘制】按钮选中。

11 将两个圆环的重合部分与矩形同时选中，执行【修改】→【合并对象】→【打孔】命令，得到相交部分的图形，如图3.94所示。

12 在黑色的圆环上单击鼠标右键，在弹出的快捷菜单中选择【排列】→【移至底层】命令，将黑色的圆环置于红色圆环的下方，得到两环相扣的效果，如图3.95所示。

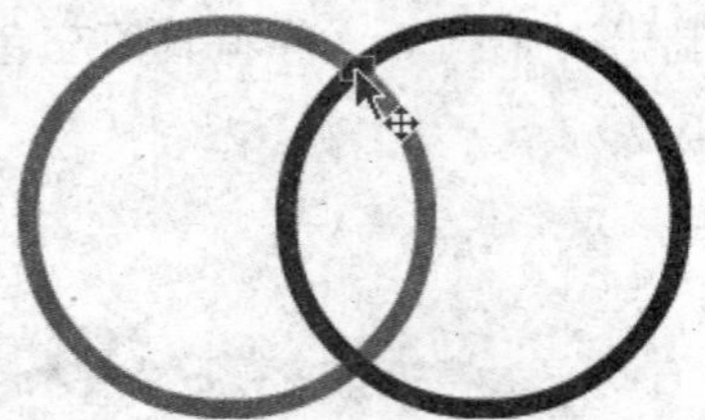

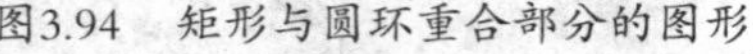

图3.94 矩形与圆环重合部分的图形

图3.95 两环相扣

13 用同样的方法绘制多个圆环相扣的效果，最终效果参考图3.87。

提示 利用上面制作环环相扣的方法可以制作奥运五环标志，如图3.96所示。

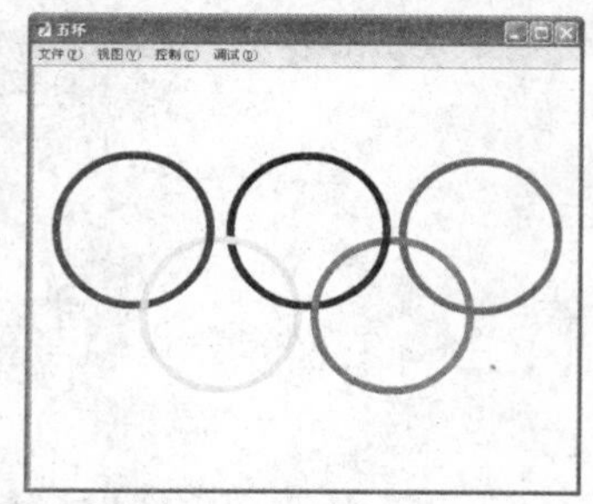

图3.96 奥运五环

3.3.3 绘制卡通头像

最终效果

本例制作完成后的最终效果如图3.97所示。

图3.97 卡通头像最终效果

解题思路

1 利用钢笔工具勾画大致形状。

2 利用选择工具调整图形形状。

操作提示

1 新建一个Flash CS4文档，然后执行【文件】→【保存】命令，将其存储为“卡通头像”动画。

2 在【工具】面板中选择【钢笔工具】按钮，将颜色设置为“黑色”。

3 将光标移到场景中单击，确定第一点，再将光标移动到下一点单击，并按住鼠标左键不放拖动鼠标改变曲线的弯曲度，如图3.98所示。

4 再利用钢笔工具将头发与脸分隔开，如图3.99所示。

图3.98 绘制头像轮廓

图3.99 绘制头发与脸的分隔线

5 在【工具】面板中选择【选择工具】按钮，然后将鼠标光标移到头发的轮廓线上，当鼠标光标变为↖形状时按住左键不放，拖动曲线，调整曲线的弯曲度，如图3.100所示。用相同的方法调整其他曲线。

6 将光标移到线段顶点上，当光标变成↖形状时按住左键不放并拖动，改变线段的长度，如图3.101所示。

图3.100　调整弯曲度

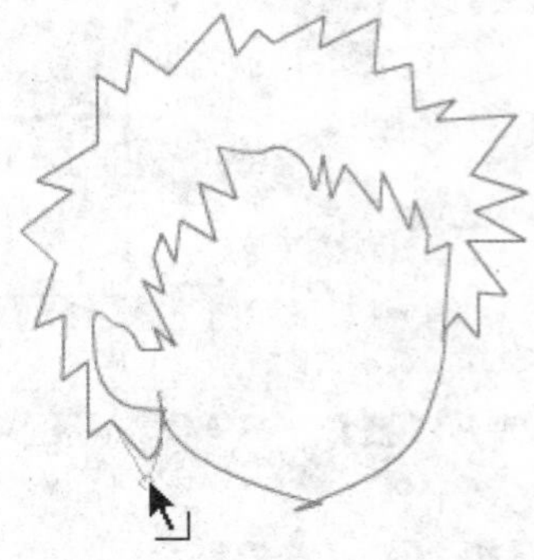

图3.101　改变长度

提示 对于不合适的地方，利用部分选取工具可以进行更为细致的调整。

7 调整完成弯曲度和长度以后，利用钢笔工具绘制眼睛和鼻子，并按照上面的方法调整弯曲度，如图3.102所示。

8 利用线条工具绘制嘴巴，并利用选择工具调整弯曲度。

9 在【工具】面板中选择【椭圆工具】按钮，绘制眼球，效果如图3.103所示。

图3.102　绘制眼睛和鼻子

图3.103　绘制嘴巴和眼球

10 最后利用颜色填充工具为图形填充颜色。最终效果参考图3.97。

提示 图案填充工具在后面的章节中会详细介绍。

3.4 答疑与技巧

问 开放路径对象和封闭路径对象有什么区别?

答 开放路径的两个端点是不相交的。封闭路径对象是那种两个端点相连构成连续路径的对象。开放路径对象既可能是直线，也可能是曲线，如用手绘工具创建的线条等。在用手绘工具时，把起点和终点连在一起也可以创建封闭路径。封闭路径对象包括圆、正方形、网格、多边形和星形等。封闭路径对象是可以填充的，而开放路径对象则不能填充。

问 使用钢笔工具绘制了连续的曲线，但是其中一部分曲线的弧度未达到要求，这时应该怎么办?

答 可以通过在曲线上添加或删除句柄的方式来调整这部分曲线的弧度。其方法是使用钢笔工具选中绘制的曲线，然后将鼠标指针移动到要调整的曲线上，当鼠标指针变为或形状时，单击鼠标左键添加或删除句柄即可。

问 将图形组合后，为什么无法对其再进行修改?

答 图形组合后，是可以对其进行修改的。方法是使用鼠标左键双击该组合图形，可打开【组】编辑界面，在该界面中就可以对图形进行修改，修改完成后单击【时间轴】面板左上角的场景 1按钮，即可确认对组合图形的修改。

问 为什么在组合图形后，原来在组合图形上方的矢量图形，移到组合图形下方了? 怎样将其重新放置到组合图形上方?

答 这是因为在Flash CS4中，组合图形、元件、位图以及文字在显示层次上要优于矢量图的缘故。将位于下方的图形组合后，其显示层次要优于原来在上方的矢量图形，所以出现了矢量图移到组合图形下方的情况。其解决方法是将原来位于上方的矢量图形也进行组合或将其转换为元件（关于元件的具体操作，将在以后的章节中详细讲解），即可将其重新放置到组合图形上方。

结束语

本章详细讲解了Flash CS4【工具】面板中的常用绘图工具，读者掌握这些基本工具的使用将为以后的动画制作提供方便，并能在Flash CS4中利用这些基本工具绘制出所需矢量图形。同时，在制作典型实例之前，都列出了实例制作的思路及步骤分析，读者要用心学习，才能熟练掌握。在制作过程中，读者还应该尽量理解操作步骤中各关键步骤的作用，结合制作分析，明确这些步骤的制作目的。练习典型实例的制作步骤后，要尝试对提高部分中的实例进行制作，以巩固本章所学的内容，培养独立思考和制作动画的能力。

Chapter 4

第4章 色彩编辑

本章要点

入门——基本概念与基本操作

- 颜色的选取与填充
- 调整渐变色
- 调整位图填充

进阶——典型实例

- 制作卡通表情
- 制作立体按钮

提高——自己动手练

- 绘制彩虹
- 绘制海滩风景
- 绘制花伞

答疑与技巧

本章导读

在制作Flash动画的过程中，给图形填充丰富多彩的颜色可以使图形更加生动、形象。一个Flash作品优秀与否，画面是否漂亮，色彩的合理应用是非常关键的因素。因此，色彩的填充和色彩的调整也是非常重要的内容。读者只有掌握了这些内容，才能在动画制作过程中得心应手，创作出奇妙的动画效果。

4.1 入门——基本概念与基本操作

Flash CS4提供了多种色彩编辑工具，读者可以根据动画的要求对色彩进行编辑。本节就来讲解色彩与图形编辑的相关知识。

4.1.1 颜色的选取与填充

在绘制Flash动画所需图形的过程中，经常需要对这些图形的色彩进行编辑处理，但是在处理之前首先应根据场景需要来选择合适的颜色。选择或设置颜色后，才可以使用刷子工具、墨水瓶工具或颜料桶工具对Flash对象进行颜色填充，制作出丰富多彩的动画效果。

1. 选择颜色

在Flash CS4中选择颜色有多种方式，下面介绍几种常用的选取颜色的方式。

- **使用调色板选择颜色：**单击【工具】面板中的【笔触颜色】按钮，将弹出【笔触颜色】调色板，如图4.1所示。单击调色板右上角的【系统颜色】按钮，打开Windows的系统调色板，如图4.2所示，可在其中选择更多的颜色。

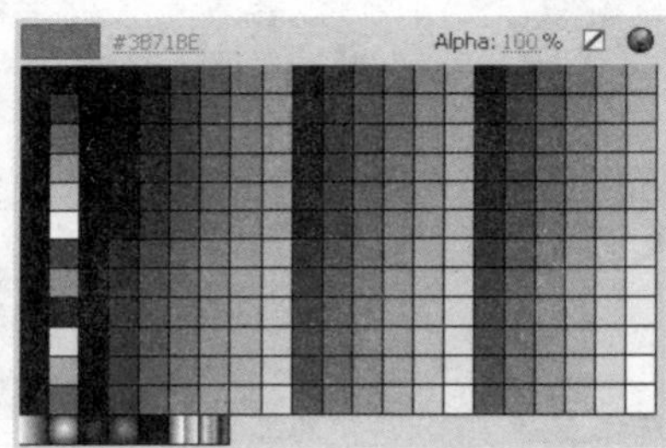

图4.1　【笔触颜色】调色板

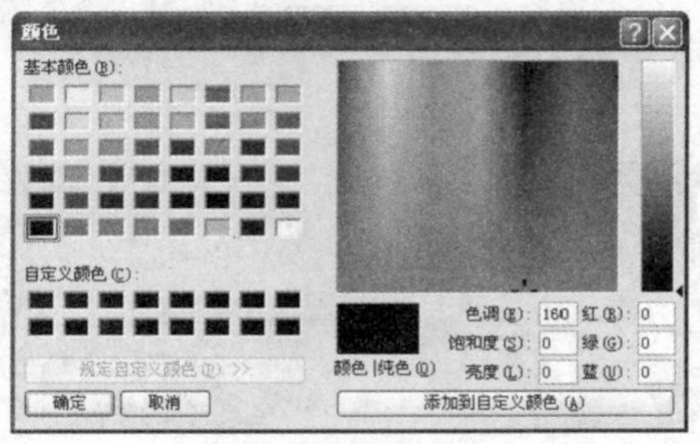

图4.2　Windows的系统调色板

- **使用滴管工具选择颜色：**使用滴管工具可以从舞台中指定的位置获取色块、位图和线段的属性来应用于其他对象。滴管工具可以进行矢量色块、矢量线条、位图和文字的采样填充。

提示　如果在提取颜色之前未将位图打散，选取的样本以及填充的颜色与打散后进行提取填充的效果不同，滴管工具只对吸取点的颜色进行提取，而不是提取整个位图。

- **使用【颜色】面板选取颜色：**执行【窗口】→【颜色】命令（或按【Shift+F9】组合键），打开【颜色】面板，从中选取颜色，如图4.3所示。

2. 填充颜色

选择好颜色以后，就可以使用Flash CS4中的颜色填充工具进行颜色填充了。

刷子工具

在Flash CS4中，利用刷子工具可以在已有图形或空白工作区绘制一些特定形状、大小及颜色的矢量色块。通过更改刷子的大小和形状，可以绘制各种样式的填充线条，还可以为任意区域和图形填充颜色，它对于填充精度要求不高的对象比较适合。同时，利用刷子工具还可以像用毛笔绘画一样绘制出毛笔的效果。

选择刷子工具后，在【颜色】面板的选项区域将出现一些刷子工具的选项，如图4.4所示。可以根据动画制作的需要使用这些选项。在【刷子工具】的选项区域还可选择刷子的模式。单击【刷子模式】按钮可弹出刷子工具的列表框，其中共有五个选项可供选择，用于在不同状态下进行绘图，如图4.5所示。

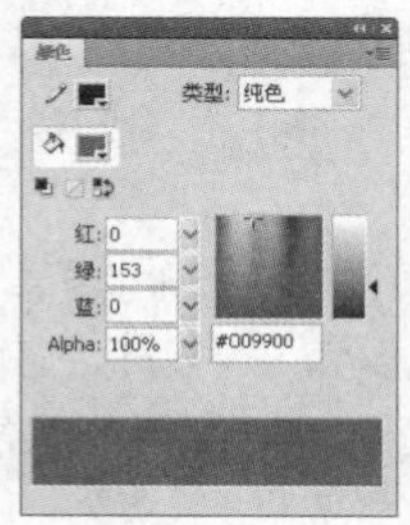

图4.3 【颜色】面板

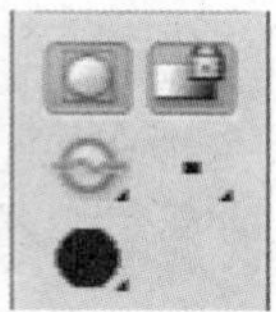

图4.4 刷子工具选项

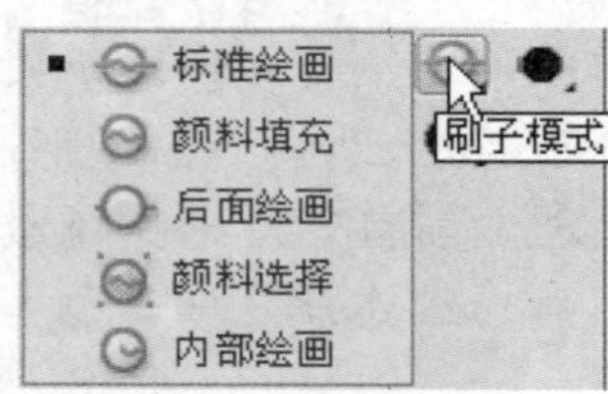

图4.5 刷子模式

刷子工具的5种模式绘图过程及结果如图4.6所示。

图4.6 5种模式的绘制效果

墨水瓶工具

使用墨水瓶工具可以改变一条路径的粗细、颜色或线型等，并且可以给分离后的文本或图形添加路径轮廓，但墨水瓶工具本身是不能绘制图形的。如图4.7所示是利用墨水瓶工具进行填充的过程和结果。

图4.7 使用墨水瓶工具给图形描边

提示　除了改变图形的线条颜色和粗细外，墨水瓶工具还可以为没有边界的填充区域添加边界线条。

颜料桶工具

使用颜料桶工具可在指定的封闭区域内填充单色、渐变色以及位图，同时也可以更改已填充区域的颜色。选择【颜料桶工具】按钮后，【属性】面板中会出现颜料桶工具的相关属性，如图4.8所示。

在【工具】面板的选项区域中将出现颜料桶工具的选项，如图4.9所示。

在填充时，如果被填充的区域不是闭合的，可以通过设置颜料桶工具的空隙大小来进行填充。单击【空隙大小】按钮，将打开【空隙大小】列表框，如图4.10所示。

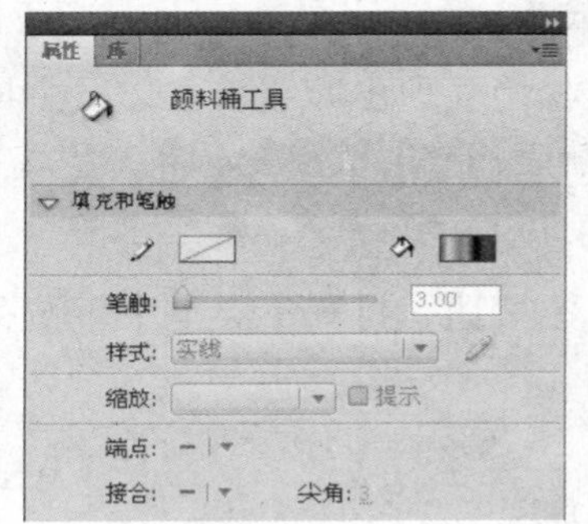

图4.8　颜料桶工具的【属性】面板

图4.9　【颜料桶工具】的选项

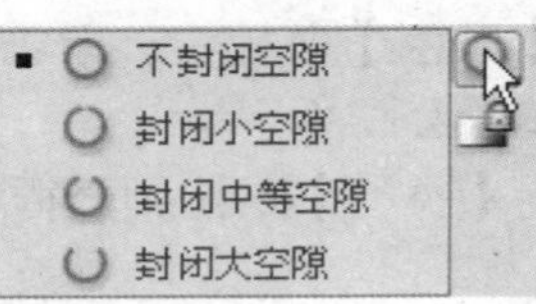

图4.10　【空隙大小】列表框

【空隙大小】列表框中各选项的功能如表4.1所示。

表4.1　【空隙大小】列表框中各选项的功能

选项名	功能
不封闭空隙	填充时不允许空隙存在。只填充封闭的区域。如果在填充形状之前已进行了手动封闭空隙，则可选择此项。对于比较复杂的图形，手动封闭空隙会更快一些
封闭小空隙	颜料桶工具可以忽略较小的缺口，对一些小缺口的区域也可以填充
封闭中等空隙	颜料桶工具可以忽略较大的空隙，对区域进行填充
封闭大空隙	选择这种模式后，即使线条之间还有一段距离，用颜料桶工具也可以填充线条内部的区域

颜料桶工具选项中的【锁定填充】功能和刷子工具的锁定功能类似，在绘图的过程中，位图或渐变填充将扩展覆盖在舞台中涂色的图形对象上。

注意　如果空隙太大，用户必须手动封闭它们才能进行填充。

利用颜料桶工具为绘制好的图画填充颜色，如图4.11所示为填充颜色前后的效果对比。

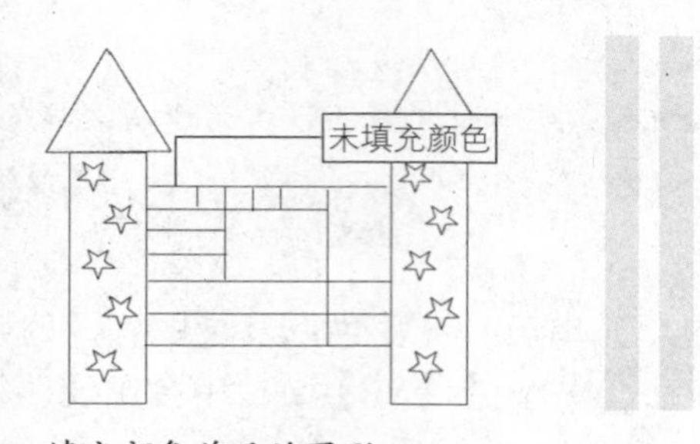

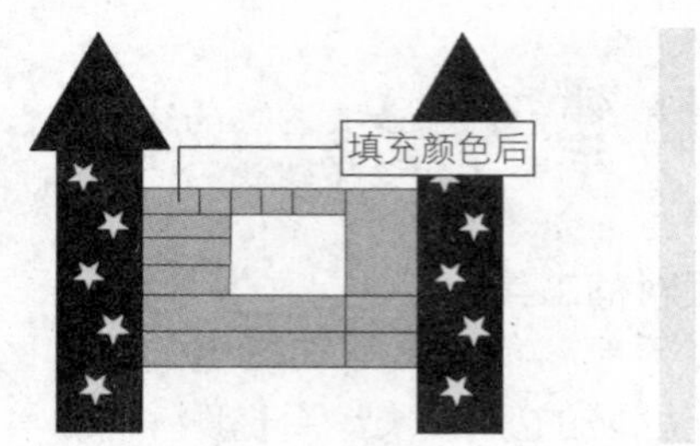

图4.11　填充颜色前后的图形

4.1.2　渐变颜色的设置和调整

在Flash CS4中，不仅可以设置和填充单一颜色，而且可以设置和调整渐变颜色。所谓渐变颜色，简单来说就是从一种颜色过渡到另一种颜色的过程。而且在Flash CS4中可以将多达15种颜色应用于颜色渐变。利用这种填充方式，可以轻松地表现出光线、立体及金属等效果。Flash CS4中提供的渐变颜色一共有两种类型：线性渐变和放射状渐变。

1. 设置渐变颜色

在【颜色】面板中，单击【类型】下拉列表框右侧的下拉按钮，打开【类型】下拉列表框，如图4.12所示。

使用【类型】下拉列表框可更改填充样式，其中各选项的含义如表4.2所示。

表4.2　【类型】下拉列表框中各选项的含义

选项名	含义
无	删除填充
纯色	提供一种纯正的填充单色
线性	产生一种沿线性轨道混合的渐变
放射状	产生从一个中心焦点出发沿环形轨道混合的渐变
位图	允许用可选的位图图像平铺所选的填充区域

线性渐变颜色是沿着一根轴线（水平或垂直）改变颜色的。在【类型】下拉列表框中，选择【线性】选项后，在面板的下方将出现线性渐变颜色，如图4.13所示。设置放射状渐变颜色是以圆形的方式，从中心向周围扩散的变化类型。在【类型】下拉列表框中选择【放射状】选项，在面板的下方将出现放射状渐变颜色，如图4.14所示。

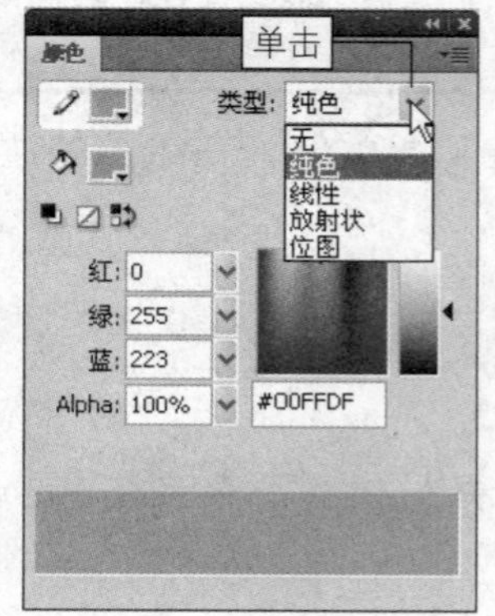

图4.12　【类型】下拉列表框

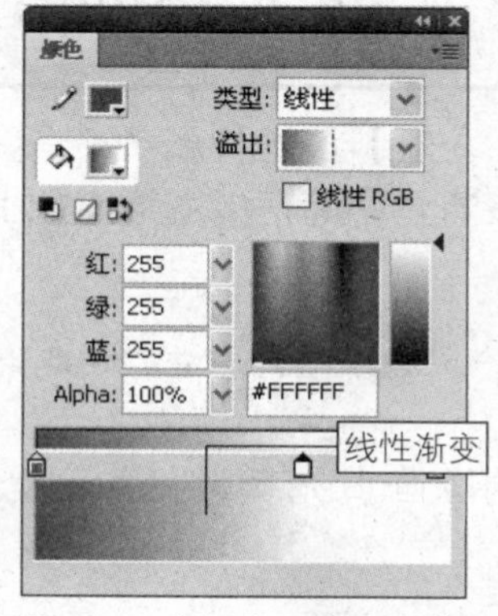

图4.13　选择线性渐变颜色

图4.14　选择放射状渐变颜色

在为绘制的图形填充渐变色时，系统提供的几种渐变色并不能满足需要，此时，用户可以自定义渐变色。选择一种渐变色后，设置渐变类型，然后将鼠标放置到颜色条的某个空白位置，鼠标指针变成带有加号的箭头形状，如图4.15所示。此时单击鼠标即可添加一个颜色滑块，如图4.16所示。

在颜色选择区域单击鼠标，选择一种颜色作为选中滑块位置的颜色，拖动颜色调节区的滑块调整选中颜色的色调，如图4.17所示。

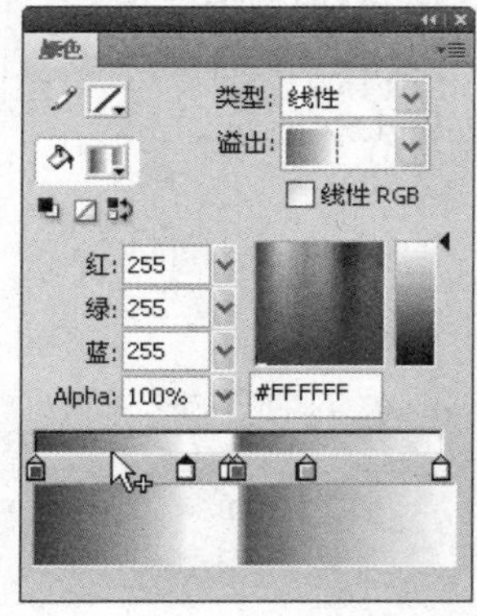

图4.15　鼠标形状改变

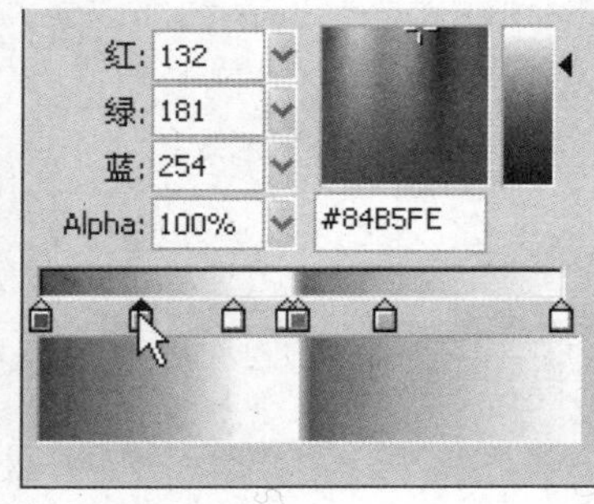

图4.16　添加颜色滑块

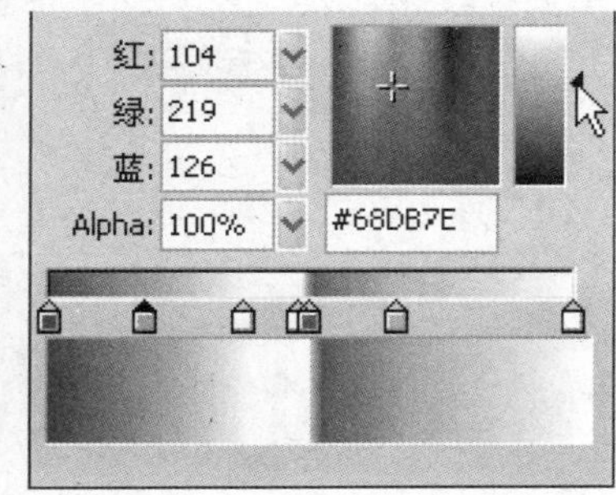

图4.17　调整色调

左右拖动色块，可以改变其在颜色条上的分布效果。颜色调整完成后即可为图形填充渐变色了，图4.18右侧显示了根据左侧设置结果进行填充的效果。

2. 渐变变形工具

渐变变形工具用于调整渐变的颜色、填充对象和位图的尺寸以及角度和中心点。使用渐变变形工具调整填充内容时，在调整对象的周围会出现一些控制柄，根据填充内容的不同，显示的控制柄也会有所区别。

调整线性渐变

选中一个线性状态填充的椭圆形，如图4.19所示。然后单击【任意变形工具】按钮右下角的箭头，在弹出的列表框中选择【渐变变形工具】选项，在椭圆形内部单击鼠标，此时图形周围将出现一个圆形控制柄、一个矩形控制柄、一个旋转中心和两条竖线，如图4.20所示。

- 将鼠标光标移到椭圆形右侧竖线的圆形控制柄上，鼠标光标将变成如图4.21所示的形状。按住鼠标旋转该控制柄，颜色的渐变方向也随着控制柄的移动而改变，如图4.22所示。

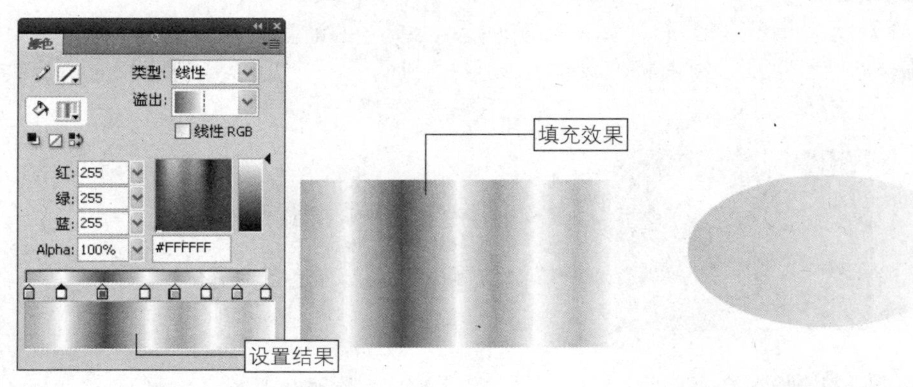

图4.18　自定义渐变及其效果　　图4.19　绘制的线性填充的椭圆形

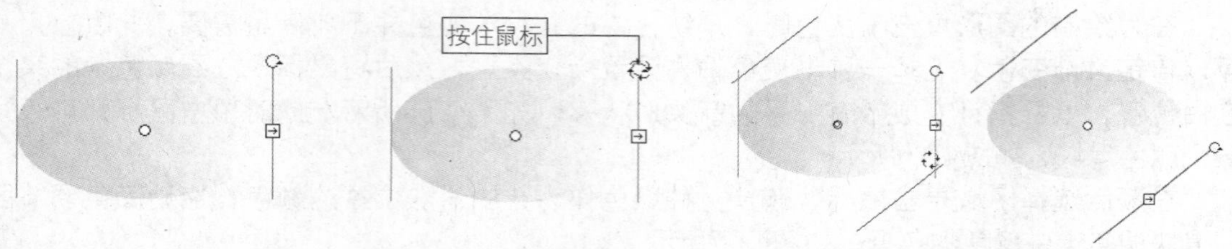

图4.20 调整线性渐变　　图4.21 按住圆形控制柄　　图4.22 旋转圆形控制柄的过程及结果

2 将鼠标移动到方形控制柄上，当鼠标光标变成如图4.23所示的形状时，按住鼠标左键向内部拖动该手柄，颜色的渐变范围也随着手柄的移动而改变，如图4.24所示。

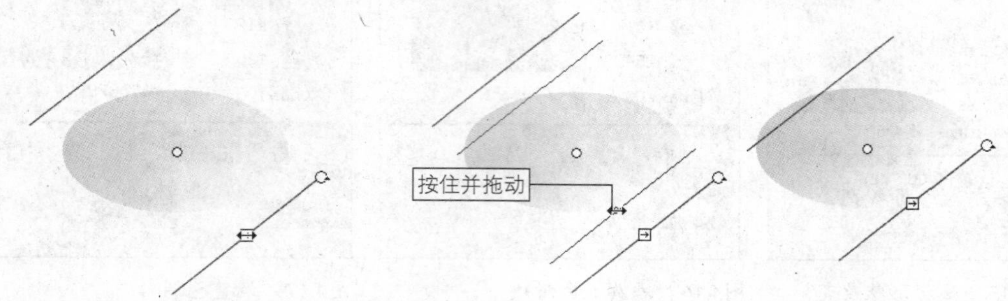

图4.23 按住矩形控制柄　　图4.24 移动矩形控制柄的过程及结果

3 将鼠标光标移动到椭圆形的旋转中心上，当鼠标光标变为如图4.25所示的形状时，按住鼠标左键拖动图形的中心，颜色的渐变位置也随着中心的移动而改变，如图4.26所示。

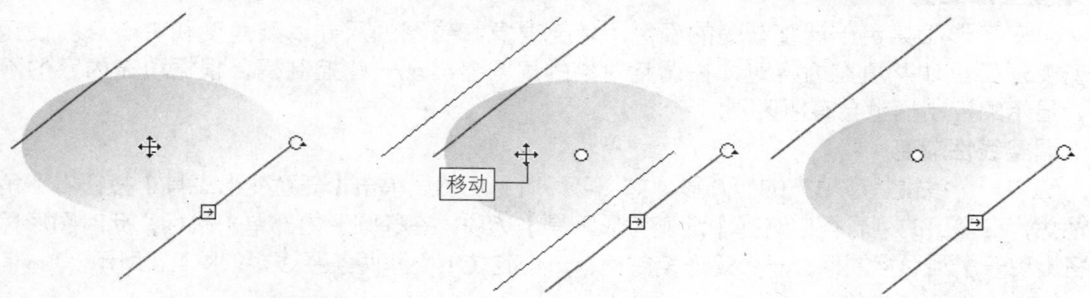

图4.25 按住旋转中心　　图4.26 移动中心控制点的过程和结果

调整放射状渐变

选中一个放射状态填充的图形，如图4.27所示。单击【渐变变形工具】按钮，在矩形内部单击鼠标，此时图形周围将出现两个圆形控制柄、一个矩形控制柄和一个旋转中心，如图4.28所示。

图4.27 绘制放射状矩形

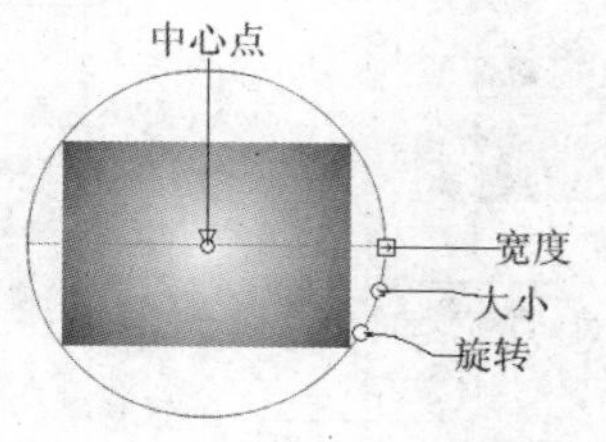

图4.28 调整放射状渐变

1 将鼠标光标移到【宽度】控制柄上，鼠标光标将变成如图4.29所示的形状，按住该控制柄并向矩形内部拖动，可调整填充色的间距，如图4.30所示。

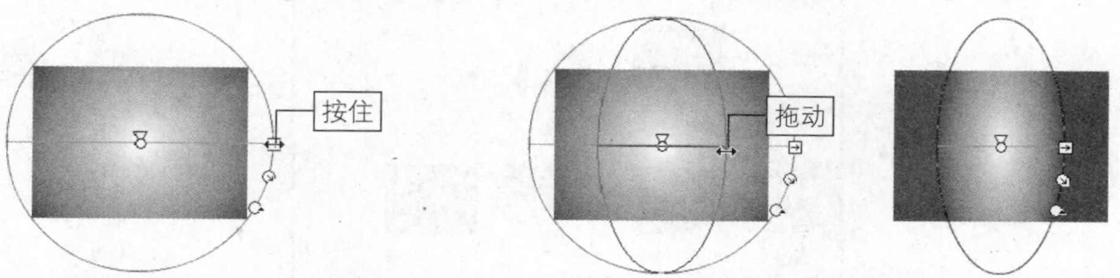

图4.29　按住【宽度】矩形控制柄　　图4.30　调整填充色间距的过程和效果

2 将鼠标移动到【大小】控制柄上，当鼠标光标变成如图4.31所示的形状时，按住该控制柄向矩形内部拖动，可使颜色沿中心位置扩大或缩小，如图4.32所示。

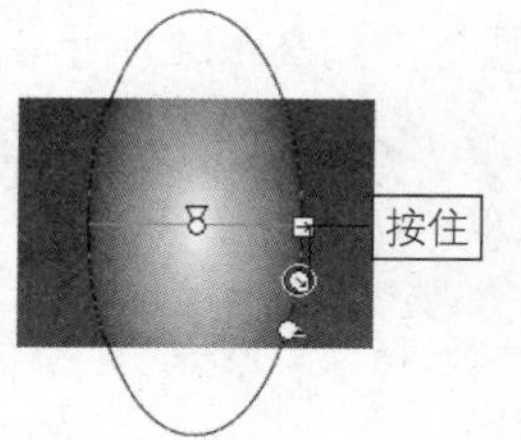

图4.31　按住【大小】控制柄

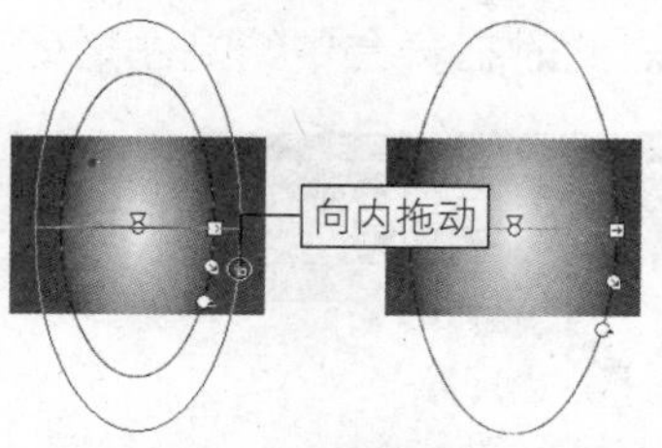

图4.32　调整颜色范围的过程和结果

3 将鼠标光标移到【旋转】控制柄上，当鼠标光标变成如图4.33所示的形状时，按住该控制柄并旋转，可改变渐变色的填充方向，如图4.34所示。

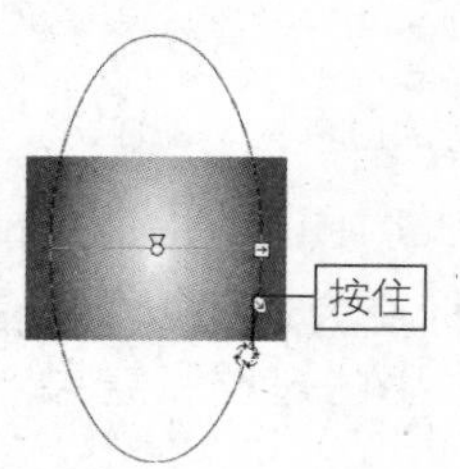

图4.33　按住【旋转】控制柄

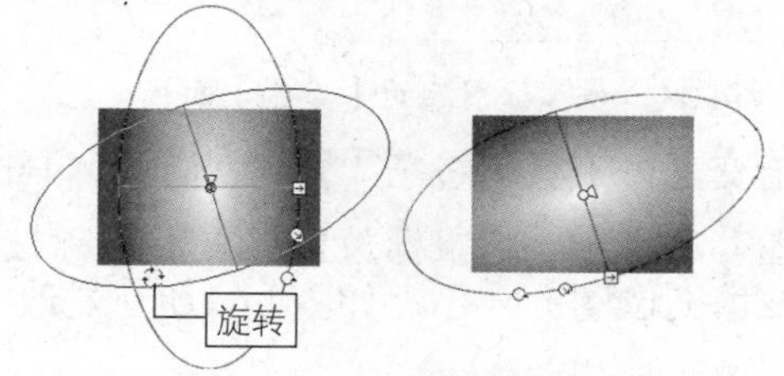

图4.34　改变填充色方向的过程和结果

4 将鼠标光标移到【中心点】控制柄，当鼠标光标变成如图4.35所示的形状时，按住该控制柄并拖动，可改变渐变色的填充位置，如图4.36所示。

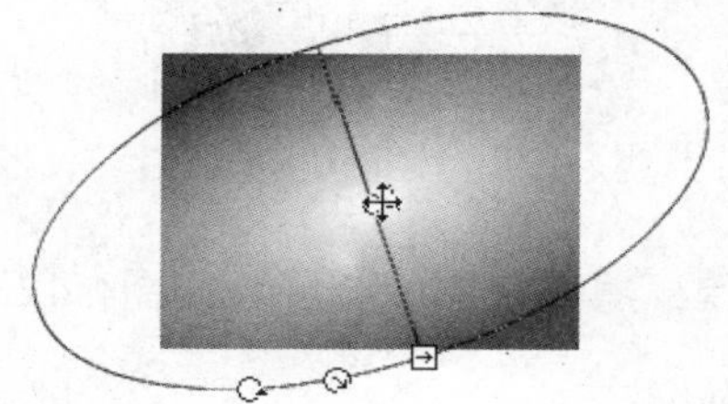

图4.35　按住【中心点】控制柄

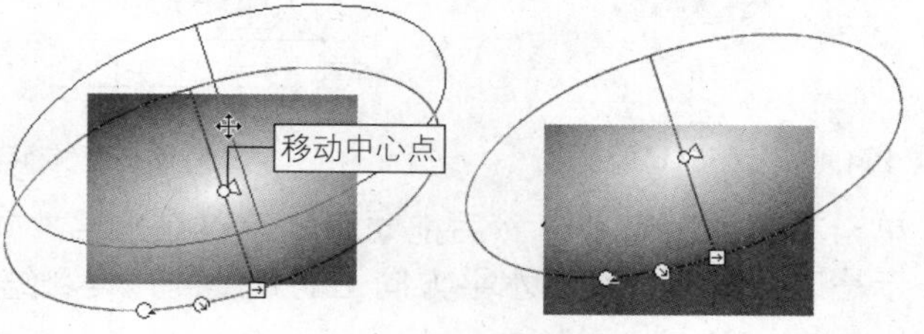

图4.36　改变填充色位置的过程和结果

调整位图填充

在【颜色】面板的【类型】下拉列表框中选择【位图】选项，弹出【导入到库】对话框，如图4.37所示。

图4.37 【导入到库】对话框

选择所需的图形并单击【打开】按钮后，在【颜色】面板的下面将出现导入的位图，如图4.38所示。此时在舞台中绘制图形即可利用位图进行填充，如图4.39所示。

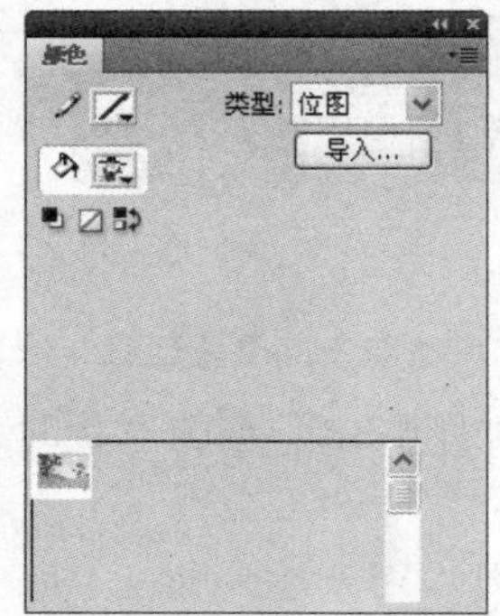

图4.38 导入位图后的【颜色】面板

图4.39 绘制位图填充的椭圆形

1 单击【渐变变形工具】按钮，在椭圆形内部单击鼠标，此时图形周围将出现一些控制点，如图4.40所示。将鼠标放置在左下的按钮上时，鼠标变为形状，此时拖动鼠标即可改变填充位图的大小，如图4.41所示是改变填充位图大小的过程和结果。

图4.40 调整位图填充

图4.41 改变位图填充的大小

2 单击左侧的按钮，然后拖动鼠标可以在水平方向上改变填充位图的长度，如图4.42所示是改变填充位图在水平方向上的长度的过程和结果。

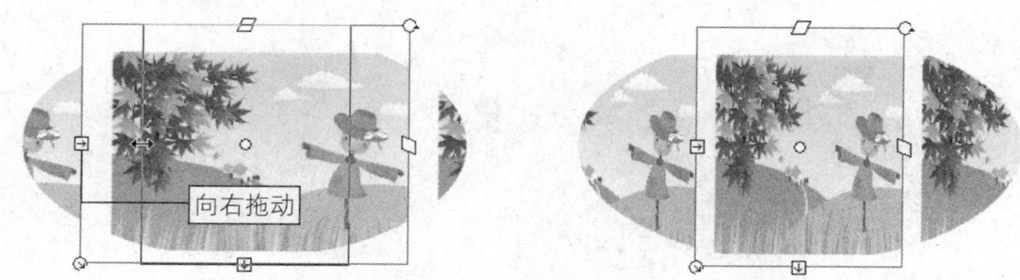

图4.42　在水平方向上改变填充位图的过程和效果

3 单击下侧的按钮，然后拖动鼠标可以在垂直方向上改变填充位图的长度，如图4.43所示是改变填充位图在垂直方向上的宽度的过程和效果。

图4.43　在垂直方向上改变填充位图的过程和效果

4 单击上方和右侧的和的按钮，可以在水平和垂直方向上改变填充位图的倾斜角度，如图4.44所示是分别在水平和垂直方向上倾斜填充位图的效果。

图4.44　在水平和垂直方向上倾斜填充位图的效果

5 将鼠标放置到右上角的按钮上，鼠标指针变成形状，此时拖动鼠标即可对填充位图进行旋转。如图4.45所示是旋转填充位图的过程和效果。

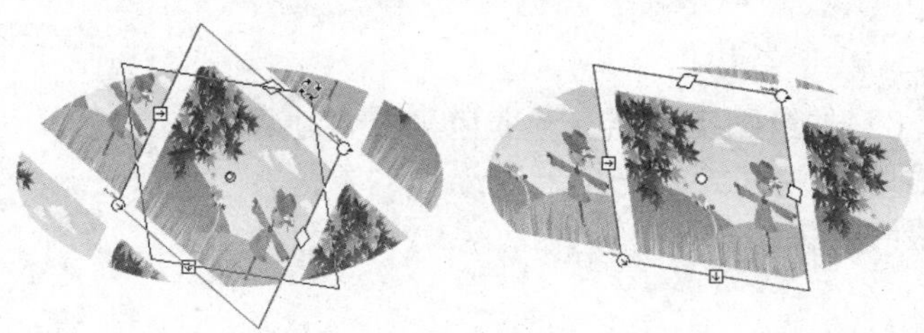

图4.45　旋转填充位图的过程和效果

6 将鼠标放置在填充位图的中心点位置时，鼠标指针变成形状，此时拖动鼠标即可改变填充位图的中心点。如图4.46所示是改变填充位图中心点的过程和最终效果。

图4.46　改变填充位图中心点的过程和最终效果

掌握了利用渐变变形工具调整位图填充的具体操作步骤，就可以利用它来为自己喜欢的图形添加位图填充了，如图4.47所示是为卡通人物的衣服填充花纹并改变大小的效果。

填充位图花纹的裙子

调整裙子的花纹的效果

图4.47　利用渐变变形工具调整填充位图的效果

4.2 进阶——典型实例

上一节已经学习了色彩编辑的相关知识，接下来将通过具体的实例来巩固本章的知识点。

4.2.1　绘制卡通表情

最终效果

可以利用Flash CS4的绘图工具结合渐变色来准确地表现人物的表情。下面我们就来绘制一个卡通人物的表情，本例制作完成后的最终效果如图4.48所示。

图4.48　卡通表情最终效果

解题思路

1. 利用椭圆工具绘制脸及眼睛部分。
2. 用刷子工具绘制眼睛的细节部分。
3. 用钢笔工具绘制头发。
4. 用渐变变形工具填充和改变填充的渐变色，绘制出生动立体的卡通表情。

操作步骤

1. 绘制脸的轮廓

1 新建一个Flash CS4文档。

2 执行【修改】→【文档】命令（或按【Ctrl+J】组合键），打开【文档属性】对话框。如图4.49所示。

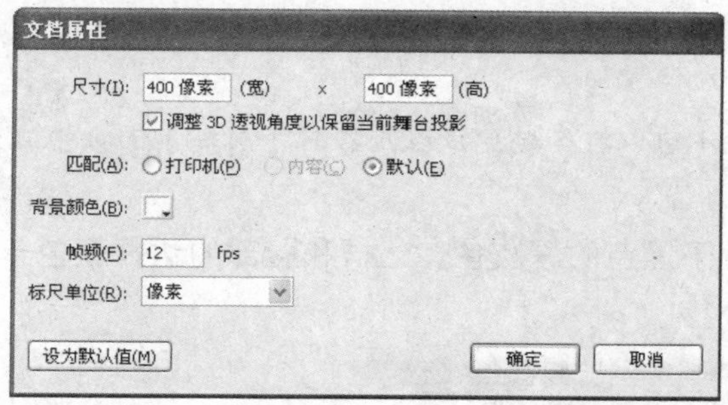

图4.49　【文档属性】对话框

3 单击【工具】面板中的【椭圆工具】按钮，在其选项区域中选中【对象绘制】按钮，然后在舞台中绘制一个宽和高均为200像素的正圆。

提示　此实例中所有绘制操作都在对象绘制模式中完成。

4 给这个正圆添加边框，粗细为“5像素”，颜色为值“D44C01”。

5 执行【窗口】→【颜色】命令，打开【颜色】面板。

6 在【颜色】面板的【类型】下拉列表框中选择【放射状】选项，给这个正圆填充放射状渐变色，如图4.50所示。

7 分别单击线性渐变颜色的和按钮，在弹出的颜色选择器中调整椭圆的渐变颜色，然后在颜色条的空白位置单击鼠标添加颜色滑块，最终效果如图4.51所示。

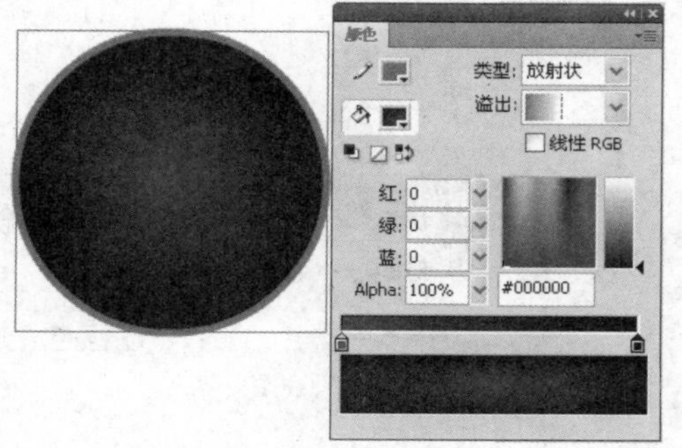

图4.50　给正圆添加边框并填充放射状渐变色

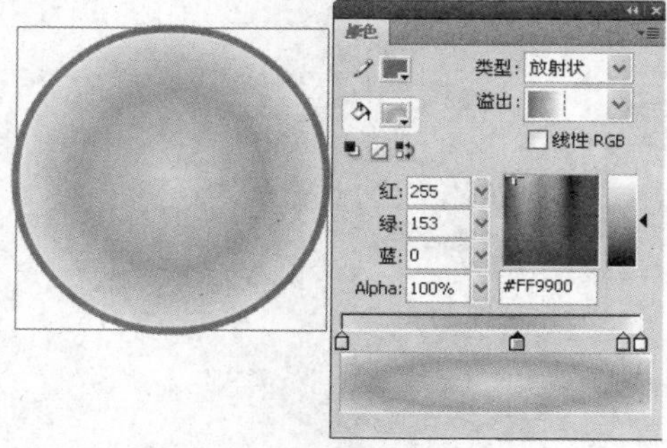

图4.51　调整每个颜色滑块的颜色

8 选择【工具】面板中的渐变变形工具，调整舞台中的渐变色方向和范围，效果如图4.52所示。

说明 调整渐变色的目的是为了让卡通人物的脸部更有立体感。

2. 绘制眼睛

1 选择【工具】面板中的椭圆工具，在脸部的上方绘制一个小一些的正圆，尺寸为60×60像素。

提示 正圆的大小可以在绘制完成以后在其【属性】面板中进行更改。

2 给这个小圆填充接近于黑色的深灰色，边框和脸部的边框颜色一致，但是边框的粗细为2像素，效果如图4.53所示。

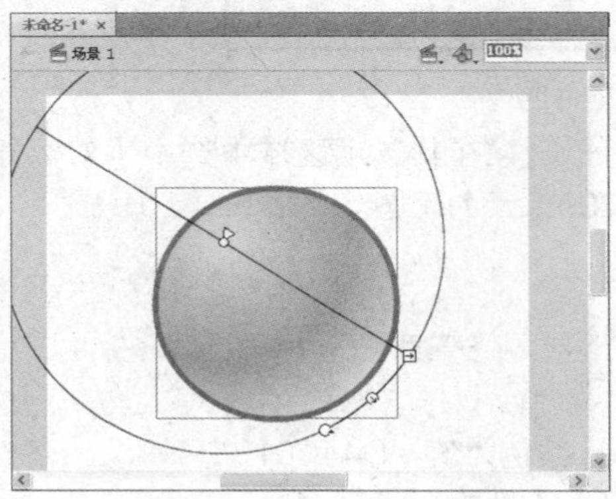

图4.52　调整渐变色后的最终效果

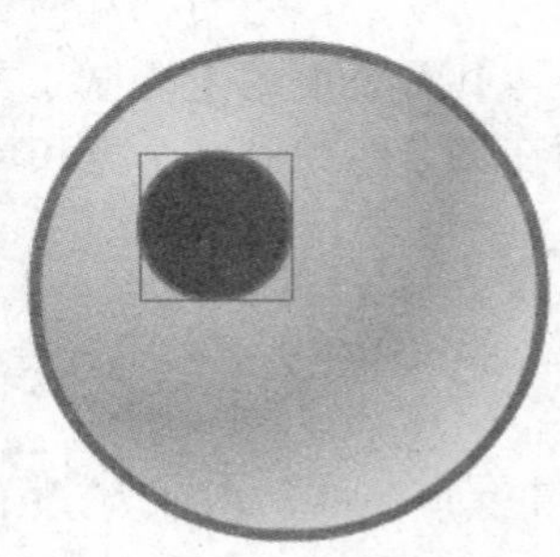

图4.53　绘制眼睛部分

3 复制这个正圆，选择两个正圆中靠下方的那个，把颜色更改为白色，去掉边框颜色。这时的效果如图4.54所示。

4 执行【修改】→【形状】→【柔化填充边缘】命令，打开【柔化填充边缘】对话框，如图4.55所示，在弹出的【柔化填充边缘】对话框中进行设置。这样可以使白色的正圆边缘模糊。

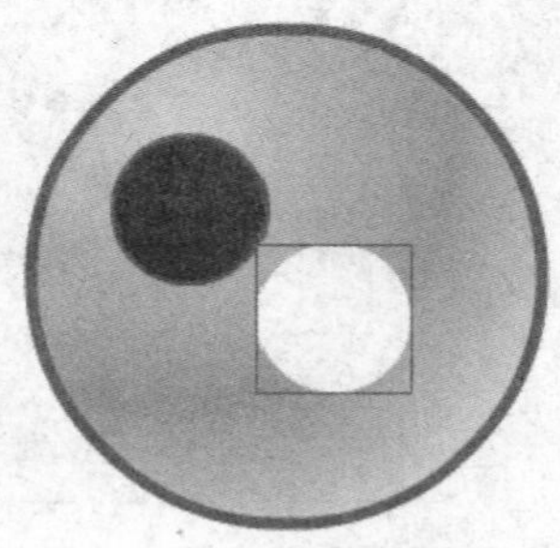

图4.54　复制并更改下方正圆的颜色设置

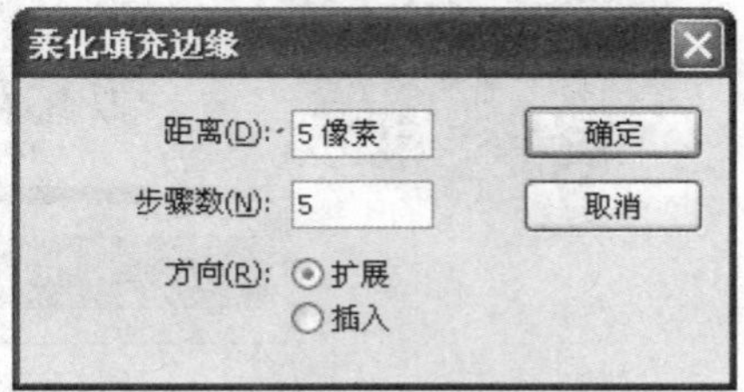

图4.55　【柔化填充边缘】对话框

5 把白色的正圆移动到黑色正圆的右下角，这样可以使眼睛看起来更有立体的感觉。效果如图4.56所示。

6 复制刚刚得到的边缘模糊的白色正圆，并且适当往左上角移动，这样可以使眼睛的立体效果更加明显，如图4.57所示。

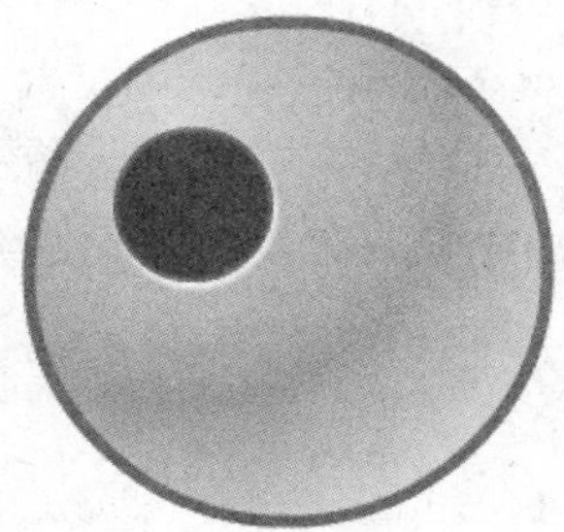

图4.56 移动白色正圆的位置

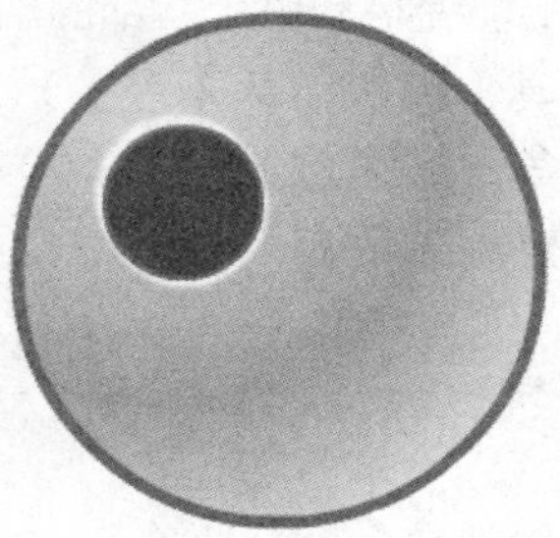

图4.57 调整眼睛下方的白色正圆

提示 如果无法将白色正圆移到黑色正圆的下方，可以通过执行【修改】→【排列】命令，打开其子菜单，从中选择需要的选项即可，如图4.58所示。

7 在黑色的眼睛上绘制大小不同的三个正圆，表示眼睛的眼白，效果如图4.59所示。

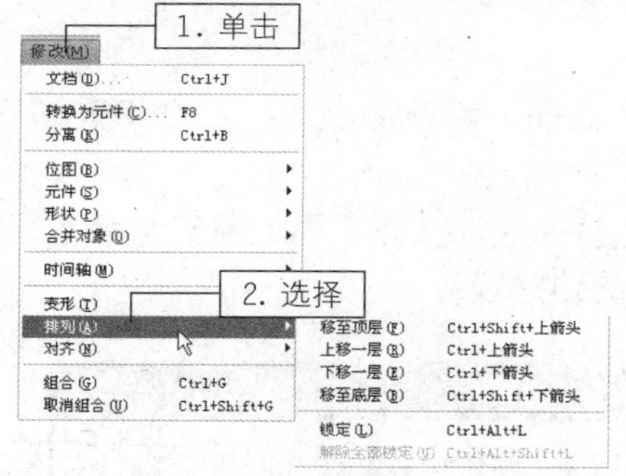

图4.58 执行【修改】→【排列】命令

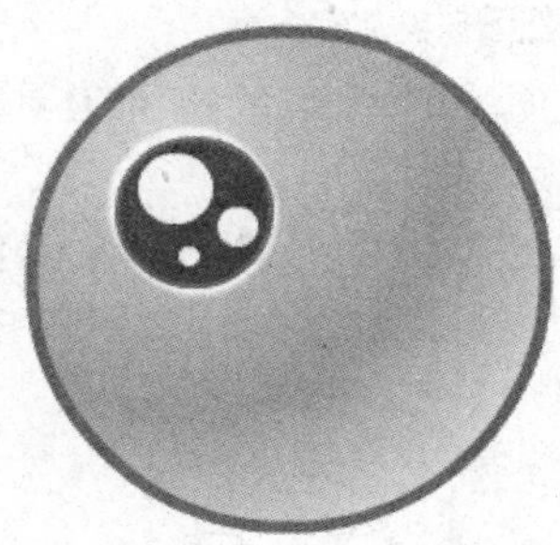

图4.59 绘制眼白

8 按【Ctrl+G】组合键，把眼睛部分的所有矢量图形组合起来，然后按【Ctrl+C】组合键复制一个眼睛，按【Ctrl+V】组合键粘贴，并将其放置到脸的右边。

9 把左右两边的眼睛对齐好放到合适的位置，效果如图4.60所示。

3. 绘制手

1 选择【工具】面板中的椭圆工具，绘制一个60×60像素的正圆，效果如图4.61所示。

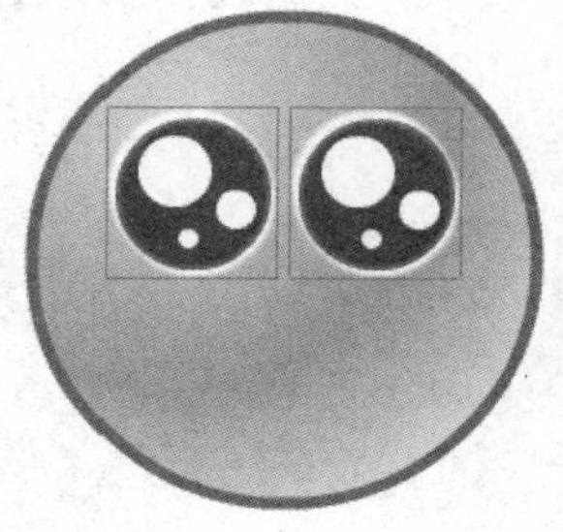

图4.60 对齐左右两个眼睛

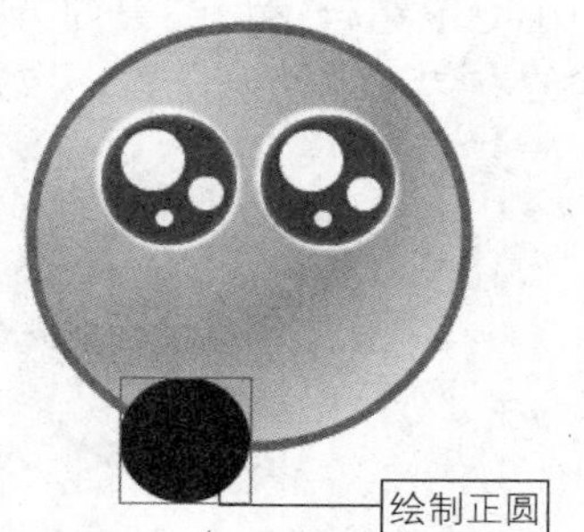

图4.61 绘制手部

2 执行【窗口】→【颜色】命令，打开【颜色】面板。

3 在【颜色】面板的【类型】下拉列表框中选择【放射状】选项，给这个正圆填充放射状渐变色，这个渐变色和整个脸部的渐变色是一样的，可以参考图4.52。

4 选择【工具】面板中的渐变变形工具，调整舞台中的渐变色方向和范围，渐变色起始位置在右下角，结束位置在左上角，效果如图4.62所示。

5 复制并粘贴得到的手，调整好位置，两个手就都制作出来了，效果如图4.63所示。

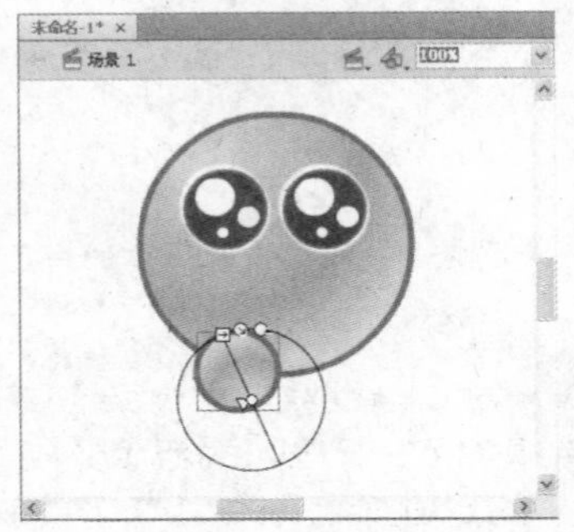

图4.62　调整手的渐变色方向和范围

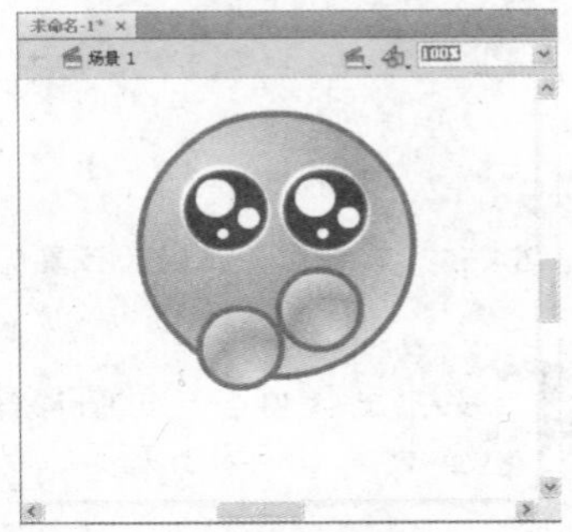

图4.63　手的最终效果

4. 绘制脸部细节

1 选择【工具】面板中的椭圆工具，绘制一个椭圆，填充颜色为“FF0099”，效果如图4.64所示。

2 执行【修改】→【形状】→【柔化填充边缘】命令，打开【柔化填充边缘】对话框，在其中进行设置，如图4.65所示，把这个椭圆的边缘模糊。

图4.64　制作脸部的红晕

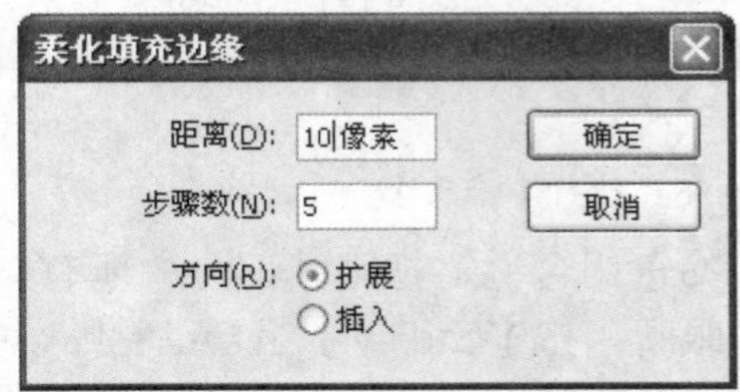

图4.65　柔化填充边缘

3 选择【工具】面板中的刷子工具，设置填充的颜色为“白色”，刷子大小为“最小”，刷子形状为“圆形”，然后在“红晕”上依次单击鼠标，绘制一些白色小点，效果如图4.66所示。

4 按【Ctrl+G】组合键把红晕部分的所有矢量图形组合起来，然后复制一个红晕并将其放置到脸的右边，调整好位置，效果如图4.67所示。

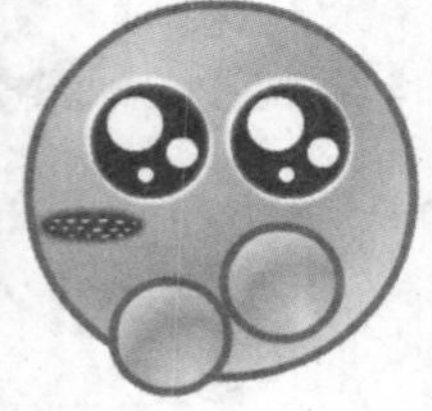

图4.66　绘制红晕上的麻点

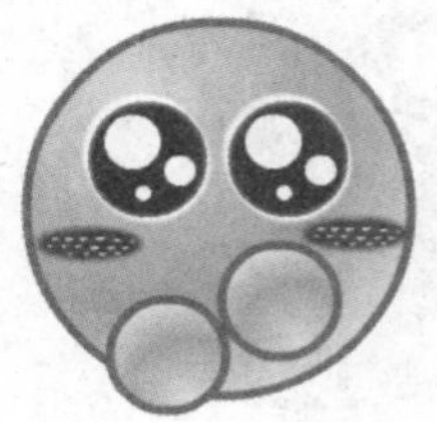

图4.67　复制红晕

5. 绘制头发

1 选择【工具】面板中的钢笔工具，在任意位置单击鼠标，创建第一个路径点。

2 适当移动鼠标，在第二点的位置单击并且按住鼠标进行拖曳，创建第二个路径点，效果如图4.68所示。

3 把鼠标指针移动到第一个路径点上，这时钢笔光标的右下角会显示一个空心的小圆，表示闭合路径。单击鼠标，闭合这个路径，效果如图4.69所示。

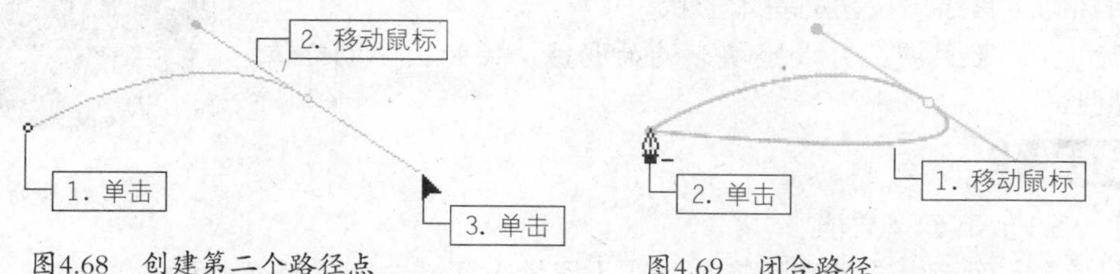

图4.68 创建第二个路径点　　图4.69 闭合路径

4 为得到的形状填充和脸部边框一样的颜色，边框为透明。

5 选择【工具】面板中的部分选取工具，首先拖曳路径点，调整为如图4.70所示的效果。

6 按住键盘的【Alt】键不放，使用部分选取工具拖曳当前形状左下角路径点两端的控制柄，调整路径的形状，最终效果如图4.71所示。

图4.70 调整路径点的位置

图4.71 最终调整效果

7 执行【修改】→【排列】→【移至底层】命令，把得到的头发移到脸部的下方，然后调整至合适位置，效果如图4.72所示。

图4.72 调整好头发的位置

8 复制并粘贴刚刚得到的头发，执行【窗口】→【变形】命令，打开【变形】面板，把这个复制出来的头发缩小到原来的60%，调整好位置，完成卡通表情的制作，最终效果参考图4.48。

4.2.2 绘制立体按钮

最终效果

本例制作完成后的最终效果如图4.73所示。

图4.73 立体按钮最终效果

解题思路

1 利用椭圆工具绘制按钮的基本形状。

2 用渐变变形工具填充并调整填充的渐变色，绘制出生动立体的感觉。

操作步骤

1 新建一个Flash CS4文档。

2 在【工具】面板中选择椭圆工具，在【属性】面板中将笔触颜色设为“无”，其他设置如图4.74所示。

3 按住【Shift】键，在舞台中绘制一个正圆，如图4.75所示。

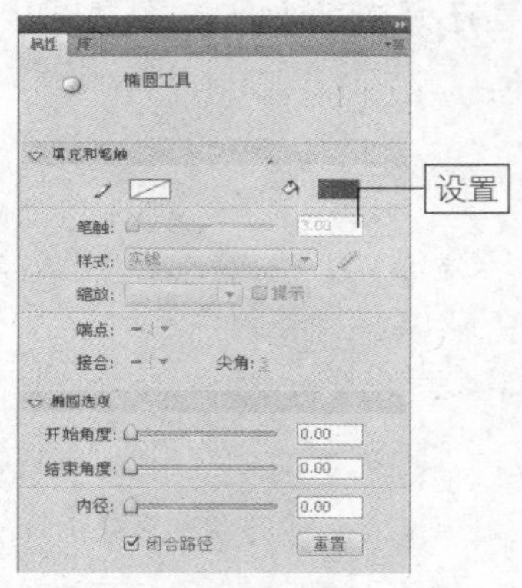

图4.74 设置椭圆属性

图4.75 在舞台中绘制一个正圆

4 执行【窗口】→【颜色】命令，在打开的【颜色】面板的【类型】下拉列表框中，选择【放射状】选项，如图4.76所示。

5 选择放射状的渐变颜色，将正圆的颜色调整为“红–黑”渐变，如图4.77所示。

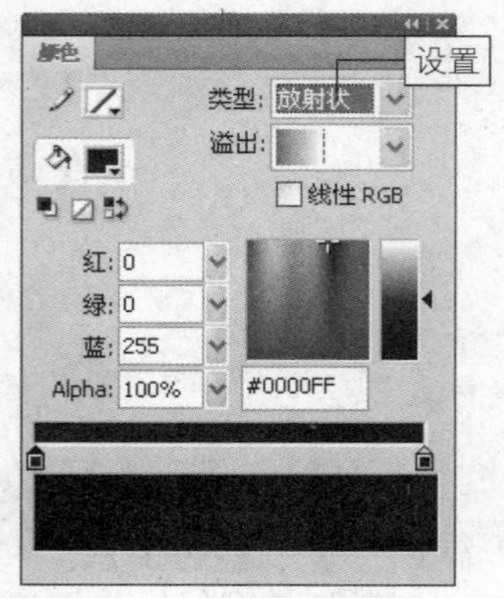

图4.76 在【颜色】面板中选择【放射状】选项

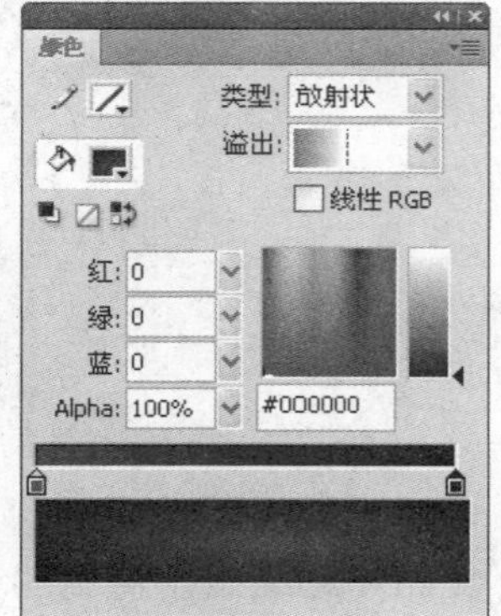

图4.77 调整正圆的颜色为放射状渐变

6 选择【工具】面板中的渐变变形工具，调整放射状渐变的中心点位置和渐变范围，调整后的效果如图4.78所示。

7 执行【窗口】→【变形】命令（或按【Ctrl+T】组合键），打开【变形】面板。单击【变形】面板中的【重制并应用变形】按钮，把当前的正圆等比例缩小为原来的60%，并且旋转180度，如图4.79所示。

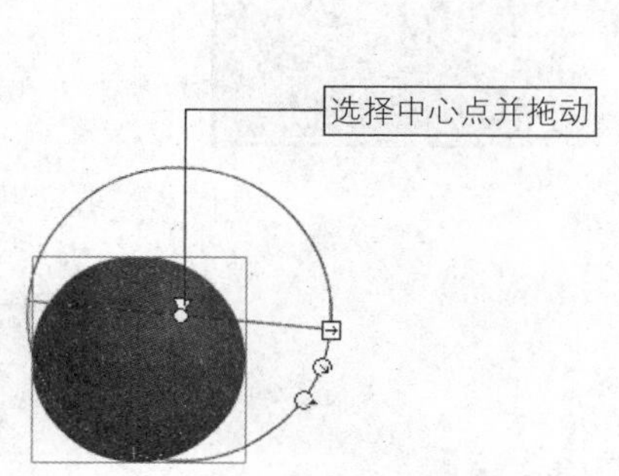

图4.78　使用填充变形工具调整渐变色

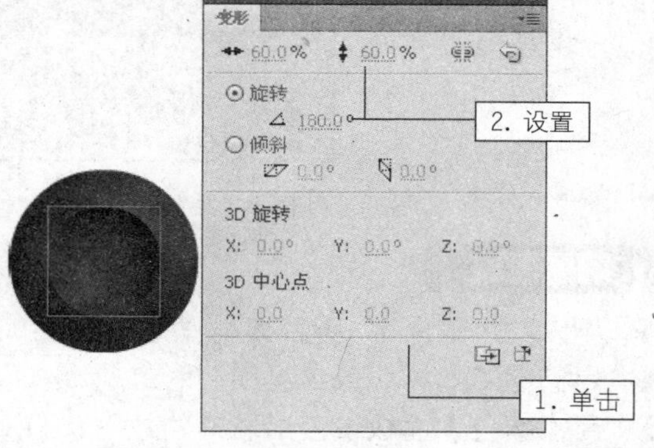

图4.79　使用【变形】面板对正圆变形

8 选中原来的椭圆，在【变形】面板中将其等比例缩小为原来57%，并且同时旋转0度，如图4.80所示。

9 还可以为按钮添加文字，选择【工具】面板中的【文本工具】，即可在得到的按钮上书写文本，最终效果参考图4.73。

提示　关于【变形】面板和文本工具的具体应用在后面的章节中会详细介绍。

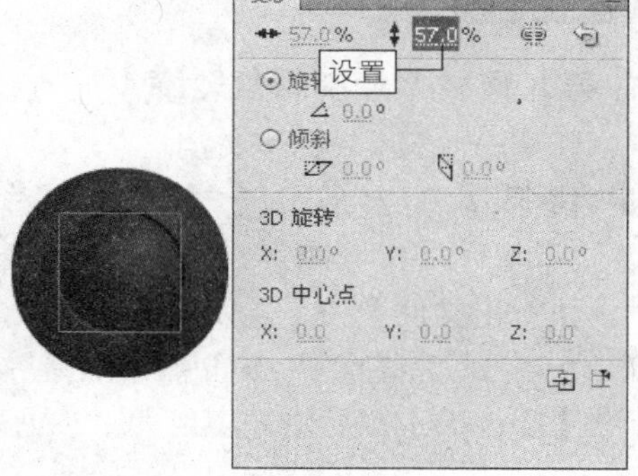

图4.80　使用【变形】面板对正圆变形

4.3 提高——自己动手练

下面再通过两个实例的制作继续巩固前面所学知识，请读者根据操作提示自己动手练习。

4.3.1　绘制彩虹

最终效果

本例制作完成后的最终效果如图4.81所示。

图4.81 彩虹预览效果

解题思路

1 导入“风景.jpg”图片素材作为背景。

2 用椭圆工具和线条工具绘制彩虹轮廓。

3 用【颜色】面板设置出彩虹的放射状渐变色并填充颜色。

4 用渐变变形工具调整填充色。

操作提示

1. 导入素材并绘制彩虹轮廓

1 新建一个Flash CS4文档。

2 执行【修改】→【文档】命令，打开【文档属性】对话框，将文档大小设为“550×300”像素，背景色为“白色”。

3 执行【文件】→【导入】→【导入到舞台】命令，打开【导入】对话框，如图4.82所示。

4 在该对话框中选择所需图片，然后单击【打开】按钮将图片素材导入到舞台，按【Ctrl+B】组合键将其打散，如图4.83所示。

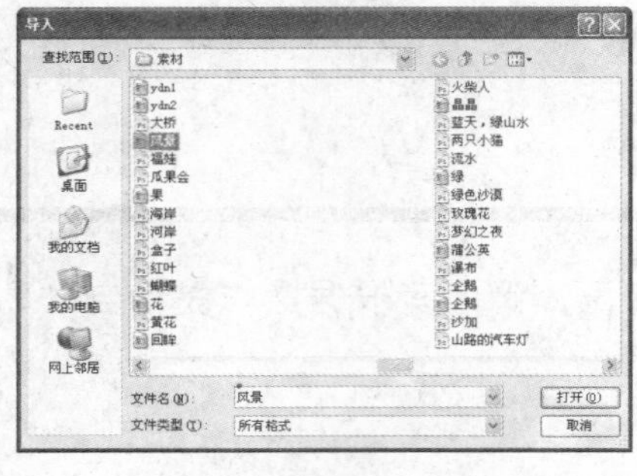

图4.82 【导入】对话框

图4.83 导入并打散图形

说明 将图形打散后，可以在其上面绘制和填充图形，如果不将其打散，用户所绘制的线条将处于图形下方，无法显示。

5 选择【工具】面板中的椭圆工具，在【属性】面板中选择笔触颜色为“黑色”，笔触高度为“2”，填充颜色为“透明”。

6 在场景的左上方按住鼠标左键向右下方拖动，到一定的位置时释放鼠标左键，绘制出一个椭圆线框，效果如图4.84所示。

7 用同样的方法，在椭圆中再绘制出一个小点的椭圆线框，效果如图4.85所示。

图4.84　绘制大椭圆

图4.85　绘制小椭圆

提示　如果绘制的椭圆不符合要求，可以按【Ctrl+Z】组合键取消操作，重新绘制。

8 选择线条工具，将笔触颜色设为“白色”，按住【Shift】键在场景中绘制一条直线，如图4.86所示。

提示　将笔触颜色设为白色是为操作提供方便，可以看得更加清楚。

9 选中不需要的线条，按住【Delete】键逐一进行删除，如图4.87所示。

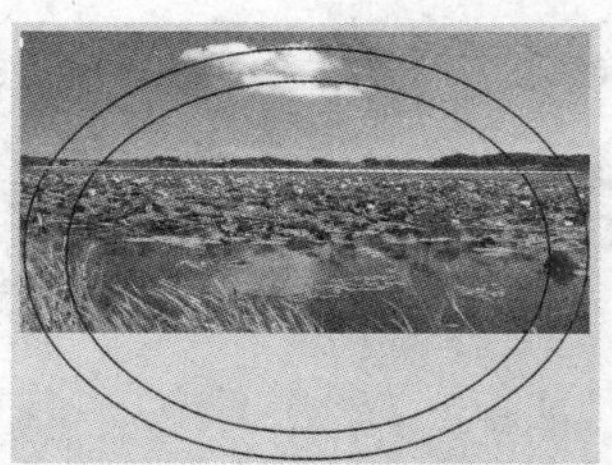
图4.86　绘制直线

图4.87　删除线条

2. 设置渐变色

1 选择颜料桶工具，单击右侧的色块，打开颜色选择器，从中选择一种渐变色，如图4.88所示。

2 按【Shift+F9】组合键打开【颜色】面板，如图4.89所示。

3 在【类型】下拉列表框中选择【放射状】选项，然后拖动颜色滑块，按“红、紫、蓝、青、绿、黄、橙、红”的顺序排列，如图4.90所示。

4 在场景的彩虹轮廓线框中单击鼠标左键，用设置好的色彩进行填充，如图4.91所示。

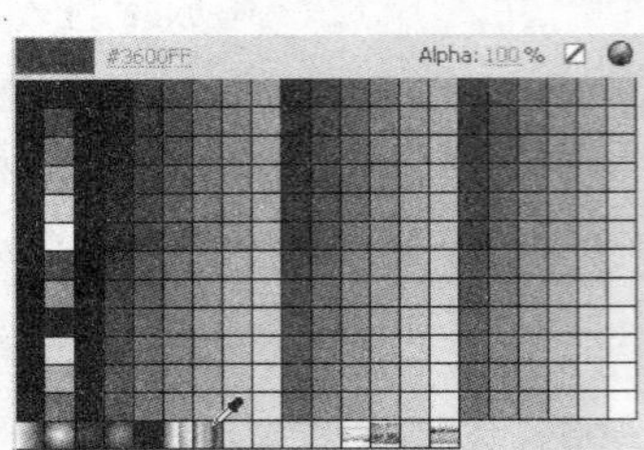

图4.88　选择填充色

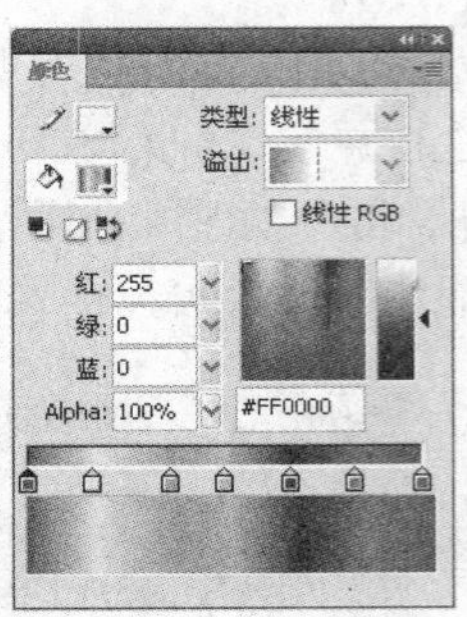

图4.89　【颜色】面板

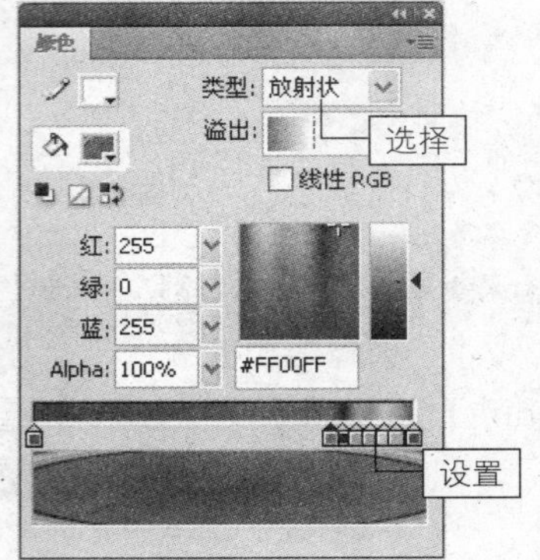

图4.90　设置好填充渐变色

图4.91　填充渐变色

5 选取边框线条，按【Delete】键进行删除，如图4.92所示。

图4.92　删除线条

3. 调整渐变色

1 选择填充变形工具，在场景中用鼠标左键单击彩虹图形，图形周围将出现3个控制柄，如图4.93所示。

2 将鼠标光标移至方形控制柄的位置，鼠标光标变为↔形状，按住鼠标左键向外拖动，调整填充色的间距，如图4.94所示。

3 将鼠标光标移至方形控制柄下方圆形柄的位置，鼠标光标变为形状，按住鼠标左键向中心拖动，使颜色沿中心位置缩小，如图4.95所示。

4 将鼠标光标移至椭圆中心的小圆圈上，鼠标光标变为形状，按住鼠标左键并向下拖动，改变渐变色的填充位置，如图4.96所示。

图4.93　控制柄

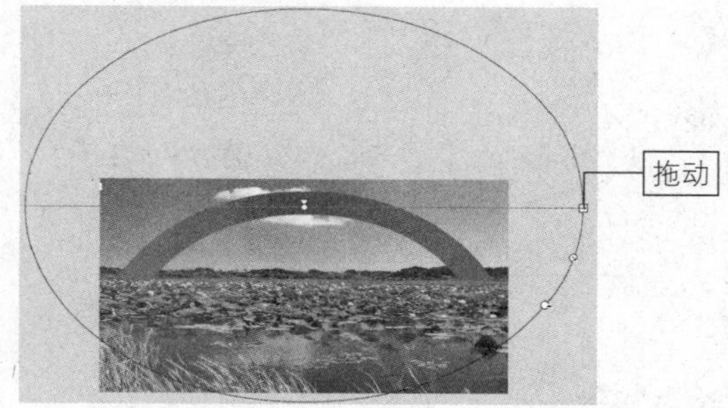

图4.94　调整填充色的间距

图4.95　使颜色沿中心位置缩小

图4.96　改变渐变色的填充位置

5　如果对效果不满意，还可以进行细致调整，最终效果参考图4.81。

4.3.2　绘制海滩风景

最终效果

本例制作完成后的最终效果如图4.97所示。

图4.97　海滩风景预览效果

解题思路

1　勾画基本图形。
2　用【颜色】面板填充颜色。
3　用渐变变形工具调整填充色。

操作提示

1　启动Flash CS4，利用钢笔工具和线条勾画如图4.98所示的图形。
2　在【工具】面板中单击【填充颜色】按钮，在弹出的颜色选择器中选择绿色（#316500）。
3　单击【颜料桶工具】按钮，默认当前空隙大小模式为【不封闭空隙】状态，移动鼠标光标到场景中，光标变成形状，在树木区域单击，颜色填充效果如图4.99所示。
4　单击【填充颜色】按钮，在弹出的颜色选择器中单击按钮，打开【颜色】对话框，选择红黄相间的颜色作为近海沙滩颜色，如图4.100所示。
5　选择颜料桶工具，移动鼠标光标到近海沙滩，单击鼠标为其填充颜色，如图4.101所示。

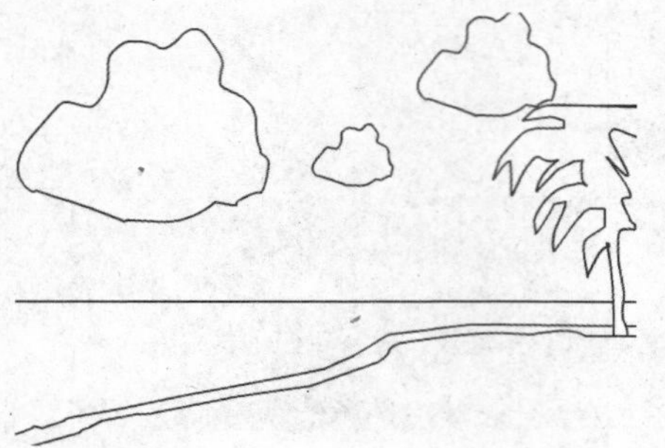

图4.98　勾画基本形状

图4.99　填充树木

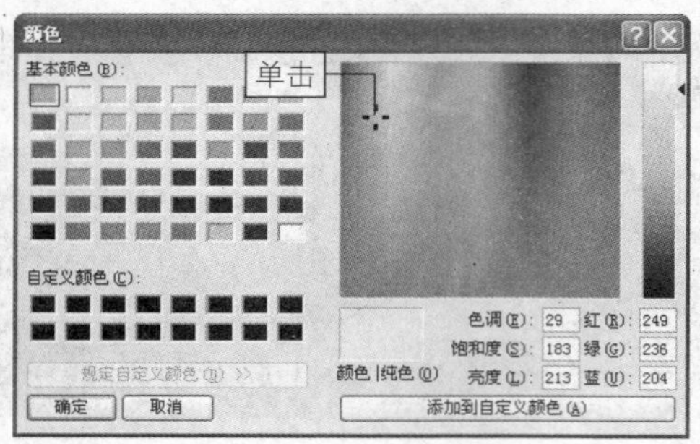

图4.100　设置近海沙滩的颜色

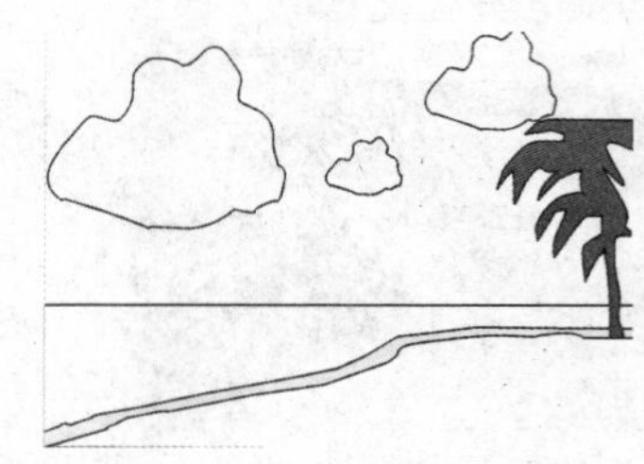

图4.101　填充近海沙滩的颜色

6 再在【颜色】对话框中设置沙滩其他区域的颜色，如图4.102所示。

7 将鼠标光标移动到沙滩上，单击鼠标为其填充颜色，如图4.103所示。

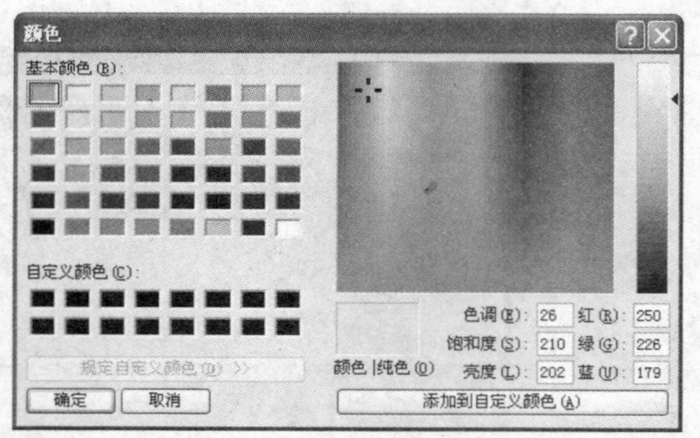

图4.102　设置沙滩其他区域的填充颜色

图4.103　为沙滩的其他区域填充颜色

8 按【Shift+F9】组合键打开【颜色】面板，在【颜色】面板中单击【填充颜色】按钮，在【类型】下拉列表框中选择【线性】选项。

9 设置由蓝色向白色的线性渐变填充色，如图4.104所示。

10 设置好颜色后，将鼠标光标移动到图形的天空中，单击鼠标填充线性渐变，如图4.105所示。

11 选择渐变变形工具，单击图形中天空的线性渐变，按住⊡控制柄不放并向中心拖动，如图4.106所示。

12 按住控制柄，将线性渐变顺时针旋转90°，效果如图4.107所示。

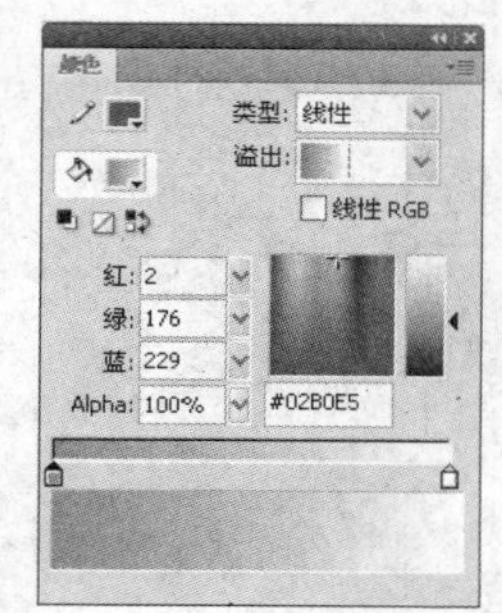

图4.104　设置天空的渐变色

图4.105　为天空填充渐变色

图4.106　调整线性渐变

图4.107　旋转线性渐变

13 按照填充天空的方法，用线性渐变填充海面并进行调整，使近处看上去很亮，远处看上去很蓝，如图4.108所示。

图4.108　为大海填充渐变色

14 删除图形中多余的线条，并查找没有填充颜色的区域，对其进行补充填充，完成后对文件进行保存操作即可。最终效果参考图4.97。

4.3.3　绘制花伞

最终效果

本例制作完成后的最终效果如图4.109所示。

解题思路

1 利用多角星形工具绘制基本图形。
2 导入位图图片。
3 用位图填充图形。

操作提示

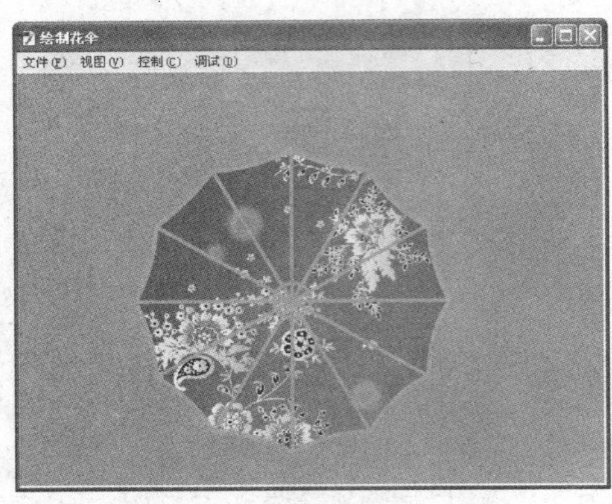

图4.109 花伞最终效果

1 新建一个Flash CS4文档，并将背景颜色设置为“#00CC99”。
2 在【工具】面板中单击【多角星形工具】按钮，在【属性】面板中将笔触颜色设为“·FF6666”，笔触大小为“4”。
3 单击【属性】面板中的【选项】按钮，在打开的【工具设置】对话框中进行如图4.110所示的设置。
4 在舞台中绘制如图4.111所示的多边形。

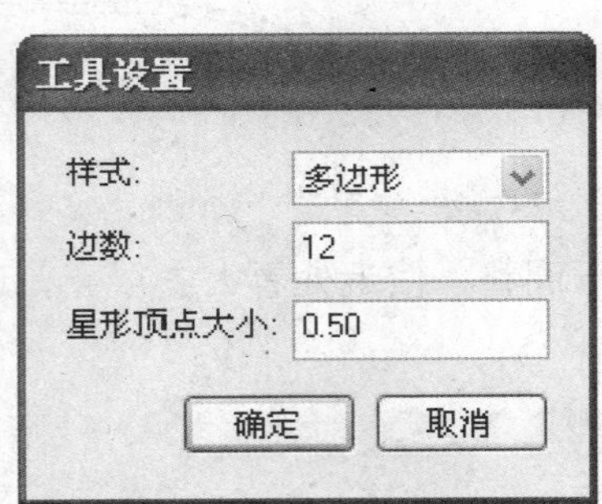

图4.110 【工具设置】对话框

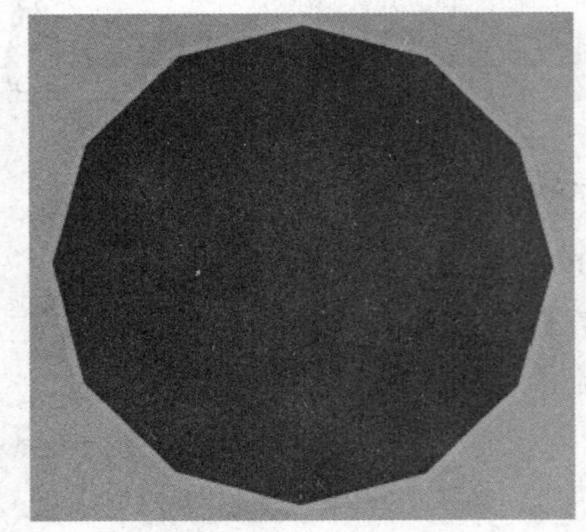
图4.111 绘制多边形

5 在【工具】面板中单击【选择工具】按钮，依次调整多边形的边线弧度，如图4.112所示。
6 执行【文件】→【导入】→【导入到舞台】命令，将素材图片导入到舞台中，如图4.113所示。

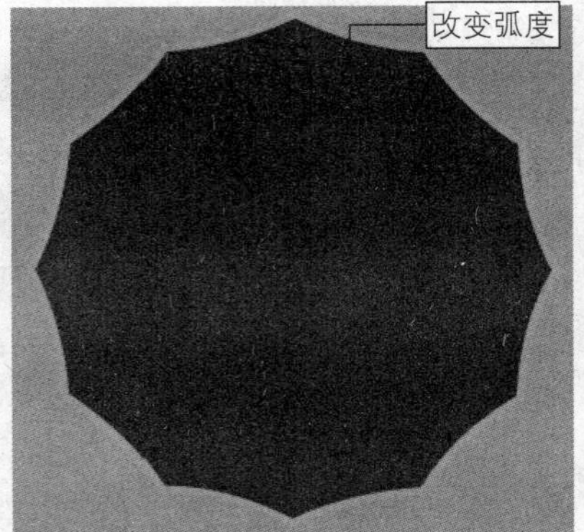

图4.112 调整弧度

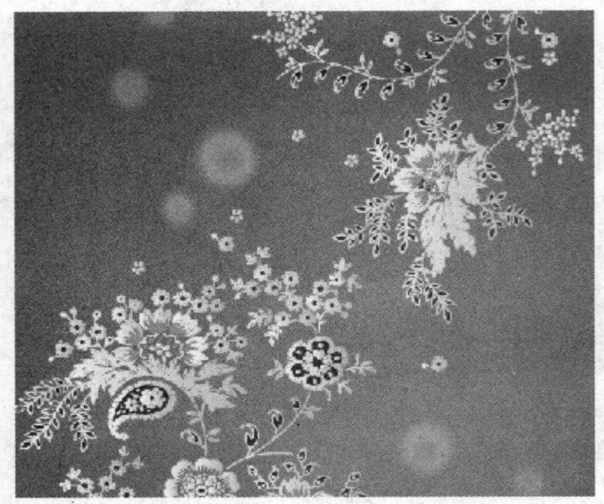
图4.113 导入位图

7 按【Ctrl+B】组合键打散位图，在【工具】面板中单击【滴管工具】按钮，在打散的位图上单击，鼠标变为颜料桶形状，此时在多边形内部单击鼠标即可为其填充位图，如图4.114所示。

8 选择打散的位图，按【Delete】键将其删除。

9 在【工具】面板中单击【线条工具】按钮，然后在其选项区域中单击【紧贴至对象】按钮，在图形中绘制如图4.115所示的线条。

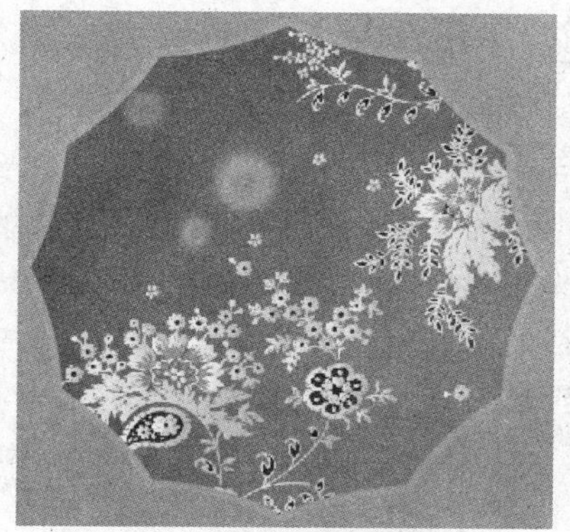

图4.114　填充图形

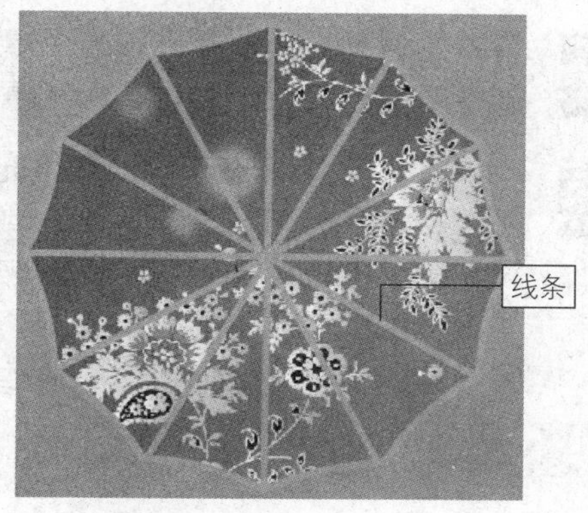

图4.115　绘制线条

10 利用多角星形工具绘制一个与大的多边形相同但无填充的小多边形，放置到伞中的合适位置，如图4.116所示。

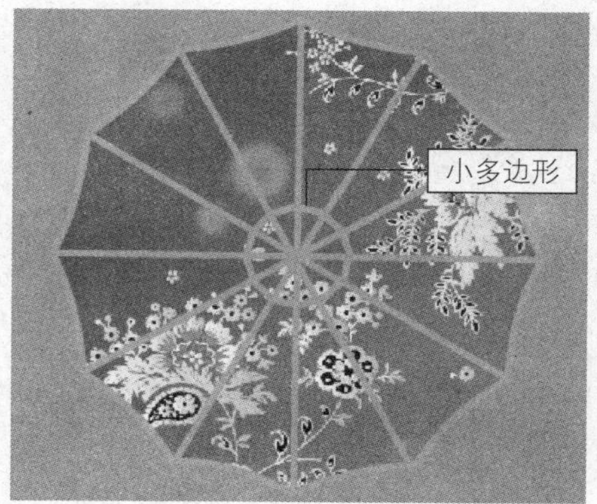

图4.116　绘制小多边形

11 按【Ctrl+S】组合键保存文件，然后按【Ctrl+Enter】组合键测试动画，最终效果参考图4.109。

4.4 答疑与技巧

问 为什么使用橡皮擦工具不能擦除导入的位图?

答 这是因为没有将位图打散的缘故，在选中位图的情况下，按【Ctrl+B】组合键将图片打散后即可擦除。除了位图，在Flash CS4中，组合了的图形、文字和元件，在未打散的情况下，都不能使用橡皮擦工具擦除。

问 绘制的图形为什么无法使用颜料桶工具填充颜色?

答 首先可试着将颜料桶工具的填充模式设置为【封闭中等空隙】或【封闭大空隙】模式，看颜色是否可以填充。如果仍无法填充颜色，则需要确认绘制的图形是否完全封闭，通过增加显示比例，可以轻松地找到没有封闭的图形位置，将其封闭后，即可顺利填充颜色。

问 导入图像后想要对其进行位图填充，为什么不能完成?

答 如果对象没有锁定，那么只有填充对象为图形的时候才能进行填充操作。

问 Flash中的锁定填充和不锁定填充有什么区别?

答 可以自己试验一下，在场景里画几个圆，一字排开，然后用渐变色填充，将渐变色设的复杂一些，打开锁定后依次填充圆；然后解开锁定重新填充。实际上，锁定是对渐变色和位图填充有影响的，当选择它时，所有用这种渐变色或位图填充的图形会被看作是一个整体，而取消选择时，这些图形是独立填充的。

结束语

本章详细讲解了在Flash CS4中如何选择与填充颜色，并详细讲解了利用渐变变形工具对填充颜色进行编辑修改的方法，通过典型实例对所学知识的应用进行了练习，读者要在掌握基础知识的同时学会融会贯通，在以后的动画制作过程中熟练应用各种色彩编辑的方法。

Chapter 5

第5章 编辑图形对象

本章要点

入门——基本概念与基本操作

- 编辑外部对象
- 套索工具
- 图形基本编辑
- 变形与对齐对象
- 优化对象

进阶——典型实例

- 制作卡通卡片
- 制作倒影效果
- 制作折扇

提高——自己动手练

- 制作鱼形文字动画
- 制作文字变形动画

答疑与技巧

本章导读

在Flash CS4中使用Flash自带工具绘制的动画角色，可以通过专门的编辑工具对其形状进行加工，包括移动、复制、删除和擦除图形等操作。在使用Flash CS4制作动画的过程中，有时需要对创建的对象进行编辑处理，以满足实际动画制作的设计需求，对图形和文字进行编辑，可以使其具备更好的画面表现效果。本章就介绍对象编辑的相关知识。

5.1 入门——基本概念与基本操作

在进行动画制作的过程中，往往需要对绘制的图形或导入的素材进行编辑，而Flash提供了强大的编辑功能，可对图形进行任意编辑，以达到预期的动画效果。在制作Flash动画时通常都需要对图形进行编辑才能使动画更加生动、形象，本节将重点讲解编辑图形的方法。

当绘制的图形不符合要求时，可以利用【工具】面板中的工具对绘制的图形进行编辑。编辑图形的方法包括变形对象、移动对象、复制对象、删除对象和对齐对象等。下面将分别进行讲解。

5.1.1 编辑外部对象

在用Flash CS4制作动画时，除了可以使用【工具】面板绘制图形外，还可以使用Flash提供的导入功能将外部的对象导入到Flash CS4的舞台中。

1. 导入外部对象

Flash CS4几乎支持现在电脑中的所有主流图片文件格式，如表5.1所示。

表5.1 Flash CS4支持的图片文件格式

软件名称	文件格式
Adobe	.Illustrator、.eps、.ai、.pdf
AutoCAD	.dxf
位图	.bmp
Windows元文件	.wmf
增强图元文件	.emf
FreeHand	.fh7、.fh8、.fh9、.fh10、.fh11
GIF	.gif
JPEG	.jpg
PNG	.png
Flash Player 6/7	.swf

如果系统安装了QuickTime 4或更高版本，Flash CS4还可以导入如表5.2所示的图形文件格式。

表5.2 安装了QuickTime 4或更高版本后支持的图片文件格式

软件名称	文件格式
MacPaint	.pntg
Photoshop	.psd
PICT	.pct、.pic
QuickTime 图像	.qtif
Silicon 图形图像	.sgi
TGA	.tga
TIFF	.tif

了解了可以导入到Flash CS4舞台中的图片格式以后，就可以将外部图片导入到需要该图片的动画场景中了。具体操作步骤如下：

1 新建一个Flash CS4文档。

2 执行【文件】→【导入】→【导入到舞台】命令（或按【Ctrl+R】组合键），打开【导入】对话框，如图5.1所示。

3 选择需要导入的图形文件名。

4 单击【打开】按钮，图形对象将被直接导入到当前舞台中，如图5.2所示。

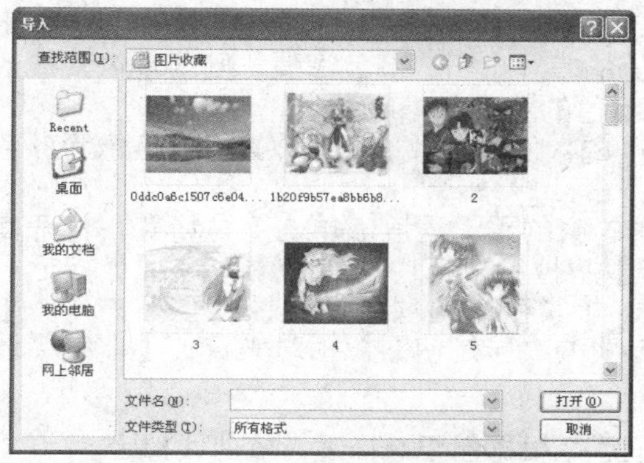

图5.1 【导入】对话框

图5.2 导入到舞台的图片

如果导入的文件名称是以数字结尾，并且在同一文件夹中还有其他按顺序编号的文件，Flash将弹出一个消息提示框，提示是否导入序列中的所有图像，如图5.3所示。

图5.3 消息提示框

单击【是】按钮将导入所有的序列文件，单击【否】按钮只导入指定的文件。

注意 执行【文件】→【导入】→【导入到舞台】命令，导入的素材会直接放置到当前的场景中，并同时导入到库中（相关内容会在以后的章节中讲解），以便用户再次调用。

2. 将位图转换为矢量图形

在前面的章节中我们讲解了矢量图与位图的区别。由于矢量图的显示尺寸可以进行无极限缩放，且缩放时图像的显示精度和效果不受影响，因此Flash CS4大量使用矢量图作为动画的素材。

将位图转换为矢量图后可以更方便地对其进行修改，具体操作步骤如下：

1 按照前面讲解的方法导入一幅位图图像，如图5.4所示。

2 选中位图，执行【修改】→【位图】→【转换位图为矢量图】命令，弹出【转换位图为矢量图】对话框，如图5.5所示。

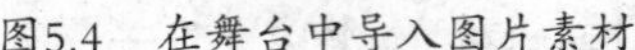

图5.4　在舞台中导入图片素材

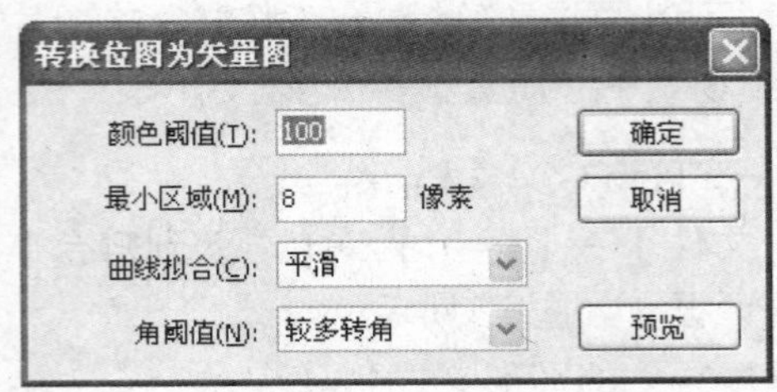

图5.5　【转换位图为矢量图】对话框

- 在【颜色阈值】文本框中输入1～500之间的数值。当进行矢量图转换时，Flash会比较两个像素的颜色值，如果它们的RGB颜色值的差异小于该颜色阈值，则两个像素被认为是颜色相同的。增大该颜色阈值可以降低颜色的数量。
- 在【最小区域】文本框中输入1～1000之间的数值。该数值用于设置在指定像素颜色时需要考虑的周围像素的数量。
- 【曲线拟合】下拉列表框用于确定绘制的轮廓的平滑程度。单击下拉箭头，打开其列表框选项，如图5.6所示。在【曲线拟合】下拉列表框中，【像素】选项最接近于原图；【非常紧密】选项是使图像不失真；【紧密】选项是使图像几乎不失真；【一般】选项是推荐使用的选项；【平滑】选项的效果是使图像相对失真；【非常平滑】选项会造成图像严重失真。

3 设置好【颜色阈值】及【最小区域】文本框后，根据需要选择适当的曲线拟合。

4 在【角阈值】下拉列表框中确定是保留锐边还是进行平滑处理。单击下拉箭头，打开其下拉列表框，如图5.7所示。

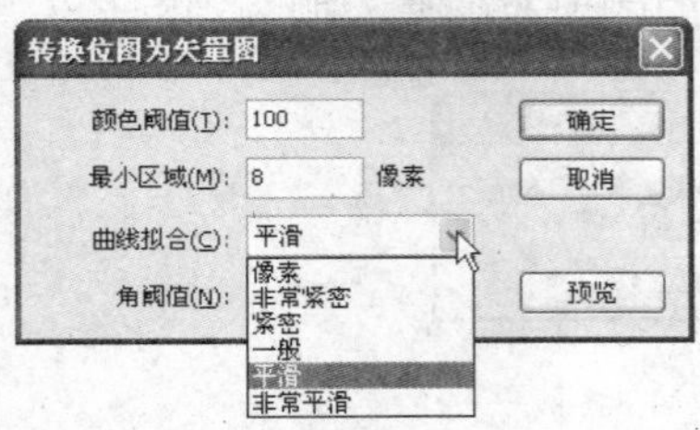

图5.6　【曲线拟合】下拉列表框

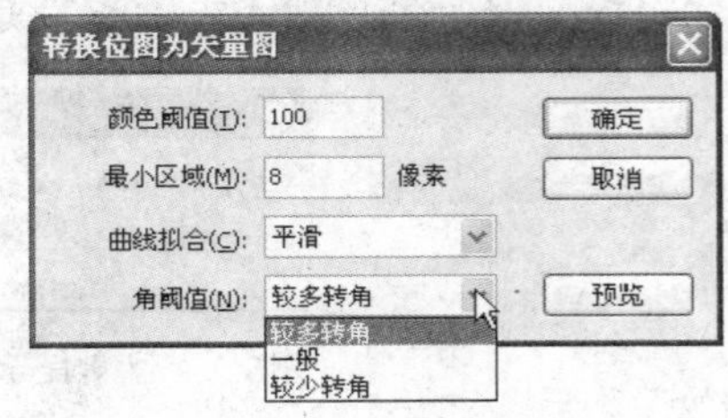

图5.7　【角阈值】下拉列表框

5 根据需要选择适当的转角阈值。其中，【较多转角】选项表示转角很多，图像会失真；【一般】选项是推荐使用的选项；【较少转角】选项表示图像不会失真。

6 单击【确定】按钮，即可将位图转换为矢量图。图5.38是使用不同设置的位图转换后的效果。

原图　　颜色阈值：200，最小区域：10　　颜色阈值：40，最小区域：4

图5.8　使用不同设置的位图转换后的效果

提示 当导入的位图包含复杂的形状和许多颜色时，转换后的矢量图形文件会比原来的位图文件大。

3. 设置位图属性

在Flash CS4中，将位图对象导入到舞台后，还可以在【库】面板中调用该位图对象，对位图的属性进行设置，从而对位图进行优化，加快下载速度，其操作步骤如下：

1 按上面的步骤导入位图。

2 执行【窗口】→【库】命令（或按【Ctrl+L】组合键），打开【库】面板，如图5.9所示。

3 在【库】面板中，双击需要编辑的位图，打开【位图属性】对话框，如图5.10所示。

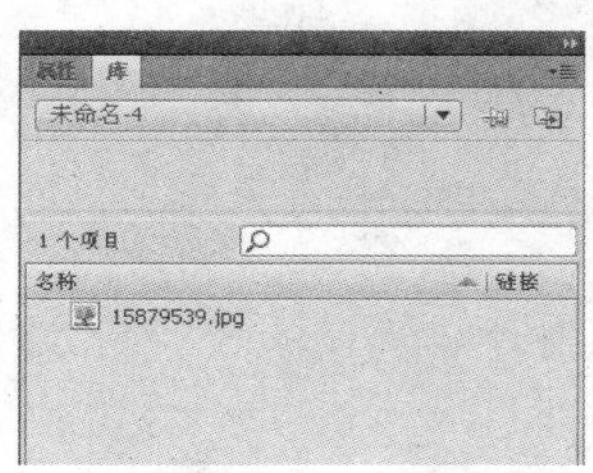

图5.9 【库】面板

图5.10 【位图属性】对话框

- 选择【允许平滑】复选框，可以平滑位图素材的边缘。
- 单击【压缩】下拉列表框，打开其下拉列表，如图5.11所示。选择【照片（JPEG）】选项表示用JPEG格式输出图像，选择【无损（PNG/GIF）】选项表示以压缩的格式输出文件，但不损失任何的图像数据。
- 选中【使用导入的JPEG数据】单选按钮表示使用位图素材的默认品质。
- 选中【自定义】单选按钮可以手动输入新的品质值，如图5.12所示。

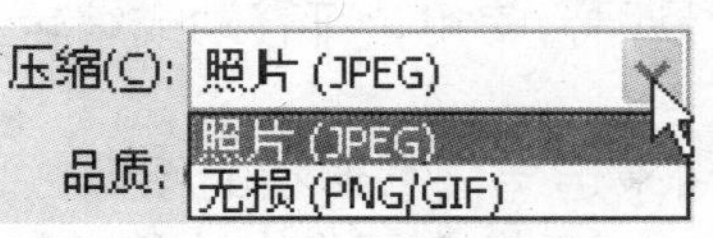

图5.11 【压缩】列表框选项

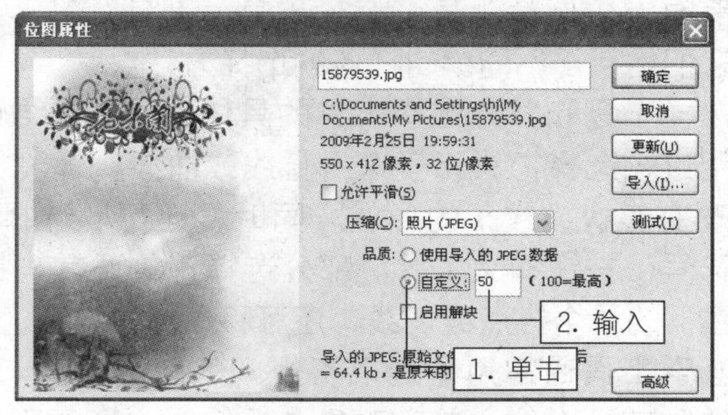

图5.12 手动输入新的品质值

4 单击【确定】按钮即可更改位图属性。

- 单击【更新】按钮表示更新导入的位图素材。
- 单击【导入】按钮可以导入一张新的位图素材。
- 单击【测试】按钮将显示文件压缩的结果，可以与未压缩的文件尺寸进行比较。

导入位图并将其应用到动画中之后，还可根据需要对位图的大小等进行适当的编辑，对图片中的多余区域进行删除，修改图片内容，使其在动画中具备更好的表现效果。

- **调整图片大小等属性：** 在Flash CS4中对图片大小进行的调整，主要通过任意变形工具来实现，可根据动画的实际需要，调整图片的大小、位置、倾斜、旋转角度以及翻转等，调整方法与利用任意变形工具调整图形的方法类似。在后面的小节中我们将详细介绍任意变形工具的具体用法。
- **删除多余区域：** 若动画中只需要图片的某一部分，就需要对图片中的多余区域进行删除，具体方法是按【Ctrl+B】组合键将图片打散，将位图中的像素分散到离散的区域中后，分别选择这些区域，然后利用橡皮擦工具对多余区域进行擦除，或利用套索工具选中多余区域并将选中的区域删除，效果如图5.13所示。

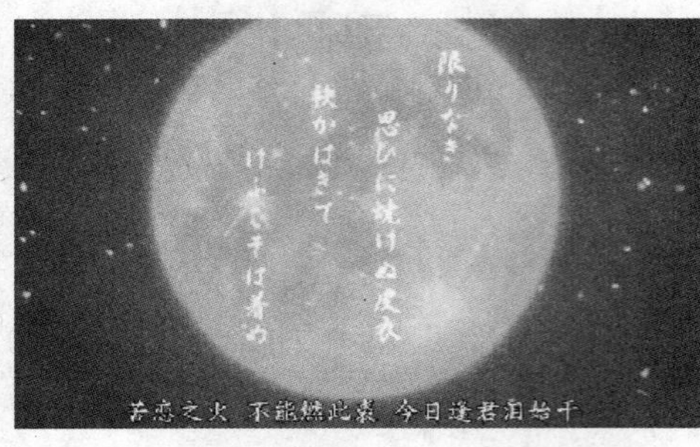

擦除前

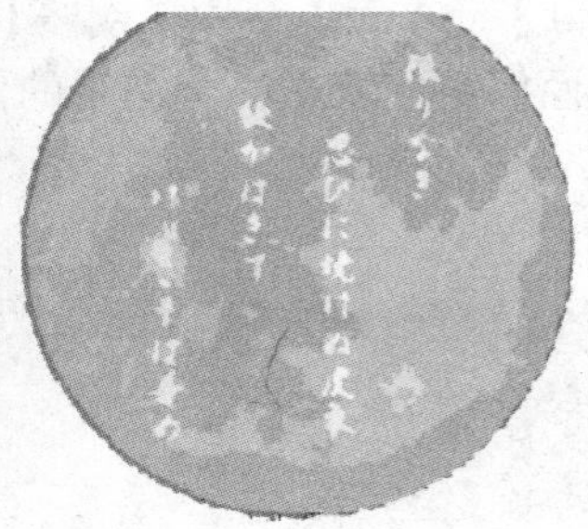

擦除后

图5.13　擦除多余区域

- **修改图片内容：** 若需要对图片素材中的部分内容进行修改，可按【Ctrl+B】组合键将图片打散，然后利用绘图工具和编辑工具，在图片中绘制相应的图形并对图片内容进行适当的编辑，如图5.14所示。

图5.14　修改图片内容

5.1.2　套索工具

要对对象进行编辑，首先需要选取对象。在Flash CS4中主要有三个选择工具：选择工具、部分选择工具和套索工具，它们是用于不同编辑任务的选择方法。

选择工具和部分选择工具的具体用法在前面的章节中已经介绍过，选择工具用于选择直线或曲线，通过拖动直线本身或其端点、曲线以及拐点，可以改变形状或线条的形状。同时，还可以选择、移动或编辑其他Flash图形元素，包括组、符号、按钮和文本等。部分选择工具通常与钢笔工具配合使用，可移动或编辑直线或轮廓线上的单个锚点或切线，还可移动单个对象。

套索工具通常用于选取不规则的图形部分，可以用来选择任意形状的图像区域。被选择的区域可以作为单一对象进行编辑，套索工具也经常用于分割图像中的某一部分。

单击【工具】面板中的【套索工具】按钮后，能够在【工具】面板的选项区域中看到套索工具的附加功能，包括【魔术棒工具】按钮和【多边形模式】按钮等，如图5.15所示。

其中各按钮作用如下：

- **魔术棒：** 用于沿对象轮廓进行大范围的选取，也可选取色彩范围。
- **魔术棒设置：** 单击该按钮打开【魔术棒设置】对话框，可以设置魔术棒选取的色彩范围，如图5.16所示。其中，【阈值】文本框定义选取范围内的颜色与单击处颜色的相近程度，输入的数值越大，选取的相邻区域范围就越大；【平滑】下拉列表框用于指定选取范围边缘的平滑度，包括【像素】、【粗略】、【一般】和【平滑】4个选项，如图5.17所示。

图5.15　【套索工具】的选项区域

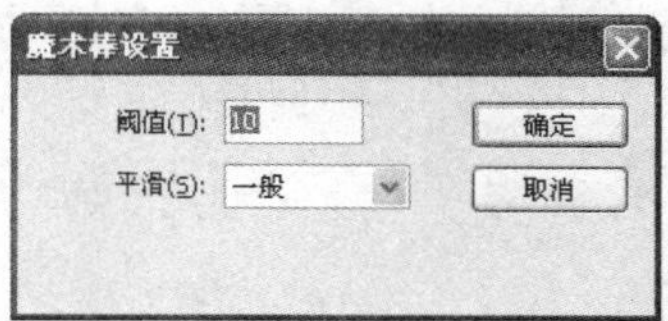

图5.16　【魔术棒设置】对话框

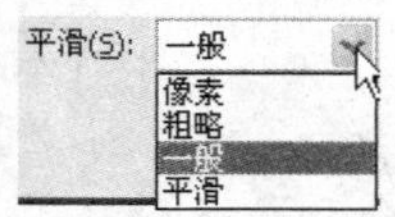

图5.17　【平滑】下拉列表

提示　在【阈值】文本框中可以输入0～200之间的整数。阈值是用来设定相邻像素在所选区域内必须达到的颜色接近程度，数值越高，包含的颜色范围越广。如果输入"0"，则只选择与单击的第一个像素的颜色完全相同的像素。

多边形套索：用于对不规则图形进行比较精确的选取。

注意　套索工具只对打散的位图、矢量图和文字有效。

下面我们来学习套索工具的具体用法。

1. 选取图形轮廓

当需要选取图形中不是很精确部分的范围时，可用套索工具选取，其具体操作如下：

1. 在舞台中选中图形，若图形为位图或组合的图形，则首先要执行【修改】→【分离】命令（或按【Ctrl+B】组合键）打散图形。
2. 在【工具】面板中单击【套索工具】按钮，此时鼠标光标变为形状。将鼠标光标移到所要选取的图形周围，按下鼠标左键随意拖动光标，当绘制的曲线包括想选取的范围后松开鼠标左键，如图5.18所示。

图5.18　绘制选区及选取选定区域后的效果

技巧　如果想用索套工具选取直线线段，只需按住【Alt】键，然后单击起始点和终点即可。

2. 选取色彩范围相近的区域

若图片的色彩界限分明，可使用套索工具的选项区域中的魔术棒工具在图形上选取色彩近似的图形范围，近似程度可通过【魔术棒设置】对话框进行设置。其具体操作如下：

1 单击【工具】面板中的按钮选中套索工具，在选项区域中单击【魔术棒设置】按钮。

2 打开【魔术棒设置】对话框，在该对话框中对【阈值】和【平滑】文本框进行设置，如图5.19所示。

3 单击 确定 按钮回到舞台中，然后在选项区域中单击【魔术棒】按钮，并将鼠标指针移动到图形中要选取的色彩上方，当鼠标指针变为形状时单击鼠标左键，即可选取指定颜色及在阈值设置范围内的相近颜色区域，如图5.20所示。

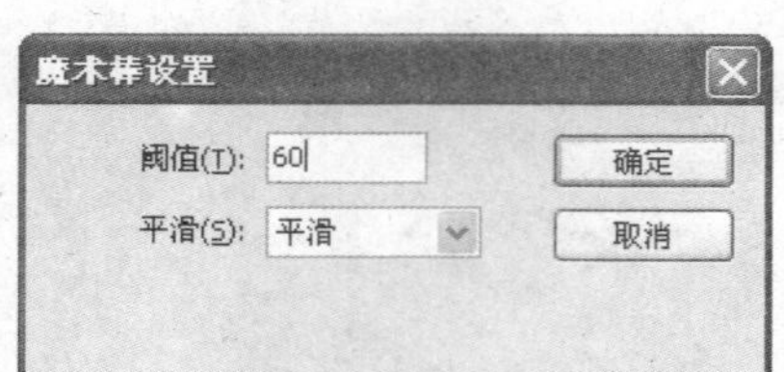

图5.19 设置参数

图5.20 选择的色彩范围

4 单击并拖动被魔棒工具选中的部分，即可将其移出原图像，如图5.21所示。

使用套索工具选取对象后，还可以为选取的对象改变填充颜色，具体操作步骤如下：

1 按照前面讲解的步骤单击需要选择的颜色区域，这里选择“黄色”花瓣，如图5.22所示。

图5.21 将选取的区域移出选区

图5.22 选择某一颜色区域

2 在【工具】面板中的【填充颜色】调色板中选择需要的填充颜色，这里选择“粉色”，所选择的区域将更改成所选择的颜色，如图5.23所示。

图5.23　更改分离位图的填充色

3. 选取颜色不相近、区域不规则的图形

套索工具的多边形套索模式可选择颜色不相近、区域不规则的图形，其具体操作如下：

1 在舞台中选中图形，对于位图或组合图形则应先将其打散。
2 选择【套索工具】按钮，再在选项区域单击【多边形套索工具】按钮，鼠标光标变为形状。
3 在对象的边缘处单击，作为多边形的起点。
4 拖动光标时，有一条直线跟随光标移动。单击确定第一条线段的末端点，如图5.24所示。
5 再次移动鼠标，在适当的地方单击确定第二条线段的末端点，使用同样的方法，绘制出其他各条边，组成一个封闭的多边形区域，如图5.25所示。
6 双击鼠标左键，完成被封闭区域的选择，如图5.26所示。

图5.24　确定第一条线段

图5.25　组成多边形区域

图5.26　完成多边形区域选择

5.1.3　图形的基本编辑

在Flash CS4中，选择图形后就可以对图形进行基本编辑。下面讲解最基本的几种编辑操作。

1. 移动对象

在制作动画的过程中，绘制或导入的图形经常需要移动到其他位置。移动对象的操作是非常简单的，具体步骤如下：

1 新建一个Flash CS4文档，执行【文件】→【导入】→【导入到舞台】命令，将位图导入到舞台中。
2 单击【工具】面板中的【选择工具】按钮，选择要移动的对象。
3 用鼠标拖动选中的图形对象，即可改变选中图形的位置。

技巧 如果同时按住【Shift】键，移动对象可以限制其在水平、垂直和45°角范围内移动。

选择一个或多个对象之后，可以使用方向键来移动对象。每按一次方向键，对象就会向对应方向移动一个像素，使用此方式可以实现对象的精确定位。

2. 复制对象

复制对象主要有三种方法：

- 选择一个对象后，在按住【Alt】键的同时移动对象，松开鼠标和键盘，原对象保留，同时复制了一个新对象，如图5.27所示即为拖动两次后复制的对象。
- 选中要复制的图形后单击鼠标右键，弹出如图5.28所示的快捷菜单。

图5.27 复制对象

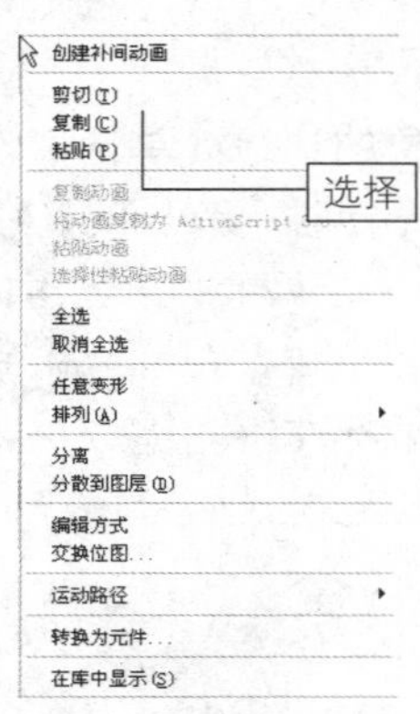

图5.28 右键快捷菜单

在快捷菜单中选择【复制】选项，然后将鼠标定位到要复制图形的目的位置上再粘贴即可。

- 除了上述两种复制图形的方法之外，还可以使用键盘快捷键来完成图形的复制。选中图形后按【Ctrl+C】组合键将图形复制到剪贴板。

如果需要水平、垂直或成45°角复制对象，需要同时按【Shift+Alt】组合键。

3. 删除对象

如果要删除选择的对象，主要有下列几种方法：

- 按【Delete】或【BackSpace】键。
- 执行【编辑】→【清除】命令。
- 执行【编辑】→【剪切】命令。

如果要删除多个图形对象，可以使用选择工具选中要删除的所有对象，然后执行上述操作即可。

注意 对于导入的位图，当删除多个重叠的图形中的一个时，不会影响其他图形，如图5.29所示。

删除前

删除后

图5.29　删除位图前后的效果

如果当前图形是矢量图形（或打散后的位图），则删除多个重叠图形中的一个图形时，将影响到其他图形，如图5.30所示。

删除打散的位图前

删除打散的位图后

图5.30　删除打散的位图前后的效果

4. 粘贴对象

Flash CS4可利用剪贴板功能进行对象的交换。Flash CS4中的剪贴板不仅可以供内部使用，也可以导入或导出对象。

将选择对象复制到剪贴板的操作步骤如下：

1 选择需要的对象。
2 执行【编辑】→【复制】或【剪切】命令，或右击选择的对象，从弹出的快捷菜单中选择【复制】或【剪切】选项，将所选对象复制或剪切到剪贴板中。
3 选择需要粘贴的位置。
4 执行【编辑】→【粘贴】命令，或右击需要粘贴的位置，从弹出的快捷菜单中选择【粘贴】选项，剪贴板中的内容将被粘贴到编辑区中。

如果在Flash CS4内部进行粘贴操作，也可以执行【编辑】→【粘贴到当前位置】命令，将剪贴板中的对象复制到对象的同一位置，从而保证同一对象在不同的图层或动画场景中的位置相同。

也可以执行【编辑】→【粘贴到中心位置】命令，将剪贴板中的对象复制到舞台的中心位置。

在Flash CS4中，还可以使用【选择性粘贴】命令，执行【编辑】→【选择性粘贴】命令，打开【选择性粘贴】对话框，如图5.31所示。

在此对话框中可设置将剪贴板中的对象以指定的格式粘贴到编辑区中。

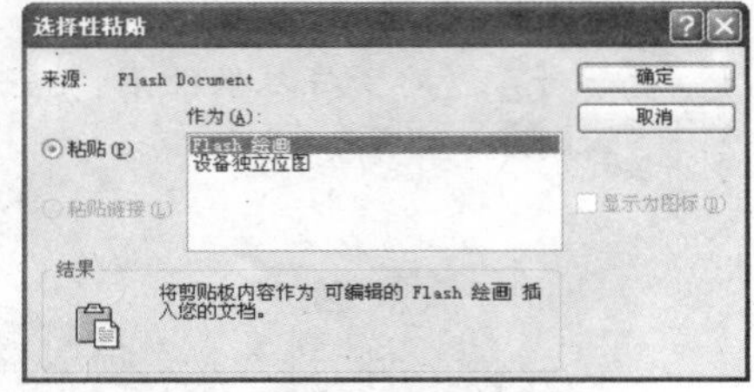

图5.31 【选择性粘贴】对话框

5.1.4 对象变形与对齐

在制作动画的过程中，需要根据动画设计的需要对对象进行变形和翻转等操作。如果在编辑区中有许多对象，可以对对象进行对齐操作。

1. 任意变形工具

在Flash CS4中，对象变形可通过使用任意变形工具来完成。任意变形工具不仅包括缩放、旋转、倾斜和翻转等基本变形形式，而且包括扭曲、封套等一些特殊的变形形式。

在舞台中选择需要进行变形的图像，单击【工具】面板中的【任意变形工具】按钮，在【工具】面板的选项区域将出现附加功能按钮，如图5.32所示，其中各按钮的作用如下：

- 【旋转与倾斜】按钮：单击该按钮，将鼠标光标移到图形的任意一角上并拖动鼠标，可对图形进行旋转和倾斜操作，其效果如图5.33所示。

图5.32 任意变形工具的选项区域

图5.33 “旋转与倾斜”操作的前后效果

- 【缩放】按钮：单击该按钮，将鼠标光标移到图形的任意一角上，当其变为双向箭头时按住鼠标左键拖动可以按比例缩放图形，且不会使对象变形，其效果如图5.34所示。

图5.34 “缩放”操作的前后效果

- 【扭曲】按钮：单击该按钮，将鼠标光标移到图形的任意一角，鼠标光标变为▷形状，此时拖动鼠标，可以对图形进行扭曲变形，增强物体的透视效果，其效果如图5.35所示。

图5.35　“扭曲”操作的前后效果

【封套】按钮：单击该按钮后，图形周围出现很多控制柄，拖动这些控制柄可对对象进行更细微的变形操作，其效果如图5.36所示。

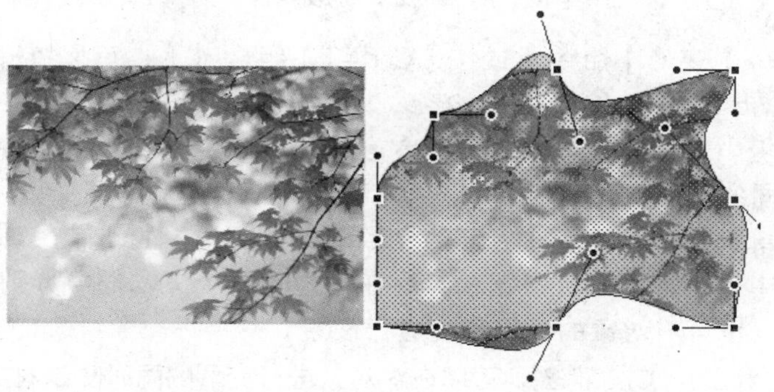

图5.36　“封套”操作的前后效果

注意　在用任意变形工具改变图形形状时，按住【Alt】键可以使图形的一边保持不变，便于定位。

2. 使用变形命令变形对象

对象的变形也可以使用Flash CS4的【变形】命令来完成。

执行【修改】→【变形】命令，将打开【变形】子菜单，从中可以找到所有的变形命令，如图5.37所示。

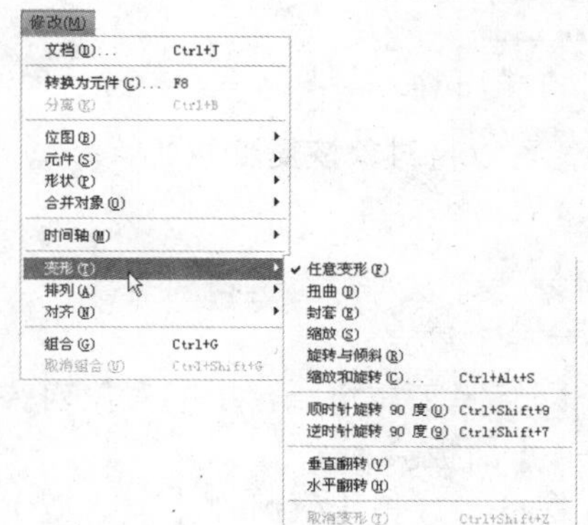

图5.37　【变形】子菜单

使用变形命令变形对象时，首先选择需要变形的对象，然后单击相应的选项即可。翻转和旋转对象的部分效果如图5.38所示。

图5.38　翻转和旋转对象的部分效果

3. 使用【变形】面板变形对象

在Flash CS4中，也可以使用【变形】面板来完成对象的精确变形控制，其操作步骤如下：

1 执行【窗口】→【变形】命令（或按【Ctrl+T】组合键），可以打开Flash CS4的【变形】面板，如图5.39所示。

2 在【变形】面板中可以改变当前对象的宽度和高度。单击【约束】按钮，当其变为形状时可按相同的百分比改变对象的宽度和高度。

3 选中【旋转】单选按钮，然后在后面的文本框中输入相应的角度，可对对象进行固定角度的旋转。选中【倾斜】单选按钮，然后在后面的两个文本框中分别输入水平倾斜和垂直倾斜的角度，也可对对象的倾斜角度进行设置。

4 单击【重制选区和变形】按钮，可以在对对象进行变形的同时复制对象，如图5.40所示。

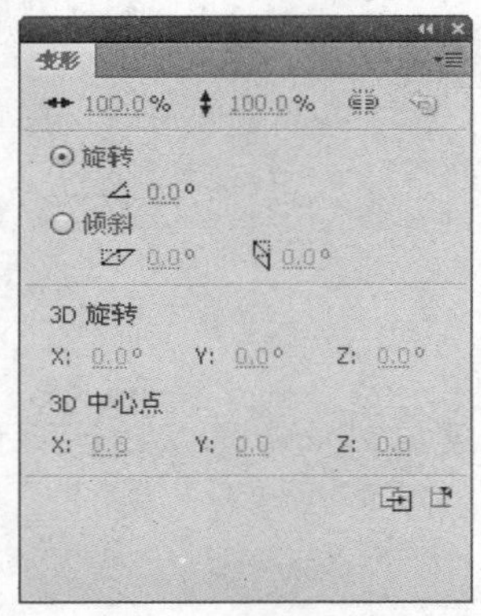

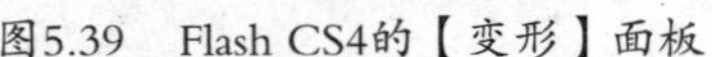
图5.39　Flash CS4的【变形】面板

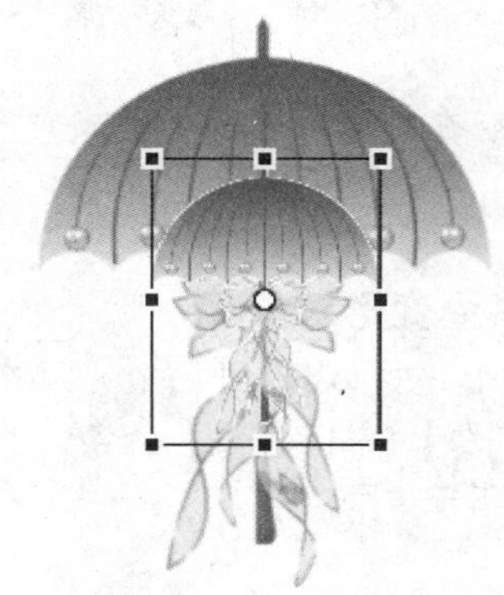

图5.40　变形的同时复制对象

5 单击【取消变形】按钮，可以将对象恢复到原始状态。

4. 使用【对齐】面板

如果在编辑区中有许多对象，可以对对象进行对齐操作。既可以使用改变对象中心点的方法人工对齐，也可以使用对齐工具完成。

虽然用户可以借助标尺、网格等工具将舞台中的对象对齐，但是不够精确。要实现对象的精准定位，需要使用【对齐】面板。

执行【窗口】→【对齐】命令（或按【Ctrl+K】组合键），打开【对齐】面板，如图5.41所示。

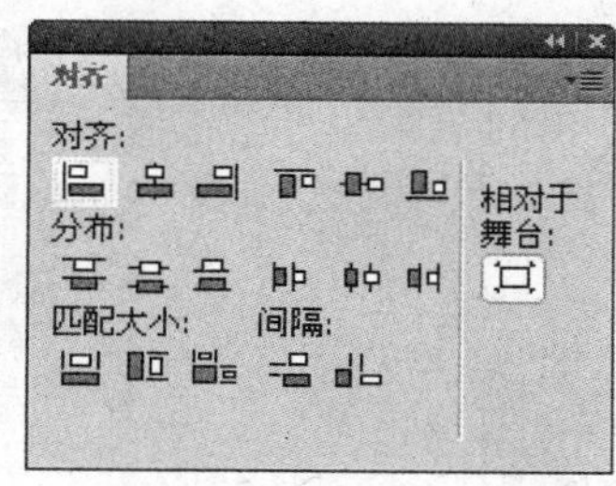

图5.41　【对齐】面板

在【对齐】面板中，包含【对齐】、【分布】、【匹配大小】、【间隔】和【相对于舞台】5个区域，每个区域都有相应的按钮。

对齐

在【对齐】面板的对齐区域中有6个按钮用于对齐对象，这些按钮的含义如表5.3所示。

表5.3　【对齐】区域的对齐按钮

按钮名称	含义
左对齐	以所有被选对象的左侧为基准，向左对齐
水平中齐	以所有被选对象的中心点为基准，进行垂直方向的对齐
右对齐	以所有被选对象的右侧为基准，向右对齐
上对齐	以所有被选对象的上方为基准，向上对齐
垂直中齐	以所有被选对象的中心点为基准，进行水平方向的对齐
底对齐	以所有被选对象的下方为基准，向下对齐

部分对齐效果如图5.42所示。

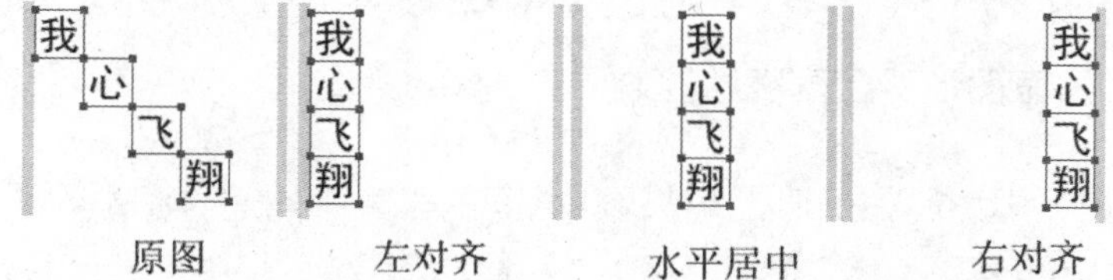

图5.42　部分对齐效果

分布

在【对齐】面板的【分布】区域中有6个按钮用于将所选对象按照中心间距或边缘间距相等的方式对齐，这些按钮的含义如表5.4所示。

表5.4　【分布】区域的分布按钮

按钮名称	含义
顶部分布	上下相邻的多个对象的上边缘等间距
垂直中间分布	上下相邻的多个对象的垂直中心等间距
底部分布	上下相邻的多个对象的下边缘等间距
左侧分布	左右相邻的多个对象的左边缘等间距
水平中间分布	左右相邻的多个对象的中心等间距
右侧分布	左右相邻的多个对象的右边缘等间距

分布对象的具体操作步骤如下：

1 单击【工具】面板中的【选择工具】按钮，将舞台中的所有图形对象选中，如图5.43所示。

2 在【对齐】面板中首先单击【相对于舞台】按钮，然后在【分布】区域中单击一个按钮，图形对象就可以按相应的方式分布图形对象，如图5.44所示就是单击【垂直居中分布】按钮后的效果。

图5.43　选中舞台中所有图形对象

图5.44　垂直居中分布

匹配大小

【匹配大小】区域中的3个按钮可以将形状和尺寸在高度或宽度上分别统一，也可以同时统一宽度和高度。

在这3个按钮中，【匹配宽度】按钮是将所有选择的对象的宽度调整为相等；【匹配高度】按钮是将所有选择的对象的高度调整为相等；【匹配宽和高】按钮是将所有选择的对象的宽度和高度同时调整为相等。

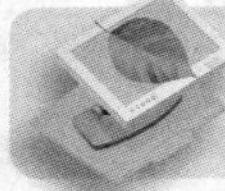

注意　若【对齐】面板中的【相对于舞台】按钮处于选中状态，则需再次单击该按钮，取消其选中状态。

将图5.41中的所有图形匹配宽度后的效果如图5.45所示。

间隔

【间隔】区域中的两个按钮可以调整对象之间的垂直平均间隔和水平平均间隔。

提示　分布与间隔是有区别的，分布指的是某个边框线或是中心线之间距离的分布情况，而间距指的是对象轮廓之间的距离。

调整对象间隔也要先将对象选中，如图5.46所示。然后单击【间隔】区域中的【垂直平均间隔】按钮或【水平平均间隔】按钮。

图5.45　匹配宽度的效果图

图5.46　选中要调整间隔的对象

【垂直平均间隔】按钮是将上下相邻的多个对象的间距调整为相等，其效果如图5.47所示。

【水平平均间隔】按钮是将左右相邻的多个对象的间距调整为相等，其效果如图5.48所示。

图5.47　垂直间隔的效果图　　　图5.48　水平间隔的效果图

相对于舞台

单击【相对于舞台】按钮，将以整个舞台为参考对象来进行对齐。

5.1.5　优化对象

在制作动画的过程中，绘制或导入的图形对象很难一步到位，这时就需要对对象进行编辑和优化，主要包括线条的直线化、平滑化、轮廓的最佳化和转化为填充区域等。

1. 优化路径

优化路径是指通过减少定义路径形状的路径点数量来改变路径和填充的轮廓，从而减小Flash文件的大小。

优化路径的操作步骤如下：

1 在舞台中选择需要优化的对象。
2 执行【修改】→【形状】→【优化】命令，可以打开Flash CS4的【优化曲线】对话框，如图5.49所示。
3 在【优化强度】文本框中进行设置，调整优化的强度。
4 选中【显示总计消息】复选框将显示提示窗口，提示平滑完成时优化的效果，如图5.50所示。

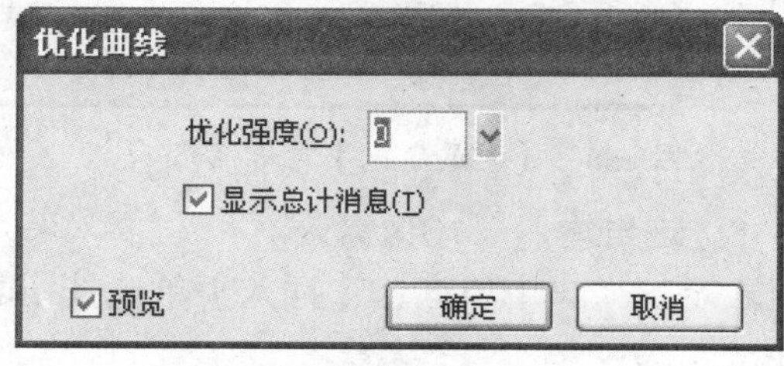

图5.49　【优化曲线】对话框

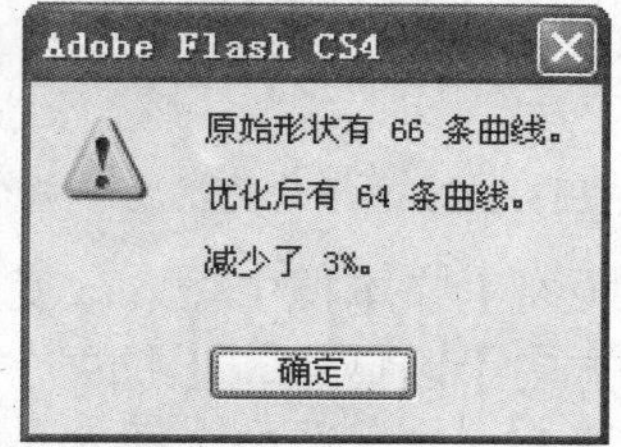

图5.50　显示提示窗口

5 设置完成后，单击【确定】按钮，完成对对象的优化。不同的优化对比效果如图5.51所示。

原图　　　　优化后　　　　重复优化后

图5.51　不同的优化对比效果

2. 将线条转换为填充

将线条转换为填充的具体操作步骤如下：

1. 使用绘图工具在舞台中绘制路径，如图5.52所示。
2. 执行【修改】→【形状】→【将线条转换为填充】命令，可以将路径转换为色块，如图5.53所示。
3. 转换后可对线条进行变形并填充，其效果如图5.54所示。

图5.52　在舞台中绘制路径

图5.53　将线条转换为填充

图5.54　对线条进行变形并填充

在制作动画的过程中，除了可以对线条进行填充外，还可以使用扩展填充改变填充的范围大小，其操作步骤如下：

1. 选择需要扩展填充的对象，如图5.55所示。
2. 执行【修改】→【形状】→【扩展填充】命令，打开【扩展填充】对话框，如图5.56所示。

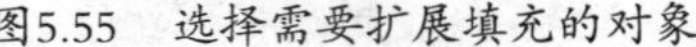

图5.55　选择需要扩展填充的对象

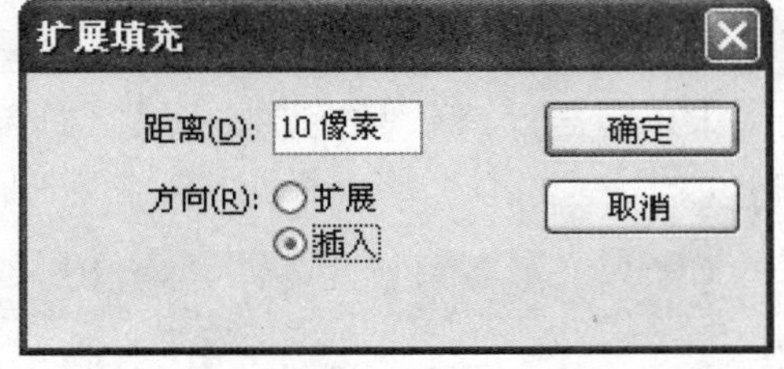

图5.56　【扩展填充】对话框

3. 在【距离】文本框中输入改变范围的尺寸，这里输入“10像素”。
4. 在【方向】区域中，【扩展】单选按钮表示扩大一个填充；【插入】单选按钮表示缩小一个填充。这里选中【插入】单选按钮。
5. 设置完毕，单击【确定】按钮即可，效果如图5.57所示。

图5.57 缩小填充范围的效果

3. 柔化填充边缘

如果图形边缘过于尖锐，使用柔化填充边缘可以使对象边缘变模糊，其具体操作步骤如下：

1 在舞台中选择填充对象。

2 执行【修改】→【形状】→【柔化填充边缘】命令，打开【柔化填充边缘】对话框，如图5.58所示。

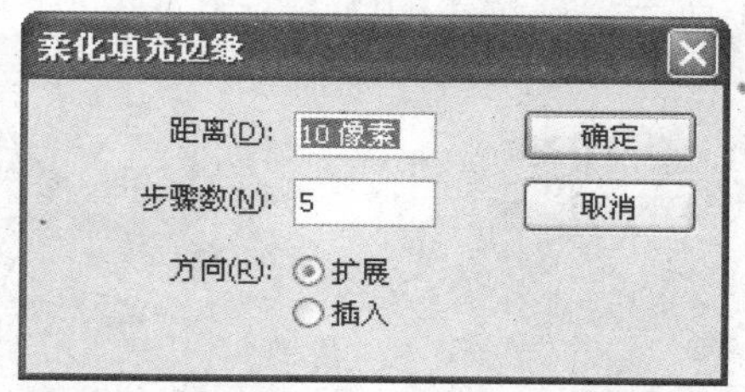

图5.58 【柔化填充边缘】对话框

3 在【距离】文本框中输入柔化边缘的宽度。

4 在【步骤数】文本框中输入用于控制柔化边缘效果的曲线数值。

5 在【方向】区域中，选中【扩展】或【插入】单选按钮。

6 设置完毕，单击【确定】按钮即可，效果如图5.59所示。

原图 选择【扩展】单选按钮的效果 选择【插入】单选按钮的效果

图5.59 使用柔化填充边缘后的效果图

5.2 进阶——典型实例

上一节具体介绍了图形编辑工具的使用与图形编辑的基本操作，使读者对图形的基本编辑操作有了一定的了解，下面我们通过一些典型实例巩固所学知识。

5.2.1 制作卡通卡片

最终效果

卡通卡片制作完成的最终效果如图5.60所示。

图5.60 卡片最终效果

解题思路

1 导入一幅位图图片作为卡片的背景。
2 利用任意变形工具使图片变形。
3 利用套索工具的魔术棒选取图片中不需要的部分。

操作步骤

1 新建一个Flash CS4文档。
2 执行【文件】→【导入】→【导入到舞台】命令（或按【Ctrl+R】组合键），把图片素材导入到当前动画的舞台中，如图5.61所示。
3 执行【修改】→【分离】命令（或按【Ctrl+B】组合键），把导入到舞台中的位图素材转换为可编辑状态，如图5.62所示。

图5.61 导入背景图片

图5.62 把位图转换为可编辑状态

4 单击【工具】面板中的【任意变形工具】按钮，然后在任意变形工具的选项区域单击【封套】按钮，改变背景图片的形状，如图5.63所示。
5 执行【修改】→【组合】命令（或按【Ctrl+G】组合键），把图片组合起来。
6 执行【文件】→【导入】→【导入到舞台】命令（或按【Ctrl+R】快捷键），将另一个图片导入到当前动画的舞台中，如图5.64所示。

图5.63 使用任意变形工具调整图形

图5.64 导入另一幅图片

7 执行【修改】→【分离】命令（或按【Ctrl+B】组合键），把导入到舞台中的位图素材转换为可编辑状态，如图5.65所示。

8 取消当前图片的选择状态，单击【工具】面板中的【套索工具】按钮。

9 在套索工具的选项区域选中【魔术棒工具】按钮，单击当前图片上的空白区域，选择并且删除素材图片的白色背景，如图5.66所示。

图5.65　把位图转换为可编辑状态

图5.66　删除图片的白色背景

10 执行【修改】→【组合】命令（或按【Ctrl+G】组合键），把图片组合起来，避免和其他的图形裁切。

11 将第二个导入的图片拖入第一个导入的图片中，调整到合适位置。

12 按住【Alt】键的同时拖动第二个导入的图片，多次进行复制，如图5.67所示。

13 单击【工具】面板中的【任意变形工具】按钮，将复制的图片进行变形，效果如图5.68所示。

图5.67　复制图片

图5.68　变形图片

14 选择【工具】面板的【文本工具】按钮，在位图中输入文字，并调整好位置。最终的效果参考图5.60所示。

5.2.2　制作倒影效果

最终效果

动画制作完成的最终效果如图5.69所示。

图5.69　倒影最终效果

解题思路

1 导入一幅位图图片作为背景。

2 利用变形命令变形对象。

操作步骤

1 新建一个Flash CS4文档。

2 执行【文件】→【导入】→【导入到舞台】命令（或按【Ctrl+R】组合键），将需要的图片导入到当前动画的舞台中，调整图片的大小，如图5.70所示。

3 执行【修改】→【转换为元件】命令（或按【F8】快捷键），打开【转换为元件】对话框，如图5.71所示。

图5.70　在舞台中导入图片素材

转换为元件
名称(N): 元件 1
确定
类型(T): 影片剪辑
注册(R):
取消
文件夹: 库根目录
高级

图5.71　【转换为元件】对话框

4 在【类型】下拉列表框中选择【图形】选项。

5 单击【确定】按钮，把导入到当前动画的舞台中的位图素材转换为图形元件，如图5.72所示。

6 按住【Alt】键的同时拖曳鼠标，复制当前的图形元件，如图5.73所示。

图5.72　把图形素材转换为图形元件

图5.73　复制当前的图形元件

7 执行【修改】→【变形】→【垂直翻转】命令，把舞台中复制出来的图形元件垂直翻转，如图5.74所示。

8 调整好这两个图形元件在舞台中的位置。

9 选择下方的图形元件。

10 在【属性】面板中的【色彩效果】区域单击【样式】下拉按钮，打开其下拉列表，如图5.75所示。

11 在下拉列表中选择【Alpha】选项，设置下方图形元件的透明度为“60%”，如图5.76所示。

提示　也可在【样式】下拉列表中选择【高级】选项，进行更详细的设置，如图5.77所示。

图5.74　垂直翻转下方的图形元件

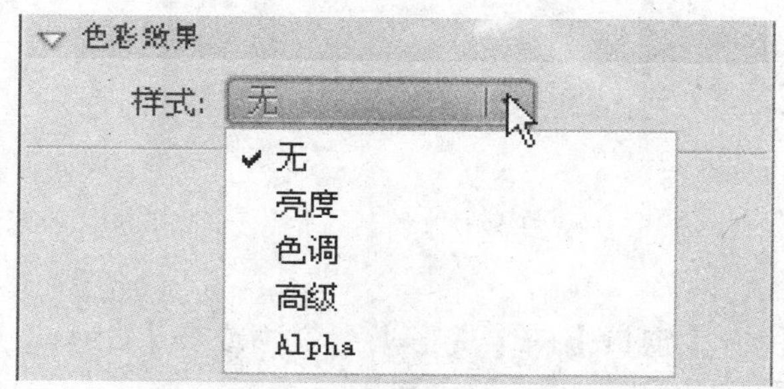

图5.75　打开【样式】下拉列表

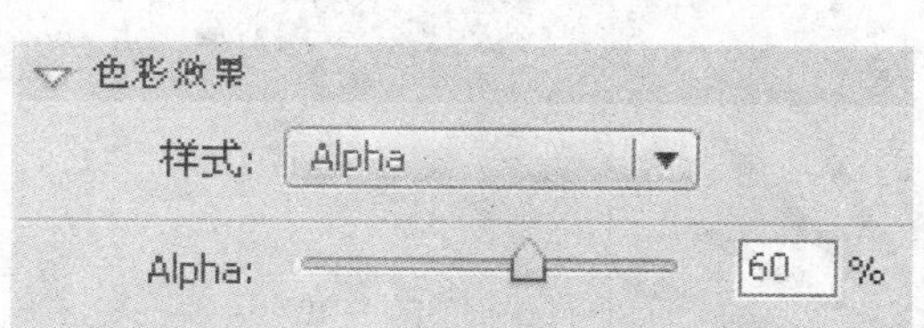

图5.76　设置透明度

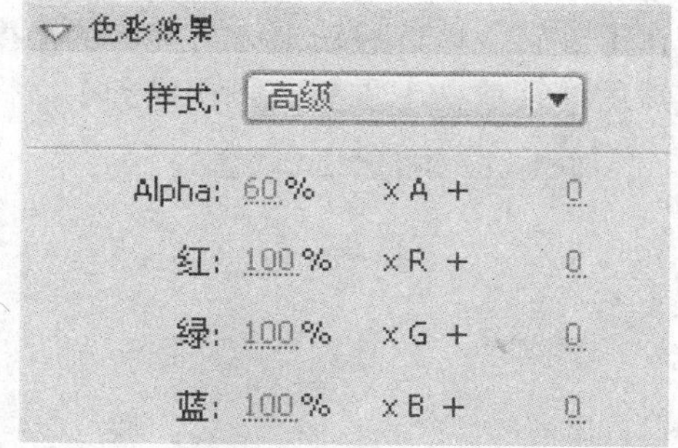

图5.77　【高级】选项的相关参数

12 执行【控制】→【测试影片】命令，查看最终效果图，参考图5.69所示。

5.2.3　制作折扇

最终效果

动画制作完成的最终效果如图5.78所示。

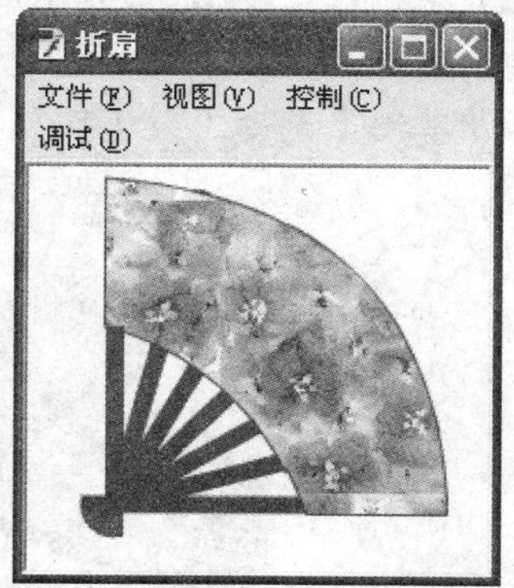

图5.78　折扇最终效果

解题思路

1 利用矩形工具绘制扇骨。
2 利用【变形】面板复制矩形。
3 利用【颜色】面板进行位图填充。
4 利用渐变变形工具调整填充的位图。

操作步骤

1 新建一个Flash文档。
2 单击【工具】面板中的【矩形工具】按钮，绘制一个矩形作为扇骨，在矩形工具选项中取消选择对象绘制模式，并调整好矩形的颜色和尺寸，绘制的效果如图5.79所示。

3 单击【工具】面板中的【任意变形工具】按钮，调整当前矩形的中心点到矩形的下方，如图5.80所示。

图5.79 在舞台中绘制扇骨　　图5.80 将矩形中心点移到矩形下方

4 执行【窗口】→【变形】命令（或按【Ctrl+T】组合键），打开【变形】面板，如图5.81所示。

5 单击【重制选区和变形】按钮，复制刚才绘制的矩形。

6 在【旋转】单选按钮下方将旋转的角度设为“15°”。

7 然后连续单击【重制选区和变形】按钮，即可边旋转边复制多个矩形，如图5.82所示。

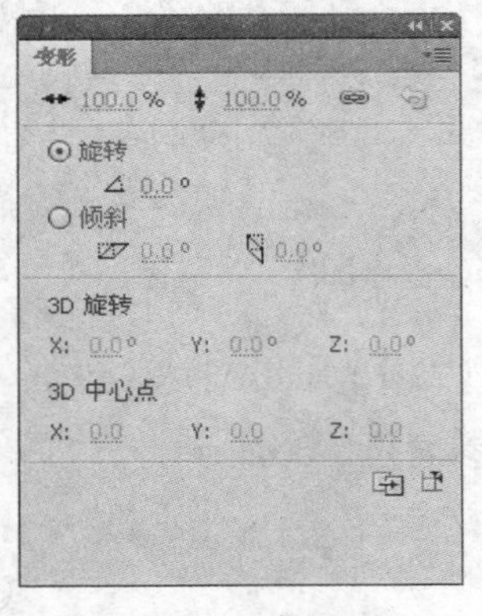

图5.81 【变形】面板

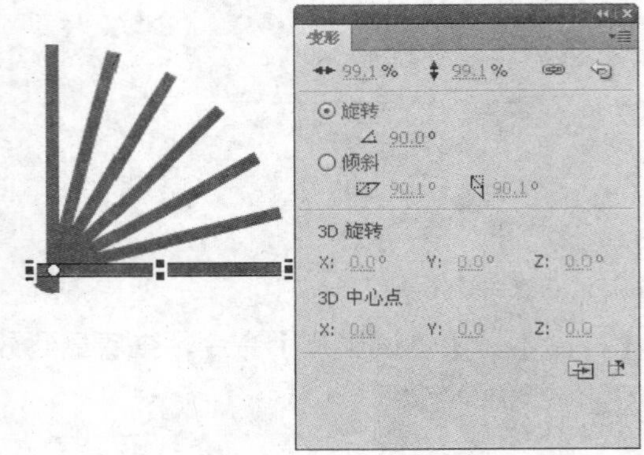

图5.82 旋转并复制矩形

8 单击【工具】面板中的【线条工具】按钮，在扇骨的两边绘制两条直线，如图5.83所示。

9 单击【选择工具】按钮，把两条直线拉成和扇面弧度一样的圆弧，如图5.84所示。

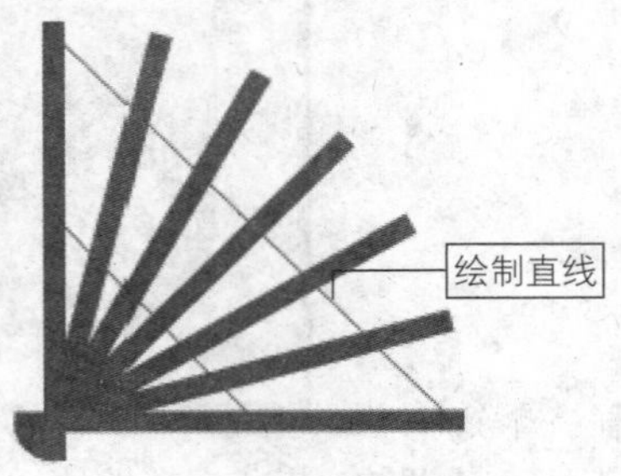

图5.83 绘制两条直线

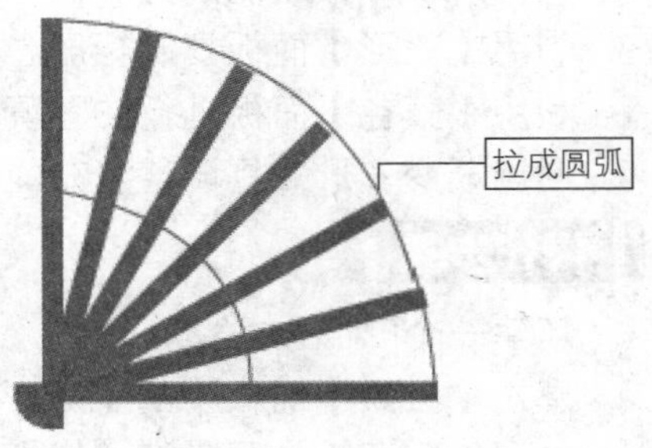

图5.84 使用选择工具对直线变形

10 单击【工具】面板中的【线条工具】按钮，把两条直线的两端连接成一个闭合的路径，同时使用颜料桶工具填充颜色，如图5.85所示。

11 按下【Ctrl+F9】组合键打开【颜色】面板。

12 在【颜色】面板的【类型】下拉列表框中选择【位图】选项，在弹出的【导入到库】对话框中找到扇面的图片素材，此时的【颜色】面板如图5.86所示。

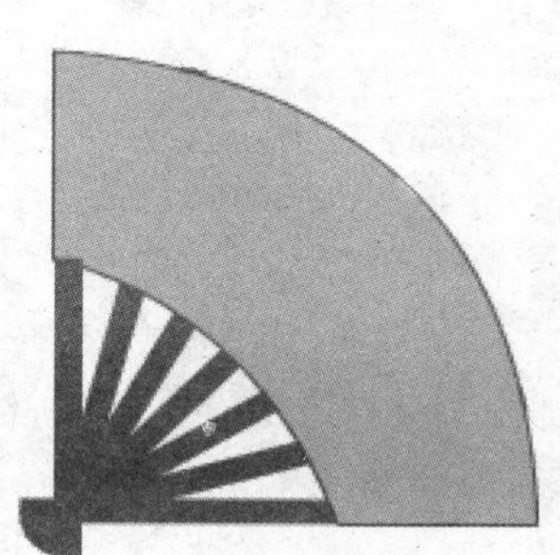

图5.85　为得到的形状填充颜色

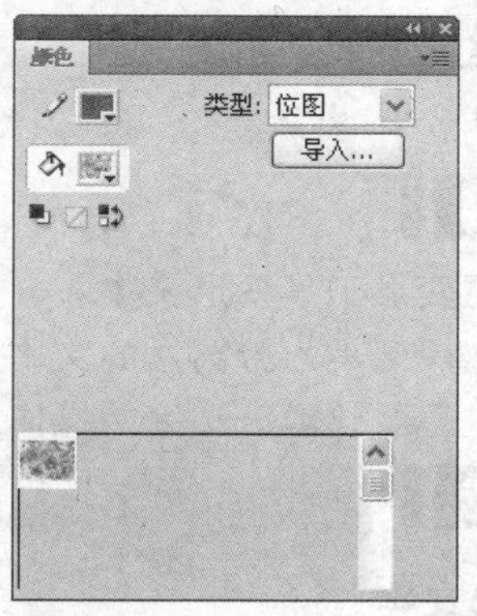

图5.86　【颜色】面板

13 此时通过颜料桶工具就可以将图片素材填充到扇面中了，如图5.87所示。

14 使用【工具】面板中的渐变变形工具，调整填充到扇面中的图片素材，使图片和扇面更加吻合，如图5.88所示。

图5.87　把图片填充到扇面中

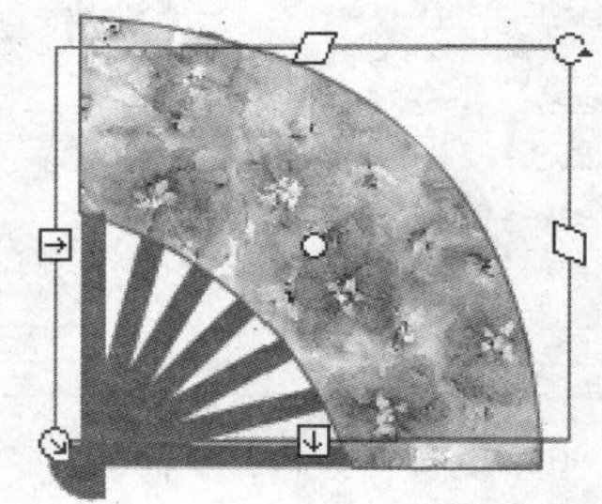

图5.88　调整填充的图片素材

15 按下【Ctrl+Enter】组合键测试动画，最终效果参考图5.78所示。

5.3 提高——自己动手练

上一节中所讲解的知识在以后的动画制作过程中应用比较多，下面再通过两个实例的制作在巩固前面所学知识的基础上拓展思路，请读者根据操作提示自己动手练习。本节实例中用到的图层、时间和帧的知识将在后面的章节中详细介绍。

5.3.1　绘制鱼形文字动画

最终效果

本例制作完成后的最终效果如图5.89所示。

图5.89 最终效果

解题思路

1 利用任意变形工具变形文本。
2 利用墨水瓶工具为分离后的文本添加边框。
3 对对象进行柔化填充边缘的操作。

操作提示

1. 制作鱼形文字

1 新建一个Flash CS4文档。
2 执行【修改】→【文档】命令（或按【Ctrl+J】组合键），打开Flash CS4的【文档属性】对话框，如图5.90所示。

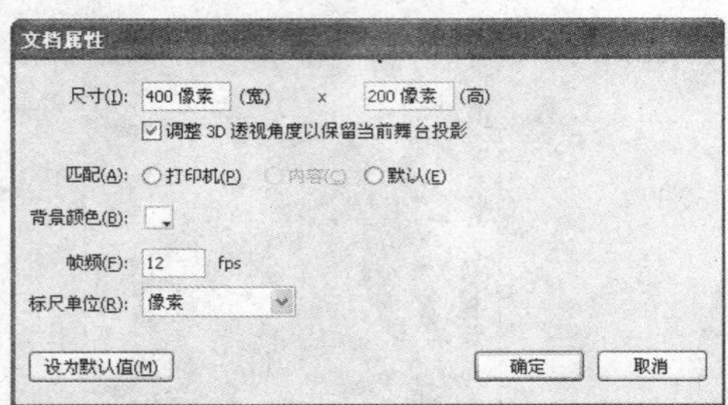

图5.90 【文档属性】对话框

3 在【尺寸】文本框中将文档的宽度和高度均设置为“200像素”，将背景颜色设置为“白色”。
4 单击【工具】面板中的【文本工具】按钮T，在舞台中输入文本“可爱美人鱼”，如图5.91所示。
5 在【属性】面板中设置文本的字体为“黑体”，字号为“78”。
6 两次按下【Ctrl+B】组合键，对文本进行分离操作。分离后的文本显示为网格状，表示可以直接编辑，如图5.92所示。

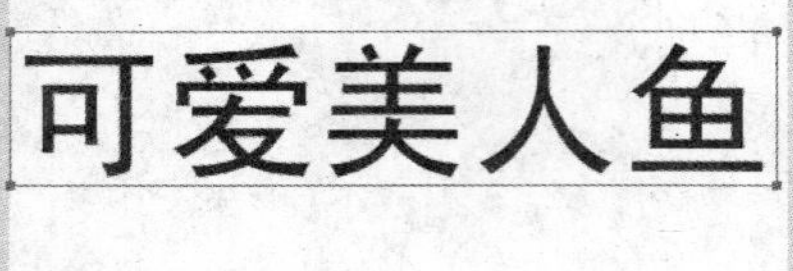

图5.91 在舞台中输入文本

图5.92 对文本进行分离操作

7 选择【工具】面板中的【任意变形工具】按钮，在其选项区域中单击【封套】按钮，对文字进行变形操作，变形后的效果如图5.93所示。

8 选中所有文字后，执行【修改】→【形状】→【柔化填充边缘】命令，在【距离】文本框中输入“10像素”，在【方向】区域选中【扩展】单选按钮，如图5.94所示。

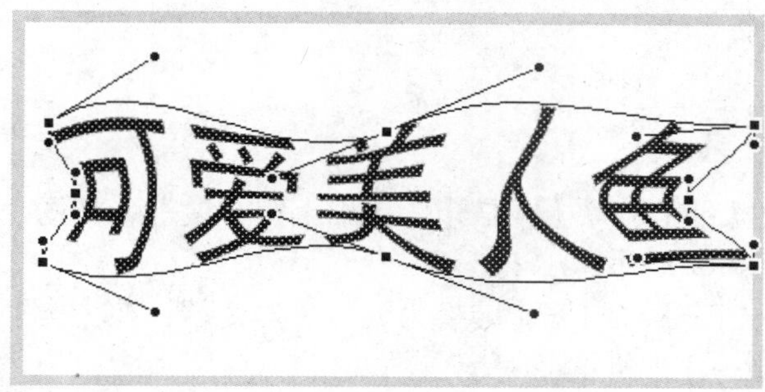

图5.93　对文字进行变形操作

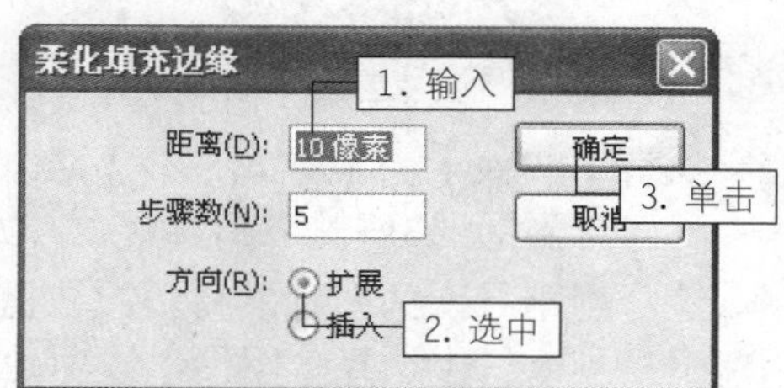

图5.94　设置柔化填充参数

9 设置柔化填充后的效果如图5.95所示。

可爱美人鱼

图5.95　柔化填充的效果

10 选择【工具】面板中的墨水瓶工具，给变形后的文字添加蓝色的边框，效果如图5.96所示。

图5.96　给变形的文字添加边框

11 单击【时间轴】面板左下角的【插入图层】按钮，创建一个新的图层“图层2”。

12 选择图层1中的文字边框，剪切并复制到图层2中的相同位置。这样图层1里只有文字的色块，而图层2里只有文字的边框，如图5.97所示。

图5.97　将文字边框复制到图层2中

2. 制作动画

1 单击【时间轴】面板左下角的【插入图层】按钮，创建一个新的图层“图层3”。

2 使用选择工具，把图层3拖曳到所有图层的下方，此时的【时间轴】面板如图5.98所示。

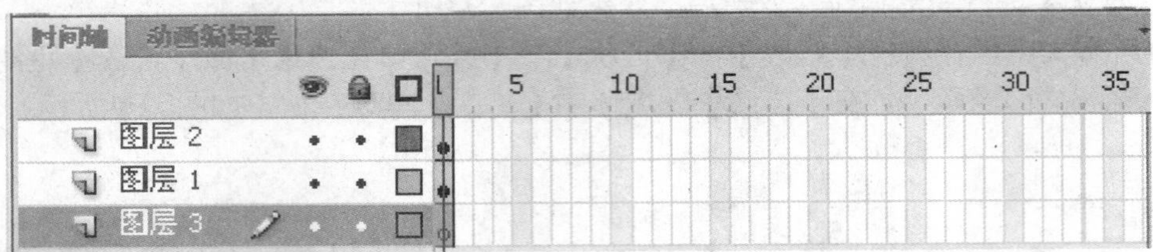

图5.98 把“图层3”拖曳到所有图层下方

3 执行【文件】→【导入】→【导入到舞台】命令（或按【Ctrl+R】组合键），把图片素材导入到图层3所对应的舞台中，如图5.99所示。

4 选择刚刚导入的图片素材，按快捷键【F8】，打开【转换为元件】对话框，在【类型】下拉列表框中选择【图形】选项，如图5.100所示。

图5.99 把图片素材导入到图层3所对应的舞台中

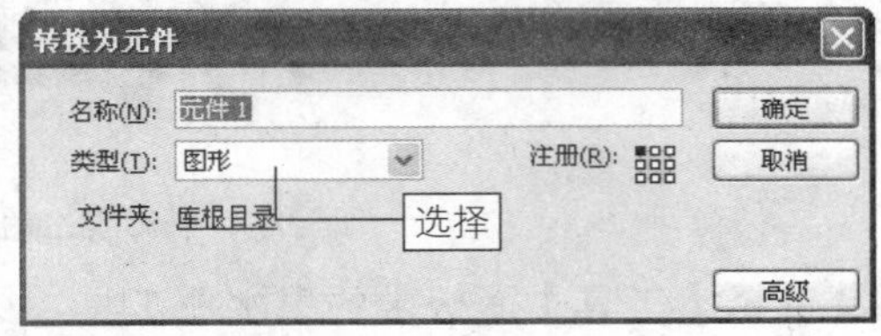

图5.100 把图片转换为图形元件

6 在【时间轴】面板中单击图层3，依次单击第10、20、30和40帧并按【F6】快捷键插入关键帧，如图5.101所示。

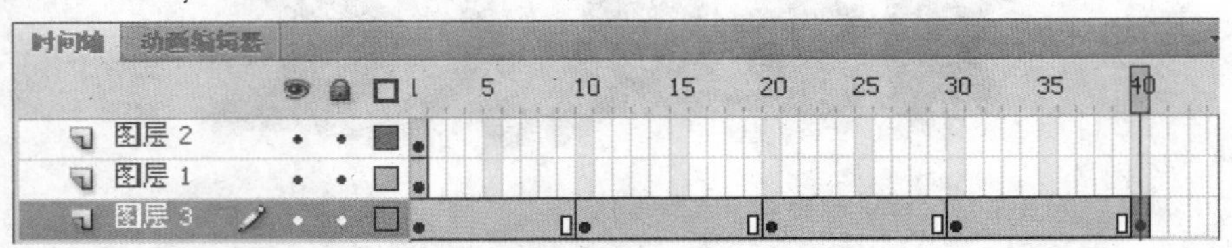

图5.101 在图层3中插入关键帧

7 分别在图层1和图层2的第40帧按【F5】键插入静态延长帧，如图5.102所示。

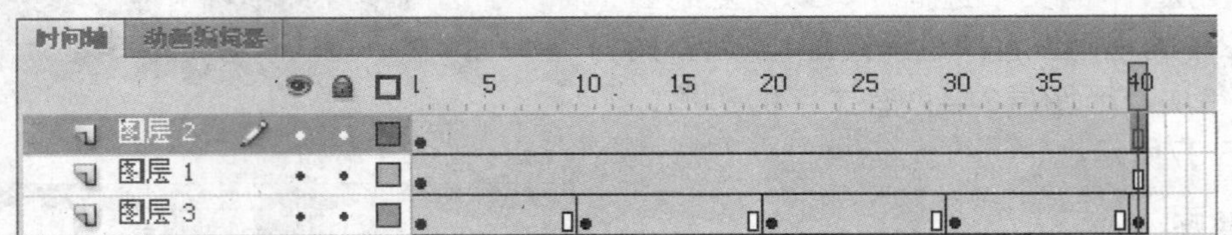

图5.102 在图层1和图层2的第40帧插入帧

8 任意改变图层3中第10、20和30帧的图片素材位置或大小，不管位置和大小怎么改变，文字始终应该把图片给覆盖住。

9 选择图层3中的所有帧，单击鼠标右键，在弹出的菜单中选择【创建传统补间】选项，如图5.103所示。

10 选择【时间轴】面板中的图层1，单击鼠标右键，在弹出的菜单中选择【遮罩层】命令，如图5.104所示。选择遮罩层后的效果如图5.105所示。

图5.103　在图层3创建运动补间

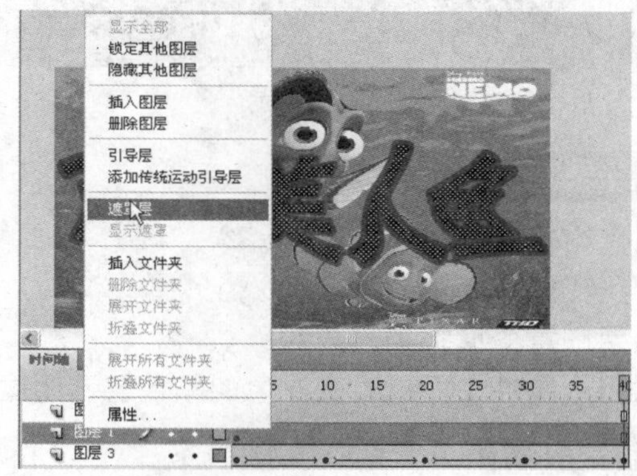

图5.104　选择【遮罩层】选项

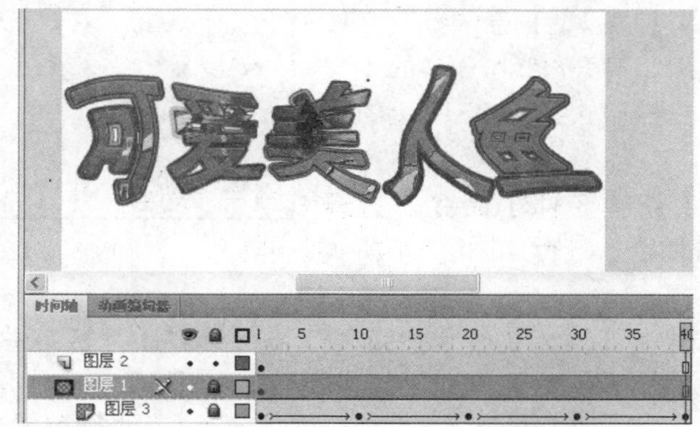

图5.105　选择【遮罩层】选项后的图形效果

11 按组合键【Ctrl+Enter】预览动画效果，参考图5.89所示。

说明　关于创建运动补间动画与遮罩层的相关知识会在后面的章节中详细介绍。

5.3.2　绘制文字变形动画

最终效果

本例制作完成后的最终效果如图5.106所示。

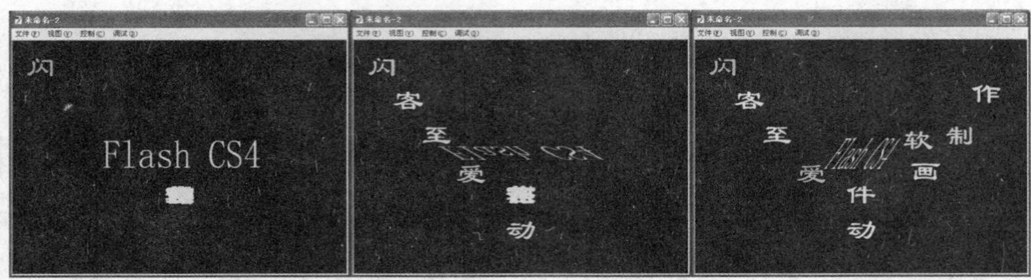

图5.106　最终效果

解题思路

1 利用文本工具输入文本。
2 利用变形命令变形对象。
2 利用任意变形工具缩放对象。
3 利用【属性】面板改变对象的颜色及透明度。

操作提示

1 新建一个Flash CS4文档。
2 执行【修改】→【文档】命令（或按【Ctrl+J】组合键），打开Flash CS4的【文档属性】对话框，进行如图5.107所示的设置。
3 执行【插入】→【新建元件】命令，打开【创建新元件】对话框，进行如图5.108所示的设置。

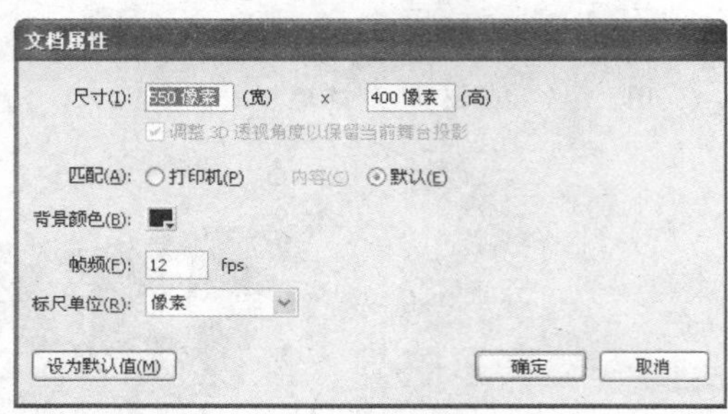

图5.107　【文档属性】对话框

4 单击【工具】面板中的【文本工具】按钮T，在【属性】面板中进行如图5.109所示的设置。

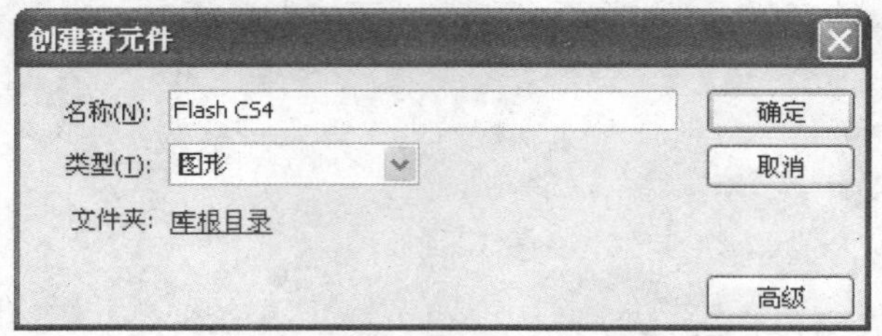

图5.108　【创建新元件】对话框

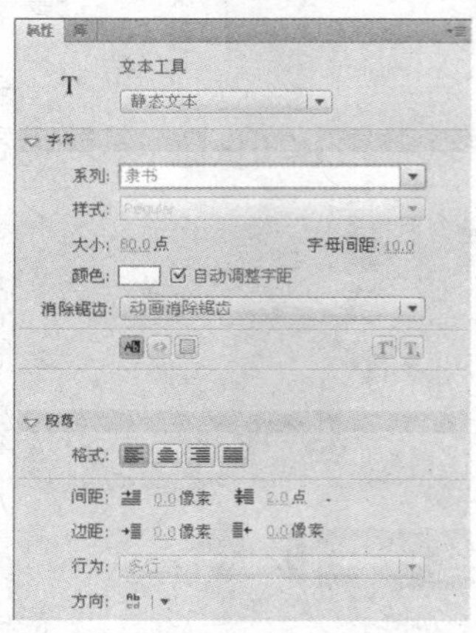

图5.109　文本工具的【属性】面板

5 在舞台中输入文本“Flash CS4”，如图5.110所示。

图5.110 输入文本

6 单击场景 1按钮进入场景编辑状态。

7 在【属性】面板中单击【库】选项卡，打开【库】面板。

8 在【库】面板中选择刚才制作的字母图形元件，将其拖到舞台中，如图5.111所示。

图5.111 将元件拖到舞台中

9 分别在第15、30、45和60帧处按【F6】快捷键，插入关键帧。

10 分别选中第15、30和45帧，将元件缩小、旋转和放大，如图5.112所示。

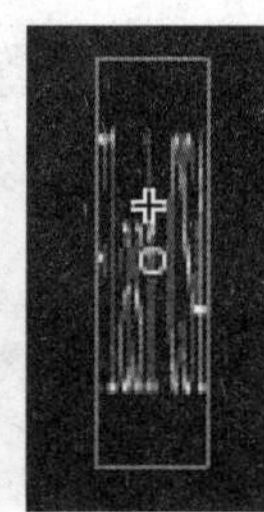

图5.112 对图形元件进行变形操作

提示 在第15和45帧中利用任意变形工具进行缩小和放大操作，在第30帧中可以执行【修改】→【变形】→【垂直翻转】命令，完成旋转操作。

11 选中第1至60帧，单击鼠标右键，在弹出的快捷菜单中选择【创建传统补间】选项。

12 选中第15帧，然后选中舞台中的对象，在【属性】面板的【色彩效果】区域中单击【样式】下拉按钮，在其下拉列表中选择【Alpha】选项，将图形元件的透明度改变为“50%”，如图5.113所示。

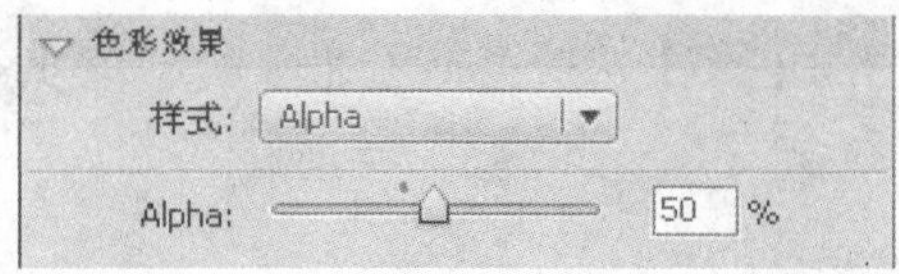

图5.113 设置透明度

13 选择第30帧，然后选中舞台中的对象，在【属性】面板的【色彩效果】区域中单击【样式】下拉按钮，在其下拉列表中选择【色调】选项，改变图形元件的颜色，如图5.114所示。

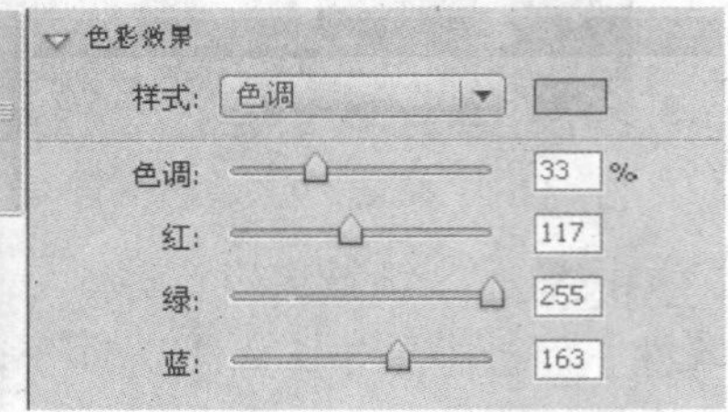

图5.114　改变图形元件的颜色

14 单击【时间轴】面板左下角的【插入图层】按钮，创建一个新的图层“图层2”。

15 单击【工具】面板中的【文本工具】按钮T，在【工具】面板中设置好参数后在舞台中输入文本，如图5.115所示。

图5.115　在图层2中输入文本

16 选中在图层2中输入的文本，按【Ctrl+B】组合键将文字打散，如图5.116所示。

图5.116　打散文字

17 执行【窗口】→【对齐】命令，打开【对齐】面板，选中【相对于舞台】按钮，然后单击【水平中齐】按钮，如图5.117所示。

18 此时单击鼠标右键，在弹出的快捷菜单中选择【分散到图层】命令，如图5.118所示，执行命令后的【时间轴】面板如图5.119所示。

19 单击图层“闪”的第5帧，按【F6】快捷键插入关键帧，并改变文字“闪”的位置，如图5.120所示。

20 选中图层“闪”的第6帧，按【F6】快捷键插入关键帧，并将文字打散，如图5.121所示。

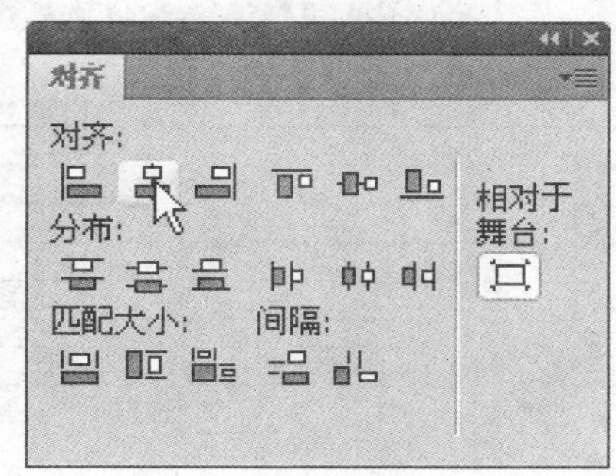

图5.117　【对齐】面板

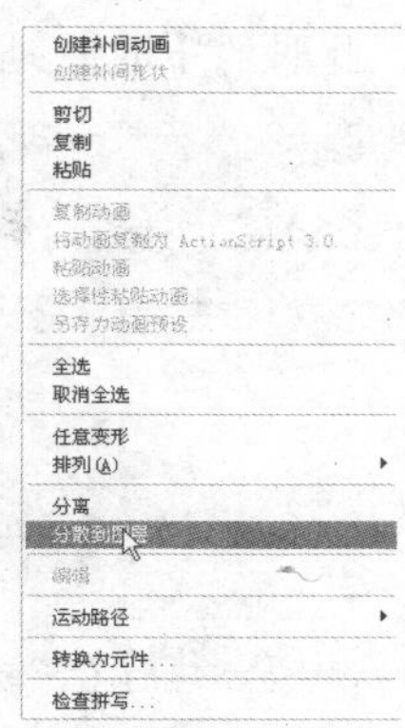

图5.118　执行命令

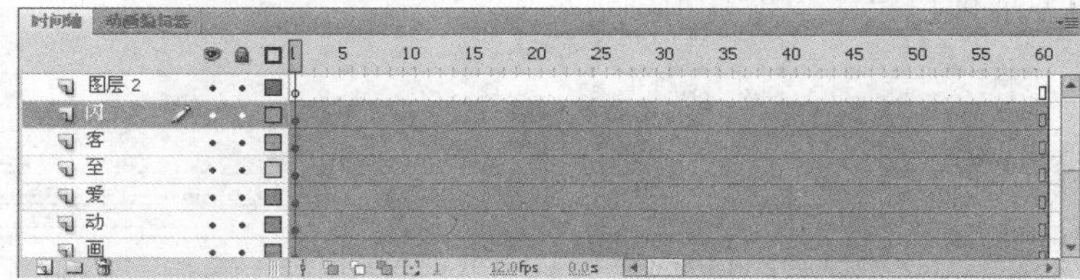

图5.119　执行命令后的时间轴

图5.120　改变文字的位置

图5.121　打散文字

21 选中图层“闪”的第60帧，按【F6】快捷键插入关键帧，将文字的颜色改为浅绿色，如图5.122所示。

图5.122　改变第60帧文字颜色

22 单击图层“闪”的第1帧，然后单击鼠标右键，在弹出的快捷菜单中选择【创建传统补间】选项。

23 选中图层“闪”的第6帧，然后单击鼠标右键，在弹出的快捷菜单中选择【创建补间形状】选项，此时的【时间轴】面板如图5.123所示。

图5.123　制作动画后的【时间轴】面板

24 按照制作“闪”字的动画的方法，制作其他文字的动画效果，并对图层顺序进行重新排列，此时的【时间轴】面板如图5.124所示。

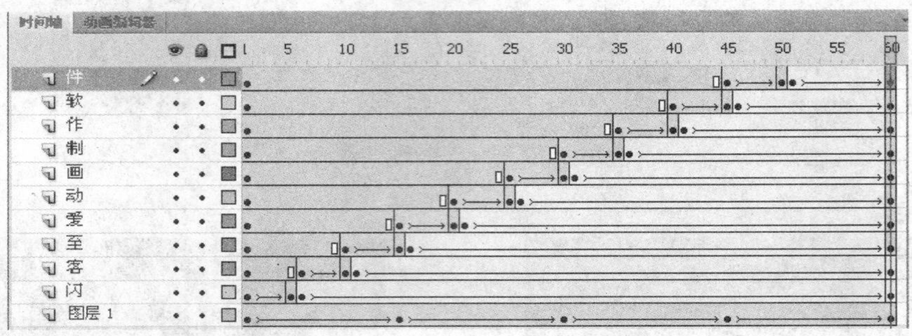

图5.124　最终的【时间轴】面板

25 按下【Ctrl+Enter】组合键预览动画效果，参考图5.106所示。

提示　还可以为此动画加上卡通动物或人物的运动效果，增加动画的吸引力，效果如图5.125所示。

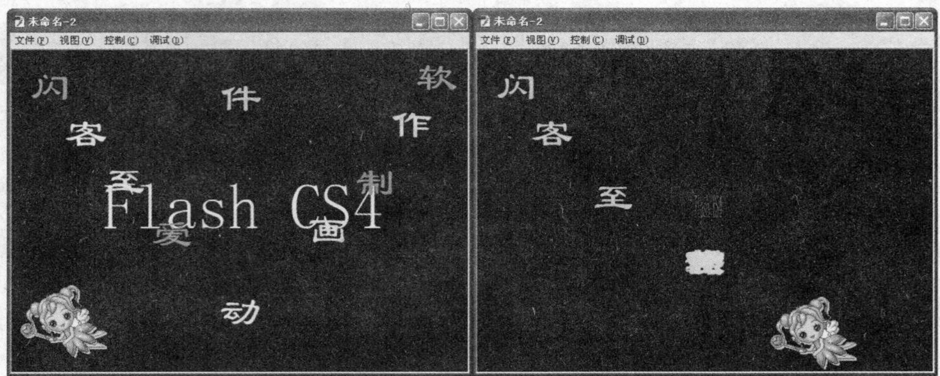

图5.125　加上卡通人物的动画效果

5.4 答疑与技巧

问 在使用套索工具修改图片时为什么总是无法选中选区（无法产生封闭的区域）？

答 在对图形或图片进行修改之前，要先将其选中，然后按【Ctrl+B】组合键将对象打散。

问 在Flash CS4中只导入了一张图片，可是会同时出现好几张图片，这是为什么呀?

答 导入的图片如果是gif文件或flash文件，即利用多张图实现的动画文件，在导入flash中时是会出现多张图片的。而且如果导入的图片与同一文件夹中其他图片的编号是一个序列，也会导入序列中的所有图像。

问 如何调整路径点一端的控制柄?

答 默认状态下，路径的控制柄是始终在一条直线上的，如果需要单独调整路径点一边的控制柄，可以按住【Alt】键不放，然后再使用部分选取工具来拖曳控制柄上的点。

结束语

本章主要讲解了在Flash CS4中进行对象编辑的操作方法，以满足实际动画制作的设计需求，内容包括对位图对象的编辑和对对象的优化处理等相关知识。为了更好地进行动画制作，用户应在练习的基础上掌握这些内容。

Chapter 6

第6章 Flash文本编辑

本章要点

入门——基本概念与基本操作

- 文本类型
- 添加文本
- 编辑文本
- 转换文本

进阶——典型实例

- 制作金属文字
- 制作披雪文字
- 制作立体文字
- 制作彩虹文字

提高——自己动手练

- 制作风吹动文字的效果
- 制作幻影文字

答疑与技巧

本章导读

除了可以绘制基本图形外，Flash CS4还提供了强大的文本编辑功能。文本是Flash动画中的重要组成部分，无论是MTV、网页广告还是趣味游戏，都会或多或少地涉及到文本的应用。我们除了可以通过Flash输入文本外，还可以制作各种字体效果以及利用文本进行交互输入等。本章将介绍Flash CS4文本编辑的相关知识。

6.1 入门——基本概念与基本操作

文本可以说是动画必不可少的一个组成部分，在创建动画时可以通过输入文本来表达主体思想、制作谢幕词及制作MTV中的歌词等。通过设置文本格式，可以让文本在整个动画中起到锦上添花的作用。

6.1.1 文本类型

在Flash CS4中，有三种文本类型：静态文本、动态文本和输入文本。在动画播放中，静态文本是不可以编辑和改变的；动态文本可以由动作脚本控制其显示；而输入文本可以人工输入其内容。

在制作动画时，可以根据需要选择这三种文本类型中的某一种，其方法是：在【工具】面板中单击【文本工具】按钮T后，在【属性】面板的 静态文本 下拉列表框中选择【静态文本】、【动态文本】或【输入文本】选项，它们的含义如下。

- **静态文本：** 在【工具】面板中单击【文本工具】按钮T，系统默认为静态文本，在【属性】面板中可以设置静态文本的属性，如图6.1所示。然后直接在舞台中单击就可以开始输入文字，此时的文字是静态的。使用静态文本类型，可以设置各种文本格式。

静态文本主要应用于动画中不需要变更的文字，是在动画设计中应用最多的一种文本类型，在一般的动画制作中主要使用的就是静态文本。

- **动态文本：** 单击【工具】面板中的【文本工具】按钮T，在【属性】面板中，单击【文本类型】下拉列表框，打开【文本类型】下拉列表，如图6.2所示。

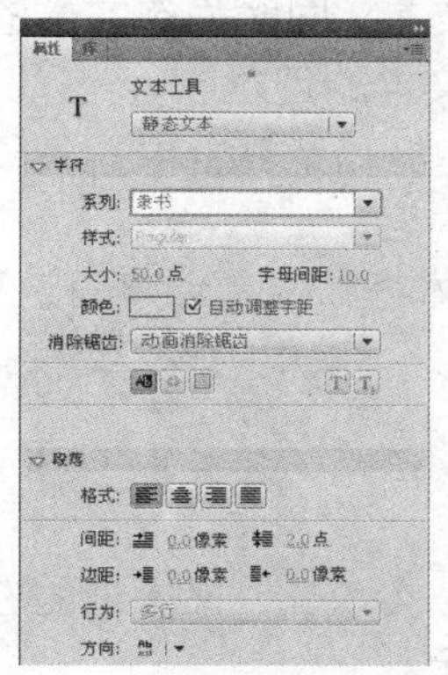

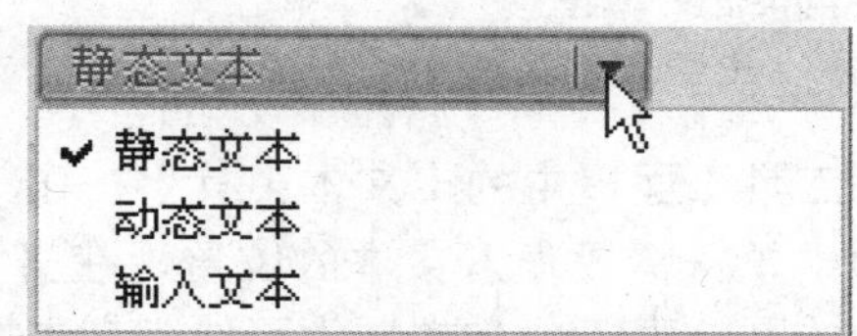

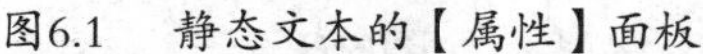

图6.1　静态文本的【属性】面板　　　图6.2　【文本类型】下拉列表

选择【动态文本】选项，在【属性】面板中设置动态文本的属性，如图6.3所示。

选择动态文本后，输入的文字相当于变量，可以随时调用或修改，如网站上发布的股票信息、天气预报等，其内容从服务器支持的数据库读出，或者从其他动画中载入。

动态文本通常配合Action动作脚本使用，使文字根据相应变量的变更而显示不同的文字内容。选择动态文本，表示在工作区中创建了可以随时更新的信息。在动态文本的【变量】文本框中为该文本命名，文本框将接收此变量值，从而可以动态地改变文本框中显示的内容。

- **输入文本：** 在【文本类型】下拉列表框中选择【输入文本】选项，可在【属性】面板中设置输入文本的属性，如图6.4所示。

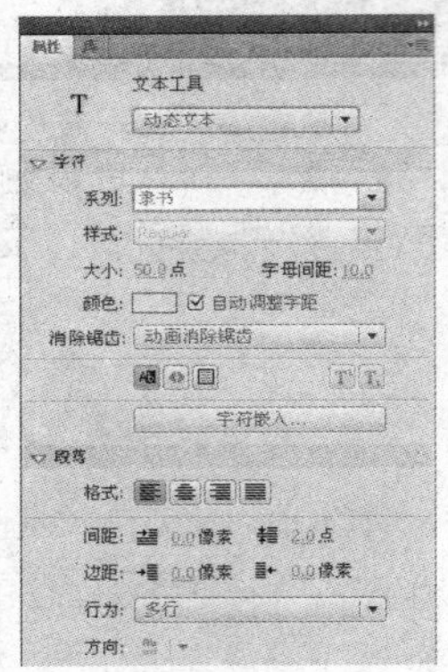

图6.3 动态文本的【属性】面板

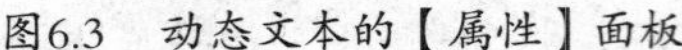

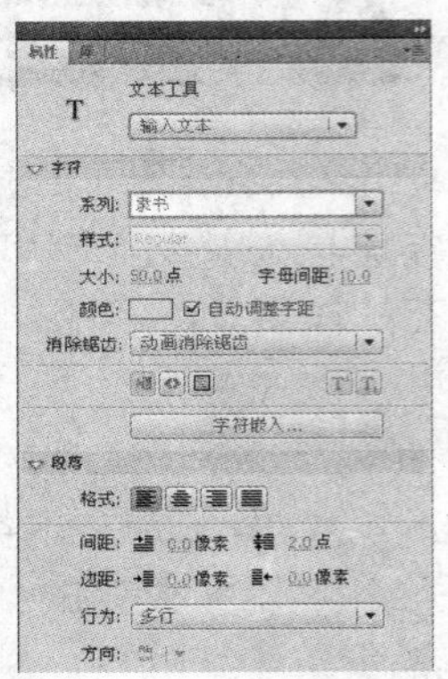

图6.4 输入文本的【属性】面板

输入文本与动态文本的用法一样，但是它可以作为一个输入文本框来使用，通过在舞台中划定一个文字输入区域，供用户在其中输入相应的文字内容。在Flash动画播放时，可以通过这种输入文本框输入文本，实现用户与动画的交互。

6.1.2 添加文本

在Flash动画中，文本使用率是比较高的，如制作MTV时需要输入歌词，制作教学光盘界面动画时需要输入各按钮的说明文字等。在一幅优秀的Flash作品中，添加上优美的文字更能传情达意，使得作品更加真实、感人，这就需要制作者掌握文本的添加方法。

1. 添加静态文本

在Flash CS4动画制作中，由于绝大多数的文本是静态文本，同时静态文本的属性设置方法大多可用于动态文本和输入文本中，因此首先介绍静态文本的创建。

单击【工具】面板中的【文本工具】按钮T，将鼠标指针移至舞台中，当鼠标指针变为+形状时，单击舞台中需要输入文本的位置即可输入文本内容。

在Flash CS4中输入文本有两种方式：一是创建可伸缩文本框；二是创建固定文本框。

创建可伸缩文本框

具体操作步骤如下：

1 单击【工具】面板中的【文本工具】按钮T。

2 在舞台中单击需要输入文本的位置，在舞台中将出现一个文本框，文本框的右上角显示为空心的圆，表示此文本框为可伸缩文本框，如图6.5所示。

3 在文本框中输入文本，文本框会跟随文本自动改变宽度，如图6.6所示。

创建固定文本框

具体操作步骤如下：

1 单击【工具】面板中的【文本工具】按钮T。

2 使用鼠标在需要输入文本的位置拖曳一个区域，这时在舞台中将出现一个文本框，文本框的右上角显示为空心的方块，表示此文本框为固定文本框，如图6.7所示。

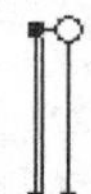

我心飞翔

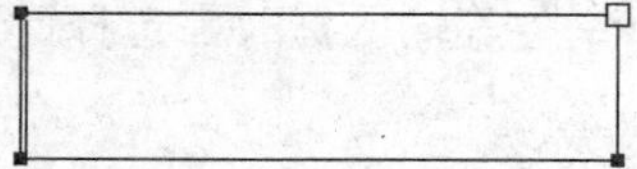

图6.5　可伸缩文本框　　图6.6　在可伸缩文本框中输入文本　图6.7　固定文本框

3 在文本框中输入文本，文本会根据文本框的宽度自动换行，如图6.8所示。

说明　固定文本框会限制每行输入的字符数，当多于一行时会自动换行，而可伸缩文本框不限制输入文本的多少，文本框随字符的增加而加长。

2. 添加动态文本

动态文本用于在Flash动画中动态显示输入变量或数据的值。在【工具】面板中单击【文本工具】按钮T，在【属性】面板的【文本类型】下拉列表框中选择【动态文本】选项，在舞台中单击需要添加动态文本的位置即可添加动态文本。选择【动态文本】选项后，【属性】面板会发生相应的变化，如图6.3所示。

为了与静态文本相区别，动态文本的控制柄出现在文本框的右下角，而静态文本的控制柄是在文本框的右上角，如图6.9所示。

记忆像是倒在掌心的水

图6.8　在固定文本框中输入文本　　图6.9　静态文本和动态文本的控制柄

在进行动态文本的属性设置时，应注意如下选项。

- 在【实例名称】文本框中为此动态文本输入一个标识符，利用此标识符，Flash可以将数据动态地放入到此文本区域中。
- 在【行为】下拉列表框中可设置文本区域中文本的组织方式，包括【单行】、【多行】和【多行不换行】三个选项，如图6.10所示。
- 单击【将文本呈现为HTML】按钮，Flash显示动态文本时保持超文本类型，包括字体、字体类型、超链接和其他HTML支持的相关格式。
- 单击【在文本周围显示边框】按钮，则可将文本区域设置为白色背景、有边框的样式。
- 在【变量】文本框中可输入一个变量名称，此功能与【实例名称】功能类似。变量名称应该与实例名称不同，以免在Flash中引起混乱。

注意　Flash文件（ActionScript 3.0）不支持【变量】选项，只能选择ActionScript 1.0或2.0。

3. 添加输入文本

输入文本用于在Flash动画中接收用户的输入数据，例如表单或密码的输入区域。

在【工具】面板中单击【文本工具】按钮T，在【属性】面板的【文本类型】下拉列表框中选择【输入文本】选项，在舞台中单击需要添加输入文本的位置即可。

输入文本与动态文本相类似，主要区别有如下两点：

- 在【行为】下拉列表中增加了【密码】选项，如图6.11所示。在有“密码”或“口令”等输入框时需选择此选项。

图6.10　动态文本的【行为】下拉列表

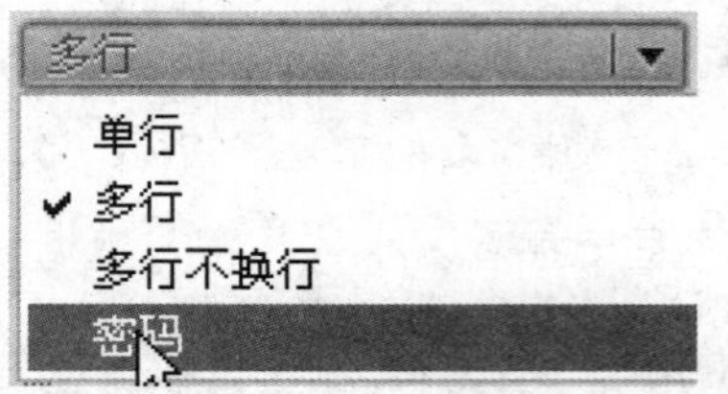

图6.11　输入文本的【行为】下拉列表

- 增加了【最大字符数】文本框，用于限制输入文本的字符数，0表示无限制。

在Flash CS4中，可以使用动态文本和输入文本结合函数来实现交互的动画效果，实际上就是使函数的值和文本框进行数据的传递。具体操作步骤如下：

1 新建一个Flash CS4文档，在【新建】区域中选择【Flash文件（ActionScript 2.0）】选项。
2 单击【工具】面板中的【文本工具】按钮T。
3 在【属性】面板的【文本类型】下拉列表框中选择【输入文本】选项。
4 在舞台的左侧拖曳鼠标，创建一个输入文本区域，如图6.12所示。
5 单击【属性】面板中的【在文本周围显示边框】按钮。
6 在【变量】文本框中输入变量名称“MyFlash”，如图6.13所示。

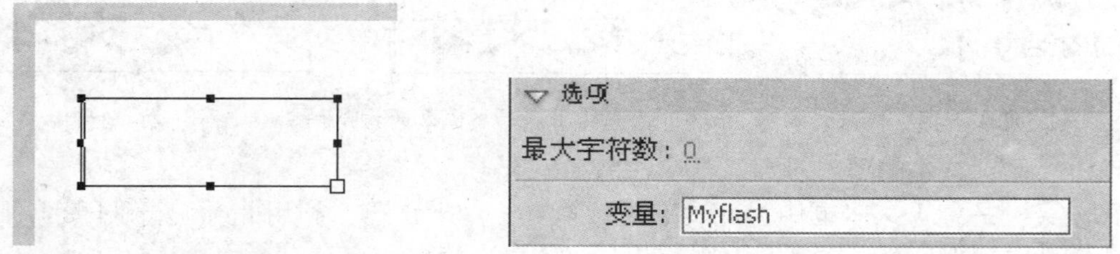

图6.12　在舞台中创建一个输入文本框　　图6.13　输入变量名称

7 再次单击【工具】面板中的【文本工具】按钮T，在舞台右侧拖曳鼠标创建一个文本区域，如图6.14所示。
8 然后在【属性】面板中的【文本类型】下拉列表框中选择【动态文本】选项并设置相应的属性，如图6.15所示。

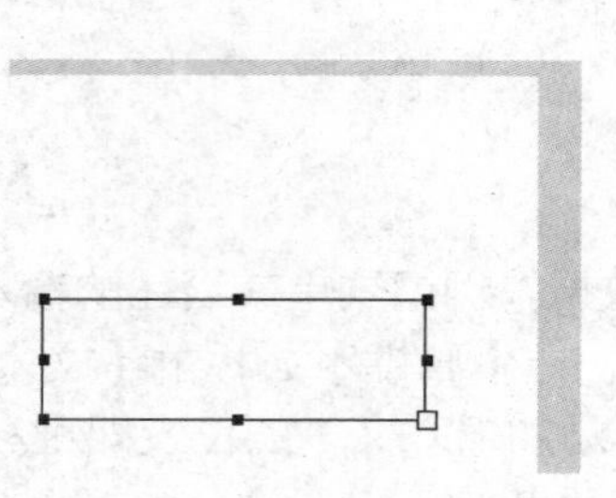

图6.14　创建另一个输入文本框

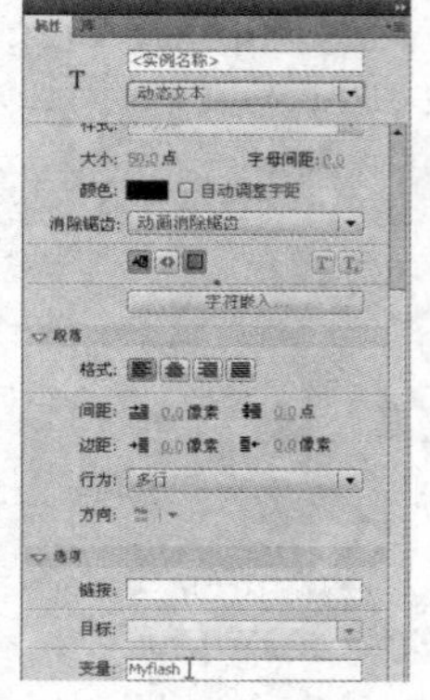

图6.15　设置动态文本的属性

9 执行【控制】→【测试影片】命令（或按【Ctrl+Enter】组合键），在Flash播放器中预览动画效果，如图6.16所示。

10 在舞台左侧的输入文本框中输入文本，在右侧的动态文本框中将动态显示输入的文本，如图6.17所示。

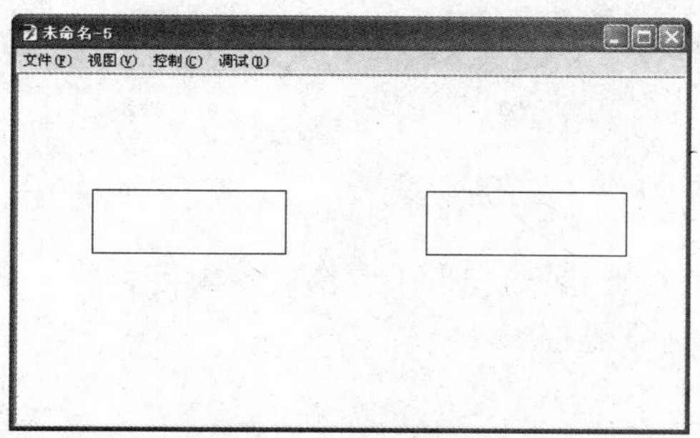

图6.16　在Flash播放器中预览的效果

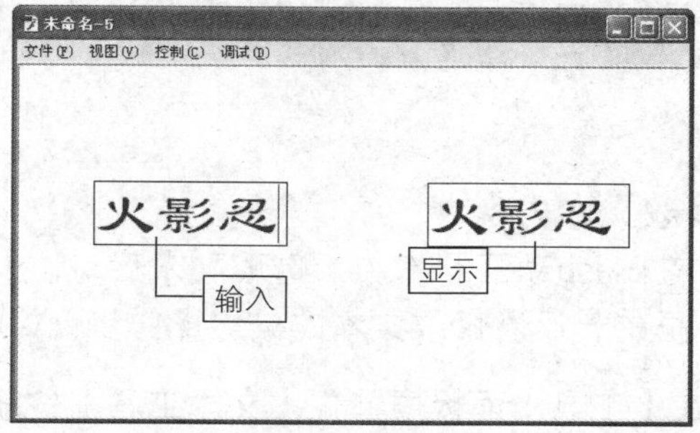

图6.17　在动态文本中显示输入的文本

6.1.3　编辑文本

在Flash CS4中添加完文本内容后，可以使用文本工具对其进行编辑。要对文本进行编辑，首先需要选取文本。

1. 选取文本

在Flash CS4中选取文本一般有两种方式：一是选中整个文本框；二是选取文本框内部文本。

选中整个文本框

选中整个文本框的操作步骤如下：

1 单击【工具】面板中的【选择工具】按钮。

2 单击需要调整的文本框，即可选中该文本框，如图6.18所示。

选中文本框后，通过【属性】面板进行的文本属性设置，对当前文本框中的所有文本都有效，如图6.19所示是更改字体后的效果。

人生若只如初见

图6.18　选中文本框

人生若只如初见

图6.19　对整个文本框设置文本属性

选取文本框内部文本

选取文本框内部文本的操作步骤如下：

1 单击【工具】面板中的【文本工具】按钮T。

2 单击选择需要调整的文本框，将光标定位到文本框中，如图6.20所示。

3 拖曳鼠标，选择需要调整的文本，即可选取文本框内部文本，如图6.21所示。

4 选取文本框内部文本，对同一个文本框中的不同文本可以分别进行设置，如图6.22所示为改变字体和大小的效果。

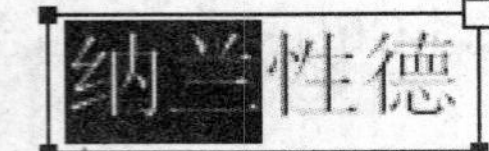

图6.20　将光标定位到文本框中　图6.21　选取文本框内部文本　图6.22　对选取的内部文本设置文本属性

提示　只可以对静态文本的部分内容进行更改，动态文本及输入文本均不能分别进行修改。

2. 修改文本内容

在Flash动画制作中，选取文本后可以对文本进行修改，既可修改文本内容，又可修改文本框的长度。修改文本的具体操作步骤如下：

1 在【工具】面板中单击【文本工具】按钮T。
2 在文字上方单击鼠标左键，使其重新出现文字输入区域。
3 在文字输入区域中，按住鼠标左键并拖动鼠标指针选中要修改的文字，如图6.23所示。
4 然后输入新文字，即可对选中的文字进行修改，如图6.24所示。

图6.23　选中要修改的文字　　图6.24　修改文字

对于文本框内不需要的文字，可将其删除，具体操作步骤如下：

1 在【工具】面板中单击【文本工具】按钮T。
2 在文字上方单击鼠标左键，使其重新出现文字输入区域。
3 在文字输入区域中，按住鼠标左键并拖动鼠标指针选中要删除的文字。
4 然后按【Delete】键即可。

添加文字的操作步骤如下：

1 在【工具】面板中单击【文本工具】按钮T。
2 在文字上方单击鼠标左键，使其重新出现文字输入区域。
3 在要添加文字的位置单击鼠标左键，出现文字输入光标，如图6.25所示。
4 然后输入要添加的文字即可，如图6.26所示。

图6.25　出现文字输入光标　图6.26　添加文字

提示　将鼠标指针放置到文字输入区域右上角的控制柄上，当鼠标指针变为↔状时（如图6.27所示），按住鼠标左键将鼠标指针左右或上下拖动，可改变文字输入区域的宽度和长度，效果如图6.28所示。

时间仍在 是我们在飞逝

图6.27　将鼠标指针放置到控制柄上

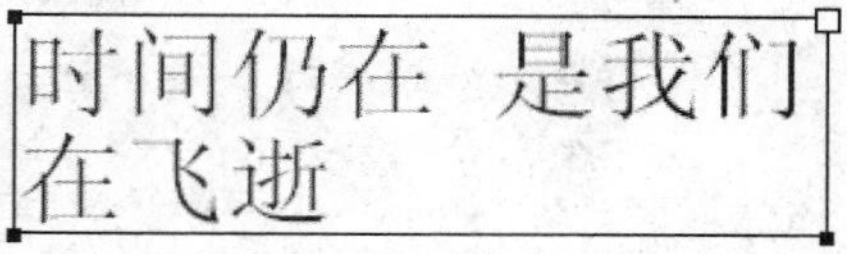

时间仍在 是我们
在飞逝

图6.28　调节文字输入区域后的效果

3. 设置文本样式

为使文本更能适合动画制作的需要，使动画效果更加美观，可以通过【属性】面板对选取的文本进行字体、大小和颜色等文本属性的设置，其操作步骤如下：

1. 选取需要设置文本属性的文本。
2. 在【属性】面板的【字符】区域，单击【系列】下拉列表框右侧的下拉按钮，打开其下拉列表，从中选择需要的字体，如图6.29所示。
3. 在【大小】文本框中输入需要的文本字号，或直接将鼠标放置在该文本框上，此时鼠标变为 形状，然后拖动鼠标即可改变文字的大小，如图6.30所示。

图6.29　选择文本字体

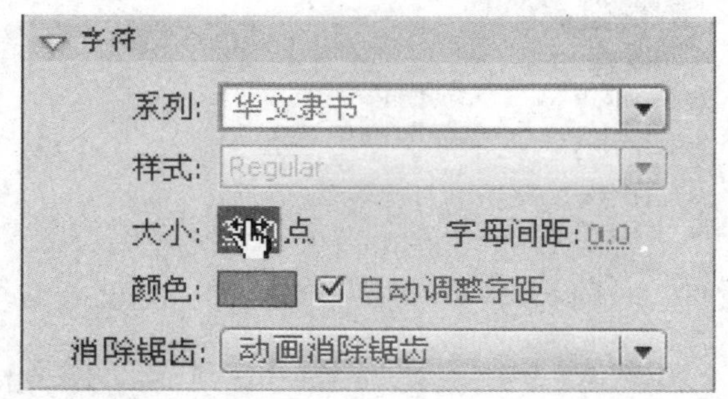

图6.30　改变文字大小

4. 单击【文本填充颜色】按钮 颜色: ，打开一个颜色选择器，从中选择需要的颜色，如图6.31所示。
5. 单击【样式】下拉列表框右侧的下拉按钮，打开其下拉列表，可将选取的文本设置为粗体和斜体，如图6.32所示。

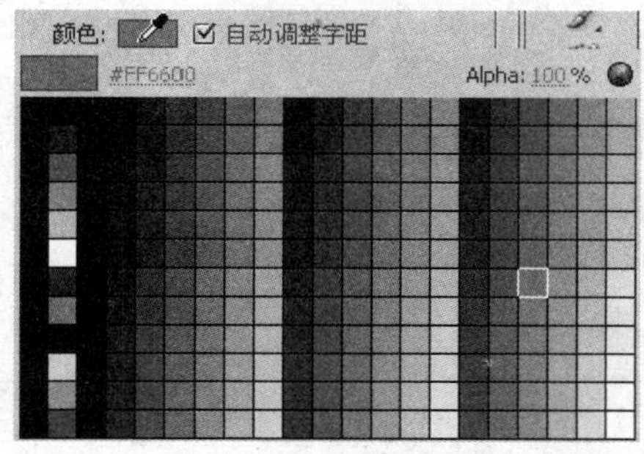

图6.31　文本填充颜色属性设置

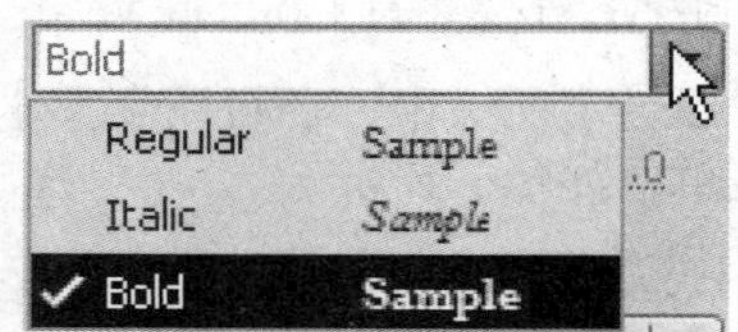

图6.32　【样式】下拉列表

提示 如果所选字体不包括粗体或斜体样式，在【样式】下拉列表中将不显示该样式，此时可以选择仿粗体或仿斜体样式（执行【文本】→【样式】→【仿粗体】或【仿斜体】命令）。Flash CS4已将仿粗体和仿斜体样式添加到常规样式，如图6.33所示。

6 在【字母间距】文本框中可以输入合适的字母间距数值，或直接将鼠标放置在该文本框上，此时鼠标变为形状，然后拖动鼠标也可改变字母间距。

7 单击【切换上标】按钮或【切换下标】按钮，可将文本位置修改为上标或下标字符，如图6.34所示。设置不同字符位置的效果如图6.35所示。

8 在【属性】面板的【段落】区域，有【左对齐】按钮、【居中对齐】按钮、【右对齐】按钮和【两端对齐】按钮，用于设置文本的对齐方式。

9 还可以设置文本的缩进、行距、左边距和右边距，如图6.36所示。设置方法同字母间距。

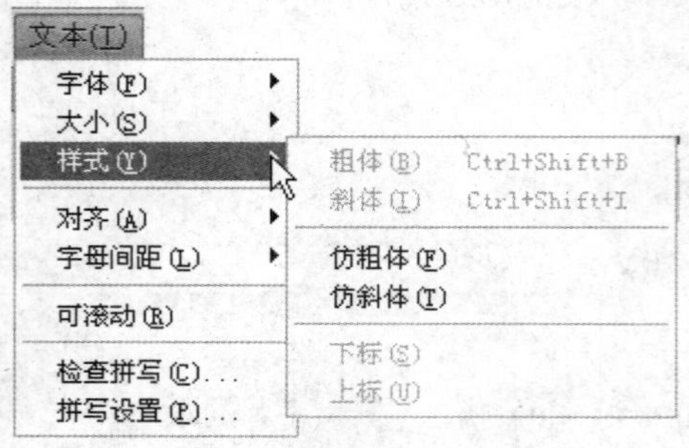

图6.33 选择文本样式

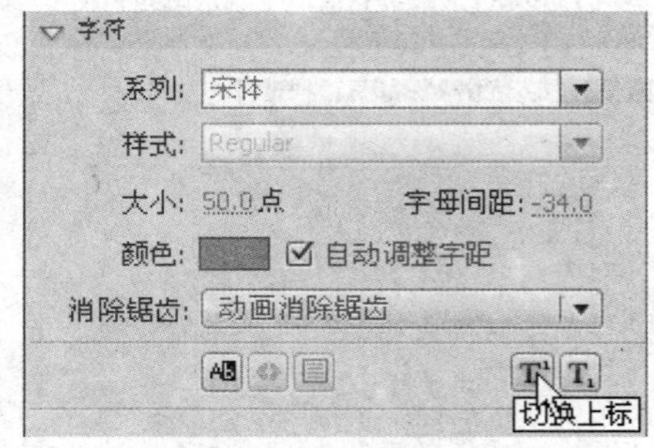

图6.34 设置字符位置

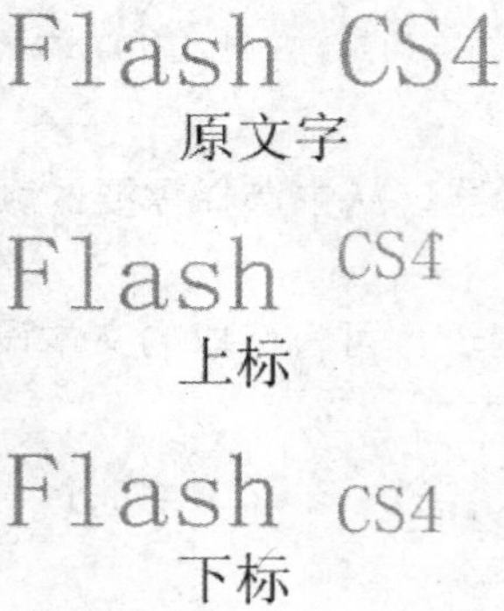

Flash CS4

原文字

Flash CS4

上标

Flash CS4

下标

图6.35 设置不同字符位置

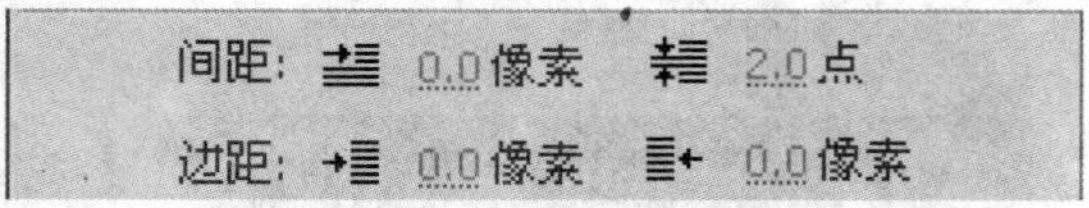

间距: 0.0像素 2.0点

边距: 0.0像素 0.0像素

图6.36 设置边距和间距

10 在【属性】面板中，还可改变文本方向，单击【改变文本方向】按钮，打开其下拉菜单，如图6.37所示。

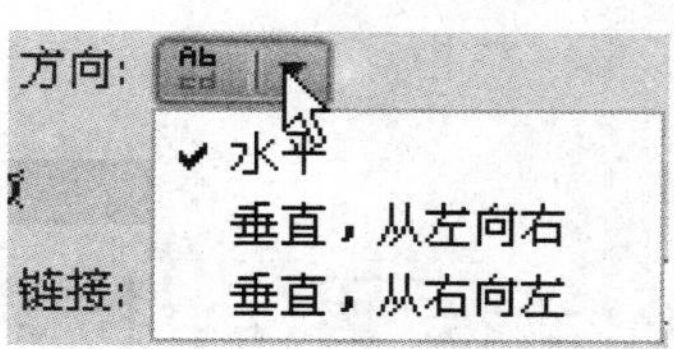

图6.37　【改变文本方向】下拉菜单

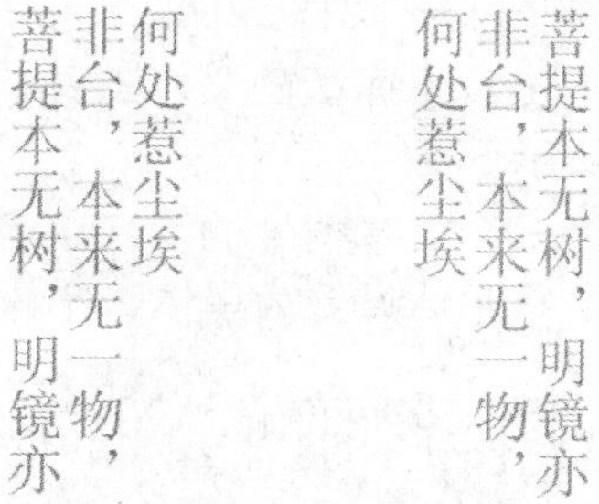

图6.38　改变文本方向的效果

11 选择下拉菜单中某一选项，效果如图6.38所示。

12 当文本方向为垂直时，在【改变文本方向】按钮右侧将增加一个【旋转】按钮，如图6.39所示。

13 单击【旋转】按钮，可旋转文本方向，如图6.40所示。

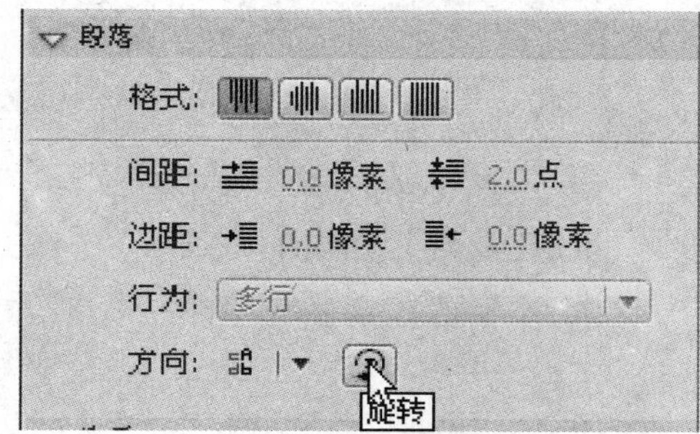

图6.39　增加的【旋转】按钮

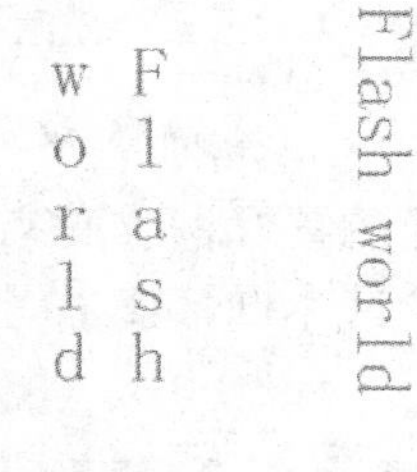

图6.40　旋转文本方向

4. 为文本添加超链接

在Flash CS4中用户可以为文本添加超链接。选取需要设置URL链接的文本，然后，在【属性】面板中的【链接】文本框中输入完整的链接地址即可，如图6.41所示。

说明　要创建指向电子邮件地址的链接，可使用mailto:邮件地址。

当用户输入链接地址后，其下方的【目标】下拉列表框将有效，从下拉列表框中可选择不同的选项，控制浏览器窗口的打开方式，如图6.42所示。

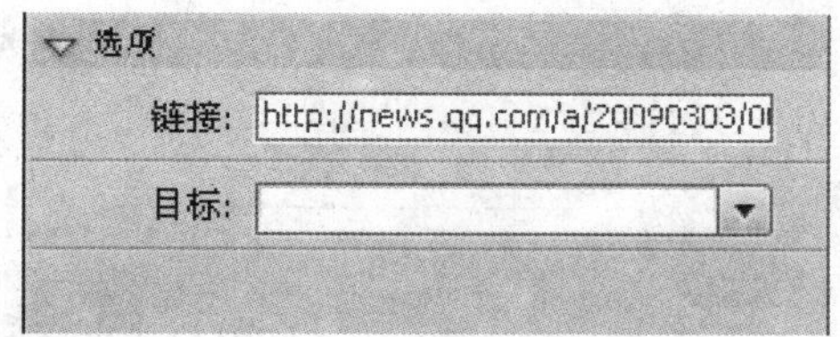

图6.41　文本的链接设置

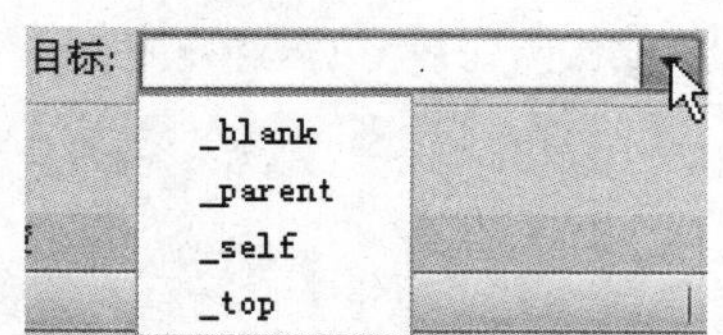

图6.42　【目标】下拉列表框

下面讲解为动态文本添加超链接的方法，具体操作步骤如下:

1 新建一个Flash文档。

2 选择【工具】面板的文本工具，在舞台中拖出两个文本框，分别在其中输入文本，如图6.43所示。

3 选取第一个文本框中的“2009年全国两会报道”几个字，在【属性】面板中设置它们的属性，将字体设置为黑体，字体大小为50，如图6.44所示。

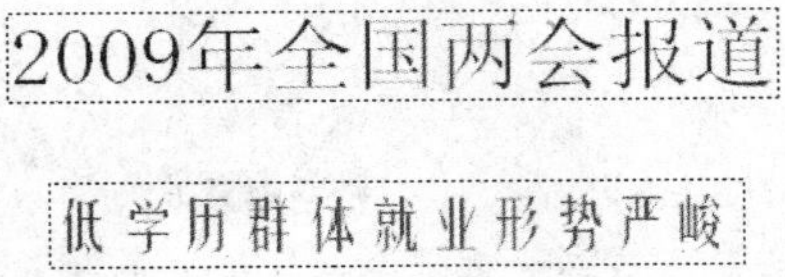

2009年全国两会报道

低学历群体就业形势严峻

2009年全国两会报道

图6.43 使用文本工具在舞台中输入文字 　　图6.44 设置文本属性

4 选取第二个文本框中的“低学历群体就业形势严峻”几个字，将字体设置为华文隶书，字体大小为30，如图6.45所示。

低学历群体就业形势严峻

图6.45 设置第二个文本框的文本属性

5 根据自己的喜好，改变文本的填充颜色，完成效果如图6.46所示。

6 选中整个文本框，在【属性】面板中设置文本的URL链接，如图6.47所示。

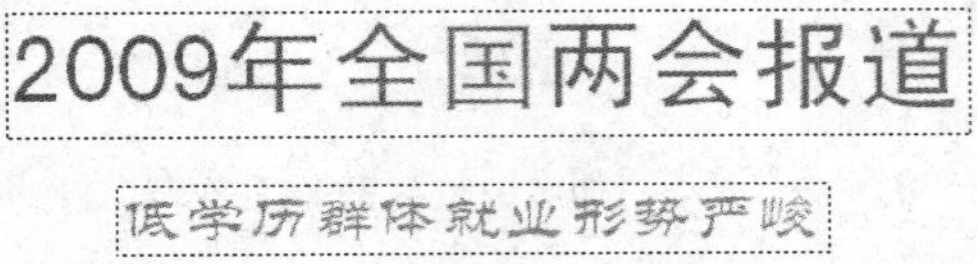

2009年全国两会报道

低学历群体就业形势严峻

图6.46 设置文本颜色属性

图6.47 给文本添加链接

7 执行【控制】→【测试影片】命令（或按【Ctrl+Enter】组合键），在Flash播放器中预览动画效果，如图6.48所示。

8 单击文本可浏览相应的网页，如图6.49所示。

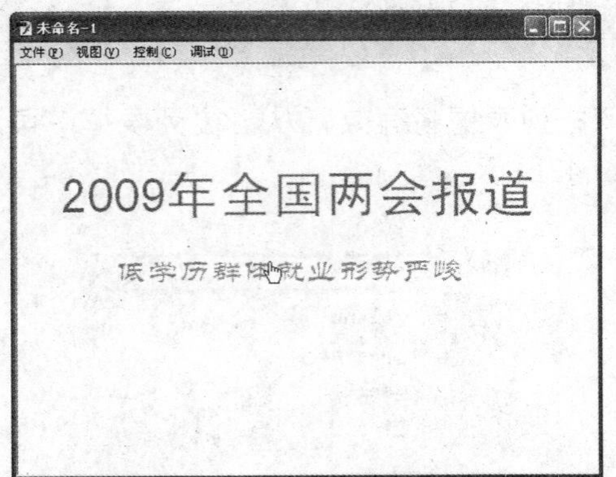

图6.48 在Flash播放器中预览动画效果

图6.49 浏览相应网页

5. 设置字体呈现方式

Flash CS4提供了增强的字体光栅化处理功能，可以指定字体的消除锯齿属性。

在【属性】面板中，单击【字体呈现方法】下拉列表框，打开其下拉列表，如图6.50所示。

在此下拉列表中，各选项的含义如下：

使用设备字体

选择此选项，指定的SWF文件将使用本地电脑上安装的字体来显示字体。尽管此选项对SWF文件大小的影响极小，但还是会强制根据安装在用户电脑上的字体来显示字体。在使用设备字体时，应只选择通常都安装的字体系列。使用设备字体只适用于静态水平文本。

位图文本【无消除锯齿】

选择此选项，将关闭消除锯齿功能，不对文本进行平滑处理，将用尖锐边缘显示文本。当位图文本的大小与导出大小相同时，文本比较清晰，但对位图文本进行缩放后，文本显示效果比较差。

动画消除锯齿

选择此选项，将创建较平滑的动画。由于Flash忽略对齐方式和字距微调信息，因此该选项只适用于部分情况。使用该选项呈现的字体在字体较小时会不太清晰，因此，此选项适合于10磅或更大的字型。

可读性消除锯齿

选择此选项，将使用新的消除锯齿引擎，改进了字体（尤其是较小字体）的可读性。此选项的动画效果较差并可能会导致性能问题。如果要使用动画文本，应选择【动画消除锯齿】选项。

自定义消除锯齿

选择此选项，将打开【自定义消除锯齿】对话框，如图6.51所示。

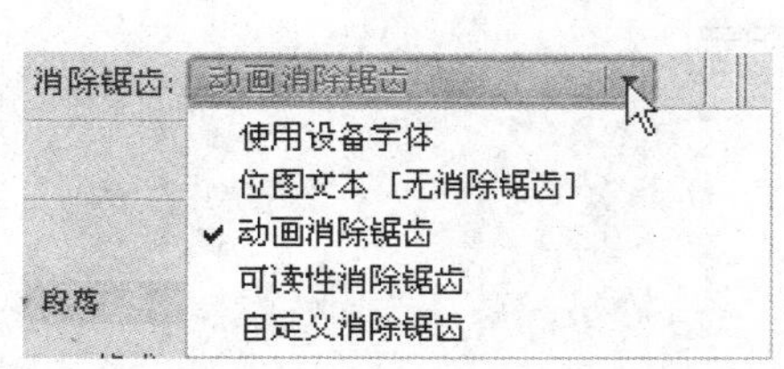

图6.50 【字体呈现方法】下拉列表框

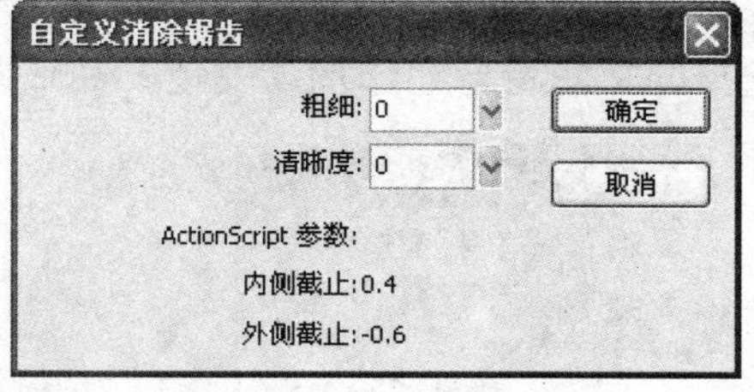

图6.51 【自定义消除锯齿】对话框

在【粗细】文本框中可设置消除锯齿的粗细，粗细值确定字体消除锯齿转变显示的粗细，较大的值可以使字符看上去较粗。在【清晰度】文本框中可设置消除锯齿的清晰度，清晰度确定文本边缘与背景过渡的平滑度。

设置完毕后，单击【确定】按钮即可。

6.1.4 文本转换

在Flash CS4中，可以将文本转换为矢量图，从而对文本进行特殊处理。

1. 分离文本

在Flash CS4中，如果要对文本进行渐变色填充和绘制边框路径等针对矢量图形的操作或制作形状渐变的动画，首先要对文本进行分离操作，也称为打散，将文本转换为可编辑状态的矢量图形，其操作步骤如下：

1 选取需要分离的文本，如图6.52所示。

2 执行【修改】→【分离】命令（或按【Ctrl+B】组合键），原来的单个文本框会拆分成多个文本框，每个字符各占一个，如图6.53所示，此时，每一个字符都可以单独使用文本工具进行编辑。

3 选择所有的文本，继续执行【修改】→【分离】命令，这时所有的文本将会转换为网格状的可编辑状态，如图6.54所示。

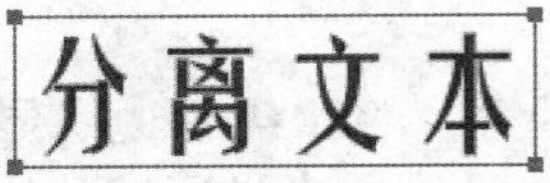

图6.52 选取需要分离的文本 　　图6.53 第一次分离后的文本 　　图6.54 第二次分离后的文本

注意 将文本转换为矢量图形的过程是不可逆转的，不能将矢量图形转换成单个的文本。

2. 编辑矢量文本

文本转换为矢量图形后，就可以对其进行路径编辑、填充渐变色及添加边框路径等操作。

给文本添加渐变色

给文本添加渐变色的操作步骤如下：

1 按照分离文本的方法，将文本转换为矢量图形。

2 选择需要添加渐变色的文本。

3 在【颜色】面板中，为文本设置渐变色，如图6.55所示。

4 选择的文本将自动添加渐变色，其效果如图6.56所示。

图6.55 在颜色中设置渐变效果 　　图6.56 添加渐变色的文本

编辑文本路径

编辑文本路径的操作步骤如下：

1 将文本转换为矢量图形。

2 单击【工具】面板中的【部分选取工具】按钮。

3 对文本的路径点进行编辑，改变文本的形状，其效果如图6.57所示。

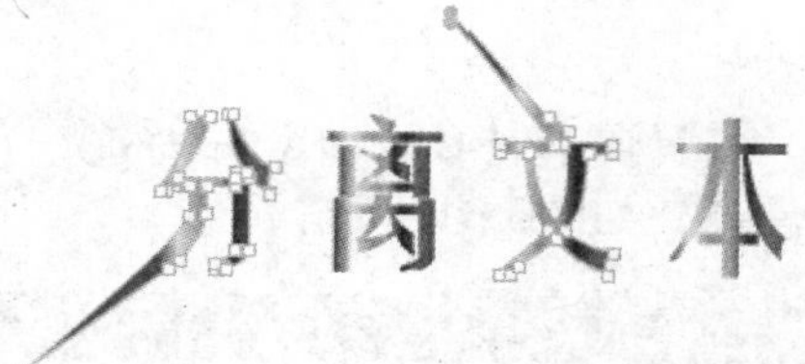

图6.57 编辑文本路径点

给文本添加边框路径

给文本添加边框路径的操作步骤如下：

1 将文本转换为矢量图形。
2 单击【工具】面板中的【墨水瓶工具】按钮。
3 给文本添加边框路径，其效果如图6.58所示。

图6.58 给文本添加边框路径

编辑文本形状

编辑文本形状的操作步骤如下：

1 将文本转换为矢量图形。
2 单击【工具】面板中的【任意变形工具】按钮，对文本进行变形操作，如图6.59所示。

分离文本

图6.59 编辑文本形状

6.2 进阶——典型实例

学习了文本工具的基础知识后，下面我们用几个典型实例来进行实战演练。这些实例与基础知识结合得相当紧密，更体现了文本工具的实用性，读者在操作的同时要用心体会，以便制作出更加精美的动画效果。

6.2.1 制作金属文字

最终效果

动画制作完成的最终效果如图6.60所示。

图6.60 金属文字最终效果

解题思路

1 利用文本工具输入文本。
2 将输入的文本转换为矢量图形。
3 利用【颜色】面板为转换为矢量图形的文本填充渐变色。
4 利用渐变变形工具改变渐变色的方向。

操作步骤

1 新建一个Flash CS4文档。

2 执行【修改】→【文档】命令（或按【Ctrl+J】组合键），在弹出的【文档属性】对话框中设置舞台的背景色为黑色，如图6.61所示。

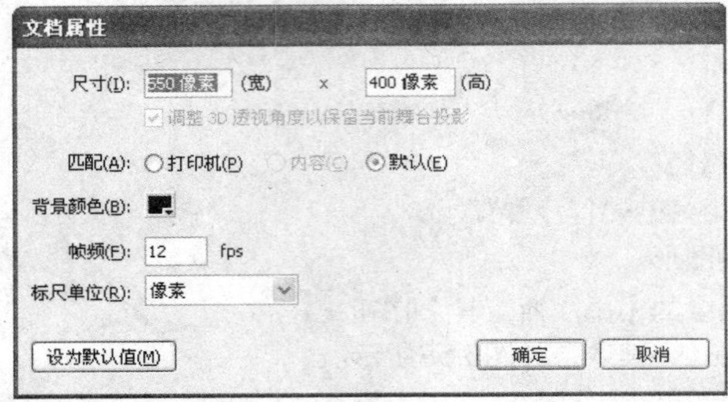

图6.61　设置舞台的背景颜色为黑色

3 单击【工具】面板中的【文本工具】按钮T，在【属性】面板中设置文本类型为“静态文本”，将文本填充设置为“白色”，字体设置为“黑体”，如图6.62所示。

4 在舞台中单击需要输入文本的位置，在出现的文本框中输入文本“制作金属字”，如图6.63所示。

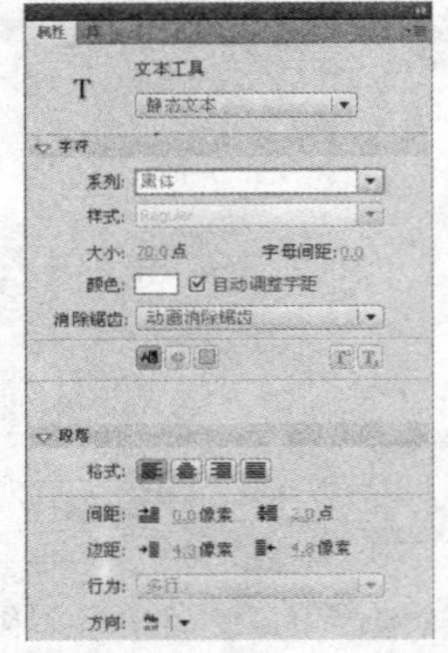

制作金属字

图6.62　【文本工具】属性设置　图6.63　在舞台中输入文本

5 两次执行【修改】→【分离】命令（或按【Ctrl+B】组合键），将文本分离成可编辑的网格状，如图6.64所示。

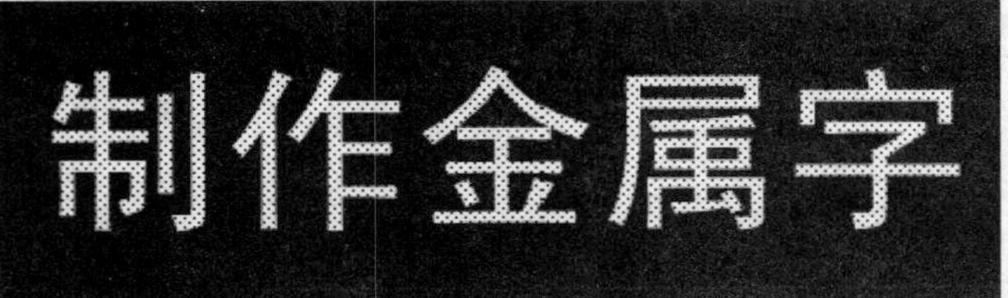

图6.64　将文本分离成可编辑状态

6 按下【Shift+F9】组合键打开【颜色】面板，对文本进行色彩的填充，根据自己的喜好给文本添加线性渐变色，如图6.65所示。

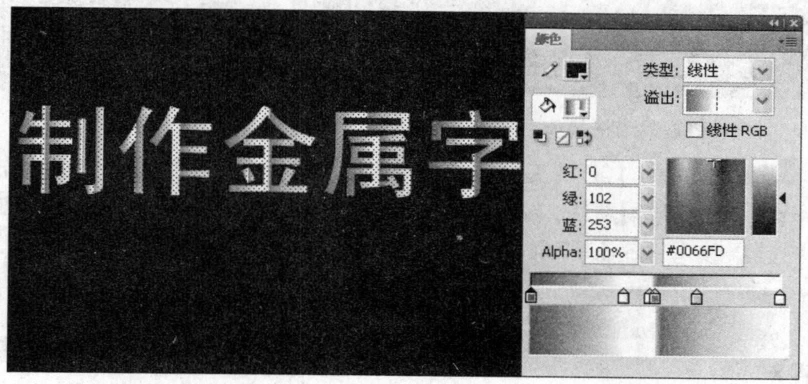

图6.65　给文本添加线性渐变色

7 单击【工具】面板中的【渐变变形工具】按钮，把线性渐变从左右方向调整为上下方向，如图6.66所示。

图6.66　使用渐变变形工具改变渐变色方向

8 单击【工具】面板中的【墨水瓶工具】按钮，设置【属性】面板中的笔触颜色为“线性渐变色”，笔触高度为“6”，笔触样式为“实线”，如图6.67所示。

9 在【颜色】面板中设置边框的渐变色为白色到蓝色，如图6.68所示。

图6.67　设置墨水瓶工具的属性

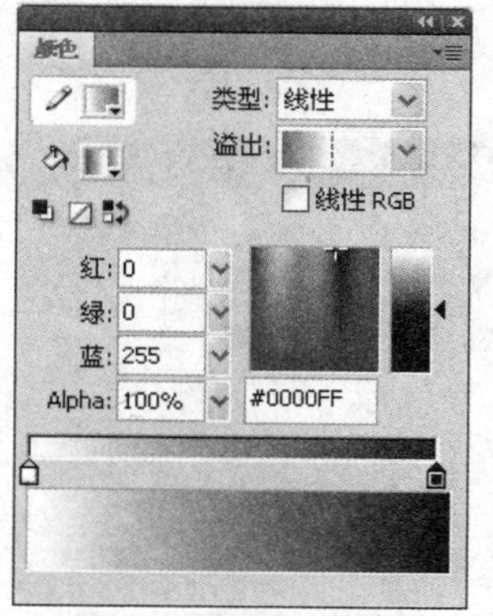

图6.68　设置边框路径的渐变色

10 在舞台中，单击文本，给文本添加边框路径，如图6.69所示。

图6.69　给文本添加边框路径

11 单击【工具】面板中的【选择工具】按钮，选择文本的边框路径，然后单击【工具】面板中的【渐变变形工具】按钮，把文本边框路径的线性渐变由左右方向调整为上下方向，完成的效果参考图6.60所示。

6.2.2　制作披雪文字

最终效果

动画制作完成的最终效果如图6.70所示。

图6.70　披雪文字最终效果

解题思路

1 利用文本工具输入文本。
2 将输入的文本转换为矢量图形。
3 利用墨水瓶工具为图形添加边框路径。
4 利用橡皮擦工具擦除不需要的部分。

操作步骤

1 新建一个Flash文档。
2 执行【修改】→【文档】命令（或按【Ctrl+J】组合键），在弹出的【文档属性】对话框中设置舞台的大小，如图6.71所示。
3 执行【文件】→【导入】→【导入到舞台】命令，导入一幅背景图片，如图6.72所示，并将其调整到合适大小。

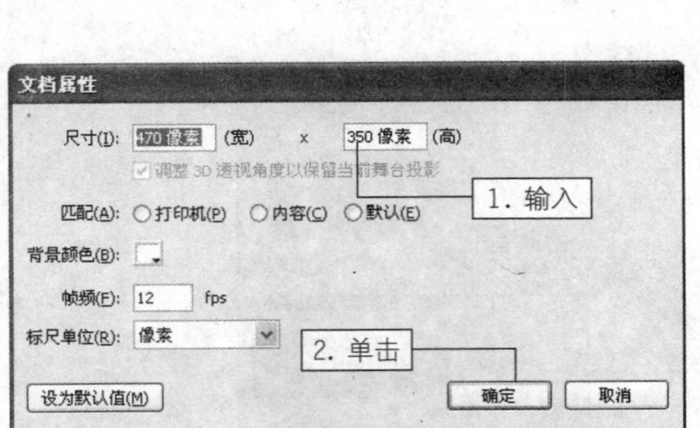

图6.71　设置舞台的大小

图6.72　导入图片

4 按【Ctrl+B】组合键将背景图片打散。
5 选择【工具】面板中的文本工具，在【属性】面板中设置文本类型和填充样式，如图6.73所示。

6 在舞台中输入文本“飞蝶傲雪舞”，如图6.74所示。

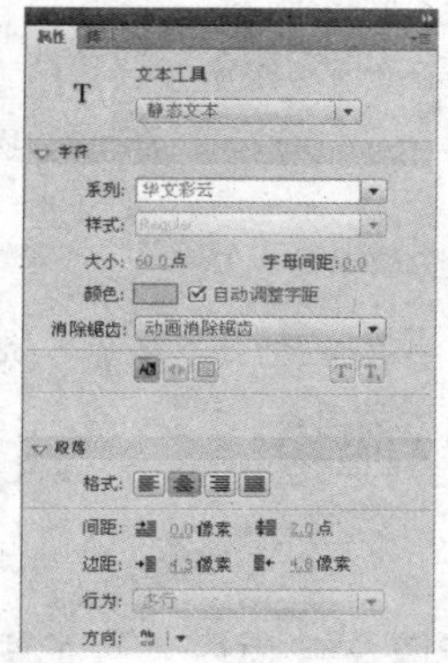

图6.73　文本工具的属性设置

图6.74　在舞台中输入文本

7 两次执行【修改】→【分离】命令（或按【Ctrl+B】组合键），将文本分离成可编辑的网格状，如图6.75所示。

8 选择【工具】面板中的墨水瓶工具，在【属性】面板中设置笔触颜色为“红色”，笔触高度为“1”，笔触样式为“实线”，如图6.76所示。

图6.75　将文本分离成可编辑状态

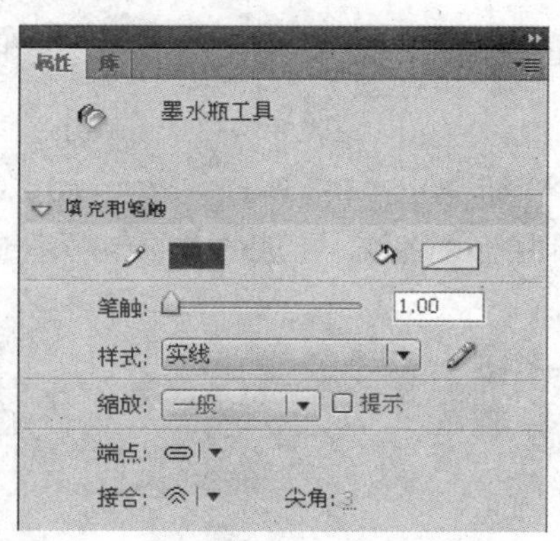

图6.76　设置墨水瓶工具的属性

9 在舞台中，单击文本，给文本添加边框路径，如图6.77所示。

10 选择【工具】面板中的橡皮擦工具，在其选项区域中，选择【擦除填色】模式和橡皮擦的大小，如图6.78所示。

图 6.77　给文本添加边框路径

图6.78　设置擦除模式

11 使用橡皮擦工具擦除舞台中文本上方的区域。

注意　擦除的时候尽量让擦除的边缘为椭圆，如图6.79所示。

图6.79　使用橡皮擦工具擦除文本上方区域

12 选择【工具】面板中的颜料桶工具，在【属性】面板中设置填充色为白色，单击刚刚擦除的区域，填充白色。

13 选择【工具】面板中的选择工具，选中文本的所有边框路径并且删除，如图6. 80所示。

图6.80　删除文本的边框路径

14 选择【工具】面板中的墨水瓶工具，给白色填充的边缘添加白色的路径，完成的效果参考图6.70所示。

说明　披雪的效果在暗色背景下效果更明显，如图6.81所示。

图6.81　黑色背景下的披雪文字

6.2.3　制作立体文字

最终效果

动画制作完成的最终效果如图6.82所示。

图6.82　立体文字最终效果

解题思路

1 利用文本工具输入文本。
2 复制输入的文本。
3 分离文本。
4 利用墨水瓶工具为图形添加边框路径。

操作步骤

1 新建一个Flash文档。
2 选择【工具】面板中的文本工具，在【属性】面板中将文本类型设置为“静态文本”，文本填充设置为“蓝色”，字体为“幼圆”，字体大小为“80”，如图6.83所示。

3 在舞台中输入文本“world”，如图6.84所示。

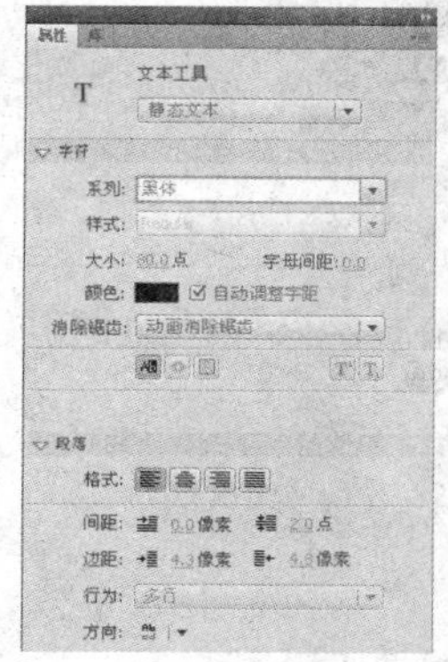

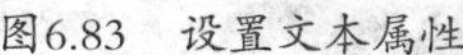

图6.83 设置文本属性

图6.84 在舞台中输入文本

4 单击【工具】面板中的【选择工具】按钮，按住【Alt】键的同时拖曳这个文本，可以复制出一个新的文本，如图6.85所示。

5 把复制出来的文本更改为红色，并且与当前的蓝色文本对齐，如图6.86所示。

图6.85 按住【Alt】快捷键拖曳并且复制文本

图6.86 调整复制出来的文本位置

6 选中两个文本。

7 两次执行【修改】→【分离】命令（或按【Ctrl+B】组合键），将文本分离成可编辑的网格状，如图6.87所示。

8 选择【工具】面板中的墨水瓶工具，在【属性】面板中设置笔触颜色为“黑色”，笔触高度为“1”，笔触样式为“实线”，如图6.88所示。

图6.87 将文本分离成可编辑状态

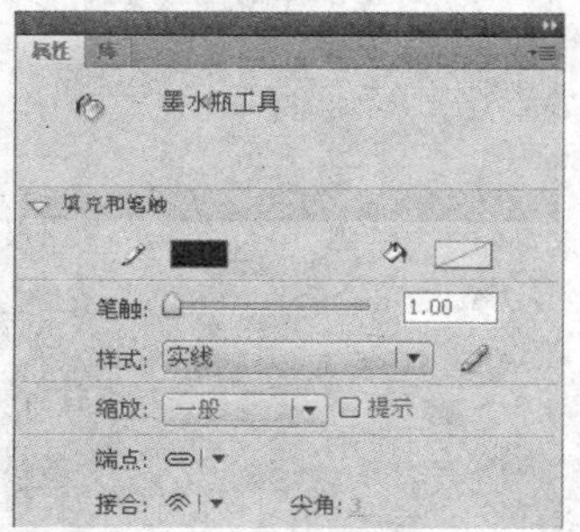

图6.88 设置墨水瓶工具的属性

9 在舞台中，单击文本内的字样，给文本添加边框路径，如图6.89所示。

图6.89　使用墨水瓶工具给文本添加边框路径

10 使用【工具】面板中的选择工具将所有文本的填充都删除掉，只保留边框路径，完成立体字的制作，最终效果参考图6.82所示。

6.2.4　制作彩虹文字

最终效果

动画制作完成的最终效果如图6.90所示。

图6.90　彩虹文字最终效果

解题思路

1 利用文本工具输入文本。

2 复制输入的文本。

3 分离文本。

4 为文本填充渐变色。

操作步骤

1 新建一个Flash CS4文档。

2 执行【修改】→【文档】命令（或按【Ctrl+J】组合键），弹出【文档属性】对话框，设置舞台的背景色为“黑色”。

3 单击【工具】面板中的【文本工具】按钮，在【属性】面板中设置文本类型为“静态文本”，文本填充为“白色”，字体为“方正姚体”，如图6.91所示。

4 使用文本工具在舞台中输入文本“彩虹文字”，如图6.92所示。

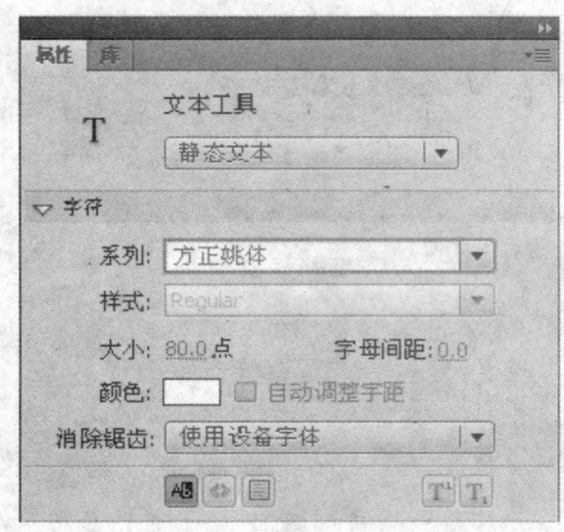

图6.91　设置文本属性

图6.92　在舞台中输入文本

5 两次执行【修改】→【分离】命令（或按【Ctrl+B】组合键），将文本分离成可编辑的网格状，如图6.93所示。

6 执行【编辑】→【直接复制】命令（或按【Ctrl+D】组合键），复制文本并移动到不同的位置，如图6.94所示。

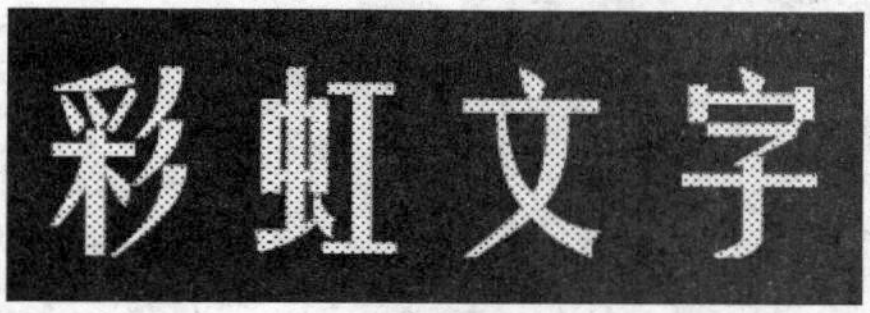

图6.93　把文本分离成可编辑状态

图6.94　复制当前的文本

7 选择下方的文本，执行【修改】→【形状】→【柔化填充边缘】命令，打开【柔化填充边缘】对话框，对文本的边缘进行模糊操作，然后单击【确定】按钮，如图6.95所示。

8 执行【修改】→【组合】命令（或按【Ctrl+G】组合键）将得到的文字组合起来，如图6.96所示。

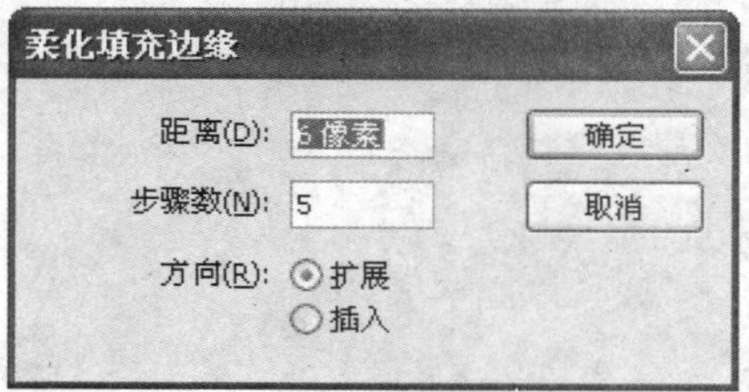

图6.95　【柔化填充边缘】对话框

图6.96　把柔化边缘后的文字组合起来

9 选择上方的文本，将填充颜色设置成彩虹渐变色，然后将它们组合起来，如图6.97所示。

图6.97　将上方的文字填充为彩虹色

10 执行【窗口】→【对齐】命令（或按【Ctrl+K】组合键），打开【对齐】面板，单击【垂直中齐】按钮，将两个文本对齐到同一个位置，完成的最终效果参考图6.90所示。

6.3 提高——自己动手练

前面主要介绍文本工具的相关知识，下面再通过几个提高实例来拓展基础知识的应用，在巩固基础知识的同时激发读者的创作灵感。

6.3.1 制作风吹动文字的效果

最终效果

本例制作完成后的最终效果如图6.98所示。

图6.98 最终效果

解题思路

1 利用文本工具输入文本。

2 利用任意变形工具调整文本的形状。

3 创建补间动画。

操作提示

1 新建一个Flash CS4文档。

2 执行【文件】→【导入】→【导入到舞台】命令（或按【Ctrl+R】组合键），将背景图片导入到舞台中，并调整其大小，使其与舞台大小一致，如图6.99所示。

图6.99 导入背景图片

3 选中图层1的第70帧，按【F5】键插入帧，如图6.100所示。

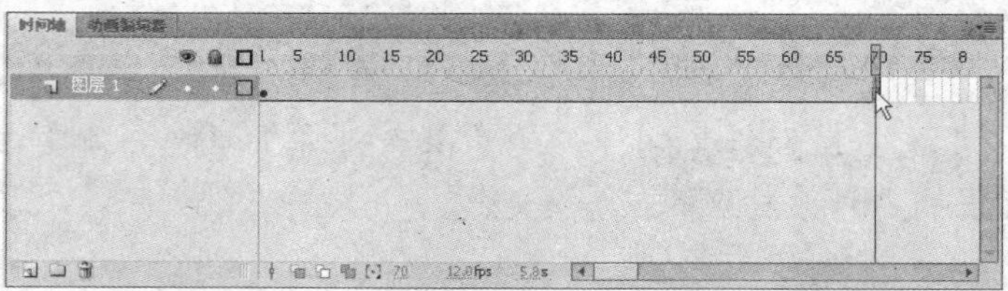

图6.100 插入帧

4 单击【插入图层】按钮，新建一个图层“图层2”。

5 选中图层2的第1帧，单击【工具】面板中的【文本工具】按钮，在【属性】面板中设置路径和填充样式，其中文本类型为“静态文本”，文本填充为“深绿色”，字体为“方正姚体”，如图6.101所示。

6 在舞台中输入文本“春风又绿江南岸”，如图6.102所示。

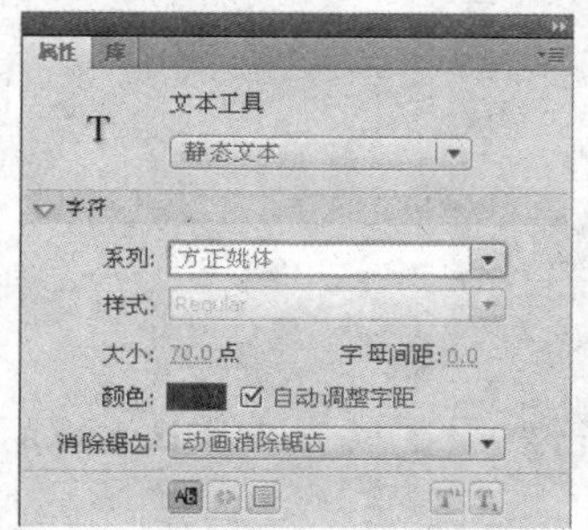

图6.101　设置文本属性

图6.102　在舞台中输入文本

7 执行【修改】→【分离】命令（或按【Ctrl+B】组合键），将文本分离成单个的文字，如图6.103所示。

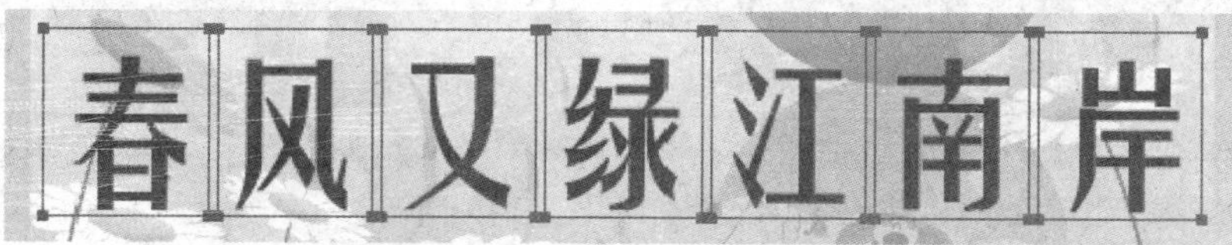

图6.103　把文本分离成单个文字

8 在选中所有文本的情况下单击鼠标右键，在弹出的快捷菜单中选择【分散到图层】选项，如图6.104所示。此时的【时间轴】面板如图6.105所示。

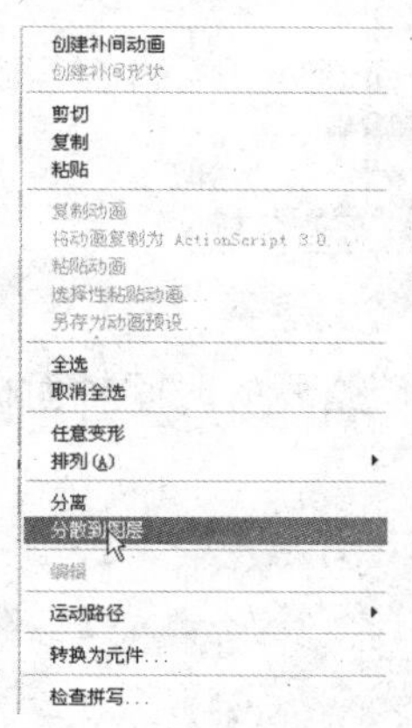

图6.104　将所有文本分散到图层

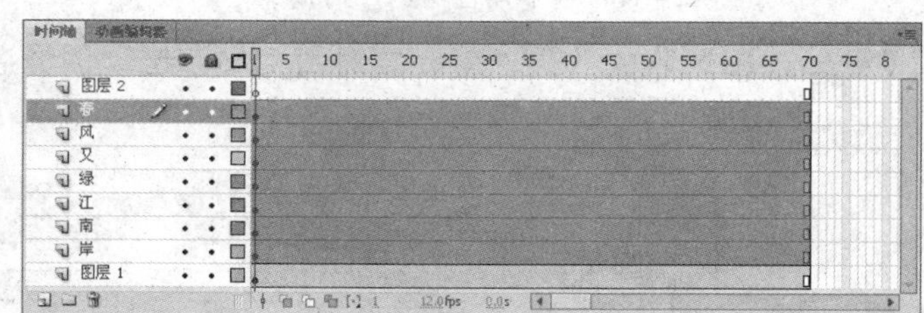

图6.105　【时间轴】面板

9 选中每个文字所在图层的第20帧，按【F6】键插入关键帧。

10 然后选择每个文字所在图层的第1帧，将文字统一移至舞台右上方，如图6.106所示。

图6.106　将文字移至舞台右上方

11 执行【修改】→【变形】→【水平翻转】命令，将文本进行水平翻转，如图6.107所示。

12 选择【工具】面板中的【任意变形工具】按钮，将文字缩小倾斜，如图6.108所示。

图6.107　翻转文字

图6.108　缩小并倾斜文字

13 将所有文字图层的第1至20帧选中，单击鼠标右键，在弹出的快捷菜单中选择【创建传统补间】选项，此时的【时间轴】面板如图6.109所示。

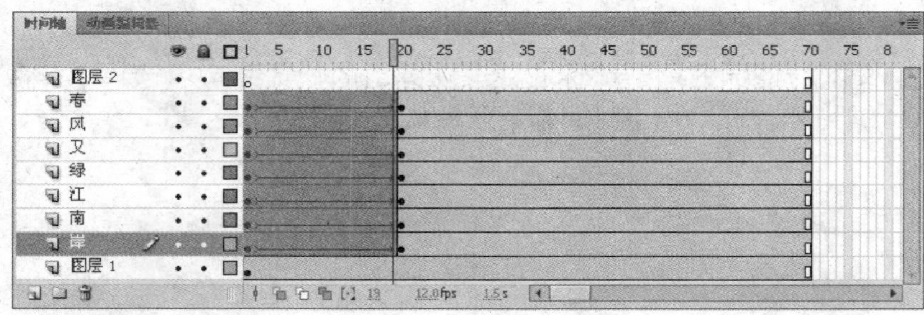

图6.109　创建动画后的【时间轴】面板

14 要创建出风吹的效果，就需要对每个文字出现的先后进行调整，调整后的时间轴面板如图6.110所示。

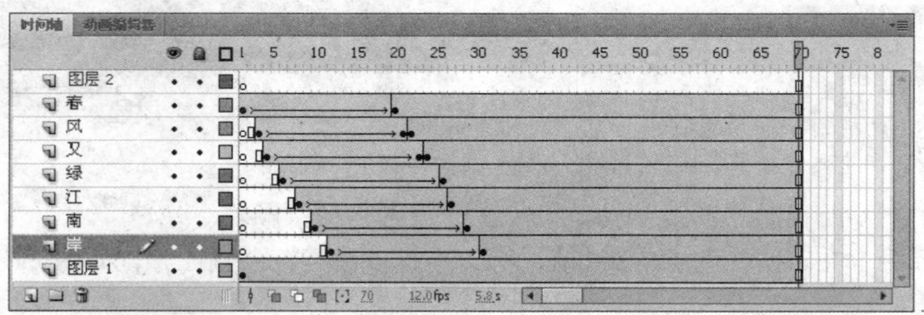

图6.110　移动文字图层的补间

15 选中所有文字图层的第35帧，按【F6】键插入关键帧，然后再选中所有文字图层的第60帧并插入关键帧。

16 此时选中“春”图层第60帧中的 “春”字，利用任意变形工具改变其大小和倾斜度，效果如图6.111所示。

17 在【属性】面板中将“春”字的透明度改为“0”，如图6.112所示。

图6.111 改变文字大小和倾斜度

图6.112 改变文字的透明度

18 然后选择“春”图层的第35帧至60帧，单击鼠标右键，在弹出的快捷菜单中选择【创建传统补间】选项。

19 按照制作“春”的动画效果的方法制作其他文字动画效果。并按照文字进入舞台时的制作方法一样将每个文字的动画补间分别错开，如图6.113所示。

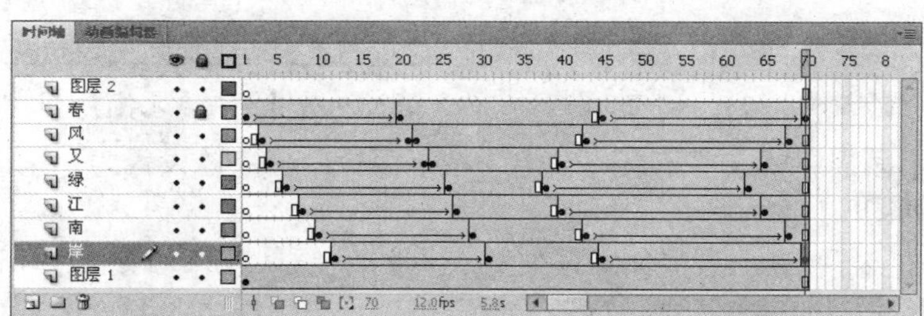

图6.113 动画制作完成的【时间轴】面板

20 按下【Ctrl+Enter】组合键预览动画效果，最终效果参考图6.98所示。

6.3.2 制作幻影特效文字

最终效果

本例制作完成后的最终效果如图6.114所示。

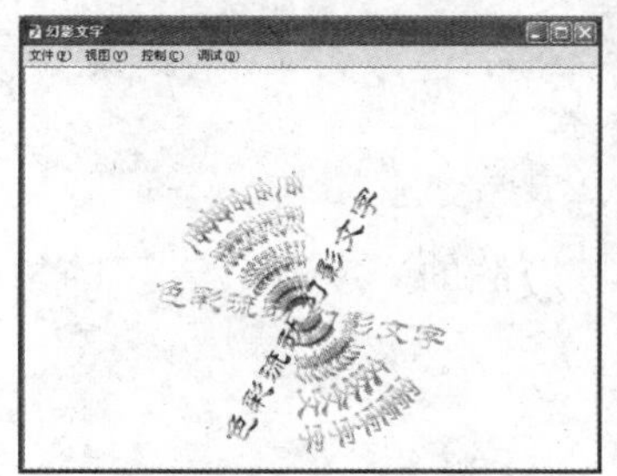

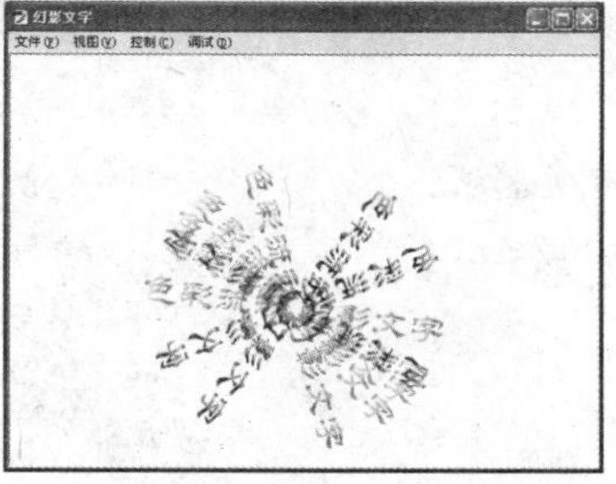

图6.114 最终效果

解题思路

1 创建“文字”图形元件。

2 利用文本工具输入文本。

3 创建由浅入深的旋转补间动画。

操作提示

1 新建一个Flash文档，在【属性】面板中将场景大小设置为“550×550”像素，背景色设置为“白色”，如图6.115所示。

2 执行【插入】→【新建元件】命令，打开【创建新元件】对话框，新建一个图形元件，名称设置为“文字”，如图6.116所示。

图6.115 在【属性】面板中设置文档属性

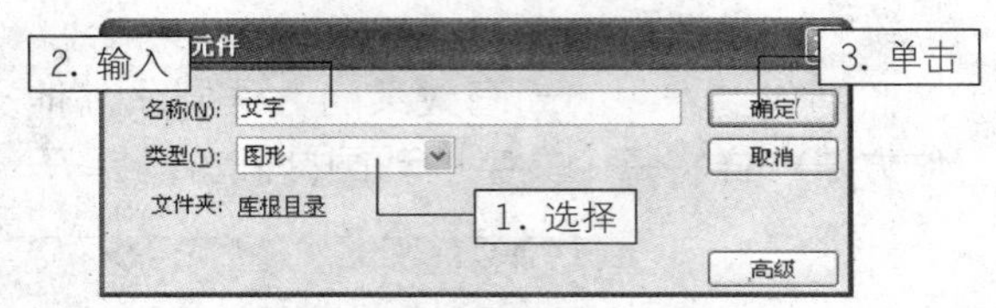

图6.116 【创建新元件】对话框

3 选择【工具】面板中的文字工具，在【属性】面板中将字体设置为“华文隶书”，字号为“35”，如图6.117所示。

4 在舞台中单击鼠标，在出现的文本框中输入文字“色彩流动+幻影文字”。

5 选中文字后按【Ctrl+B】组合键打散，选择【工具】面板中的颜料桶工具，为打散的文字填充彩虹渐变色，如图6.118所示。

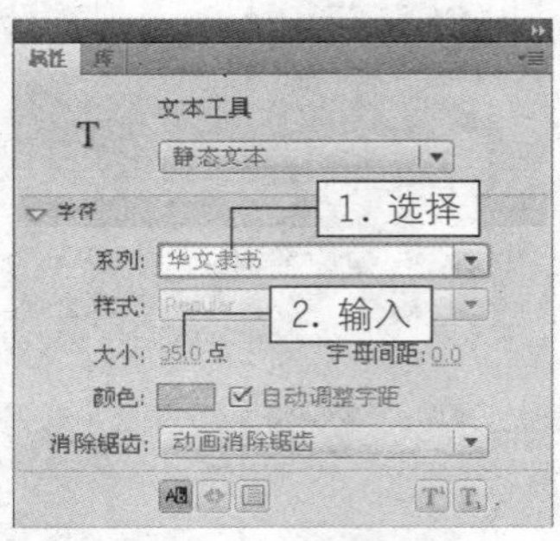

图6.117 设置文本属性

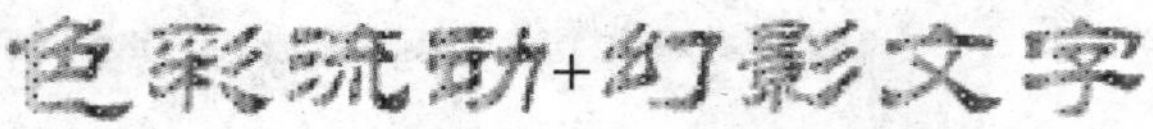

色彩流动+幻影文字

图6.118 填充渐变色

6 选择【工具】面板中的任意变形工具，将打散的文字旋转一定的角度，如图6.119所示。

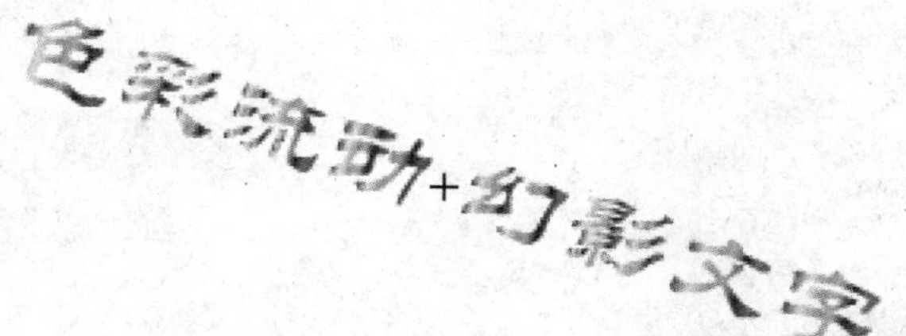

图6.119 旋转文字

7 单击场景 1按钮返回到主场景，单击【属性】面板中的【库】选项卡，将“文字”图形元件拖入到主场景中。

8 选中第1帧，单击鼠标右键，在弹出的快捷菜单中选择【复制帧】选项，将第1帧的内容复制到第2帧。

9 选中第47帧，按【F6】键插入关键帧。在第51帧按【F5】键插入帧，如图6.120所示。

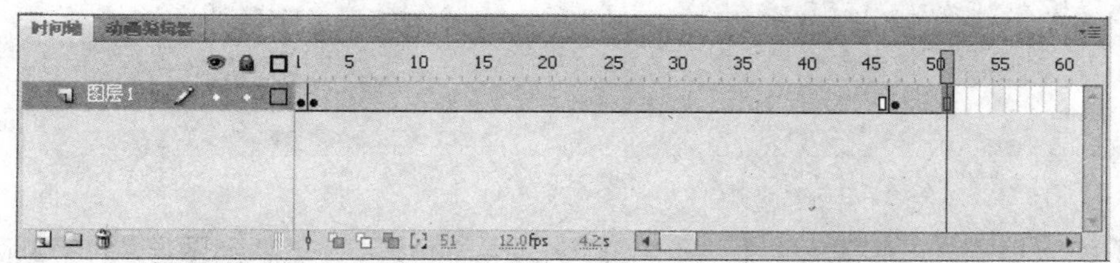

图6.120 插入帧

10 将第2帧的“文字”图形元件顺时针旋转180度，如图6.121所示。

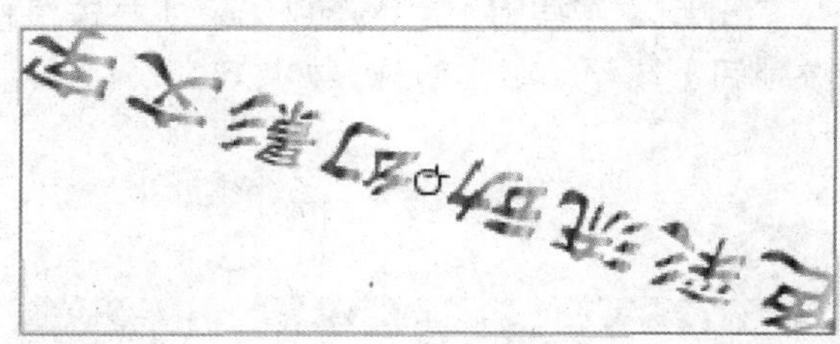

图6.121 旋转图形元件

11 选中第2帧，单击鼠标右键，在弹出的快捷菜单中选择【创建传统补间】选项，制作文字旋转动画。

12 单击【插入图层】按钮，新建图层2。

13 将图层1的第1帧复制到图层2的第3帧。在第4帧按【F6】键插入关键帧。

14 然后在【属性】面板中将第3帧中的图形元件的Alpha值设为“0”，如图6.122所示。并将该元件复制到图层2的第47帧。

15 选中图层2的第4帧中的图形元件，利用任意变形工具将其旋转一定角度，如图6.123所示。

图6.122　设置透明度

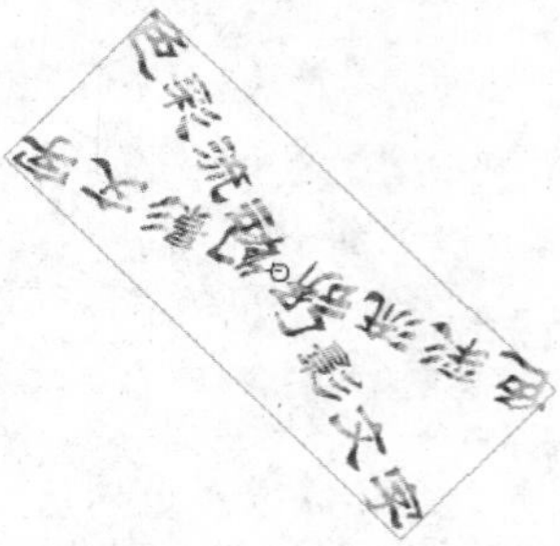

图6.123　旋转图形元件

16 在图层2的第4帧处单击鼠标右键，在弹出的快捷菜单中选择【创建传统补间】选项，制作动画，如图6.124所示。

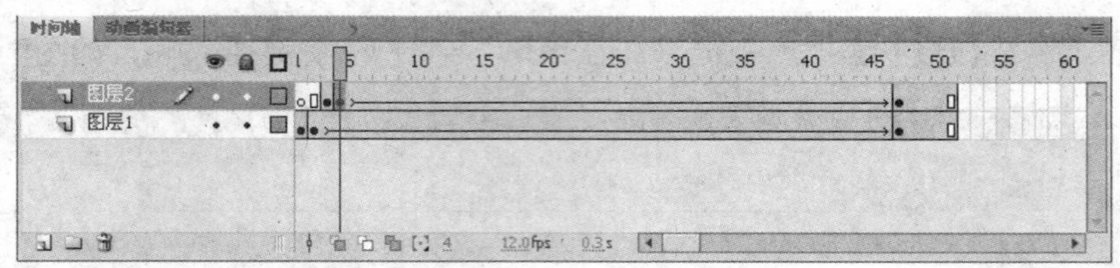

图6.124　在图层2创建动画

17 单击【插入图层】按钮，新建图层3。将图层1的第1帧复制到图层3的第3帧。在第5帧按【F6】键插入关键帧。然后在【属性】面板中将第3帧中的图形元件的Alpha值设为“0”，并将其复制到图层3的第47帧。选中图层3的第5帧中的图形元件，利用任意变形工具将其旋转一定角度。分别在图层3的第3帧和第5帧处单击鼠标右键，在弹出的快捷菜单中选择【创建传统补间】选项，制作动画，如图6.125所示。

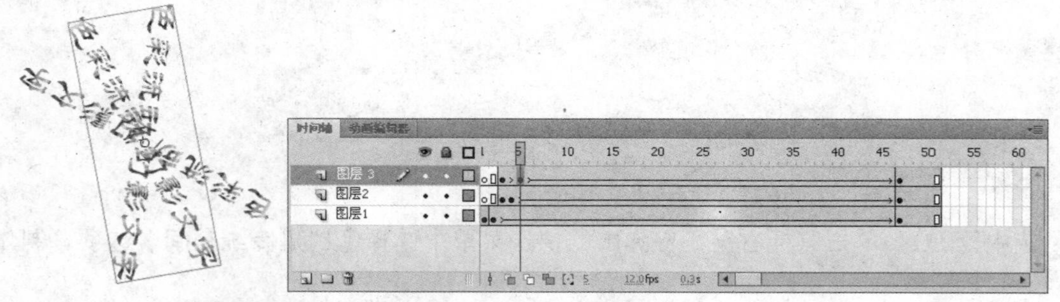

图6.125　图层3的动画效果及【时间轴】面板

18 新建图层4，将图层1的第1帧复制到图层4的第3帧。在第6帧按【F6】键插入关键帧。然后在【属性】面板中将第3帧中的图形元件的Alpha值设为“0”，并将其复制到图层4的第47帧。选中图层4的第6帧中的图形元件，利用任意变形工具将其旋转一定角度。分别在图层4的第3帧和第6帧处单击鼠标右键，在弹出的快捷菜单中选择【创建传统补间】选项，制作动画，如图6.126所示。

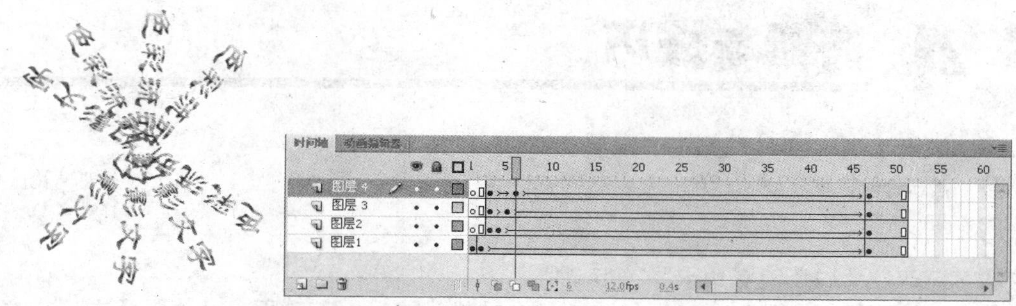

图6.126 图层4的动画效果及【时间轴】面板

19 新建图层5，将图层1的第1帧复制到图层5的第3帧。在第7帧按【F6】键插入关键帧。然后在【属性】面板中将第3帧中的图形元件的Alpha值设为“0”，并将其复制到图层5的第47帧。选中图层5的第7帧中的图形元件，利用任意变形工具将其旋转一定角度。分别在图层5的第3帧和第7帧处单击鼠标右键，在弹出的快捷菜单中选择【创建传统补间】选项，制作动画，如图6.127所示。

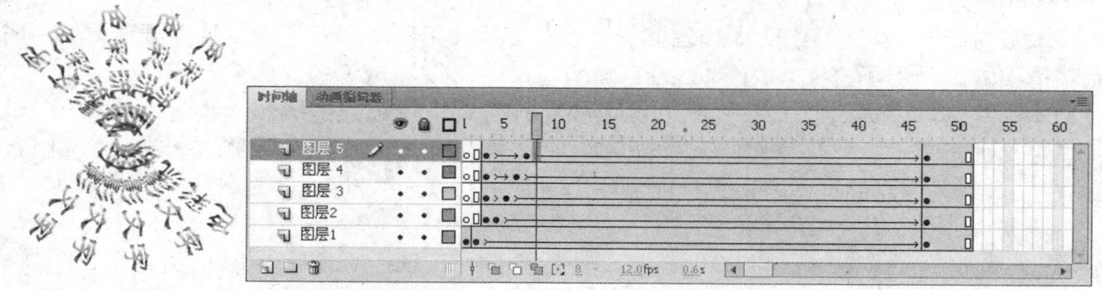

图6.127 图层5的动画效果及【时间轴】面板

20 按照上面讲解的方法制作图层6和图层7的动画。

21 新建图层8，将图层1的第1帧复制到图层8的第1帧。在第8帧按【F6】键插入关键帧。然后在【属性】面板中将第1帧中的图形元件的Alpha值设为“0”，并将其复制到图层8的第45帧。选中图层8的第8帧中的图形元件，利用任意变形工具将其旋转一定角度。分别在图层8的第1帧和第8帧处单击鼠标右键，在弹出的快捷菜单中选择【创建传统补间】选项，制作动画，此时的【时间轴】面板如图6.128所示。

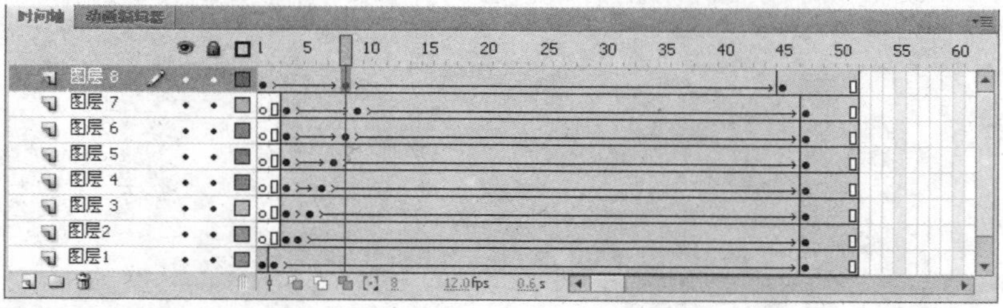

图6.128 动画制作完成的【时间轴】面板

22 执行【控制】→【测试影片】命令（或按【Ctrl+Enter】组合键），测试幻影特效字效果，参考图6.114所示。

6.4 答疑与技巧

问 如何改变Flash动态文本的透明度?

答 首先把想改变透明度的文字转换成元件，之后在元件的属性窗口上改变Alpha值就可以了。

问 文本分离后还能够更改字体样式吗?

答 这是不行的，因为分离后的文本就会转换为路径，而不再是文本的状态了，这时如果希望恢复到文本的编辑状态，只能选择撤销命令。

问 为什么我的文字不能使用封套变形工具?

答 这是因为没有对文字进行分离，分离就是把文字转换为可编辑的形状。注意，多个文字要分离两次。

结束语

本章主要介绍了Flash文本编辑知识，文本工具是Flash中不可缺少的重要工具，一个完整精美的动画离不开文本的修饰。在Flash CS4中可以完成许多文字处理工作，不仅可以对文本的字体、字号、样式、间距、颜色和对齐方式进行细致的编辑，还可以像编辑图形一样对其进行移动、旋转、变形和翻转等操作。通过对本章内容的学习，读者应掌握Flash CS4在文本编辑方面的操作方法，从而制作出更加五彩缤纷的动画。

Chapter 7

第7章 基本动画制作

本章要点

入门——基本概念与基本操作

- 帧和图层的基本操作
- 动画基本类型
- 基本动画制作

进阶——典型实例

- 制作打字效果
- 制作翻书效果
- 制作风景画册
- 制作变脸效果

提高——自己动手练

- 制作广告条
- 制作桃花朵朵开

答疑与技巧

本章导读

Flash包括的动画类型很多，一种类型的动画就可以构成一个简单动画。为了使Flash作品更加形象、生动，往往需要在一个Flash作品中综合应用不同类型的动画，因此只有掌握了制作不同类型的简单动画后，才能制作出一个含有多种类型动画的复杂动画。本章先来学习制作简单动画的方法。

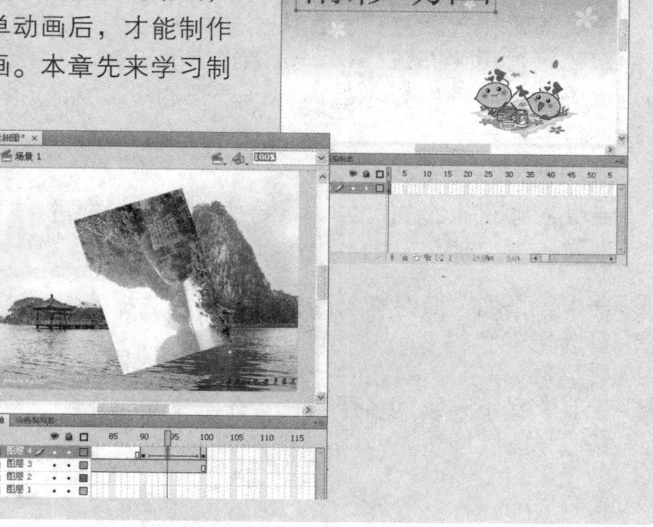

7.1 入门——基本概念与基本操作

Flash动画是由帧组成的，制作动画的过程实际就是对帧的编辑过程。涉及到多个对象的动画需要将各对象放在不同的图层中，这样在对各对象编辑时才不会影响到其他对象。掌握了帧和图层的基本操作，才能够使图形随着帧的播放而运动。

下面我们就来学习帧和图层的基本操作及基本动画的制作方法。

7.1.1 帧和图层

在正式学习动画制作之前，首先需要了解帧和图层的概念，并掌握Flash CS4中帧和图层的基本操作方法。在本节中就对这些相关的概念和操作进行详细讲解。

1. 帧的基本操作

帧是组成Flash动画最基本的单位，通过在不同的帧中放置相应的动画元素（如位图、文字和矢量图等），然后对这些帧进行连续播放，最终实现Flash动画效果。在Flash CS4中，根据帧的不同功能和含义，可将帧分为空白关键帧、关键帧和普通帧三种，这三种帧在时间轴中的表示方式如图7.1所示。

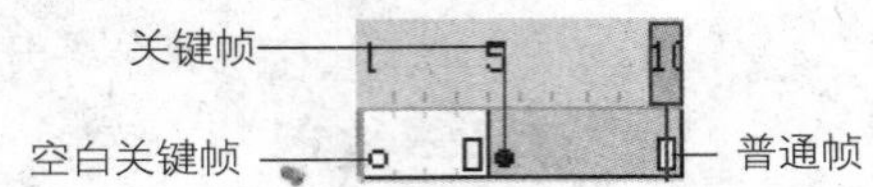

图7.1 时间轴中不同帧的显示状态

- **空白关键帧：**在时间轴中以一个空心圆表示，表示该关键帧中没有任何内容，这种帧主要用于结束前一个关键帧的内容或用于分隔两个相连的补间动画。
- **关键帧：**在时间轴中以一个黑色实心圆表示，关键帧是指在动画播放过程中，表现关键性动作或关键性内容变化的帧。关键帧定义了动画的变化环节，一般情况下图像都必须在关键帧中进行编辑。如果关键帧中的内容被删除，那么关键帧就会转换为空白关键帧。
- **普通帧：**在时间轴中以一个灰色方块表示，普通帧通常处于关键帧的后面，只是作为关键帧之间的过渡，用于延长关键帧中动画的播放时间，因此不能对普通帧中的图形进行编辑。一个关键帧后的普通帧越多，该关键帧的播放时间就越长。

对帧进行操作的过程，即是编辑帧的过程，它是制作动画的一个重要环节。通过编辑帧可以确定每一帧中显示的内容、动画的播放状态和播放时间等。下面就对帧的基本操作方法进行讲解。

选择帧

若要对帧进行编辑和操作，首先必须选中要进行操作的帧，在Flash CS4中选择帧的方法主要有以下三种：

- 选中单个帧，只需在时间轴上单击要选择的帧格。
- 要选择连续的多个帧，可先选择第一个帧，然后按住【Shift】键，单击连续帧中的最后1帧即可选中其间的所有帧，如图7.2所示。
- 若要选择不连续的多个帧，可先选择第一个帧，然后在按住【Ctrl】键的同时依次单击要选择的帧即可，如图7.3所示。

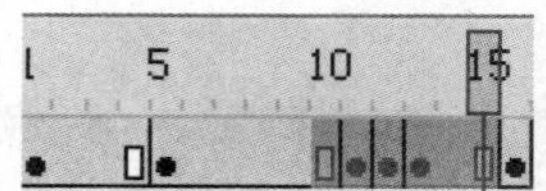

图7.2　选择连续的多个帧

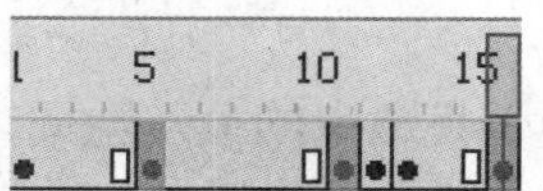

图7.3　选择不连续的多个帧

移动帧

在Flash CS4中，移动帧的方法有以下两种：

- 选中要移动的帧，然后按住鼠标左键将其拖到要移动到的新位置即可。
- 选中要移动的帧，单击鼠标右键，在弹出的快捷菜单中选择【剪切帧】命令，然后在目标位置再次单击鼠标右键，在弹出的快捷菜单中选择【粘贴帧】命令。

复制帧

在需要多个相同的帧时，使用复制帧的方法可以在保证帧内容完全相同的情况下提高工作效率。在Flash CS4中复制帧的方法有以下两种：

- 用鼠标右键单击要复制的帧，在弹出的快捷菜单中选择【复制帧】命令，然后用鼠标右键单击要复制到的目标帧，在弹出的快捷菜单中选择【粘贴帧】命令。
- 选中要复制的帧，然后按住【Alt】键将其拖动到要复制的位置。

说明　对普通帧、关键帧和空白关键帧都可以采用这种方法进行复制，不过普通帧或关键帧复制后的目标帧都为关键帧。

插入帧

通过在动画中插入不同类型的帧，可实现延长关键帧播放时间、添加新动画内容以及分隔两个补间动画等操作。在Flash CS4中插入普通帧、关键帧和空白关键帧的方法如下所述。

- **插入普通帧：**在要插入普通帧的位置单击鼠标右键，在弹出的快捷菜单中选择【插入帧】命令（或按【F5】键），可在当前位置插入普通帧。在关键帧后插入普通帧或在已沿用的帧中插入普通帧都可延长动画的播放时间。
- **插入关键帧：**在要插入关键帧的位置单击鼠标右键，在弹出的快捷菜单中选择【插入关键帧】命令（或按【F6】键），可在当前位置插入关键帧。插入关键帧之后即可对插入的关键帧中的内容进行修改和调整，并且不会影响前一个关键帧及其沿用帧中的内容。
- **插入空白关键帧：**在要插入空白关键帧的位置单击鼠标右键，在弹出的快捷菜单中选择【插入空白关键帧】命令（或按【F7】键），可在当前位置插入空白关键帧。插入空白关键帧可将关键帧后沿用的帧中的内容清除，或对两个补间动画进行分隔。

翻转帧

翻转帧可以将选中帧的播放顺序进行颠倒，在Flash CS4中翻转帧的方法是在【时间轴】面板中选中要翻转的所有帧，单击鼠标右键，在弹出的快捷菜单中选择【翻转帧】命令。

清除帧

清除帧用于将选中帧中的所有内容清除，但继续保留该帧所在的位置，在对普通帧或关键帧执行清除帧操作后，可将其转化为空白关键帧。在Flash CS4中清除帧的方法是选中要清除的帧，然后单击鼠标右键，在弹出的快捷菜单中选择【清除帧】命令，清除帧前后的效果如图7.4所示。

删除帧

删除帧用于将选中的帧从时间轴中完全清除，执行删除帧操作后，被删除帧后面的帧会自动前移并填补被删除帧所占的位置。在Flash CS4中删除帧的方法是选中要删除的帧，然后单击鼠标右键，在弹出的快捷菜单中选择【删除帧】命令，删除帧前后的效果如图7.5所示。

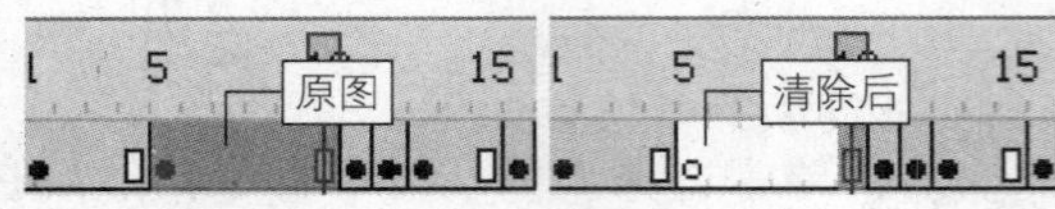

图7.4 清除帧前后的效果

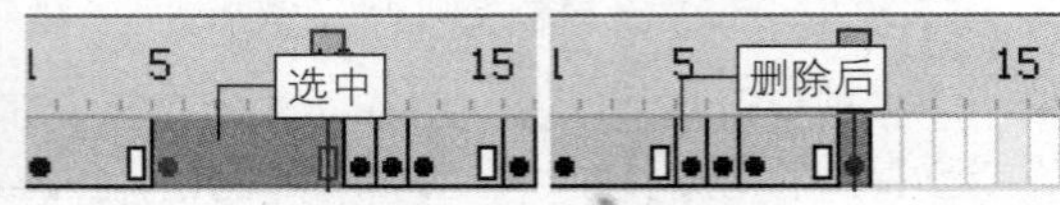

图7.5 删除帧前后的效果

更改帧的显示方式

在【时间轴】面板中通过对帧的显示方式进行设置，可以调整帧在时间轴中的显示状态，从而使制作者能够更好地对帧进行查看和编辑。在Flash CS4中更改帧显示方式的具体操作如下：

1. 单击【时间轴】面板右侧的按钮，弹出如图7.6所示的快捷菜单。
2. 在快捷菜单中选择一种显示方式，即可对【时间轴】面板中的帧显示方式进行更改。

添加帧标签

在动画制作的过程中，若需要注释帧的含义、为帧做标记、或使Action脚本能够调用特定的帧，就需要为该帧添加帧标签。在Flash CS4中添加帧标签的操作如下：

1. 在【时间轴】面板中选中要添加标签的帧。
2. 在帧【属性】面板的【标签】区域的【名称】文本框中输入帧的标签名称即可，如图7.7所示。

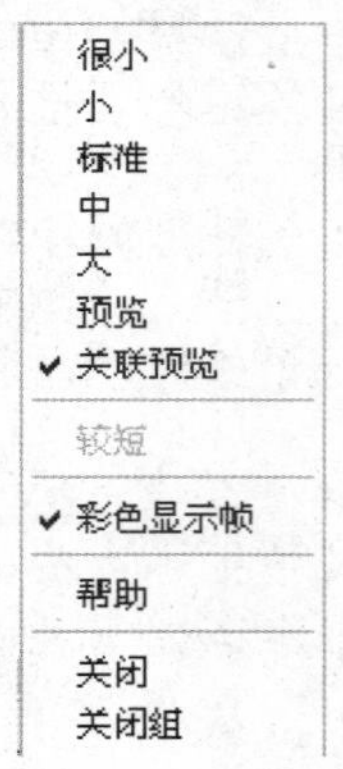

图7.6 帧显示方式

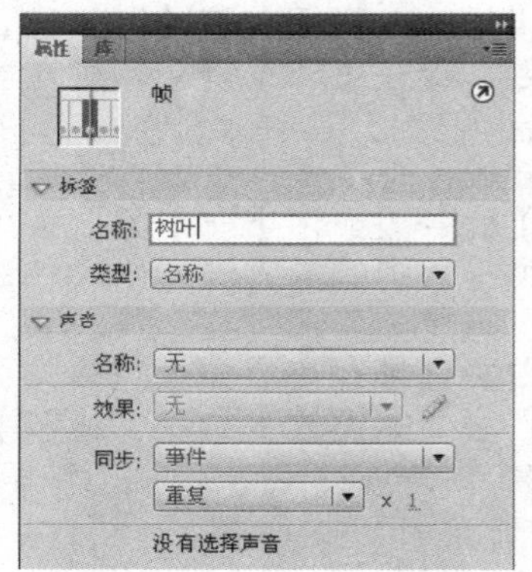

图7.7 输入帧标签名称

2. 图层的基本操作

图层的概念和Photoshop中层的概念非常类似，不同的层上可以放置不同的物件，它给Flash引入了纵深的理念。层与层之间可以相互掩映、相互叠加，但是不会相互干扰。层和层之间可以毫无联系，也可以结合在一起。

创建和删除图层

在Flash CS4中，图层是按建立的先后，由下到上统一放置在【时间轴】面板中的，最先建立的图层放置在最下面，当然用户也可以通过拖曳调整图层的顺序。

在新建的Flash文档中只有一个图层，在制作动画时，可根据需要创建新的图层，如图7.8所示。创建新的图层主要有3种方法：

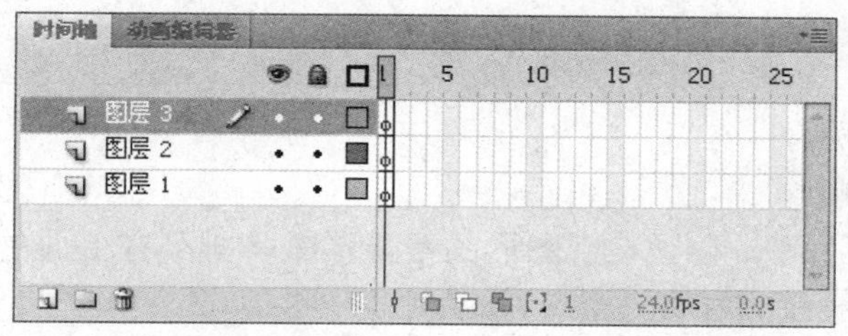

图7.8 创建多个图层的效果

- 执行【插入】→【时间轴】→【图层】命令。
- 在【时间轴】面板中，右击需要添加图层的位置，在弹出的快捷菜单中单击【插入图层】命令。
- 在【时间轴】面板中，单击【新建图层】按钮 。

删除不需要的图层可使用如下方法：

- 在【时间轴】面板中，右击需要删除的图层，在弹出的快捷菜单中单击【删除图层】命令。
- 选择需要删除的图层，在【时间轴】面板中单击【删除图层】按钮。

更改图层名称

在创建新的图层时，系统会按照默认名称为图层依次命名。为了更好地区分每一个图层的内容，可以更改图层名称。

更改时，双击想要重命名的图层名称，然后输入新的名称即可，如图7.9所示。

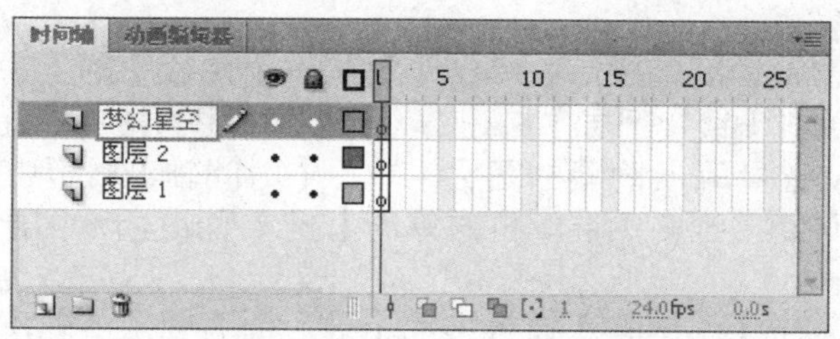

图7.9 更改图层的名称

选择图层

在Flash CS4中，选择图层主要有如下3种方法：

- 在【时间轴】面板上直接单击所要选取的图层名称。
- 在【时间轴】面板上单击所要选择的图层包含的帧，即可选择该图层。
- 在编辑舞台中的内容时单击要编辑的图形，即可选择包含该图形的图层。

如果需要同时选择多个图层，可以按住【Shift】键来连续地选择多个图层，也可以按住【Ctrl】键来选择多个不连续的图层，如图7.10所示。

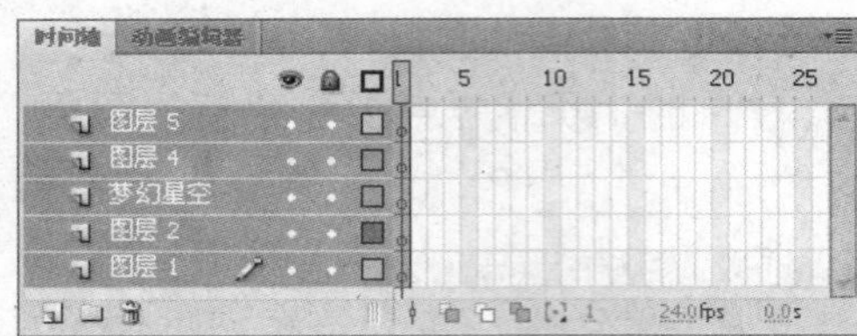
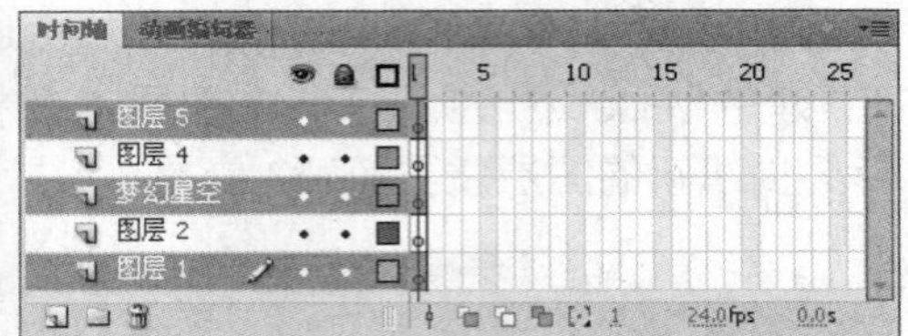

图7.10　选择多个图层

改变图层的排列顺序

图层的排列顺序不同，会影响到图形的重叠形式，排列在上面的图层会遮挡下面的图层。设计者可以根据需要任意地改变图层的排列顺序。

在【时间轴】面板中，选择需要的图层，然后将其拖曳到需要的图层位置，就可以改变图层的排列顺序，如图7.11所示。

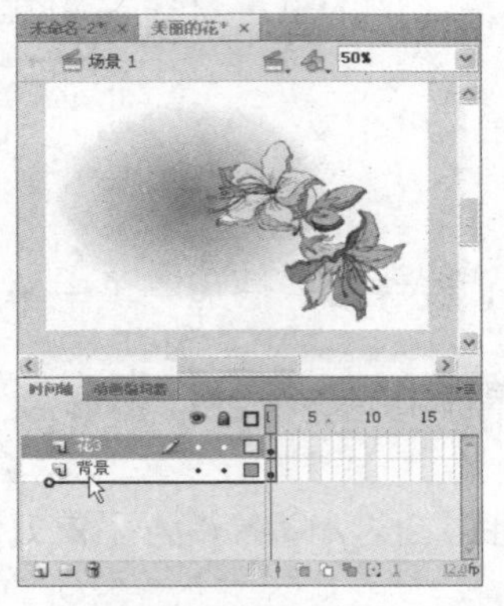
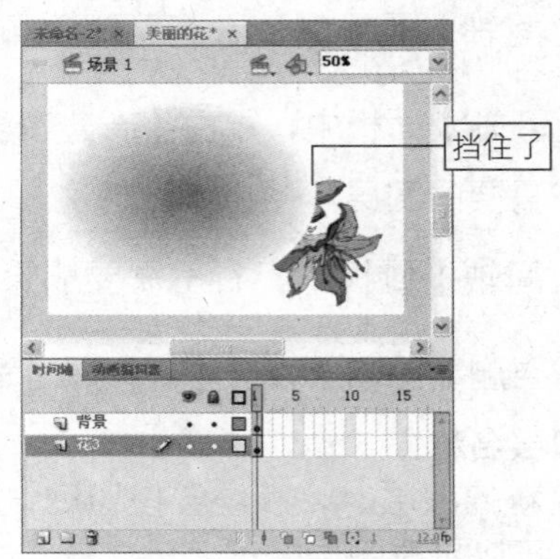

图7.11　更改图层排列顺序的对比效果

其他操作

- **锁定图层：** 选择需要锁定的图层，单击【时间轴】面板中的【锁定图层】按钮即可锁定图层。再次单击【锁定图层】按钮，可以解除图层的锁定状态。
- **显示和隐藏图层：** 选择需要隐藏的图层，单击【时间轴】面板中的【显示/隐藏所有图层】按钮，即可隐藏当前图层。再次单击【显示/隐藏所示图层】按钮，即可显示隐藏的图层。
- **显示图层轮廓：** 单击【时间轴】面板中的【显示所有图层的轮廓】按钮，将所有图层的轮廓显示出来；再次单击该按钮，即可取消图层轮廓的显示。
- **使用图层文件夹：** 单击【时间轴】面板中的【插入图层文件夹】按钮，创建图层文件夹。如果需要删除图层文件夹，可以选择要删除的图层文件夹，然后单击【时间轴】面板中的【删除图层】按钮。在删除图层文件夹时，将同时删除文件夹中的图层。

7.1.2　动画的基本类型

由于不同动画的生成原理和制作方法不相同，其类型也不相同，因此动画的表示方法也是有差别的。下面就来具体介绍动画的基本类型及其表示方法。

Flash CS4中的基本动画类型主要有逐帧动画、补间动画、传统补间和补间形状4种。

逐帧动画

逐帧动画通常由许多单个的连续关键帧组成，如图7.12所示，通常用于表现对象变化不大的动画，如头发的飘动、人物的奔跑等。逐帧动画的特点是可以表现连续且流畅的动作，但会占用较多的内存，各关键帧中的图形需要独立编辑导致工作量增大。

自动添加关键帧的补间动画

使用补间动画可设置对象的属性，如一个帧中对象的位置和Alpha透明度。对于由对象的连续运动或变形构成的动画，补间动画很有用。补间动画在时间轴中显示为连续的天蓝色的帧范围，没有箭头，如图7.13所示。补间动画不仅功能强大，而且易于创建。

传统补间动画

此类动画是根据同一对象在两个关键帧中大小、位置、旋转、倾斜、透明度等属性的差别计算生成的，通常用于表现图形对象的移动、放大、缩小和旋转等变化。各关键帧之间用浅蓝色背景的黑色箭头表示的就是传统补间动画，如图7.14所示。

图7.12　逐帧动画　　图7.13　自动添加关键帧的补间动画　　图7.14　传统补间动画

补间形状动画

此类动画是利用系统计算不同帧间的矢量图形差别，并在两个关键帧中自动添加变化过程的一种动画类型，通常用于表现图形对象形状之间的自然过渡，如正方形和圆形之间的形状转化。各关键帧之间用浅绿色背景的黑色箭头表示的为补间形状动画，如图7.15所示。

动画创建过程中还有可能由于操作失误而导致创建动画不成功，此时的两个关键帧之间是由虚线连接起来的，如图7.16所示。

图7.15　补间形状动画　　图7.16　创建动画失败

如果为一个关键帧添加了Action语句，则这个关键帧上就会出现小写的“a”符号，如图7.17所示。为一个关键帧进行命名、标签或注释后，关键帧上会出现一个小红旗，且后面标注有文字，如图7.18所示。

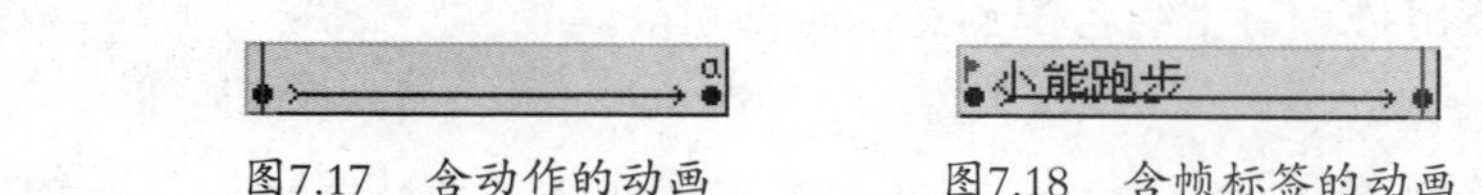

图7.17　含动作的动画　　图7.18　含帧标签的动画

7.1.3　基本动画制作

在制作动画之前，需要先确定图形要进行什么样的变化或如何变形，然后再选择使用哪种动画类型。下面介绍四种基本动画的制作方法。

1. 逐帧动画

逐帧动画的制作原理简单，但是制作起来又相当复杂。逐帧动画是指由位于同一图层的许多连续的关键帧组成的动画，其制作步骤如下：

1 新建一个Flash文档。

2 将每一帧都定义为关键帧，然后给每个帧创建不同的图像，如图7.19所示。

图7.19　为每个帧创建不同的图像

3 由于每个新关键帧最初包含的内容和它前面的关键帧是一样的，因此还可以递增地修改动画中的帧，如图7.20所示。

图7.20　递增修改动画中的帧

4 在动画的每一帧中创建不同的内容后，当播放动画时，Flash就会一帧一帧地显示每一帧中的内容。按【Ctrl+Enter】组合键预览动画即可。

2. 传统补间动画

传统补间动画是制作Flash动画过程中使用最为频繁的一种动画类型。在Flash动画的制作过程中，常需要制作图片的若隐若现、移动、缩放和旋转等效果，主要通过创建传统补间动画来实现。

动作补间动画就是在两个关键帧之间建立一种运动补间关系，该类型动画的渐变过程很连贯，制作过程也比较简单，只需建立动画的第一个画面和最后一个画面，其具体操作如下：

1 在动画的起始帧插入关键帧，并编辑起始帧中的内容，如图7.21所示。

2 在动画的结束帧按【F6】键插入关键帧，并改变舞台中图形对象的位置或大小等属性，如图7.22所示。

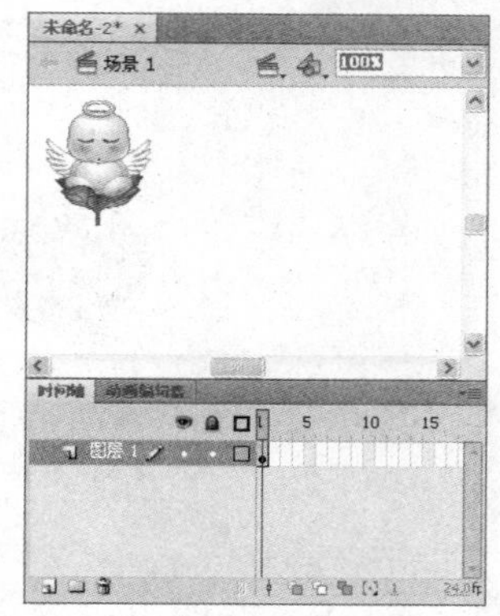

图7.21 编辑起始帧的内容

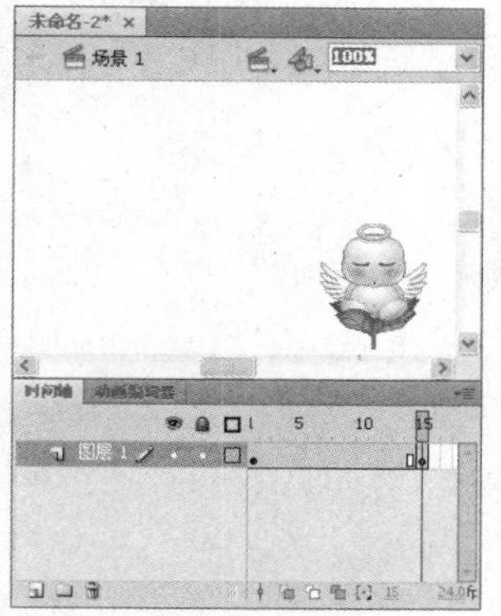

图7.22 编辑结束帧的内容

3 选中起始帧至结束帧中的任意一帧，执行【插入】→【传统补间】命令，创建传统补间动画，如图7.23所示。此时的【属性】面板如图7.24所示。

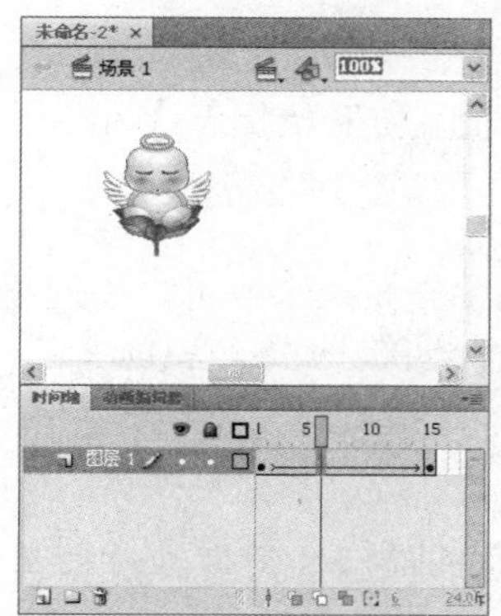

图7.23 创建传统补间动画

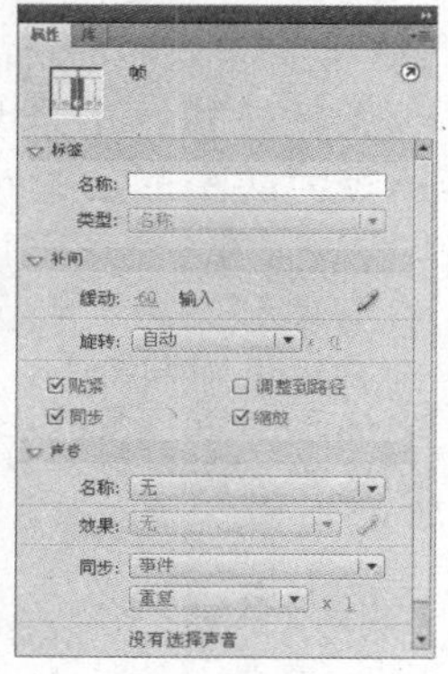

图7.24 【属性】面板

4 可在【属性】面板中改变【缓动】文本，当数值为正时播放动画过程中动画由快而慢，数值为负时，播放动画过程动画由慢而快。

5 编辑完成，按【Ctrl+Enter】组合键预览动画。

3. 补间形状动画

补间形状动画是指图形形状逐渐发生变化的动画，图形的变形不需要依次绘制，只需确定图形在变形前和变形后的两个关键帧中的画面，中间的变化过程由Flash自动完成。

补间形状动画的制作方法如下：

1 在动画的起始帧插入关键帧，并在舞台中绘制一个圆形，如图7.25所示。

2 选中第15帧，执行【插入】→【时间轴】→【空白关键帧】命令，在第15帧插入空白关键帧。

3 在舞台中绘制五角星，如图7.26所示。

4 选中第1帧至第15帧中的任意一帧，单击鼠标右键，在弹出的快捷菜单中选择【创建补间形状】选项，如图7.27所示。

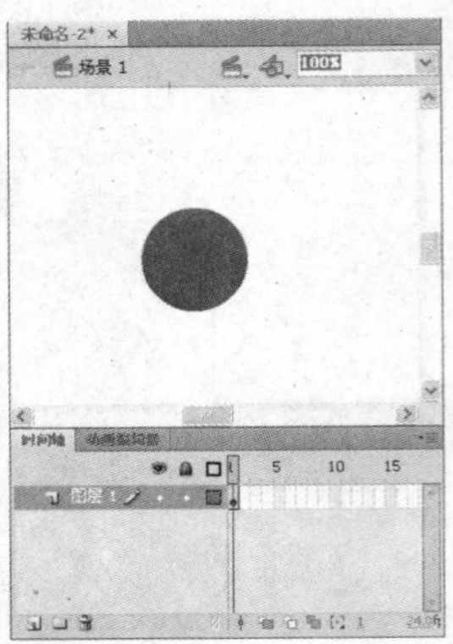
图7.25　编辑起始帧

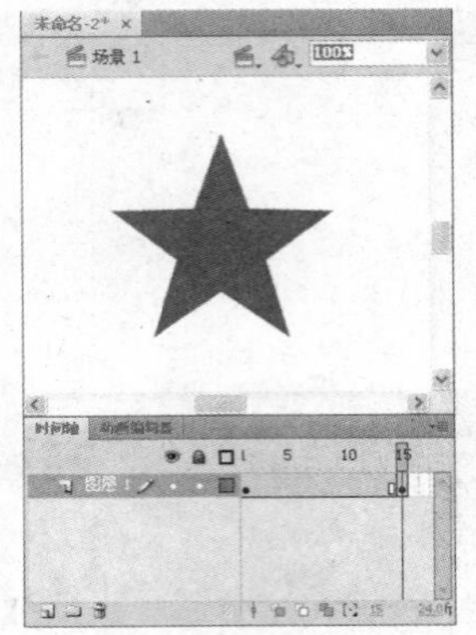
图7.26　绘制结束帧中的内容

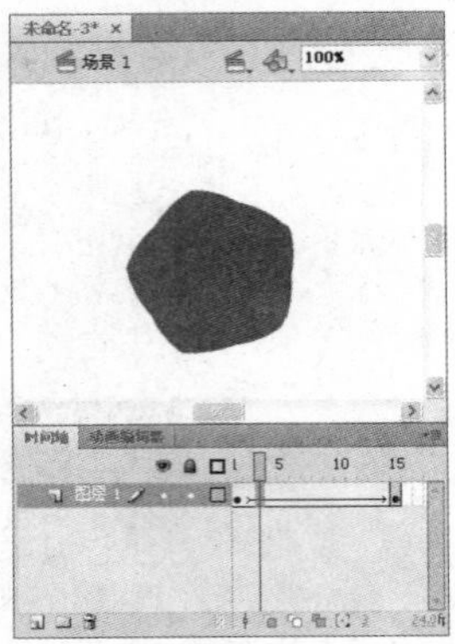
图7.27　创建补间形状

提示　补间形状动画只能在打散的图片或文字中进行，因此，在导入图片后必须先将其打散，才能创建动画。

5 选择动画的起始帧，执行【修改】→【形状】→【添加形状提示】命令，此时第1帧中的图形及第15帧中的图形如图7.28所示。

提示　在创建形状提示后，在变形动画的起始帧和结束帧中可以看到ⓐ符号，它是由实心小圆圈和英文字母组成的，英文字母表明物体的部位名称。起始关键帧上的形状提示是黄色的，结束关键帧的形状提示是绿色的，当物体不在一条曲线上时为红色。

6 移动变形前后的形状提示符号ⓐ，可控制该点在变形前后的位置，这样可约束动画的变形，如图7.29所示。

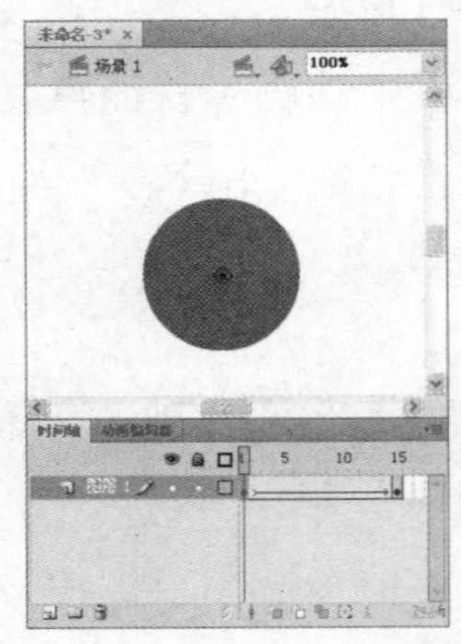

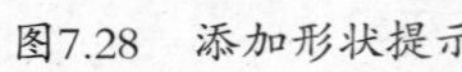
图7.28　添加形状提示

图7.29　移动形状提示

7 为使动画按照更加精确的路线进行变形，可添加更多的形状提示，如图7.30所示。

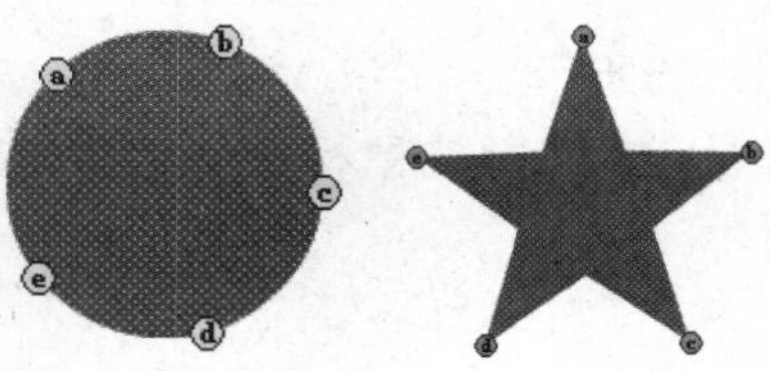
图7.30　添加多个形状提示

8 最后按【Ctrl+Enter】组合键预览动画，效果如图7.31所示。

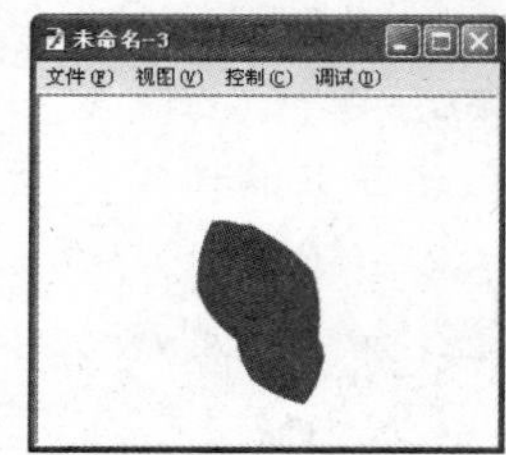

图7.31 预览动画

提示 如果觉得动画效果不好，还可以将形状提示删除，有以下两种删除方法：将形状提示直接拖到画面以外的地方；在形状提示上单击鼠标右键，在弹出的快捷菜单中选择【删除提示】选项即可。

4. 自动记录关键帧的补间动画

这种动画是Flash CS4新增的类型，是一种全新的动画制作方式。Flash CS4自动记录动画的关键帧，从而使制作动画更加方便快捷，同时还可以对每一帧中的对象进行编辑。

其制作方法如下：

1 在动画的起始帧插入关键帧，并在舞台中导入素材图片，并将其放置到合适位置，如图7.32所示。

2 选中舞台中的对象，按【F8】键将其转换为图形元件。

3 在第30帧处按【F5】键插入帧。

4 选中起始帧至结束帧中的任意一帧，单击鼠标右键，在弹出的快捷菜单中选择【创建补间动画】选项，如图7.33所示。

5 选中第10帧，移动舞台中的对象，改变其位置，如图7.34所示。

图7.32 导入素材图片

图7.33 创建补间动画

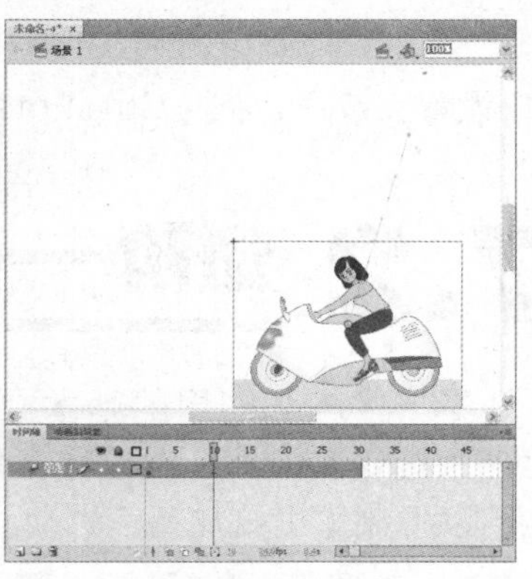

图7.34 移动第10帧中的对象

提示 此时可以看到时间轴的第10帧有一个菱形的小黑点，每个小黑点代表一个关键帧。同时，舞台中出现一条绿色的线，即对象的运动轨迹。运动轨迹上两个小点之间的距离即代表帧与帧之间的运动距离，在【属性】面板中调节缓动值后，点与点之间的距离也会改变，根据点的疏密程度即可判断出动画运动的快慢。

6 单击【工具】面板中的【选择工具】按钮，然后拖动舞台中对象的运动轨迹，可将路径调整为弧形，如图7.35所示。

7 选中第20帧，调整第20帧的舞台中的对象，如图7.36所示。

8 单击【工具】面板中的【部分选取工具】按钮，还可对路径上的每个点进行具体调整，进一步控制动画路径，如图7.37所示。

图7.35 调整运动轨迹的形状

图7.36 编辑对象

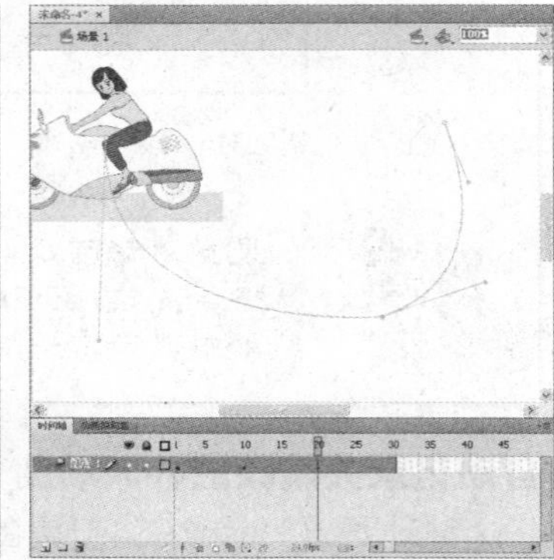

图7.37 调整路径

9 在【时间轴】面板中单击【动画编辑器】选项卡，打开【动画编辑器】面板，如图7.38所示，在其中对动画的每一帧进行更具体的设置。

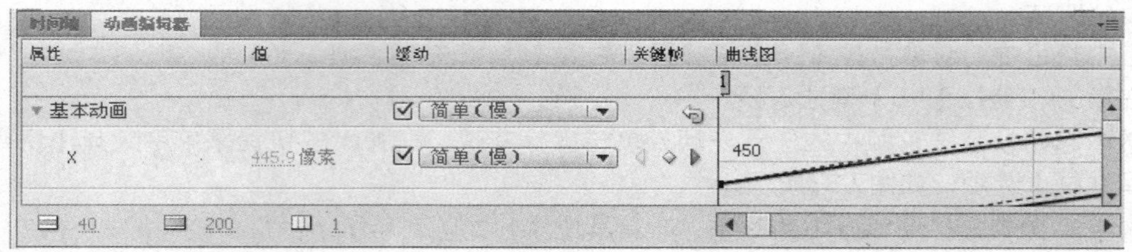

图7.38 【动画编辑器】面板

10 设置完成后，按【Ctrl+Enter】组合键预览动画。

7.2 进阶——典型实例

学习了帧和图层的基本操作以及基本动画的类型与制作方法，下面我们用几个典型实例来进行实战演练。这些实例与基础知识结合得相当紧密，读者在操作的同时要用心体会，以便制作出更加精美的动画效果。

7.2.1 制作打字效果

最终效果

动画制作完成的最终效果如图7.39所示。

图7.39　打字效果

解题思路

1 分别在需要输入文本的帧中插入关键帧。

2 利用文本工具在每个关键帧中输入文本。

操作步骤

1 新建一个Flash文档。执行【文件】→【导入】→【导入到舞台】命令，导入背景图片，如图7.40所示。

2 在【工具】面板中单击【文本工具】按钮，并在舞台中输入“精彩动画”，如图7.41所示。

图7.40　导入背景图片

图7.41　输入文本

3 选中舞台中的文本，在【属性】面板中设置字体为“华文彩云”、字体大小为“70”、字体颜色为“黄色”，如图7.42所示。

图7.42　设置文本属性

4 然后分别在第2、3、4帧按【F6】键插入关键帧，如图7.43所示。

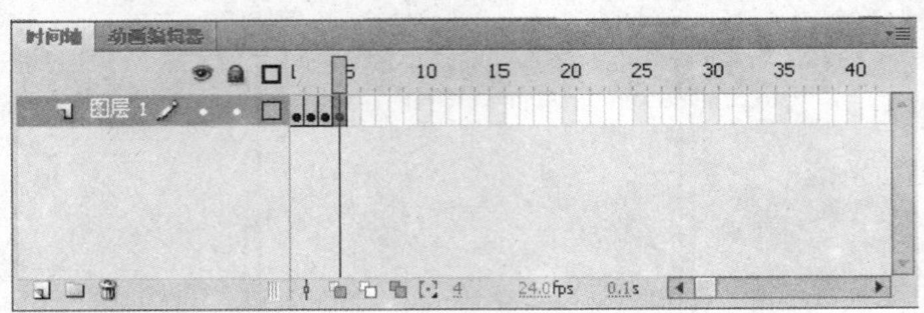

图7.43 插入关键帧

5 选中第1帧，保留文本中第一个字“精”，删除舞台中的其他文本，如图7.44所示。

6 选中第2帧，保留文本中前两个字“精彩”，删除舞台中的其他文本，如图7.45所示。

图7.44 对第1帧进行编辑

图7.45 编辑第2帧

7 使用同样的方法，依次对后面的每一帧内容进行编辑处理。

8 选中第5帧，按【F6】键插入关键帧。

9 然后在【工具】面板中单击【文本工具】按钮，并在舞台中输入“美”，并在【工具】面板中将字体设为“华文新楷”，大小为“70”，颜色为“#99FFFF”。

10 将“美”移至合适位置，如图7.46所示。

11 接下来分别在第6、7、8帧按【F6】键插入关键帧，并分别输入“丽”、“纷”和“呈”，同时对其进行不同属性设置，包括大小、颜色和旋转方向等，如图7.47所示。

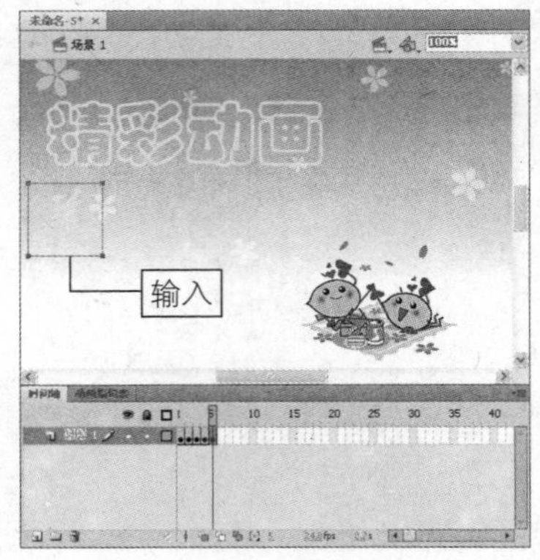

图7.46 输入“美”

图7.47 文本输入完成

12 按【Ctrl+Enter】组合键预览动画，最终效果参考图7.39所示。

提示 如果动画播放速度太快，可以对其进行调整，执行【修改】→【文档】命令，打开【文档属性】对话框，在【帧频】文本框中输入“1”，单击【确定】按钮即可得到动画的慢速播放效果。

7.2.2　制作翻书效果

最终效果

动画制作完成的最终效果如图7.48所示。

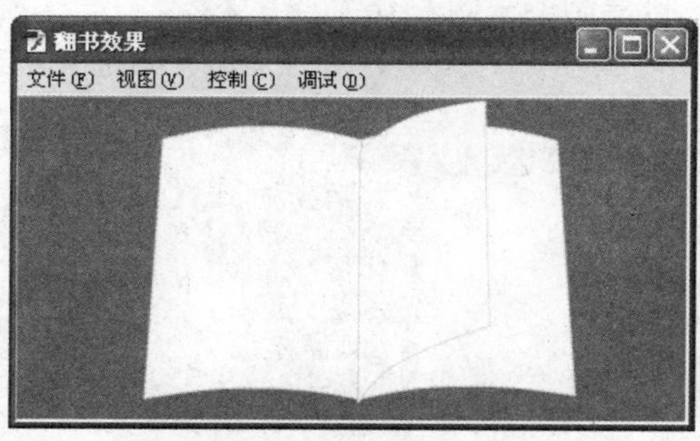

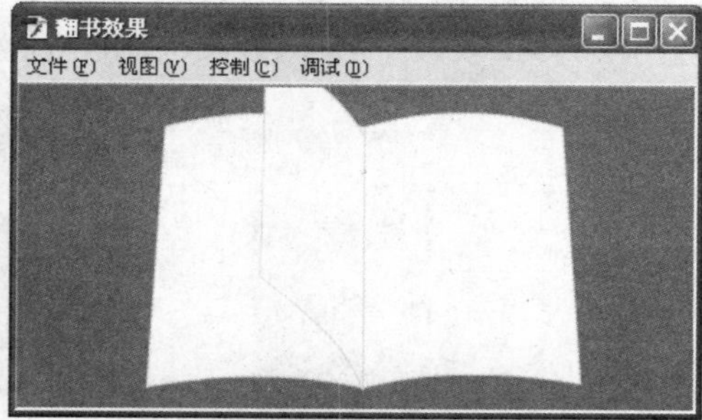

图7.48　翻书效果

解题思路

1 绘制所需图形。
2 根据需要新建图层。
3 插入关键帧并对每一帧中的图形进行调整。
4 利用翻转帧命令对所选择的帧进行翻转。

操作步骤

1 新建一个Flash文档。执行【修改】→【文档】命令，打开【文档属性】对话框，设置场景大小为“400×200”像素，背景颜色为“#666666”。
2 利用矩形工具和选择工具绘制如图7.49所示的书页图形。

图7.49　绘制书页

3 选择书页的右边一页，按【Ctrl+C】组合键进行复制，并在图层1的第25帧处按【F5】键插入帧。

4 在图层1中单击【锁定图层】按钮，将图层1锁定。

5 单击【时间轴】面板中的【新建图层】按钮，新建图层2，如图7.50所示。

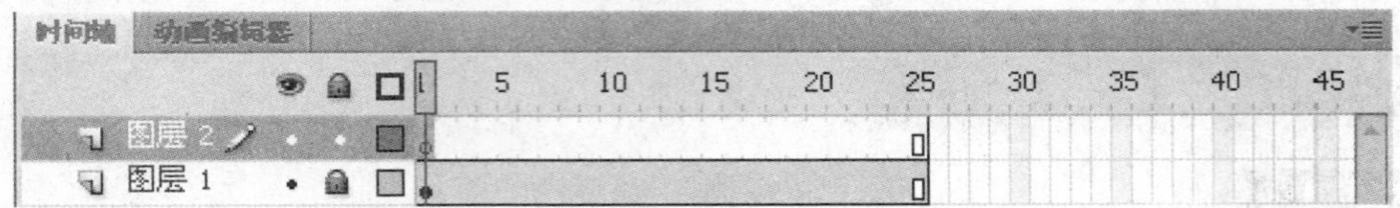

图7.50　新建图层2

6 执行【编辑】→【粘贴到当前位置】命令，将复制的书页粘贴到图层2。

7 在图层2的第3帧按【F6】键插入关键帧，并调整图形的形状，如图7.51所示。

图7.51　编辑图层2中第3帧的图形形状

8 按照上面的方法分别在第5、7、9、11、13、15、17和19帧处插入关键帧，并分别调整每个帧中的图形，使其具有翻转的效果，如图7.52所示。

9 选中图层2的第1帧至第19帧之间的所有帧，单击鼠标右键，在弹出的快捷菜单中选择【复制帧】选项。

10 选中图层2中第20帧至第25帧的普通帧，将其删除。

11 然后在第21帧处单击鼠标右键，在弹出的快捷菜单中选择【粘贴帧】选项，完成复制，如图7.53所示。

图7.52　绘制翻转效果

图7.53　粘贴帧

12 选择图层2的第21帧至第38帧，单击鼠标右键，在弹出的快捷菜单中选择【翻转帧】选项，将选择的帧进行翻转。

13 选择图层1的第38帧，按【F5】键插入帧。

14 单击【工具】面板中的【任意变形工具】按钮，然后选择图层2中第37帧处的图形，将中心点移到书页左侧边缘居中位置，如图7.54所示。

15 执行【修改】→【变形】→【水平翻转】命令，翻转图形，并调整图形，如图7.55所示。

图7.54　移动中心点

图7.55　水平翻转图形

16 按照上面的方法分别翻转并调整第21帧至第36帧中的图形。

17 最后按【Ctrl+Enter】组合键预览动画，最终效果参考图7.48所示。

7.2.3　制作风景画册

最终效果

动画制作完成的最终效果如图7.56所示。

图7.56　风景画册效果

解题思路

1 导入所需图片。

2 在所需位置插入关键帧。

3 根据需要新建图层。

4 创建传统补间动画。

操作步骤

1. 创建第一幅图片的动画

1 新建一个Flash文档。执行【修改】→【文档】命令，打开【文档属性】对话框，设置场景大小为“400像素×300像素”，如图7.57所示。

2 执行【文件】→【导入】→【导入到舞台】命令导入素材图片，如图7.58所示。

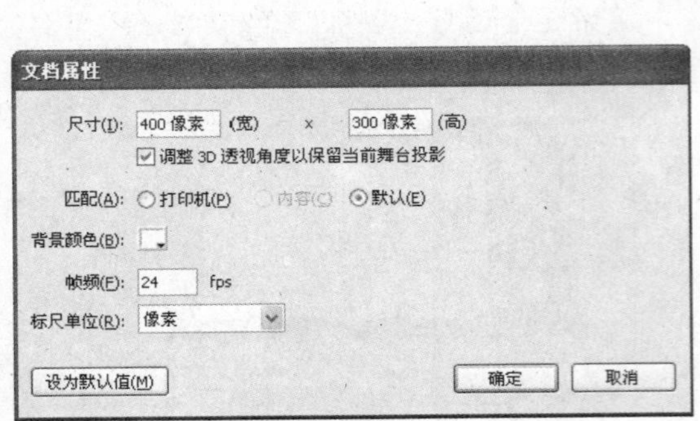

图7.57 【文档属性】对话框

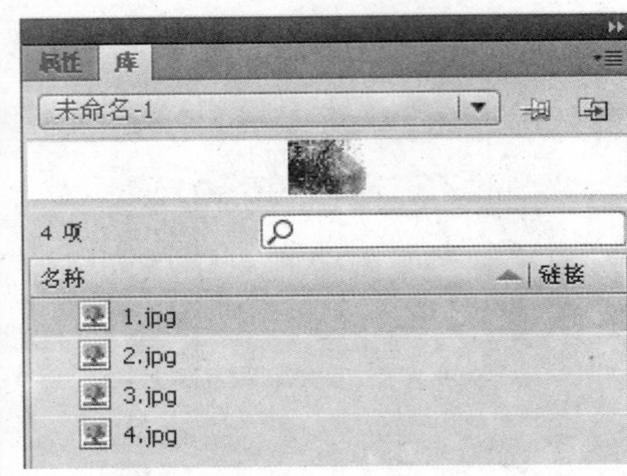

图7.58 导入素材图片

3 将素材图片“1”拖到舞台中，并利用任意变形工具调整其大小，使其与舞台大小一致，如图7.59所示。

图7.59 调整第一幅图片

4 保持图片的选中状态，按【F8】键将其转换为图形元件，并命名为“1”。

5 选中第10帧，按【F6】键插入关键帧，然后选中第40帧，按【F5】键插入帧，如图7.60所示。

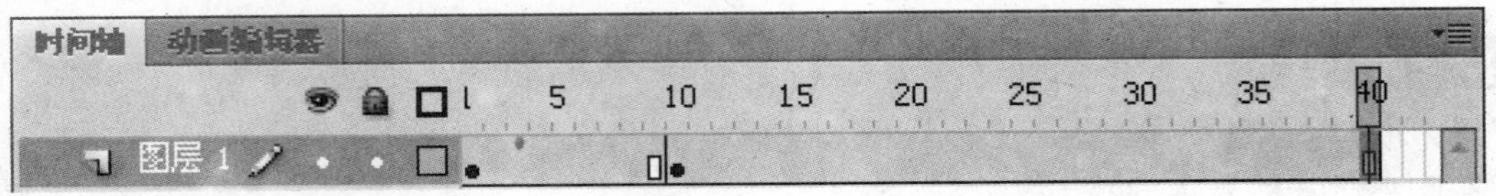

图7.60 分别插入关键帧和普通帧

6 选中第1帧中的图片，然后在【属性】面板的【色彩效果】区域单击【样式】下拉按钮，在其下拉列表中选择【Alpha】选项。

7　将第1帧中的图片透明度改为“0%”，如图7.61所示。

图7.61　设置透明度

8　选中第1帧至第10帧中的任意一帧，单击鼠标右键，在弹出的快捷菜单中选择【创建传统补间】选项，创建图片由无到有的动画，如图7.62所示。

2. 创建第二幅图片的动画

1　单击【时间轴】面板上的【新建图层】按钮，新建图层2。

2　选中图层2的第30帧，按【F6】键插入关键帧。

3　将【库】面板中的图片2拖到舞台中，如图7.63所示。

图7.62　创建动画

图7.63　将图片2拖到舞台中

4　保持图片2的选中状态，按【F8】键将其转换为图形元件，并将其命名为“2”，如图7.64所示。

图7.64　将图片2转换为图形元件

5 选中图层2的第40帧，按【F6】键插入关键帧。

6 选中图层2的第70帧，按【F5】键插入帧，如图7.65所示。

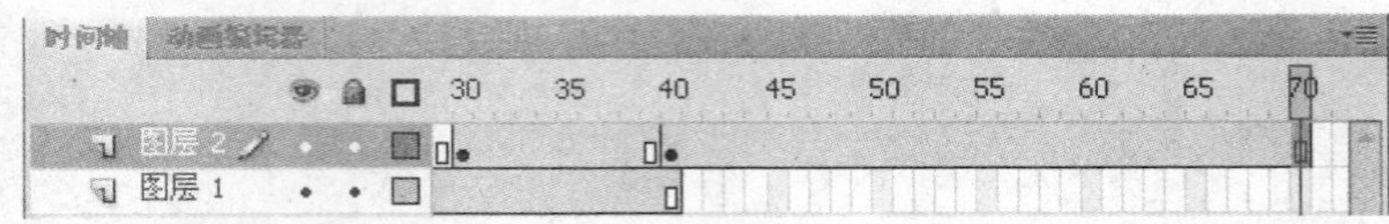

图7.65 插入帧

7 选中图层2中第30帧处的图片，在【属性】面板中将其透明度改为“0%”。

8 选中图层2中第40帧处的图片，在【属性】面板中将其大小改为与舞台大小一致，如图7.66所示。

图7.66 修改图片大小

9 选中第30帧至第40帧之间的任意一帧，单击鼠标右键，在弹出的快捷菜单中选择【创建传统补间】选项，如图7.67所示。

3. 创建第三幅图片的动画

1 单击【时间轴】面板上的【新建图层】按钮，新建图层3。

2 选中图层3的第60帧，按【F6】键插入关键帧。

3 将【库】面板中的图片3拖到舞台中，如图7.68所示。

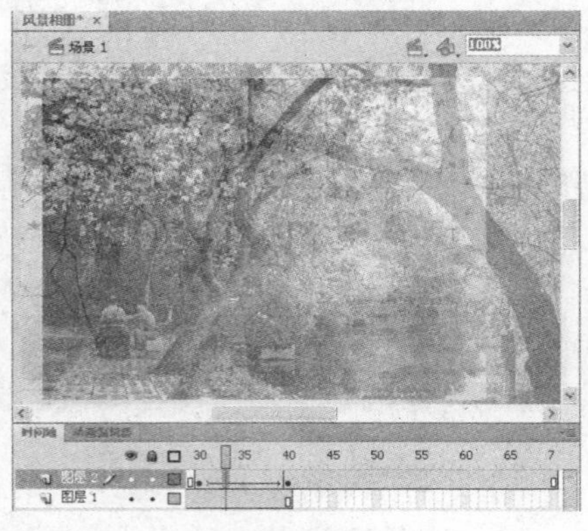

图7.67 创建第二幅图片的动画

图7.68 导入第三幅图片

4 在【属性】面板中调整第60帧中图片的大小，使其与舞台大小一致，如图7.69所示。

5 保持图片的选中状态，按【F8】键将其转换为图形元件，并将其命名为“3”。

6 选中第70帧，按【F6】键插入关键帧，再选中第100帧，按【F5】键插入普通帧。

7 然后选中第60帧，将图片放置到右侧舞台之外的工作区，但顶部要与舞台的顶端对齐。

8 选中第60帧至第70帧之间的任意一帧，单击鼠标右键，在弹出的快捷菜单中选择【创建传统补间】选项，如图7.70所示。

4. 完成最终效果

1 单击【时间轴】面板上的【新建图层】按钮，新建图层4。

2 选中图层4的第90帧，按【F6】键插入关键帧。

3 将【库】面板中的图片4拖到舞台中，如图7.71所示。

图7.69　调整图片大小

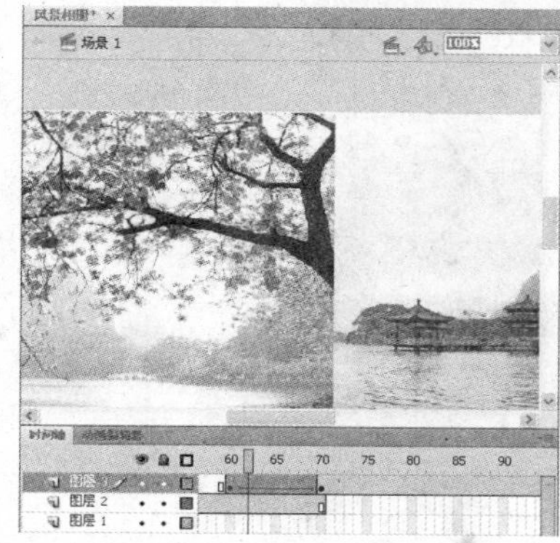

图7.70　创建动画

图7.71　导入第四幅图片

4 在【属性】面板中调整第60帧中图片的大小，使其小于舞台大小。

5 利用任意变形工具将图片顺时针旋转180度，如图7.72所示。

6 保持图片的选中状态，按【F8】键将其转换为图形元件，并将其命名为“4”。

7 选中第100帧，按【F6】键插入关键帧。

8 选中第100帧中的图片，调整其大小，使其与舞台大小一致，并顺时针旋转180度，如图7.73所示。

图7.72　旋转图片

图7.73　调整第100帧中的图片

9 选中第90帧至第100帧之间的任意一帧，单击鼠标右键，在弹出的快捷菜单中选择【创建传统补间】选项，创建图片旋转放大的动画，如图7.74所示。

10 分别选中第120帧和第130帧，按【F6】键插入关键帧。

11 选中第130帧中的图形，在【属性】面板中将其透明度设置为“0%”。

12 选第120帧至第130帧之间的任意一帧，单击鼠标右键，在弹出的快捷菜单中选择【创建传统补间】选项，创建图片逐渐消失的动画，如图7.75所示。

图7.74　创建动画

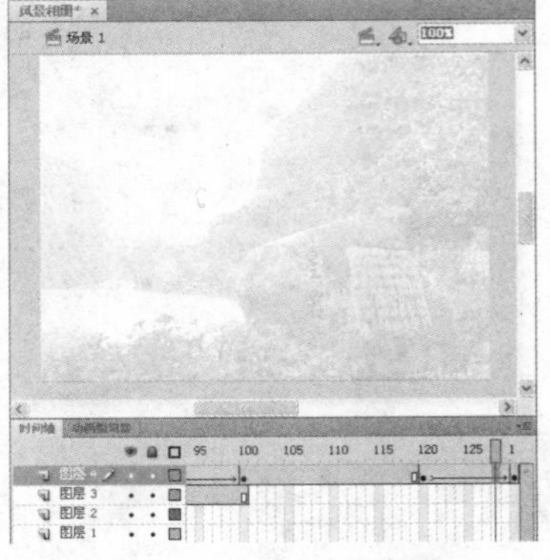

图7.75　动画逐渐消失

13 最后按【Ctrl+Enter】组合键预览动画，最终效果参考图7.56所示。

7.2.4　制作变脸效果

最终效果

动画制作完成的最终效果如图7.76所示。

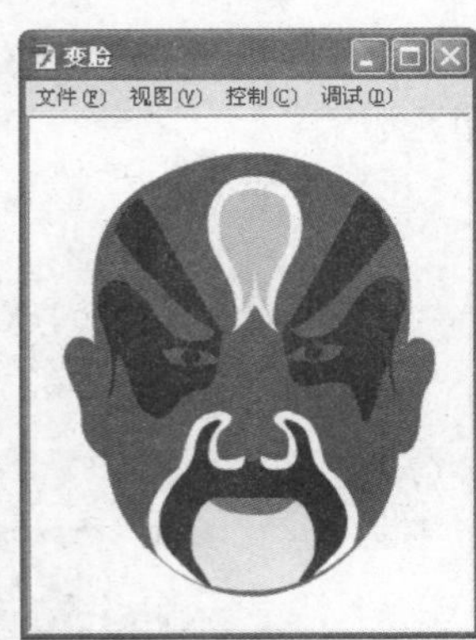

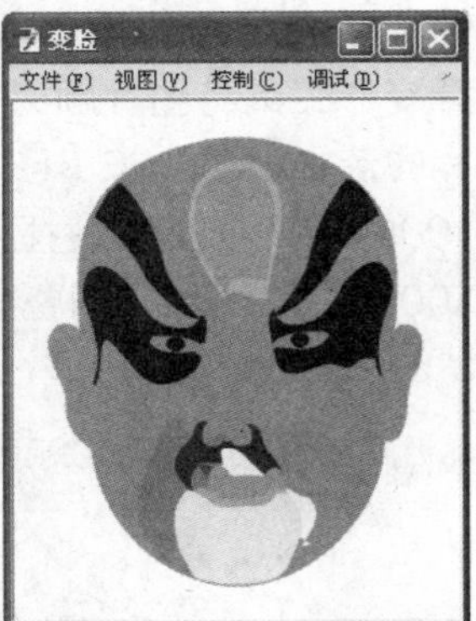

图7.76　变脸效果

解题思路

1 设置场景大小和背景颜色。

2 根据需要创建新图层。

3 分别在各个图层中绘制脸谱的脸形和面部特征图形。

4 在各图层中创建形状补间动画。

操作步骤

1. 底色图层动画

1 新建一个Flash文档，执行【修改】→【文档】命令，打开【文档属性】对话框，设置场景大小为“260像素×320像素”。

2 双击图层1的名称，将其重命名为“底色”，如图7.77所示。

3 在“底色”图层的第1帧中，使用绘图工具绘制如图7.78所示的脸部图形，填充颜色为“#FFCC66”。

图7.77　重命令图层

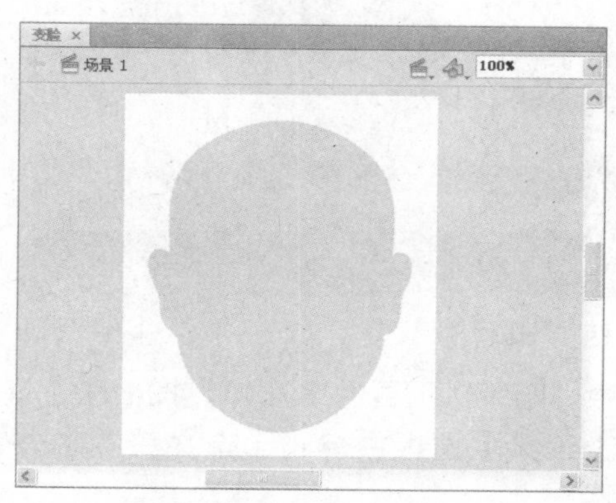

图7.78　绘制脸部图形

4 选中“底色”图层的第20帧，按【F6】键插入关键帧。

5 单击【工具】面板中的【颜料桶工具】按钮，将第20帧中图形的填充颜色改为“990099”，如图7.79所示。

6 选中第1帧至第20帧之间的任意一帧，单击鼠标右键，在弹出的快捷菜单中选择【创建补间形状】选项，如图7.80所示。

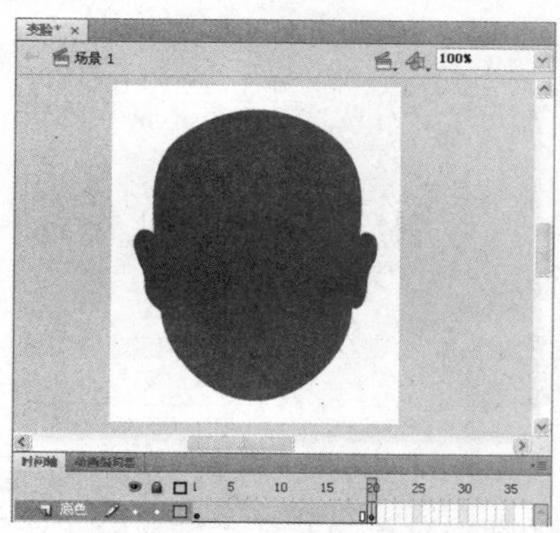

图7.79　改变填充色

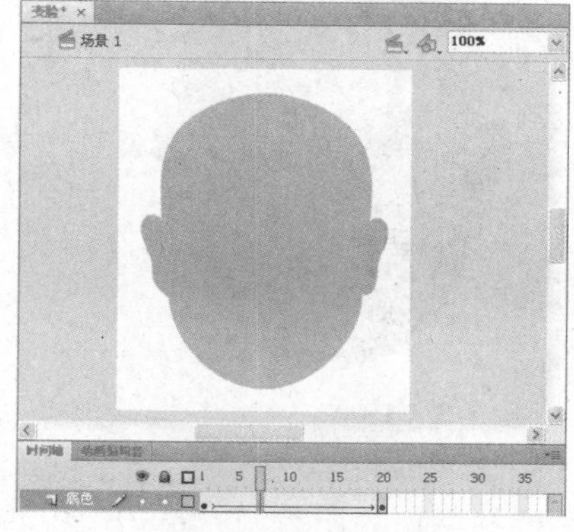

图7.80　创建补间形状

7 选中第1帧至第20帧，单击鼠标右键，在弹出的快捷菜单中选择【复制帧】选项。

8 选中第35帧，单击鼠标右键，在弹出的快捷菜单中选择【粘贴帧】选项，如图7.81所示。

9 然后选择粘贴的所有帧，单击鼠标右键，在弹出的快捷菜单中选择【翻转帧】选项。

2. 眼睛图层动画

1 在【时间轴】面板中单击【新建图层】按钮，新建图层2，并将其重命名为“眼睛”。

2 利用绘图工具绘制如图7.82所示的眼睛图形，填充颜色为“#000000”。

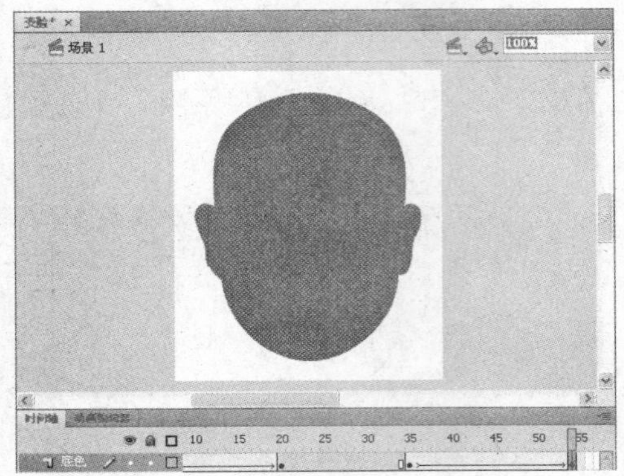

图7.81 粘贴帧

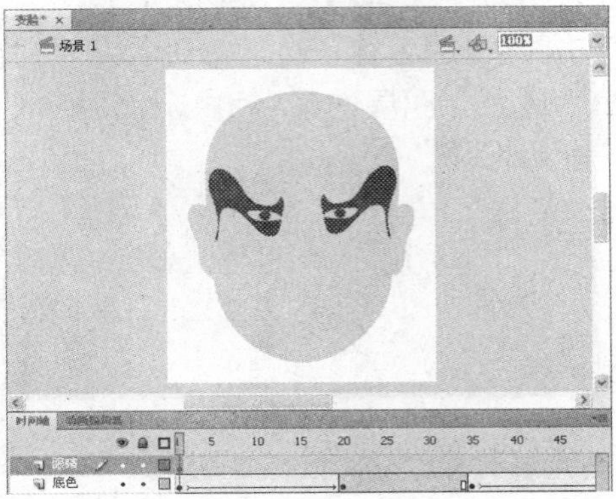

图7.82 绘制眼睛

3 选中“眼睛”图层的第20帧，按【F6】键插入关键帧。

4 在【工具】面板中单击【选择工具】按钮，调整第20帧中眼睛的形状，如图7.83所示。

5 选中第1帧至第20帧之间的任意一帧，单击鼠标右键，在弹出的快捷菜单中选择【创建补间形状】选项。

6 选中第1帧至第20帧，单击鼠标右键，在弹出的快捷菜单中选择【复制帧】选项。

7 选中第35帧至第54帧，单击鼠标右键，在弹出的快捷菜单中选择【粘贴帧】选项。

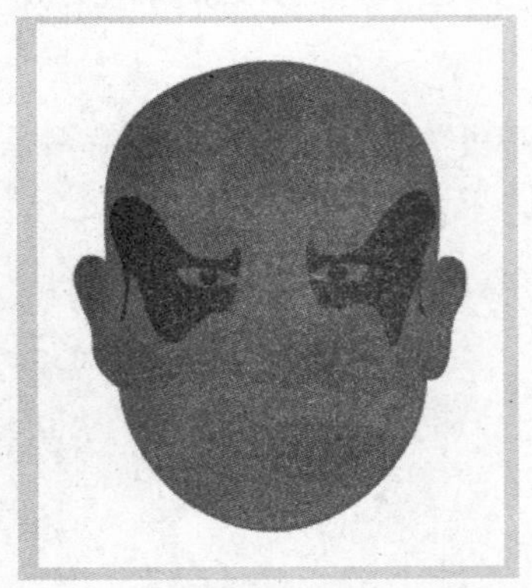

图7.83 调整眼睛形状

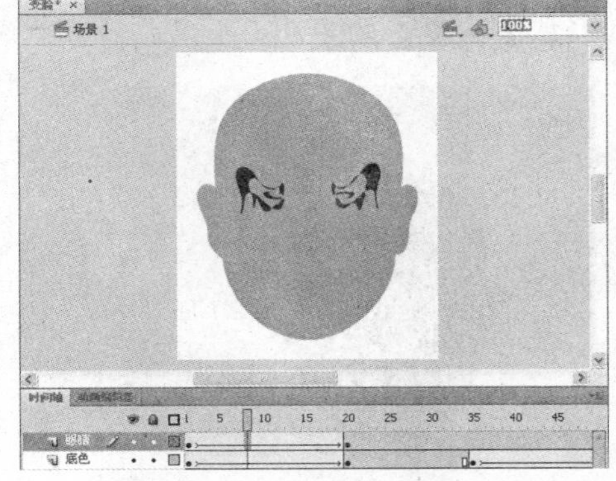

图7.84 创建眼睛图层的形状补间动画

8 然后选择粘贴的所有帧，单击鼠标右键，在弹出的快捷菜单中选择【翻转帧】选项，完成“眼睛”图层形状补间动画的制作，如图7.85所示。

3. 其他图层动画

1 新建图层3，并将其命名为“嘴巴”，绘制如图7.86所示的嘴巴。

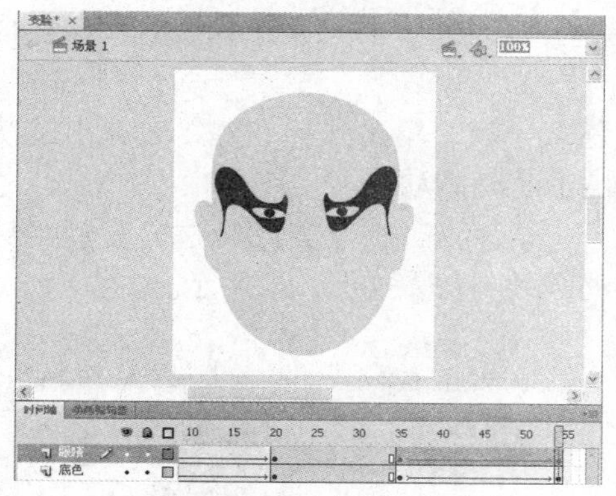
图7.85　眼睛图层动画

图7.86　绘制嘴巴

2 选中“嘴巴”图层的第20帧，按【F6】键插入关键帧。利用选择工具和颜料桶工具调整嘴巴的形状及填充色，如图7.87所示。

3 选中“嘴巴”图层第1帧至第20帧之间的任意一帧，单击鼠标右键，在弹出的快捷菜单中选择【创建补间形状】选项，创建嘴巴的形状补间动画，如图7.88所示。

图7.87　改变嘴巴形状及颜色

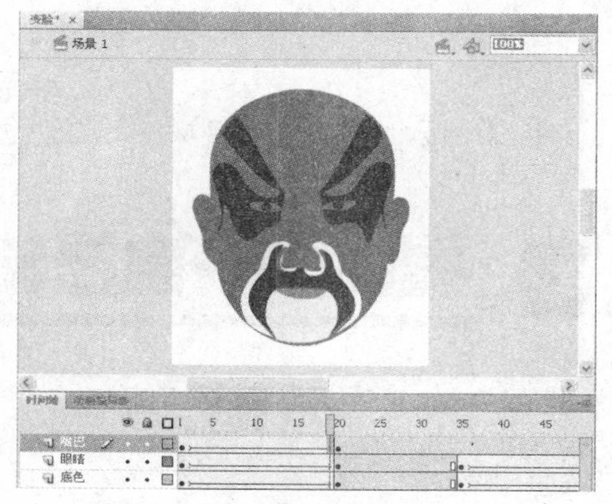
图7.88　创建嘴巴的形状补间动画

4 按照前面介绍的方法对“嘴巴”图层的第1帧至第20帧进行复制、粘贴与翻转帧的操作，完成“嘴巴”图层形状补间动画的制作，如图7.89所示。

5 新建图层4，将其重命名为“装饰”，绘制如图7.90所示的图形。

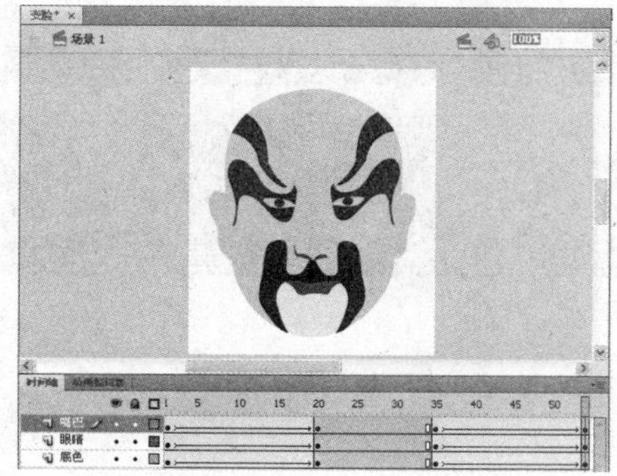
图7.89　完成嘴巴图层的动画制作

图7.90　绘制装饰

6 选中“装饰”图层的第20帧，按【F6】键插入关键帧，并利用选择工具和颜料桶工具调整装饰的形状及填充色，如图7.91所示。

7 选中“装饰”图层第1帧至第20帧之间的任意一帧，单击鼠标右键，在弹出的快捷菜单中选择【创建补间形状】选项，创建装饰的形状补间动画。

8 按照制作脸部和眼睛动画的方法对“装饰”图层的第1帧至第20帧进行复制、粘贴与翻转帧的操作，完成“装饰”图层形状补间动画的制作，如图7.92所示。

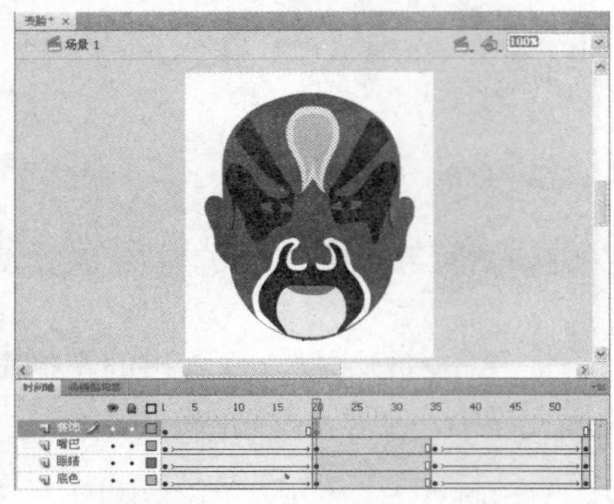
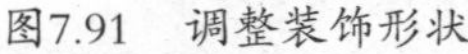

图7.91 调整装饰形状

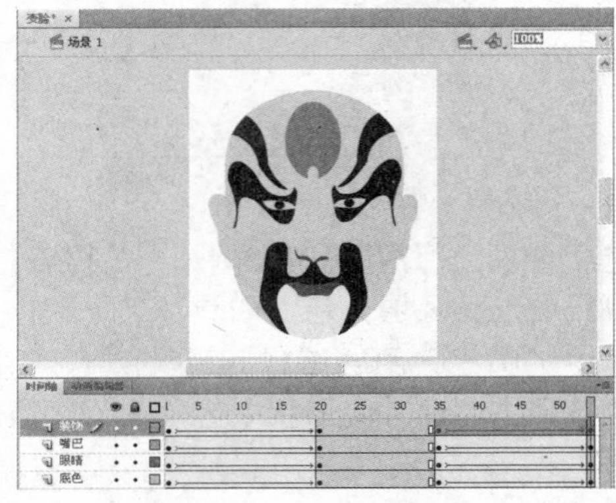

图7.92 完成“装饰”图层动画的制作

9 最后按【Ctrl+Enter】组合键测试动画，即可看到制作的变脸效果，参考图7.76所示。

7.3 提高——自己动手练

前面主要介绍了基本动画制作的相关知识，并通过几个简单的实例进行了具体讲解，下面再通过几个提高实例来拓展基础知识的应用，在巩固基础知识的同时激发读者创作的灵感。

7.3.1 制作广告条

最终效果

本例制作完成后的最终效果如图7.93所示。

图7.93 广告条

解题思路

1 利用绘图工具绘制出背景图形。

2 制作“强”和“文字”图形元件。

3 在场景中为“强”和“文字”图形元件制作动作补间动画，并进行设置。

操作提示

1. 绘制背景图形

1 新建一个Flash文档，执行【修改】→【文档】命令，打开【文档属性】对话框，设置场景大小为“500像素×120像素”，背景设为“#CC3300”。

2 单击【确定】按钮，完成文档属性的设置。

3 执行【文件】→【保存】命令，将该文档保存为“广告条”。

4 单击【工具】面板中的【矩形工具】按钮，在其【属性】面板中将笔触样式设置为“虚线”，填充颜色为“无”，笔触颜色为“FFCC00”，笔触大小为“3”，圆角半径为“3”，绘制广告条的外边框，如图7.94所示。

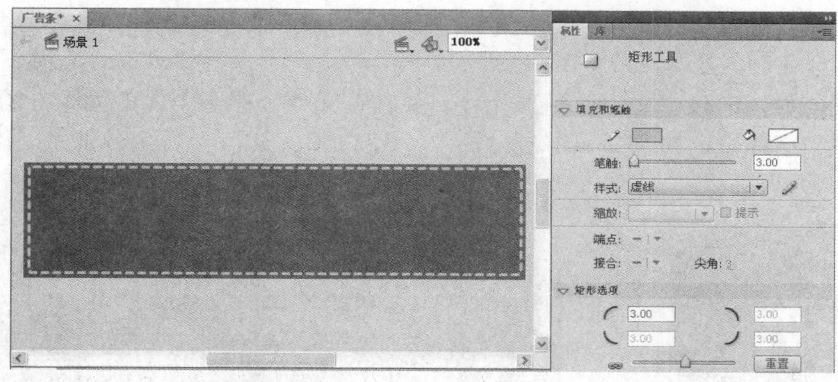

图7.94　绘制外边框

5 再次选择【矩形工具】按钮，设置完属性后绘制广告条的内边框，如图7.95所示。

图7.95　绘制内边框

6 单击【新建图层】按钮，新建图层2，并将其拖至图层1的下方，利用多角星形工具绘制广告条的底纹，如图7.96所示。

图7.96　绘制底纹

2. 绘制图形元件

1 执行【插入】→【新建元件】命令，打开【创建新元件】对话框，新建一个名为“新”的图形元件，如图7.97所示。

2 单击【确定】按钮进入图形元件的编辑状态，利用矩形工具绘制一个矩形，设置填充色为红色，并利用选择工具调整其形状，如图7.98所示。

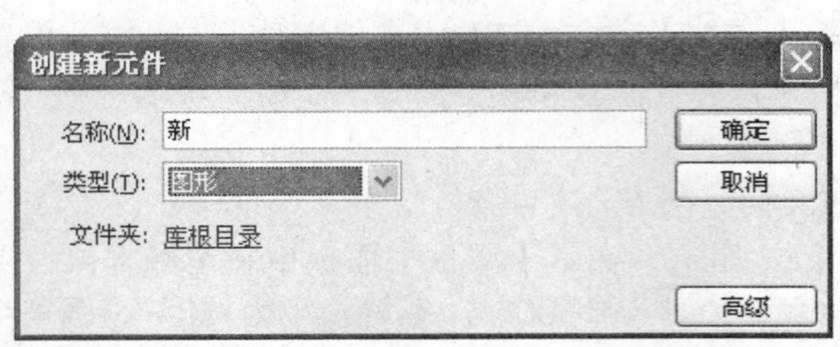

图7.97 创建新元件

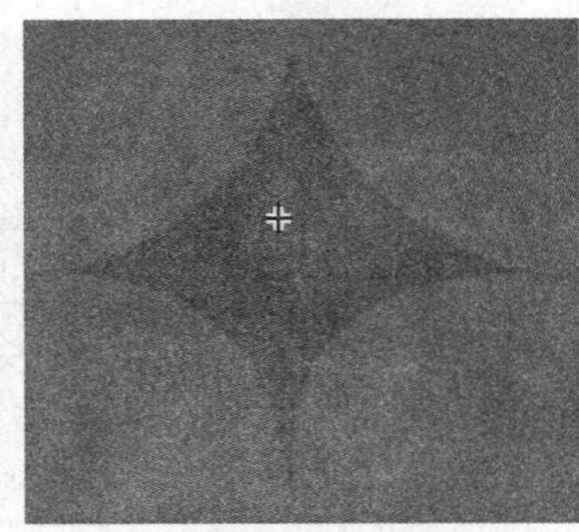

图7.98 绘制矩形并调整形状

3 利用文本工具在绘制的矩形中输入文本“新”，设置字体为“黑体”，字号为“70”，颜色为“黄色”，如图7.99所示。

4 按照上面的方法创建“文本”图形元件，并在该元件编辑区中输入如图7.100所示的文字，文字的字体设置为隶书，字号分别为“30、50、30”，颜色分别为“#FFCC00、FFFF32、FFFFCD”。

图7.99 输入文本

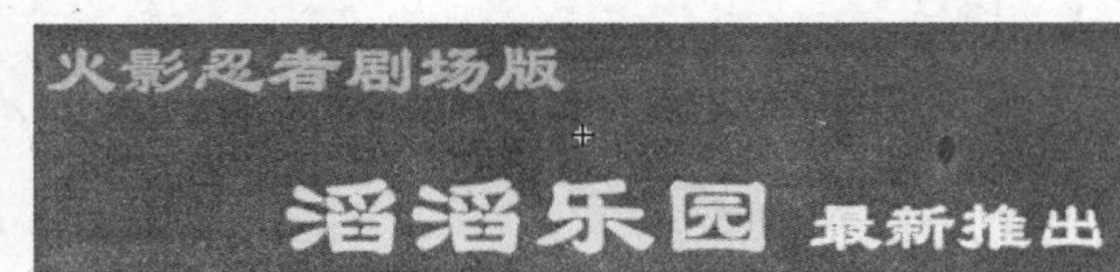

图7.100 “文本”图形元件

3. 制作“新”的补间动画

1 回到主场景，分别在图层1和图层2的第30帧按【F5】键插入普通帧。

2 单击图层1和图层2中的【锁定】按钮，将图层1和图层2锁定，以免误操作。

3 选择图层1，然后单击【新建图层】按钮，创建图层3，将“新图形元件”拖入舞台，放置在舞台的右侧，如图7.101所示。

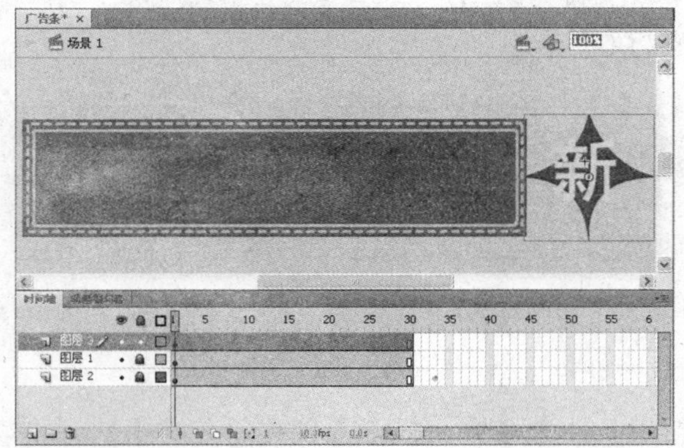

图7.101 将元件拖入舞台

4 选择图层3的第30帧，按【F6】键插入关键帧，并将“新”移到舞台的左方，如图7.102所示。

5 选择图层3中第1帧至第30帧之间的所有帧，单击鼠标右键，在弹出的快捷菜单中选择【创建补间动画】选项。

6 选择图层3的第4帧，调整“新”在舞台中的位置，如图7.103所示。

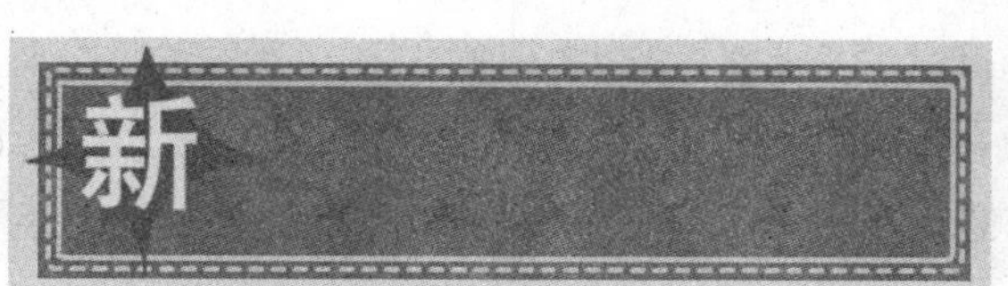

图7.102　移动元件位置

图7.103　调整第4帧中元件的位置

7 选中补间动画的第4帧后，在【属性】面板中可以设置元件运动的缓动值及旋转的次数，如图7.104所示。单击【方向】下拉按钮，打开其下拉列表，可以选择旋转的方向，如图7.105所示。

8 选择方向后即可激活【旋转】区域的文本框，直接输入旋转的角度值即可，如图7.106所示。

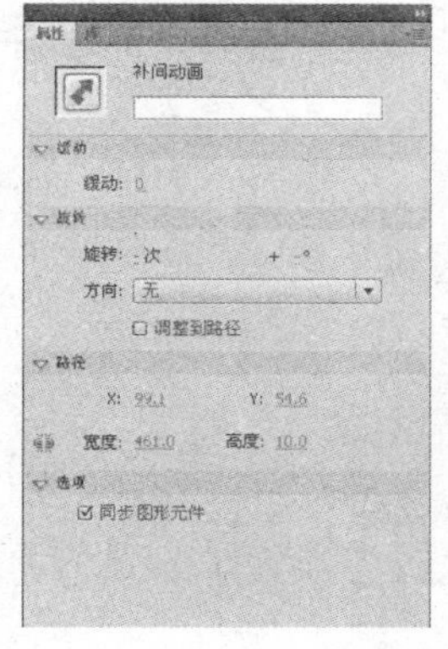

图7.104　【属性】面板

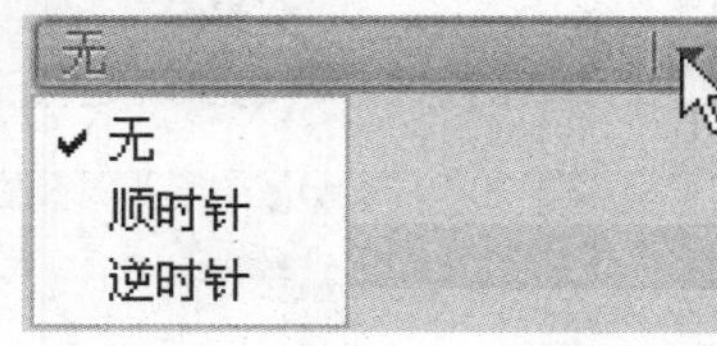

图7.105　【方向】下拉列表

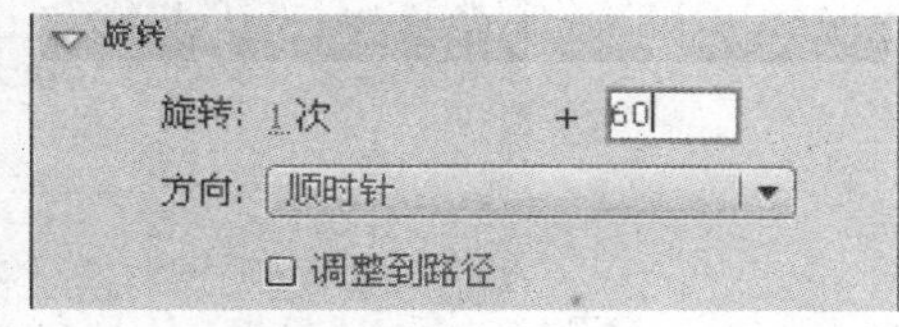

图7.106　输入角度

9 设置旋转的次数，这次输入“15”。

提示　如此设置是为了实现“新”图形元件从右快速旋转着进入场景的效果，设置的旋转次数越多，旋转越快。

10 然后分别选中图层3的第8、12、15、18、22和26帧，并调整“新”字在舞台中的位置，如图7.107所示。

4. 制作“文本”的动画

1 新建图层4，将“文本”图形元件拖入场景的右方，如图7.108所示。

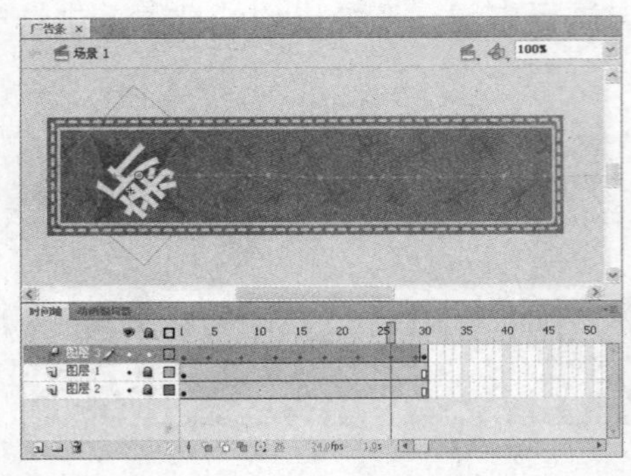

图7.107 分别调整各帧中的元件位置

图7.108 将文本元件拖入工作区

2 选择图层4的第30帧，按【F6】键插入关键帧。

3 选择图层4中第1帧至第30帧之间的所有帧，单击鼠标右键，在弹出的快捷菜单中选择【创建补间动画】选项。

4 将第4帧的“文本”图形元件拖至场景的中间，如图7.109所示。

图7.109 将文本图形元件拖到舞台中央

5 选中第6帧的“文本”图形元件，将其向左移动，再选中第8帧的“文本”图形元件，将其向右移动，效果如图7.110所示。

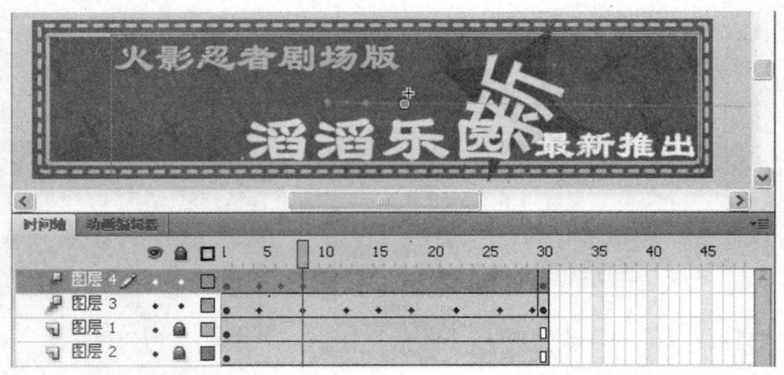

图7.110 移动元件

6 选中第11帧的“文本”图形元件，将其向中心缩小，再选择第13帧的“文本”图形元件，将其放大。

7 用同样的方法，将第15帧的“文本”图形元件向中心缩小，如图7.111所示，再选中第17帧的“文本”图形元件，将其放大，如图7.112所示。

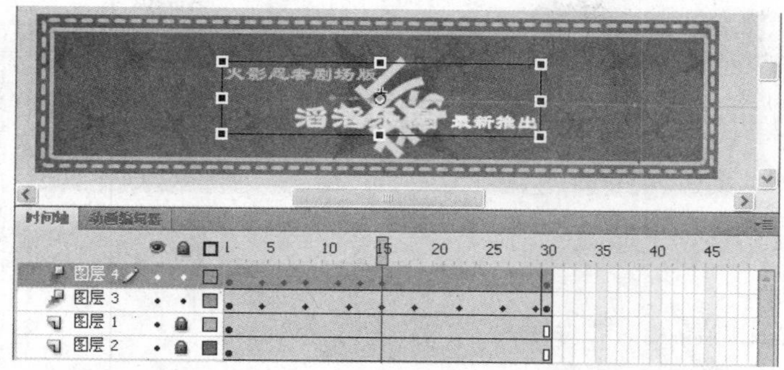

图7.111　缩小元件

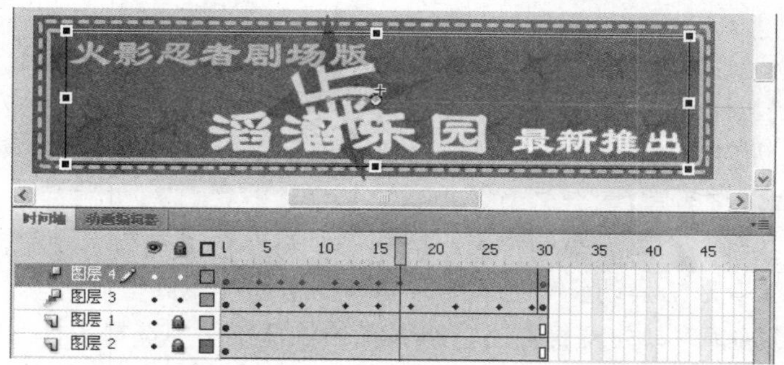

图7.112　放大元件

8 选中第21帧的“文本”图形元件，将其放大，在【属性】面板中进行设置，如图7.113所示。

图7.113　设置透明度

9 选中第25帧的“文本”图形元件，将其缩小到与第4帧相同大小，并将透明度改变为“100%”。

10 选中第27帧的“文本”图形元件，将其向右移动，再选中第30帧的“文本”图形元件，将其移至场景左方，如图7.114所示。

图7.114　移动元件

11 按【Ctrl+Enter】组合键测试动画，即可看到广告文字变幻的效果，参考图7.93所示。

7.3.2 制作桃花朵朵开

图7.115 桃花朵朵开

最终效果

动画制作完成的最终效果如图7.115所示。

解题思路

1 绘制矢量图形。
2 插入帧及空白关键帧。
3 创建补间形状。

操作提示

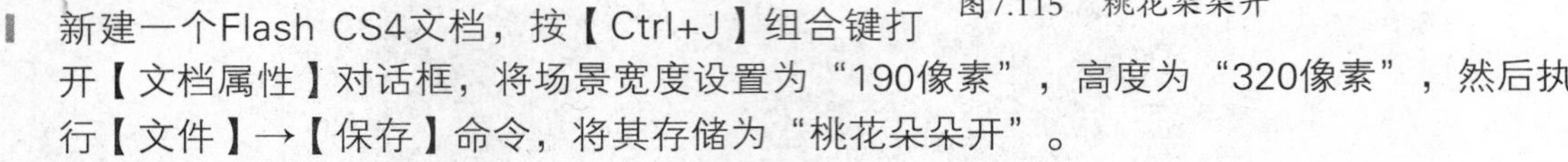

1 新建一个Flash CS4文档，按【Ctrl+J】组合键打开【文档属性】对话框，将场景宽度设置为“190像素”，高度为“320像素”，然后执行【文件】→【保存】命令，将其存储为“桃花朵朵开”。

2 双击图层1名称，将图层1重命名为“背景”。

3 使用矩形工具绘制一个与背景同样大小的矩形，将颜色填充为“浅蓝色到白色”的渐变色，并利用渐变变形工具调整颜色填充方向，如图7.116所示。

4 选中该图层第100帧，单击鼠标右键，从弹出的快捷菜单中选择【插入帧】选项。

5 单击【新建图层】按钮，新建一个图层，并将其命名为“树干”，使用椭圆工具在背景的左下角绘制一个无边框的棕色椭圆，如图7.117所示。

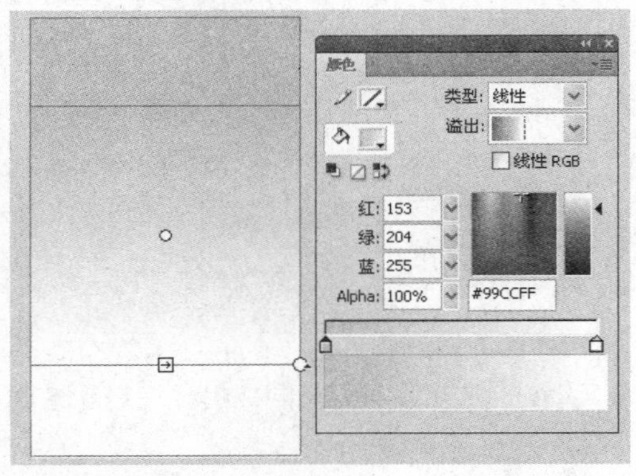

图7.116 绘制背景

图7.117 绘制椭圆

6 在第30帧插入空白关键帧，然后使用刷子工具在画纸中绘制一个棕色的树干图形，如图7.118所示。

7 选中“树干”图层的第1帧和第30帧之间的任意一帧，单击鼠标右键，在弹出的快捷菜单中选择【创建补间形状】选项，创建出树干变形的形状补间动画效果，如图7.119所示。

8 新建图层“桃花”，在该图层的第40帧插入空白关键帧，然后使用椭圆工具在树干图形上绘制多个无边框的粉红色椭圆，如图7.120所示。

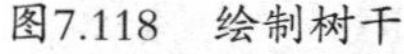

图7.118　绘制树干

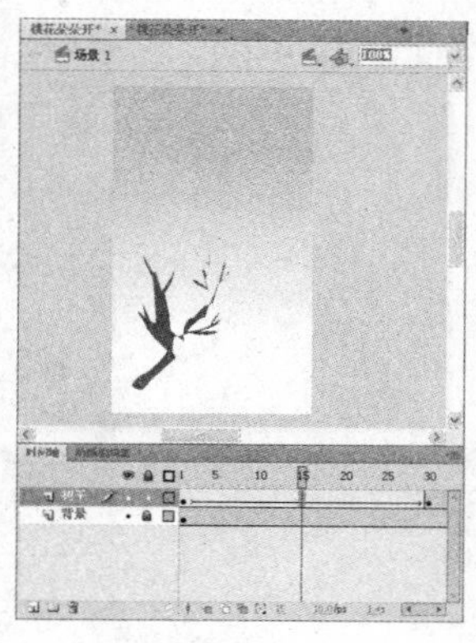

图7.119　创建动画

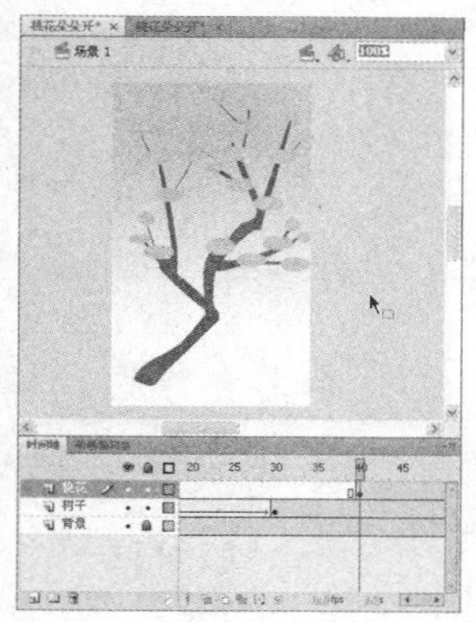

图7.120　绘制椭圆

9 在第75帧插入空白关键帧，使用椭圆工具或刷子工具绘制粉红色的桃花图形，将桃花图形复制多个，然后分别放置到与第40帧中椭圆相对应的位置，并对各桃花图形的大小进行适当调整，效果如图7.121所示。

10 将“桃花”图层第40帧的内容复制到第30帧，并将第30帧中的图形转换为图形元件，然后在【颜色】面板中将粉红色椭圆的【Alpha】值设置为0%，使其完全透明。

11 选中第39帧，按【F6】键插入关键帧，然后选中第30帧，单击鼠标右键，在弹出的快捷菜单中选择【创建传统补间】选项，在第30～40帧创建出桃花由透明逐渐显示的补间动画效果。

12 选中第40帧，单击鼠标右键，在弹出的快捷菜单中选择【创建补间形状】选项，在第40～75帧创建出椭圆逐渐变形为桃花的形状补间动画效果，如图7.122所示。

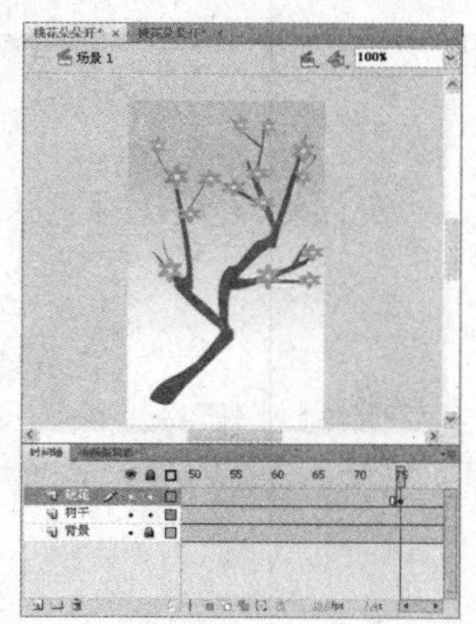

图7.121　绘制并放置桃花图形

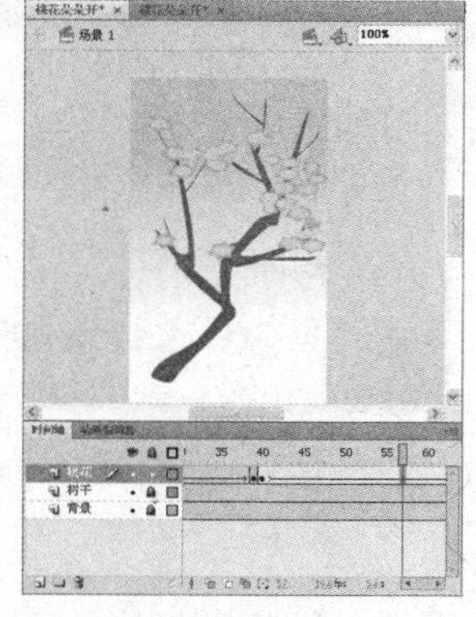

图7.122　创建动画

13 新建“文字”图层，在该图层第80帧插入空白关键帧，使用刷子工具在背景右下角绘制黑色色块，如图7.123所示。

14 在第90帧插入空白关键帧，使用文本工具输入“桃花朵朵开”黑色文字，并按【Ctrl+B】组合键将文字打散，如图7.124所示。

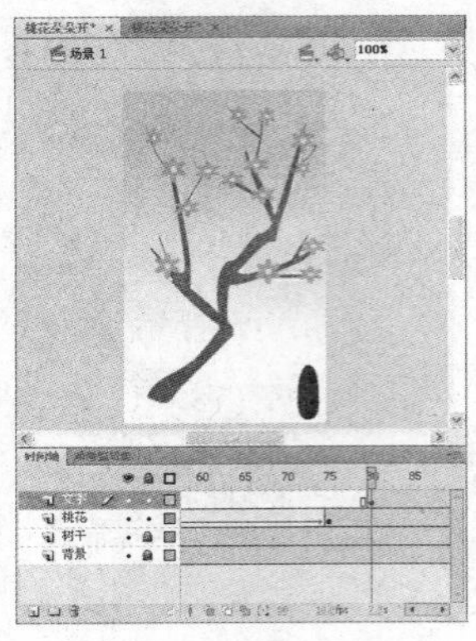

图7.123 绘制黑色色块

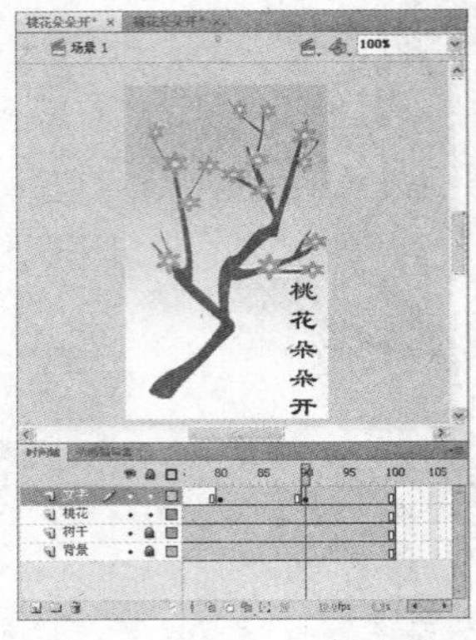

图7.124 输入文字

15 选中第80帧，单击鼠标右键，在弹出的快捷菜单中选择【创建补间形状】选项，在第80～90帧创建出色块变形为文字的形状补间动画效果。

16 按【Ctrl+Enter】组合键测试动画，即可看到本例制作的“桃花朵朵开”动画效果，参考图7.115所示。

提示 在制作此动画的过程中，如果出现桃花在变化时位置出现交错的情况，可通过为相应的椭圆和桃花图形添加形状提示的方法来处理。

7.4 答疑与技巧

问 在制作Flash动画时，可以只采用逐帧动画的方式吗？

答 可以，但是因为逐帧动画文件大，且制作复杂，建议通常情况下最好采用补间动画。

问 使用逐帧动画为什么会增加Flash文件体积？

答 因为逐帧动画的特点，一个连续动作需要由许多个关键帧组成，所以会增加文件的体积。而且逐帧动画的制作过程比较复杂，所以要有目的地使用逐帧动画，把作品中最能体现主体的动作、表情用逐帧动画来表现即可。

问 动作表现越细腻的动画，是否就需要越多的帧？

答 逐帧动画的帧数与动作表现的细腻程度有关系。同样一个举手的动作，用3帧完成和利用5帧完成，效果是不一样的。但是并不是说动作表现越细腻，就需要越多的帧，这是相对的，不是绝对的。一个幅度比较小的动作，就不需要很多帧去完成。另外，在作品中不是起到关键作用，不是表现主题的动作也可以适当地放宽帧数的限制，以减轻制作动画效果的工作强度。

问 在做形状渐变的时候，为什么要把文本、位图等矢量化？

答 形状渐变动画是Flash基本动画之一，在Flash创作中应用范围较广。形状渐变动画是基于形状来完成的，所以我们必须要保证制作形状渐变动画的素材为图形。在

Flash中有两种图形分类，一种是位图图形，另一种为矢量图形。只有矢量图形才能制作形状渐变动画。位图、文本、元件等都不可以制作此效果。我们只有通过“分离”对象才可以达到效果。

问 创建了动作补间动画，在动作补间动画的关键帧中添加图形后，为何创建成功的动画会出现标志？

答 动作补间动画只能在两个关键帧之间为相同的图形创建动画效果。在创建成功的动画中添加图形、文字或元件等内容，就使得两个关键帧中的图形出现差异，破坏了动作补间动画的创建条件。因此，已创建好的动作补间动画会自动解除。如果需要表现多个图形所出现的相同变化，可在创建补间动画前，就在起始帧和结束帧中绘制这些图形，然后再创建动画。如果要表现多个图形出现的不同变化，则需要为不同图形创建动作补间动画，然后通过创建的多个动作补间动画来表现或利用形状补间动画来表现。

问 在利用元件创建动作补间动画后，在其后方插入关键帧，并放入其他元件时，为何会自动变为动作补间动画中的元件？遇到这种情况应如何处理？

答 出现这种情况是因为Flash CS4将新元件误认为动作补间动画中的元件，并自动创建了动作补间动画造成的。对于这种情况，可通过以下两种方法来处理：一是在创建动作补间动画后，选中动作补间动画的终止关键帧，单击鼠标右键，在弹出的快捷菜单中选择【删除补间】命令，然后再执行插入关键帧并放入元件的操作。二是在动作补间动画的结束关键帧和插入的关键帧之间，插入空白关键帧，通过空白关键帧将其分隔开。

问 为什么不能对补间形状添加形状提示？

答 只有满足以下3点，才能对补间形状添加形状提示。

1. 前后两个帧的图形尽量不一样。
2. 前后两个帧的图形都是打散的。若不是，先选中第一个图形，再按【Ctrl+B】组合键将其打散，再选中第二个图形，也按【Ctrl+B】组合键将图形打散。
3. 在属性中的补间选形状，不选动画。这时选中第一帧后，执行【修改】→【形状】→【添加形状提示】或按【Ctrl+Shift+H】组合键。

如果不满足上述3点，“添加形状提示”功能会被禁用。

结束语

本章对Flash CS4中的4种基本动画类型（即逐帧动画、补间形状动画和传统补间动画以及基于对象的补间动画）的基本概念和创建方法进行了介绍，并通过多个实例，对这4种动画进行了针对性的练习。由于逐帧动画要求作者具备一定的绘画基础，因此补间动画的应用比较多，制作方法也比较简单，读者除了练习本章所提供的实例之外，还要多进行实战演练，从而制作出更加五彩缤纷的动画。

Chapter 8

第8章 元件与库

本章要点

入门——基本概念与基本操作

- 创建与编辑元件
- 库的基本操作

进阶——典型实例

- 制作水晶按钮
- 制作恭喜发财动画
- 制作会飞的按钮

提高——自己动手练

- 制作幻彩按钮
- 制作放风筝动画

答疑与技巧

本章导读

在制作动画的过程中，往往会重复使用某些素材或动画等，若每次都从外面导入或重新制作，很浪费时间，这时可以将素材转换为元件，从而解决重复使用的问题。因此在制作动画之前要学会创建与编辑元件。

8.1 入门——基本概念与基本操作

元件是Flash动画中可以反复使用的一个小部件，它可以是图片按钮或一段小动画。每个元件都有一个唯一的时间轴、舞台及几个层。元件可以反复使用，不但大大提高了工作效率，而且可以很大程度地减小动画的体积。

Flash动画是由帧组成的，制作动画实际就是对帧的编辑。涉及到多个对象的动画需要将各对象放在不同的图层中，这样在对各对象编辑时才不会影响到其他对象。掌握了帧和图层的基本操作，才能够使图形随着帧的播放而运动。

下面我们就来学习这些基础知识。

8.1.1 创建与编辑元件

一幅优秀的Flash动画一般都由很多小动画和素材组成，若将这些小动画和素材全部体现在一个时间轴上几乎是不可能的，这就需要将这些小动画制作成元件，待需要的时候再调用。本节将介绍创建和编辑元件的方法。

1. 创建元件

在Flash CS4中，元件是在元件库中存放的各种图形、动画、按钮或者引入的声音和视频文件。Flash中的元件包括3种类型：图形元件、按钮元件和影片剪辑元件。不同类型的元件可产生不同的交互效果，在创建动画时，应根据动画的需要来制作不同的元件。

创建图形元件

图形元件用于创建可反复使用的图形，通常用于静态的图像或简单的动画，它可以是矢量图形、图像、动画或声音。图形元件的时间轴和影片场景的时间轴同步运行，但它不能添加交互行为和声音控制。

创建图形元件主要有两种方法：一是创建一个空白元件，在元件的编辑窗口中编辑元件；二是选中当前工作区中的对象，然后将其转换为元件。

创建一个空白元件是使用频率最高的一种方法。在Flash CS4中，新建一个空白图形元件的操作步骤如下：

1 新建一个Flash CS4文档。

2 执行【插入】→【新建元件】命令（或按【Ctrl+F8】组合键），弹出【创建新元件】对话框，如图8.1所示。

3 在【名称】文本框中输入新元件的名称。

4 在【类型】下拉列表框中选择【图形】选项，如图8.2所示。

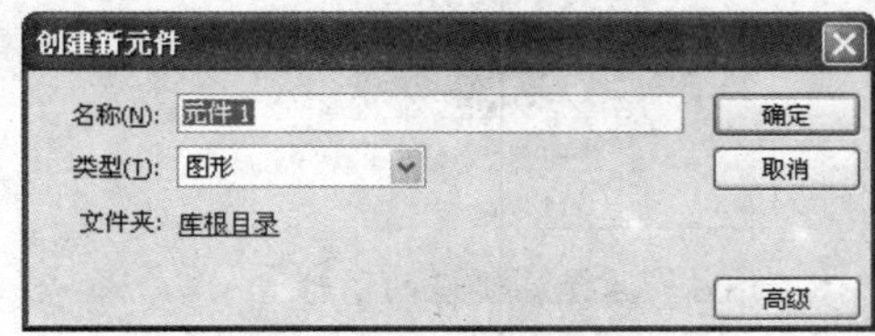

图8.1　【创建新元件】对话框

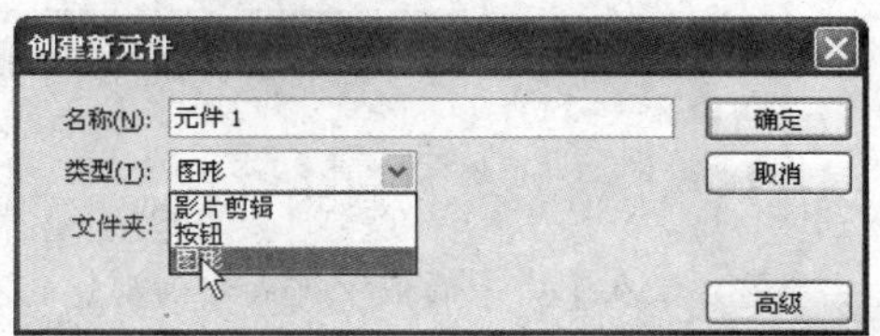

图8.2　选择【图形】选项

5 单击【确定】按钮，进入到图形元件的编辑状态，如图8.3所示。

6 在图形元件的编辑状态下，可以使用Flash CS4【工具】面板中的绘图工具或文本工具来绘制图形或输入文本，也可以导入或粘贴外部的图形对象，然后使用Flash CS4提供的功能对这些对象进行变形及翻转等编辑处理，如图8.4所示。

图8.3 图形元件的编辑状态

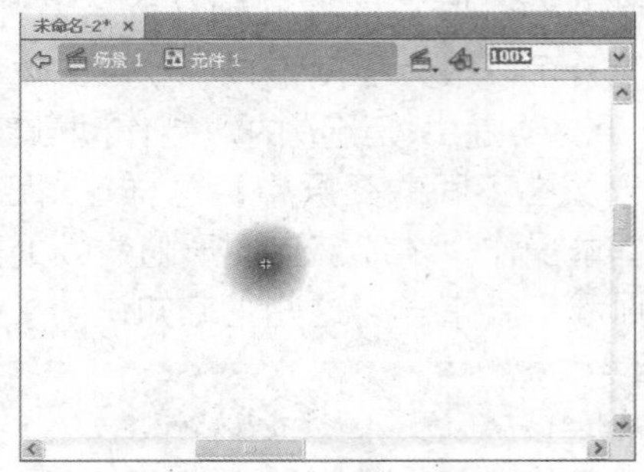

图8.4 编辑图形元件

提示 新建的图形元件自动保存在库中，执行【窗口】→【库】命令（或按【Ctrl+L】组合键），在弹出的【库】面板中便可以看到刚创建的图形元件，如图8.5所示。

7 单击【时间轴】面板上的场景名称场景 1，可返回到场景的编辑状态。

8 在【库】面板中，选择刚创建的图形元件，将其拖曳到舞台中，该元件就可以应用到动画制作过程中了。

在制作动画的过程中，经常会遇到这样的情况，由于事先没有想好动画制作的每一个细节，在主场景中制作的图形在动画中又需要反复使用，这时就可以将其转换为图形元件。既可以将导入的图片转换为图形元件，还可以将现有对象转换为元件，具体操作步骤如下：

1 选中当前舞台中编辑好的对象，如图8.6所示。执行【修改】→【转换为元件】命令（或按【F8】快捷键），弹出【转换为元件】对话框。在【名称】文本框中输入元件的名称，在【类型】下拉列表框中选择【图形】选项，如图8.7所示。

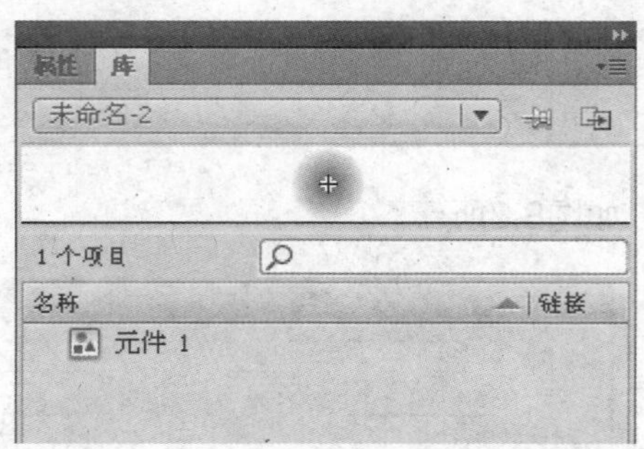

图8.5 在【库】面板中可看到刚创建的图形元件

图8.6 选择编辑好的图形

2 单击【库根目录】按钮，打开【移至…】对话框，可以设置此元件保存的目标文件夹，如图8.8所示。选择文件夹名称后，单击【选择】按钮即可。

图8.7　【转换为元件】对话框

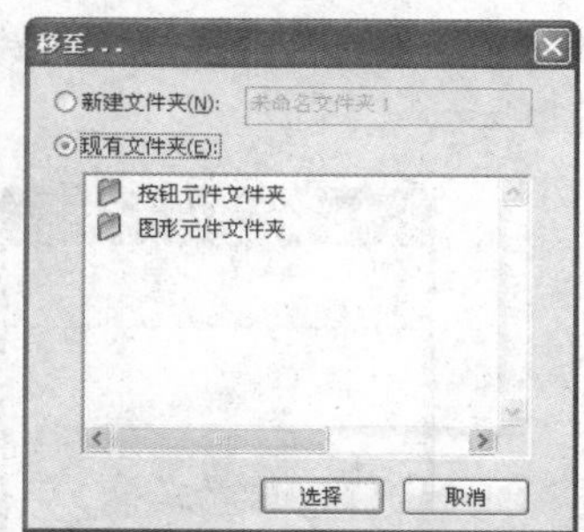

图8.8　设置元件所在文件夹

3 最后单击【确定】按钮，即可将选择的图形对象转换为图形元件。

4 执行【窗口】→【库】命令（或按【Ctrl+L】组合键），在弹出的【库】面板中便可以找到刚刚转换的图形元件。

提示　同使用一个新创建的图形元件一样，将刚刚转换好的元件应用到舞台时，只要用鼠标把元件拖曳到舞台中即可。

创建按钮元件

按钮元件用于创建影片中的交互按钮，通过事件来激发它的动作。按钮元件有弹起、指针经过、按下和单击4种状态。每种状态都可以通过图形、元件及声音来定义。创建按钮元件时，按钮编辑区域中提供了这4种状态帧。当用户创建了按钮后，就可以给按钮实例分配动作。

按钮元件与图形元件不同，它是Flash CS4中的一种特殊元件。按照创建图形元件的方法进入按钮元件的编辑状态，按钮元件的时间轴如图8.9所示。

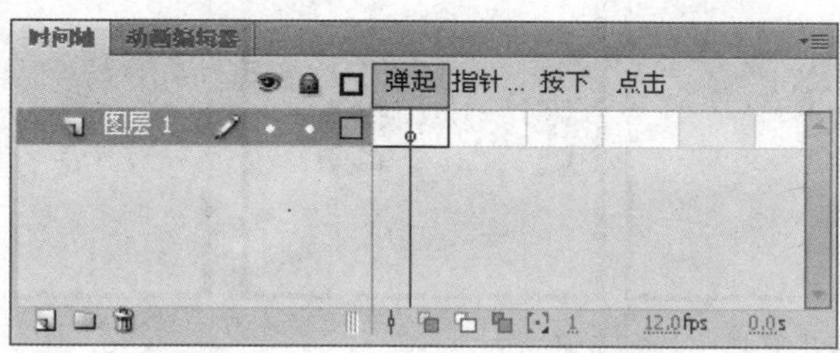

图8.9　按钮元件的时间轴

4种状态帧的意义如下：

- **弹起：** 指鼠标指针没有接触按钮时的状态，是按钮的初始状态，其中包括一个默认的关键帧，可以在这个帧中绘制各种图形或者插入影片剪辑元件。
- **指针经过：** 指鼠标移动到该按钮的上面，但没有按下鼠标时的状态。如果需要在鼠标移动到该按钮上时出现一些内容，可以在“指针经过”状态帧中添加内容。
- **按下：** 指鼠标移动到按钮上面并且按下了鼠标左键时的状态。如果需要在按下按钮的时候发生变化，就要在“按下”状态帧中绘制图形或者放置影片剪辑元件。
- **点击：** 指定义鼠标有效的点击区域，在Flash CS4的按钮元件中，这是非常重要的一帧，可以使用按钮元件的“点击”状态帧来制作隐藏按钮。

分别编辑每个状态帧中的图形，编辑完成后回到主场景中，此时在【库】面板中即可看到刚刚创建的按钮元件，将其拖动到场景中，按【Ctrl+Enter】组合键可预览其效果，如图8.10所示。

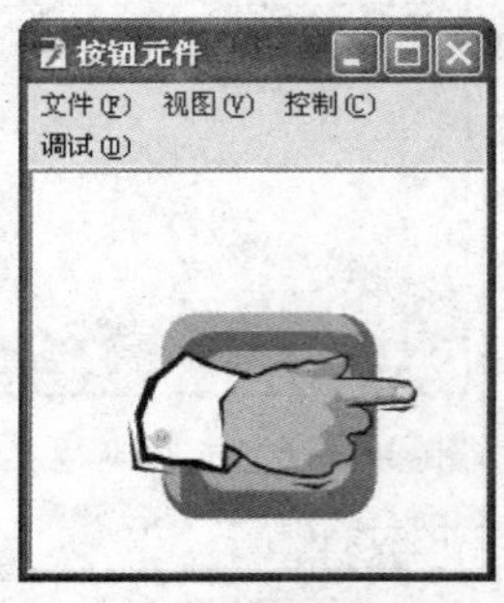

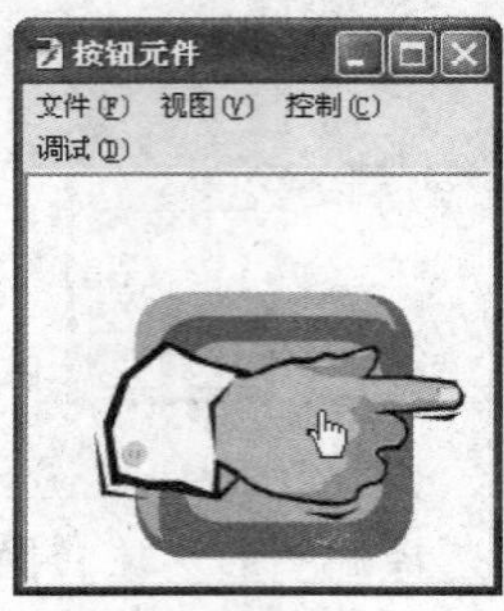

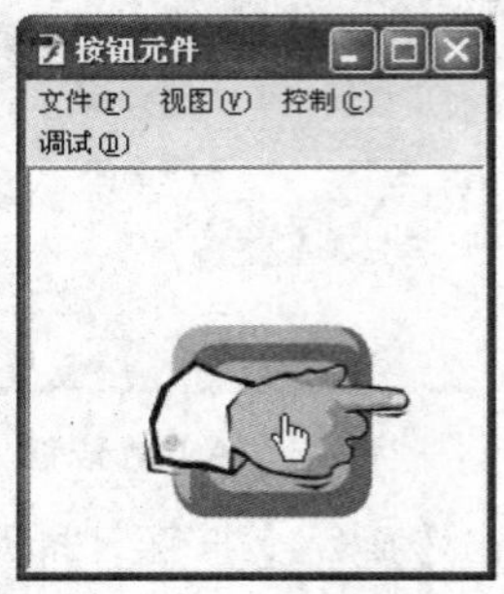

图8.10　预览按钮元件实例（由左至右分别为：弹起状态、指针经过状态、单击状态 ）

创建影片剪辑元件

影片剪辑元件是主动画的一个组成部分，是功能最多的元件。它和图形元件的主要区别在于它支持ActionScript和声音，具有交互性。影片剪辑元件本身就是一段小动画，能够独立播放，可以包含交互控制、声音以及其他的影片剪辑的实例，也可以将它放置在按钮元件的时间轴中来制作动画按钮。

在制作动画的过程中，当需要重复使用一个已经创建的动画片段时，最好的办法就是将这个动画转换为影片剪辑元件，或者是新建影片剪辑元件。转换和新建影片剪辑元件的方法和图形元件大体相同，编辑的方式也很相似。如图8.11所示是将影片剪辑元件拖入舞台后进行预览的效果。

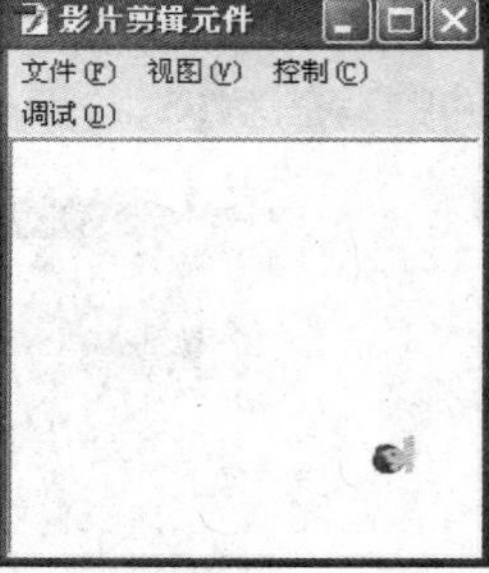

图8.11　影片剪辑元件预览效果

提示　影片剪辑元件在主动画播放的时间轴上需要一个关键帧。

2. 修改元件实例

当创建了元件并将其添加到场景中以后，实际上是在舞台中放置了一个元件实例，在动画制作中的任何位置，也包括在其他元件中，都可以创建元件的实例。实例是元件的一个简单的复制品，在动画制作中可以编辑这些实例，而对这些实例的编辑不会对元件本身产生任何的影响。

修改图形元件与修改按钮元件和影片剪辑元件的步骤大体相同，这里以修改影片剪辑元件为例进行介绍，具体操作步骤如下：

1 在舞台中选择一个影片剪辑元件的实例，此时的【属性】面板如图8.12所示。

2 在【实例名称】文本框中可以给影片剪辑元件的实例命名，为实例定义一个名称，方便后面添加ActionScript语句时引用它。单击【交换】按钮，在弹出的【交换元件】对话框中可以将当前的实例更改为其他元件的实例，如图8.13所示。

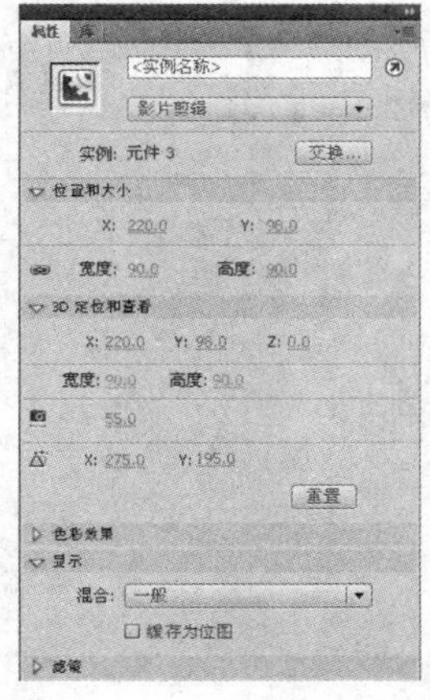

图8.12　影片剪辑元件实例的【属性】面板

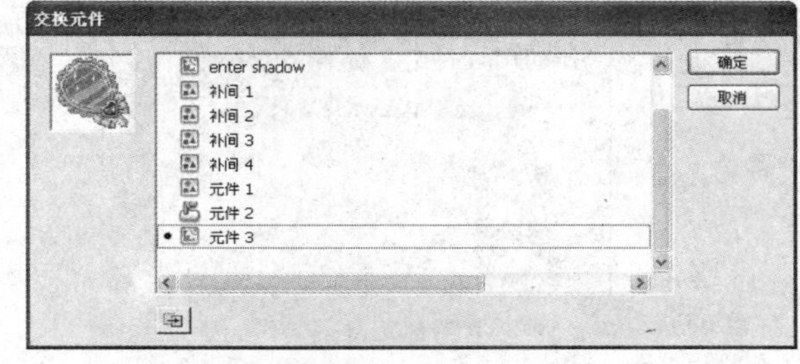

图8.13　【交换元件】对话框

3 单击【样式】下拉列表框右边的下拉按钮，打开其下拉列表。可以通过其中的选项设置影片剪辑元件的色彩属性。

【样式】下拉列表包含【无】、【亮度】、【色调】、【高级】和【Alpha】等5个选项，如图8.14所示，除选项【无】外，其他各选项含义如下：

- **亮度**：选择【样式】下拉列表中的【亮度】选项，在其下侧将出现设置亮度的滑块与数值框，如图8.15所示。通过更改亮度值可以更改实例的明暗程度。

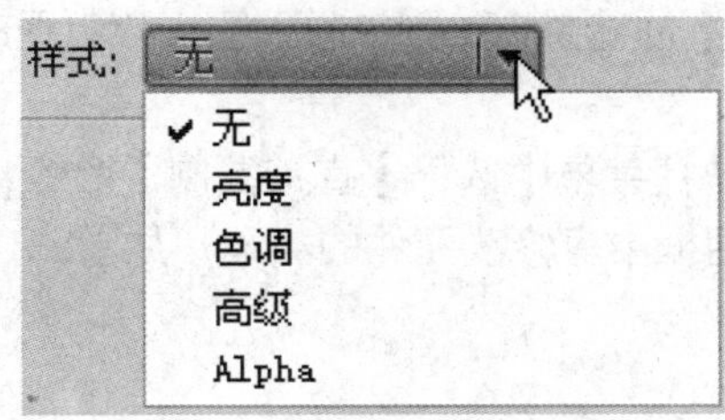

图8.14　【样式】下拉列表

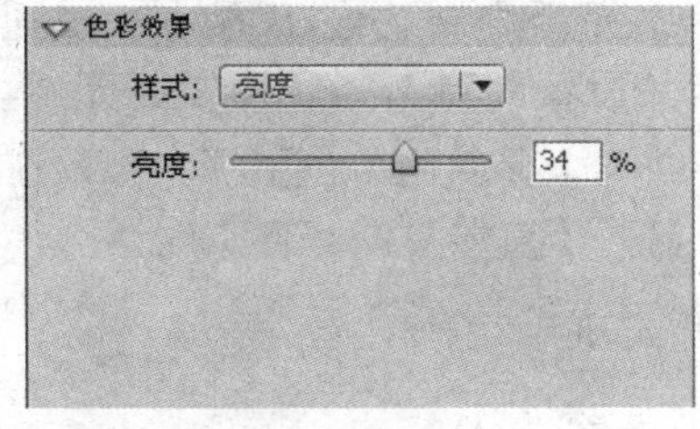

图8.15　设置实例颜色的亮度

- **色调**：选择【样式】下拉列表中的【色调】选项，在其下侧将出现与色调相关的设置选项，如图8.16所示。通过色调的改变可以更改实例的颜色。
- **Alpha**：选择【样式】下拉列表中的【Alpha】选项，在其下侧将出现设置透明度的滑块与数值框，如图8.17所示。通过调整透明度可以更改实例的透明程度。
- **高级**：选择【样式】下拉列表中的【高级】选项，在其下侧可设置元件实例的高级效果，如图8.18所示，可以调整红、绿和蓝的颜色值，也可以设置透明度的效果。

4 单击【混合】选项右侧的下拉列表框，选择所需要的影片剪辑元件的混合模式，如图8.19所示。

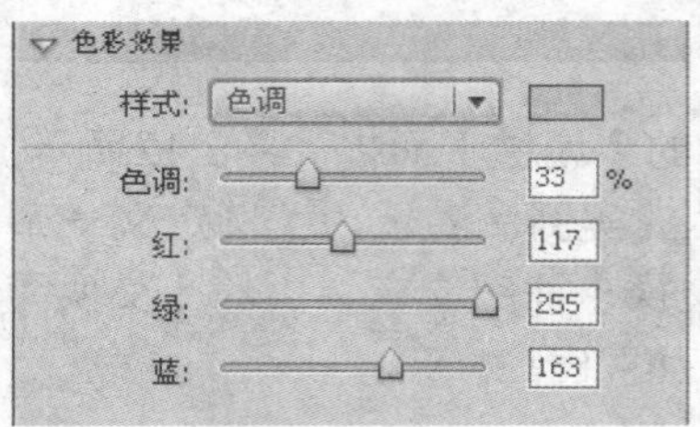

图8.16 设置色调

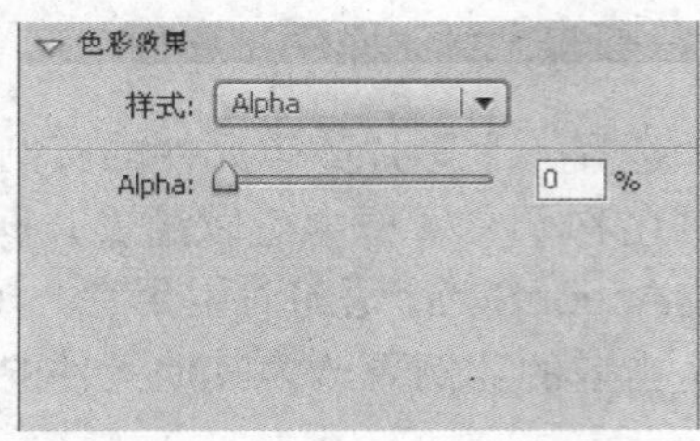

图8.17 设置透明度

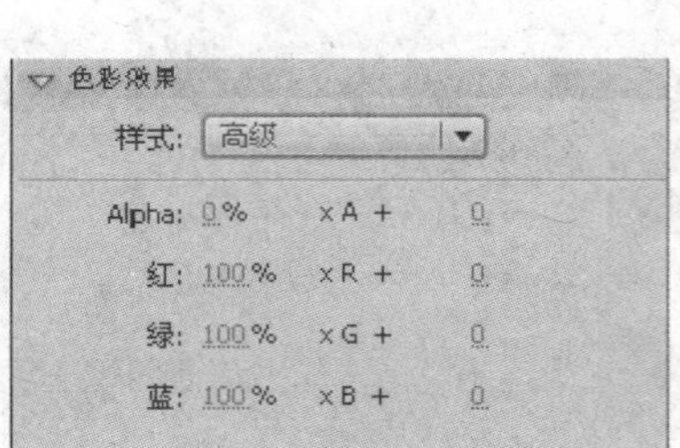

图8.18 【高级效果】对话框

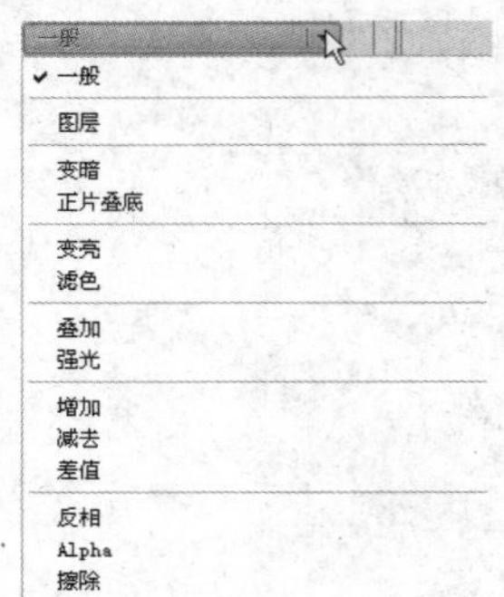

图8.19 混合模式

8.1.2 库

Flash CS4的元件都存储在【库】面板中，用户可以在【库】面板中对元件进行编辑和管理，也可以直接从【库】面板中拖曳元件到场景中制作动画。

1. 元件库的基本操作

在【库】面板中可对元件进行各种操作，如新建元件、更改元件属性、删除元件、新建元件文件夹分类管理元件和重命名元件等操作。

1 在【库】面板中单击左下方的按钮，弹出【创建新元件】对话框，参考图8.1所示，完成相关设置即可新建所需要的元件。

2 选中库中某个元件后单击鼠标右键，在弹出的快捷菜单中选择【直接复制】命令，如图8.20所示，打开【直接复制元件】对话框，在该对话框中可修改元件的类型，如图8.21所示。

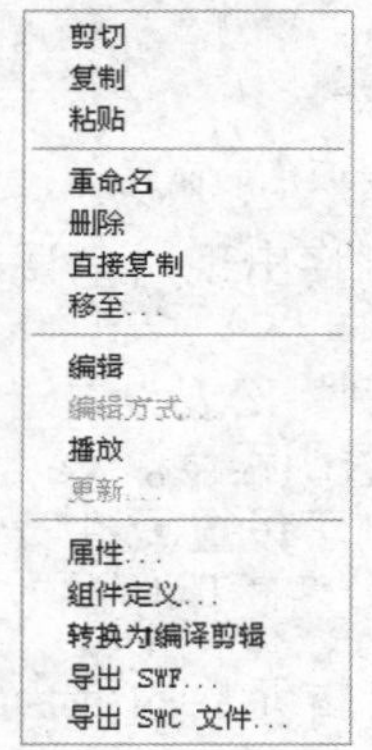

图8.20 选择【直接复制】命令

图8.21 【直接复制元件】对话框

提示 复制元件后，原有的元件依然存在，只是将新创建的元件复制到【库】面板中。

3 选中库中某个元件后单击按钮将打开【元件属性】对话框，如图8.22所示。在该对话框中可以查看和更改元件属性。

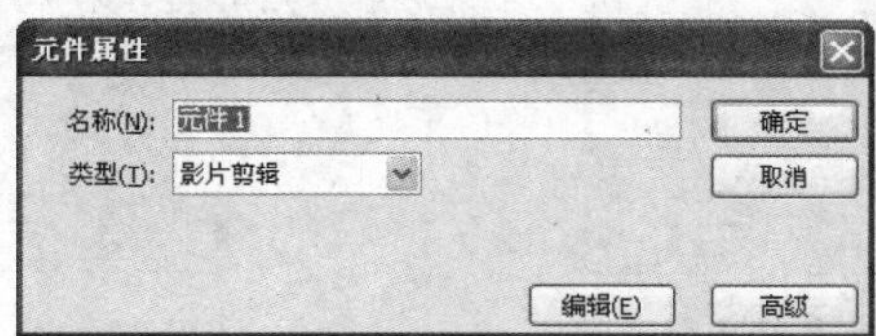

图8.22 【元件属性】对话框

提示 在【元件属性】对话框中可以改变元件的属性，用鼠标右键单击【库】面板中需要设置的元件，在弹出的快捷菜单中选择【属性】选项也可设置元件的属性。

4 如果不需要库中的某些元件，可以将它们删除。在【库】面板中删除不需要的元件，有以下3种方法：

- 在【库】面板中选取不需要的元件，然后按【Delete】键可以将其从库中删除。
- 在【库】面板中选取不需要的元件，单击鼠标右键，在弹出的快捷菜单中单击【删除】命令也可以将其从库中删除。
- 在【库】面板中选取不需要的元件，单击右下方的【删除】按钮可以将其从库中删除。

5 当库中的元件太多时，可以将它们进行整理归类，从而方便选择应用。创建元件文件夹的作用就是对元件进行分类管理。单击左下方的【新建文件夹】按钮可以新建元件文件夹。新建的文件夹名称将呈可编辑状态，这时可输入文件夹的新名称，然后按【Enter】键确认，如图8.23所示。

提示 要将元件放置到元件文件夹中或要从元件文件夹中分离出来，只需使用鼠标进行拖动即可。

6 在元件名称上双击鼠标，元件名称将呈可编辑状态，此时可以对元件名称进行修改。

7 选取【库】面板中的一个元件，在【库】面板上部的预览区中可以对该元件进行预览。如果选中的元件有多个帧，预览区中将出现播放和停止按钮，如图8.24所示。单击按钮，可以对元件中的动画效果进行预览。在预览时单击按钮可以停止预览。

8 单击按钮可使库中的元件排列顺序颠倒，同时按钮变为按钮，再次单击按钮可使元件恢复到原来的排列顺序。

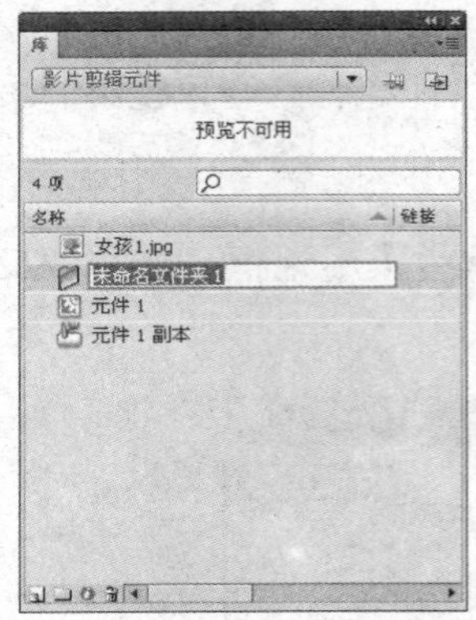

图8.23　新建元件文件夹

图8.24　预览动画效果

2. 调用其他动画的库

在制作Flash动画的过程中，有时需要用到另外一个动画中的元件，此时可以通过打开外部库的方法将其他动画的元件导入到当前动画库中进行应用，具体操作步骤如下：

1 执行【文件】→【导入】→【打开外部库】命令，打开【作为库打开】对话框，如图8.25所示。

2 在【查找范围】下拉列表框中选择动画所在位置，再在列表框中选取一个动画文件，单击【打开】按钮，即可打开该文件的元件库，而不打开该文件，如图8.26所示。

3 在打开的外部库中选取要调入的元件，将其从外部库中拖入当前场景。Flash会在场景中自动创建该元件的实例，并将该元件复制并存入当前动画的图库中，如图8.27所示。

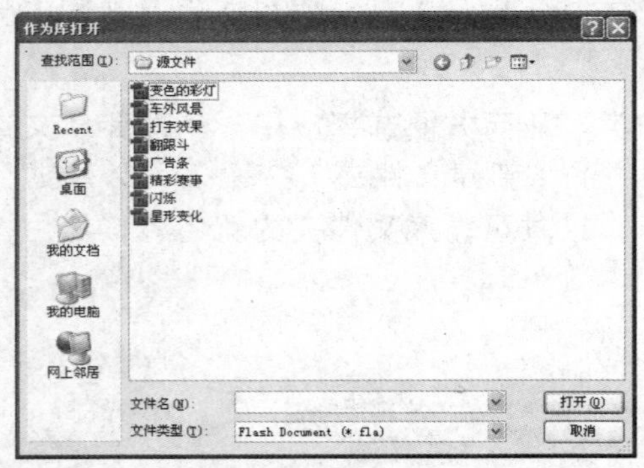

图8.25　【作为库打开】对话框

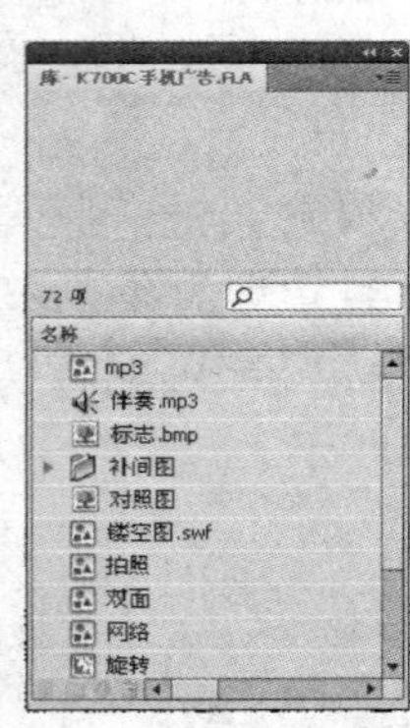

图8.26　打开外部库

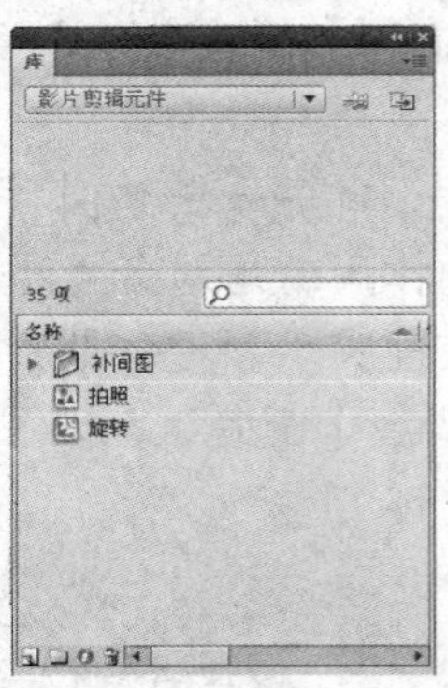

图8.27　当前场景的库

提示　用户只能调用外部库中的元件，但不能对其进行编辑。

3. 公用库

在Flash文档中，创建的元件都将存放到库中。此外，Flash本身还提供了一些预先制作好的元件，它们都存放在公用库中。

使用公用库的具体操作如下：

1 执行【窗口】→【其他面板】→【公用库】命令，将弹出【公用库】子菜单，该子菜单中包括3个对应于3类不同公用库的命令，如图8.28所示。

2 在【公用库】子菜单中可以根据需要选择相应的库，如图8.29所示为打开的3种不同的公用库。“声音”库中提供了不同种类的声音；“按钮”库中提供了不同外观的按钮；“类”库中提供了预设的3个类。

声音
按钮
类

图8.28 【公用库】子菜单

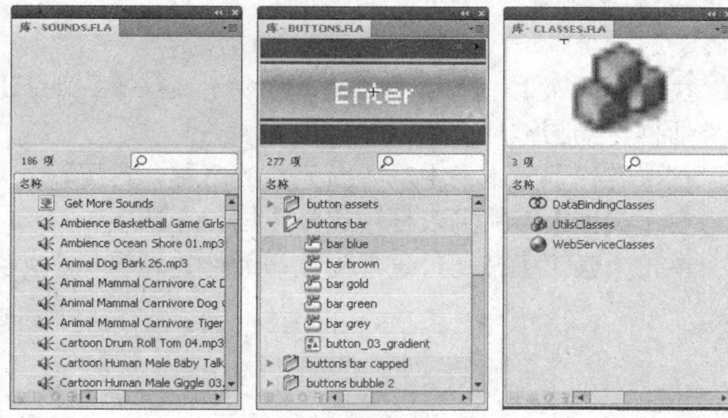

图8.29 3种不同的公用库

3 在打开的公用库面板中选取需要调用的元件，将其拖动进舞台即可。

说明 如果使用了公用库中提供的元件，该元件也会同时添加到当前文档的【库】面板中。

8.2 进阶——典型实例

学习了元件和库的知识，结合前面讲解的文本工具的相关知识，下面我们用几个典型实例来进行实战演练。这些实例与基础知识结合得相当紧密，更体现了文本工具的实用性，读者在操作的同时要用心体会，以便制作出更加精美的动画效果。

8.2.1 制作水晶按钮

最终效果

动画制作完成的最终效果如图8.30所示。

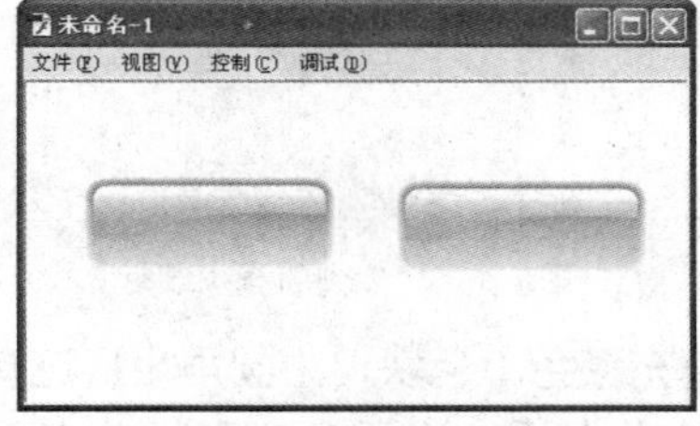

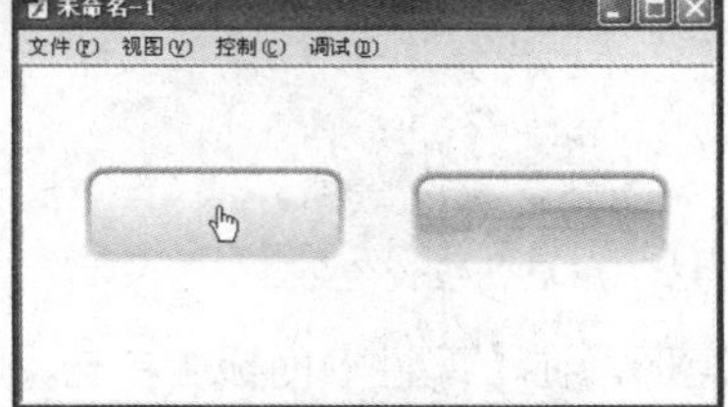

图8.30 水晶按钮最终效果

解题思路

1 绘制图形。
2 填充并调整渐变色。
3 创建按钮元件实例。

操作步骤

1 新建一个Flash CS4文档。
2 执行【插入】→【新建元件】命令（或按【Ctrl+F8】组合键），弹出【创建新元件】对话框，如图8.31所示。
3 在【名称】文本框中输入新元件的名称，这里输入“水晶按钮”。
4 在【类型】下拉列表框中选择【按钮】选项。
5 单击【确定】按钮，进入到按钮元件的编辑状态，如图8.32所示。

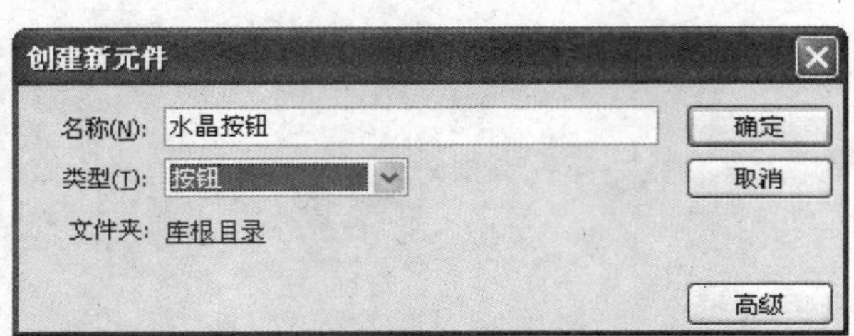

图8.31 【创建新元件】对话框

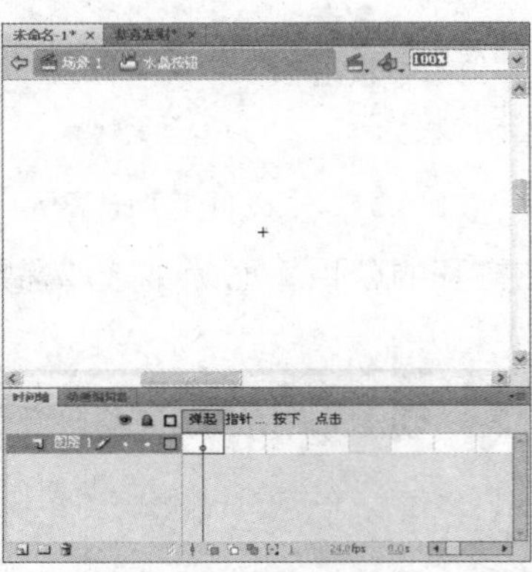

图8.32 进入按钮元件的编辑状态

6 单击【工具】面板中的【矩形工具】按钮，设置矩形的边角半径为“10”，其他设置如图8.33所示。
7 选择【时间轴】面板中的“弹起”帧，并在舞台中绘制一个圆角矩形，如图8.34所示。

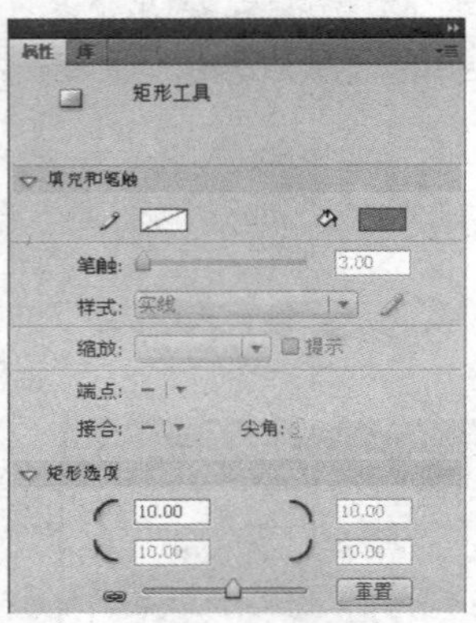

图8.33 矩形属性设置

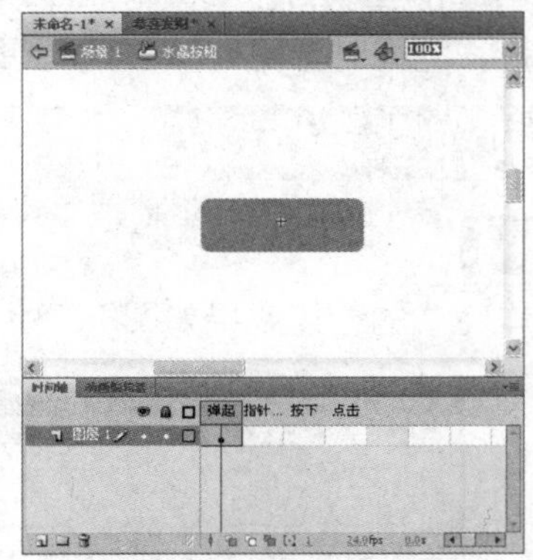

图8.34 绘制圆角矩形

8 选择该圆角矩形，在【属性】面板中单击【填充颜色】色块，为圆角矩形选择渐变填充色。
9 执行【窗口】→【颜色】命令，打开【颜色】面板，将圆角矩形填充色设置为由白到浅灰的渐变，如图8.35所示。

10 选择【工具】面板中的渐变变形工具，把线性渐变的方向调整为从上到下，如图8.36所示。

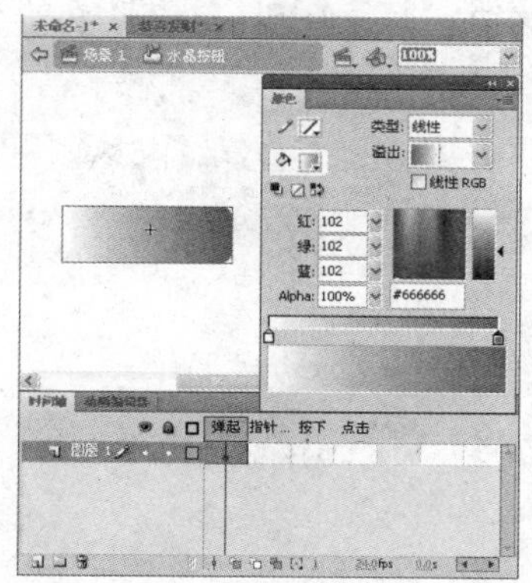

图8.35 设置圆角矩形的渐变色

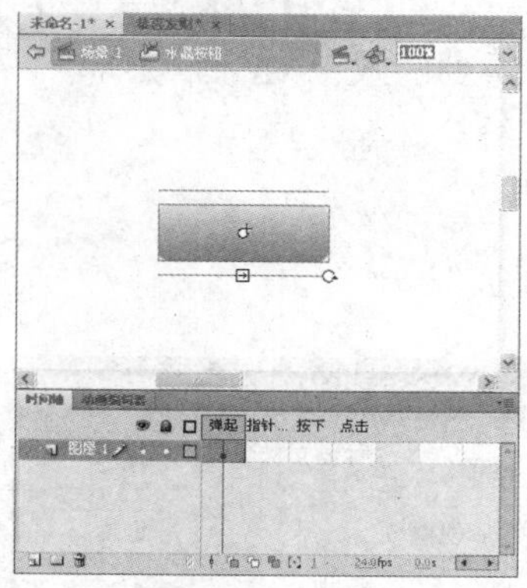

图8.36 调整渐变方向

11 单击【时间轴】面板中的【新建图层】按钮，创建一个新的图层，如图8.37所示。

12 把绘制好的圆角矩形复制到新的图层中，并且对齐到相同的位置，如图8.38所示。

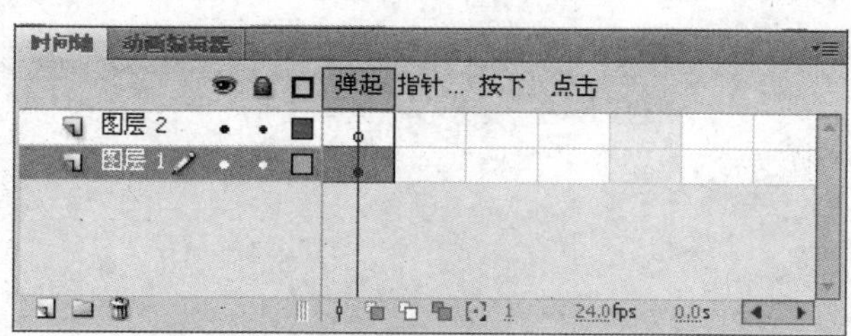

图8.37 创建新的图层2

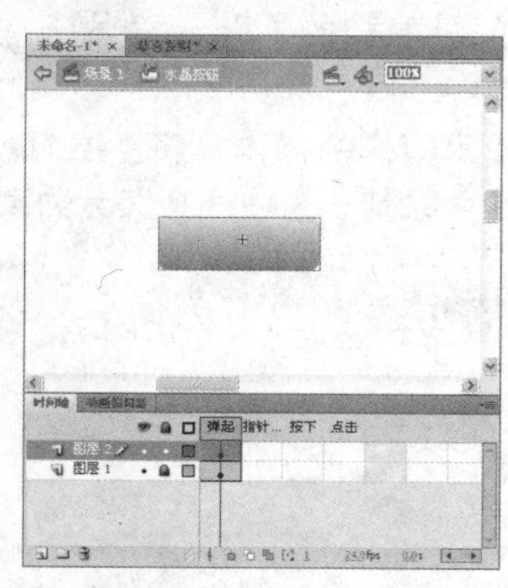

图8.38 把圆角矩形复制到图层2中

13 隐藏图层2，此操作是为了便于编辑图层1中的圆角矩形，如图8.39所示。

14 选中图层1中的圆角矩形，执行【修改】→【变形】→【垂直翻转】命令，改变圆角矩形的渐变方向，如图8.40所示。

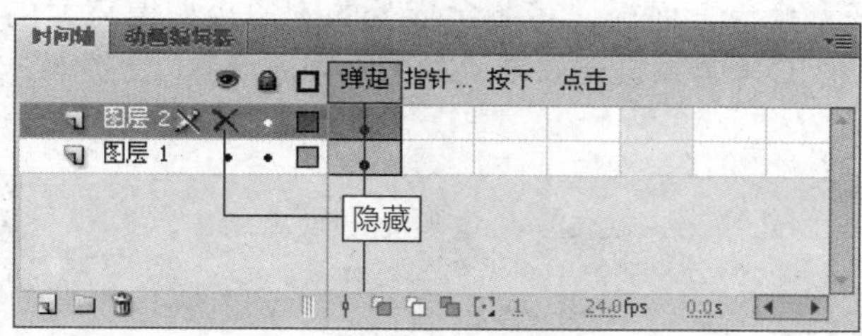

图8.39 隐藏图层2

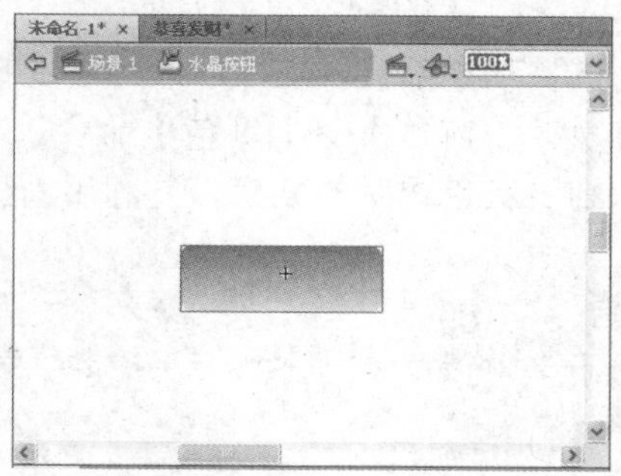

图8.40 翻转圆角矩形

15 选中图层1中的圆角矩形，执行【修改】→【形状】→【柔化填充边缘】命令，打开【柔化填充边缘】对话框，如图8.41所示。

16 在【距离】文本框中设置柔化范围为“10像素”，在【步骤数】文本框中设置柔化步骤数为“5”，在【方向】区域选中【扩展】单选按钮，此操作可以模糊图层1中的圆角矩形边缘，得到的效果如图8.42所示。

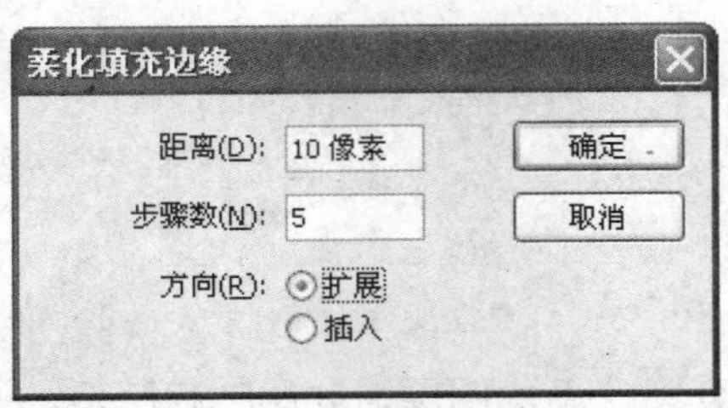

图8.41 【柔化填充边缘】对话框

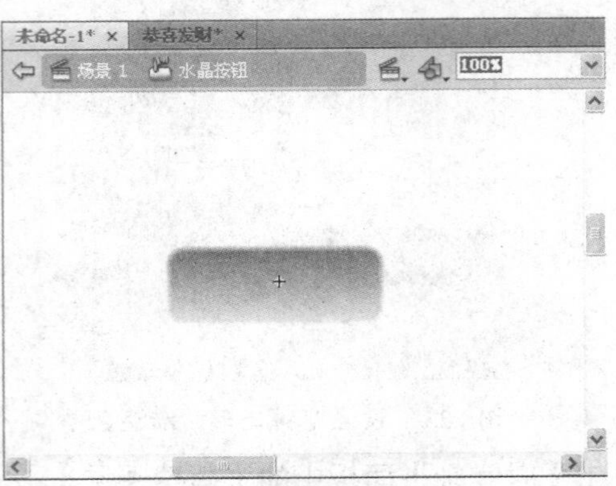

图8.42 设置柔化填充边缘后的效果

17 单击图层2的【显示/隐藏所有图层】按钮，显示被隐藏的图层2，可以看到按钮的效果，如图8.43所示。

18 使用同样的操作，将图层1隐藏起来。单击【工具】面板中的【钢笔工具】按钮，在矩形上绘制一条曲线将其分为上下两部分，如图8.44所示。

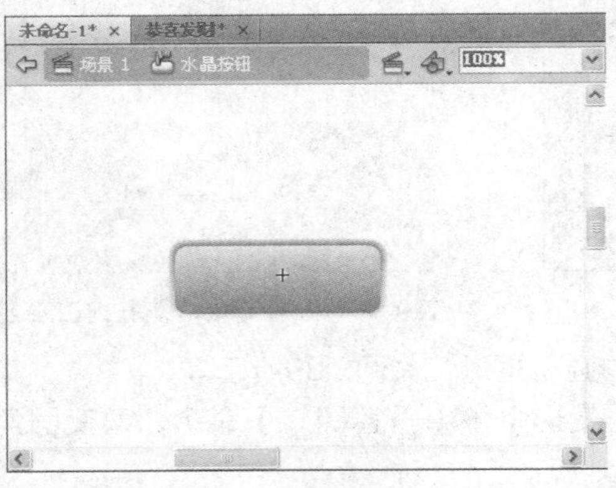

图8.43 按钮效果

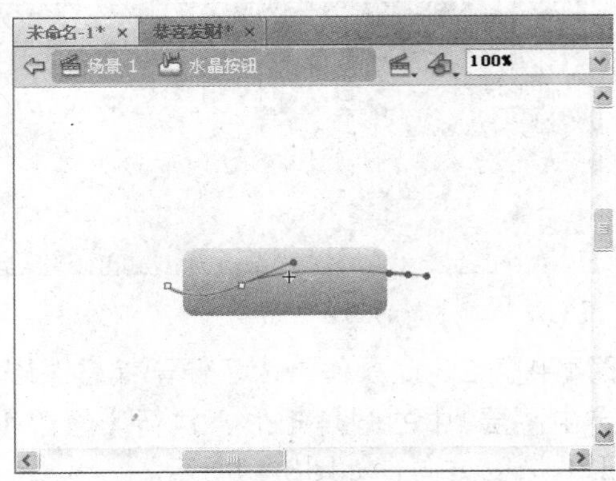

图8.44 绘制线条

19 选择下半部分，按【Delete】键将其删除，并将绘制的线条同时删除，如图8.45所示。

20 执行【窗口】→【颜色】命令，打开【颜色】面板，将剩余部分的圆角矩形填充为由白到浅灰色透明的渐变，并利用渐变变形工具调整填充效果，如图8.46所示。

提示 如果是在对象绘制模式下绘制的矩形，在选取前需要进行分离操作。

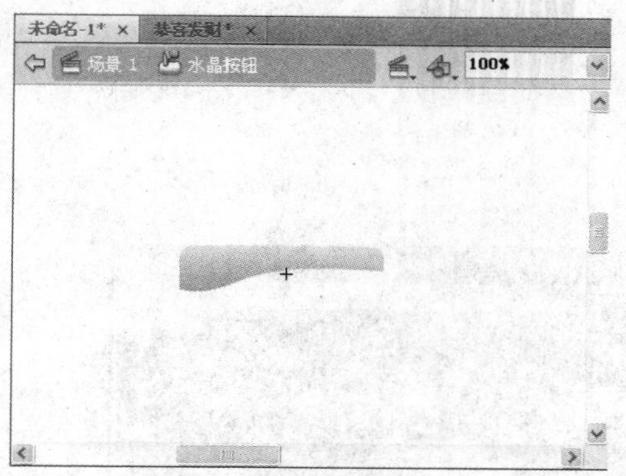

图8.45　只留矩形的上半部分

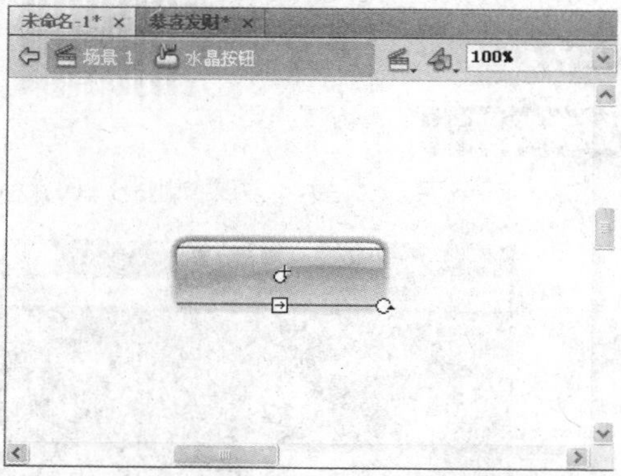

图8.46　填充剩余部分的圆角矩形

21 选择图层1的“指针经过”状态帧，按【F6】键插入关键帧，将圆角矩形的填充色改为由白到浅绿的渐变，并利用渐变变形工具调整渐变方向，如图8.47所示。

22 选择图层1的“指针经过”状态帧，单击鼠标右键，在弹出的快捷菜单中选择【复制帧】选项，将其复制到图层2的“指针经过”状态帧。

23 按照上面的方法分别制作“按下”状态和“点击”状态的圆角矩形。

24 制作完成后，就可以在【库】面板中看到刚刚创建的按钮元件，如图8.48所示。

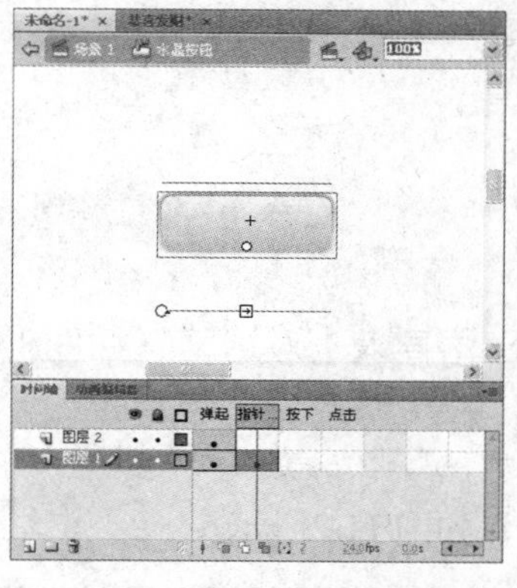

图8.47　“指针经过”状态

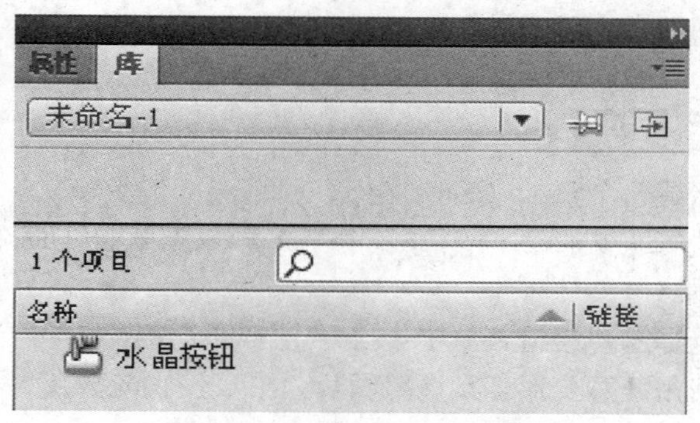

图8.48　【库】面板

25 将按钮元件拖曳到舞台中即可创建按钮的实例，如图8.49所示。

26 按下【Ctrl+Enter】组合键查看按钮的效果，参考图8.30所示。

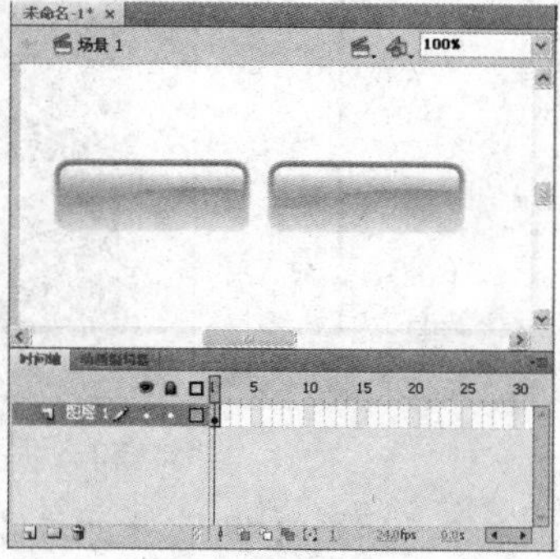

图8.49　创建按钮元件实例

8.2.2 制作恭喜发财动画

最终效果

动画制作完成的最终效果如图8.50所示。

图8.50 恭喜发财动画最终效果

解题思路

1 导入素材图片。
2 创建影片剪辑元件。
3 创建补间动画。

操作步骤

1 新建一个Flash CS4文档。
2 执行【文件】→【导入】→【导入到舞台】命令，弹出【导入】对话框，如图8.51所示。
3 选择图片素材，单击【打开】按钮，将图片导入到舞台中。
4 使用任意变形工具调整图片大小，使它与舞台大小相同，如图8.52所示。

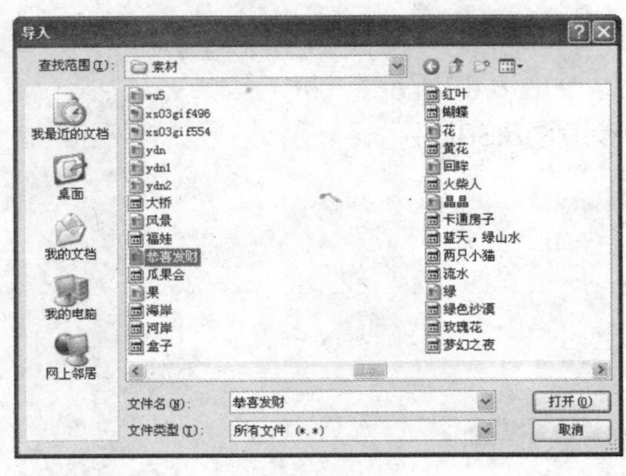

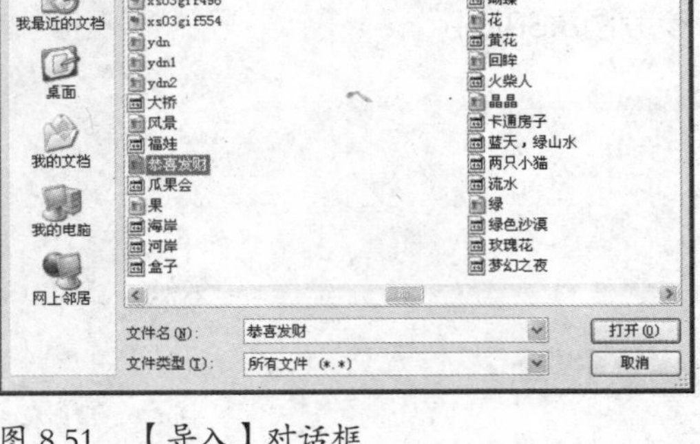

图 8.51 【导入】对话框

图8.52 调整图片大小

5 执行【插入】→【新建元件】命令，打开【创建新元件】对话框。
6 在【名称】文本框中输入元件名称，并在【类型】下拉列表框中选择【影片剪辑】选项，如图8.53所示。

7 单击【确定】按钮，进入到影片剪辑的编辑状态。

8 选择文本工具，分别在舞台中输入“恭”、“喜”、“发”、“财”，并将文本设置为不同的颜色，摆放到合适的位置，如图8.54所示。

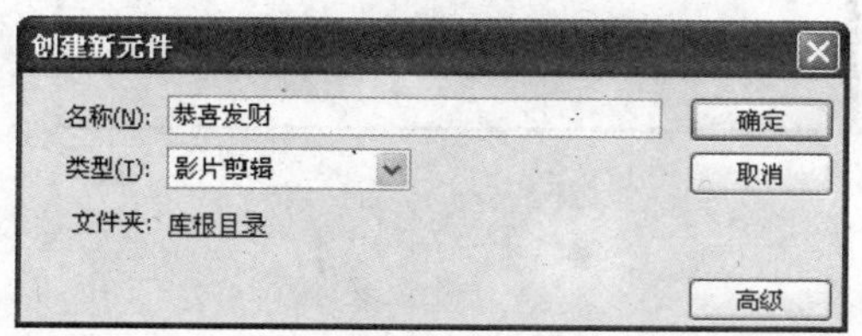

图 8.53　【创建新元件】对话框

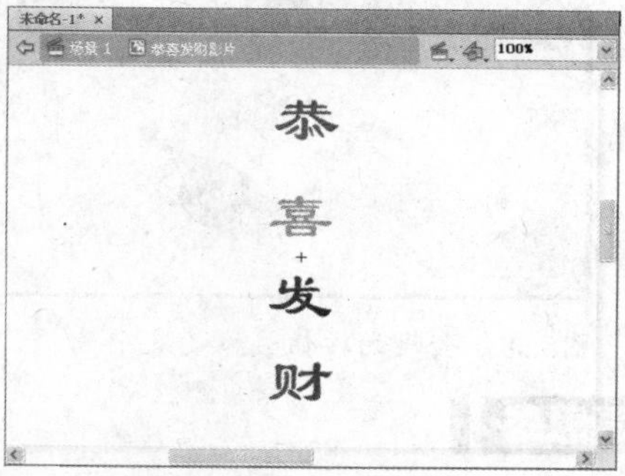

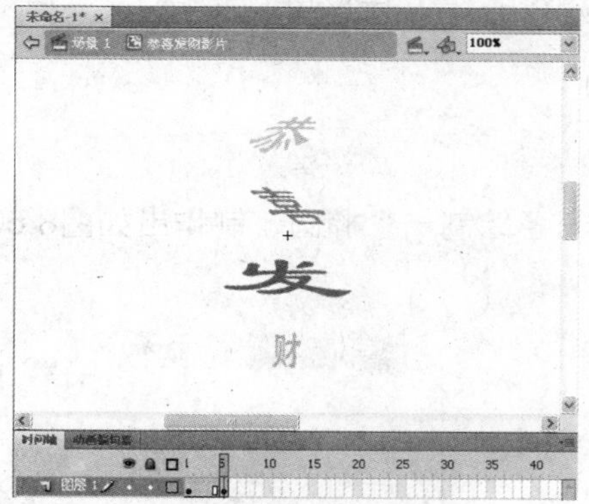

图8.54　输入文本

9 在第5帧按【F6】键插入关键帧，修改文字的颜色，并使用任意变形工具调整文字大小和旋转角度，如图8.55所示。

10 分别在第10、15和20帧处，按【F6】键插入关键帧，并调整其中文字的颜色和旋转角度，如图8.56所示。

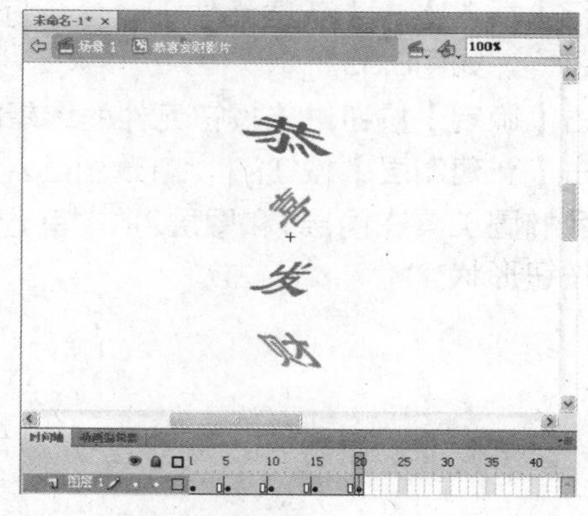

图 8.55　改变文字大小和旋转角度

图8.56　多次调整文本属性

11 返回到场景编辑状态，在【库】面板中选择“恭喜发财影片”影片剪辑，拖曳到舞台的合适位置，如图8.57所示。

12 执行【文件】→【保存】命令，保存动画。

13 执行【控制】→【测试影片】命令（或按【Ctrl+Enter】组合键），查看动画的预览效果，参考图8.50所示。

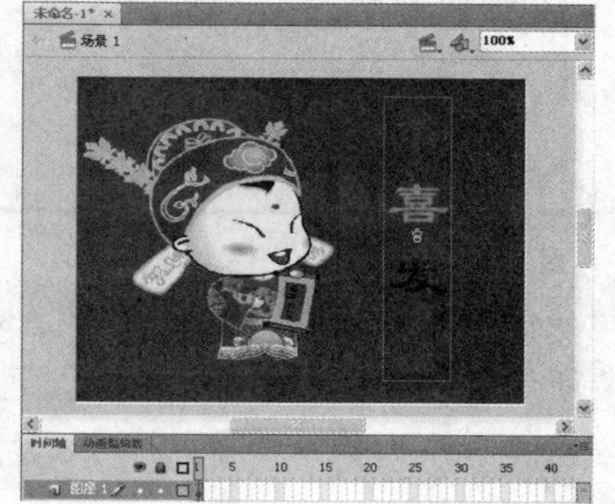

图8.57　将影片剪辑元件放置到舞台中

8.2.3　制作会飞的按钮

最终效果

动画制作完成的最终效果如图8.58所示。

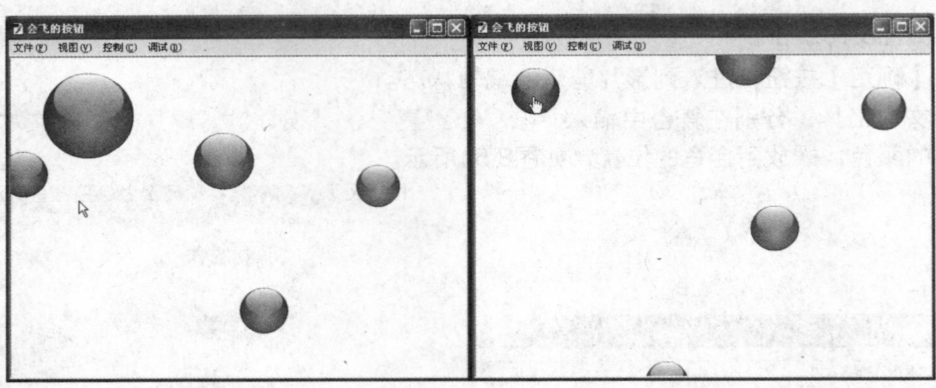

图8.58 会飞的按钮最终效果

解题思路

1 创建按钮元件。
2 用按钮创建动画。
3 在影片剪辑元件中嵌套按钮元件。

操作步骤

1 新建一个Flash CS4文档。
2 执行【插入】→【新建元件】命令，打开【创建新元件】对话框，创建按钮元件“水晶按钮”，如图8.59所示。
3 单击【确定】按钮进入按钮元件的编辑状态。
4 单击【新建图层】按钮，新建图层2。
5 利用椭圆工具在图层1和图层2的“弹起”状态帧各绘制一个椭圆，制作出如图8.60所示的按钮形状。

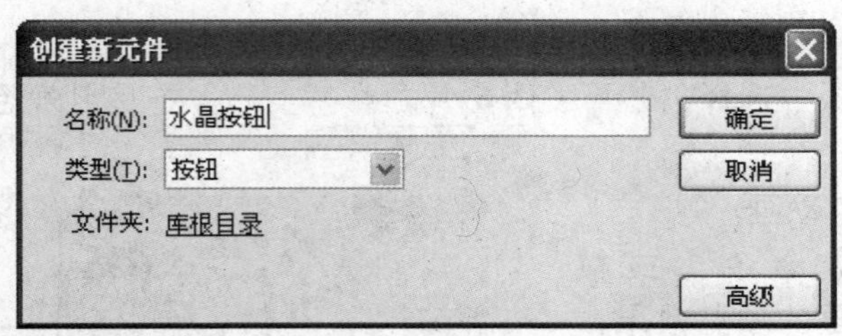

图8.59 【创建新元件】对话框

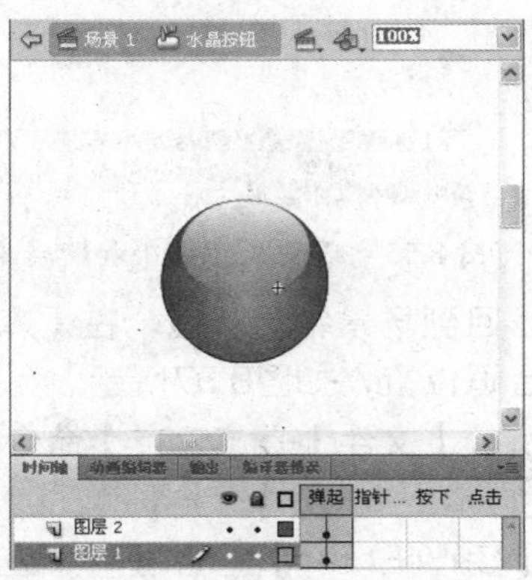

图8.60 绘制按钮初始形状

6 然后分别在“指针经过”和“按下”帧中修改按钮图形的颜色，如图8.61和图8.62所示。

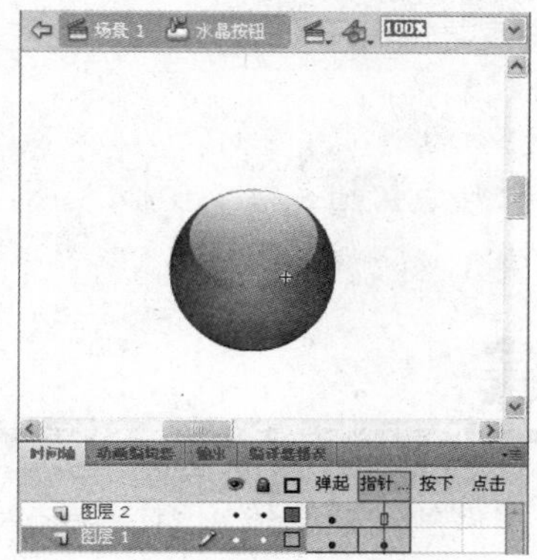

图8.61 “指针经过”帧中图形的颜色

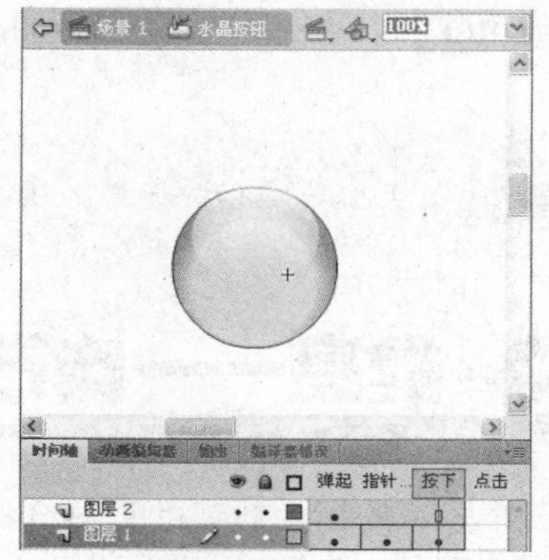

图8.62 “按下”帧中图形的颜色

7 返回主场景，执行【插入】→【新建元件】命令，打开【创建新元件】对话框，创建影片剪辑元件“会飞的按钮”，并进入元件编辑状态。

8 在【库】面板中将【水晶按钮】元件拖入场景中，如图8.63所示。

9 选中第80帧，按【F6】键插入关键帧。

10 在图层1上单击鼠标右键，在弹出的快捷菜单中选择【添加传统运动引导层】选项，为图层1添加引导层。

11 利用铅笔工具在引导层中从下到上绘制一条曲线，如图8.64所示。

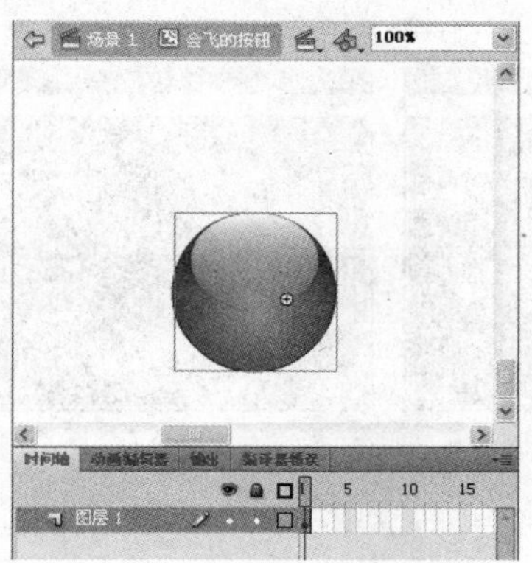

图8.63 将按钮元件拖入影片剪辑元件内部

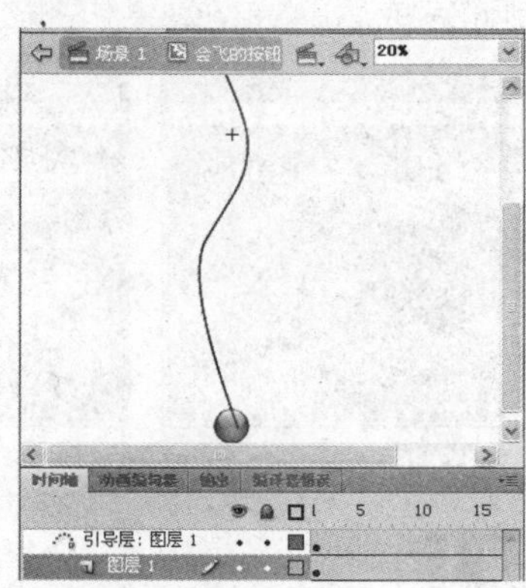

图8.64 绘制引导线

12 选中图层1的第1帧至第80帧之间的任意一帧，单击鼠标右键，在弹出的快捷菜单中选择【创建传统补间】选项。

13 将第1帧中按钮元件的中心点放置到引导线的下端，将第80帧中的按钮元件的中心点放置到引导线的上端。制作按钮从下向上飞起的动画效果。

14 返回主场景，将多个“会飞的按钮”元件实例放置在舞台下方的不同位置，并调整各个元件实例的大小，如图8.65所示。

15 保存文件，执行【控制】→【测试影片】命令（或按

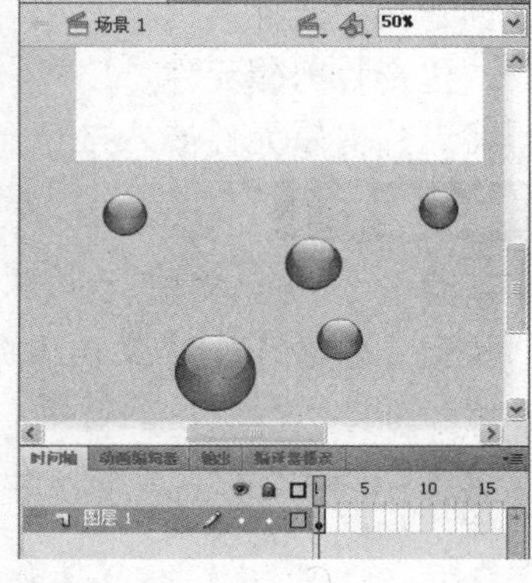

图8.65 放置元件实例

【Ctrl+Enter】组合键），得到动画的预览效果，参考图8.58所示。

说明 关于引导线和引导层的相关知识在下一章中会详细介绍。

8.3 提高——自己动手练

通过元件与库的相关知识的具体介绍，以及3个实例的实战演练，相信读者对元件和库的具体应用有了一定的了解。下面通过几个提高实例来熟悉元件和库的应用，请读者按照操作提示进行练习。

8.3.1 制作幻彩按钮

本例将按钮元件与影片剪辑元件配合使用，通过按钮元件触发影片剪辑元件中的动画，在Flash中利用基本绘图工具绘制按钮，然后在影片剪辑元件内部制作动画，可以使按钮的效果更加明显。

最终效果

本例制作完成后的最终效果如图8.66所示。

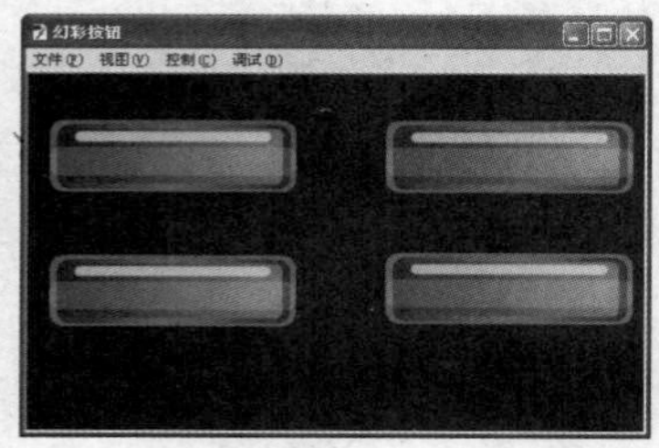

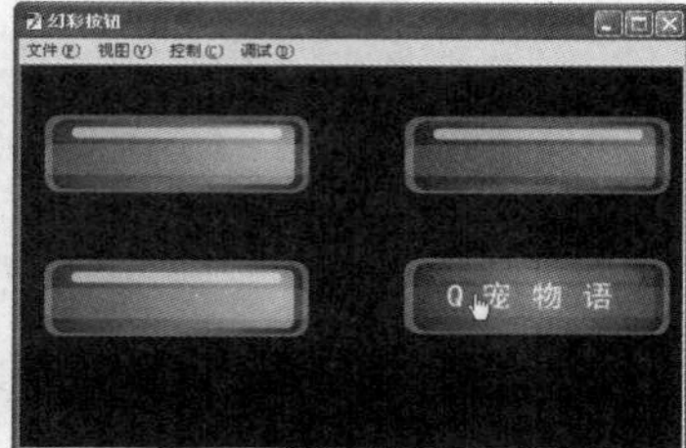

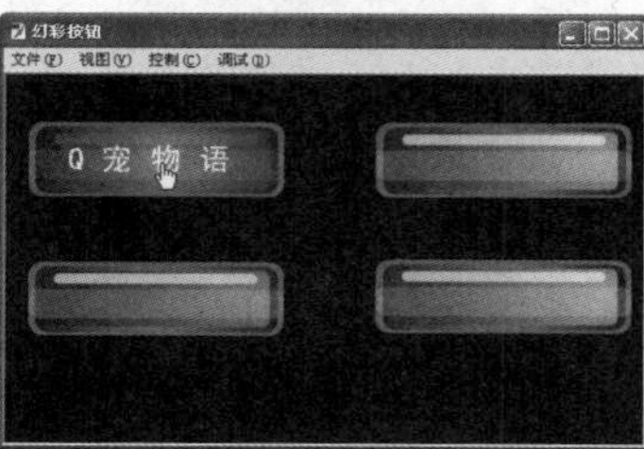

图8.66 最终效果

解题思路

1 利用绘图工具绘制图形。
2 创建按钮元件。
3 创建影片剪辑元件。
4 将影片剪辑元件嵌入按钮元件。

操作提示

1 新建一个Flash文档。
2 执行【修改】→【文档】命令（或按【Ctrl+J】组合键），打开【文档属性】对话框，进行如图8.67所示的设置。
3 按【Ctrl+F8】组合键，在弹出的【创建新元件】对话框中进行设置，创建一个按钮元件，如图8.68所示。

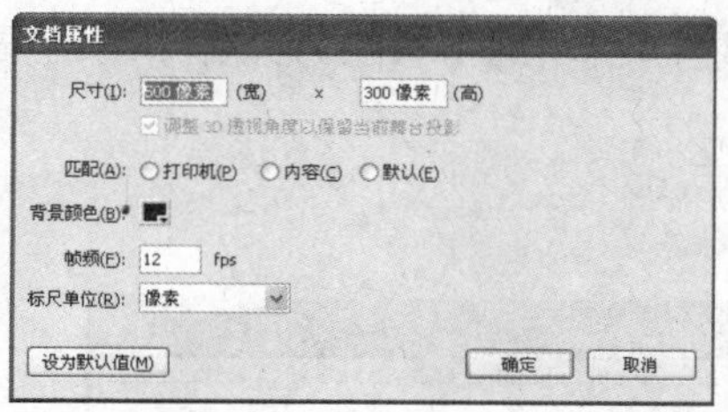

图8.67　设置文档属性

图8.68　创建按钮元件

4 单击【确定】按钮，进入到按钮元件的编辑状态。

5 选择【工具】面板中的矩形工具，然后选中【对象绘制】按钮，在【属性】面板中将矩形的圆角半径设为“10”，在舞台中绘制一个灰色的圆角矩形，效果如图8.69所示。

6 按【Ctrl+T】组合键打开【变形】面板，单击【重制选区和变形】按钮，然后将当前的圆角矩形的宽度缩小为原来的95%，高度缩小为原来的90%，如图8.70所示。

图8.69　在舞台中绘制圆角矩形

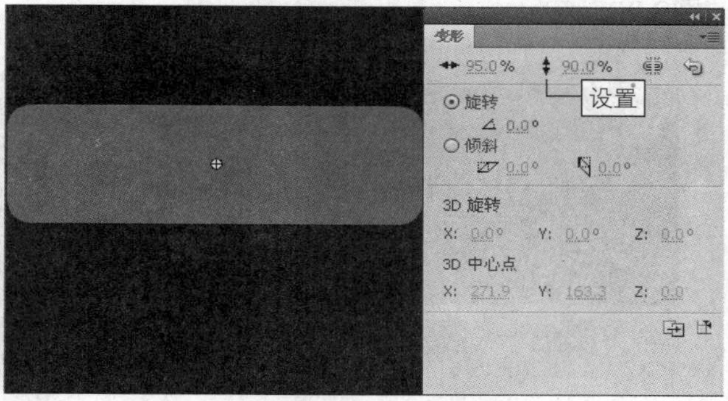

图8.70　复制并缩小圆角矩形

7 为缩小后的圆角矩形填充放射状渐变色，颜色由绿色过渡到黑色，效果如图8.71所示。

8 单击【新建图层】按钮，创建一个新的图层2，并在图层2中绘制一个新的圆角矩形，效果如图8.72所示。

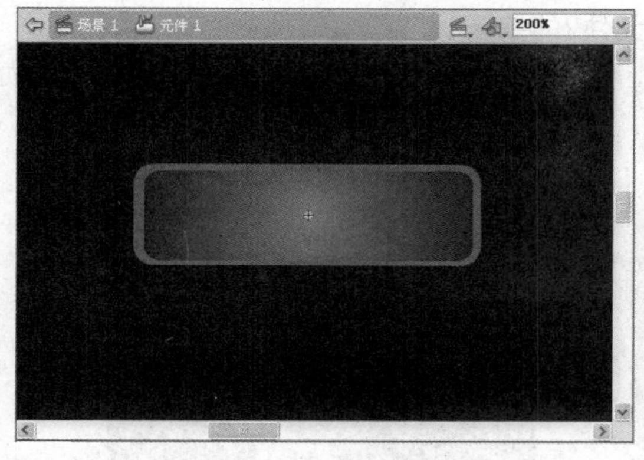

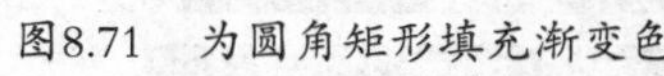

图8.71　为圆角矩形填充渐变色

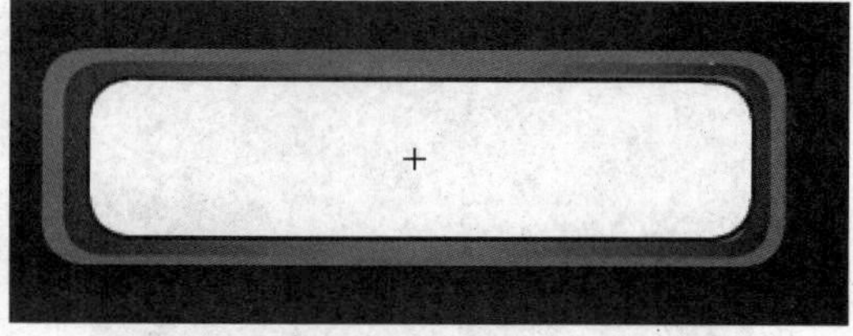

图8.72　在图层2中绘制一个新的圆角矩形

9 为该圆角矩形填充放射状渐变色，并且使用渐变变形工具将渐变色的中心点调整到矩形的右上角，效果如图8.73所示。

10 选择刚刚绘制好的圆角矩形，按【F8】键打开如图8. 74所示的【转换为元件】对话框，将圆角矩形转换为影片剪辑元件。

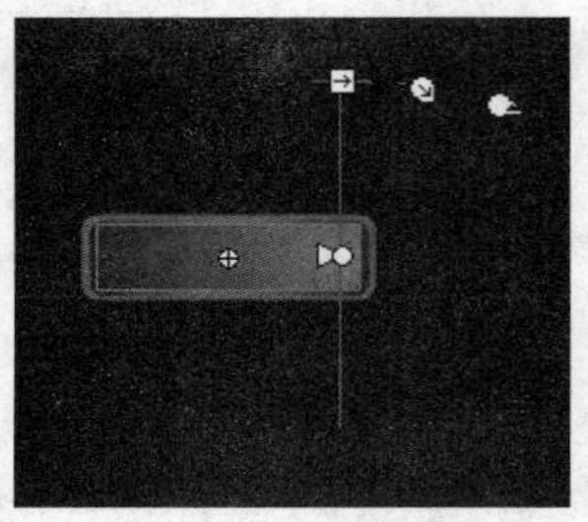

图8.73 调整放射状渐变色

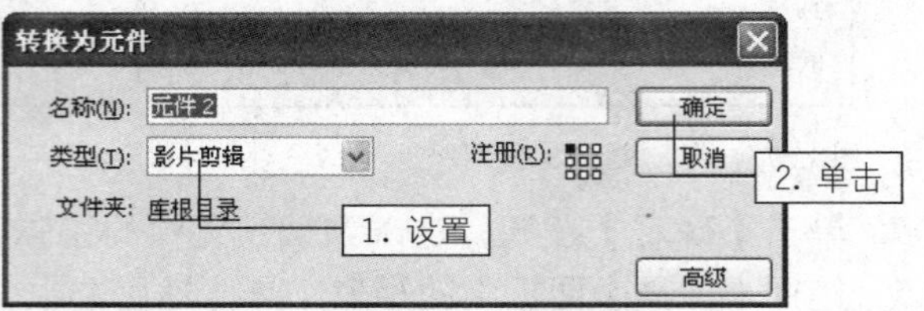

图8.74 转换元件

11 单击【新建图层】按钮，创建一个新的图层3，如图8.75所示。

12 使用【工具】面板中的矩形工具，在图层3的舞台中绘制两个白色的圆角矩形，效果如图8.76所示。

图8.75 新建图层3

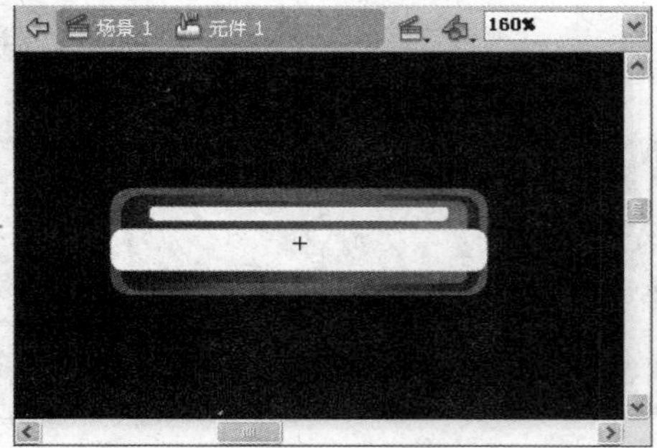

图8.76 绘制两个白色的圆角矩形

13 执行【窗口】→【颜色】命令（或按【Shift+F9】组合键），打开【颜色】面板。在【颜色】面板中分别设置这两个矩形的透明度，设置上方矩形的透明度为“70%”，下方矩形的透明度为“20%”，效果如图8.77所示。

14 在【库】面板中的元件2上双击鼠标，进入元件2的编辑状态。

15 在元件2内部的【时间轴】面板的第5、10、15和20帧按【F6】键插入关键帧，效果如图8.78所示。

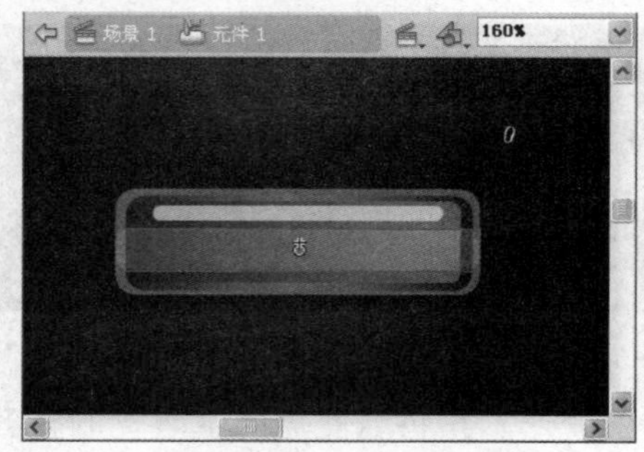

图8.77 设置圆角矩形的透明度

图8.78 插入关键帧

16 改变第5、10和15帧中圆角矩形的渐变色，但是整体的渐变色方向和范围不改变。

17 选中第1帧至第20帧之间的所有帧，单击鼠标右键，在弹出的快捷菜单中选择【创建补间形状】选项，创建形状补间动画，如图8.79所示。

18 在【库】面板中的元件1上双击鼠标，回到按钮元件的编辑状态。

19 选中按钮元件内的3个图层的“指针经过”状态，按【F6】键插入关键帧，如图8.80所示。

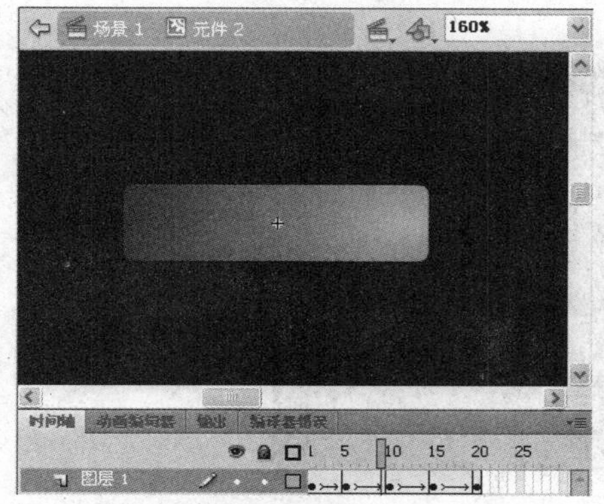

图8.79 创建形状补间动画

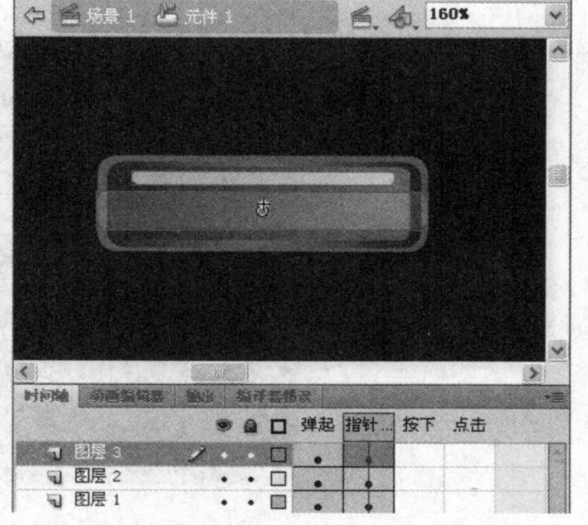

图8.80 在“指针经过”状态插入关键帧

20 使用【颜色】面板，把图层3中所有矩形的透明度都更改为“10%”。

21 使用【工具】面板中的文本工具，在图层3中输入文字“Q宠物语”。

22 在【属性】面板中将图层2中的影片剪辑元件实例的透明度调整为“20%”，效果如图8.81所示。

23 在图层1和图层3的“按下”状态和“点击”状态依次按【F5】键插入帧。

24 在图层2的“按下”状态按【F6】键插入关键帧，在“点击”状态按【F5】键插入帧，效果如图8.82所示。

图8.81 调整影片剪辑元件透明度

图8.82 在各图层插入帧或关键帧

25 在【属性】面板中将图层2中的影片剪辑元件实例的亮度调整为“50%”，效果如图8.83所示。

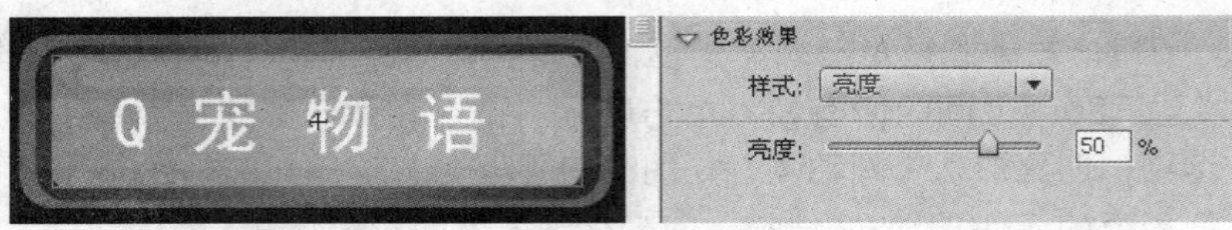

图8.83　调整亮度

26 返回主场景，在【库】面板中拖曳多个按钮元件到舞台中，并且调整好它们之间的位置，效果如图8.84所示。

图8.84　在舞台中排列按钮元件的位置

27 执行【控制】→【测试影片】命令（或按【Ctrl+Enter】组合键），得到动画的预览效果，参考图8.66所示。

8.3.2　制作放风筝动画

最终效果

本例制作完成后的最终效果如图8.85所示。

图8.85　最终效果

解题思路

1 利用绘图工具绘制图形。

2 创建按钮元件。

3 创建影片剪辑元件。

4 将影片剪辑元件嵌入按钮元件。

操作提示

1 新建一个Flash文档，并将图层1命名为“背景”。

2 执行【文件】→【导入】→【导入到舞台】命令，打开【导入】对话框，如图8.86所示。

3 选择需要的图片，单击【打开】按钮，将图片导入到舞台中。

4 使用任意变形工具，调整图片大小，使它与舞台大小相同，如图8.87所示。

图8.86　【导入】对话框

图8.87　导入背景图片

5 执行【插入】→【新建元件】命令，打开【创建新元件】对话框，在【名称】文本框中输入元件名称“风筝图”，在【类型】下拉列表框中选择【图形】选项，如图8.88所示。

6 单击【确定】按钮，进入元件的编辑状态。

7 使用绘图工具在舞台中绘制风筝图，如图8.89所示。

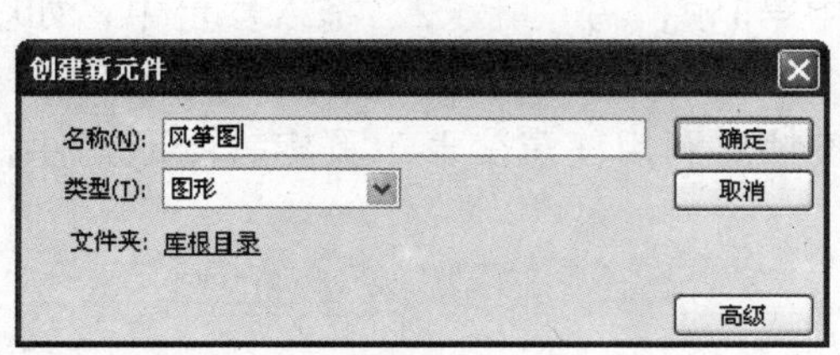

图8.88　创建图形元件

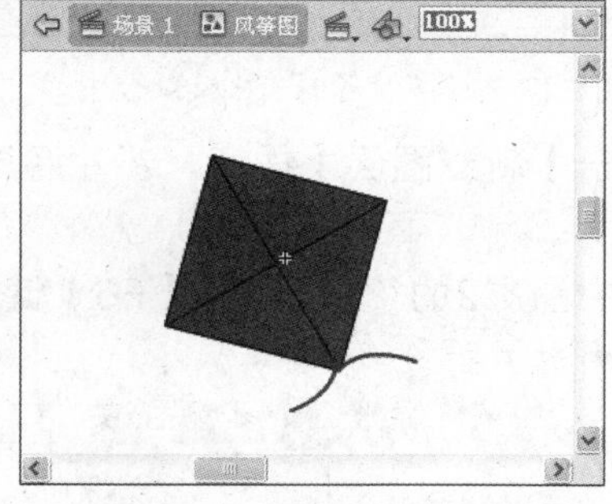

图8.89　绘制风筝图

8 返回主场景，执行【插入】→【新建元件】命令，打开【创建新元件】对话框，创建“叶子1”图形元件，利用钢笔工具和颜料桶工具绘制如图8.90所示的叶子形状。

9 执行【插入】→【新建元件】命令，打开【创建新元件】对话框，创建“叶子2”图形元件，利用钢笔工具和颜料桶工具绘制如图8.91所示的叶子形状。

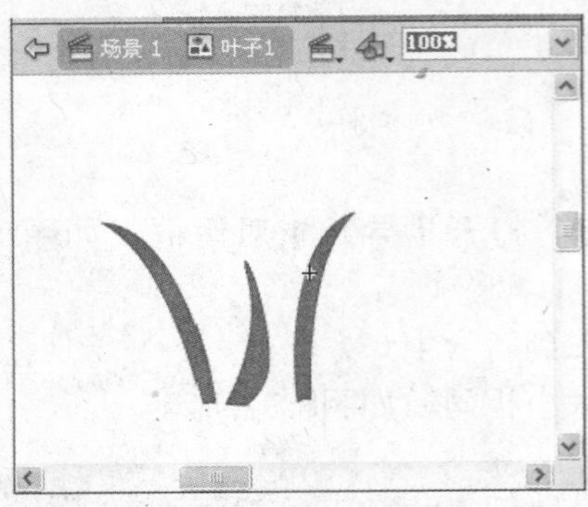

图8.90 叶子1的形状

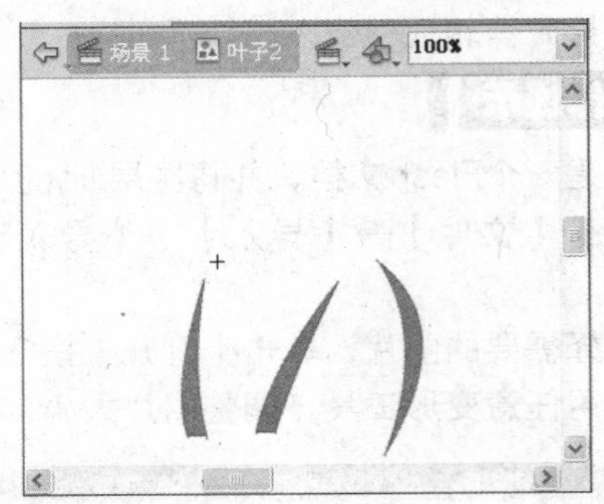

图8.91 叶子2的形状

10 执行【插入】→【新建元件】命令，打开【创建新元件】对话框，创建“叶子”影片剪辑元件。

11 单击【确定】按钮，进入影片剪辑的编辑状态。选中图层1的第1帧，将“叶子1”图形元件拖曳到舞台中，如图8.92所示。

12 选中图层1的第2帧，按【F6】键插入关键帧，利用任意变形工具旋转“叶子1”，如图8.93所示。

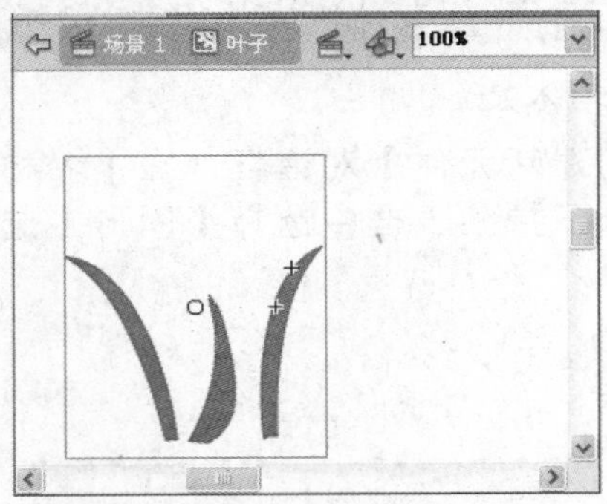

图8.92 将“叶子1”拖入舞台中

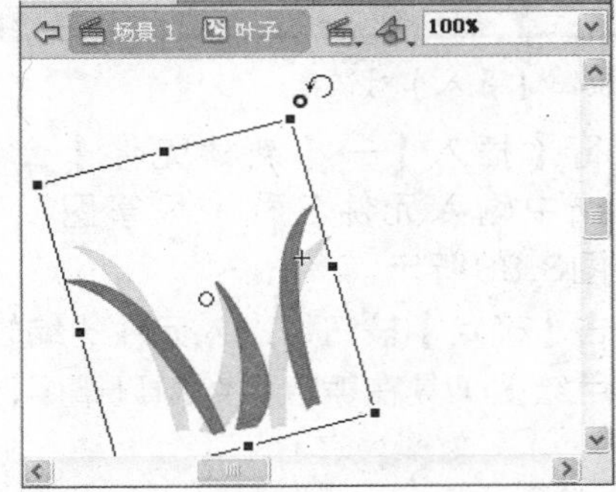

图8.93 旋转元件

13 单击【新建图层】按钮，新建图层2，选中第1帧，将“叶子2”拖入舞台中，如图8.94所示。

14 选中图层2的第2帧，按【F6】键插入关键帧。利用任意变形工具旋转图形元件，如图8.95所示。

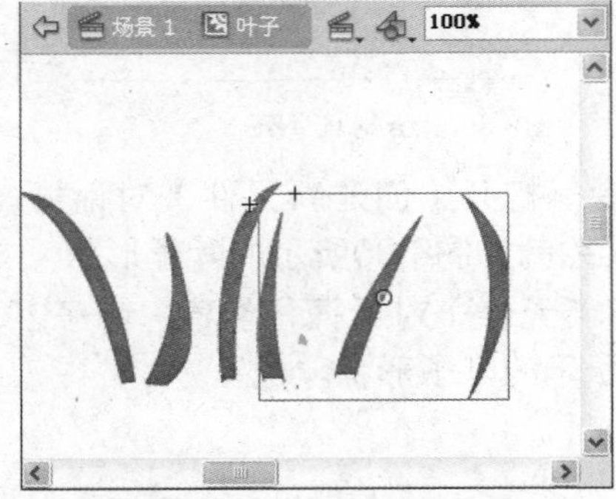

图8.94 将“叶子2”拖入舞台中

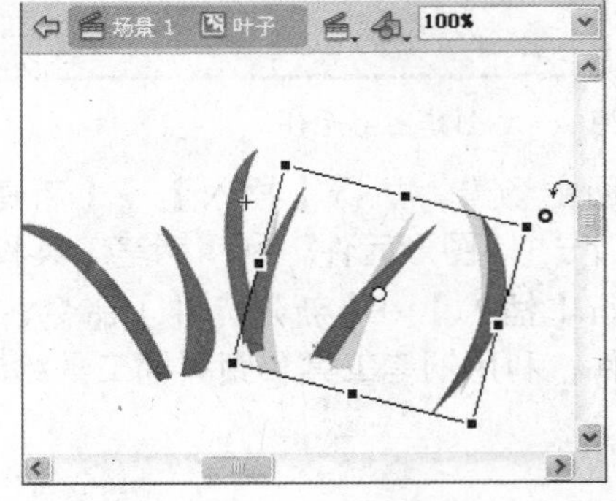

图8.95 旋转“叶子2”图形元件

15 执行【插入】→【新建元件】命令，打开【创建新元件】对话框，创建“风筝”影片剪辑元件。

16 单击【确定】按钮，进入影片剪辑的编辑状态。选中图层1的第1帧，将“风筝图”图形元件拖曳到舞台中，如图8.96所示。

17 选中第9帧，按【F6】键插入关键帧。将元件向上移动，并使用任意变形工具对其进行缩放，如图8.97所示。

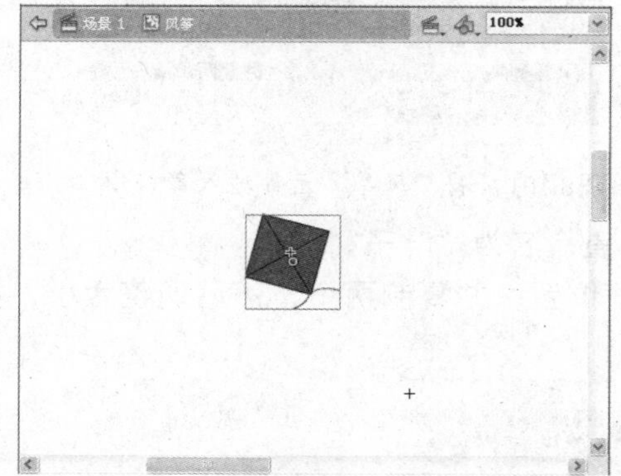
图8.96 将“风筝图”图形元件拖入场景

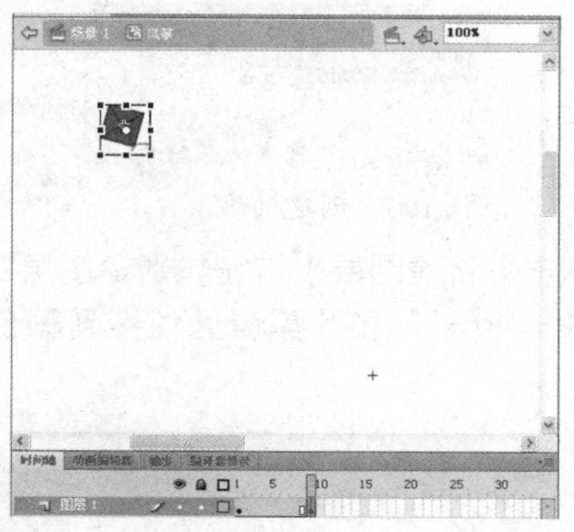
图8.97 缩小元件实例

18 选中第10帧，按【F6】键插入关键帧。

19 单击【新建图层】按钮，新建图层2，选中第1帧，利用铅笔工具绘制一条曲线，如图8.98所示。

20 选中第10帧，按【F6】键插入关键帧，利用任意变形工具将线条拉长，如图8.99所示。

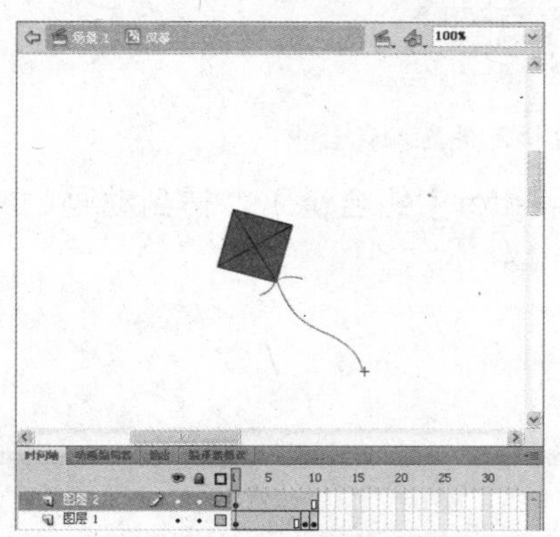
图8.98 在第1帧绘制曲线

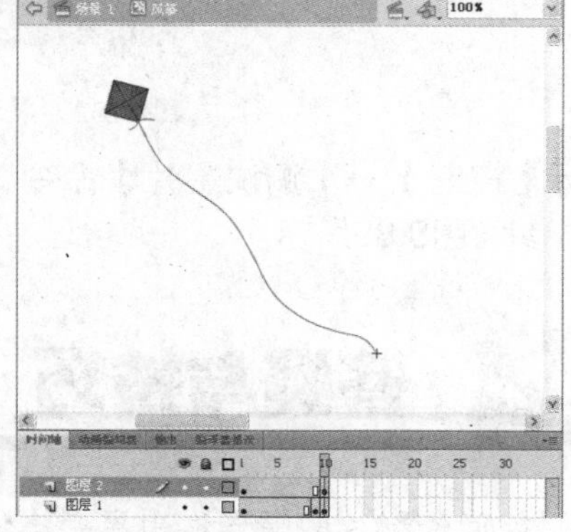
图8.99 在第10帧将线条拉长

21 在图层1创建传统补间动画，在图层2创建补间形状动画，如图8.100所示。

22 返回主场景，单击【新建图层】按钮，新建图层2，并将其重命名为“风筝”。

23 选中“风筝”图层的第1帧，将“风筝”影片剪辑元件拖到舞台中的合适位置，如图8.101所示。

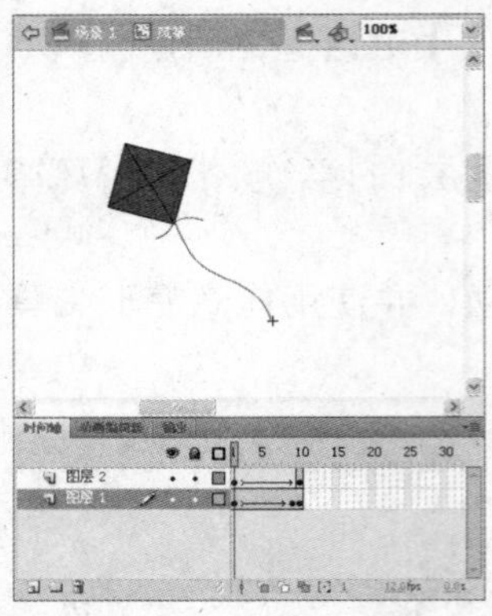

图8.100 创建动画

图8.101 将“风筝”元件拖入舞台中

24 单击【新建图层】按钮，新建图层2，并将其重命名为“叶子”。

25 将 “叶子”影片剪辑元件拖到舞台中的合适位置，并复制两个，然后调整大小，如图8.102所示。

图8.102 将“叶子”影片剪辑元件拖入舞台中

26 执行【控制】→【测试影片】命令（或按【Ctrl+Enter】组合键），得到动画的预览效果，参考图8.85所示。

8.4 答疑与技巧

问 如何使影片剪辑元件也具有类似按钮元件的响应鼠标动作效果?

答 通常情况下，如果更改元件的属性，直接将影片剪辑元件转换为按钮元件，可能出现转换的按钮元件的帧长度超过4帧的情况，从而导致按钮状态混乱。如果只需要影片剪辑元件具备按钮元件的点击效果，以及能够通过点击实现相应的交互效果，则可选中影片剪辑元件，然后在【属性】面板中单击影片剪辑下拉列表框中的按钮，在弹出的列表中选择【按钮】选项，为影片剪辑添加按钮属性，此时该影片剪辑就和按钮元件一样，可以对鼠标动作做出反应，并能通过相应的Action脚本实现与按钮相同的交互效果。

问 为什么直接用文字制作出来的按钮不容易点击呢?

答 这是因为没有使用按钮的“点击”状态。如果未定义“点击”状态，系统会将文字本身作为按钮的触发区，在使用的过程中就不是很灵活了。

问 如何在按钮元件中显示动画效果?

答 将动画制作在影片剪辑元件内，然后嵌套到按钮元件的相应帧中即可。

结束语

本章主要讲解了元件的相关知识，在Flash CS4中使用元件可以简化影片的编辑和有效减小文件空间。本章首先介绍了元件的类型、创建和转换，然后详细介绍了相关元件的实例创建方法，最后通过有趣的动画实例让读者更深刻地牢记有关元件的各方面知识。元件库是Flash CS4中比较重要的部分，对它的基本操作和导入方法应熟练掌握。

Chapter 9

第9章 高级动画制作

本章要点

入门——基本概念与基本操作

- 引导动画
- 遮罩动画

进阶——典型实例

- 制作蜻蜓点水动画
- 制作百叶窗效果
- 制作激光写字效果
- 制作闪闪的红星

提高——自己动手练

- 制作椭圆轨道运动动画
- 制作烟花效果

答疑与技巧

本章导读

在Flash CS4的实际应用中，除了前面章节中介绍的基本动画类型之外，还有几种特殊的动画类型，如引导动画和遮罩动画。利用Flash的引导层和遮罩层可以使动画的效果更加丰富多彩，增加动画的表现力与感染力。

9.1 入门——基本概念与基本操作

引导动画和遮罩动画是两种特殊的Flash动画，在动画制作中使用频率很高。这两种动画都需要由至少两个图层共同构成，因此制作方法相对普通动画而言较复杂。使用引导动画可以使对象沿设置的路径运动。使用遮罩动画可以制作不同的画面显示效果。

下面我们就来学习这些基础知识。

9.1.1　引导动画

引导动画是指对象沿着特定的路径运动的特殊动画。本节将介绍引导层和引导动画的制作方法。

引导层是一种特殊的图层，在这个图层中绘制一条线，可以让某个对象沿着这条线运动，从而制作出沿曲线运动的动画。

1. 创建引导层

引导动画必须通过引导层来创建，因此在制作引导动画前必须先创建引导层。引导层上的所有内容只作为对象运动的参考线，而不会出现在作品的最终效果中。

创建引导层的常用方法有两种：用菜单命令创建；通过改变图层属性创建。

利用菜单命令创建

在要创建引导层的图层上单击鼠标右键，在弹出的快捷菜单中选择“添加传统运动引导层”命令，即可在该图层上方创建一个与它链接的引导层，如图9.1所示。

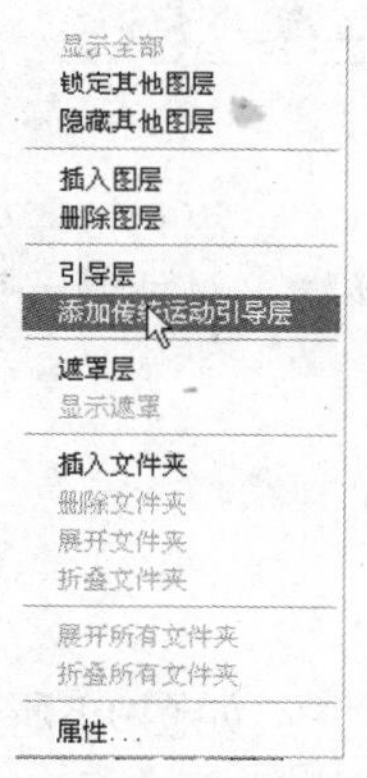

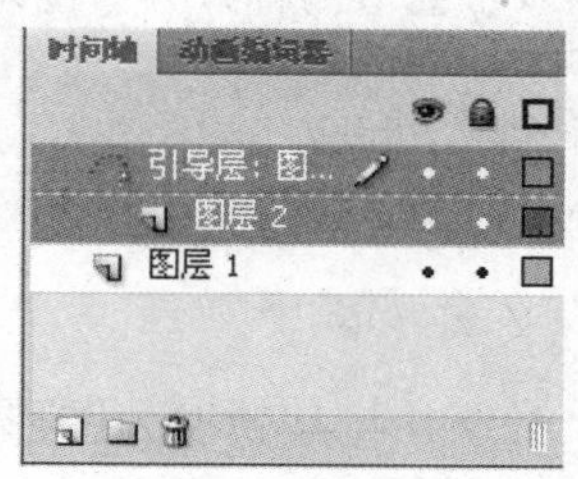

图9.1　创建引导层

通过改变图层属性创建

具体操作如下：

1 在【时间轴】面板的图层区域双击要转换为引导层的图层图标 ，打开【图层属性】对话框，如图9.2所示。

2 在【名称】文本框中输入要创建的引导层的名称。

3 在【类型】区域选中【引导层】单选按钮。

4 其他选项根据需要进行设置即可，最后单击【确定】按钮。

5 此时图层图标由 形状变为 形状，如图9.3所示。此时的图层与其下方的图层不会产生链接关系。

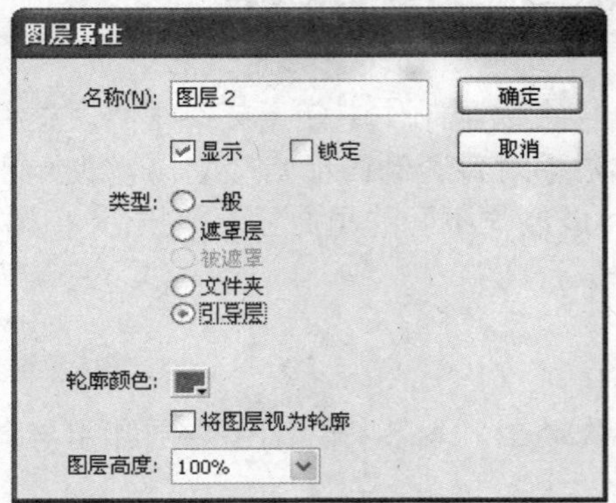

图9.2 【图层属性】对话框

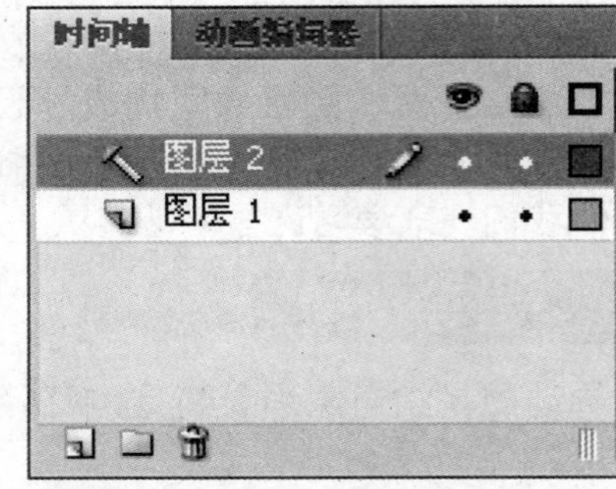

图9.3 创建普通引导层

6 选中刚刚创建的引导图层下面的图层，将其拖至引导层上，即可在引导层与其下方的图层间创建链接关系，如图9.4所示。

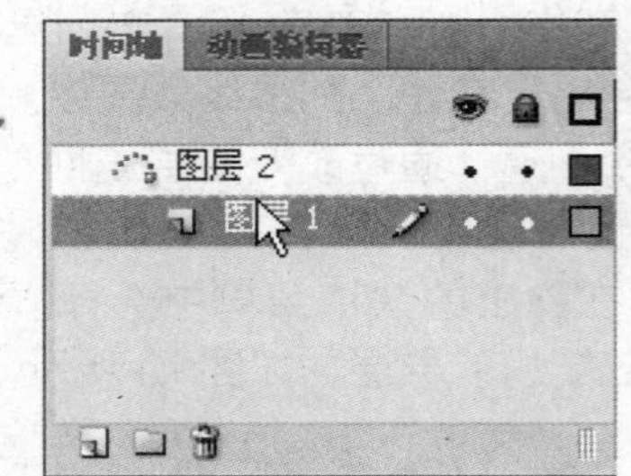

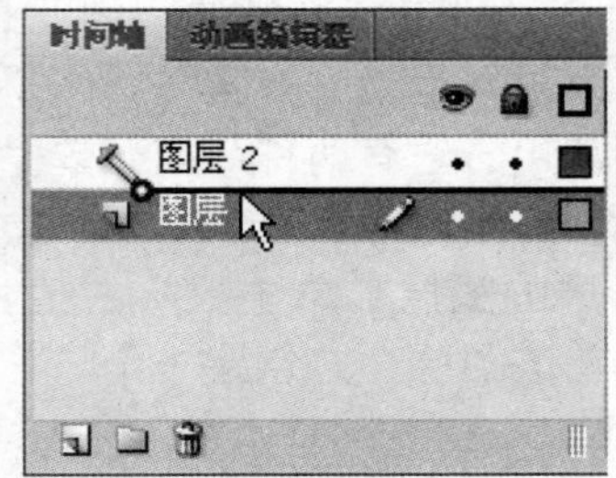

图9.4 拖动图层创建引导层

提示 在引导层上双击图层图标打开【图层属性】对话框，在【类型】区域选中【一般】单选按钮可取消引导层。

2. 制作引导动画

制作引导动画的具体操作步骤如下：

1 在普通图层中创建一个对象并将其转换为图形元件，如图9.5所示。

2 在普通图层上单击鼠标右键，在弹出的快捷菜单中选择【添加传统运动引导层】选项，在普通层上方新建一个引导层，普通层自动变为被引导层。

3 在引导层中利用铅笔工具绘制一条路径，然后将引导层中的路径沿用到某一帧。这里在第10帧按【F5】键插入帧，并在被引导层第10帧按【F6】键插入关键帧，如图9.6所示。

4 选中被引导层的第1帧，单击鼠标右键，在弹出的快捷菜单中选择【创建传统补间】选项，创建传统补间动画。

5 按住鼠标左键，将第1帧中的图形拖动到引导线的一端，此时图形将自动吸附到引导线上，将对象的中心控制点移动到路径的起点，如图9.7所示。

6 在被引导层的第10帧将对象移动到引导层中路径的终点，完成引导动画的制作，效果如图9.8所示。

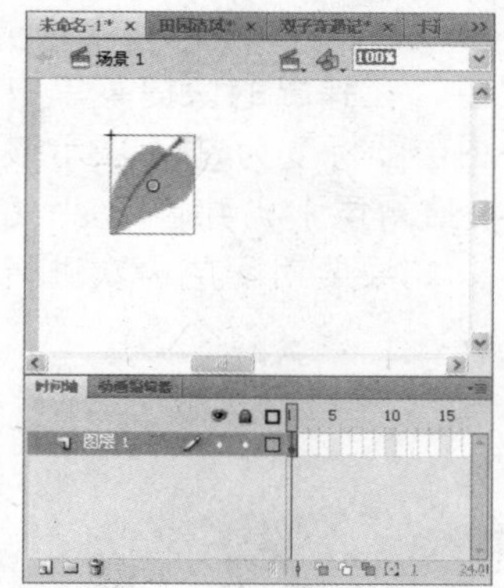

图9.5　创建对象

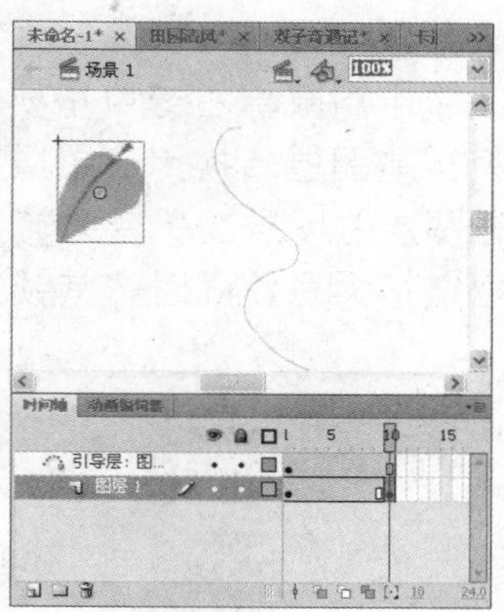

图9.6　绘制路径

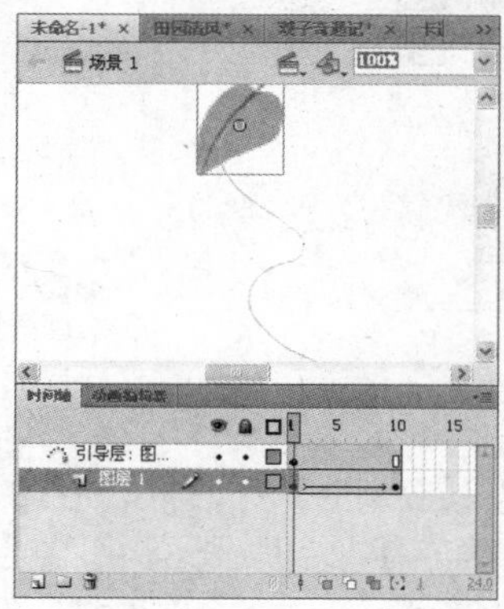

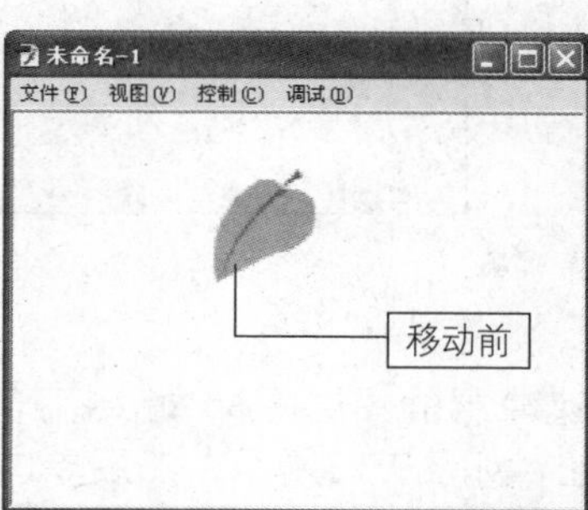

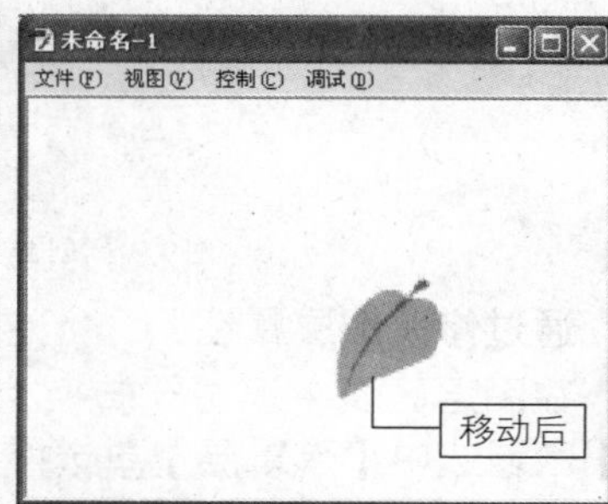

图9.7　将对象移至路径的起点　图9.8　最终效果

在制作引导动画的过程中，如果制作方法有误，可能会造成引导动画创建失败，使被引导的对象不能沿引导路径运动，因此在制作引导动画过程中引导线转折处的线条弯转不宜过急、过多，否则Flash无法准确判定对象的运动路径。同时引导线应为一条从头到尾连续贯穿的线条，线条不能中断，更不能出现交叉与重叠。

提示　被引导对象的中心必须位于引导线上，否则被引导对象将无法沿引导路径运动。

9.1.2　遮罩动画

在Flash中，还可以制作遮罩动画，下面我们就来学习遮罩层和制作遮罩动画的方法。

遮罩动画由遮罩层和被遮罩层组成。遮罩层用于放置遮罩的形状，被遮罩层用于放置要显示的图像。利用遮罩层可以将下面图层的内容通过一个窗口显示出来，这个窗口的形状就是遮罩层内容的形状。在遮罩层中绘制的一般单色图形、渐变图形、线条和文本等都会成为挖空区域。利用遮罩层可以制作出很多变幻莫测的神奇效果，如探照灯效果、百叶窗效果等。

1. 创建遮罩层

与创建引导层相同，创建遮罩层也有两种方法：

利用菜单命令

在图层区域中用鼠标右键单击要作为遮罩层的图层，在弹出的快捷菜单中选择【遮罩层】选项，将当前图层转换为遮罩层，此时该图层的图层图标变为（表示该图层为遮罩层），其下方图层的图层图标变为（表示该图层为被遮罩层），并且Flash CS4自动在两图层之间建立链接关系，同时将其锁定，如图9.9所示。如果要对图层再次进行编辑，则需要先解除锁定。

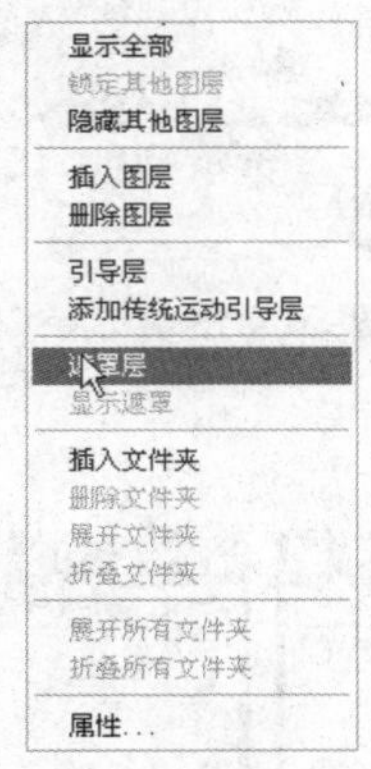

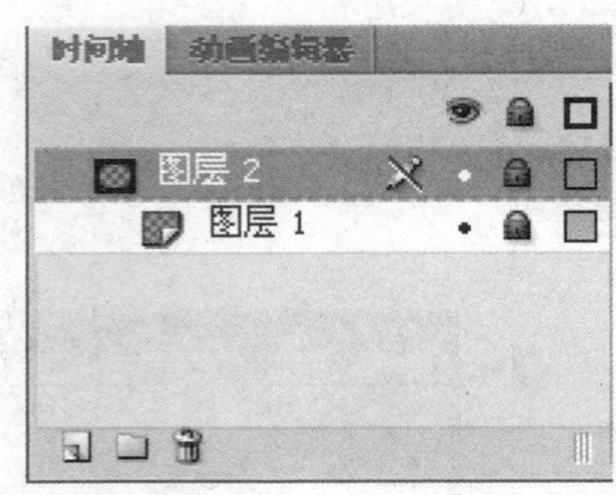

图9.9　创建遮罩层

通过修改图层属性

在图层区域中双击要转换为遮罩层的图层图标，打开【图层属性】对话框，在【类型】区域选中【遮罩层】单选按钮，如图9.10所示，然后单击【确定】按钮，即可将图层转换为遮罩层。

通过改变图层属性创建遮罩层后，Flash CS4不会为其自动链接被遮罩层，如图9.11所示，此时还需要双击遮罩层下方图层的图层图标，在打开的【图层属性】对话框中选中【被遮罩层】单选按钮并单击【确定】按钮，将该图层转换为被遮罩层，并使其与遮罩层建立链接关系。

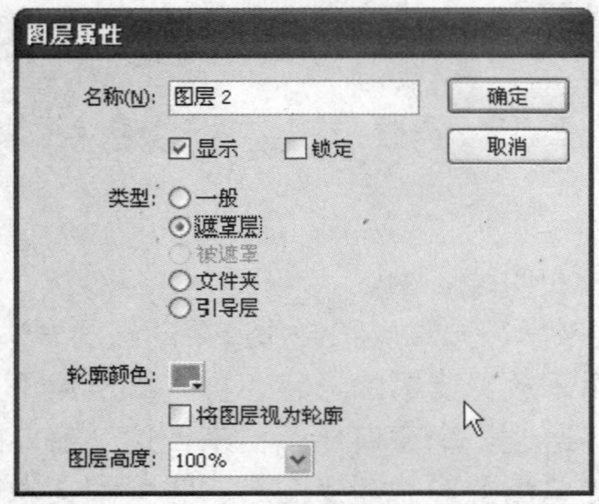

图9.10　改变图层属性

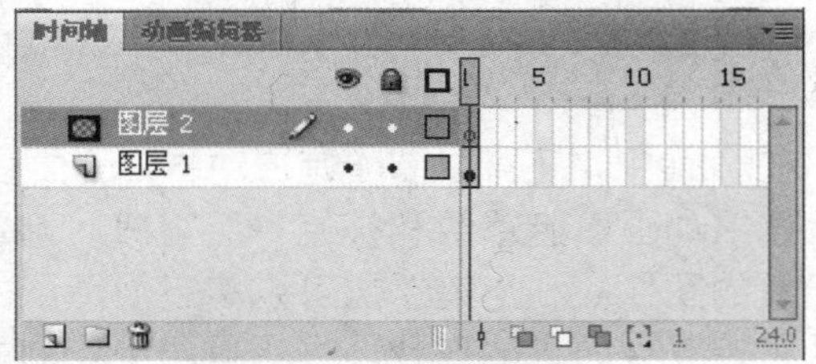

图9.11　未链接被遮罩层的遮罩层

提示　在同一个遮罩层的下方，可以创建多个与该遮罩层链接的被遮罩层。

2. 制作遮罩动画

制作遮罩动画的具体操作步骤如下：

1 创建或选取一个图层，在其中设置将在遮罩中出现的对象。
2 选取该图层，并在该图层上创建一个新图层。
3 将新创建的图层转换为遮罩层，在遮罩层上编辑图形、文字或元件的实例。
4 锁定遮罩层和被遮罩层即可在Flash中显示遮罩效果。

9.2 进阶——典型实例

通过对几种特殊动画制作方法的介绍及一些特殊效果的具体讲解，相信读者对动画制作的认识又上了一个新的台阶，下面我们再做几个典型实例来进行实战演练，进一步巩固所学知识。

9.2.1 制作蜻蜓点水动画

最终效果

动画制作完成的最终效果如图9.12所示。

图9.12　蜻蜓点水最终效果

解题思路

1 导入背景图片。
2 绘制图形并转换为图形元件。
3 创建影片剪辑元件。
4 创建传统补间动画。
5 创建引导动画。

操作步骤

1 新建一个Flash文档，执行【修改】→【文档】命令，打开【文档属性】对话框，设置背景颜色为“#00CCCC”。
2 执行【文件】→【导入】→【导入到舞台】命令，将背景图片导入到舞台中，并调整其大小和位置，使其与舞台大小一致，如图9.13所示。
3 执行【插入】→【新建元件】命令，打开【创建新元件】对话框，新建一个图形元件“水”，如图9.14所示。

图9.13　导入背景图片

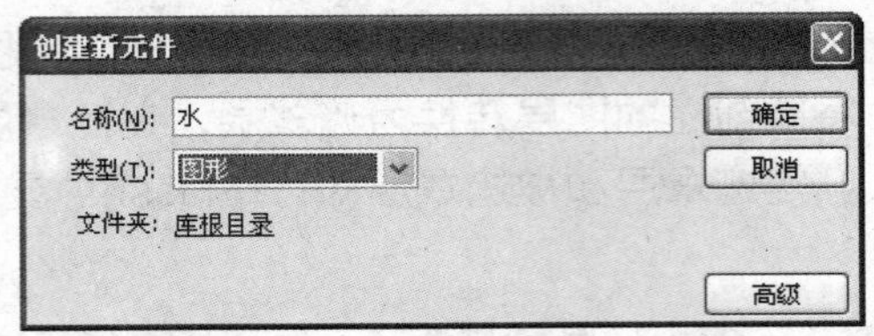

图9.14　创建图形元件

4 在图形元件的编辑区域绘制如图9.15所示的3个椭圆，并在【属性】面板中分别将椭圆的填充颜色设为“#009966”、“#FFFFF9”、“#009966”，透明度值设为“0%”、“100%”、“0%”，并将3个椭圆的颜色类型设为放射状渐变色。

5 返回主场景，执行【插入】→【新建元件】命令，打开【创建新元件】对话框，新建一个影片剪辑元件“波纹”。

6 进入影片剪辑元件的编辑状态，将刚刚制作的图形元件“水”拖入编辑区，如图9.16所示。

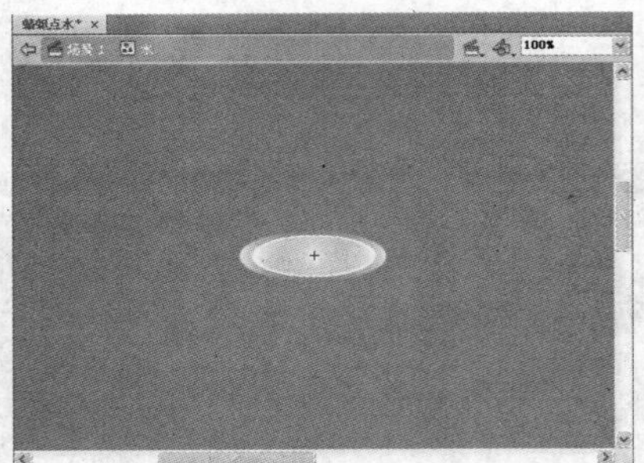

图9.15　绘制椭圆

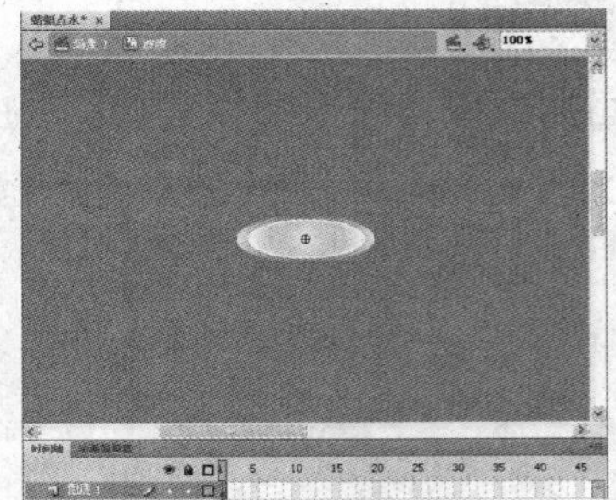

图9.16　将“水”拖入影片剪辑的编辑区

7 选择影片剪辑的第40帧，按【F6】键插入关键帧，并将编辑区的“水”放大，同时在【属性】面板中将透明度设为“0%”，如图9.17所示。

8 选择第1帧，单击鼠标右键，在弹出的快捷菜单中选择【创建传统补间】选项，在第1帧至第40帧之间创建补间动画。

9 选中第70帧，按【F5】键插入帧，如图9.18所示。

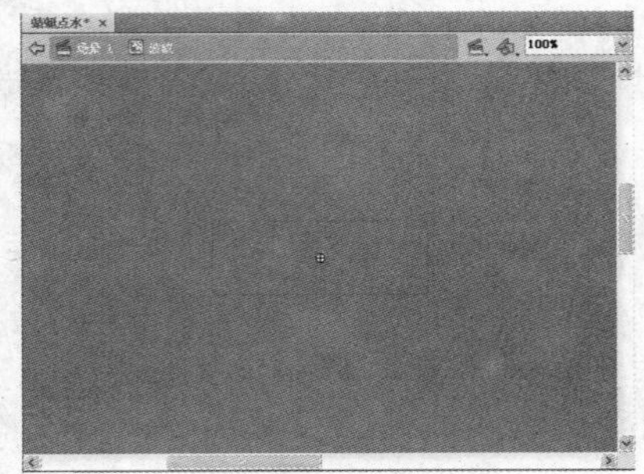

图9.17　插入关键帧并放大图形元件

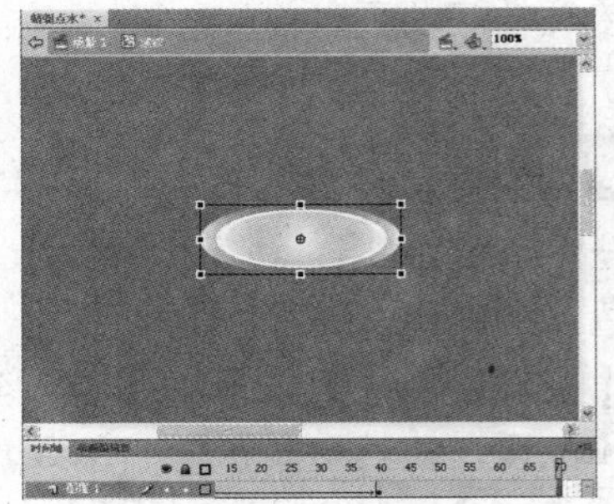

图9.18　创建动画并插入帧

10 选择第1帧至第70帧之间的所有帧，单击鼠标右键，在弹出的快捷菜单中选择【复制帧】选项。

11 单击【新建图层】按钮，创建一个新的图层2，如图9.19所示。

12 选择图层2的第5帧，单击鼠标右键，在弹出的快捷菜单中选择【粘贴帧】选项，如图9.20所示。

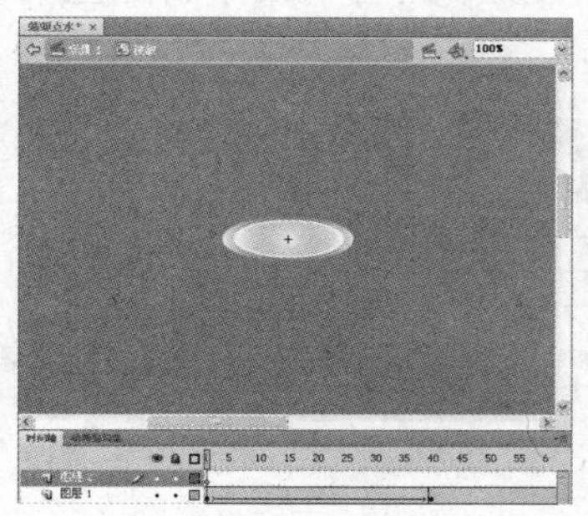

图9.19　复制图层1的所有帧并创建图层2

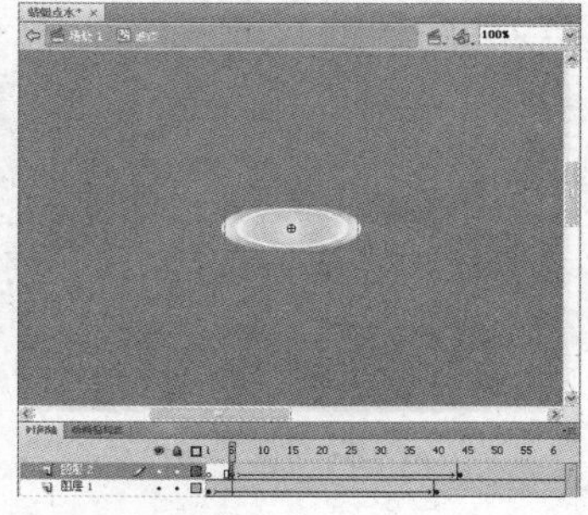

图9.20　粘贴帧

13 新建图层3，选中第10帧，单击鼠标右键，在弹出的快捷菜单中选择【粘贴帧】选项。然后新建图层4，选中第15帧执行与图层3相同的命令，如图9.21所示。

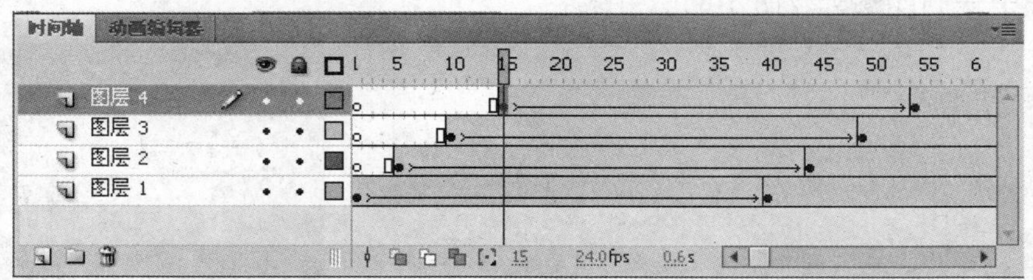

图9.21　影片剪辑时间轴最终效果

14 返回主场景，执行【插入】→【新建元件】命令，打开【创建新元件】对话框，新建一个影片剪辑元件“蜻蜓”。

15 进入“蜻蜓”元件的编辑状态，导入蜻蜓素材，如图9.22所示。

16 分别在第2帧、第4帧、第5帧、第6帧、第10帧、第15帧和第16帧处插入关键帧，并对每个关键帧中的蜻蜓大小进行调整，然后在第25帧处插入帧，如图9.23所示。

图9.22　导入蜻蜓素材

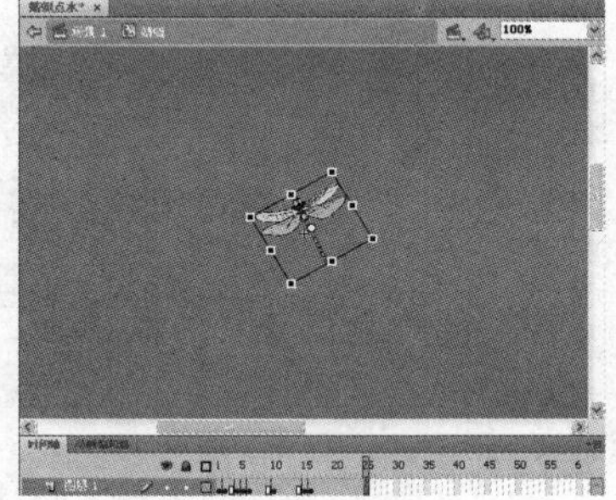

图9.23　改变关键帧中素材大小

17 分别在第2帧、第6帧和第10帧处创建传统补间动画，如图9.24所示。

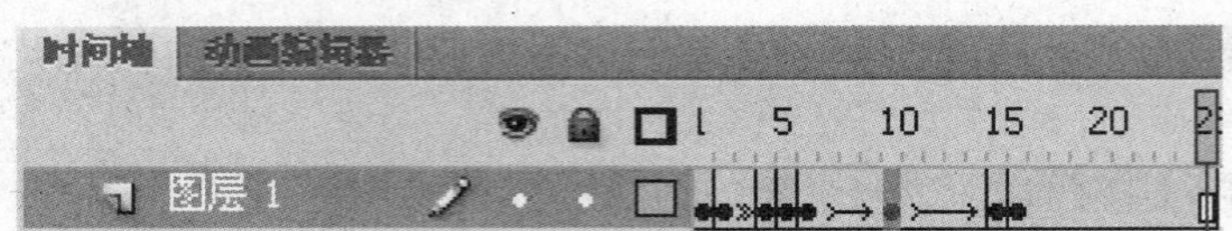

图9.24　创建动画

18. 返回主场景，选择图层1的第50帧，按【F5】键插入帧。然后单击【新建图层】按钮，新建图层2和图层3，如图9.25所示。

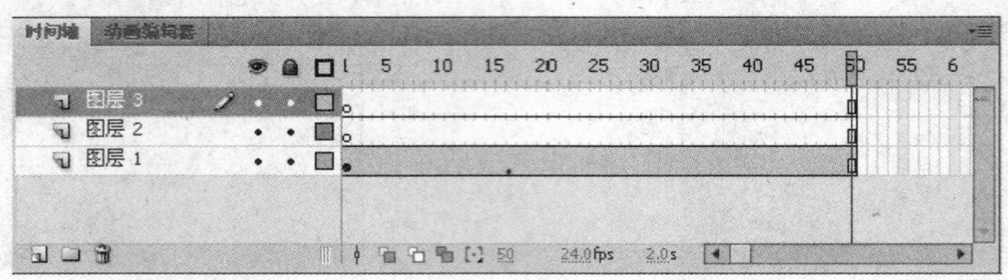

图9.25　新建图层

19. 选择图层3的第1帧，将“蜻蜓”元件拖入图层3。
20. 在图层3中单击鼠标右键，在弹出的快捷菜单中选择【添加传统运动引导层】选项，新建一个引导图层，如图9.26所示。
21. 在引导层中绘制如图9.27所示的引导线。

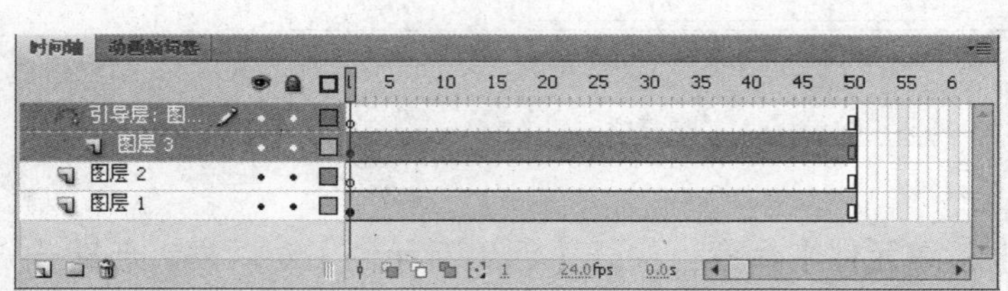

图9.26　创建引导图层

图9.27　绘制引导线

22. 选择图层3的第50帧，按【F6】键插入关键帧，然后选择第1帧至第50帧之间的任意一帧，单击鼠标右键，在弹出的快捷菜单中选择【创建传统补间】选项，创建蜻蜓飞舞的引导动画，如图9.28所示。

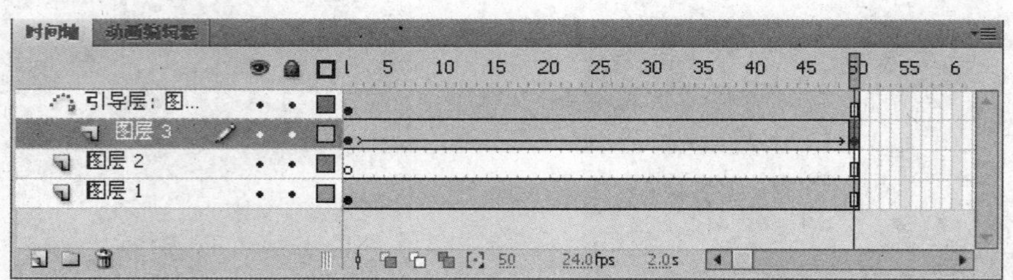

图9.28　创建引导动画

23. 分别选择图层3的第1帧和第50帧，将“蜻蜓”元件的中心分别对齐到引导线的首尾处，如图9.29所示。

24 选择图层2的第50帧，按【F6】键插入关键帧，将“波纹”元件拖入舞台，如图9.30所示。

图9.29 将“蜻蜓”中心对齐到引导线上

图9.30 拖入“波纹”元件

25 然后在每个图层的第60帧处插入帧，最后按【Ctrl+Enter】组合键预览动画，最终效果参考图9.12所示。

9.2.2 制作百叶窗效果

最终效果

动画制作完成的最终效果如图9.31所示。

图9.31 百叶窗最终效果

解题思路

1 导入素材图片。
2 创建影片剪辑元件。
3 创建图形元件。
4 创建传统补间动画。
5 创建遮罩动画。

操作步骤

1 新建一个Flash文档，并将其保存为“百叶窗效果”。

2 执行【文件】→【导入】→【导入到库】命令，打开【导入到库】对话框，如图9.32所示。

3 选择所需图片素材，单击【打开】按钮，将所选素材导入到库中。

4 在【属性】面板中选择【库】选项卡，打开【库】面板，将第一张图片拖到场景中，如图9.33所示。

图9.32 【导入到库】对话框

图9.33 将图片拖入舞台

5 按【Ctrl+J】组合键，打开【文档属性】对话框，选中【内容】单选按钮，然后单击【确定】按钮，如图9.34所示。

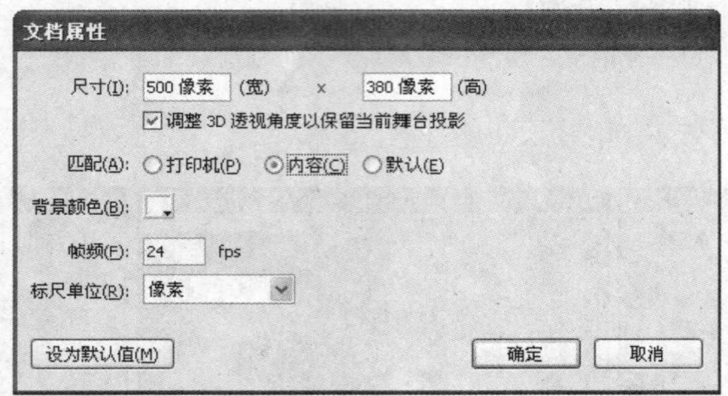

图9.34 选中【内容】单选按钮

6 调整场景大小，使其与图像大小一致。

7 执行【插入】→【新建元件】命令，打开【创建新元件】对话框，创建影片剪辑元件“百叶”。

8 单击【确定】按钮进入影片剪辑元件的编辑状态，绘制一个大小为“20像素×380像素”的蓝色无边框矩形，如图9.35所示。

9 选中矩形，按【F8】键将矩形转换为图形元件“叶”。

10 选中“叶”图形元件，按下【Ctrl+C】组合键进行复制，然后按【Ctrl+Shift+V】组合键进行原位粘贴。

11 按下【Shift+→】组合键5次，将复制得到的矩形向右移动。按照同样的方法再移动出3个矩形，共得到5个矩形，如图9.36所示。

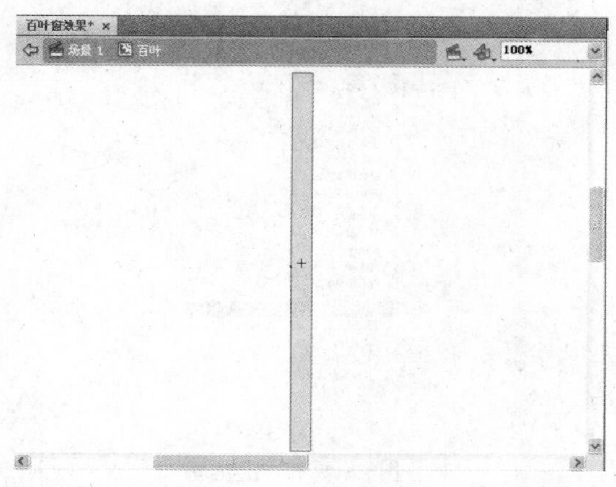

图9.35　绘制矩形

图9.36　复制矩形

12 选中这5个矩形，单击鼠标右键，在弹出的快捷菜单中选择【分散到图层】选项，将这5个矩形分散到各个图层，如图9.37所示。

13 再在图层1中绘制一个大小为“280像素×380像素”的蓝色无边框矩形，如图9.38所示。

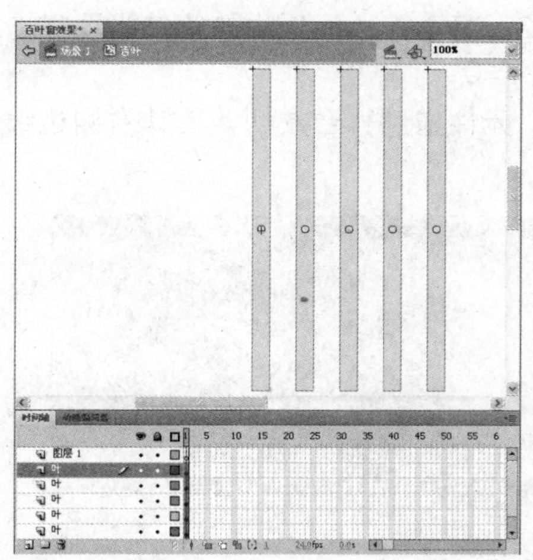

图9.37　将矩形分散到图层

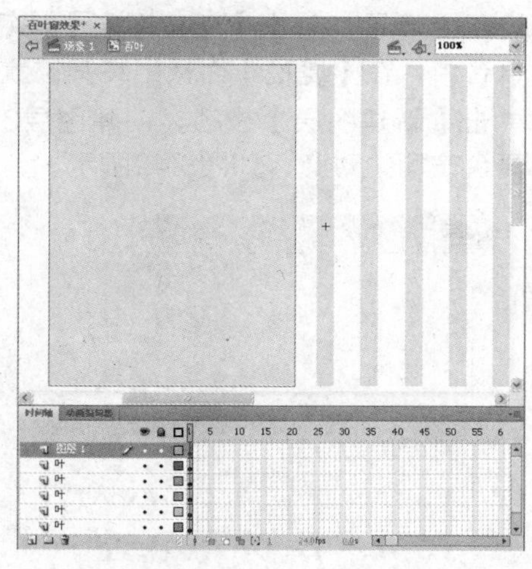

图9.38　绘制矩形

14 在图层1的第5帧按【F5】键插入帧，然后在最下方的“叶”图层的第5帧按【F6】键插入关键帧。

15 利用任意变形工具将最下方的“叶”图层的第5帧中的矩形放大，使其左侧与图层1中的矩形的右侧重合，如图9.39所示。

16 然后选择第1帧至第5帧之间的任意一帧，单击鼠标右键，在弹出的快捷菜单中选择【创建传统补间】选项。

17 选中最后一个“叶”图层的第1帧至第5帧，单击鼠标右键，在弹出的快捷菜单中选择【复制动画】选项，如图9.40所示。

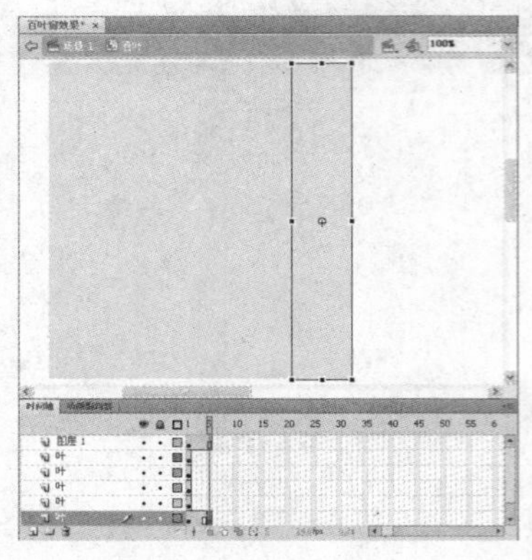
图9.39　放大矩形

图9.40　复制动画

18 分别选中其他“叶”图层的第1帧，单击鼠标右键，在弹出的快捷菜单中选择【粘贴动画】选项。

19 分别选中除最后一个“叶”图层外的其他“叶”图层，从下到上依次将各图层中时间轴的第5帧拖至第8帧、第12帧、第16帧和第21帧，并在所有图层的第30帧处插入帧，如图9.41所示。

20 返回主场景，单击【新建图层】按钮，创建图层2。将【库】面板中的第二张图片拖入舞台中，在【属性】面板中将其位置设为“X=0，Y=0”。

21 单击【新建图层】按钮，创建图层3，将“百叶”元件拖到舞台左侧，使其右侧边线与舞台左侧边对齐，如图9.42所示。

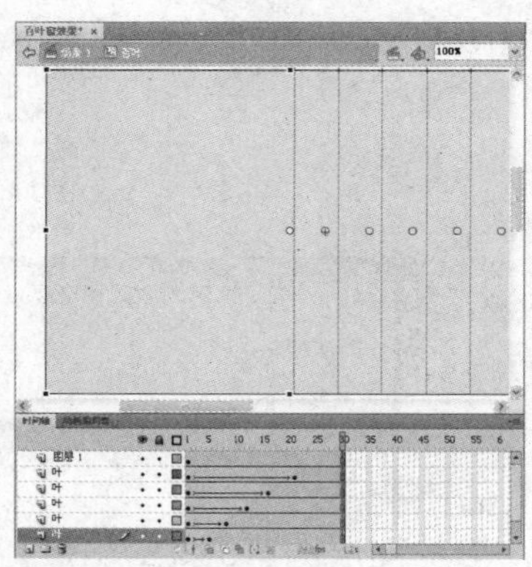
图9.41　完成“百叶”元件的创建

图9.42　将“百叶”元件拖入舞台

22 在所有图层的第30帧按【F5】键插入帧，然后在图层3的第15帧按【F6】键插入关键帧，并将第15帧中的“百叶”元件向右移动，使其覆盖整个舞台，如图9.43所示。

23 选中图层3的第1帧至第15帧之间的任意一帧，然后单击鼠标右键，在弹出的快捷菜单中选择【创建传统补间】选项。

24 选中图层3的第1帧至第30帧之间的所有帧，单击鼠标右键，在弹出的快捷菜单中选择【复制帧】选项。

25 分别选中图层3的第31帧、第61帧和第91帧，单击鼠标右键，在弹出的快捷菜单中选择【粘贴帧】选项，如图9.44所示。

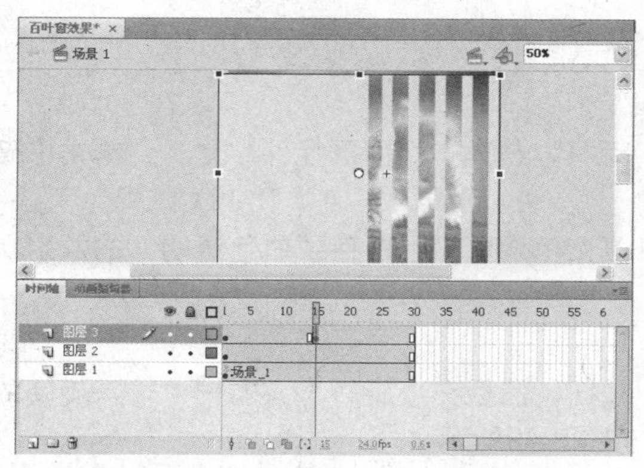

图9.43　移动“百叶”元件

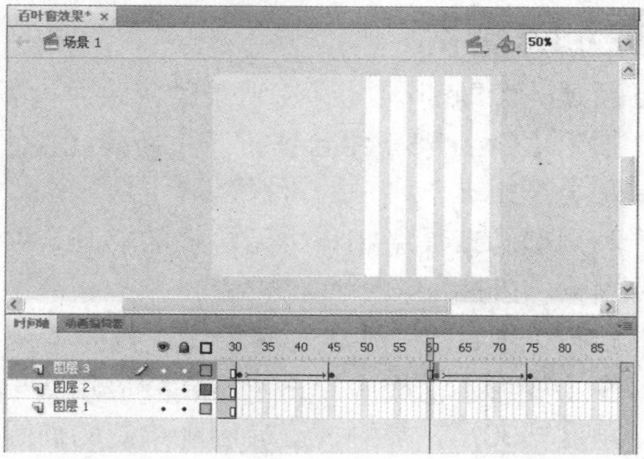

图9.44　复制并粘贴帧

26 在图层2的第31帧、第61帧和第91帧按【F6】键插入关键帧。

27 选择图层2第31帧中的图像，在其上单击鼠标右键，在弹出的快捷菜单中选择【交换位图】选项，在打开的对话框中选择第3张图片，如图9.45所示，然后单击【确定】按钮。

28 用同样的方法在第61帧和第91帧中将图像分别交换为第4张和第5张图片，最后在所有图层的第120帧处按【F5】键插入帧，如图9.46所示。

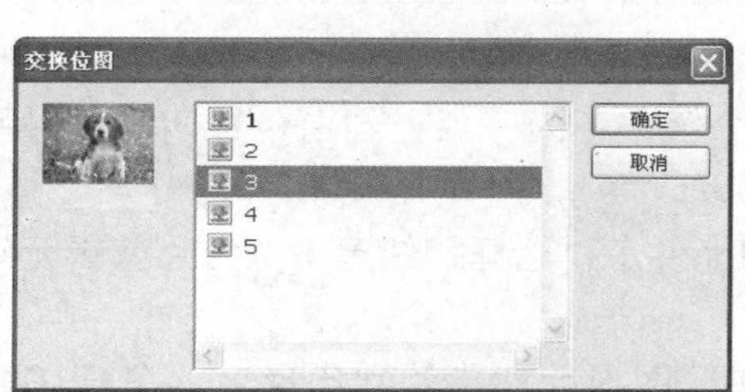

图9.45　交换图像

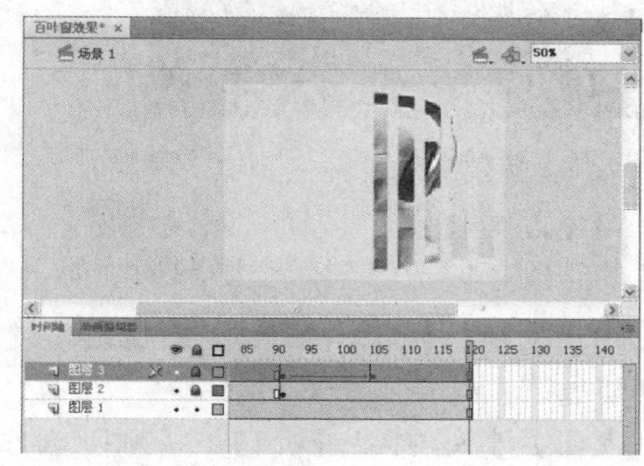

图9.46　插入帧

29 在图层3名称上单击鼠标右键，在弹出的快捷菜单中选择【遮罩层】选项，将图层3转换为遮罩层。

30 最后按【Ctrl+Enter】组合键预览动画效果，参考图9.31所示。

9.2.3　制作激光写字效果

最终效果

动画制作完成的最终效果如图9.47所示。

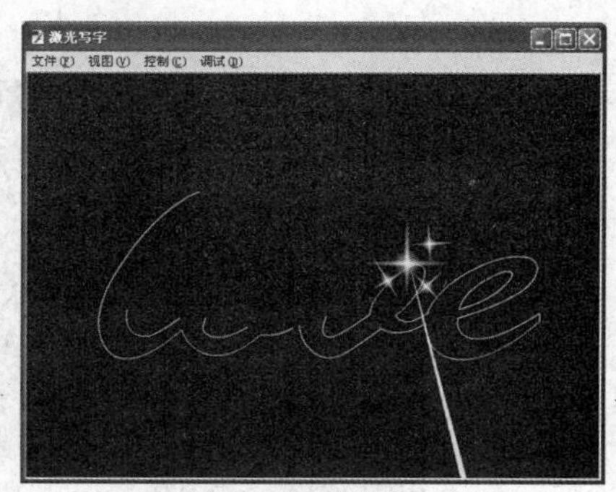

图9.47　激光写字动画效果

解题思路

1. 绘制图形。
2. 将图形转换为元件。
3. 创建引导层，制作引导动画。
4. 应用逐帧动画。

操作步骤

1 新建一个Flash文档，将背景颜色改为“黑色”。

2 按下【Ctrl+F8】组合键打开【新建元件】对话框，创建一个图形元件“星”，单击【确定】按钮进入元件编辑状态。

3 利用椭圆工具绘制一个无边框的椭圆，并将填充色设置为“白色到白色透明”的放射状渐变，如图9.48所示。

4 执行【窗口】→【变形】命令，打开【变形】面板。

5 在【变形】面板中单击【重制并应用变形】按钮，然后在【旋转】文本框中输入旋转的角度“90”，复制并旋转刚刚绘制的椭圆，如图9.49所示。

图9.48　绘制椭圆并填充放射状渐变色

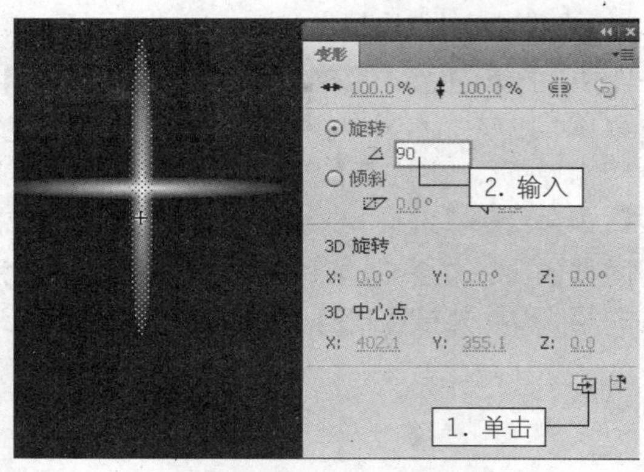

图9.49　旋转并复制椭圆

6 单击【新建图层】按钮，新建图层2，绘制一个填充色为“白色到白色透明”放射状渐变的正圆，并放置到两个椭圆的中心，如图9.50所示。

7 返回主场景，按【Ctrl+F8】组合键打开【新建元件】对话框，创建一个影片剪辑元件，并命名为“流星”。

8 进入影片剪辑的编辑状态，将刚刚制作的“星”图形元件导入到场景中，在第10帧按【F5】键插入帧。

9 选中第1帧，单击鼠标右键，在弹出的快捷菜单中选择【创建补间动画】选项。

10 将第10帧中的“星”元件实例向下移动，创建流星滑落效果，如图9.51所示。

图9.50　绘制正圆

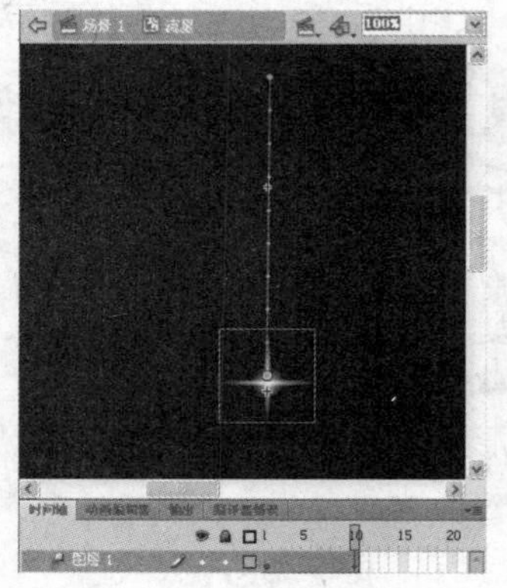

图9.51　创建流星滑落效果

11 返回主场景，按【Ctrl+F8】组合键打开【新建元件】对话框，创建一个影片剪辑元件，并命名为“心”。

12 进入影片剪辑的编辑状态，将刚刚制作的“流星”影片剪辑元件导入到场景中，在第10帧按【F5】键插入帧。

13 选中第1帧，单击鼠标右键，在弹出的快捷菜单中选择【创建补间动画】选项。

14 选中第5帧中的元件实例，在【属性】面板中设置其旋转参数，如图9.52所示。

15 然后对其色调进行设置如图9.53所示。

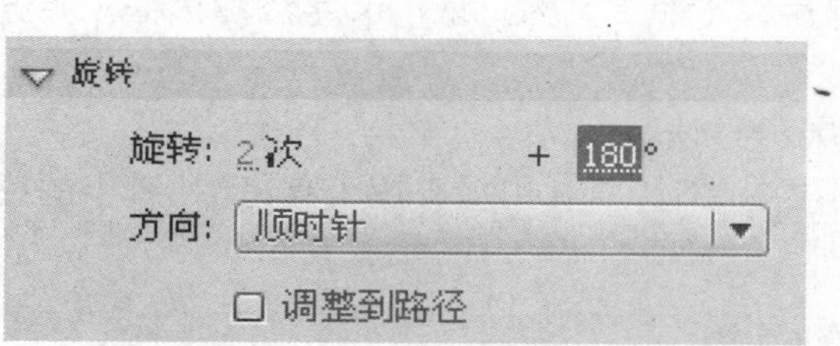

图9.52　设置旋转参数

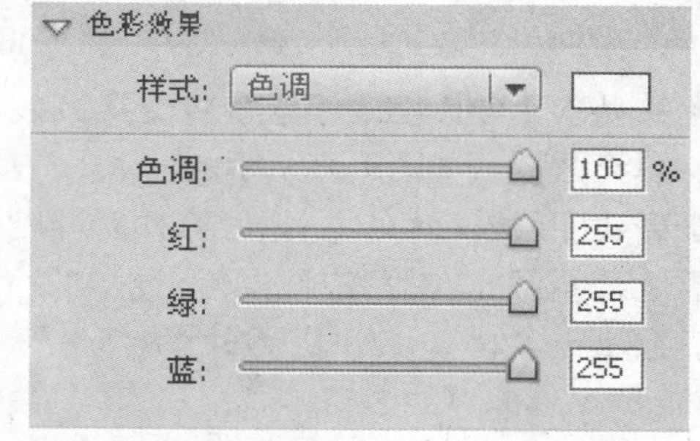

图9.53　第5帧中元件实例的色调

16 选中第10帧中的元件实例，对其色调进行如图9.54所示的设置。

17 返回主场景，按【Ctrl+F8】组合键打开【新建元件】对话框，创建一个影片剪辑元件，并命名为“光”。

18 进入影片剪辑编辑状态，绘制如图9.55所示的图形，将其填充色设为“白色到黄色的线性渐变”。

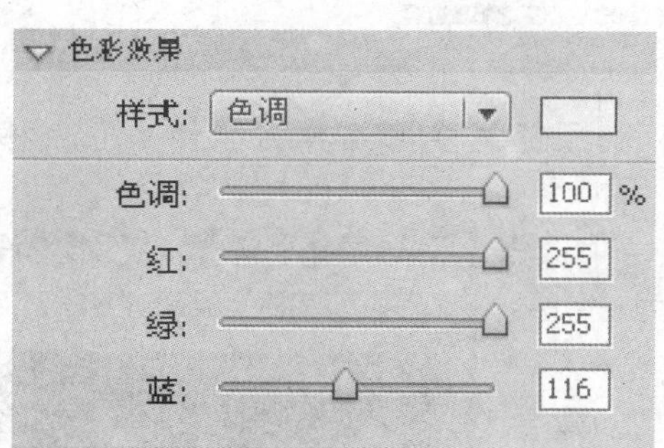

图9.54　第10帧中的元件实例的色调

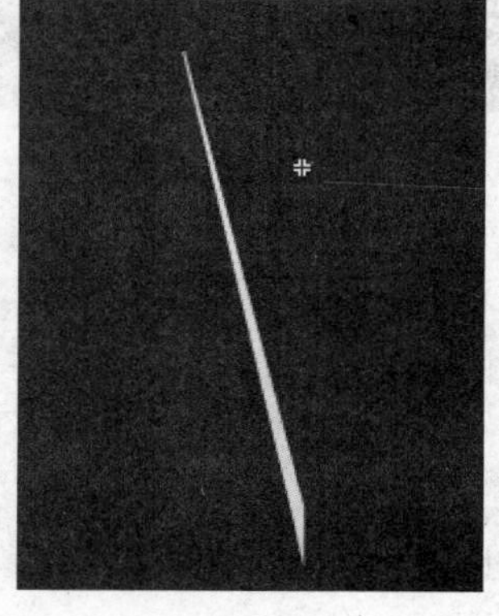

图9.55　绘制“光”图形

19 新建图层2，将元件“心”放置于刚刚绘制的图形的顶点处，放置多个“流星”元件在“心”周围，并更改其大小和方向，如图9.56所示。

20 返回主场景，利用文本工具在场景中输入“love”，并设置字体为“华文行楷”，大小为“200”，颜色为“黄色”，并利用任意变形工具调整其大小，如图9.57所示。

图9.56　放置元件实例

图9.57　输入文字

21 按两次【Ctrl+B】组合键将文字打散，利用墨水瓶工具为打散的文字添加边框，并删除填充区域，如图9.58所示。

22 新建图层2，然后将图层1第1帧复制到图层2第1帧。

23 隐藏图层1，然后在图层2和图层1之间创建图层3，并利用橡皮擦工具将图层1中的线条擦出一个缺口，如图9.59所示。

图9.58　删除填充区域

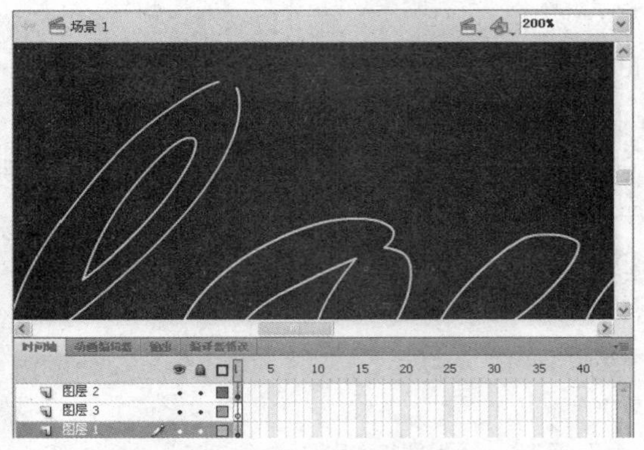

图9.59　擦出一个缺口

24 将“光”元件从【库】面板拖到场景中，利用任意变形工具将元件中心点移到顶点处。

25 在图层2上单击鼠标右键，在弹出的快捷菜单中选择【引导层】选项，将图层2设为引导层，然后拖动图层3到图层2下方，使其成为被引导层。

26 在图层3的第50帧按【F6】键插入关键帧，创建引导动画。

27 取消图层1的隐藏，并将图层2隐藏，选中图层1的第2帧至第50帧，按【F6】键插入关键帧。

28 根据“光”元件移动的位置，利用橡皮擦工具制作出线条逐渐出现的逐帧动画，如图9.60所示。

29 最后按【Ctrl+Enter】组合键预览动画效果，参考图9.47所示。

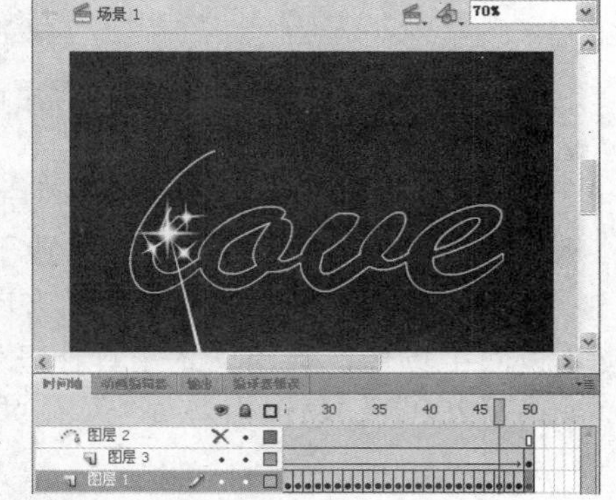

图9.60　制作逐帧动画

9.2.4 制作闪闪红星效果

最终效果

动画制作完成的最终效果如图9.61所示。

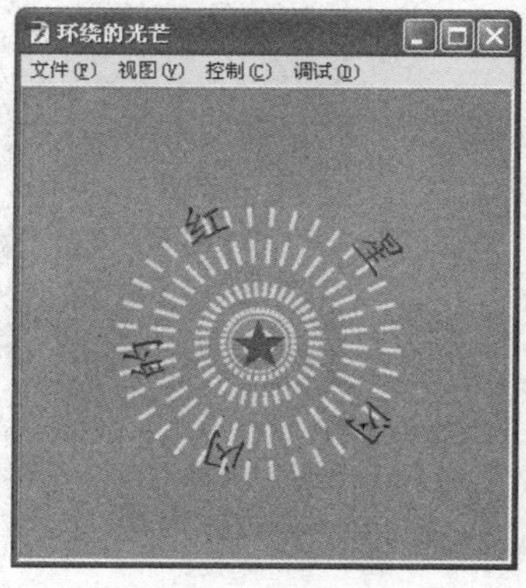

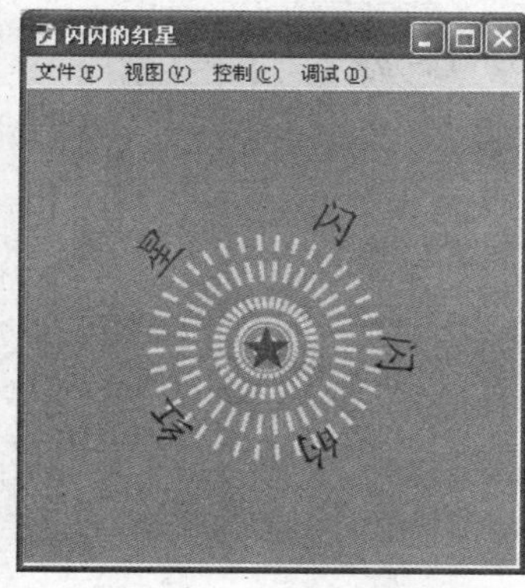

图9.61　闪闪红星动画效果

解题思路

1 绘制图形。
2 移动图形中心点。
3 应用遮罩效果。
4 创建旋转效果的动画。

操作步骤

1 新建一个Flash文档。将背景颜色改为“#FF6600”，设置文档大小为“300×300像素”。
2 按下【Ctrl+F8】组合键打开【新建元件】对话框，创建一个影片剪辑元件“闪光”，单击【确定】按钮进入元件编辑状态。
3 利用线条工具和【变形】面板绘制如图9.62所示的放射状图形，线条颜色为“#FFFF00”，然后将其转换成图形元件。
4 单击【新建图层】按钮，新建图层2，利用椭圆工具绘制如图9.63所示的多个圆环，然后将其转换成图形元件。

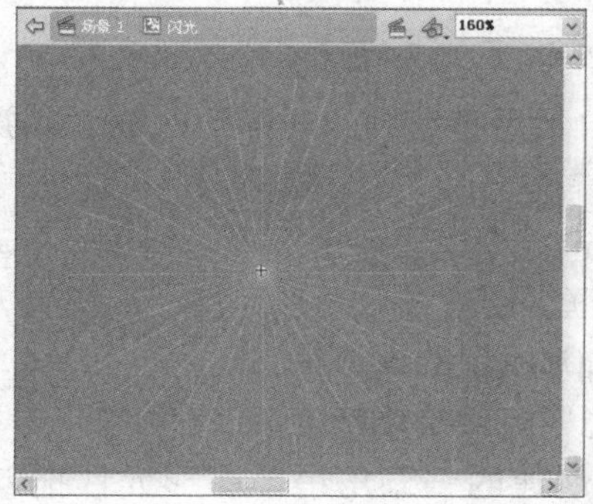

图9.62　绘制放射状图形

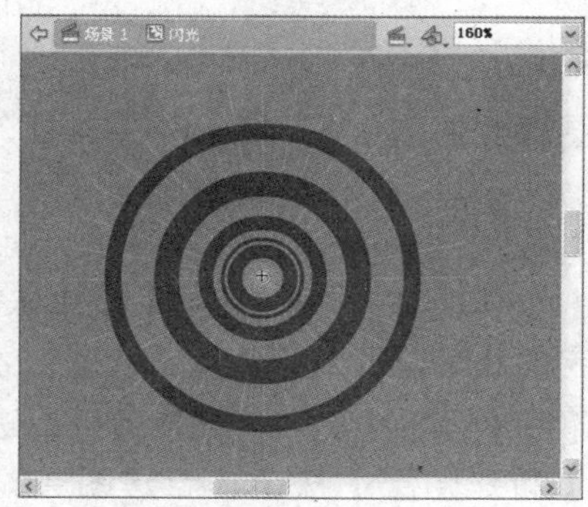

图9.63　绘制圆环

5 选中图层1的第10帧，按【F5】键插入帧。

6 选中图层2的第10帧，按【F6】键插入关键帧。将绘制的圆环放大，如图9.64所示。

7 选中图层2中第1帧至第10帧之间的任意一帧，单击鼠标右键，在弹出的快捷菜单中选择【创建传统补间】选项，创建圆环逐渐放大的动画，如图9.65所示。

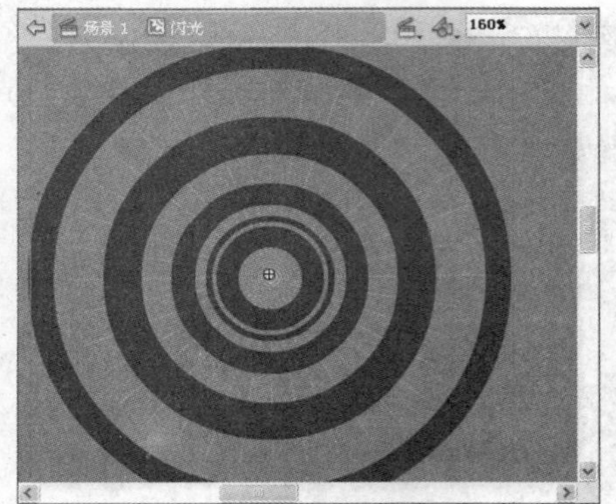

图9.64　放大第10帧中的圆环

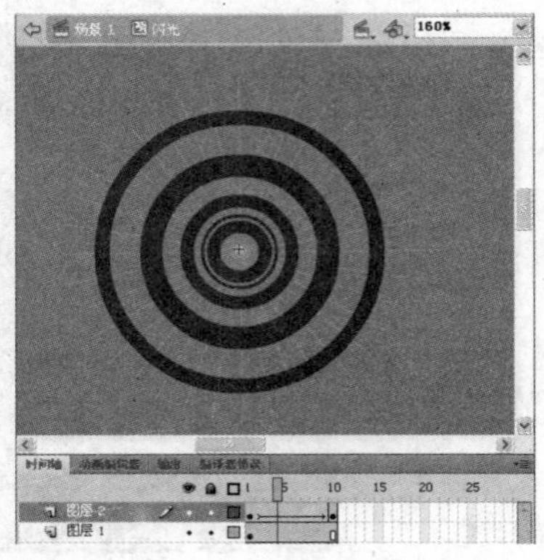

图9.65　创建动画

8 在图层2上单击鼠标右键，在弹出的快捷菜单中选择【遮罩层】选项，创建遮罩动画。

9 单击【新建图层】按钮，新建图层3，绘制如图9.66所示的放射状线条图形，并将其转换为图形元件。

10 单击【新建图层】按钮，新建图层4，绘制如图9.67所示的环形，并将其转换为图形元件。

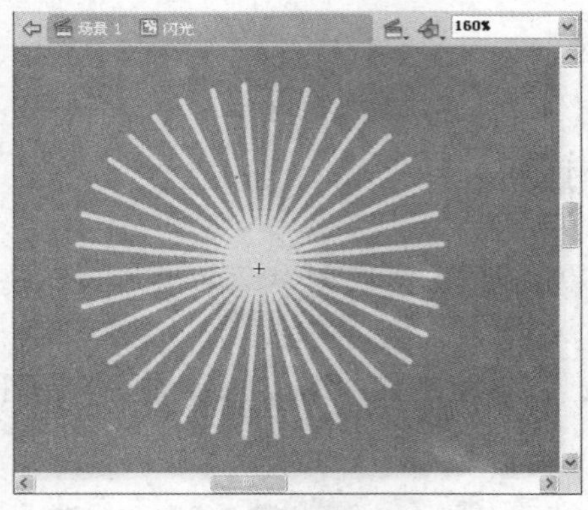

图9.66　绘制放射状线条

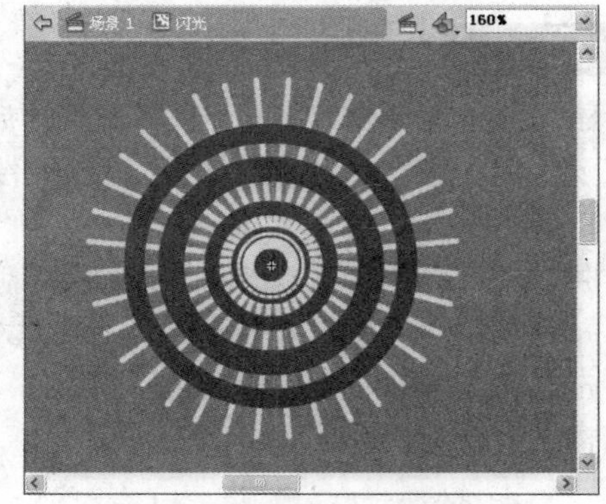

图9.67　图层4中的环形

11 选中图层4的第10帧，按【F6】键插入关键帧，然后将绘制的环形元件放大，并创建环形逐渐变大的动画。

12 在图层4上单击鼠标右键，在弹出的快捷菜单中选择【遮罩层】选项，创建遮罩动画。

13 按下【Ctrl+F8】组合键打开【新建元件】对话框，创建一个图形元件“五角星”，单击【确定】按钮，进入元件编辑状态，绘制如图9.68所示的五角星。

14 双击【库】面板中的“闪光”元件，进入“闪光”元件编辑状态。

15 单击【新建图层】按钮，新建图层5，将刚刚创建的“五角星”图形元件拖入到场景中，放置到中心位置。

16 在图层5的第10帧按【F6】键插入关键帧，并放大图形元件，然后单击第1帧至第10帧之间的任意一帧，单击鼠标右键，在弹出的快捷菜单中选择【创建传统补间】选项，创建五角星逐渐变大的传统补间动画，如图9.69所示。

图9.68　绘制五角星

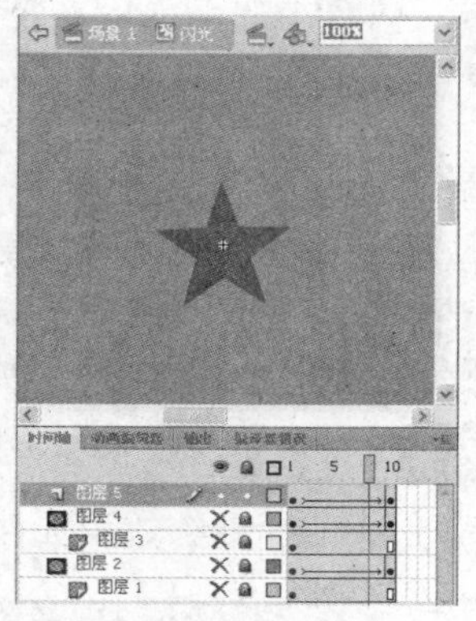
图9.69　创建图层5的补间动画

17 返回主场景，从【库】面板中将“闪光”元件拖入场景。

18 单击【新建图层】按钮，新建图层2，利用文本工具输入文字“闪”、“闪”、“的”、“红”和“星”，然后利用椭圆工具绘制一个无填充的圆作为辅助线，以便将文字调整文字为环形，再将圆删除，如图9.70所示。

19 选择所有的文字，按【Ctrl+G】组合键将所有的文字组合。

20 选中图层1的第15帧，按【F5】键插入帧。

21 在图层2的第15帧按【F6】键插入关键帧，然后在第1帧至第15帧之间的任意一帧单击鼠标右键，在弹出的快捷菜单中选择【创建传统补间】选项，创建传统补间动画，如图9.71所示。

图9.70　输入文字并调整位置

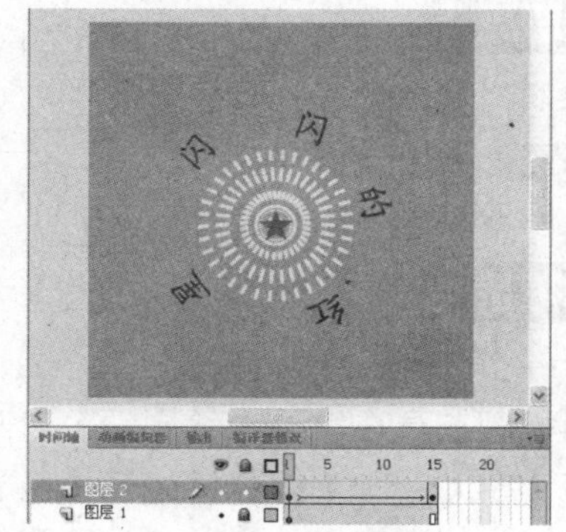

图9.71　创建文字动画

22 选中图层2的第1帧，在【属性】面板中设置旋转方式为“顺时针”，旋转次数为“1”，如图9.72所示。

图9.72　设置旋转属性

23 按【Ctrl+S】组合键保存动画，并按【Ctrl+Enter】组合键预览动画效果，参考图9.61所示。

9.3 提高——自己动手练

前面主要介绍了引导层和遮罩层的相关知识，下面再通过几个提高实例的练习来拓展基础知识的应用，在巩固基础知识的同时激发读者创作的灵感。

9.3.1 制作椭圆形轨道运动动画

最终效果

本例制作完成后的最终效果如图9.73所示。

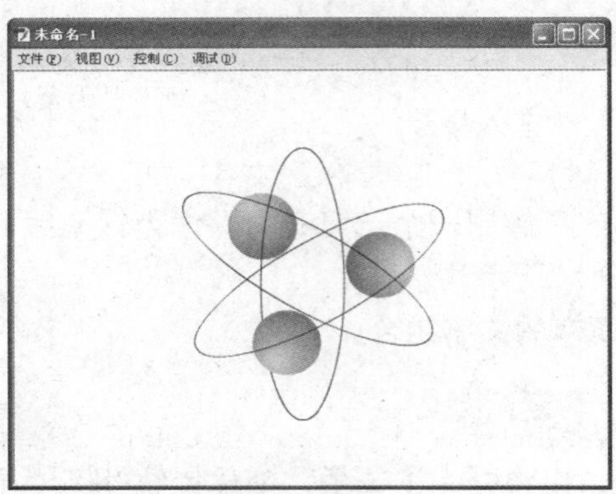

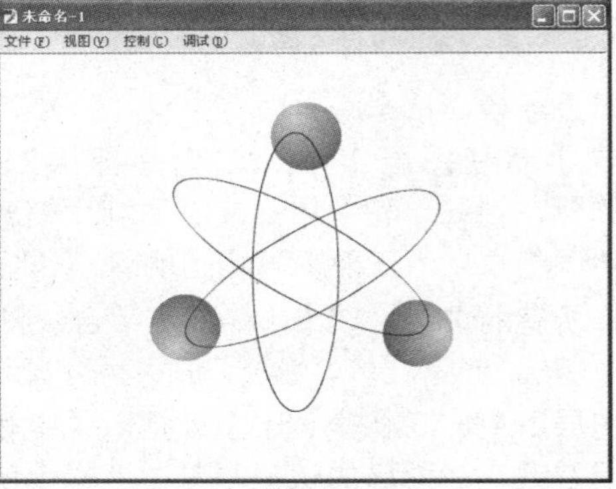

图9.73 最终效果

解题思路

1 创建图形元件和影片剪辑元件。
2 绘制图形并填充渐变色。
3 创建引导动画。

操作提示

1 新建一个Flash文档。
2 利用椭圆工具在舞台中绘制一个正圆。
3 按下【Shift+F9】组合键打开【颜色】面板，将正圆填充为放射状渐变色，并使用填充变形工具把渐变色的中心点调整到椭圆的左上角，如图9.74所示。
4 选择刚绘制的正圆，按【F8】键将其转换为图形元件。
5 选择图形元件，按【F8】键将其转换为影片剪辑元件。
6 双击影片剪辑元件，进入到元件的编辑状态，如图9.75所示。

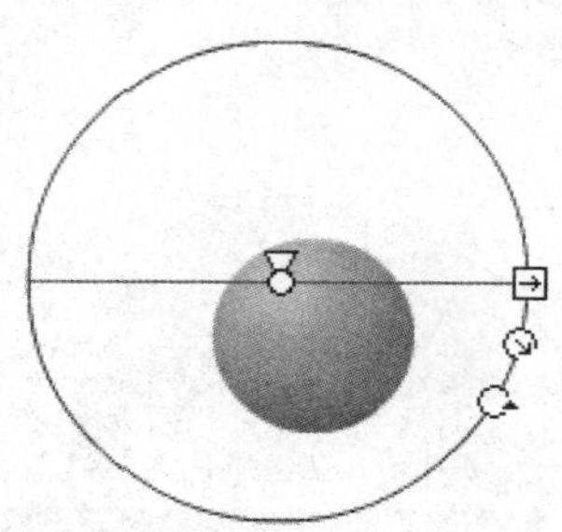

图9.74　绘制正圆并调整渐变方向

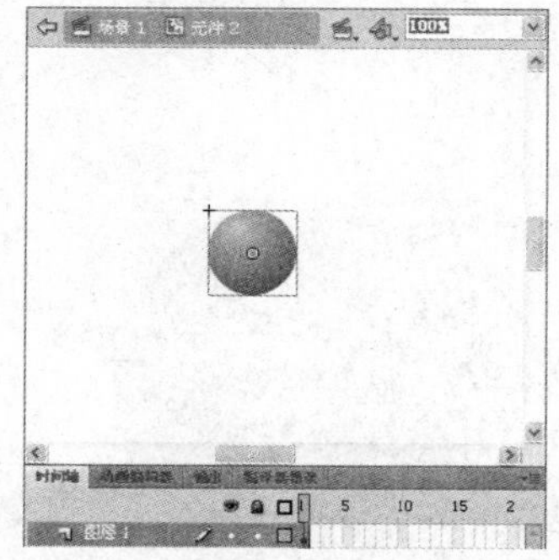

图9.75　进入影片剪辑元件的编辑状态

7 选中图层1的第30帧，按【F6】键插入关键帧，并且创建补间动画。

8 然后在图层1上单击鼠标右键，在弹出的快捷菜单中选择【添加传统运动引导层】选项，添加一个运动引导层，如图9.76所示。

9 使用【工具】面板的椭圆工具，在运动引导层中绘制一个只有边框、没有填充色的椭圆。

10 将视图比例放大显示，使用【工具】面板中的橡皮擦工具删除椭圆的一小部分，如图9.77所示。

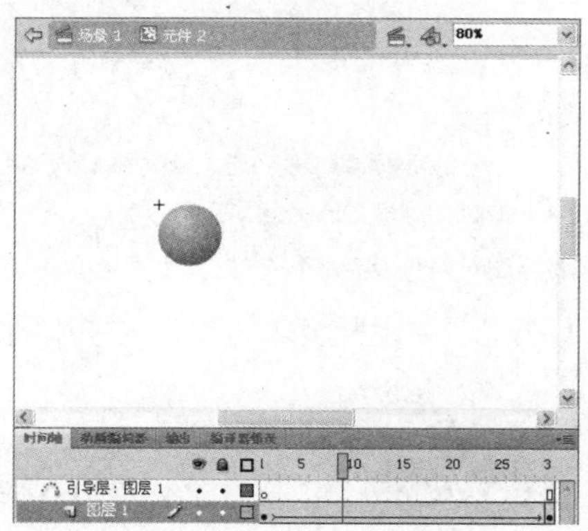

图9.76　添加传统运动引导层

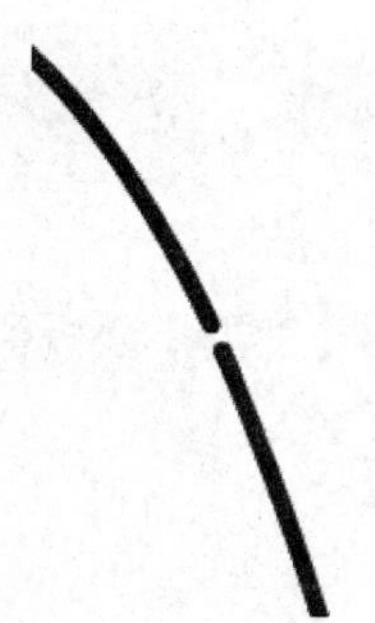

图9.77　删除椭圆的一小部分

11 使用【工具】面板的选择工具，将图层1中第1帧的小球和椭圆边框的缺口上边对齐，如图9.78所示。

12 使用【工具】面板中的选择工具，将图层1中第30帧的小球和椭圆边框的缺口下边对齐，如图9.79所示。

13 在【时间轴】面板中单击【新建图层】按钮，创建图层3。

14 在图层3中绘制一个和引导层中大小相同的椭圆边框，并将其对齐到相同的位置，如图9.80所示。

15 返回主场景，执行【窗口】→【变形】命令（或按【Ctrl+T】组合键），打开【变形】面板。

16 在舞台中选中影片剪辑元件，单击【变形】面板中的【重制并应用变形】按钮，并在【变形】面板中的【旋转】文本框中输入“120”，如图9.81所示。

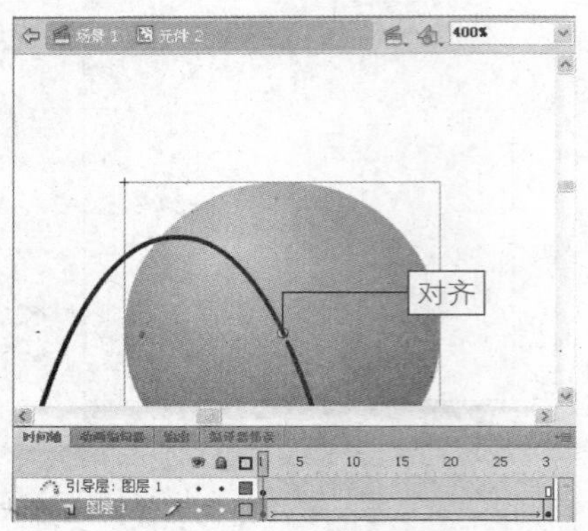

图9.78 将小球对齐到椭圆边框的上缺口

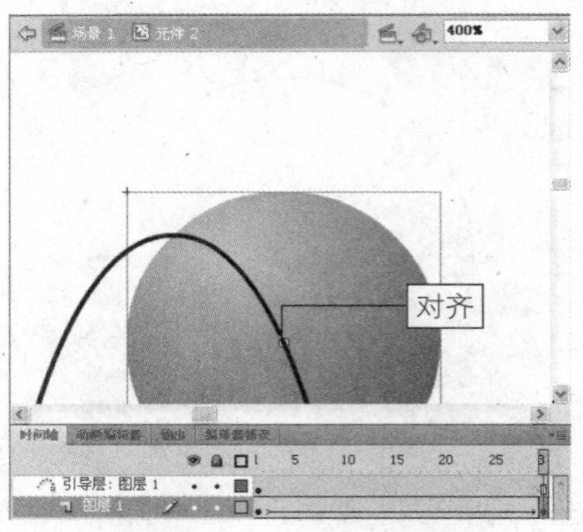

图9.79 将小球对齐到椭圆边框的下缺口

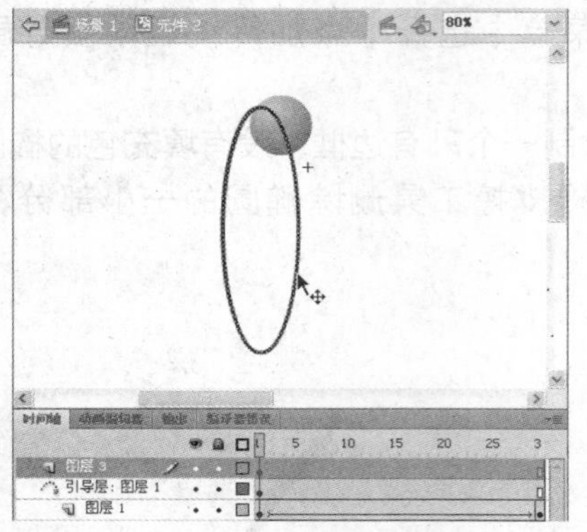

图9.80 绘制与作为引导线的椭圆大小相同的椭圆

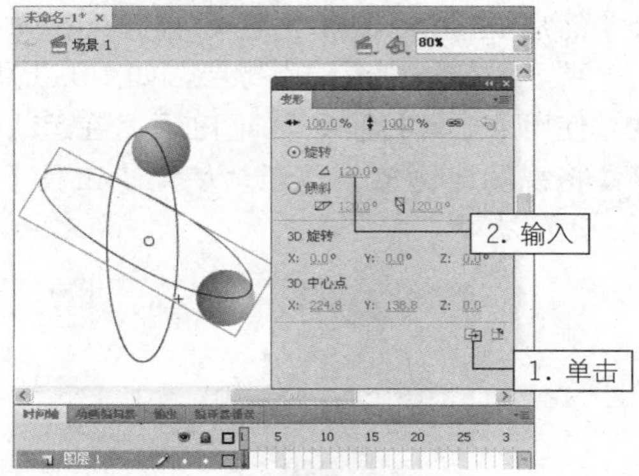

图9.81 复制并旋转元件实例

17 再次单击【变形】面板中的【重制并应用变形】按钮，并设置旋转角度，效果如图9.82所示。

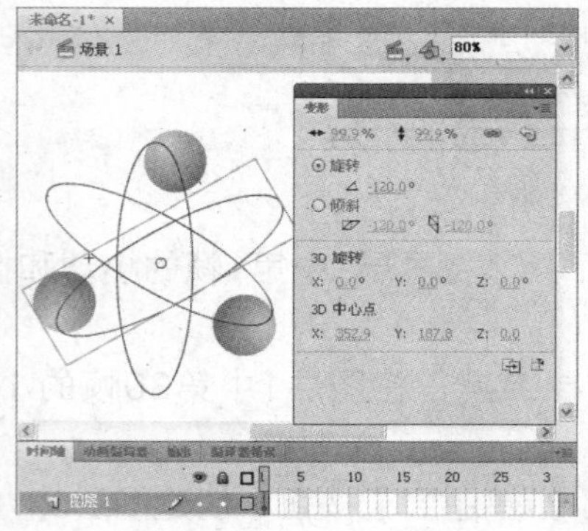

图9.82 再次复制并旋转元件实例

18 执行【控制】→【测试影片】命令（或按【Ctrl+Enter】组合键），在Flash播放器中可以看到制作的椭圆形轨道运动动画，参考图9.73所示。

9.3.2 制作烟花效果

最终效果

本例制作完成后的最终效果如图9.83所示。

图9.83　烟花最终效果

解题思路

1. 创建图形元件和影片剪辑元件。
2. 绘制图形并填充渐变色。
3. 创建引导动画。

操作提示

1. 新建一个Flash文档。
2. 执行【修改】→【文档】命令（或按【Ctrl+J】组合键），打开【文档属性】对话框。将背景颜色设置为“黑色”，舞台大小设置为“800×600”像素，如图9.84所示。
3. 设置完毕，单击【确定】按钮。
4. 执行【文件】→【导入】→【导入到舞台】命令，导入背景图片，并使用任意变形工具调整大小，使其与舞台大小相同，如图9.85所示。

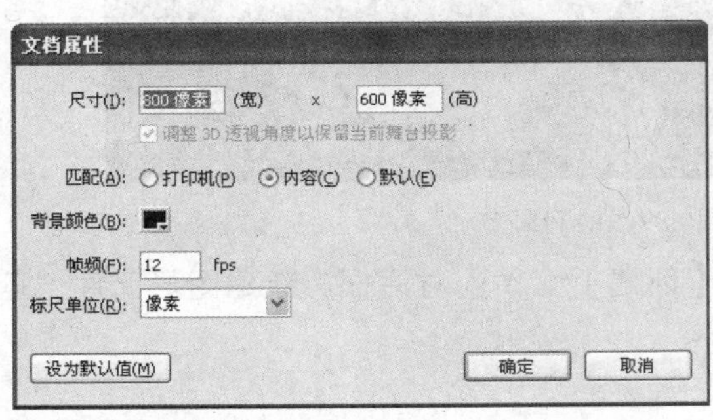

图9.84　设置文档属性

图9.85　导入背景图片并调整其大小

5. 执行【插入】→【新建元件】命令，打开【创建新元件】对话框，新建图形元件“烟花遮罩”，如图9.86所示。
6. 单击【确定】按钮，进入元件的编辑状态。使用刷子工具和选择工具绘制如图9.87所示的图形。

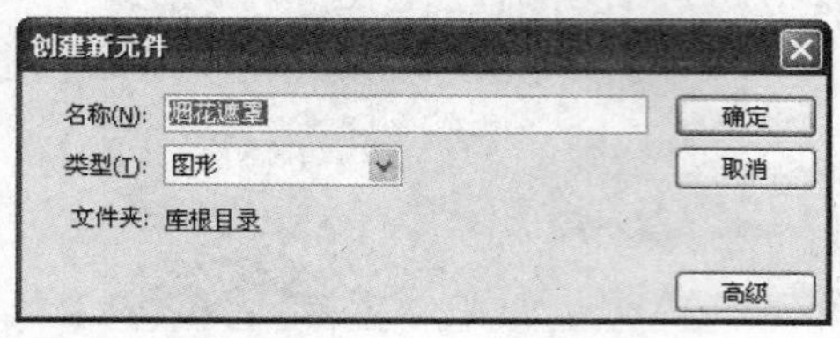

图9.86　创建图形元件

图9.87　绘制烟花形状

7 执行【插入】→【新建元件】命令，打开【创建新元件】对话框，新建图形元件“红色”，用来改变烟花的颜色。

8 单击【确定】按钮，进入图形元件的编辑状态。

9 执行【窗口】→【颜色】命令，打开【颜色】面板，将填充色设为如图9.88所示的放射状态渐变色。

10 选择【工具】面板中的椭圆工具，在舞台中绘制如图9.89所示的正圆。

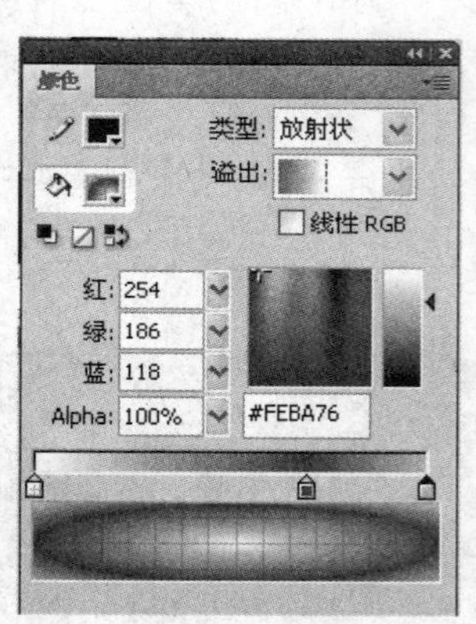

图9.88　设置放射状渐变色

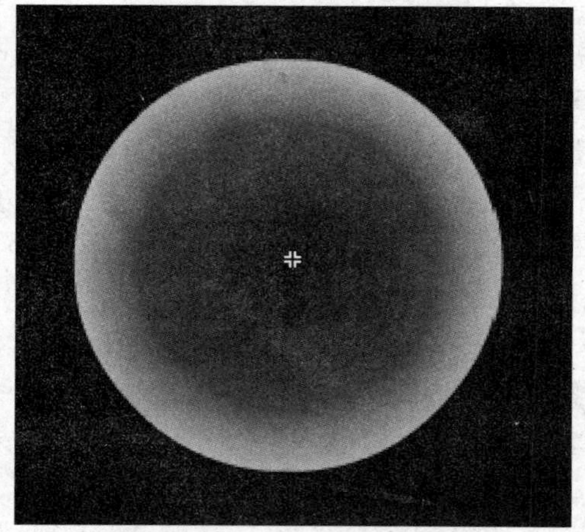

图9.89　绘制圆形

11 执行【插入】→【新建元件】命令，打开【创建新元件】对话框，新建图形元件“蓝色”，同样用来改变烟花的颜色。

12 单击【确定】按钮，进入元件的编辑状态。

13 在【颜色】面板中设置放射状渐变色的三种基色为全透明蓝色（RGB=48，4，255，Alpha=0%），蓝色（RGB=0，0，255，Alpha=100%）和白色（RGB=255，255，255，Alpha=100%），如图9.90所示。

14 设置好渐变色之后，利用椭圆工具在舞台中绘制一个正圆，如图9.91所示。

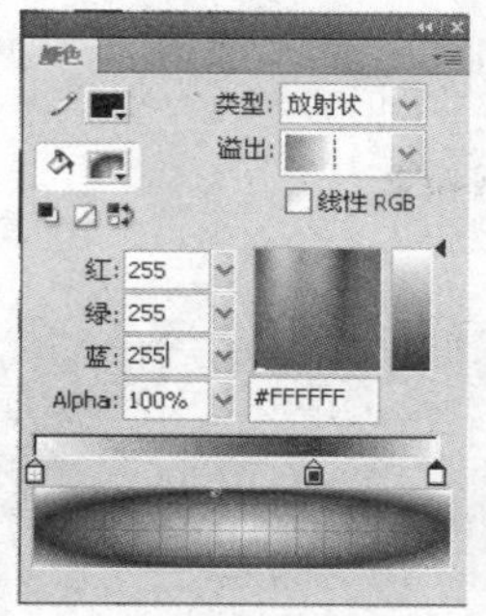

图9.90　设置放射状渐变色

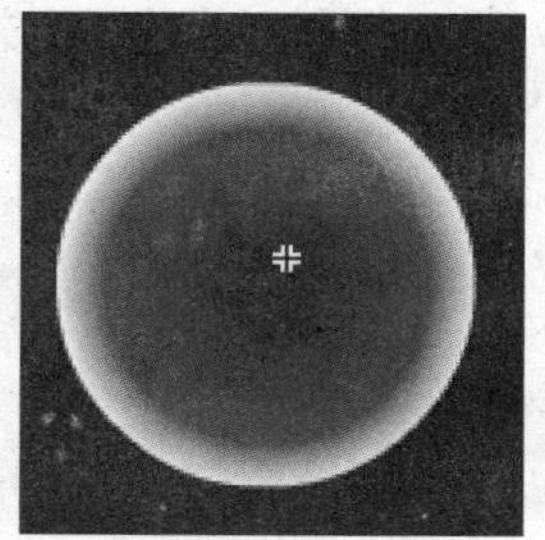

图9.91　绘制“蓝色”元件中的正圆

15 执行【插入】→【新建元件】命令，打开【创建新元件】对话框，新建影片剪辑元件“烟花动画1”。

16 单击【确定】按钮，进入元件的编辑状态，在图层1的第4帧按【F7】键插入空白关键帧。

17 将【库】面板中的“红色”元件拖入场景，如图9.92所示，然后在【属性】面板中设置圆的大小为“30×30”像素，如图9.93所示。

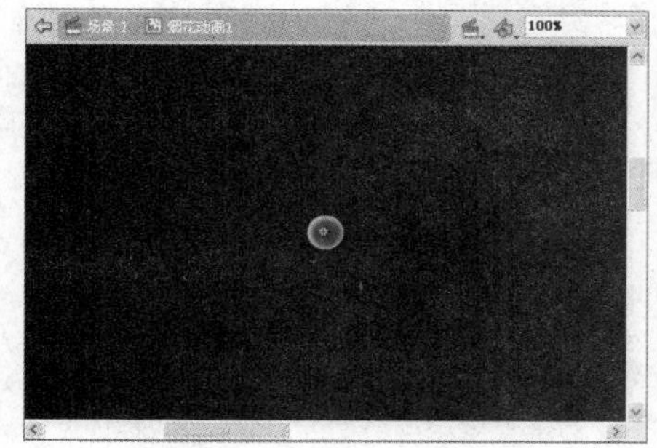

图9.92　将“红色”元件拖入场景

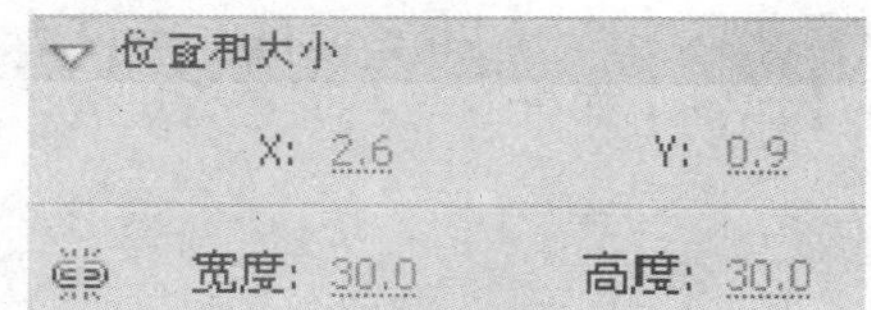

图9.93　设置“红色”元件实例的大小

18 选中第25帧，按【F6】键插入一个关键帧，将其放大到“600×600”像素。

19 选中第4帧至第25帧之间的任意一帧，单击鼠标右键，在弹出的快捷菜单中选择【创建传统补间】选项，创建圆由小变大的补间动画。

20 选中第26帧，按【F7】键插入空白关键帧。再在第30帧按【F6】键插入关键帧，然后将“红色”图形元件拖曳到舞台稍靠右侧的位置，如图9.94所示。

21 保持元件的选中状态，在【属性】面板的【色彩效果】区域中，单击【样式】右侧的下拉箭头，在其下拉列表中选择【高级】选项，进行如图9.95所示的设置。

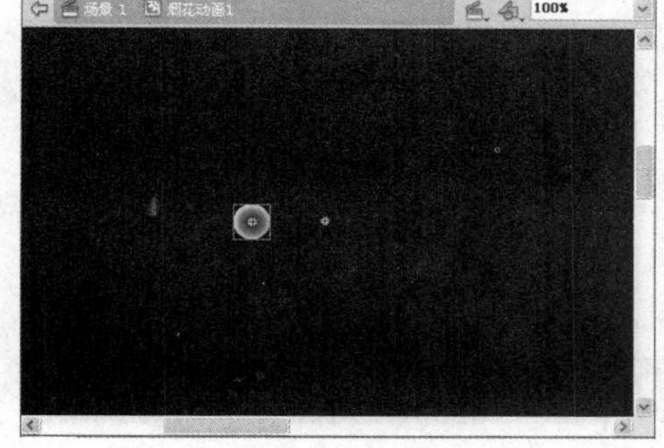

图9.94　将“红色”元件放置到靠右侧的位置

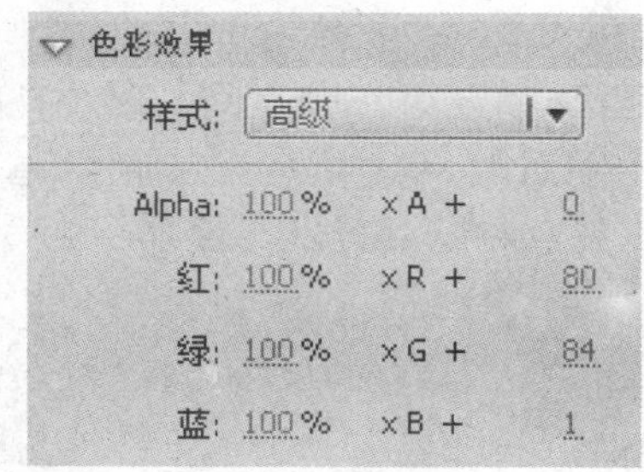

图9.95　高级设置

22 选中第51帧，按【F6】键插入关键帧，将“红色”元件放大到“600×600”像素，并按前面介绍的步骤设置其样式效果，如图9.96所示。

23 在第30帧至第51帧之间创建传统补间动画，如图9.97所示。

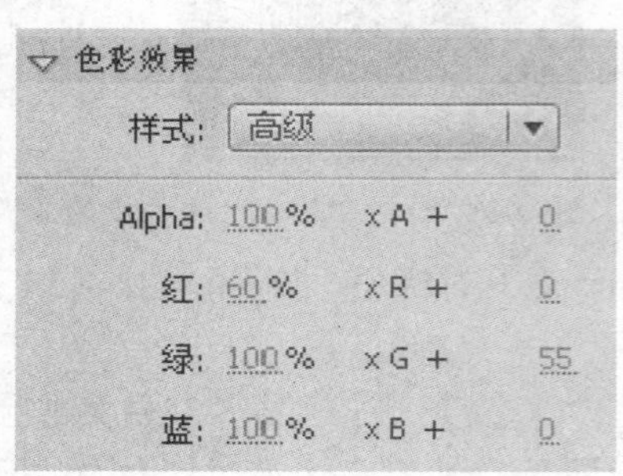

图9.96 设置第51帧中元件的高级效果

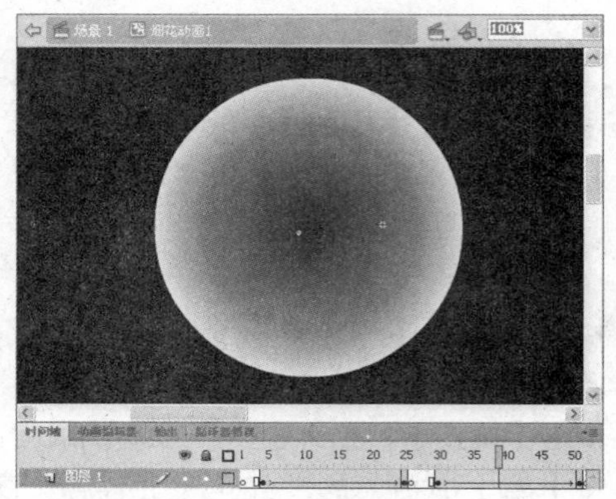

图9.97 完成图层1的动画制作

24 再在第52帧按【F7】键插入空白关键帧，并在第56帧按【F6】键插入关键帧，第3次将“红色”图形元件拖曳到场景中偏左的位置。

25 保持元件的选中状态，在【属性】面板的【色彩效果】区域中，单击【样式】右侧的下拉箭头，选择【色调】选项，并进行如图9.98所示的设置。

26 在第79帧按【F6】键插入关键帧，将“红色”元件放大到“600×600”像素，并在【属性】面板中对色调进行设置，如图9.99所示。

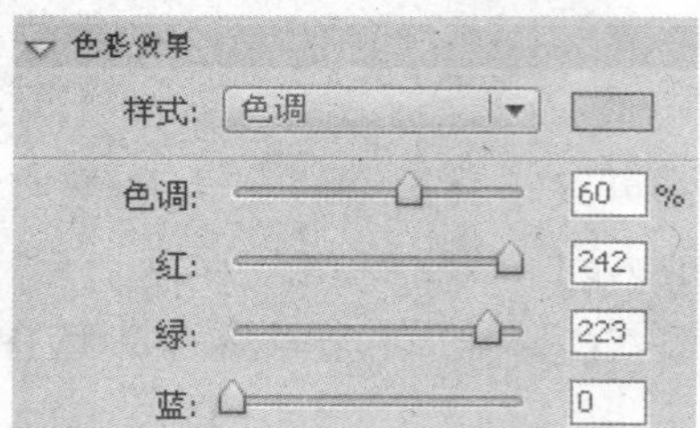

图9.98 设置色调

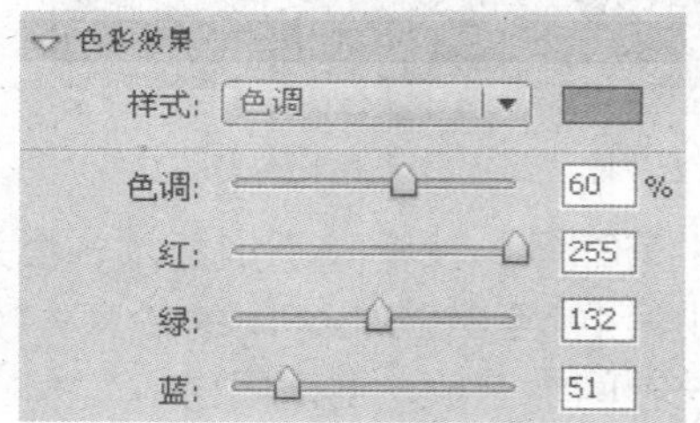

图9.99 设置第79帧中的元件色调

27 创建第56帧至第79帧之间的传统补间动画。

28 单击【新建图层】按钮，新建图层2，在第4帧插入一个空白关键帧，将“烟花遮罩”图形元件放置到舞台中，位置与“红色”图形元件相同，如图9.100所示。

29 选中图层2的第25帧，按【F6】键插入关键帧，并将“烟花遮罩”图形元件向下移动一点。

30 创建第4帧至第25帧之间的传统补间动画。

31 选中图层2的第1帧至第25帧，单击鼠标右键，在弹出的快捷菜单中选择【复制帧】选项，将其粘贴到第26帧至第50帧和第55帧至第79帧，效果如图9.101所示。

提示 将动画帧粘贴到合适位置后，一定要调整好“烟花遮罩”图形元件的位置，使其与“红色”图形元件的位置相同。

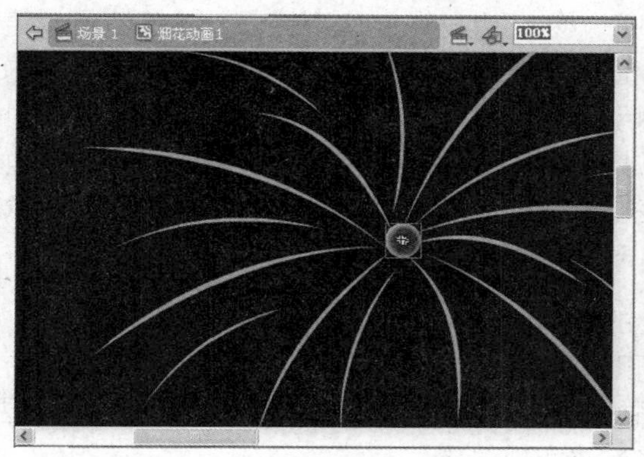

图9.100　将“烟花遮罩”拖入场景

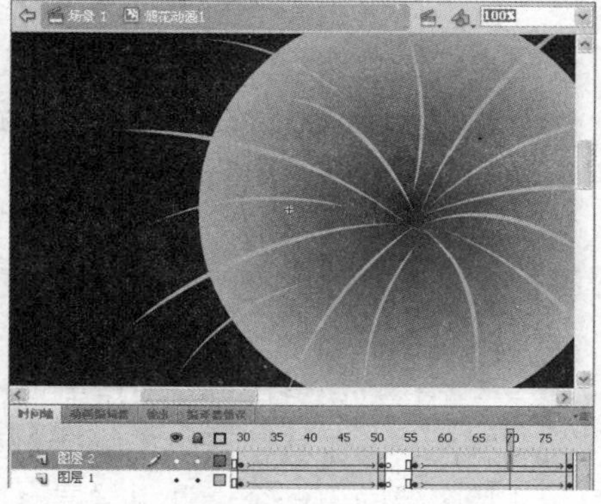
图9.101　复制并粘贴帧后的效果

32 在图层2上单击鼠标右键，在弹出的快捷菜单中选择【遮罩层】选项，将图层2设置为遮罩层，效果如图9.102所示。

33 按照同样的方法制作“烟花动画2”影片剪辑元件，制作过程中将“红色”图形元件换为“蓝色”图形元件即可，如图9.103所示。

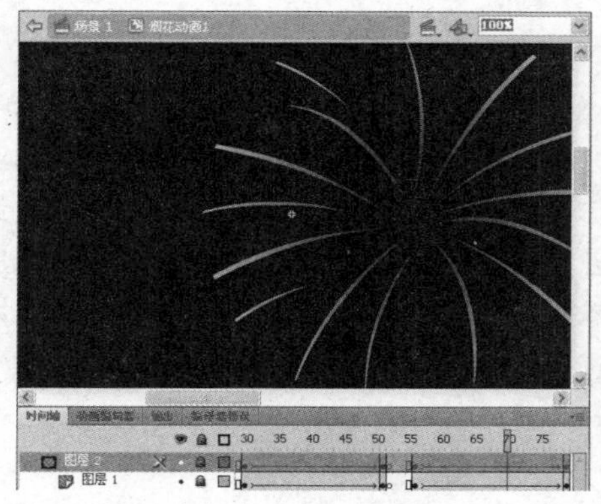
图9.102　创建遮罩动画

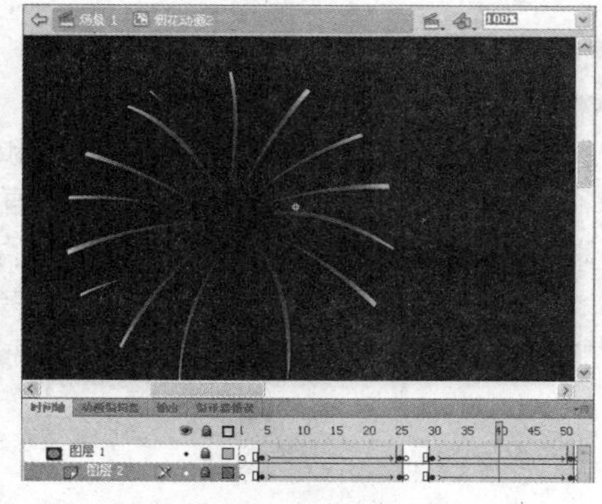
图9.103　制作“烟花动画2”影片剪辑元件

34 返回主场景，单击【新建图层】按钮，新建一个图层2，选中第1帧，将“烟花动画1”拖曳到舞台中。

35 选中图层2的第15帧，按【F6】键插入关键帧，将“烟花动画2”也拖曳到场景中，并放置在“烟花动画1”的稍左下方。

36 选中图层2的第80帧，按【F6】键插入关键帧。

37 执行【控制】→【测试影片】命令（或按【Ctrl+Enter】组合键），可得到动画的预览效果，参考图9.83所示。

9.4 答疑与技巧

问　为什么在创建引导动画之后，动画对象没有按照引导层中的引导线运动?

答　产生这种情况通常有两个可能的原因。第一个原因是绘制的引导线出现了问题，此时应仔细检查绘制的引导线是否出现了中断、引导线交叉、转折过多等情况，建议将场景的显示比例放大之后再进行检查。如发现这类问题，可通过调整引导线的形状，连接中断的线条，以及重新绘制引导线的方式解决。第二个原因就是动画对象并没有吸附到引导线上，此时可在场景中单击鼠标右键，在弹出的快捷菜单中执行【贴紧】→【贴紧到对象】命令，开启图形的自动贴紧功能，然后再将图形对象拖动到引导线上方，此时图形对象将自动吸附到引导线上。

问 同一个运动引导层可否限制两个以上的图层中元件的移动路线?

答 一个运动引导层是可以限制两个不同图层中元件的移动路线的。因为运动引导层是制作参考工具，所以可以适用于不同的元件。但是要注意的是，这两个元件图层的状态要同属一个运动引导层，否则将无法实现效果。

问 一个遮罩层可以遮罩两个或者更多的层吗?

答 回答是肯定的。一个遮罩层是可以对两个或更多的图层进行遮罩的。

问 制作遮罩层动画的时候，是否必须使用运动补间?

答 只有在制作引导层动画的时候，才必须使用运动补间，遮罩层动画可以使用任何补间。

结束语

本章对引导层与遮罩层的基本概念和创建方法进行了详细讲解，并通过典型实例对引导层和遮罩层的具体应用，以及引导动画和遮罩动画的制作方法进行了实战演练。通过本章的学习，相信读者对引导层与遮罩层的创建方法及相关动画的制作方法有了一定程度的了解。同时，通过提高部分的实例，读者不但应掌握动画制作的方法，还要体会制作动画的一般思路，从而制作出更加精美的动画效果。

Chapter 10

第10章 声音与视频

本章要点

入门——基本概念与基本操作

- Flash声音与视频的基本概念
- 声音的导入与编辑
- 导入视频文件

进阶——典型实例

- 奏响森林的乐章
- 制作视频播放器播放影片效果
- 为按钮元件添加音效

提高——自己动手练

- 利用按钮控制声音
- 制作控制视频播放效果的动画

答疑与技巧

本章导读

要想制作出优秀的Flash动画，就必须为动画添加声音，声音是一个完整的Flash动画不可缺少的组成部分。为动画添加声音可以使动画更加真实，更容易表达出制作者的目的。若导入的声音不能满足制作者的要求，还可以在Flash中对其进行编辑，而且Flash CS4能更好地支持视频素材的导入。本章将介绍在Flash CS4中导入和使用声音与视频的相关知识。

10.1 入门——基本概念与基本操作

Flash CS4支持最主流的声音文件格式，用户可以根据动画的需要添加任意声音文件。在Flash中，声音可以添加到时间轴的帧上，或者是按钮元件的内部。在Flash CS4中，还可以导入视频素材，提供Flash动画无法制作的视频播放效果，以增加表现内容和动画的丰富程度。

下面我们就来学习声音与视频的基本概念。

10.1.1 Flash声音与视频的基本概念

声音可以起到传递信息的作用，为Flash动画添加适合的声音，更能升华Flash作品。为更好地在动画中应用声音，先介绍一下声音的有关信息。

1. Flash动画中常用的声音格式

在Flash中可以导入多种格式的声音文件，一般情况下，在Flash中导入WAV格式和MP3格式的声音文件。

- **WAV格式：**WAV格式是标准的计算机声音格式，WAV格式的声音直接保存声音数据，没有对其进行压缩，因此音质非常好。Windows系统音乐都使用WAV格式，但是因为其数据没有进行压缩，所以体积相当庞大，占用的空间也就随之变大，不过由于其音质优秀，一些Flash动画的特殊音效也常常使用WAV格式。
- **MP3格式：**MP3格式的声音文件体积小、传输方便、音质较好。虽然采用MP3格式压缩音乐对文件有一定的损坏，但由于其编码技术成熟，因此音质还是比较接近CD水平的。同样长度的音乐文件，用MP3格式储存比用WAV格式储存的体积小很多。现在的Flash音乐大都采用MP3格式。

还可以导入的声音文件格式有：

- **AIFF或AIF（Audio Interchange File format）：**AIF格式是Mac机上最常用的用于声音输入的数字音频格式。与WAV一样，AIFF支持立体声和非立体声，也能支持各种各样的比特深度和频率。
- **Sun AU：**此声音格式（.au文件）是由Sun Microsystems和Next公司开发的主流声音格式。Sun AU格式经常用于网页上支持声音的Java applet程序。
- **QuickTime：**如果安装了QuickTime 4或更新版本，QuickTime声音文件（.qta或.mov文件）可以直接被导入到Flash CS4中。
- **Sound Designer II：**它是由Digidesign公司开发的声音文件格式。如果需要在Windows版本的Flash CS4中使用Sound Designer II文件（.sd2文件），则必须安装QuickTime 4或更新的版本。

2. Flash CS4的视频素材

如果系统上安装了QuickTime 6.5或DirectX 9及其更高版本，Flash CS4可以导入多种文件格式的视频剪辑，包括MOV、AVI和MPG/MPEG等格式。

在Flash CS4中，可以导入的视频文件格式主要有：

- **AVI(Audio Video Interleaved)：**AVI是Microsoft公司开发的一种数字音频与视频文件格式。
- **DV（Digital Video Format）：**DV是由索尼、松下、JVC等多家厂商联合提出的一种家用数字视频格式，目前非常流行的数码摄像机就是使用这种格式记录视频数据的。

- MPG和MPEG(Motion Picture Experts Group)：MPG和MPEG是由动态图像专家组推出的压缩音频和视频格式，包括MPEG-1、MPEG-2和MPEG-4。MPEG是运动图像压缩算法的国际标准，现已被几乎所有的电脑操作系统平台共同支持。
- QuickTime（MOV）：QuickTime（MOV）是Apple（苹果）公司开发的一种视频格式。
- ASF（Advanced Streaming Format）：ASF是Microsoft公司开发的，可以直接在网上观看视频节目的文件压缩格式。
- WMV（Windows Media Video）：是Microsoft公司开发的一种采用独立编码方式并且可以直接在网上实时观看视频节目的文件压缩格式。

提示　默认情况下，Flash使用On2 VP6编解码器导入和导出视频。编解码器是一种压缩/解压缩算法，用于控制多媒体文件在编码期间的压缩方式和回放期间的解压缩方式。

10.1.2　声音的导入与编辑

一件优秀的Flash动画作品，不但要有独特的动画角色、鲜明的色彩和丰富的故事情节，还应该拥有悦耳的声音效果。在Flash CS4中，可以为按钮添加声音，或为动画添加背景音乐。

1. 添加声音

为动画添加声音首先要将音乐文件导入到库中，具体操作步骤如下：

1 执行【文件】→【导入】→【导入到舞台】命令（或按【Ctrl+R】组合键），弹出【导入】对话框，如图10.1所示。

2 选择需要导入的声音文件。

3 单击【打开】按钮，选择的声音文件将自动存入到当前影片的【库】面板中，如图10.2所示。

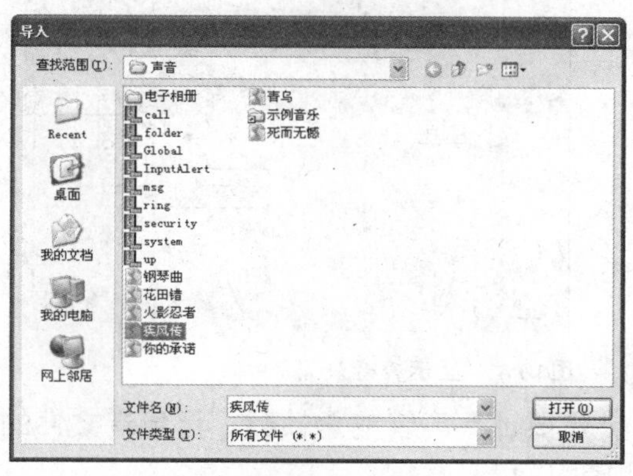

图10.1　【导入】对话框

图10.2　【库】面板

4 如果导入的是单声道的声音文件，则在【库】面板的预览窗口中，显示的是一条波形，如图10.3所示。

将声音文件导入到库中以后，就可以将其添加到动画影片中了。在Flash CS4中，可以把声音添加到影片的时间轴上。通常会建立一个新的图层用来放置声音，而且在一个影片文件中可以有任意数量的声音图层，Flash CS4会对这些声音进行混合。但是太多的图层会增加影片文件的大小，也会影响动画的播放速度。

将声音添加到关键帧上的具体操作步骤如下：

1 新建一个Flash文档，并按上面介绍的方法导入声音文件。

2 单击【时间轴】面板中的【新建图层】按钮，创建新的图层2，如图10.4所示。

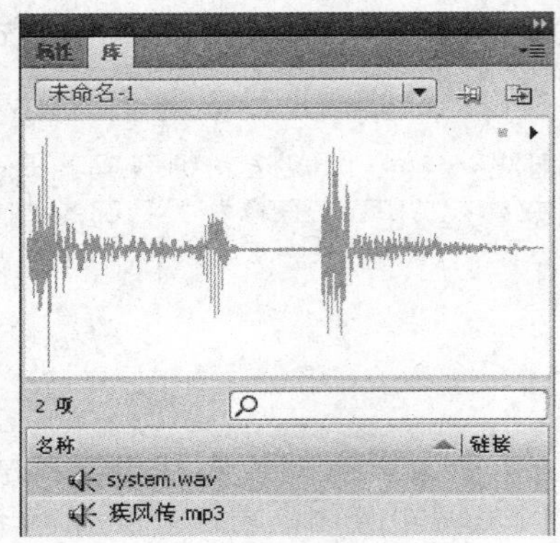

图10.3 单声道声音文件

图10.4 新建图层

3 把【库】面板中的声音文件拖曳到图层2所对应的舞台中。这时在图层的时间轴上会出现声音的波形，但是现在只有一帧，只显示一条直线，如图10.5所示。

提示 声音文件只能拖曳到舞台中，不能拖曳到图层上，并且只能把声音添加到【时间轴】面板的关键帧上。和动画一样，也可以为声音设置不同的起始帧数。

4 在图层2的第5帧插入帧，将声音的波形明显地显示出来，如图10.6所示。

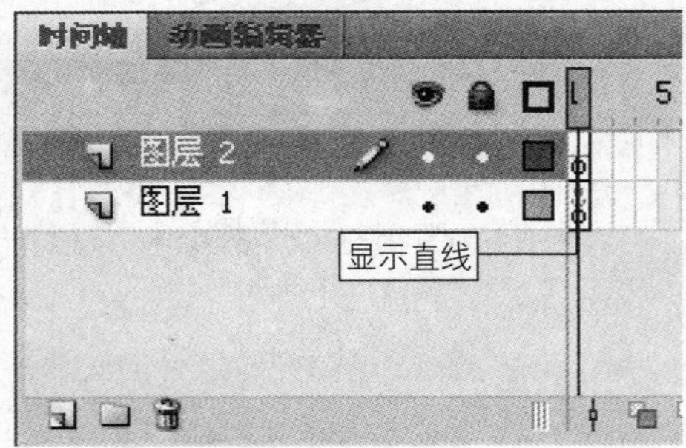

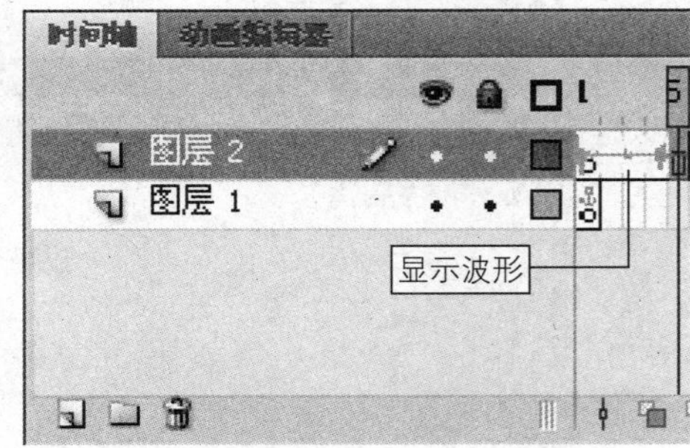

图10.5 添加声音后的时间轴

图10.6 显示声音波形

如果要使声音和动画播放相同的时间，就需要计算声音的总帧数。用声音文件的总时间（单位：秒）乘12即可得出声音文件的总帧数。

2. 编辑声音

在Flash CS4中不但能使动画和音乐同步播放，还能使声音独立于时间轴连续播放。为了使音乐符合创作需求，可以对导入的声音进行编辑，制作出声音淡入或淡出等效果。在Flash CS4中，可以通过【属性】面板来完成声音的设定。

编辑声音属性

在Flash CS4中对声音素材的编辑，主要包括编辑音量大小、声音起始位置、声音长度以及声道切换效果等方面。

可以通过【属性】面板对声音的播放属性进行设置，具体操作步骤如下：

1 按照前面讲解的步骤将声音文件拖曳到舞台中。

2 选中声音文件所在帧，在【属性】面板的下方会显示当前声音文件的取样率和长度，如图10.7所示。

3 如果这时不需要声音，那么可以在【属性】面板中【声音】区域的【名称】下拉列表框中选择“无”，如图10.8所示。

4 如果需要把短音效重复地播放，可以在【属性】面板中单击【重复】下拉列表框右侧的文本框，然后输入需要重复的次数即可，如图10.9所示。

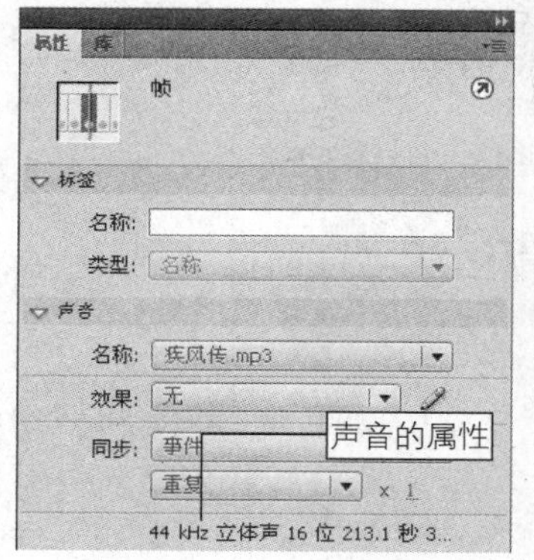

图10.7　声音的【属性】面板

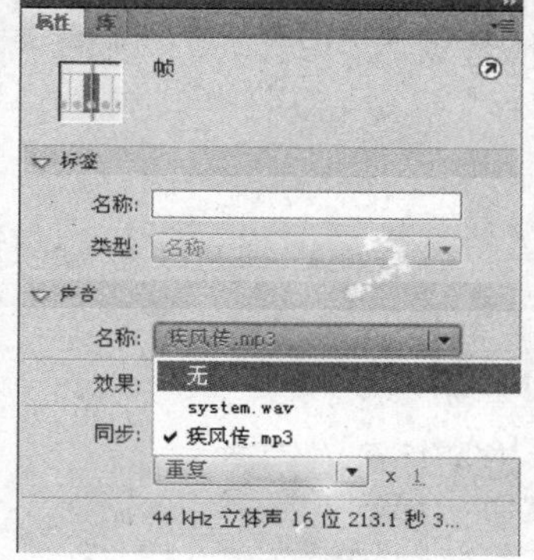

图10.8　删除声音的操作

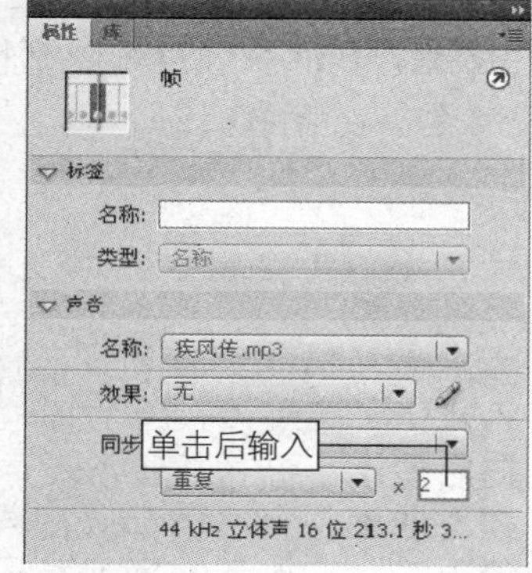

图10.9　输入重复次数

提示　还可以单击【重复】下拉列表框右侧的下拉按钮，打开其下拉列表，从中选择【循环】选项，设置音乐循环播放，如图10.10所示。

5 在【属性】面板中的【同步】区域单击【事件】下拉列表框右侧的下拉按钮，打开其下拉列表，从中可以选择声音和动画的配合方式，如图10.11所示。

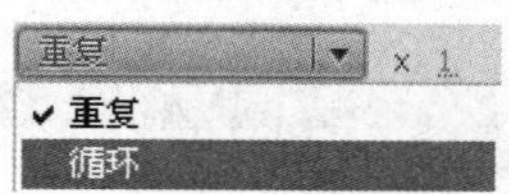

图10.10　设置音乐循环播放

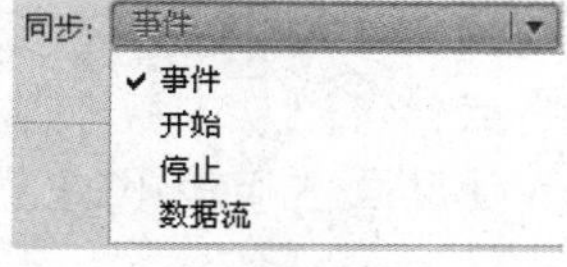

图10.11　声音的同步模式

其中各选项的含义如下。

- **事件**：该选项是Flash CS4内所有声音的默认选项。若不将其改为其他选项，声音将会自动作为事件声音。事件声音与发生事件和关键帧同时开始，它独立于时间轴播放。如果事件声音比时间轴动画长，那么即使动画播放完了，声音还会继续播放。当播放发布的Flash文件时，事件声音会和动画混合在一起。事件声音是最容易实现的，适用于背景音乐和其他不需要同步的音乐。

提示 事件声音可能会变成跑调的、烦人的、不和谐的声音循环。如果在动画循环之前声音就结束了，声音就会回到开头重新播放。几个循环之后，会变得让人无法忍受，为了避免出现上述情况，可以选择【开始】选项。

- **开始：** 该选项与【事件】选项的功能相近，但是两者之间有着重要的不同点。选中该选项后，在播放前软件先检测是否正在播放同一个声音文件，如果有就放弃此次播放，如果没有它才会进行播放。这一选项适用于按钮，若同时有三个一样的按钮，鼠标移动时会播放相同的声音。实际上，当鼠标移动任何一个按钮时，声音即开始播放，但当移动第二个或第三个按钮时，声音会再次播放。
- **停止：** 即停止声音的播放。它可用来停止一些特定声音。
- **数据流：** 该选项将同步声音，以便在网络上同步播放。简单来说就是一边下载一边播放，下载了多少就播放多少。但是它也有一个弊端，就是如果动画下载进度比声音快，没有播放的声音就会直接跳过，接着播放当前帧中的声音。

6 在【属性】面板中的【效果】下拉列表框中选择声音的各种变化效果，Flash CS4可以制作音量大小的改变和左右声道的改变效果，如图10.12所示。

无
✔无
左声道
右声道
向右淡出
向左淡出
淡入
淡出
自定义

图10.12　选择声音的效果

其中各选项的含义如下：

- **无：** 不对声音文件应用效果。选择此选项可以删除以前应用过的效果。
- **左声道：** 只在左声道中播放声音
- **右声道：** 只在右声道中播放声音。
- **向右淡出：** 会将声音从左声道切换到右声道。
- **向左淡出：** 会将声音从右声道切换到左声道。
- **淡入：** 会在声音的持续时间内逐渐增加音量。
- **淡出：** 会在声音的持续时间内逐渐减小音量。
- **自定义：** 可以通过使用【编辑封套】创建自已所需的声音淡入和淡出效果。

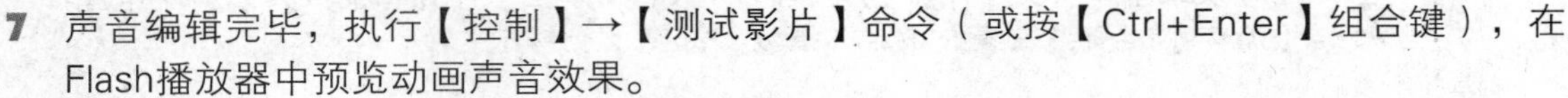

7 声音编辑完毕，执行【控制】→【测试影片】命令（或按【Ctrl+Enter】组合键），在Flash播放器中预览动画声音效果。

通过【编辑封套】对话框编辑声音

还可以通过单击【属性】面板中的【编辑声音封套】按钮来自定义声音的效果，在【编辑封套】对话框中可以定义音频的播放起点，并且控制播放声音的大小，还可以改变音频的起点和终点，可以从中截取部分音频，使音频变短，从而使动画占用较小的空间。具体操作步骤如下：

1 选择声音所在关键帧。

2 单击【属性】面板中的【编辑声音封套】按钮，打开声音的【编辑封套】对话框，如图10.13所示。其中上方区域表示声音的左声道，下方区域表示声音的右声道。

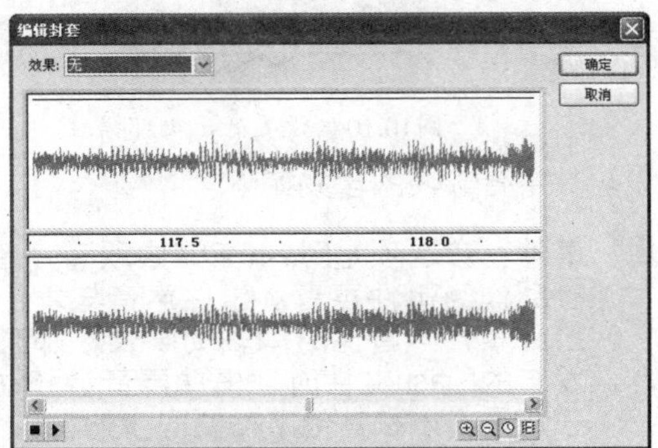
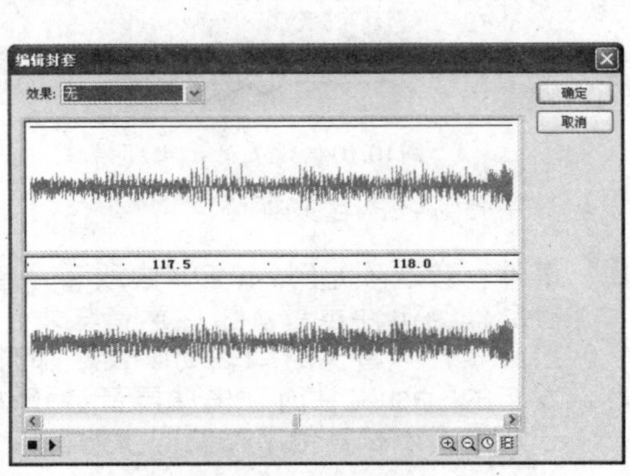

图10.13　声音的编辑封套

3 要在秒和帧之间切换时间单位，可以单击右下角的【秒】按钮或【帧】按钮。单击

【帧】按钮，效果如图10.14所示。

提示　默认情况下是以秒为单位显示其刻度。无论是以秒为单位还是以帧为单位显示刻度，音频的波形并不会改变。

4 在对话框上方的【效果】下拉列表框中还可以修改音频的播放效果。

5 如果只截取部分音频，可以改变声音的起始点和终止点，通过拖曳【编辑封套】对话框中的“开始时间”和“停止时间”控件来改变音频的起始位置和结束位置，如图10.15所示。单击对话框左下角的播放按钮即可试听编辑音频后的效果。

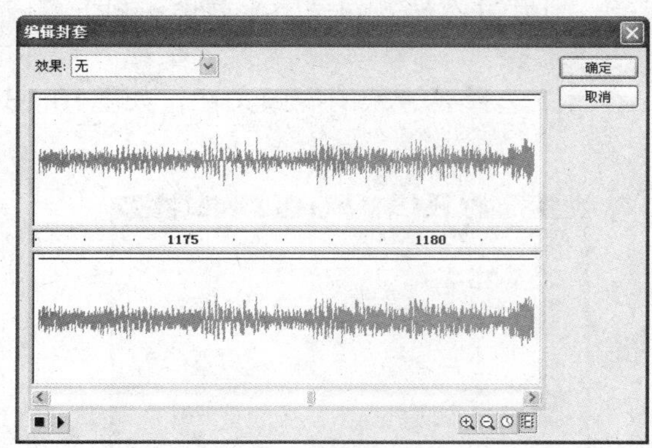

图10.14　切换时间单位

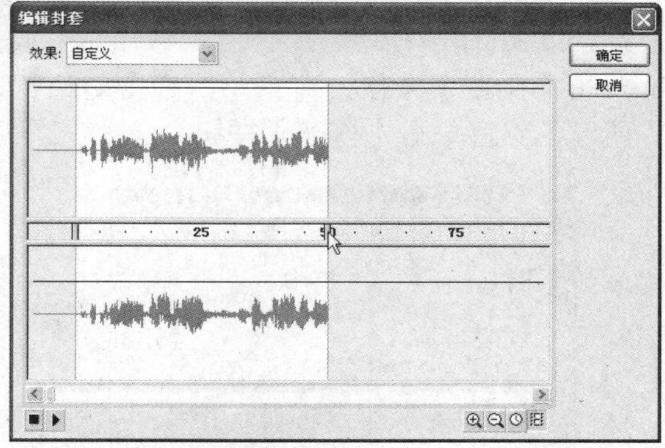

图10.15　改变声音的起始点

6 拖动幅度包络线上的控制柄，改变音频上不同点的高度可以改变音频的幅度，如图10.16所示即为单击右下角的放大按钮后的效果。

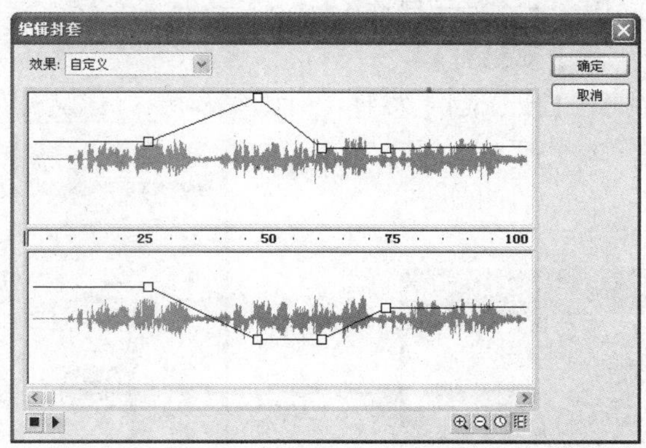

图10.16　编辑音频（图中标注包络线、控制柄）

提示　包络线表示声音播放时的音量，单击包络线，最多可以创建8个控制柄。如果要删除控制柄，只要拖动控制柄到窗口外即可。

7 为了更好地显示更多的音频波形或者更精确地编辑和控制音频，可以使用【放大】和【缩小】按钮。此外，当音频波形较长时，为了编辑音频，还可以使用对话框下方的滚动条来显示。

8 声音编辑完毕，单击【播放声音】按钮可以测试效果，如果不满意可以重新编辑，单击【停止声音】按钮可以停止声音的播放。设置完成后单击【确定】按钮即可完成编辑音频的操作。

10.1.3 视频的导入与编辑

在Flash CS4中，有多种方法用来添加视频对象。下面以在SWF文件中嵌入视频为例，介绍添加视频对象的操作过程，具体操作步骤如下：

1 新建一个Flash文档。

2 执行【文件】→【导入】→【导入视频】命令，打开导入视频向导的【选择视频】对话框，如图10.17所示。

3 单击【浏览】按钮，打开【打开】对话框，在其中选择要导入的视频文件，如图10.18所示，然后单击【打开】按钮。

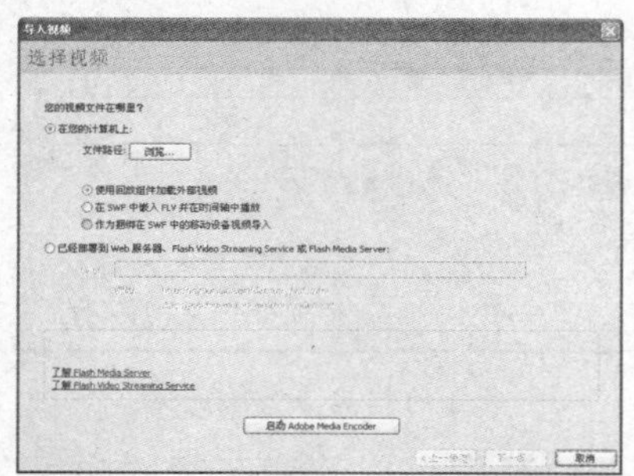

图10.17 【选择视频】对话框

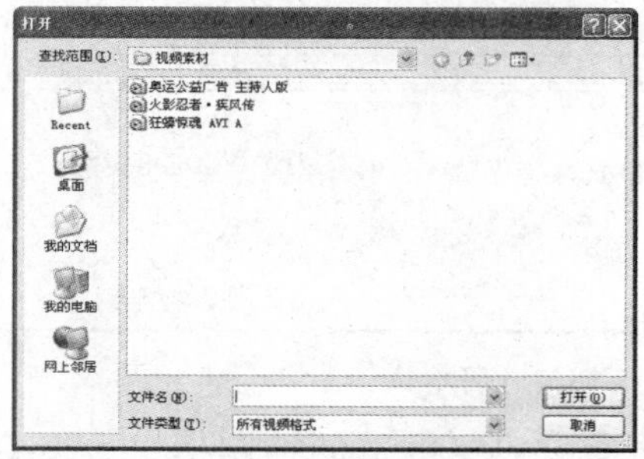

图10.18 【打开】对话框

4 弹出提示框，如图10.19所示，提示启动Adobe Media Encoder转换文件格式。单击【确定】按钮返回【选择视频】对话框。

5 单击【启动Adobe Media Encoder】按钮 启动 Adobe Media Encoder ，打开【另存为】对话框，如图10.20所示。

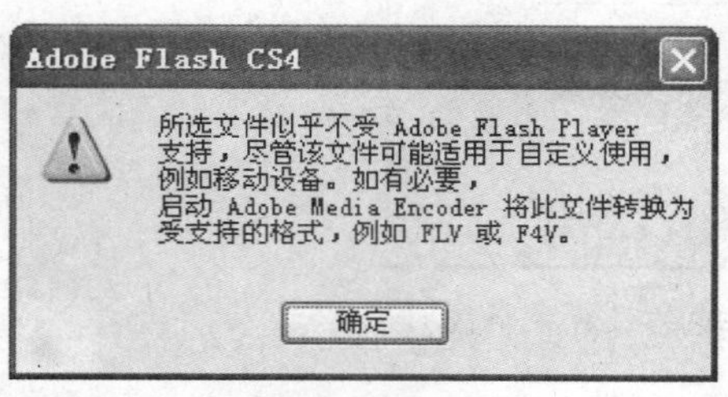

图10.19 警告提示框

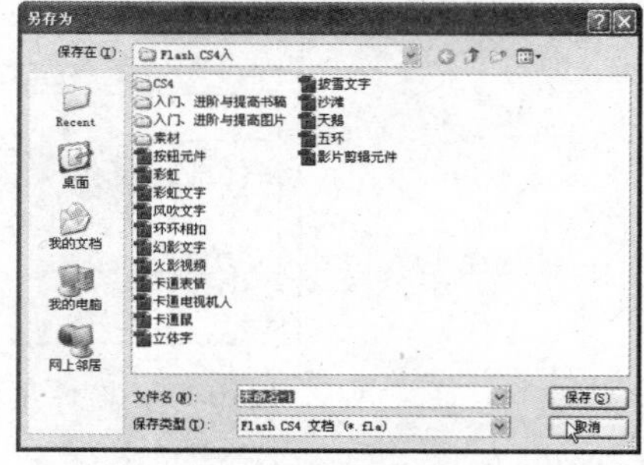

图10.20 【另存为】对话框

6 在【另存为】对话框中单击【取消】按钮，出现如图10.21所示的提示框。

7 单击【确定】按钮启动Adobe Media Encoder，并将导入的视频文件添加到编辑码列表中，如图10.22所示。

8 单击图10.23所示的位置，打开图10.24所示的【导出设

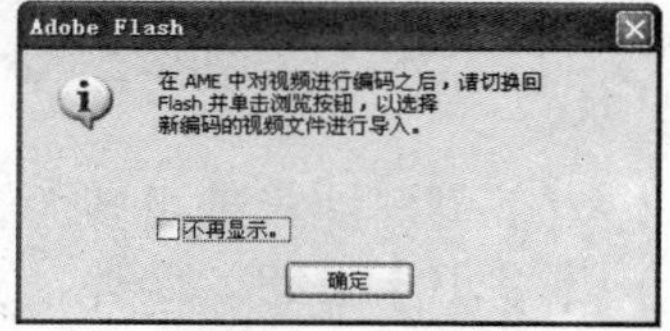

图10.21 提示框

置】对话框，对视频文件进行更详细的设置。

9 设置完成后单击【确定】按钮。

10 然后单击【开始队列】按钮 开始队列 ，开始对视频文件进行编码，如图10.25所示。

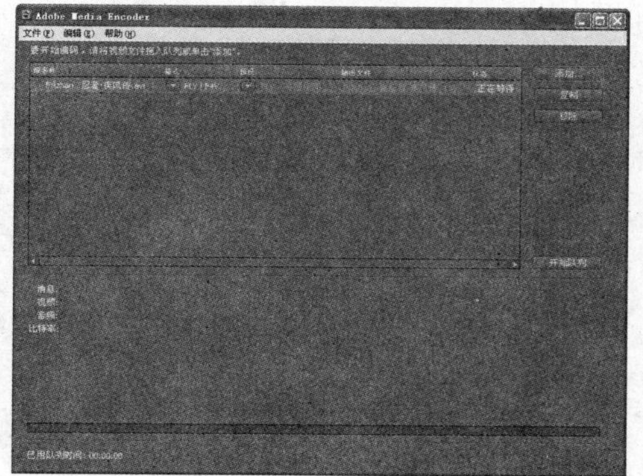

图10.22　启动Adobe Media Encoder

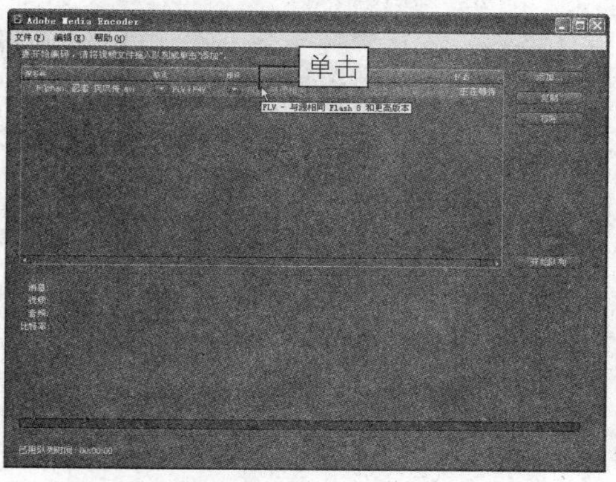

图10.23　选择文件

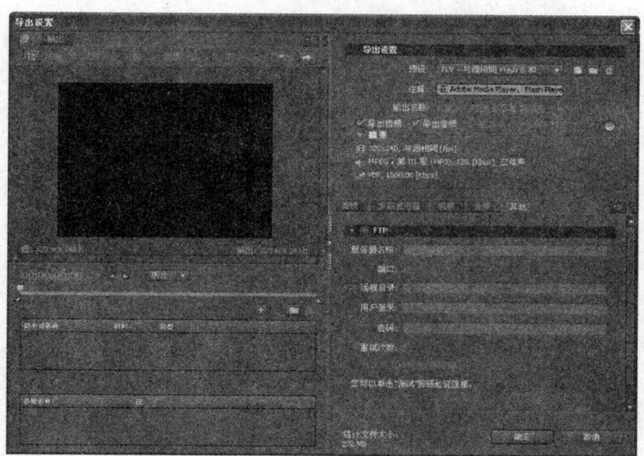

图10.24　【导出设置】对话框

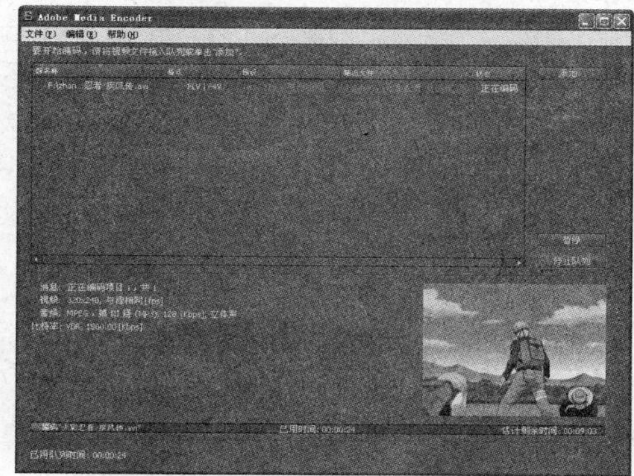

图10.25　对视频文件进行编码

11 完成编码后，关闭Adobe Media Encoder，返回如图10.26所示的【打开】对话框，选择完成编码后的视频文件。

12 单击【打开】按钮返回【选择视频】对话框，如图10.27所示。

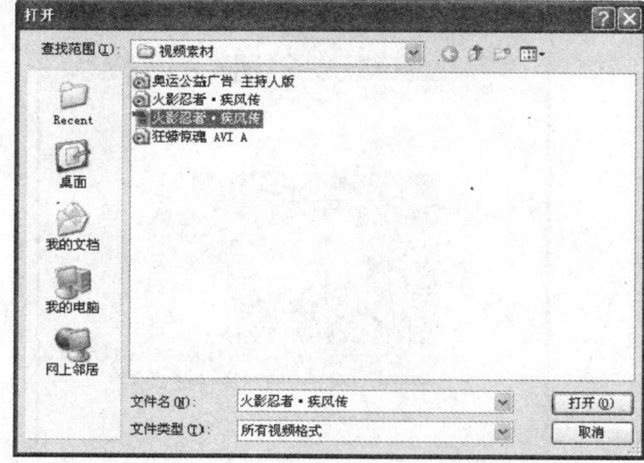

图10.26　【打开】对话框

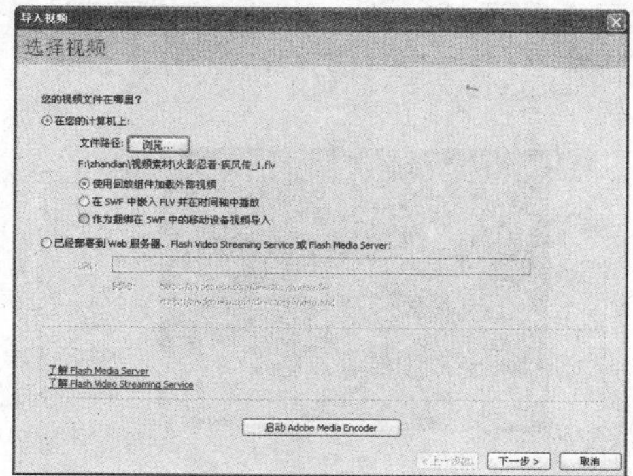

图10.27　【选择视频】对话框

13 保持默认设置，单击【选择视频】对话框中的【下一步】按钮，进入导入视频的【外观】对话框，如图10.28所示。

14 打开【外观】下拉列表，从中选择视频的外观样式，如图10.29所示。

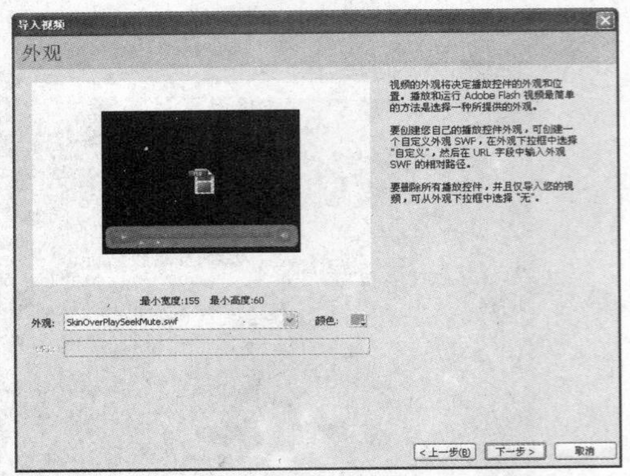

图10.28 【外观】对话框

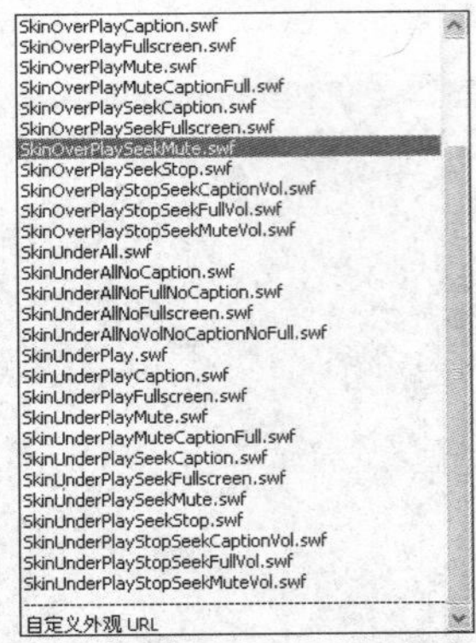

图10.29 外观样式列表

15 单击【下一步】按钮，即可进入导入视频的【完成视频导入】对话框，如图10.30所示。

16 单击【完成】按钮打开导入视频的进度条，如图10.31所示。

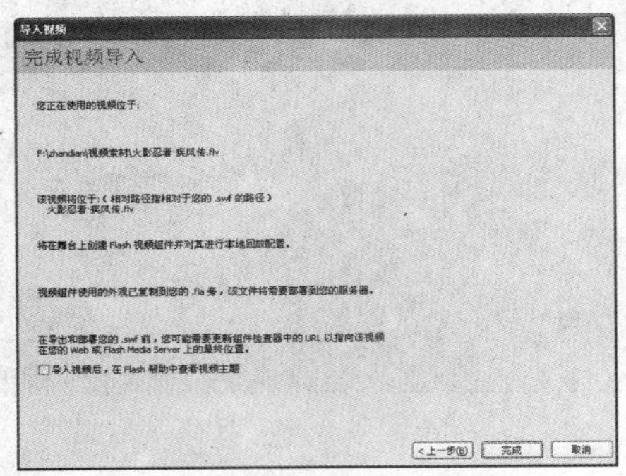

图10.30 【完成视频导入】对话框

图10.31 进度条

17 稍后即可将视频对象添加到舞台中，如图10.32所示。

18 执行【控制】→【测试影片】命令（或按【Ctrl+Enter】组合键），在Flash播放器中播放导入的视频对象，如图10.33所示。

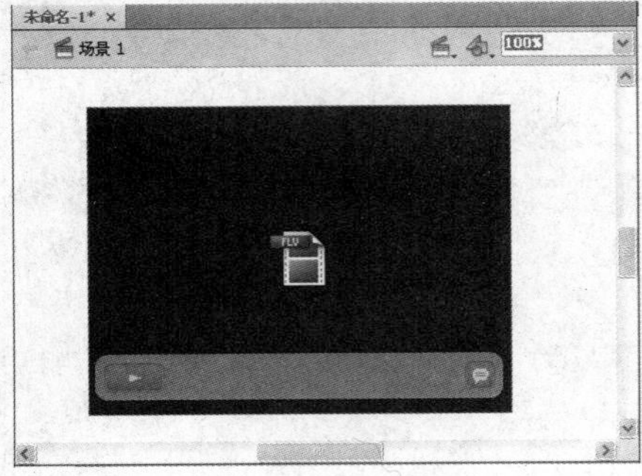

图10.32 将视频导入到舞台中

图10.33 预览导入视频后的效果

10.2 进阶——典型实例

掌握了添加声音与视频的方法以及如何编辑导入的声音与视频，就可以将喜欢的音乐或视频文件导入自己的动画作品中。下面通过几个典型实例来进行实战演练，进一步巩固所学知识。

10.2.1　奏响森林的乐章

最终效果

动画制作完成的最终效果如图10.34所示。

图10.34　动画预览效果

解题思路

1 导入素材图片。
2 创建补间动画。
3 导入声音文件。
4 编辑声音文件。

操作步骤

1 新建一个Flash文档，执行【文件】→【导入】→【导入到舞台】命令，将素材图片导入到舞台中，并调整图片大小，使其与舞台大小一致，如图10.35所示。

2 选中场景中的图片，按【F8】键将其转换为影片剪辑元件。

3 分别在第15帧、第30帧和第45帧插入关键帧。

4 在【属性】面板中将第15帧处的元件的亮度改为“-20%”，第30帧处元件的透明度改为“50%”，如图10.36和图10.37所示。然后在第1帧至第15帧之间、第15帧至第30帧之间及第30帧至第45帧之间创建传统补间动画。

5 新建图层2，将其命名为“音乐”，并在该图层的第10帧处插入关键帧，如图10.38所示。

6 执行【文件】→【导入】→【导入到舞台】命令，导入音乐文件“森林的乐章.mp3”。

图10.35 导入图片

图10.36 设置图片亮度

图10.37 设置图片透明度

图10.38 新建图层并插入关键帧

7 选择“音乐”图层的第10帧，在【属性】面板中的【名称】下拉列表框中选择【森林的乐章.mp3】选项，然后在【同步】下拉列表框中选择【事件】选项，如图10.39所示。

8 单击【属性】面板中的【编辑声音封套】按钮，打开【编辑封套】对话框。

9 在【效果】下拉列表框中选择【淡入】选项，如图10.40所示。

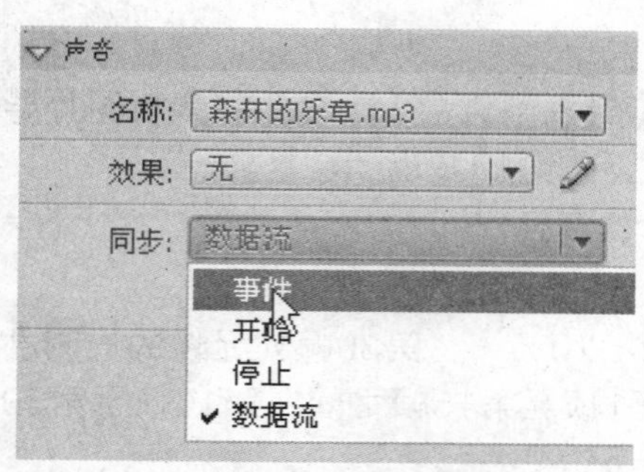

图10.39 设置第5帧音乐文件属性

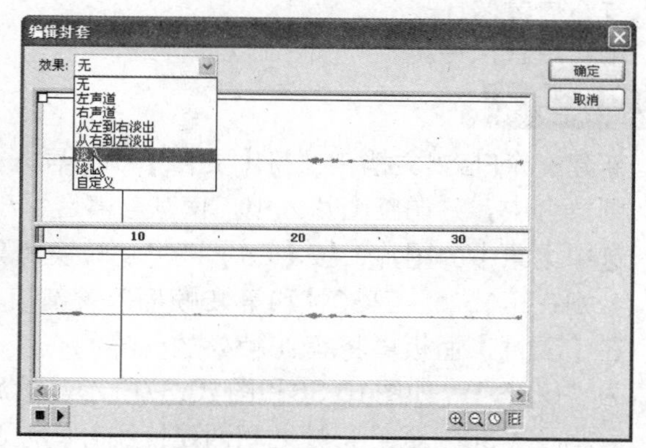

图10.40 设置声音效果

10 单击【确定】按钮关闭对话框。

11 按【Ctrl+S】组合键保存文件。

12 按【Ctrl+Enter】组合键预览动画，最终效果参考图10.34所示。

10.2.2 制作视频播放器播放影片效果

最终效果

动画制作完成的最终效果如图10.41所示。

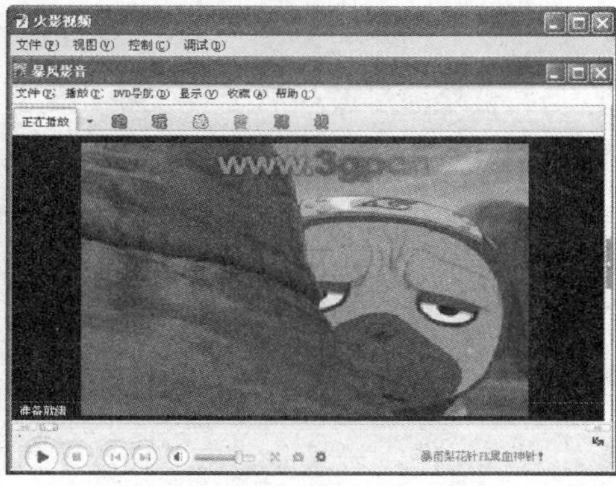

图10.41 播放影片最终效果

解题思路

1 将视频素材和图片素材导入到库中。

2 新建一个影片剪辑，利用导入的图片素材制作影片剪辑背景，然后将视频素材添加到编辑场景中，完成影片剪辑的制作。

3 将影片剪辑放置到主场景中，最终实现视频素材的基本应用。

操作步骤

1 新建一个Flash CS4文档。按下【Ctrl+J】组合键打开【文档属性】对话框，设置文档大小为“650×460”像素，如图10.42所示。

2 执行【文件】→【导入】→【导入到库】命令，将“播放器”图片导入到库中，如图10.43所示。

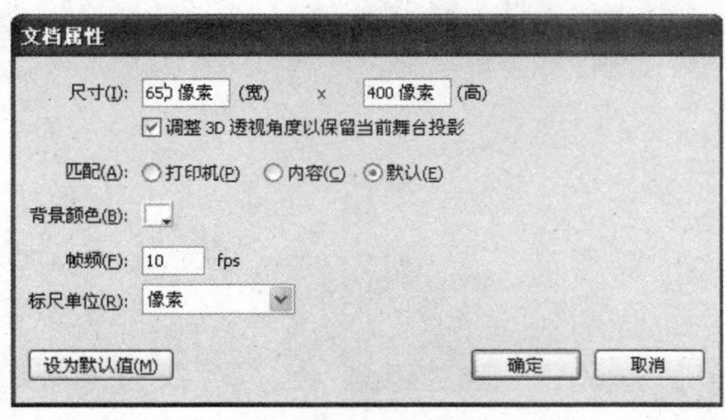

图10.42 设置文档大小

图10.43 将图片素材导入库中

3 执行【插入】→【新建元件】命令，打开【创建新元件】对话框，创建一个影片剪辑元件，将其命名为“影片”，如图10.44所示。

4 按照前面讲解的步骤将视频文件导入到舞台中，如图10.45所示。

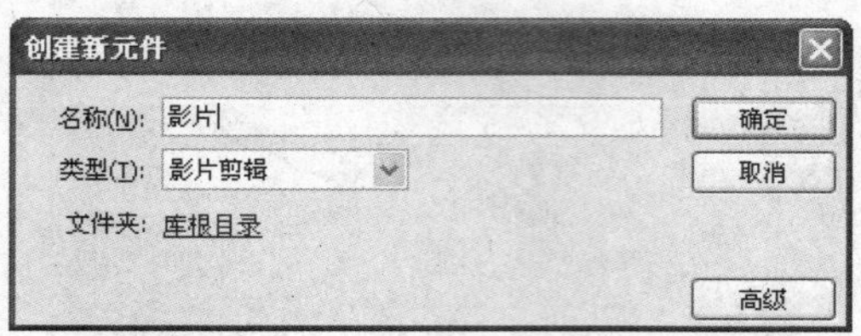

图10.44 【创建新元件】对话框

图10.45 导入视频

5 返回主场景，执行【插入】→【新建元件】命令，打开【创建新元件】对话框，创建一个影片剪辑元件，将其命名为“播放窗口”，如图10.46所示。

6 将【库】面板中的“播放器”图片和.“影片”元件拖动到编辑场景中，并调整其大小，如图10.47所示。

图10.46 【创建新元件】对话框

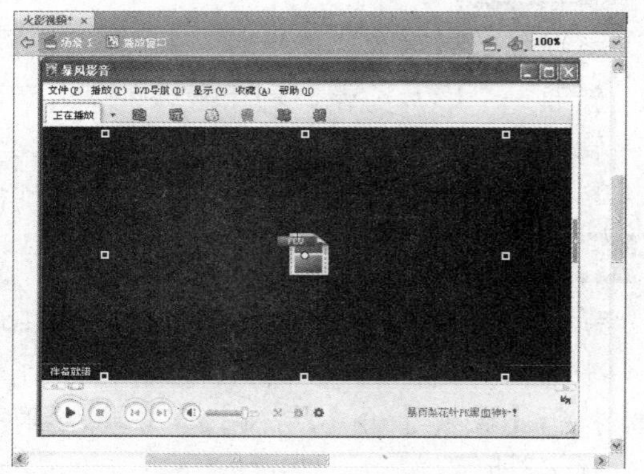

图10.47 拖入影片和播放器并调整大小

7 返回主场景，并将制作的“播放窗口”影片剪辑元件拖动到场景中。

8 按【Ctrl+Enter】组合键测试一下动画效果，参考图10.41所示。

10.2.3 为按钮元件添加声音

最终效果

动画制作完成的最终效果如图10.48所示。

图10.48　最终效果

解题思路

1 绘制背景图片。

2 创建按钮元件。

3 导入声音。

操作步骤

1 新建一个Flash CS4文档。按下【Ctrl+J】组合键打开【文档属性】对话框，设置场景的大小为“500×400”像素，如图10.49所示。

2 按下【Ctrl+S】组合键保存动画，并将其命名为“射击”。

3 利用矩形工具绘制一个与舞台大小相同的矩形，并填充“蓝色到白色”的线性渐变填充色，并利用渐变变形工具调整渐变方向，如图10.50所示。

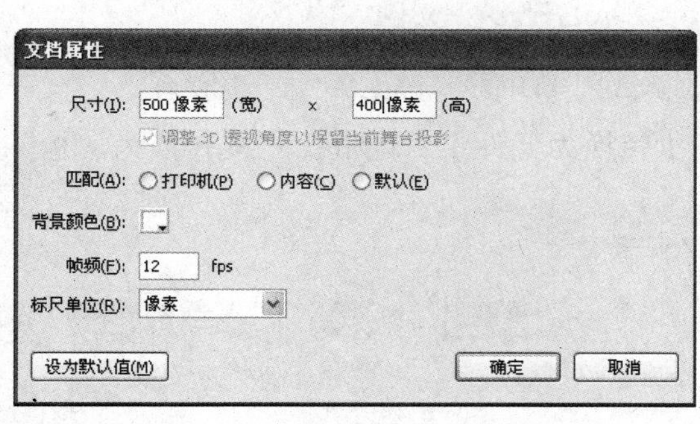

图10.49　设置文档属性

图10.50　绘制矩形

4 单击【新建图层】按钮，创建新的图层2。

5 利用椭圆工具，在场景左上方绘制一个深红色边框的椭圆线框，如图10.51所示。

6 然后在椭圆中绘制其他的椭圆，并用颜料桶工具间隔填充浅黄色和红色，组成射击的靶牌图形，如图10.52所示。

7 利用矩形工具绘制靶杆，并利用任意变形工具调整形状，调整到合适位置后在其上单击鼠标右键，在弹出的快捷菜单中选择【移至底层】选项，效果如图10.53所示。

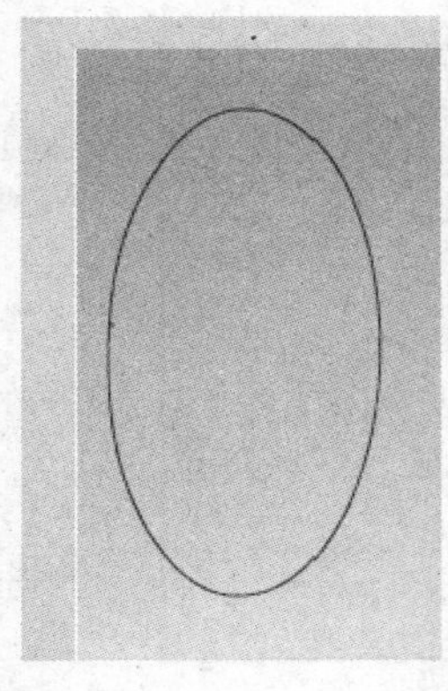
图10.51　绘制椭圆线框

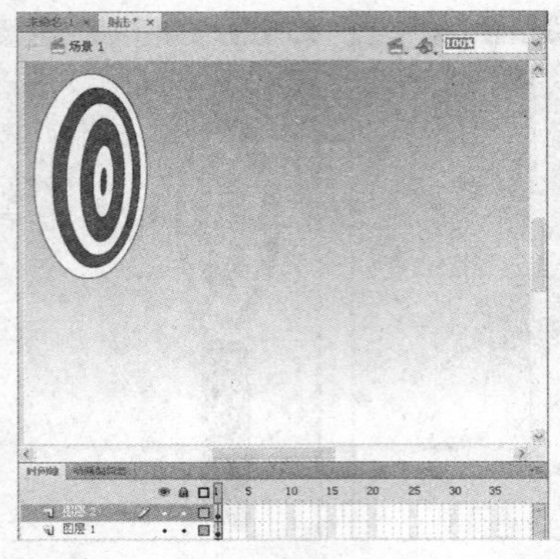
图10.52　绘制其他椭圆

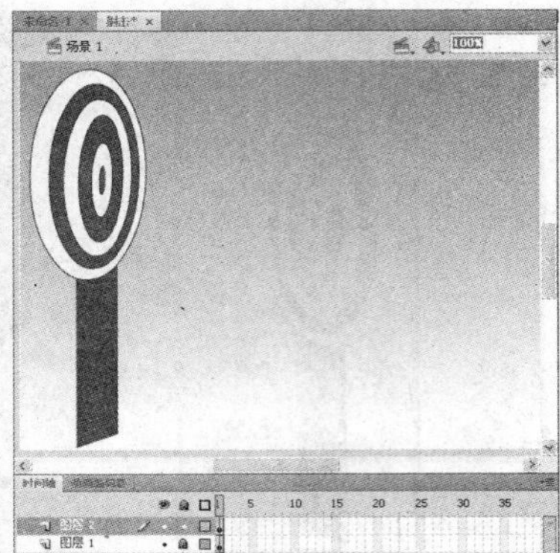
图10.53　绘制靶杆

8 单击【新建图层】按钮，创建新的图层3。

9 执行【文件】→【导入】→【导入到舞台】命令，导入“手枪”图片素材，如图10.54所示。

10 用任意变形工具将图形素材缩小并顺时针旋转，效果如图10.55所示。

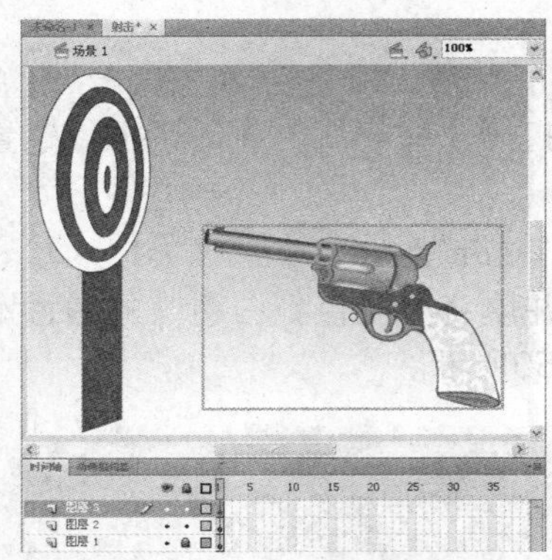
图10.54　导入“手枪”图片

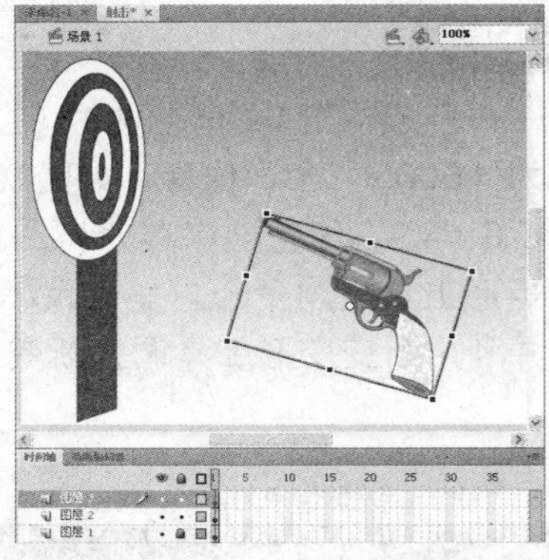
图10.55　调整图片大小及方向

11 选中“手枪”图形素材，按【F8】键打开【转换为元件】对话框，将其转换为“枪”按钮元件，如图10.56所示。

12 进入“枪”按钮元件编辑状态，如图10.57所示。

图10.56　转换为“枪”按钮元件

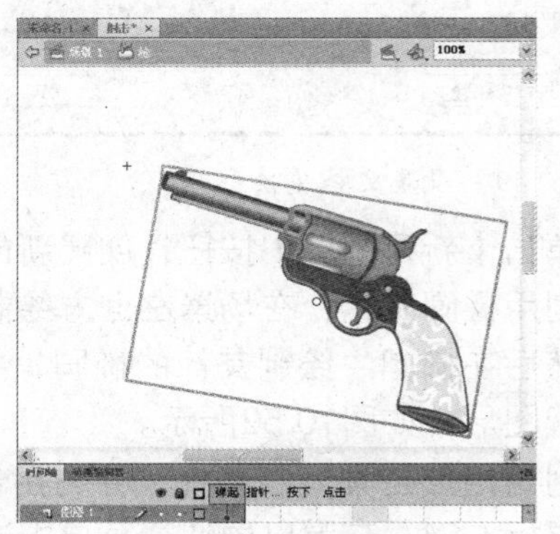
图10.57　进入元件编辑状态

13 分别选中按钮元件编辑区中的“指针经过”、“按下”和“点击”帧，按【F6】键插入关键帧，如图10.58所示。

14 选中“指针经过”帧中的图形，用任意变形工具使其向顺时针方向旋转，如图10.59所示。

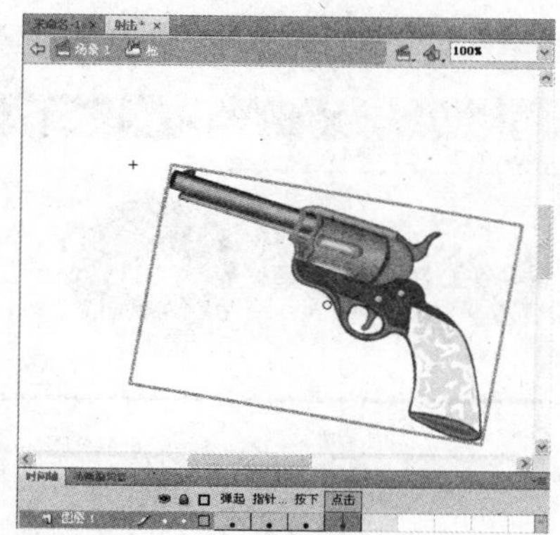

图10.58　插入关键帧

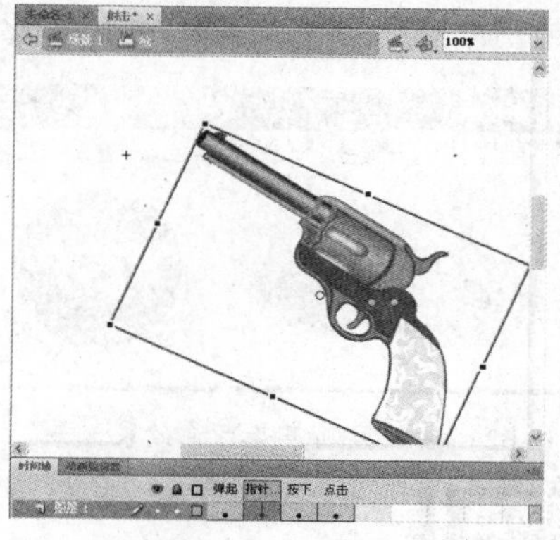

图10.59　旋转图形

15 执行【文件】→【导入】→【导入到库】命令，导入“枪声”声音素材，如图10.60所示。

16 单击【打开】按钮将声音素材导入到库中。

17 选择“按下”帧，然后在【属性】面板中单击【名称】右侧的下拉按钮，在其下拉列表中选择【枪声】选项，如图10.61所示，为“按下”帧添加声音。

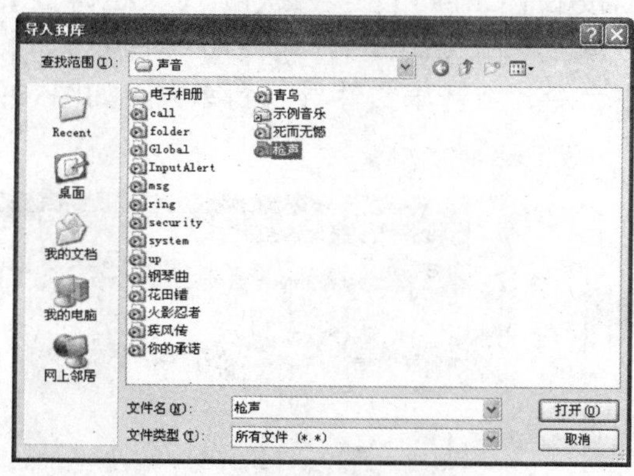

图10.60　导入声音

图10.61　添加声音

18 返回主场景，按【Ctrl+Enter】组合键测试动画效果，当按下按钮时，会听见相应的声音效果，同时，手枪会出现射击时的振动效果，参考图10.48所示。

10.3 提高——自己动手练

通过上一节的几个实例，读者应该掌握了声音与视频导入和编辑的基本概念及基本操作，下面再通过几个实例进一步巩固声音与视频在动画中的应用，实例中用到的Action语句将在下一章进行介绍。

10.3.1 利用按钮控制声音

最终效果

动画制作完成的最终效果如图10.62所示。

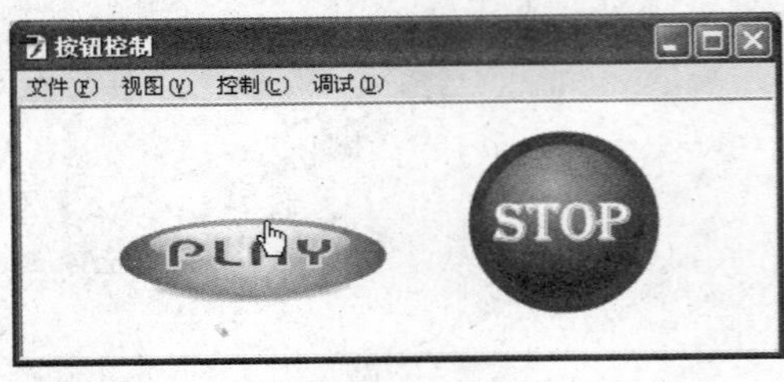

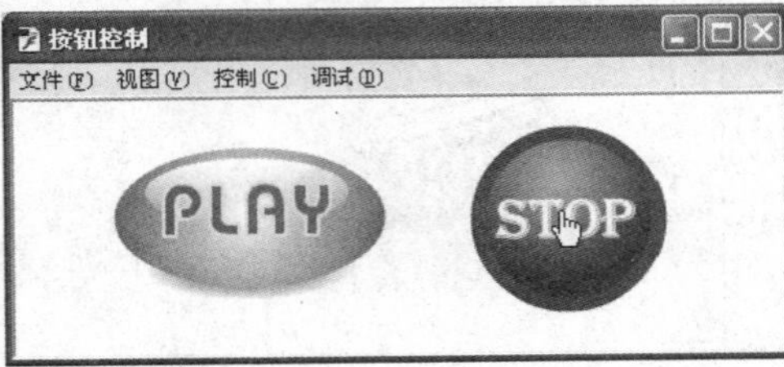

图10.62 按钮控制声音预览效果

解题思路

1 导入声音文件。
2 利用【属性】面板编辑声音文件。
3 导入所需的两个按钮元件。
4 添加Action语句控制声音。

操作提示

1 新建一个Flash文档（ActionScript2.0）。按下【Ctrl+J】组合键打开【文档属性】对话框，设置文档大小为“400×120”像素，背景设为“白色”，如图10.63所示。
2 执行【文件】→【导入】→【导入到库】命令，将音乐文件导入到库中，如图10.64所示。

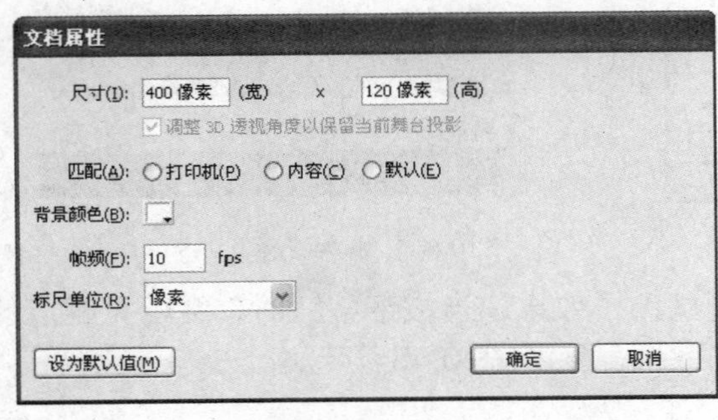

图10.63 设置文档属性

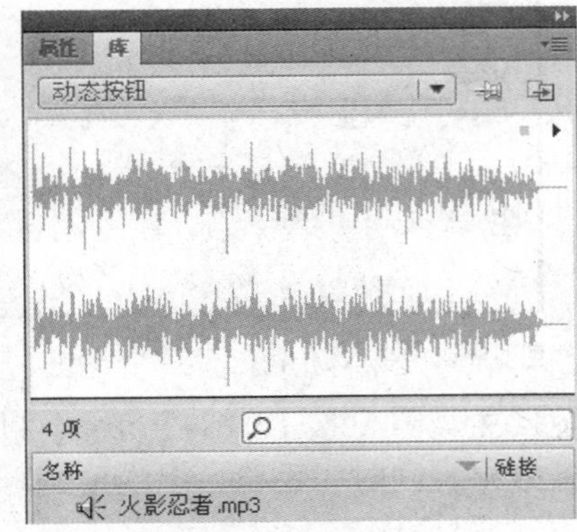

图10.64 导入声音文件

3 选中主场景中的第1帧，将声音拖入舞台中，并在【属性】面板中进行如图10.65所示的设置。
4 根据声音素材的长度在时间轴中插入相应的帧，直至声音全部结束，如图10.66所示。

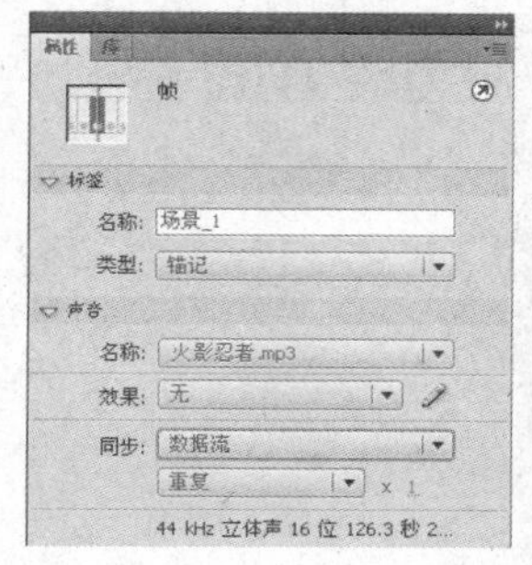

图10.65 设置声音属性

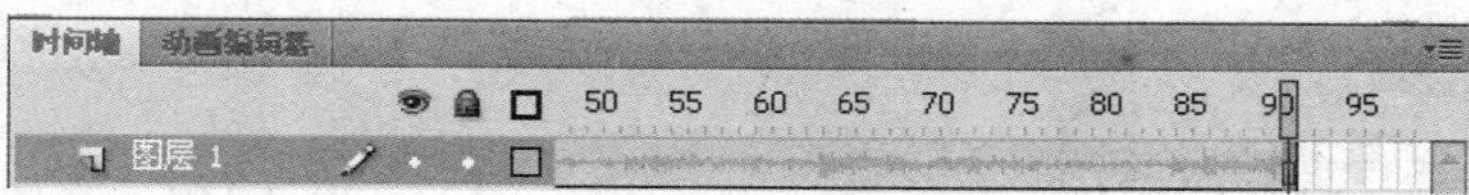

图10.66 插入相应帧

5 执行【文件】→【导入】→【打开外部库】命令，将所需的按钮元件拖到舞台中，如图10.67所示。

6 选中第1帧，执行【窗口】→【动作】命令，打开【动作–帧】面板，如图10.68所示。

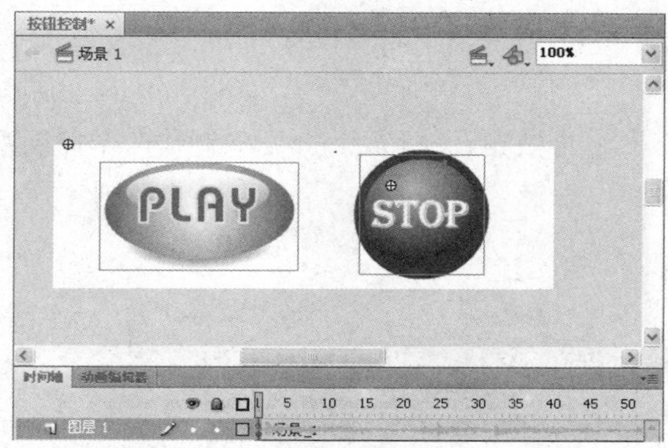

图10.67 将按钮元件拖入舞台

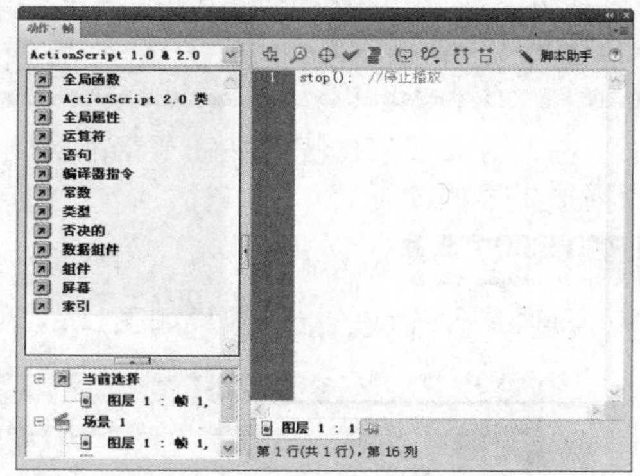

图10.68 【动作–帧】面板

7 在【动作–帧】面板中添加如下语句：

```
stop();  //停止播放
```

然后关闭【动作–帧】面板。

8 在场景中选中“play”按钮元件，执行【窗口】→【动作】命令，打开【动作–按钮】面板，在【动作–按钮】面板中添加如下语句：

```
on (press) {
   play();  //当鼠标单击按钮时开始播放
}
```

如图10.69所示。

9 在场景中选中“stop”按钮元件，在【动作–按钮】面板中添加如下语句：

```
on (press) {

   stop();  //当鼠标单击按钮时停止播放
}
```

如图10.70所示。

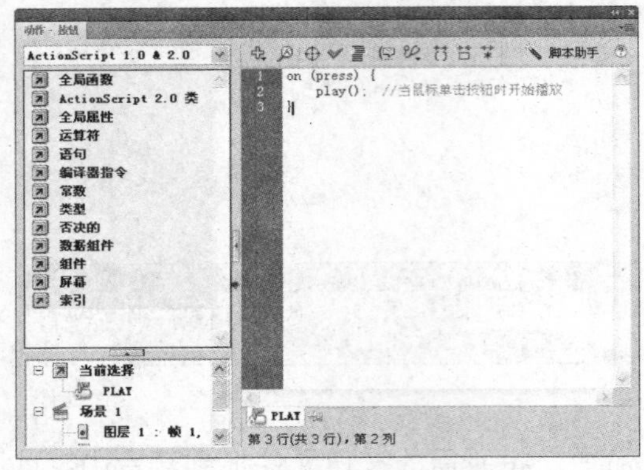

图10.69　输入“播放”按钮Action语句

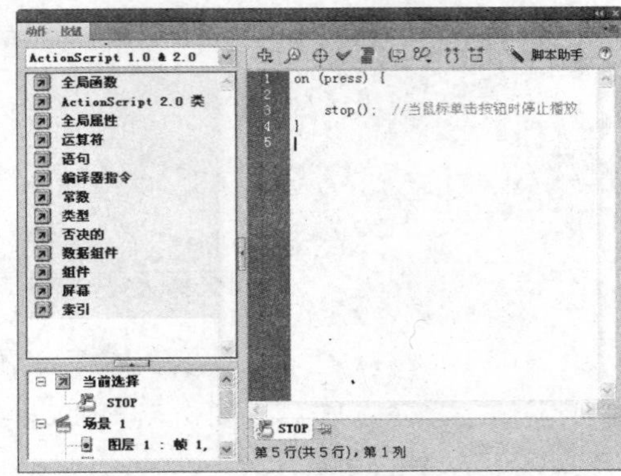

图10.70　输入“停止”按钮Action语句

10 最后按【Ctrl+Enter】组合键测试动画。用户单击场景中的相应按钮，即可对声音进行基本的播放和停止控制。

10.3.2　制作控制视频播放效果

前面介绍了制作控制按钮声音的实例，下面结合按钮元件和Action语句制作一个控制视频播放效果的动画。

最终效果

动画制作完成的最终效果如图10.71所示。

图10.71　控制视频播放最终效果

解题思路

1 制作两个用于控制播放和停止功能的按钮元件。

2 创建影片剪辑元件。

3 添加Action语句。

操作提示

1 新建一个Flash文档（ActionScript2.0），执行【文件】→【导入】→【导入外部库】命令，打开前面制作的“火影视频”实例的元件库，如图10.72所示。

2 执行【插入】→【新建元件】命令，打开【创建新元件】对话框，创建“播放”按钮元件，如图10.73所示。

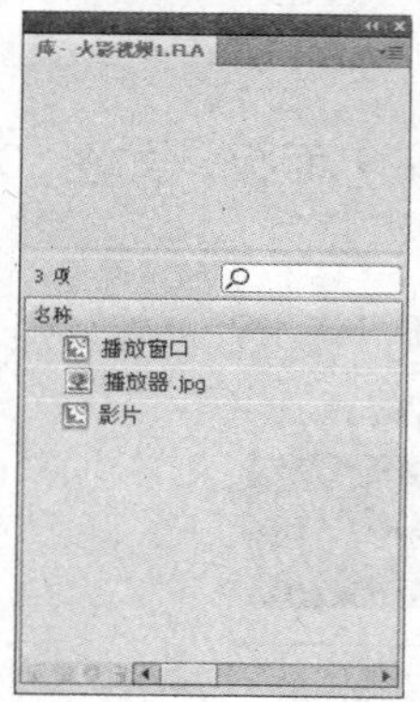

图10.72　打开“火影视频”的元件库

图10.73　创建按钮元件

3 进入按钮元件的编辑状态，选择“弹起”帧，利用椭圆工具绘制一个无边框的正圆，并填充“白色透明到蓝色”的放射状渐变色，如图10.74所示。

4 然后利用多角星形工具在正圆的中心绘制一个蓝色的三角形，如图10.75所示。

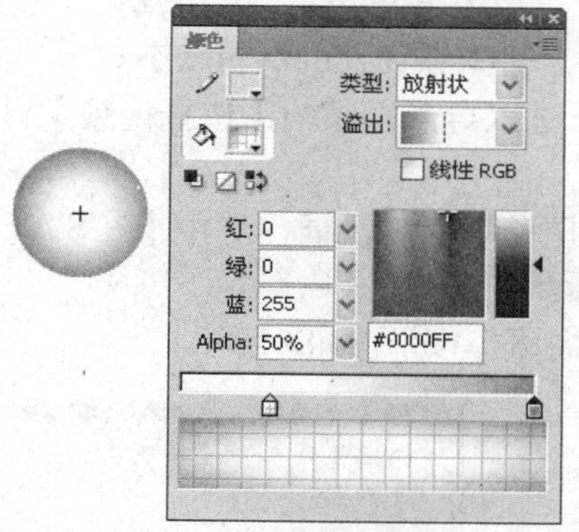

图10.74　绘制正圆并设置填充色

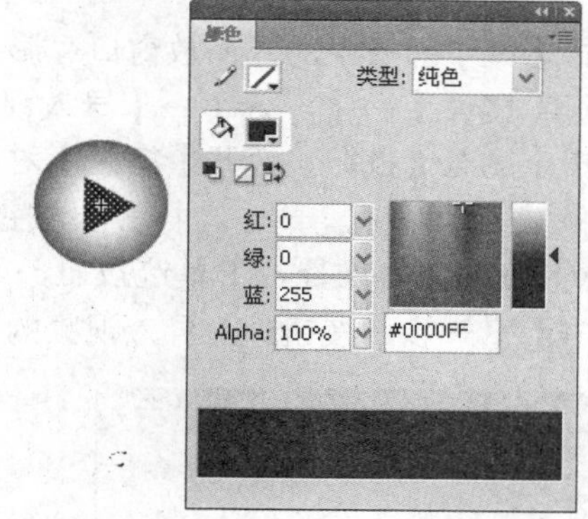

图10.75　绘制三角形

5 分别选中“指针经过”帧、“按下”帧和“点击”帧，按【F6】键插入关键帧。

6 分别改变“指针经过”帧和“按下”帧中按钮的颜色，如图10.76所示。

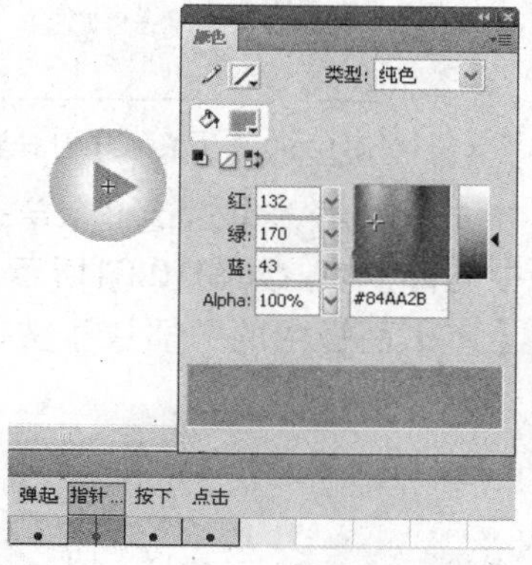

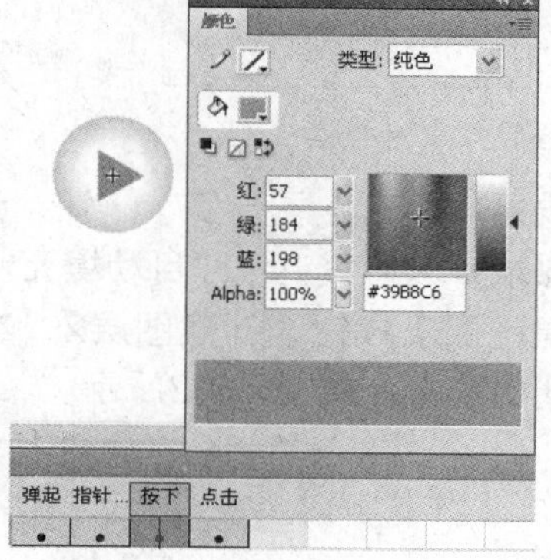

图10.76　改变“指针经过”帧和“按下”帧中按钮的颜色

7 返回主场景，执行【插入】→【新建元件】命令，打开【创建新元件】对话框，创建“停止”按钮元件。

8 按照上面的方法制作如图10.77所示的停止按钮。

9 返回主场景，在【属性】面板中选择【库】选项卡，打开【库】面板，如图10.78所示。

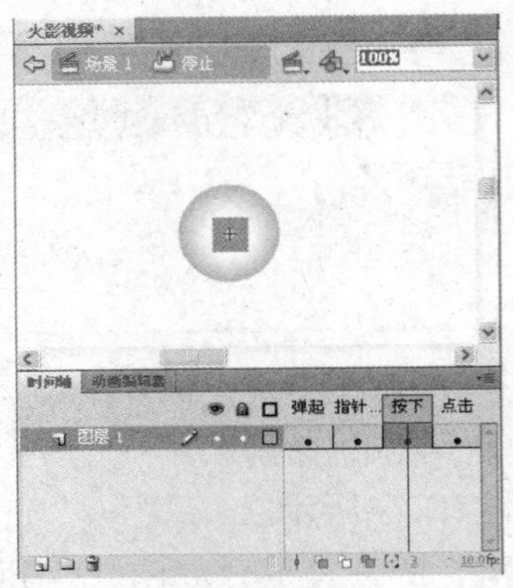

图10.77 制作停止按钮

图10.78 【库】面板

10 双击【库】面板中的“播放窗口”影片剪辑元件，进入该元件的编辑状态。

11 执行【文件】→【导入】→【导入视频】命令，进入导入视频的【选择视频】对话框，单击【浏览】按钮，打开【打开】对话框。

12 选择需要的视频，单击【打开】按钮返回【选择视频】对话框，选中【在SWF中嵌入FLV并在时间轴中播放】单选按钮，如图10.79所示。

13 单击【下一步】按钮进入导入视频的【嵌入】对话框，如图10.80所示。

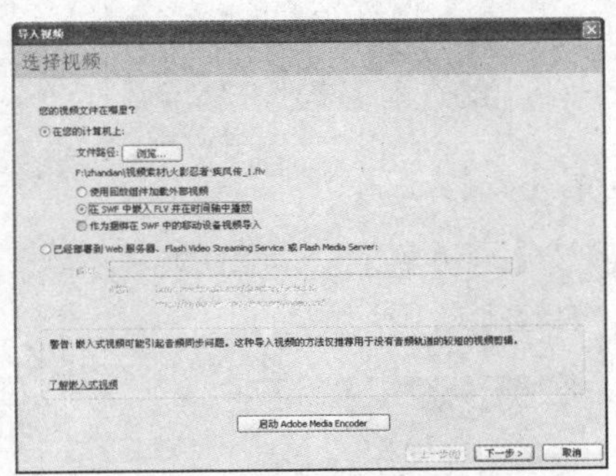

图10.79 【选择视频】对话框

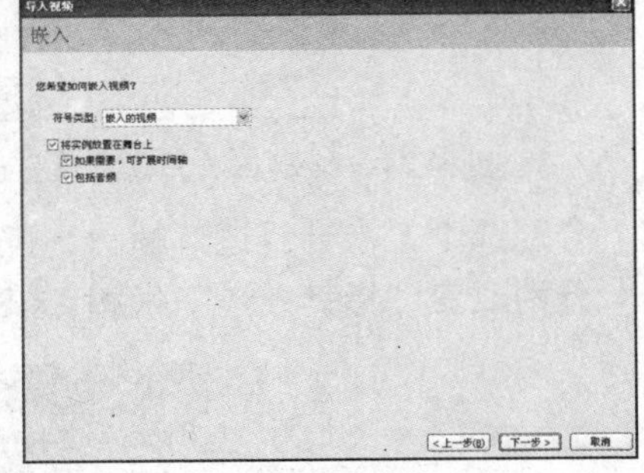

图10.80 【嵌入】对话框

14 保持默认设置，单击【下一步】按钮，进入【完成视频导入】对话框，单击【完成】按钮即可将视频导入舞台中，并自动填充时间轴中的每个帧，如图10.81所示。

15 单击【新建图层】按钮，创建图层2，然后将【库】面板中的“播放”按钮和“停止”按钮放置到场景中，如图10.82所示。

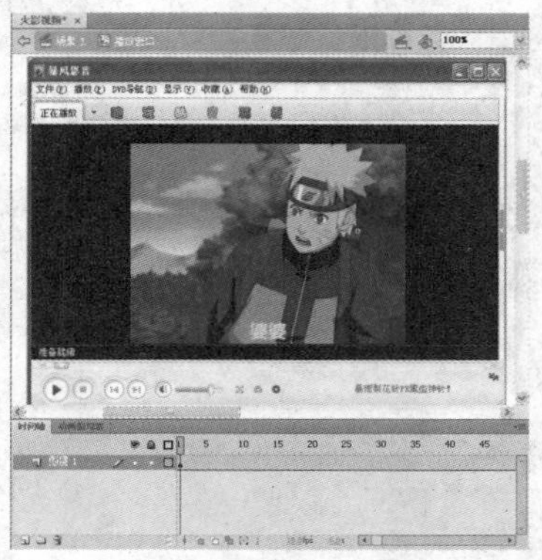
图10.81　导入视频并填充每个帧

图10.82　拖入按钮

16 选中“播放”按钮，执行【窗口】→【动作】命令，打开【动作-按钮】面板，在【动作-按钮】面板中添加以下语句：

```
on (press) {
    play();   //按下按钮时开始播放
}
```

如图10.83所示。

17 选中“停止”按钮元件，在【动作-按钮】面板中添加以下语句：

```
on (press) {
    stop();   //按下按钮时停止播放
}
```

如图10.84所示。

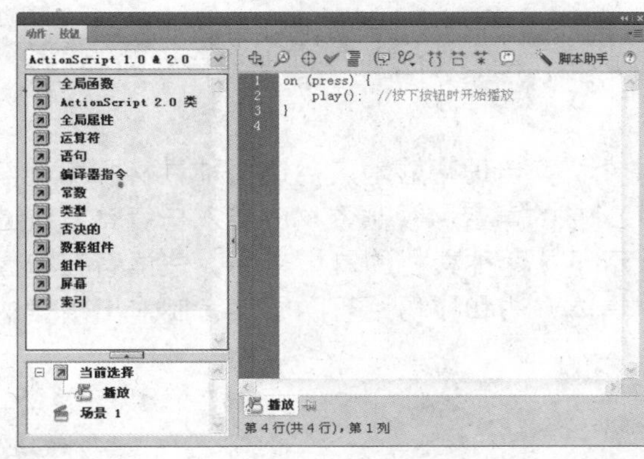

图10.83　输入“播放”按钮Action语句

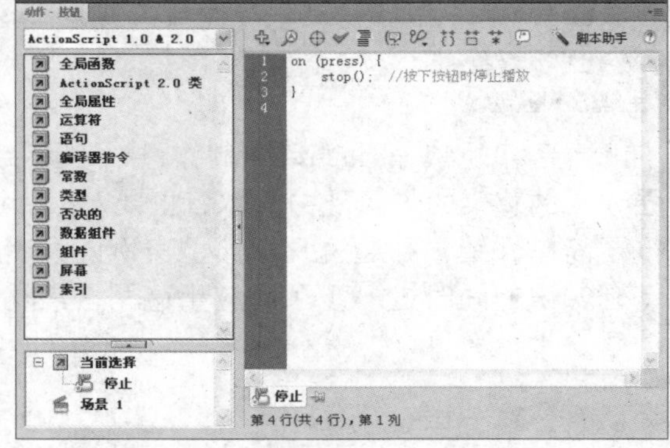

图10.84　输入“停止”按钮Action语句

18 选中图层2的第1帧，在【动作-帧】面板中添加以下语句：

```
stop();  //停止播放
```

如图10.85所示。

19 返回主场景，将“播放窗口”元件拖入舞台，按【Ctrl+Enter】组合键测试动画，即可看到利用添加的按钮对视频进行播放和停止控制的效果，参考图10.71所示。

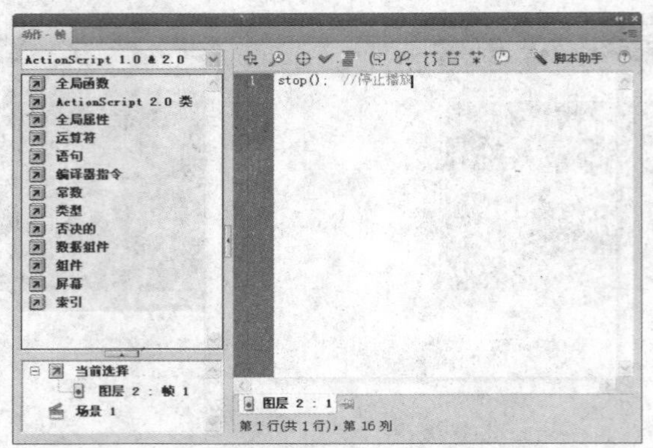

图10.85　输入图层2第1帧的Action语句

10.4 答疑与技巧

问 为什么给按钮添加了声音，却不能听到呢?

答 有可能是在导入声音时出现了问题。可以在按钮编辑区单击帧的【属性】面板中的 编辑... 按钮，调整导入的声音。

问 在【编辑封套】对话框中，编辑声音的大小是怎样定义的?

答 当控制柄和音量控制线的位置位于最上方时，播放的音量最大；当控制柄和音量控制线的位置位于最下方时，播放的音量为零。

问 为帧添加声音只能在【属性】面板中进行吗?

答 不是。还可以将声音从【库】面板中直接拖动到要添加声音的帧中。

结束语

声音和视频是Flash动画制作过程中重要的素材，合理巧妙地应用这两种素材，能够增强动画的感染力与表现力。本章主要对Flash CS4中的声音和视频素材的导入与编辑方法进行了简单介绍，并通过几个典型实例向读者展示了这两种素材的具体应用，使读者在掌握基础知识的同时进一步了解应用这两种素材的具体方法和技巧，有助于读者制作出精美的动画。

Chapter 11

第11章 ActionScript应用

本章要点

入门——基本概念与基本操作

- ActionScript概述
- ActionScript语句的添加
- ActionScript语句的基本语法
- ActionScript脚本的常用语句

进阶——典型实例

- 制作一个可以点击和拖动的圆
- 制作幻灯片
- 制作走动的卡通时钟

提高——自己动手练

- 制作电子台历
- 制作舞动的曲线

答疑与技巧

本章导读

在观看Flash动画时，经常会看到划过的流星、漫天的大雪和让大家玩得不亦乐乎的Flash游戏等，这些都是依靠ActionScript语句进行编程来实现的。有些动画不需要任何制作，直接使用ActionScript语句就可以实现，从而大大节约了制作时间。利用ActionScript语句还可以使Flash动画更加生动、形象。

11.1 入门——基本概念与基本操作

用Flash制作的动画之所以能引人注目，不仅是因为它的画面美观、色彩绚丽或内容搞笑，更大程度上是由于利用了ActionScript语句（本书统称Action语句）对动画进行编程。在Flash CS4中，利用一些简单而常用的Action语句可以对动画的播放进行控制，为元件或指定的对象添加特定的动作。

在学习应用Action语句制作动画前，首先对ActionScript语句的基本概念和操作方法进行介绍。

11.1.1 ActionScript概述

ActionScript语句是Flash提供的一种动作脚本语言，通过使用ActionScript脚本语言，用户可以根据运行时间和加载数据等事件控制文档播放；为文档添加交互性，使之响应按钮单击等用户操作；将内置对象（如按钮对象）与内置的相关方法、属性和事件结合使用；创建自定义类和对象等。

通过相应Action语句的调用，能使Flash实现许多特殊的功能，如控制动画的播放和停止、指定鼠标动作、实现网页链接、制作精彩游戏，以及创建交互网页等。因此Action语句是Flash交互功能的核心和不可缺少的重要组成部分。随着Flash版本的不断升级，ActionScript的功能不断增强，新的ActionScript 2.0在以前版本的基础上，编程模式更加稳定，并且支持面向对象的编程，比Java编程模式更为优越。

11.1.2 ActionScript语句的添加

在了解ActionScript的语法之前先要掌握如何进行Action语句的添加。

1.【动作】面板

如果要为动画中的按钮和关键帧等添加具有交互性功能的效果，就要为其设置相应的动作。动作是指实现某一具体功能的Action命令语句或实现一系列功能的Action命令语句的组合。Flash CS4提供了一个专门用来编写程序的窗口，即【动作】面板。

执行【窗口】→【动作】命令或按【F9】键，将打开【动作】面板，如图11.1所示。

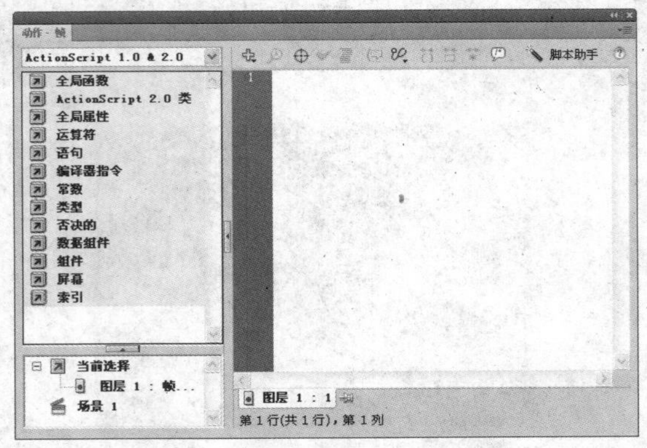

图11.1 【动作】面板

在【动作】面板左侧的上方是【动作】工具箱，使用分类的方式列出了Flash CS4中所有的动作及语句，用户可以用双击或拖曳的方式将需要的动作放置到右侧的动作编辑区。

在【动作】面板左侧的下方是脚本导航器，其中列出了Flash文档中具有关联动作脚本的帧位置和对象；单击此区域中的某一选项，与该选项相关联的脚本就会出现在脚本编辑区中，并且场景上的播放头也将移到时间轴的对应位置上。

【动作】面板的右侧部分是脚本编辑区，在脚本编辑区中可以直接编辑动作、输入动作的参数或删除动作，这和在文本编辑器中创建脚本非常相似。

在脚本编辑区域的上面是工具栏，在编辑脚本时，可以方便适时地使用它们的功能，如图11.2所示。

图11.2 【动作】面板的工具栏

工具栏中的各个按钮可以辅助编辑，其具体功能如下。

- **将新项目添加到脚本中**：显示ActionScript脚本的所有语言元素，从语言元素的分类列表中选择一项添加到脚本中。
- **查找**：单击此按钮，会弹出【查找和替换】对话框，如图11.3所示。用户可以查找并根据需要替换脚本中的文本字符串，不仅可以替换所查找的文本在脚本中的第一个实例或所有实例，还可以指定是否要求文本的大小写匹配。

图11.3 【查找和替换】对话框

- **插入目标路径**：要将这些动作应用到时间轴中的实例上，需要设置目标路径作为目标实例的地址，可以设置绝对或相对目标路径。
- **语法检查**：检查当前脚本中的语法错误。语法错误列在【编译器错误】面板中。在【编辑器错误】面板中指出了编写的所有程序的错误代码，如图11.4所示。

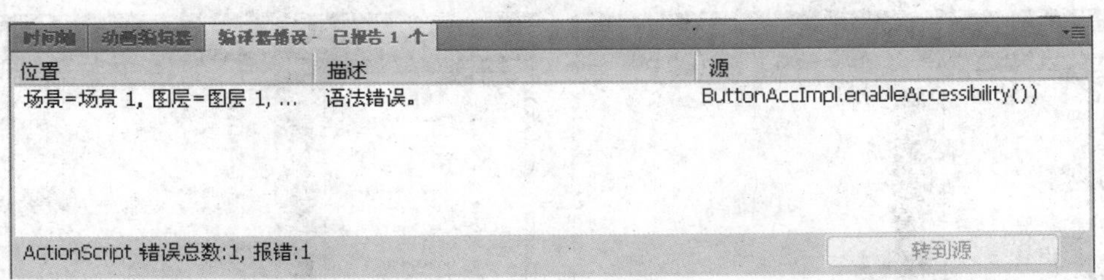

图11.4 【编译器错误】面板

- **自动套用格式**：设置脚本的格式以实现正确的编码语法和更好的可读性。
- **显示代码提示**：如果用户已经关闭了自动代码提示，可以使用此按钮手动显示正在编写的代码行的代码提示。
- **调试选项**：在脚本中设置和删除断点，以便在调试Flash文档时可以中途停止然后逐行跟踪脚本中的每一行。

- **应用块注释**：快速输入块注释符号/**/。
- **应用行注释**：快速输入行注释符号//。
- **删除注释**：选中注释符号后，单击此按钮即可删除。
- **脚本助手** 脚本助手：使用此选项，可以快速、简单地编辑动作脚本，更加适合初学者使用。
- **帮助**：选择此选项可显示相关的帮助信息。

单击按钮可以将面板折叠成只剩标题栏的状态，如图11.5所示。再次单击该按钮，可以将折叠起来的面板展开。

2. 添加ActionScript语句

在Flash CS4中，Action语句主要添加在关键帧（或空白关键帧）、按钮和影片剪辑中，下面将以在按钮元件中添加Action语句为例，讲解Action语句的添加方法。

1 在舞台中选中要添加Action语句的按钮，如图11.6所示。

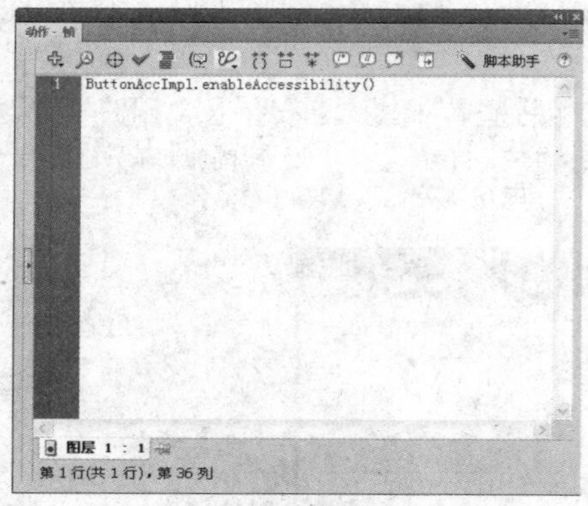

图11.5 折叠【动作】面板

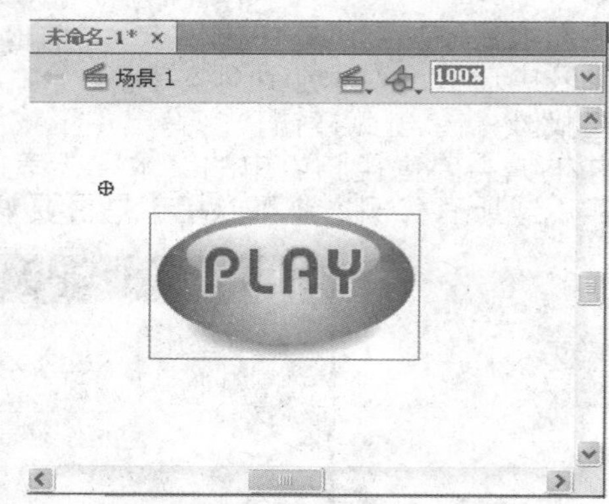

图11.6 选中要添加Action语句的按钮

2 按【F9】键，打开如图11.7所示的【动作-按钮】面板。

3 在该面板的命令区域中双击需要的动作命令，为该按钮指定相应的动作。这里展开【全局函数/影片剪辑控制】选项，然后双击 on 命令，在弹出的命令下拉列表框中设置需要的参数，如图11.8所示。

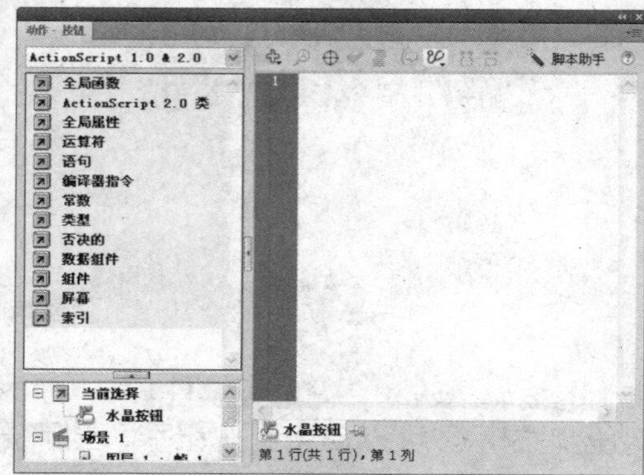

图11.7 【动作-按钮】面板

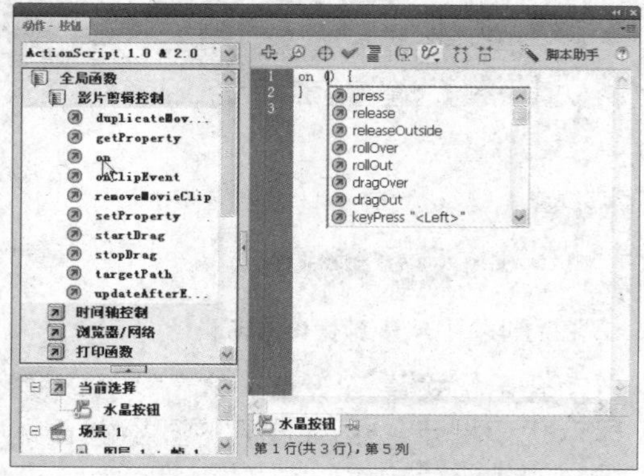

图11.8 设置参数

4　双击下拉列表框中的【release】命令，此时的【动作】面板如图11.9所示。

5　展开【全局函数/时间轴控制】选项，然后双击 gotoAndPlay 命令，再在语句编辑窗口中的括号内输入“4”，如图11.10所示。

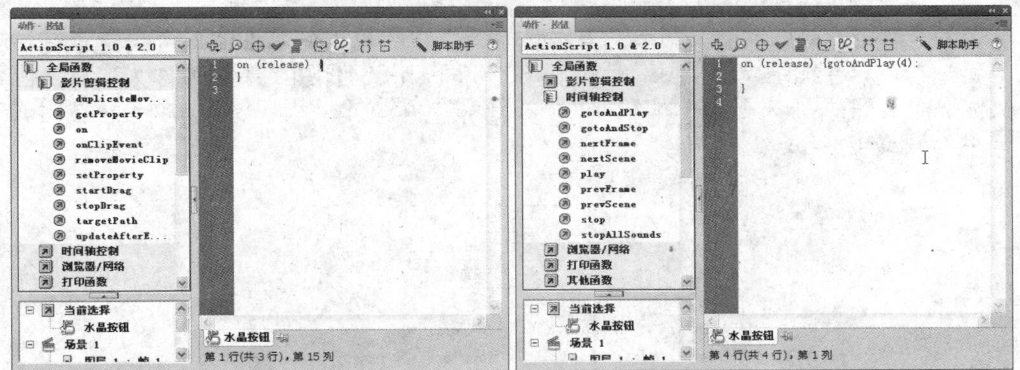

图11.9　【动作-按钮】面板　　　　图11.10　完成Action语句添加

为关键帧添加Action语句后，在时间轴中帧的显示会出现变化，如图11.11所示为添加Action语句前后的关键帧。

图11.11　添加Action语句前后的关键帧

提示　为关键帧和影片剪辑添加Action语句的方法与上述步骤相同，只需要先选中要添加的按钮或影片剪辑，然后在【动作】面板中添加相应语句即可。只是根据选择对象的不同，【动作】面板会变更为【动作-按钮】或【动作-影片剪辑】面板。

11.1.3　ActionScript脚本的基本语法

Action脚本是Flash中特有的一种动作脚本语言。要学习和使用Action脚本，首先就需要了解Action脚本的语法规则。在Flash CS4中，Action脚本的基本语法如下所述。

- **点语法**：点“.”用于指定对象的相关属性和方法，并标识指向的动画对象、变量或函数的目标路径。如表达式“uc._x”表示“uc”对象的_x属性。在点语法中，还包括_root和_parent这两个特殊的别名，其中_root表示动画中的主时间轴，通常用于创建一个绝对的路径。而_parent则用于对嵌套在当前动画中的子动画进行引用。
- **语言标点符号**：语言标点符号主要包括分号、冒号、大括号和圆括号。

  分号“;”用于脚本的结束处，表示该脚本结束。

  冒号“:”用于为变量指定数据类型如“var myNum:Number =（7）”。

  大括号“{}”用于将代码分成不同的块，以作为区分程序段落的标记。

  圆括号“( )”用于放置使用动作时的参数，定义一个函数以及对函数进行调用等，也可用于改变ActionScript语句的优先级。

提示 如果省略分号，Flash CS4仍然可以识别编辑的脚本，并对该脚本格式化，而且自动加上分号。

- **关键字：** 在ActionScript 2.0中，具有特殊含义且供Action脚本调用的特定单词被称为“关键字”。在编辑Action脚本时，不能使用Flash CS4保留的关键字作为变量、函数以及标签等的名字，以免发生脚本的混乱。在ActionScript 2.0中，Flash CS4保留的关键字如图11.12所示。

add	and	break	case
catch	class	continue	default
delete	do	dynamic	else
eq	extends	finally	for
function	ge	get	gt
if	ifFrameLoaded	implements	import
in	instanceof	interface	intrinsic
le	lt	ne	new
not	on	onClipEvent	or
private	public	return	set
static	switch	tellTarget	this
throw	try	typeof	var
void	while	with	

图11.12 保留的关键字

- **大小写字母：** 在ActionScript 2.0中，需要区分大小写字母，如果关键字的大小写不正确，则关键字无法在执行时被Flash CS4识别。如果变量的大小写不同，就会被视为是不同的变量。
- **注释：** 在Action脚本的编辑过程中，为了便于脚本的阅读和理解，可为相应的脚本添加注释，其方法是直接在脚本中输入“//”，然后输入注释的内容。

提示 在Action脚本中，注释内容以变色显示，其长度不受限制，也不会参与脚本的执行。

11.1.4 ActionScript脚本的常用语句

在制作动画的过程中经常需要添加一些相同的常用Action语句，下面分别进行介绍。

1. 影片剪辑语句

影片剪辑语句用于控制影片剪辑的播放，主要包括以下3种。

播放影片剪辑和停止回放

play()和stop()方法允许对时间轴上的影片剪辑进行基本控制。例如，假设舞台上有一个影片剪辑元件，其中包含一个自行车横穿屏幕的动画，其实例名称设置为“bicycle”。如果将语句“bicycle.stop();”放到主时间轴上的关键帧，则自行车将不会移动（将不播放其动画）。自行车的移动可以通过一些其他的用户交互来开始。例如，如果有一个名为“startButton”的按钮，则主时间轴上某一关键帧上的以下语句会使单击该按钮时播放该动画：

```
// 单击该按钮时调用此函数
// 自行车动画进行播放
function playAnimation(event:MouseEvent):void
```

```
{
    bicycle.play();
}
// 将该函数注册为按钮的侦听器
startButton.addEventListener(MouseEvent.CLICK, playAnimation);
```

快进和后退

在影片剪辑中使用nextFrame()和prevFrame()方法可以手动向前或向后沿时间轴移动播放头。调用这两种方法中的任一方法均会停止回放并分别使播放头向前或向后移动一帧。

跳到不同帧

向新帧发送影片剪辑非常简单。调用gotoAndPlay()或gotoAndStop()语句将使影片剪辑跳到指定参数的帧。

2. 声音处理语句

声音处理语句包括如下几类。

- **Flash.media.Sound：** Sound类处理声音加载、管理基本声音属性以及启动声音播放。
- **Flash.media.SoundChannel：** 当应用程序播放Sound对象时，将创建一个新的SoundChannel对象来控制回放。SoundChannel对象控制声音的左和右回放声道的音量。播放的每种声音具有其自己的SoundChannel对象。
- **Flash.media.SoundLoaderContext：** SoundLoaderContext类指定在加载声音时使用的缓冲秒数，以及Flash Player在加载文件时是否从服务器中查找跨域策略文件。SoundLoaderContext对象用作Sound.load()方法的参数。
- **Flash.media.SoundMixer：** SoundMixer类控制与应用程序中的所有声音有关的回放和安全属性。实际上，可通过一个通用SoundMixer对象将多个声道混合在一起，因此，该SoundMixer对象中的属性值将影响当前播放的所有SoundChannel对象。
- **Flash.media.SoundTransform：** SoundTransform类包含控制音量和声相的值。可以将SoundTransform对象应用于单个SoundChannel对象、全局SoundMixer对象或Microphone对象等。

3. 时间获取语句

时间获取语句用于获取指定对象中的时间，包括以下3种。

Date.getHours()语句

该语句作用是按照本地时间返回指定Date对象的小时值（0至23之间的整数）。其基本用法是：

```
my_date.getHours()
```

Date.getMinutes()语句

该语句作用是按照本地时间返回指定Date对象中的分钟数（0至59之间的整数）。其基本用法是：

```
my_date.getMinutes ()
```

Date.getSeconds ()语句

该语句作用是按照本地时间返回指定Date对象中的秒钟数（0至59之间的整数）。其基本用法是：

```
my_date.getSeconds ()
```

11.2 进阶——典型实例

通过前面的学习，读者一定对Flash CS4中Action语句的添加方法和基本语法有了大概的了解，下面通过几个实例练习Action语句的应用。通过对这些实例的实战演练，读者应熟练掌握在Flash CS4中制作Action特效动画的一般思路和方法。

11.2.1 制作一个可以点击和拖动的圆

最终效果

动画制作完成的最终效果如图11.13所示。

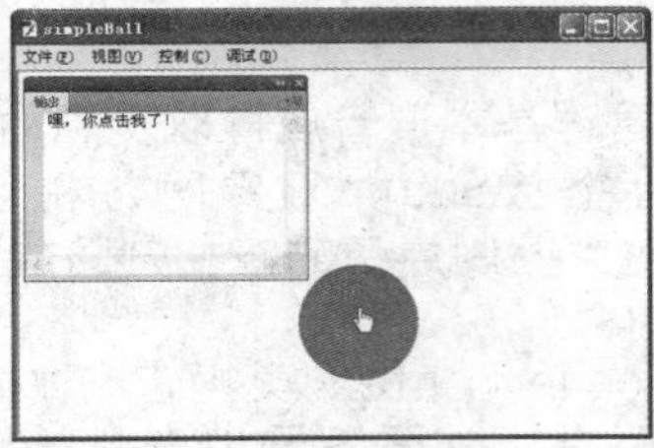

点击效果

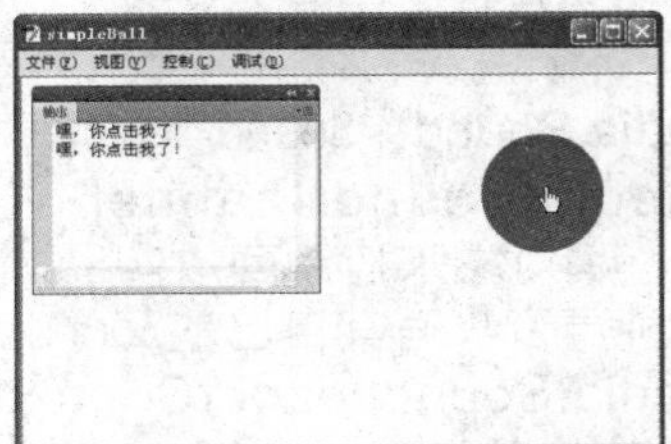

拖动效果

图11.13 动画预览效果

解题思路

1 绘制图形。
2 将图形转换为影片剪辑元件。
3 添加Action语句。

操作步骤

1 新建一个Flash CS4文档，将它保存为“simpleBall.fla”，如图11.14所示。
2 单击【椭圆工具】按钮，按住【Shift】键在舞台中绘制一个正圆，如图11.15所示。

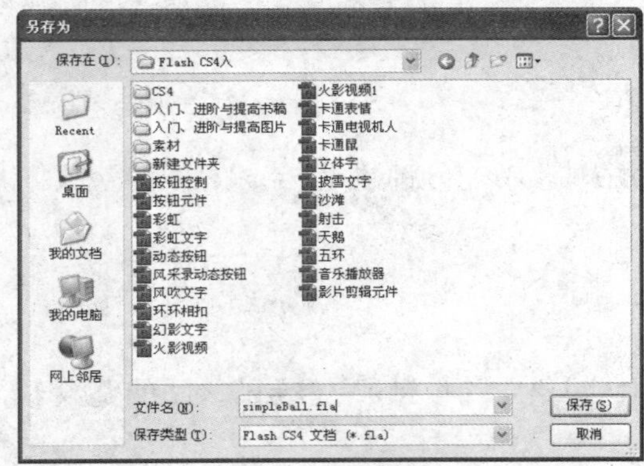

图11.14 【另存为】对话框

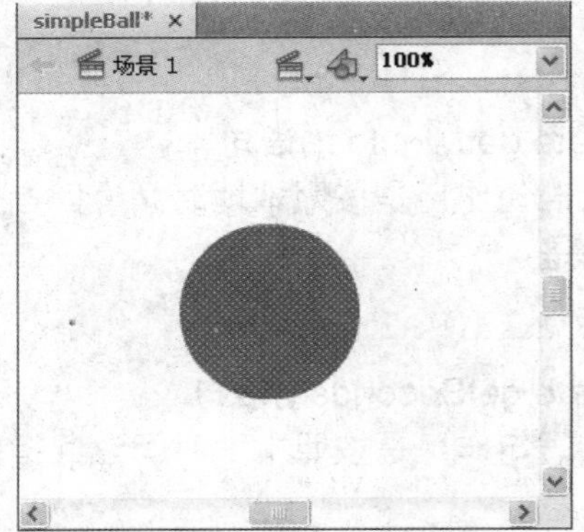

图11.15 绘制正圆

3 选中【选择工具】按钮，选中绘制的圆。

提示　在绘制时要确定对象绘制模式是关闭的。如果绘制的正圆带边框，则在选择的时候，要双击对象才能将整个图形选中。

4 执行【编辑】→【转换为元件】命令(或按【F8】快捷键)，打开【转换为元件】对话框，将名称改为“circle”，如图11.16所示。

5 然后单击【确定】按钮，将它转换为影片剪辑元件。

6 保持元件的选中状态，在【属性】面板上为它起一个实例名为“ball_mc”，如图11.17所示。

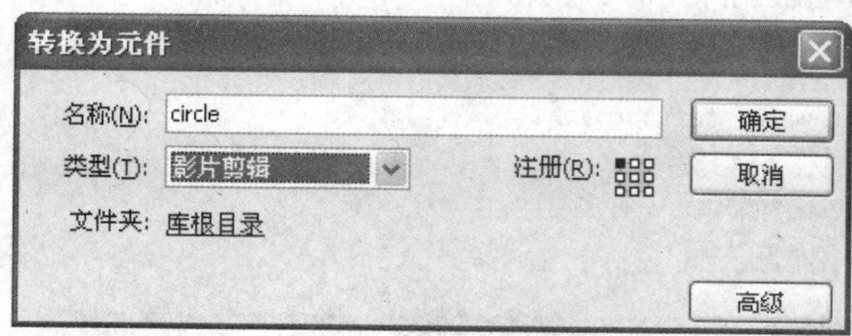

图11.16　【转换为元件】对话框

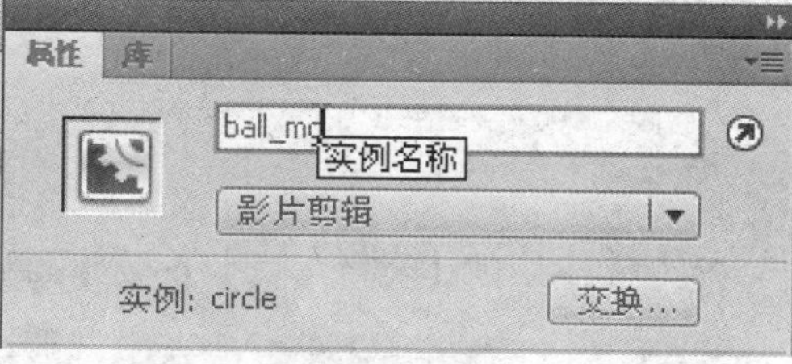

图11.17　输入实例名称

7 取消对元件的选择，执行【窗口】→【动作】命令（或按【F9】快捷键），打开【动作-帧】面板。

8 在【动作-帧】面板中输入代码，如图11.18所示。这段代码可将“ball_mc”实例变成可以点击的元件，因为加入了事件侦听用来检测用户是否有点击动作，所以无论何时只要用户点击了“ball_mc”影片剪辑，clickHandler()函数就会执行。

9 执行【控制】→【测试影片】命令（或按【Ctrl+Enter】组合键），在Flash播放器中预览动画效果。

10 当用户点击圆时，就会在面板上输出“嘿，你点击我了！”文本，效果如图11.19所示。

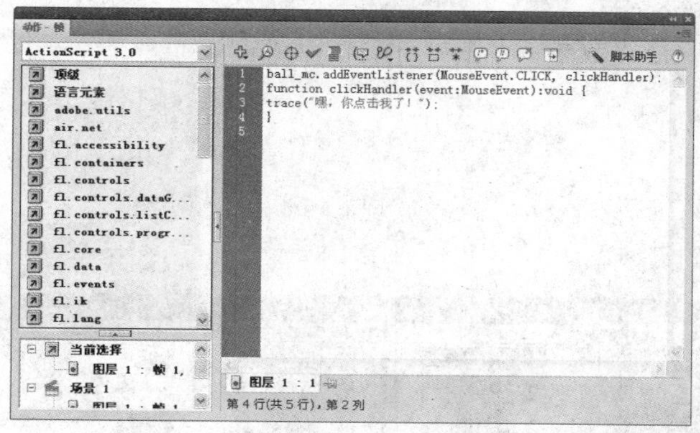

图11.18　【动作-帧】面板

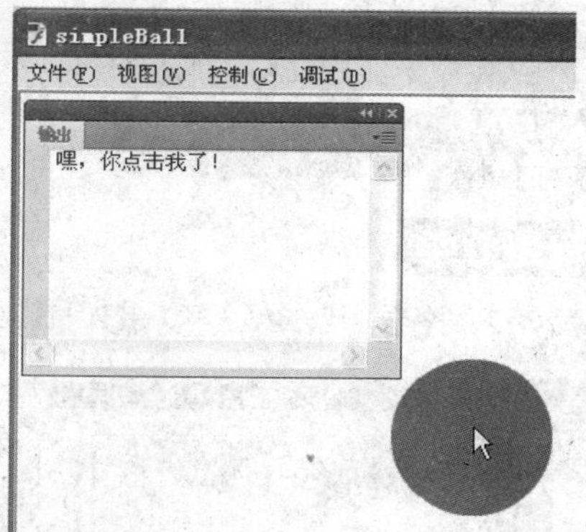

图11.19　点击效果图

11 关闭SWF文件返回Flash操作环境，编辑ActionScript代码，在原有代码的上面加入如下一行代码：

```
ball_mc.buttonMode = true;
```

12 重新测试影片，当光标位于圆上时，光标就会变成一只小手的形状，提示用户这是可以点击的，如图11.20所示。

13 关闭SWF文件返回Flash操作环境，打开【动作】面板，编辑代码如下：

```
ball_mc.buttonMode = true;
ball_mc.addEventListener(MouseEvent.CLICK, clickHandler);
ball_mc.addEventListener(MouseEvent.MOUSE_DOWN, mouseDownListener);
ball_mc.addEventListener(MouseEvent.MOUSE_UP, mouseUpListener);
function clickHandler(event:MouseEvent):void {
trace("嘿，你点击我了！");
}
function mouseDownListener(event:MouseEvent):void {
ball_mc.startDrag();
}
function mouseUpListener(event:MouseEvent):void {
ball_mc.stopDrag();
}
```

输入代码后的【动作-帧】面板如图11.21所示。

图11.20 "手状"效果图

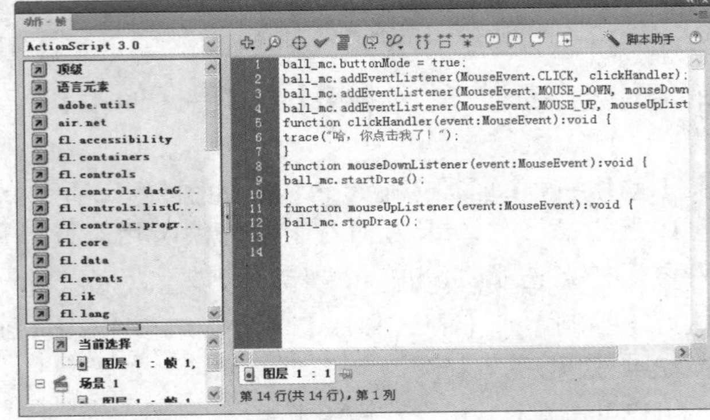

图11.21 【动作】面板

14 测试影片，这时就可拖动这个圆了，最终效果参考图11.13。

11.2.2 制作幻灯片

最终效果

动画制作完成的最终效果如图11.22所示。

图11.22 幻灯片预览效果

解题思路

1 将素材导入到库中，再利用素材制作5个不同的按钮，包括“开始”、“首页”、“上一页”、“下一页”和“末页”。

2 将5张不同的图片分别放在同一图层的不同帧中。

3 再新建一个图层，将5个按钮分别放置到相应的图片下，并给按钮添加Action语句。

4 最后新建一个图层，并让动画停止在第1帧。

操作步骤

1 新建一个Flash文档。按下【Ctrl+J】组合键打开【文档属性】对话框，将文档大小设为“400×300”像素，按下【Ctrl+S】组合键保存文档，保存名称为“幻灯片”。

2 执行【文件】→【导入】→【导入到库】命令，打开【导入】对话框，选择所需的素材图片，如图11.23所示。

3 利用“开始”、“首页”、“末页”、“上一页”和“下一页”图片制作相应的按钮元件，如图11.24所示。

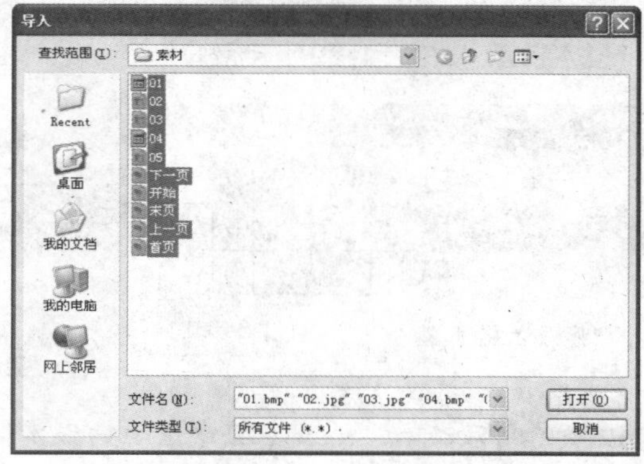

图11.23 选择所需图片

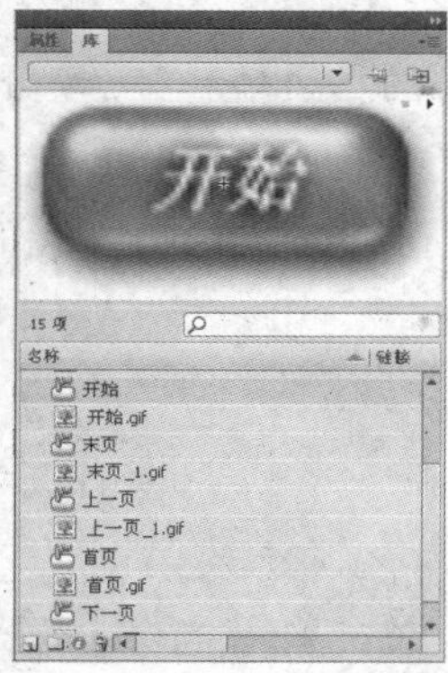

图11.24 创建按钮元件

4 在图层1中创建5个关键帧，并将“01~05”5张图片分别放入5个帧，并进行适当的缩放，如图11.25所示。

5 单击【新建图层】按钮，创建新的图层2，并将“开始”按钮拖到第1帧中图片的下方，如图11.26所示。

图11.25 放置图片

图11.26 为第1帧添加按钮

6 在图层2的第2帧处按【F6】键插入关键帧，再将“首页”、“上一页”、“下一页”和“末页”按钮分别拖动到第2帧的图片下方，如图11.27所示。

7 用同样的方法在第3、4帧分别添加与第2帧相同的按钮，在第5帧中只添加“首页”和“上一页”按钮，如图11.28所示。

图11.27　为第2帧添加按钮

图11.28　为第5帧添加按钮

8 在图层2的第1帧和第5帧分别添加帧标签A和Z，如图11.29所示。

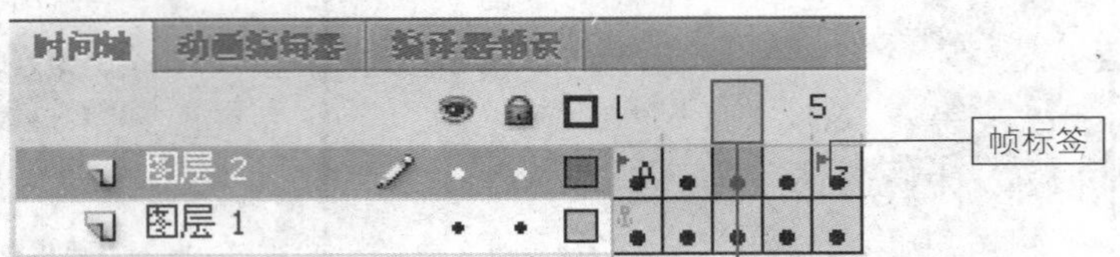

图11.29　为第1帧和第5帧添加帧标签

提示　此时若按【Ctrl+Enter】组合键测试动画，则会发现动画会一直不停地循环播放，因此便需要进行添加Action语句的操作。

9 单击【新建图层】按钮，创建新的图层3，选中第1帧，执行【窗口】→【动作】命令打开【动作-帧】面板，输入“stop();”，如图11.30所示。

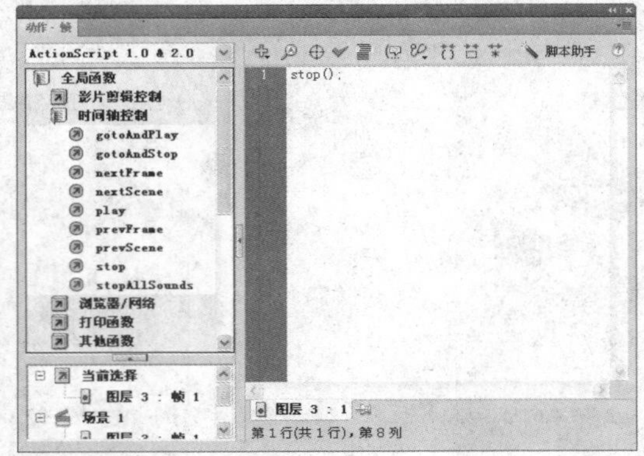

图11.30　输入Action语句

10 选中第1帧中的“开始”按钮，打开其动作面板，在其中添加如下语句：

```
on(release){
nextFrame();
//单击“开始”按钮，停止在第1帧的影片会跳转到第2帧并停止。
}
```

此时的【动作】面板如图10.31所示。

11 为其他帧中的所有“首页”按钮添加如下语句：

```
on(release){
gotoAndStop("A");
//单击“首页”按钮，影片将跳转到帧标签为A的那一帧并停止，即第1帧。
}
```

如图10.32所示。

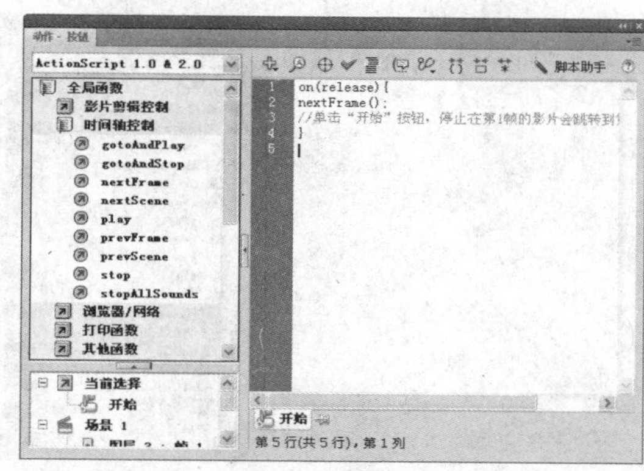

图11.31　输入“开始”按钮的Action语句

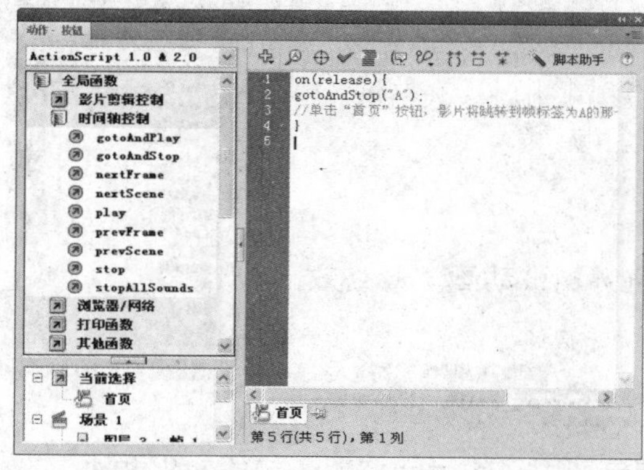

图10.32　为“首页”按钮添加Action语句

12 为其他帧中的所有“上一页”按钮添加如下语句：

```
on(release){
prevFrame();
}
//单击“上一页”按钮，影片将从当前帧跳转到前一帧并停止。
```

如图10.33所示。

13 为其他帧中的所有“下一页”按钮添加如下语句：

```
on(release){
nextFrame();
//单击“下一页”按钮，影片将从当前帧跳转到下一帧并停止。
}
```

如图10.34所示。

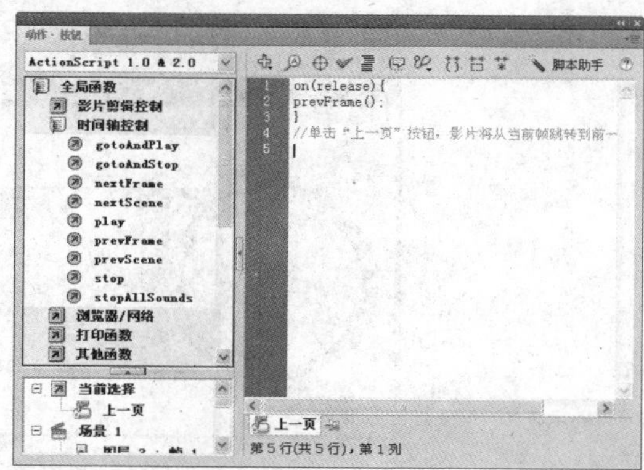

图11.33　为“上一页”按钮添加Action语句

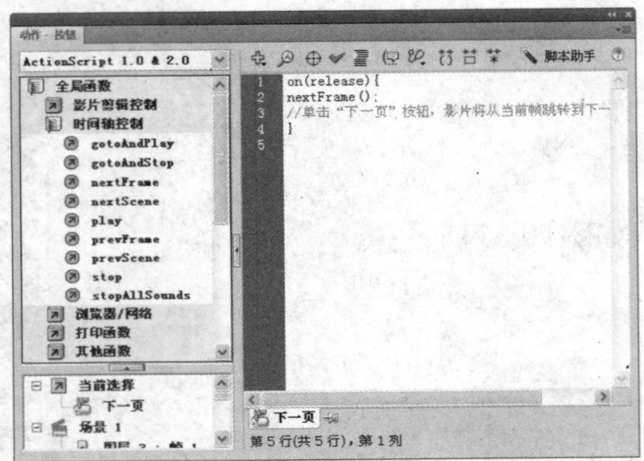

图11.34　为“下一页”按钮添加Action语句

14 为其他帧中的所有“末页”按钮添加如下语句：

```
on(release){
gotoAndStop("Z");
//单击“末页”按钮，影片将从当前帧跳转到帧标签为Z的那一帧并停止，即第5帧。
}
```

如图11.35所示。

15 按【Ctrl+Enter】组合键测试动画。最终效果参考图11.22所示。

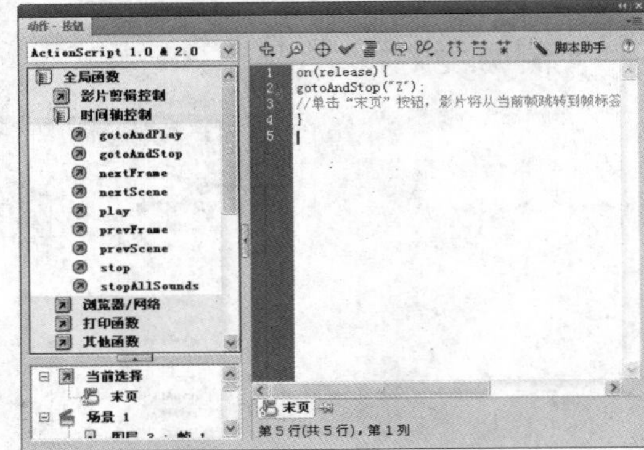

图11.35　为“末页”按钮添加Action语句

11.2.3　制作走动的卡通时钟

通过此例的制作，读者可以了解时间控制语句的使用方法。

最终效果

动画制作完成的最终效果如图11.36所示。

图11.36　走动的卡通时钟预览效果

解题思路

1 绘制时、分、秒指针。分别制作用于表现时针、分针和秒针的“hours”、“minutes”和“seconds”影片剪辑。

2 将制作好的影片剪辑放置到主场景中，并新建“控制”图层，在该图层中添加Action语句。

3 运用getHours()、getMinutes()、getSeconds()等获取时间语句。

4 掌握_rotation命令的使用。

操作步骤

1 新建一个Flash文档，大小设置为“300×300”像素，帧频改变为“10”fps。

2 利用椭圆工具和线条工具绘制如图11.37所示的卡通钟的钟面。

3 执行【插入】→【新建元件】命令，创建一个影片剪辑元件，将其命名为“h”，如图11.38所示。

图11.37 绘制卡通钟面

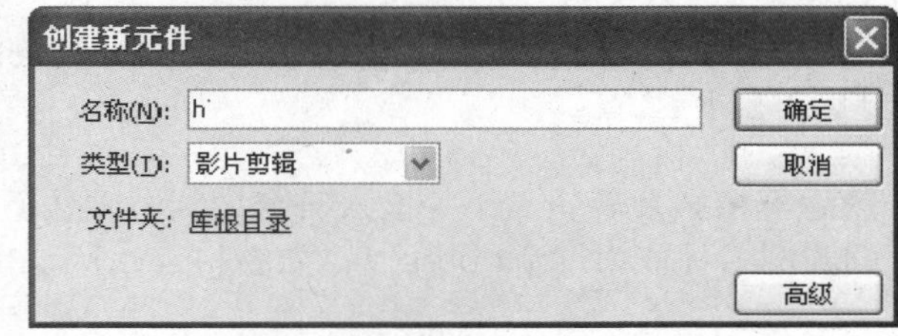

图11.38 创建“h”影片剪辑元件

4 利用椭圆工具，在编辑场景中绘制一个如图11.39所示的时针图形。

5 新建“m”影片剪辑，按照同样的方法在编辑场景中绘制一个如图11.40所示的分针图形。

6 新建“s”影片剪辑，在编辑场景中绘制一个如图11.41所示的一根红色的竖线作为移针。

图11.39 绘制时针

图11.40 绘制分针

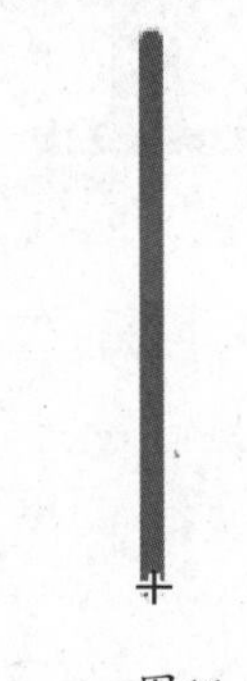

图11.41 绘制秒针

提示 按照规定来说，秒针是最长的，分针其次，最短的是时钟。在制作各个指针的时候，一定要将指针的下端对准元件的注册点。这样指针才会以注册点为中心旋转。

7 回到主场景，将图层1重命名为“钟面”，然后选中第1帧并按【F5】键插入帧。

8 单击【新建图层】按钮，新建图层2，并重命名为“指针”，将影片剪辑“h”放置到图层2第1帧上，将它的实例名称取为“hours”，将它的位置对准12点的位置，效果如图11.42所示。

图11.42 时针的位置

9 选中“h”影片剪辑，按【F9】键打开【动作】面板，在【动作-影片剪辑】面板中输入以下语句：

```
onClipEvent (enterFrame)
{
  setProperty(this, _rotation, _root.hours);   //根据_root.hours的值旋转本影片剪辑
}
```

10 然后再将影片剪辑“m”拖入舞台中，放置位置和“h”一样，对准12点方向，并将它的实例名称取为“minutes”，如图11.43所示。

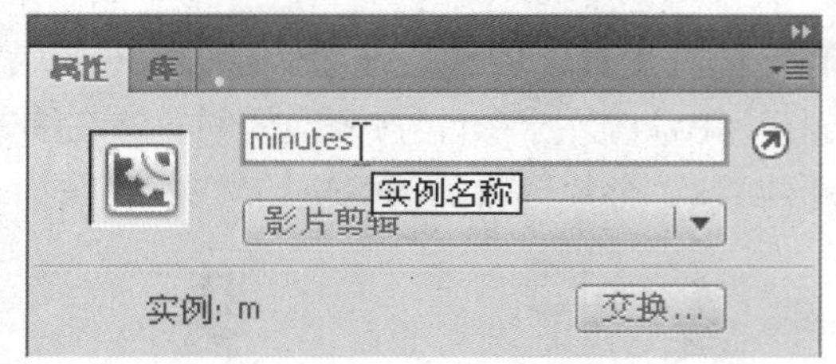

图11.43 分针的位置

11 选中“minutes”影片剪辑，在【动作-影片剪辑】面板中输入以下语句：

```
onClipEvent (enterFrame) {
  setProperty(this, _rotation, _root.minutes);  //根据_root.minutes的值旋转本影片剪辑
}
```

12 最后将影片剪辑“s”拖入舞台，位置同“h”的一样，对准12点方向，将它的实例名称取为“seconds”，如图11.44所示。

图11.44 秒针的位置

13 选中"seconds"影片剪辑，在【动作-影片剪辑】面板中输入以下语句：

```
onClipEvent (enterFrame) {
   setProperty(this, _rotation, _root.seconds);  //根据_root.seconds的值旋转本影片剪辑
}
```

14 新建图层3，选择图层3的第1帧，按【F9】键打开【动作】面板，输入以下语句：

```
time = new Date();
hours = time.getHours();  //获取当前系统时间的小时值
minutes = time.getMinutes();  //获取当前系统时间的分钟值
seconds = time.getSeconds();  //获取当前系统时间的秒钟值
if (hours>12) {
   hours = hours-12;  //如果小时值大于12则取减去12之后的值
}
if (hours<1) {
   hours = 12;  //如果小时值小于1则取小时值12
}
hours = hours*30+int(minutes/2);
minutes = minutes*6+int(seconds/10);
seconds = seconds*6;  //根据钟表中时间与指针角度的对应关系，设置hours，minutes和seconds的值，以作为各指针的旋转值
```

15 在第2帧插入空白关键帧，在【动作】面板中输入以下语句：

```
gotoAndPlay(1); //跳转到第1帧并播放
```

16 最后按【Ctrl+Enter】组合键测试动画，即可看到动画的最终效果。

11.3 提高——自己动手练

在掌握了Action语句的基础知识和基本操作之后，下面再通过两个实例继续巩固所学知识。

11.3.1 制作电子台历

最终效果

本例制作完成后的最终效果如图11.45所示。

图11.45　电子台历最终效果

解题思路

1 绘制电子台历的基本形状。

2 创建日期对象。

3 获取当前日期和时间。

操作提示

1 新建一个Flash文档，设置文档大小为“450×300”像素，并将文档保存，名称为“电子台历”。

2 利用绘图工具绘制如图11.46所示的电子台历的基本形状。

3 选择【工具】面板中的【文本工具】按钮，在电子台历中创建5个动态文本并输入日期，如图11.47所示。

图11.46 电子台历基本形状

图11.47 输入日期

4 在电子台历的左上角输入静态文本“现在时刻：”，如图11.48所示。

5 选择舞台中的动态文本“17：00”，在【属性】面板的【实例名称】文本框中输入“timetext”，如图11.49所示。

图11.48 输入“现在时刻”文本

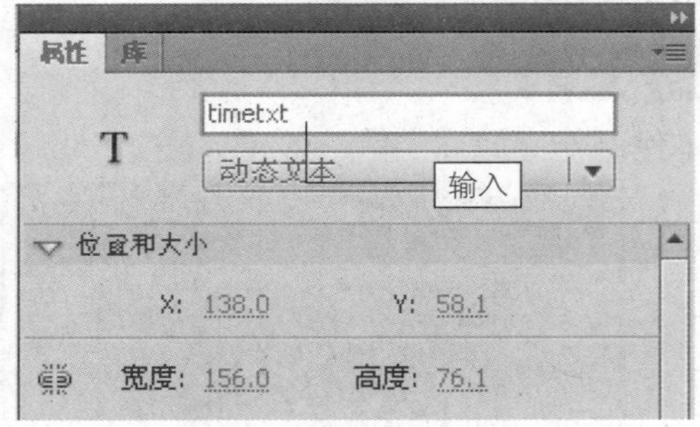

图11.49 输入实例名称

6 用相同的方法分别为动态文本“30”、“2009年”、“04月”和“1”设置实例名称为“sectxt”、“yeartxt”、“montxt”和“datetxt”。

7 单击【新建图层】按钮，创建新的图层2，选择第1帧，按【F9】键打开【动作-帧】面板，添加如图11.50所示的脚本内容，定义一个“Date”类的对象“nowdate”，保存当前日期。

8 然后再接着定义“showdate”函数，用于显示当前日期，在函数中定义变量“yyyy”、“mm”和“dd”分别保存当前的年份数、月份数和日期数，如图11.51所示。

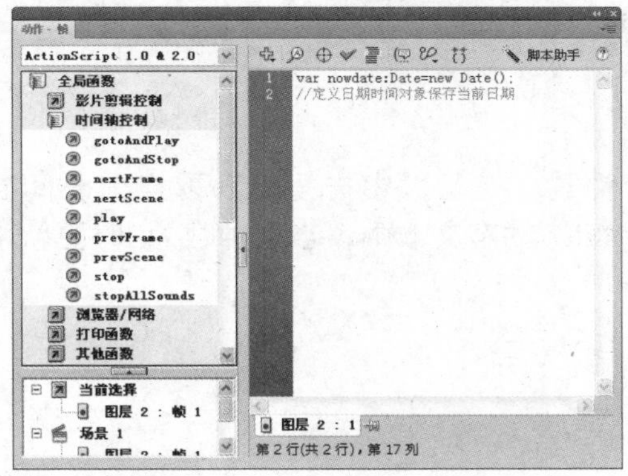

图11.50 输入Action语句

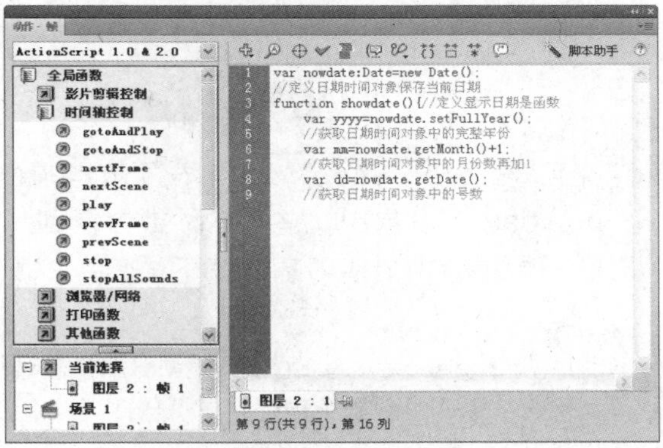

图11.51 定义“showdate”函数

9 让年份数在“yeartxt”文本中显示并连接上字符“年”，根据变量“mm”是否小于10判断显示在“montxt”文本中的月份数是否添加0，同理设置日期数，如图11.52所示。

10 定义“showtime”函数，用于显示当前时间，在函数中定义变量“hh”和“mm”，再定义“nowhour”和“nowminu”变量保存当前小时数和分钟数，如图11.53所示。

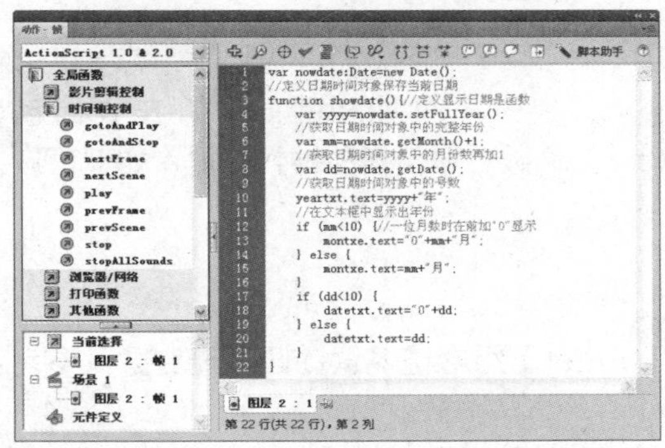

图11.52 设置日期

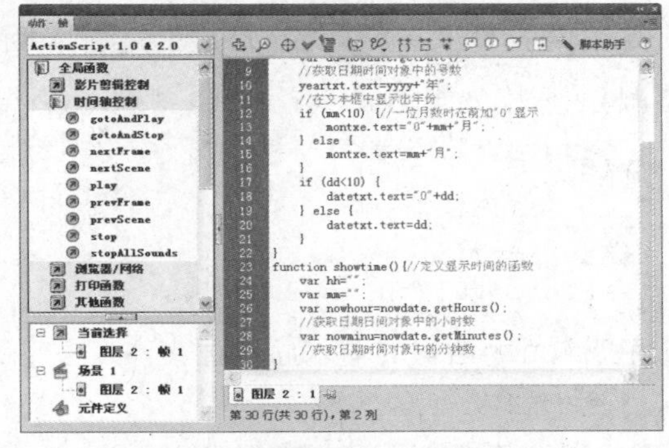

图11.53 定义“showtime”函数

11 判断变量“nowhour”是否小于10，若小于10则在其前添加字符0后保存于变量“hh”中，否则直接将其值保存于变量“hh”中，同理为“mm”赋值，如图 11.54所示。

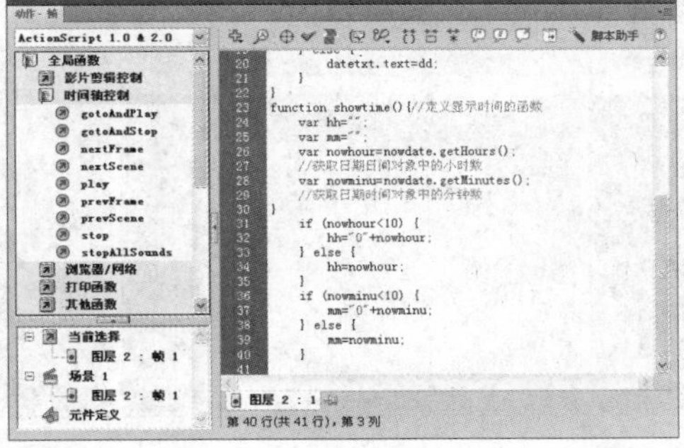

图11.54 添加变量Action语句

12 将变量“hh”的值连上字符“：”，再接上变量“mm”的值后显示到“timetxt”动态文本中。判断如果小时数和分钟数同时为0时，调用函数“showdate”，显示新的日期，输入如下语句：

```
timetxt.text=hh+”:”+mm;//显示出小时和分钟
   if (nowhour==0 && nowminu==0) {
          showdate();
   }
```

13 定义函数“showsec”，用于显示当前的秒钟数，在函数中先重新获取当前时间到“nowdate”对象中，并将其秒数显示到“sectxt”动态文本中，当秒钟数为0时更新小时数和分钟数的显示。输入如下语句：

```
function showsec() {
   nowdate=new Date();//重新获取当前时间
   var sec=nowdate.getSeconds();
   //获取时间对象中的秒数
   if (sec<10) {
          sectxt.text="0"+sec;
   } else {
          sectxt.text=sec;
   }
   if (sec==0) {
          showtime();
          //秒数为0时更新小时数和分钟数的显示
   }
}
```

14 调用函数“showdate”和“showtime”，显示出日期和时间，利用定时函数“setInterval”设置每一秒钟执行一次“showsec”函数，显示新秒钟数，输入如下语句：

```
showdate();
showtime();
setInterval(showsec,1000);
```

15 完成Action语句的输入后保存文件，按【Ctrl+Enter】组合键测试动画，最终效果参考图11.45所示。

11.3.2 制作舞动的曲线

最终效果

本例制作完成后的最终效果如图11.55所示。

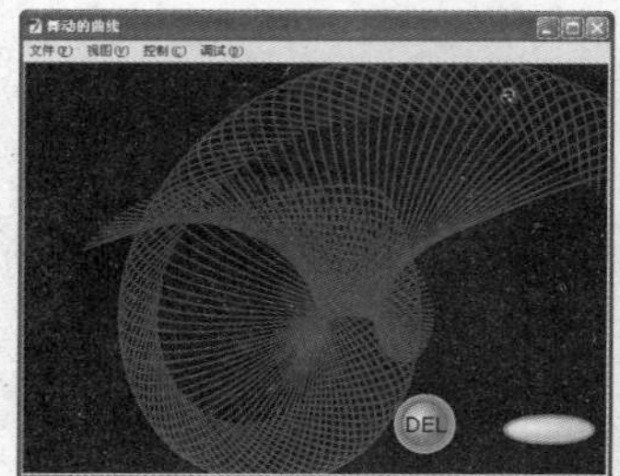

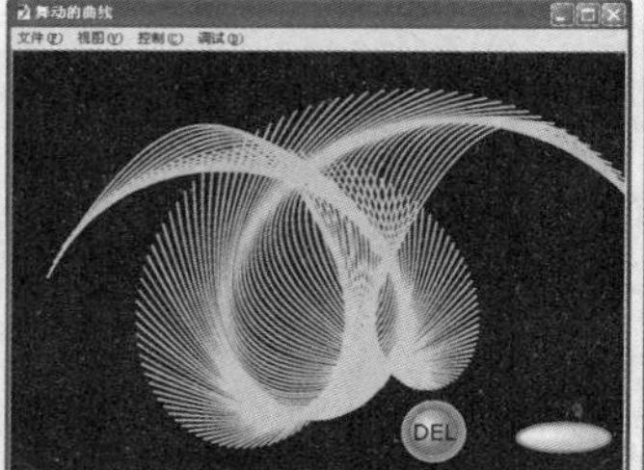

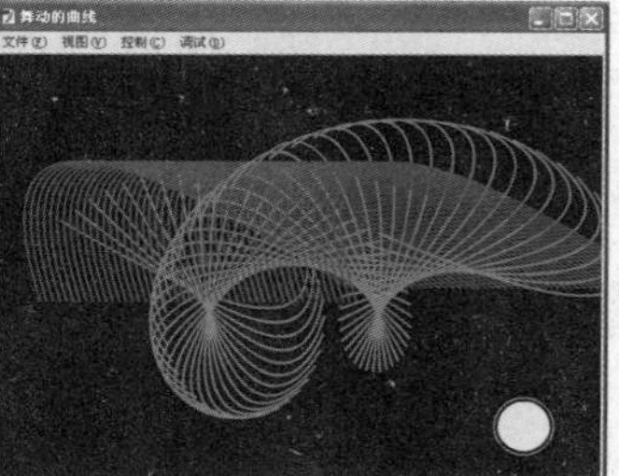

图11.55 舞动的曲线最终效果

解题思路

1 创建影片剪辑元件。
2 创建补间形状动画。
3 创建按钮元件。
4 添加Action语句。

操作提示

1 新建一个Flash文档，设置场景背景为“黑色”，帧频为“12”fps，如图11.56所示。
2 按【Ctrl+F8】组合键，创建一个新的影片剪辑元件，命名为“line 1”，并进入该元件的编辑状态。
3 利用线条工具绘制一条直线，颜色设置为红色，利用选择工具调整弧度，效果如图11.57所示。

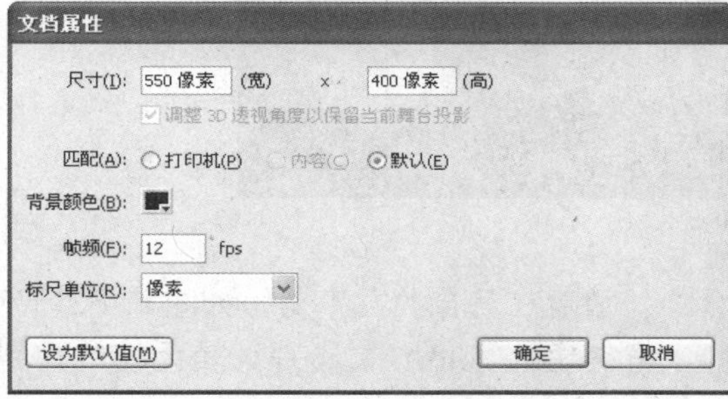

图11.56　设置文档属性

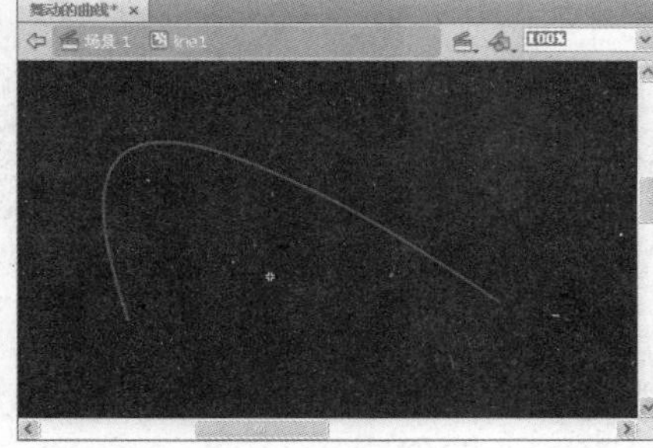

图11.57　绘制红色线条

4 选择第25帧，按【F6】键插入关键帧，将红色线条删掉，重新绘制一条绿色弧形线条，如图11.58所示。
5 按照同样的方法在第50帧和第75帧处插入关键帧，分别绘制蓝色线条和黄色线条，如图11.59和图11.60所示。

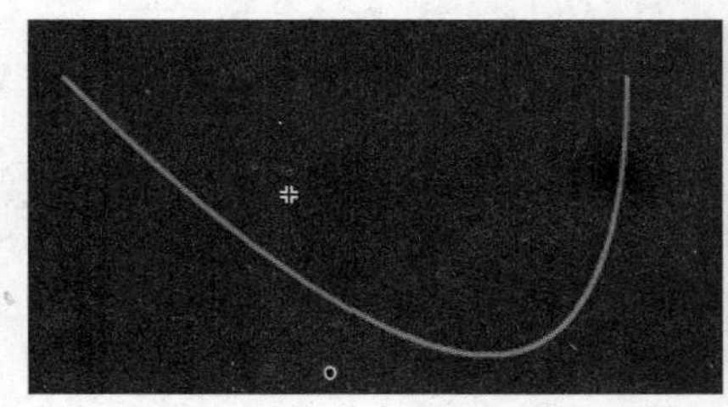
图11.58　绘制绿色线条

图11.59　绘制蓝色线条

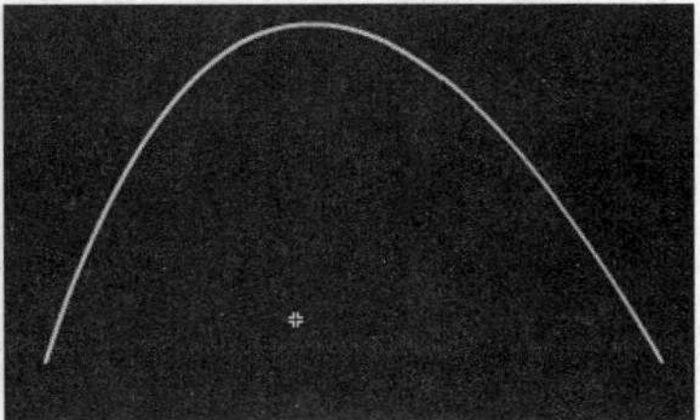
图11.60　绘制黄色线条

6 分别选中第2帧、第26帧和第51帧，单击鼠标右键，在弹出的快捷菜单中选择【创建补间形状】选项，为线条创建形状补间动画，如图11.61所示。
7 按【Ctrl+F8】组合键，打开【创建新元件】对话框，创建三个新的按钮元件，如图11.62所示。

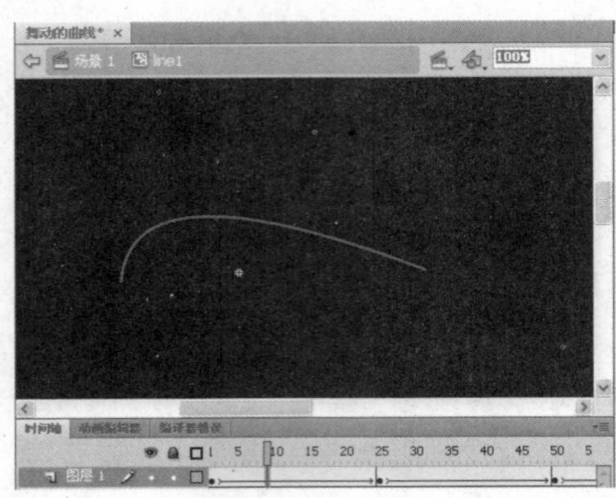

图11.61　创建补间形状动画

图11.62　创建的三个按钮

8 返回主场景，拖动红色和蓝色按钮到舞台中，放置在舞台的右下角，如图11.63所示。

9 单击【新建图层】按钮，创建新的图层2，将创建的“line1”影片剪辑元件放置到舞台中，并修改实例名称为“lime_mc”，如图11.64所示。

图11.63　将按钮拖入舞台中

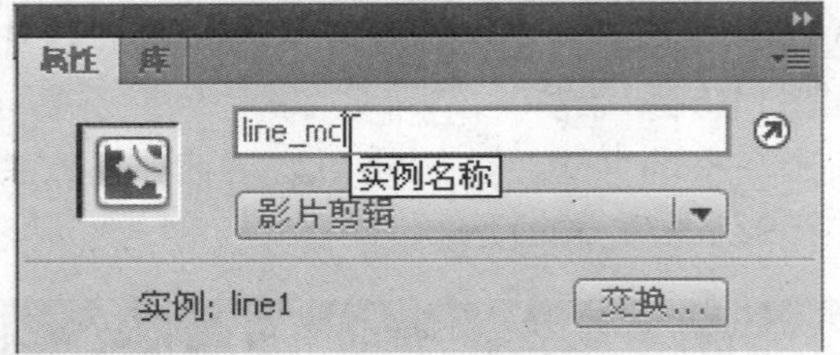

图11.64　修改实例名称

10 单击【新建图层】按钮，创建新的图层3，选中第1帧，按【F9】键打开【动作-帧】面板，输入以下语句：

```
stop()
line_mc._x=120;//设置“line_mc”的X坐标
line_mc._y=200;//设置“line_mc”的Y坐标
line_mc._visible= 0;//设置作为父本的影片剪辑“line_mc”不可见
for (i=1; i<100; i++) {
   //设定变量i的初始值为1，设定循环条件为i<100，进入下一循环时变量i自加1
   line_mc.duplicateMovieClip(“line_mc”+i, i);//复制新影片剪辑
   _root[“line_mc”+i]._x = line_mc._x+3*i;//设置新复制的影片剪辑的横坐标
   _root[“line_mc”+i]._rotation = 3.6*i;//设置新复制的影片剪辑的旋转参数
}
```

11 在红色按钮（即“DEL”按钮）上添加以下语句：

```
on(release) {
   for(i=1;i<100;i++) {
         removeMovieClip("line_mc"+i);
         //当按下这个按钮的时候，删除掉所有复制的影片剪辑
   }
}
```

12 选择蓝色按钮，在【动作-按钮】面板中添加以下语句：

```
on (press) {
   nextFrame();
}//进入，并停止在下一帧
```

13 选择图层1的第2帧，按【F6】键插入关键帧，将黄色按钮拖到舞台的右下方，删除前两个按钮。

14 选择图层2的第2帧，按【F5】键插入帧。在图层3的第2帧按【F6】键插入关键帧，如图11.65所示。

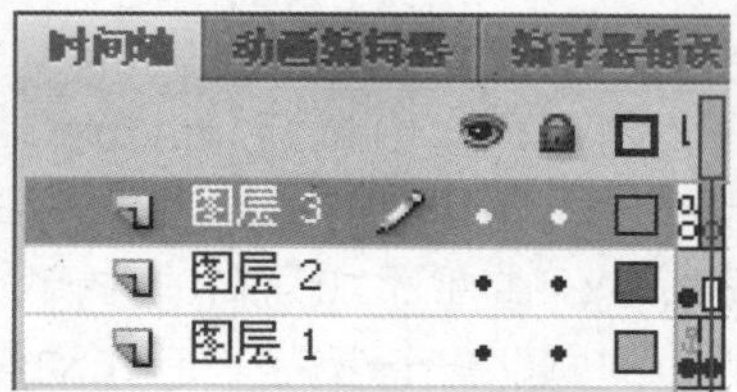

图11.65　在各图层插入不同帧

15 选择图层3的第2帧，按【F9】键打开【动作-帧】面板，输入以下语句：

```
for (i=2; i<100; i=i+2) {
   line_mc.duplicateMovieClip("line_mc"+i, i);
   _root["line_mc"+i]._x = line_mc._x+3*i;
}
```

16 选中图层1的第2帧中的黄色按钮，添加以下语句：

```
on (press) {
   prevFrame();
}//进入，并停止在上一帧
```

17 完成Action语句的添加即可完成动画的制作，按下【Ctrl+Enter】组合键可以预览动画效果。最终效果参考图11.55所示。

11.4 答疑与技巧

问 在Flash CS4中，可以为哪些对象添加Action语句？

答 可以为关键帧、影片剪辑元件和按钮元件添加Action语句。

问 为什么按照书上的提示，在【动作】面板中输入相应的脚本后，在检查脚本时出现错误？

答 这种情况通常由两个原因引起。一是在输入脚本的过程中，输入了错误的字母或字

母的大小写有误，使得Flash CS4无法正常判定脚本。对于这种情况，应仔细检查输入的脚本，并对错误处进行修改。二是输入的标点符号采用了中文格式，即输入了中文格式下的分号、冒号或括号等。由于Flash CS4中Action脚本只能采用英文格式的标点符号，所以也会导致出现错误提示，对于这种情况，应将标点符号的输入格式设置为英文状态，然后重新输入标点符号。

问 在影片剪辑元件中添加“stop( )；”脚本，并确认输入无误后，为什么在检查脚本时仍然出现错误提示?

答 出现这种情况是因为直接在影片剪辑元件中输入“stop( )；”脚本造成的。在Flash CS4中除了在关键帧中可直接输入Action脚本外，在按钮或影片剪辑元件中添加脚本，都需要添加相应的事件触发器。例如，为按钮元件添加脚本时，除了需要添加的脚本外，还应添加“on( )；”脚本作为事件触发器。而为影片剪辑元件添加脚本时，就需要添加“onClipEvent( )；”脚本作为事件触发器。

结束语

本章主要学习了Action语句的应用，其中包括Action概述、Action语句的基本语法及添加方法等内容，并通过实战演练完成了一些特殊效果的制作。在制作动画的过程中，读者应参照提供的语句注释，尽量理解实例中所添加语句的作用，要对Flash CS4的基本Action语句熟练掌握，在加强自身理解能力的同时进一步提高制作动画的水平与能力。

Chapter 12

第12章 特效动画制作

本章要点

入门——基本概念与基本操作

- 滤镜
- 混合模式
- 特效的表现方式

进阶——典型实例

- 混合模式效果运用
- 制作文字的倒影效果
- 制作浮雕效果

提高——自己动手练

- 制作泡泡鼠标
- 制作下雨效果

答疑与技巧

本章导读

特效是Flash动画的一个重要组成部分，恰当的特效会使动画作品更加精美。而且，Flash本身还提供了一些特殊效果，利用这些特殊效果更能增加动画的感染力，创建更丰富多彩的动画。本章就来学习这些相关知识。

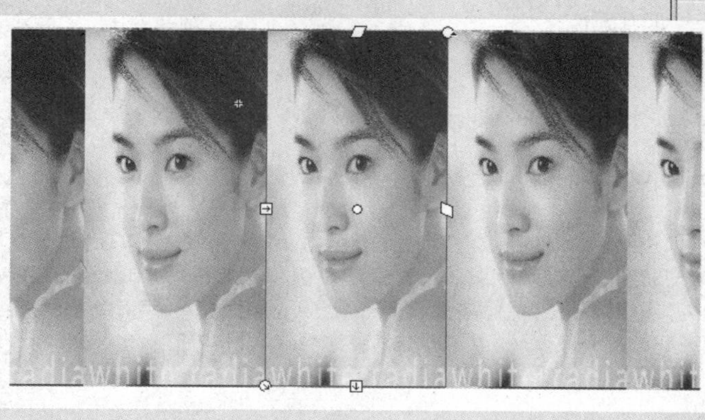

12.1 入门——基本概念与基本操作

前面章节讲解了Flash的基本动画制作及两种特殊动画的制作，同时利用Flash的几种动画类型和简单的Action语句还能制作出带有一定视觉效果的动画，并且能够实现某一特定效果的动画作品。Flash本身还提供了一些特效，使动画的效果更加丰富多彩。本章就来具体讲解这些Flash特效的应用及特效动画的制作。

12.1.1 滤镜效果

为了更好地支持动画制作，Flash CS4增加了许多特效。通过应用这些特效，可以轻松地在Flash动画中创建各种动画效果。

Flash CS4为动画制作提供了投影、模糊、发光、斜角、渐变发光、渐变斜角和调整颜色等7种不同的滤镜特效。滤镜只适用于文本、影片剪辑和按钮对象。

1. 添加滤镜效果

添加滤镜的操作步骤如下：

1 选中需要添加滤镜的文本、影片剪辑或按钮对象，此时的【属性】面板如图12.1所示。

2 在【属性】面板的【滤镜】区域，单击【添加滤镜】按钮，弹出【滤镜】列表框，如图12.2所示。

3 选择需要添加的滤镜选项，此时【属性】面板就会出现该滤镜选项的相关参数，如图12.3所示是选择【投影】滤镜后的参数设置。

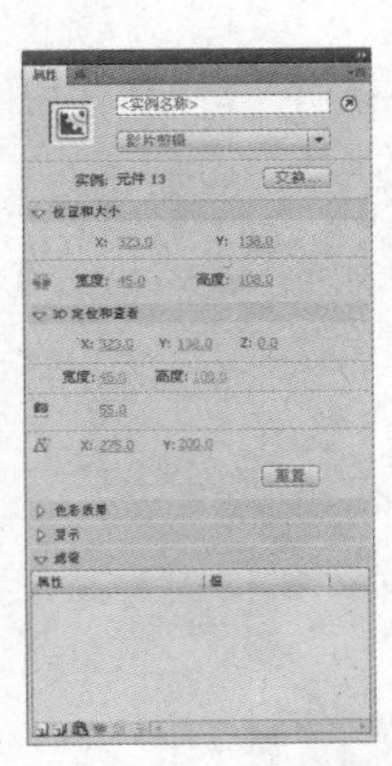

图12.1 【属性】面板

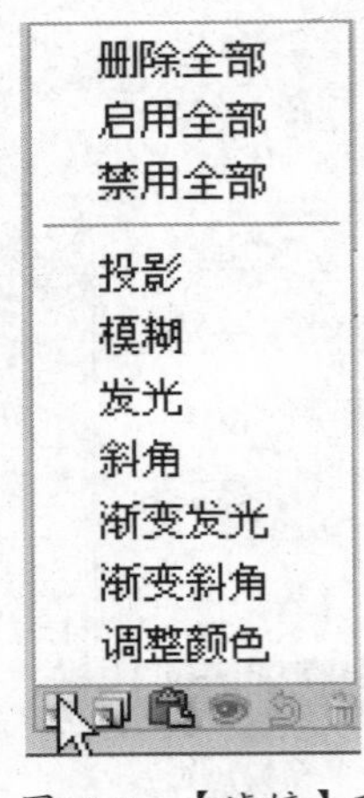

图12.2 【滤镜】列表框

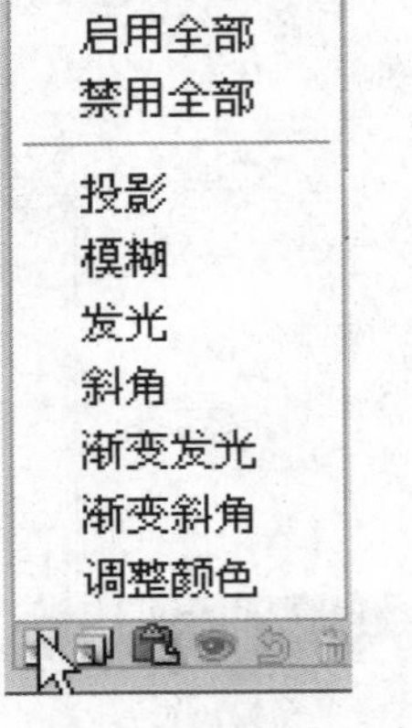

图12.3 滤镜参数

4 然后根据动画制作的需要进行设置即可。

提示 可以为同一个对象添加多个滤镜效果，如图12.4所示。还可以改变滤镜效果的排列顺序，从而形成不同的动画效果。改变滤镜效果的排列顺序时，只须选择需要的滤镜，然后将其拖曳到所需位置即可，如图12.5所示。当不需要某一滤镜效果时，选择该滤镜后，单击【删除滤镜】按钮即可。

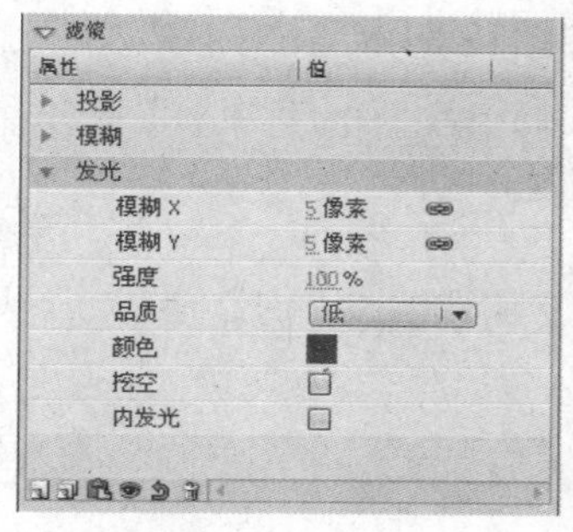

图12.4　添加多个滤镜

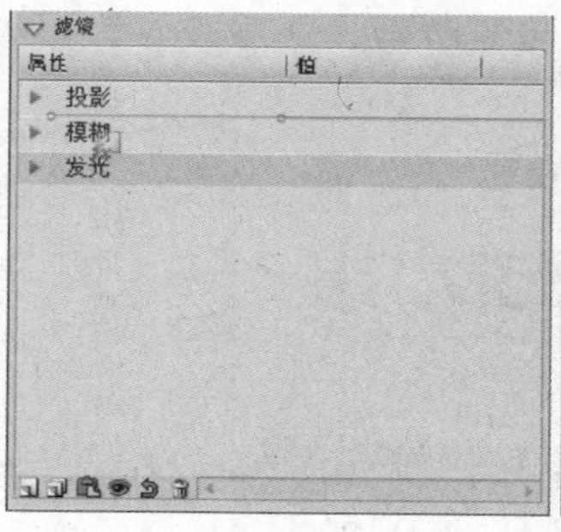
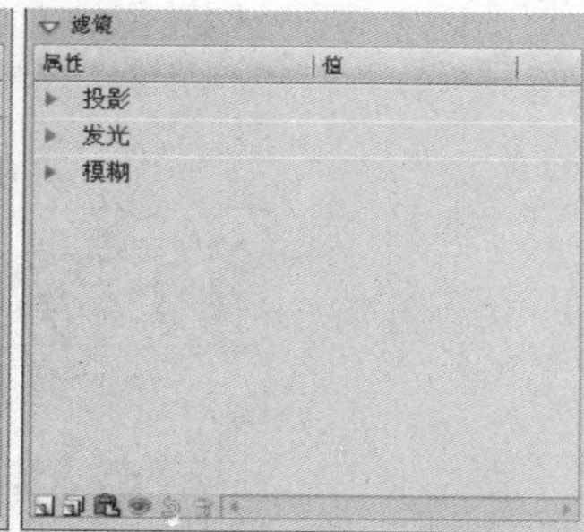

图12.5　调整滤镜顺序

2. 不同的滤镜效果

不同滤镜的效果和参数设置有所不同，下面分别了解各滤镜效果及参数设置。

- 投影滤镜效果与Fireworks中的投影效果类似，包括模糊、强度、品质、颜色、角度、距离、挖空、内侧阴影和隐藏对象等设置参数，如图12.6所示。

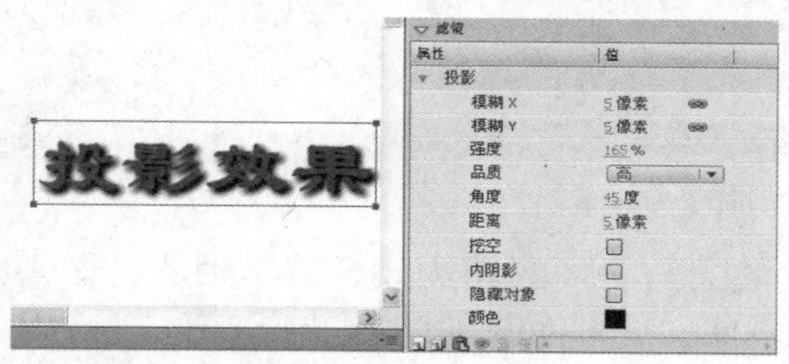

图12.6　投影滤镜效果

- 模糊滤镜包括模糊程度和品质两个设置参数，可以分别对X轴和Y轴两个方向设置模糊程度，取值范围为0~100。单击X和Y后的锁定按钮，可以解除X、Y方向的比例锁定，再次单击该按钮可以锁定比例。还可以对模糊的品质高低进行设置，有“高”、“中”、“低”三项参数，品质参数越高，模糊效果越明显，如图12.7所示。

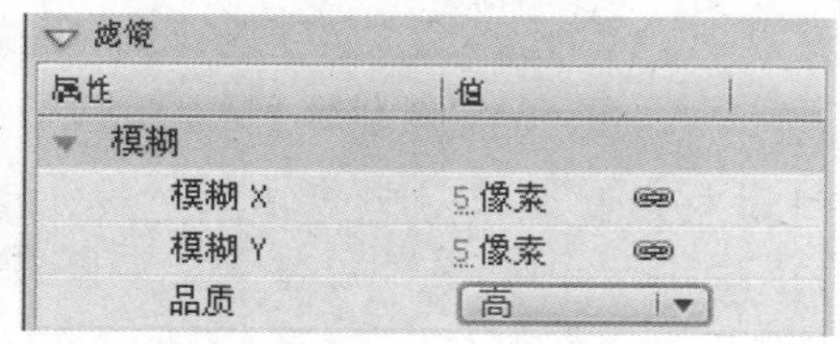

图12.7　模湖滤镜

- 发光滤镜的效果与Photoshop中的发光效果类似，包括模糊、强度、品质、颜色、挖空和内发光等设置参数，效果及参数如图12.8所示

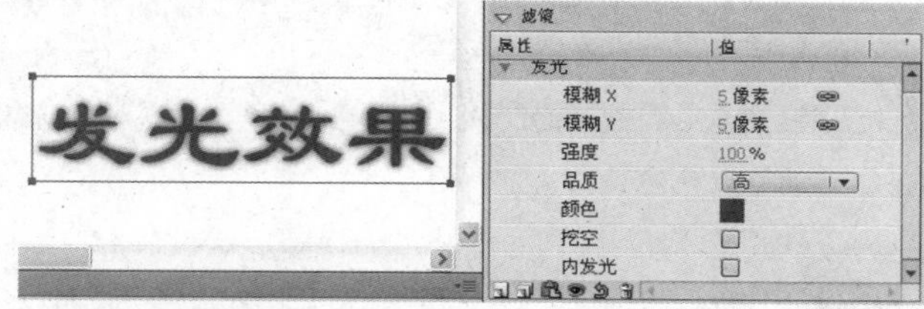

图12.8　发光滤镜

- 用户可以利用斜角滤镜制作出立体的浮雕效果，包含模糊、强度、品质、阴影、加亮、

角度、距离、挖空和类型等设置参数，效果及参数设置如图12.9所示。

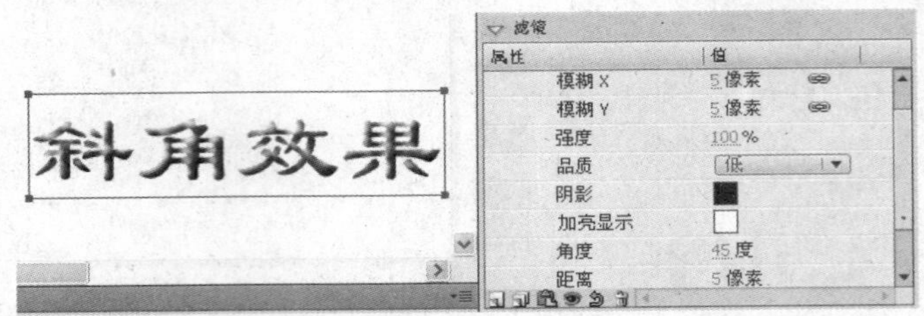

图12.9　斜角滤镜

- 渐变发光滤镜的效果与发光滤镜的效果基本相同，区别是可以调节发光的颜色为渐变颜色，同时设置角度、距离和类型，其效果及参数设置如图12.10所示。

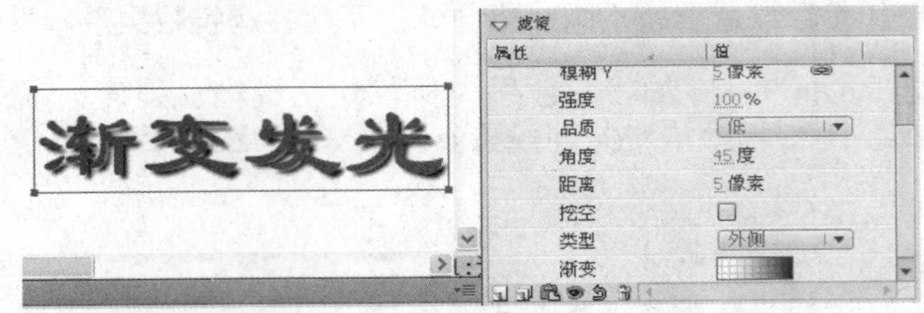

图12.10　渐变发光滤镜

- 使用渐变斜角滤镜的效果与斜角滤镜的效果基本相同，区别是渐变斜角可以精确控制斜角的渐变颜色，其效果及参数设置如图12.11所示。

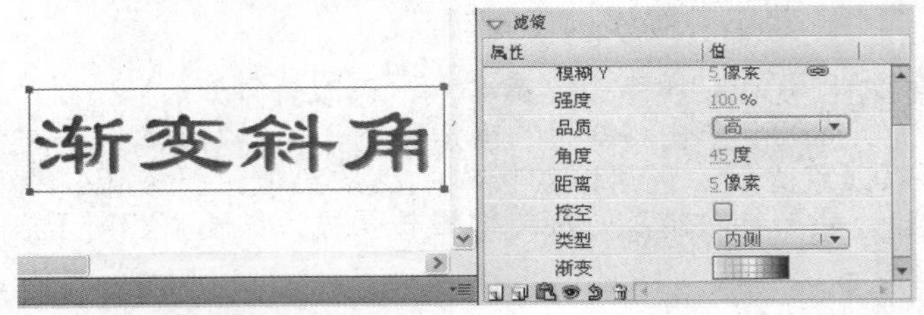

图12.11　渐变斜角滤镜

- 通过对对象设置调整颜色滤镜的效果，可以调整影片剪辑、文本或按钮的颜色，包括亮度、对比度、饱和度和色相等，调整颜色滤镜的效果及参数设置如图12.12所示。

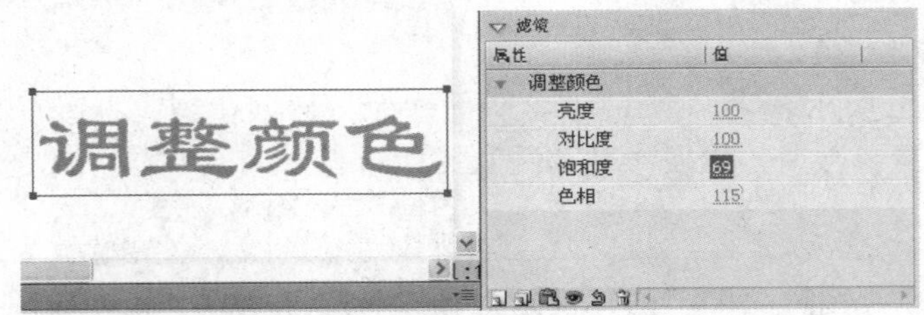

图12.12　调整颜色滤镜

12.1.2　混合模式

当两个对象的颜色通道以某种数学计算方法混合叠加到一起的时候，这两个对象将产生某种特殊的变化效果。Flash CS4可以通过混合模式对对象之间的混合效果进行处理。在

Flash CS4中，只能够给按钮元件和影片剪辑元件添加混合模式。

添加混合模式的操作步骤如下：

1 选中一个影片剪辑元件。此时【属性】面板中会出现【显示】区域，如图12.13所示。

2 单击【混合】下拉列表框右侧的下拉按钮，打开其下拉列表，可以从中选择混合模式，如图12.14所示。

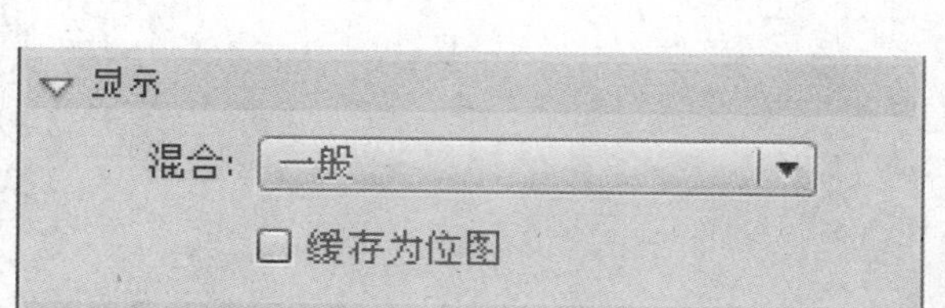

图12.13 【显示】区域

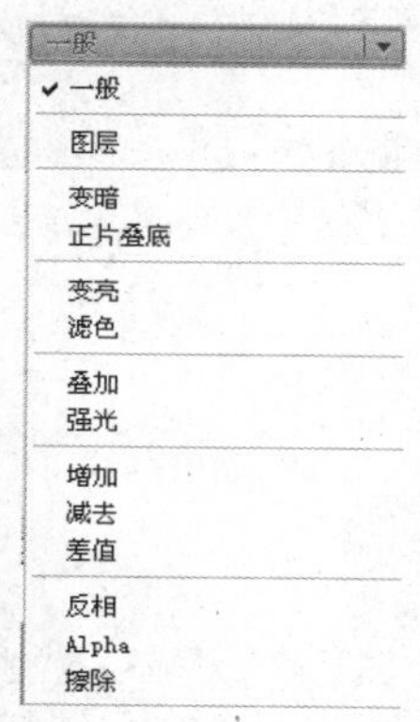

图12.14 混合模式选项

其中各选项的含义如下：

- **变暗**：应用此模式时，Flash CS4会查看对象中的颜色信息，并选择基色或混合色中较暗的颜色作为结果色。比结果色暗的像素保持不变，比结果色亮的像素被替换，其效果如图12.15所示。

原图

变暗混合模式的效果

图12.15 应用变暗混合模式

- **正片叠底**：应用此模式时，Flash CS4会查看对象中的颜色信息，并把基色与混合色复合。结果色总是较暗的颜色，任何颜色与白色复合保持不变，任何颜色与黑色复合产生黑色，其效果如图12.16所示。
- **变亮**：应用此模式时，Flash CS4会查看对象中的颜色信息，并把基色或混合色中较亮的颜色作为结果色。比混合色亮的像素保持不变，比混合色暗的像素被替换，效果如图12.17所示。
- **滤色**：应用此模式时，将混合颜色的互补色与基准颜色复合，从而产生漂白效果，如图12.18所示。
- **叠加**：应用此模式时，图案或颜色在现有像素上叠加，同时保留基色的明暗对比。复合或过滤颜色的具体情况取决于基色，但不替换基色，基色与混合色相混以反映原色的暗度或亮度，效果如图12.19所示。

图12.16　应用正片叠底混合模式

图12.17　应用变亮混合模式

图12.18　应用滤色混合模式

图12.19　应用叠加混合模式

- **强光：**应用此模式时，将进行色彩增殖或滤色，具体情况取决于混合模式颜色，该效果类似于将聚光灯照在图像上，如图12.20所示。
- **增加：**应用此模式时，将在基准颜色的基础上增加混合颜色，效果如图12.21所示。

图12.20　应用强光混合模式

图12.21　应用增加混合模式

- **减去：**应用此模式时，将去除基准颜色中的混合颜色，效果如图12.22所示。
- **差值：**应用此模式时，将去除基准颜色中的混合颜色或者去除混合颜色中的基准颜色（从亮度较高的颜色中去除亮度较低的颜色），具体取决于哪一个颜色的亮度值更大。图案与白色混合将反转基色值，与黑色混合则不产生变化，效果如图12.23所示。
- **反相：**应用此模式时，将反相显示基准颜色，效果如图12.24所示。
- **Alpha：**应用此模式时，将透明显示基准色，效果如图12.25所示。
- **擦除：**应用此模式时，将擦除影片剪辑中的颜色，显示下层的颜色，效果如图12.26所示。

图12.22　应用减去混合模式

图12.23　应用差值混合模式

图12.24　应用反相混合模式

图12.25　应用Alpha混合模式

图12.26　应用擦除混合模式

提示　图层混合模式可以层叠各个影片剪辑，但不会影响其颜色。灵活应用各种混合模式，可以得到更加丰富的颜色效果。

12.1.3　视觉特效的实现方式

视觉特效是指利用Flash的特定功能使动画呈现某种特殊效果。除了前面介绍的利用遮罩层和引导层创建特殊动画之外，还可以通过以下几种方式创建特效动画。

- 利用滤镜效果和混合模式制作出特定的效果，使动画的表现力更加丰富。
- 通过为影片剪辑或动画对象添加Action语句，对该对象的比例、颜色、数量及运动规律等进行控制，最终实现物体变化和随机运动的视觉效果。
- 利用Action语句或者影片剪辑，使鼠标呈现某种与系统默认鼠标状态不同的视觉效果，或者使鼠标具有某种特定的Flash动画效果，如鼠标变形、跟随等效果。

12.2 进阶——典型实例

通过对Flash特效相关知识的具体讲解，相信读者对动画制作的认识又上了一个新的台阶，下面我们再演练几个典型实例，进一步巩固所学知识。

12.2.1 混合模式效果的运用

最终效果

动画制作完成的最终效果如图12.27所示。

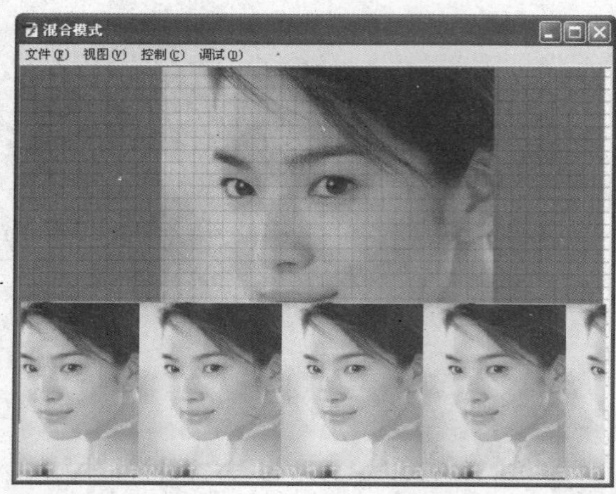

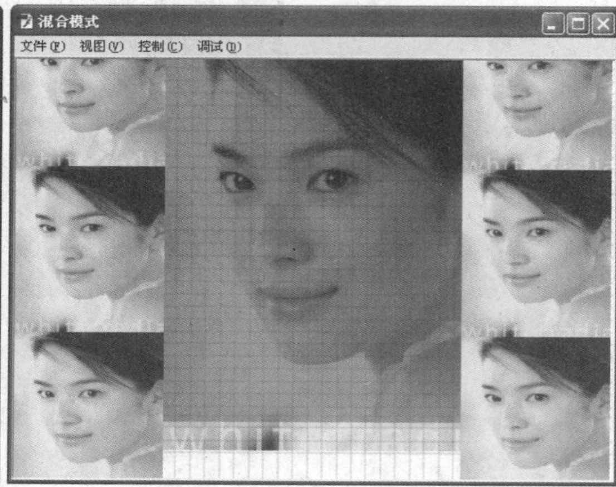

图12.27　运用混合模式最终效果

解题思路

1 导入素材图片。
2 应用混合模式。
3 创建补间形状动画。

操作步骤

1 新建一个Flash CS4文档。
2 执行【文件】→【导入】→【导入到库】命令，打开【导入到库】对话框。
3 选中要导入的图片，单击【打开】按钮，将图片导入到库中，如图12.28所示。
4 执行【插入】→【新建元件】命令，打开【创建新元件】对话框，创建一个影片剪辑元件，并进入影片剪辑元件的编辑窗口。
5 将刚刚导入的图片拖放到舞台上，在【属性】面板中调整其大小，将图片的宽与高锁定，并输入宽度的数值“310”，如图12.29所示。

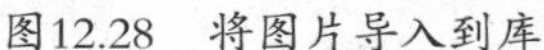

图12.28　将图片导入到库　　　　图12.29　将图片拖入舞台并设置大小

提示　混合模式只适用于影片剪辑和按钮，直接导入的图片并不能使用混合模式，所以我们要把图片转换成影片剪辑元件。

6 执行【插入】→【新建元件】命令，新建一个影片剪辑元件，命名为“横图片”，可以看到此时的【颜色】面板中笔触颜色为“无”，填充颜色类型设为“位图”，在【颜色】面板下方可以看到刚刚导入的图片，如图12.30所示。

7 单击【工具】面板中的【矩形工具】按钮，绘制一个长方形，作为填充色的图片会以原始大小出现。

8 使用渐变变形工具，分别将鼠标按住填充变形框左边和下边的箭头并向里拖动，将填充图片缩小，直到小图片显示完整且刚好充满矩形的上下端为止，如图12.31所示。

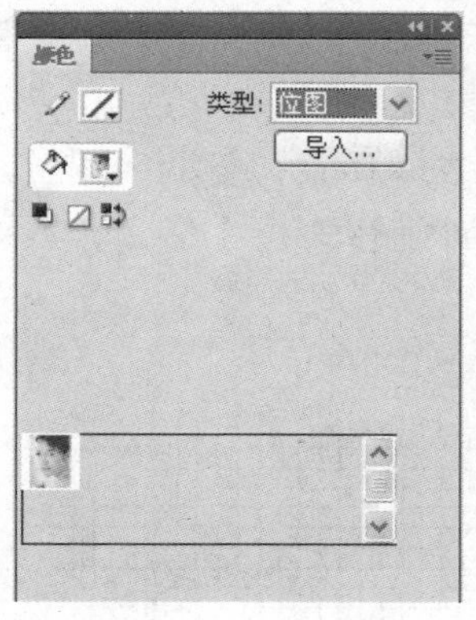

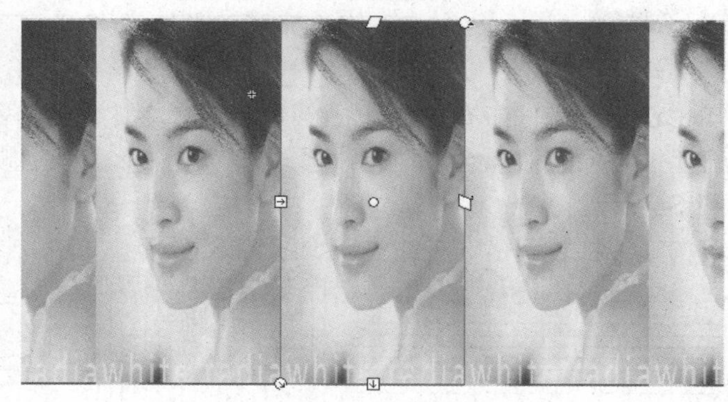

图12.30　【颜色】面板　　　　图12.31　调整图片

提示　在调整大小之前，一定要先将图片打散。

9 在图层1的第80帧处插入一个关键帧，使用渐变变形工具选择最前面的填充图片，将鼠标放到填充变形框中心，当其成为十字箭头即可移动状态时，按住鼠标不放并拖放到最后一张图片位置处释放鼠标。

注意 拖放时要保持图片的水平位置不变，否则在图片移动的动画中会出现抖动。

10 选中图层1中第1帧到第80帧之间的任意一帧，单击鼠标右键，在弹出的快捷菜单中选择【创建补间形状】选项。

11 新建另一个影片剪辑元件，重命名为“竖图片”，用于制作图片从下向上的竖向运动，其制作方法与“横图片”相同，所不同的是矩形为竖向放置，如图12.32所示。

12 执行【插入】→【新建元件】命令，新建一个图形元件，命名为“网格”。

13 选择【工具】面板中的线条工具，在【属性】面板中将笔触颜色设为“2像素”，画一条横线。

14 按住【Alt】键并拖动鼠标，将该直线向下复制多条，选中所有直线，执行【修改】→【对齐】→【左对齐】命令，再执行【修改】→【对齐】→【按高度均匀分布】命令，使其排列整齐，分布均匀。如图12.33所示。

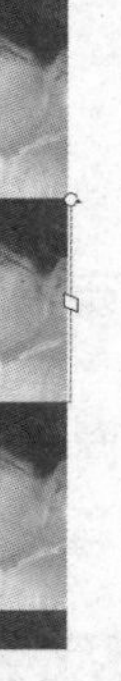

图12.32 竖图片

图12.33 绘制直线并将对齐

15 使用选择工具框选所有直线，按住【Alt】键将其拖放到舞台其他位置，复制一组直线，注意不要与原直线重合。执行【修改】→【变形】→【顺时针旋转90度】命令，效果如图12.34所示。

16 将竖向直线拖放到横向直线上，如图12.35所示。

图12.34 将直线顺时针旋转90度

图12.35 制作成的网格

17 新建另一个图形元件，命名为“背景”，使用矩形工具绘制一个与影片舞台尺寸相同的矩形。

18 在第8帧、第16帧、第24帧、第32帧、第42帧及第55帧处各插入关键帧。从第1帧开始，在各关键帧处依次填充颜色“#CC99FF、#00CCFF、#FF99FF、#33CC99、#666666、#FFCC33、#FFFFFF”，然后创建补间形状动画，图层结构如图12.36所示。

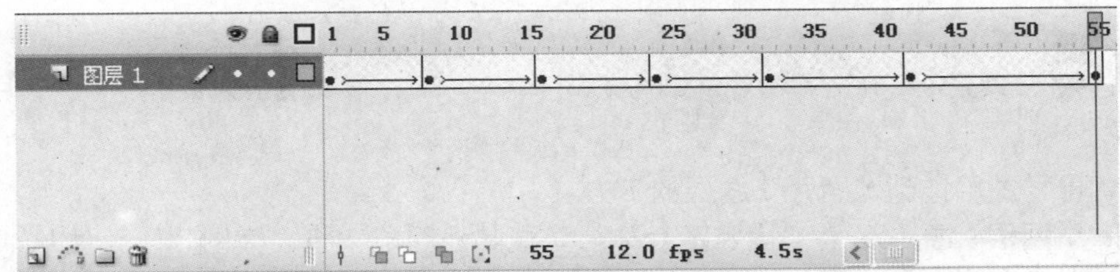

图12.36　创建补间形状后的图层结构

提示

由于混合模式是基于下层色彩而变化的，所以下层图形的色彩至关重要，它的变化会使应用混合模式的图形生成不同的色彩、透明度。

19 在“背景”图形元件中新建一个图层，将【库】面板中的“网格”元件拖入舞台中，在【属性】面板中将网格的Alpha值设为20%，如图12.37所示，并在第55帧处插入帧。

图12.37　设置背景图形元件

20 回到主场景中，将图层1重命名为“图片”，将元件1拖放到舞台上。选中图片元件后，打开【属性】面板，在其中的【混合】下拉列表中选择【强光】选项。由于舞台是白色的，舞台以外是灰色的，使用“强光”后，图片在舞台上的部分没有任何变化，而舞台外的部分颜色却变暗了，这样就能根据需要调整图片的位置了。

21 在第1帧、第25帧、第32帧、第56帧、第66帧和第78帧处各插入关键帧，并在各帧之间创建补间动画。

22 打开【属性】面板，设置第1帧的混合模式为“一般”，其他帧依次根据需要进行选择，在第130帧处插入帧，时间轴效果如图12.38所示。

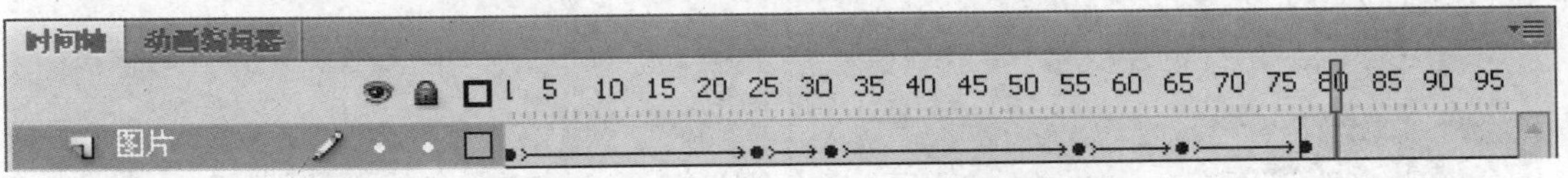

图12.38　“图片”图层的时间轴

23 新建一个图层，重命名为“背景”，在第25帧插入空白关键帧，将“背景”元件从【库】面板中拖放到舞台上。在第78帧和第90帧处各插入关键帧，并创建补间动画。在第90帧处选择“背景”元件，在【属性】面板中将颜色的Alpha值设为0%。

提示 设置这一段逐渐透明的动画是为了实现网格渐渐隐去的效果。

24 将“背景”图层拖到“图片”图层的下方。

25 新建一个图层，重命名为“横竖图片”。隐藏其他图层，将“横图片”元件从“库”面板中放入舞台下方，如图12.39所示。

26 在第60帧处插入关键帧，将“横图片”元件删除，在舞台两侧放入“竖图片”元件，如图12.40所示。

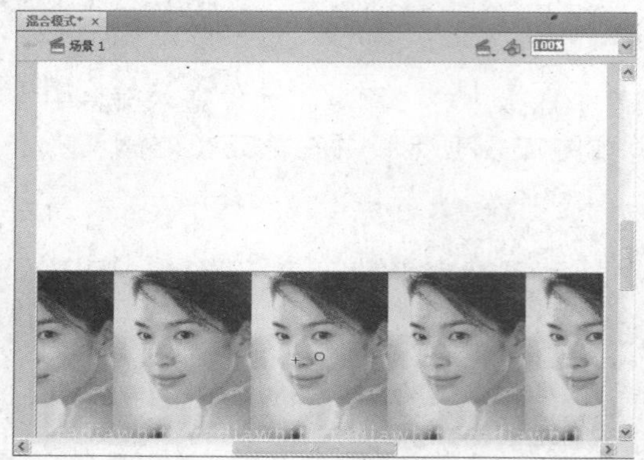

图12.39 放置“横图片”元件

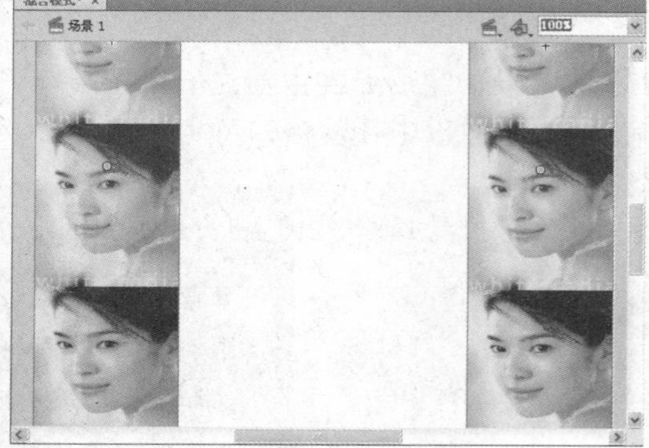

图12.40 插入竖图片

27 编辑完成后，按【Ctrl+Enter】组合键测试动画，即可看到本例制作的动画的效果，参考图12.27所示。

12.2.2 制作文字的倒影动画

最终效果

动画制作完成的最终效果如图12.41所示。

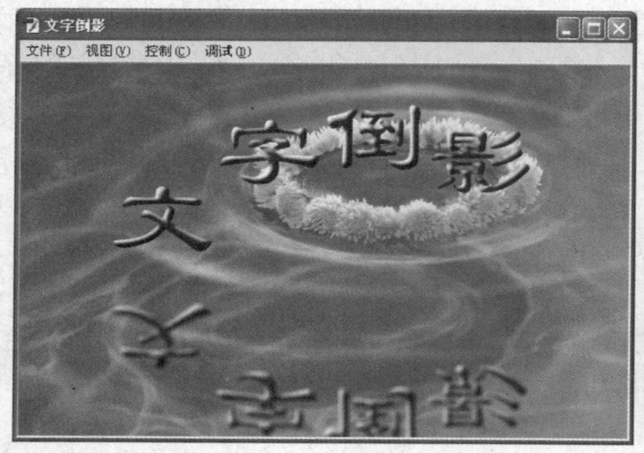

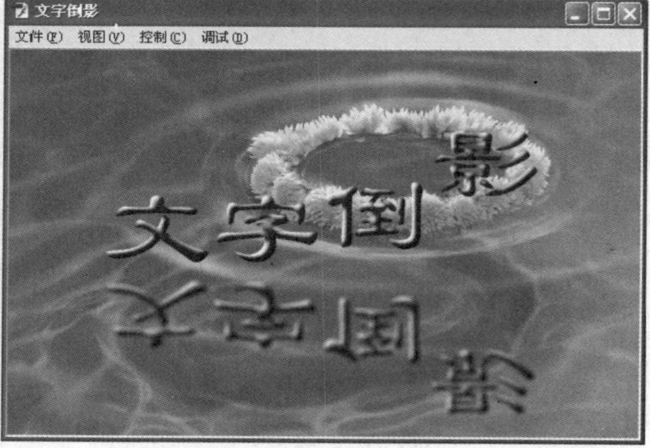

图12.41 文字倒影最终效果

解题思路

1 导入素材图片。
2 创建传统补间动画。
3 创建影片剪辑元件。
4 为元件添加滤镜。
5 利用【文件】面板复制元件。

操作步骤

1 新建一个Flash文档，设置文档大小为“550×346”像素。
2 执行【文件】→【导入】→【导入到舞台】命令，导入素材文件“水面”，并调整其大小，使其与场景大小一致，如图12.42所示。
3 执行【插入】→【新建元件】命令，创建一个影片剪辑元件，命名为“文字”，如图12.43所示。

图12.42　导入素材图片

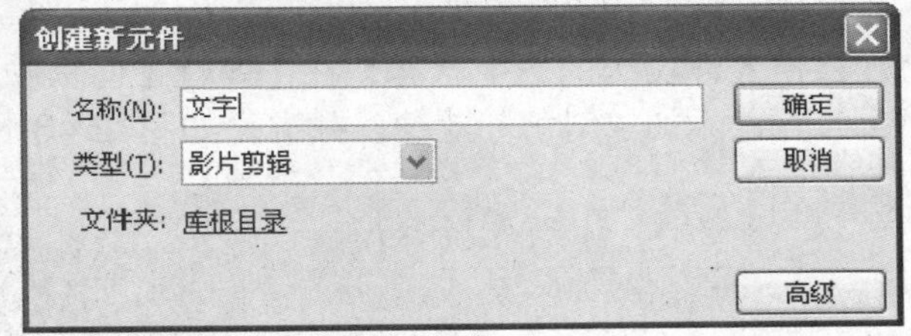

图12.43　创建影片剪辑元件

4 进入元件编辑状态，新建三个图层，将图层1和其他三个图层分别重命名为“文”、“字”、“倒”、“影”，然后在各图层中输入相应的文字，如图12.44所示。
5 将各个图层中的文字转换为影片剪辑元件。
6 在“文”图层的第40帧处按【F5】键插入帧。
7 选中第1帧至第40帧之间的任意一帧，单击鼠标右键，在弹出的快捷菜单中选择【创建补间动画】选项，创建自动添加关键帧的补间动画。
8 将第8帧中的“文”元件实例向上移动，如图12.45所示。

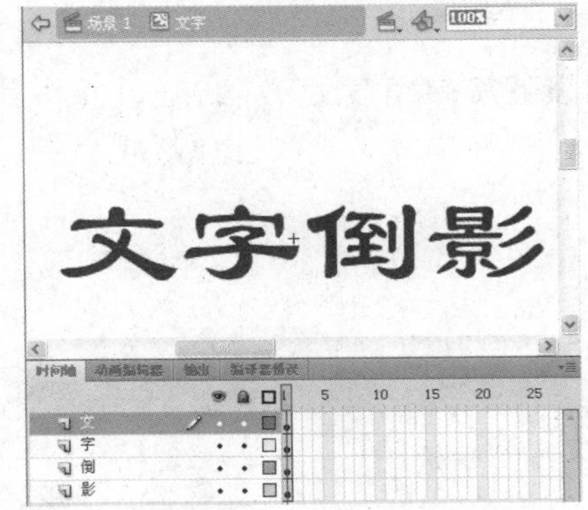

图12.44　输入文字

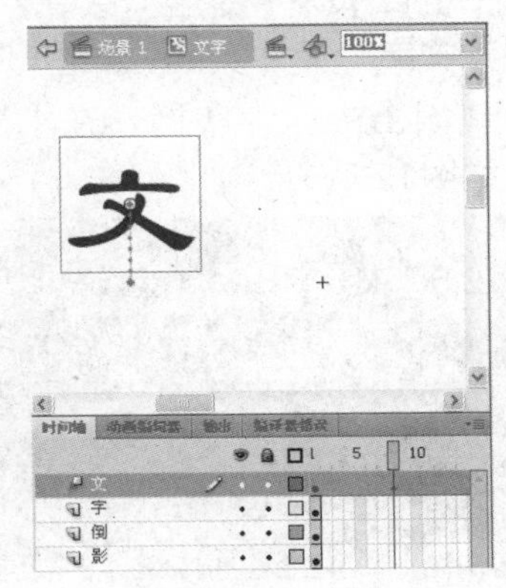

图12.45　移动“文”元件实例

9 选中第15帧，将“文”元件实例向下移动，与第1帧处的位置相同，从而创建文字上下跳动的效果。

10 用相同的方法创建其他文字元件实例上下跳动的动画效果，如图12.46所示。

11 返回主场景，锁定图层1，单击【新建图层】按钮，新建图层2，从【库】面板中将影片剪辑元件“文字”拖入场景中，如图12.47所示。

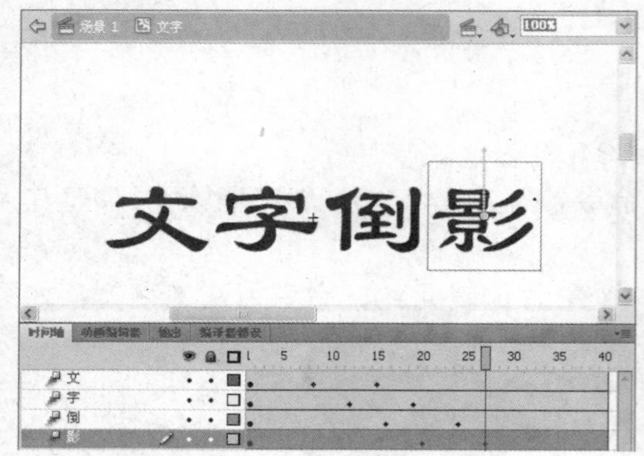

图12.46　创建其他文字的动画

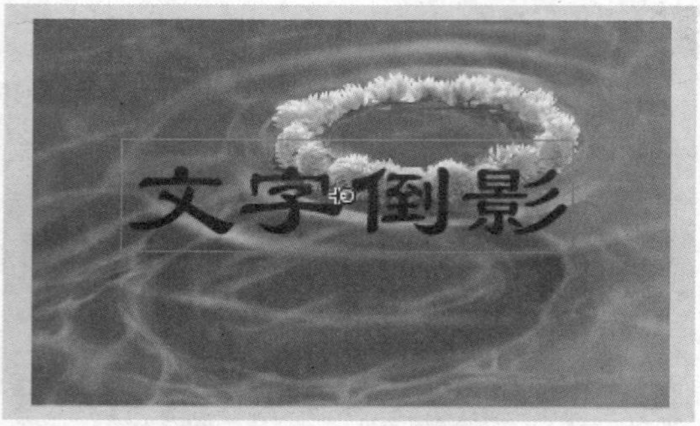

图12.47　将“文字”元件放入场景

12 保持元件实例的选中状态，在【属性】面板中的【滤镜】区域单击【添加滤镜】按钮，为元件添加“斜角”滤镜，并进行如图12.48所示的设置。

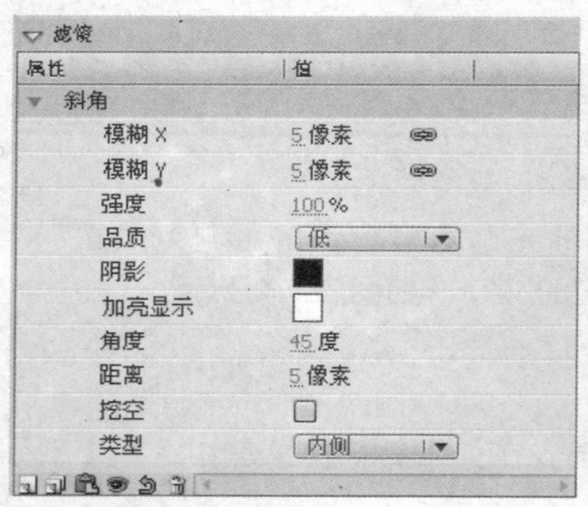

图12.48　设置滤镜参数

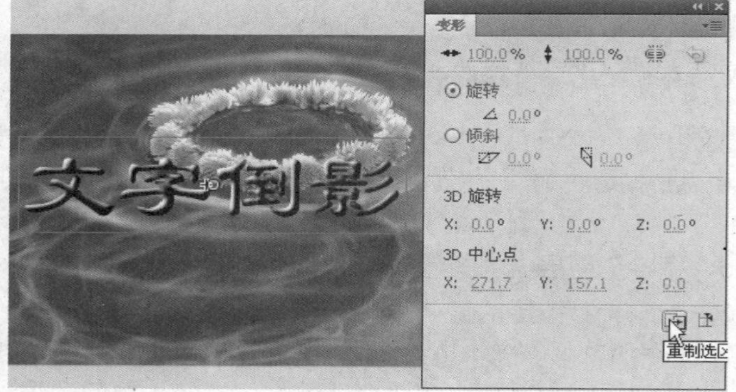

图12.49　复制元件

13 执行【窗口】→【变形】命令，打开【变形】面板，单击【重制选区和变形】按钮，复制“文字”元件实例，如图12.49所示。

14 选中复制出的元件实例，在【变形】面板中设置旋转角度为“180”，并将其向下移动，如图12.50所示。

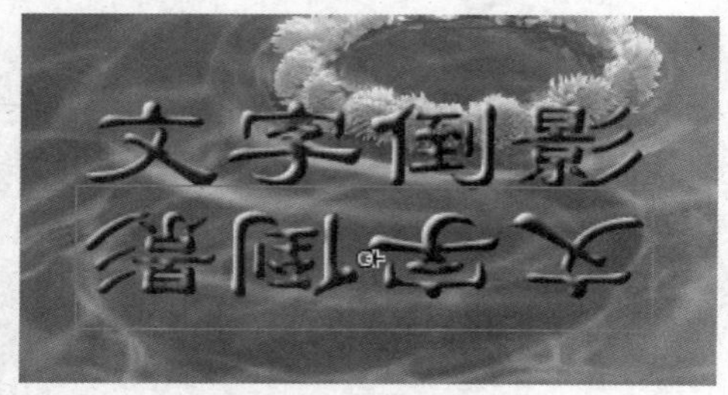

图12.50　旋转元件并将其下移

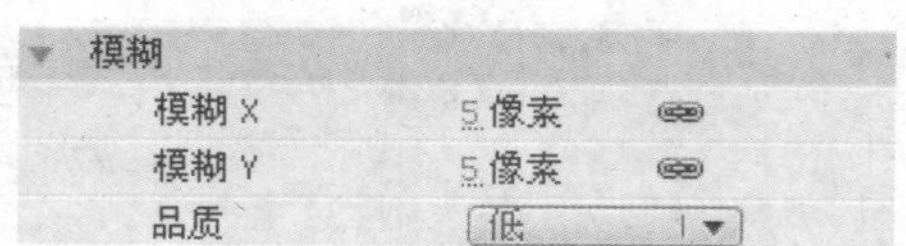

图12.51　设置模糊滤镜参数

15 选中旋转后的元件实例，为其添加“模糊”滤镜，进行如图12.51所示的设置。

16 执行【修改】→【变形】→【水平翻转】命令，将复制后的元件进行水平翻转，如图12.52所示。

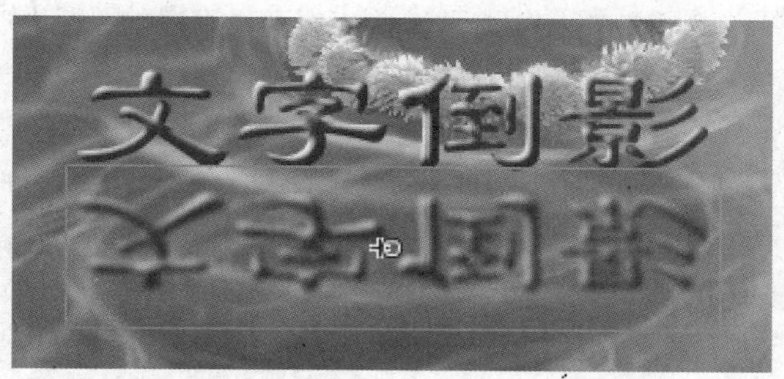

图12.52　水平翻转元件实例

17 编辑完成后，按【Ctrl+Enter】组合键测试动画，即可看到本例制作的动画效果，参考图12.41所示。

12.2.3　制作浮雕效果

最终效果

动画制作完成的最终效果如图12.53所示。

图12.53　浮雕效果

解题思路

1 导入素材图片。

2 转换为影片剪辑元件。

3 添加滤镜并设置滤镜参数。

操作步骤

1 新建一个Flash文档，并将文档背景色改为“黑色”。

2 执行【文件】→【导入】→【导入到舞台】命令，导入素材文件“背景”，并调整其大小，如图12.54所示。

3 单击【新建图层】按钮，新建图层2，并输入文本，如图12.55所示。

图12.54　导入背景图片

图12.55　输入文字

4 选中文字，按【F8】键将其转换为影片剪辑元件。

5 保持影片剪辑元件的选中状态，单击【添加滤镜】按钮，为图层2第1帧中的元件添加“斜角”滤镜，如图12.56所示。

6 在图层2的第20帧、第40帧和第60帧按【F6】键插入关键帧，按【F5】键在图层1的第40帧插入帧。

7 选中图层2的第20帧中的元件实例，设置滤镜参数，如图12.57所示。

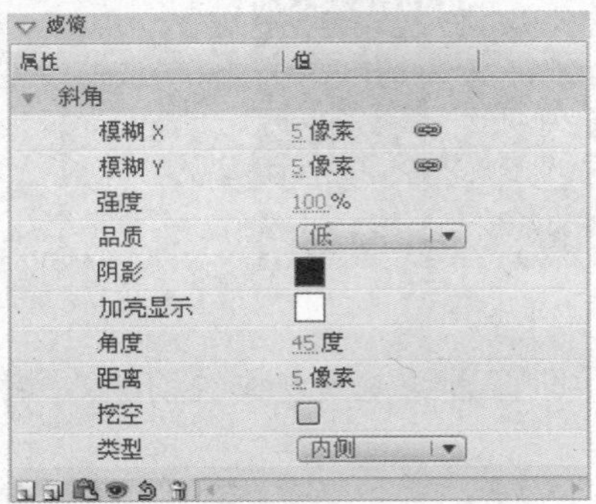

图12.56 添加斜角滤镜

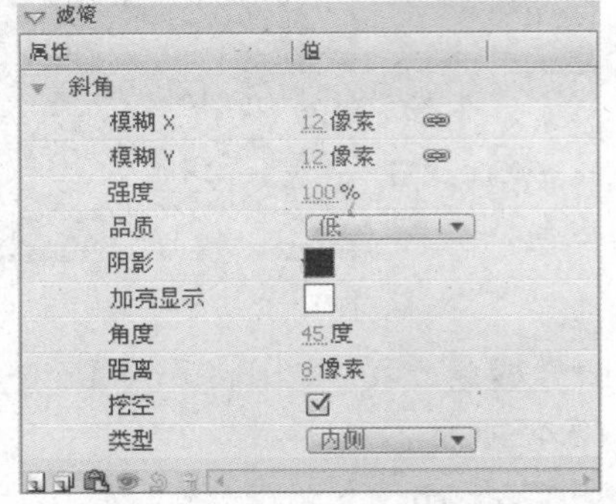

图12.57 修改滤镜参数

8 选中第40帧中的元件实例，为其添加“发光”滤镜，参数设置如图12.58所示。

9 然后在第1帧至第20帧、第20帧至第40帧和第40帧至第60帧之间创建传统补间动画，如图12.59所示。

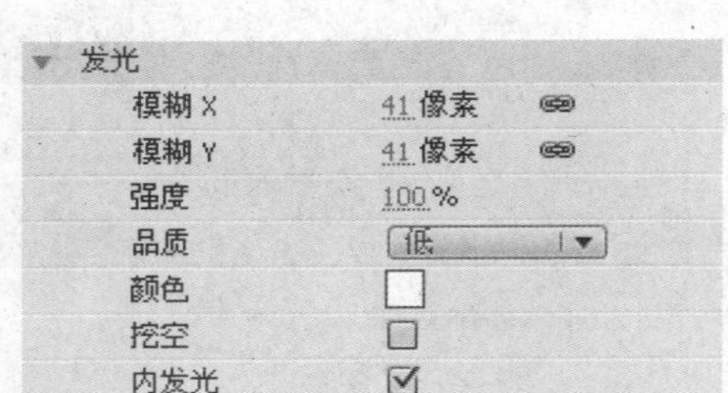

图12.58 设置发光滤镜参数

图12.59 创建动画

10 保存并测试动画。

12.3 提高——自己动手练

前面主要介绍了Flash特效的相关知识，下面再通过几个提高实例来拓展基础知识的应用，在巩固基础知识的同时激发读者创作的灵感。

12.3.1 制作泡泡鼠标

这是一个将鼠标跟随效果应用得非常巧妙的例子。在这一动画中，一连串的泡泡紧紧跟随鼠标。学完本实例，不但可以掌握如何制作鼠标跟随效果，而且对动画创作的技巧会有一个新的认识。

最终效果

本例制作完成后的最终效果如图12.60所示。

图12.60　泡泡鼠标最终效果

解题思路

1 创建影片剪辑元件。
2 定义鼠标移动事件。
3 定义影片剪辑元件类。
4 动态添加实例。
5 应用数组对象。

操作提示

1 新建一个Flash文档，并将文档背景颜色改为"65FFCC"。
2 执行【文件】→【导入】→【导入到舞台】命令，导入素材图片，并调整其大小，使其与舞台大小一致，如图12.61所示。
3 选中背景图片，按【F8】键将其转换为影片剪辑元件。
4 按下【Ctrl+F8】组合键新建一个名为"泡泡"的图形元件，进入元件编辑状态，绘制如图12.62所示的泡泡。

图12.61　导入背景图片

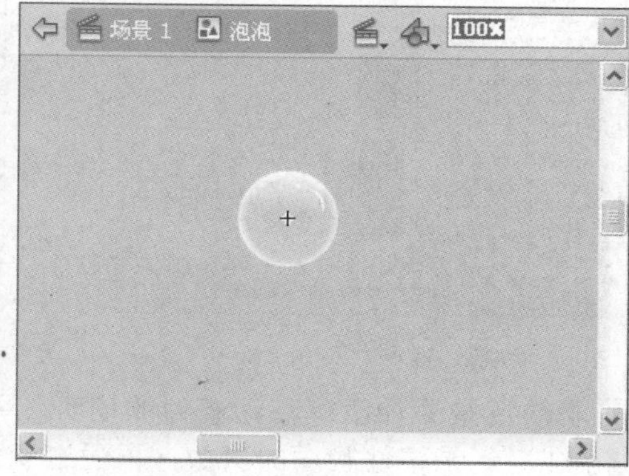

图12.62　绘制泡泡图形

5 返回主场景，按下【Ctrl+F8】组合键打开【创建新元件】对话框，在【类型】下拉列表中选择【影片剪辑】选项。

6 单击该对话框中的【高级】按钮，选中【为ActionScript导出】复选框，并在【名称】和【类】文本框中输入“paopao”，如图12.63所示。

7 单击【确定】按钮进入元件编辑状态，将“泡泡”图形元件拖入场景。

8 在第15帧按下【F6】键插入关键帧。

9 在图层1上单击鼠标右键，在弹出的快捷菜单中选择【添加传统运动引导层】选项，创建引导层，并利用铅笔工具绘制一条曲线，如图12.64所示。

10 选中图层1的第1帧，单击鼠标右键，在弹出的快捷菜单中选择【创建传统补间】选项，创建传统补间动画。将第1帧和第15帧中的“泡泡”图形元件的中心点对齐到曲线的下端和上端，如图12.65所示。

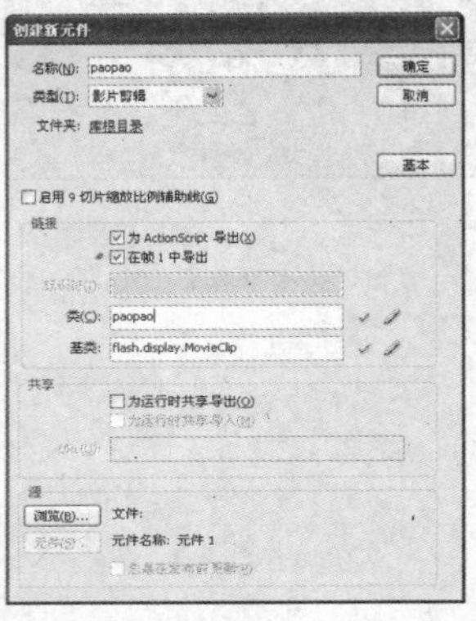
图12.63 创建影片剪辑元件

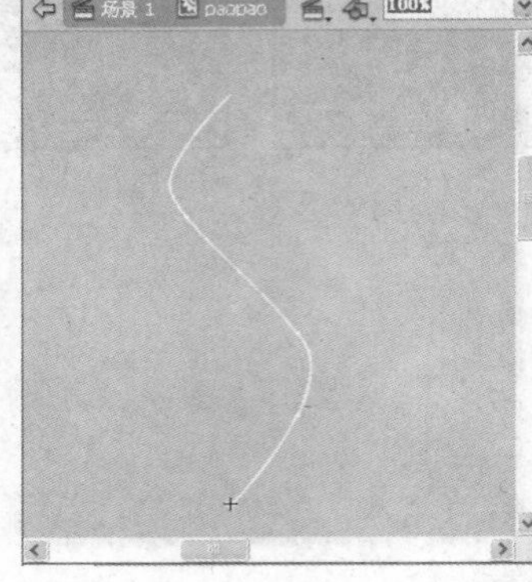
图12.64 绘制曲线

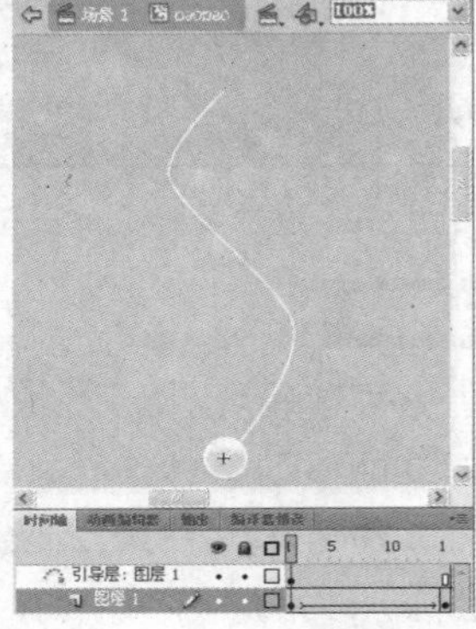
图12.65 创建引导动画

11 选中引导层的第16帧，执行【窗口】→【动作】命令，打开【动作】面板。在其中添加“stop();”，使动画播放到当前帧时停止播放，如图12.66所示。

12 返回主场景，单击【新建图层】按钮，新建图层2，选中图层2的第1帧，打开【动作】面板。在其中添加Action语句，定义一些变量和数组对象，如图12.67所示。

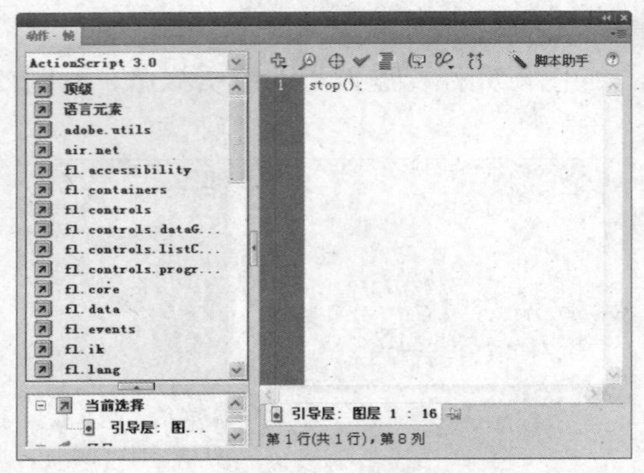

图12.66 为第16帧添加Action语句

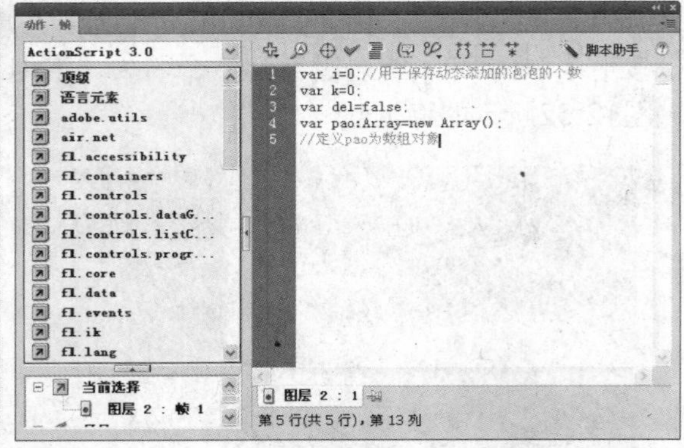

图12.67 为图层2的第1帧添加Action语句

13 为当前场景添加鼠标移动事件的侦听，并定义事件响应函数“run”，在函数中使用变量“k”记录事件触发的次数，再通过变量“k”判断事件是否触发了10次。添加如下语句：

```
addEventListener(MouseEvent.MOUSE_MOVE,run);
function run(evt) {
   k++;
   if (k==10) {//当变量k为10时，即该事件触发10次时
     }
}
```

如图12.68所示。

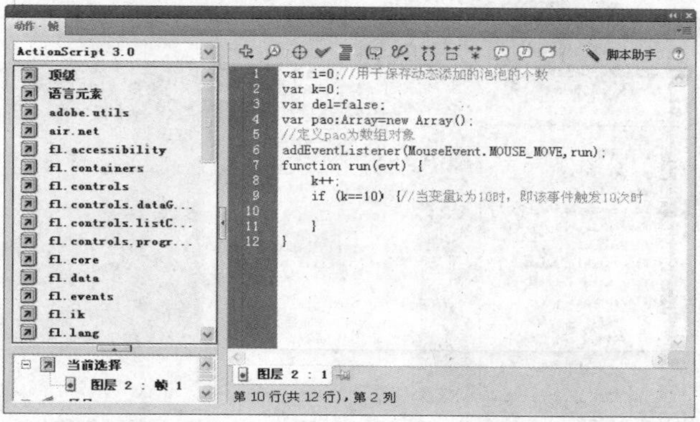

图12.68　定义响应函数

14 事件触发10次时，定义对象“pp”为影片剪辑元件实例“paopao”，再通过“addChild”函数将“pp”实例添加到场景中并将其保存于以变量“i”为下标的数组对象“pao”中，再设置该对象实例的坐标值与鼠标的坐标值一致，并让变量“i”增加1。添加以下Action语句：

```
var pp=new paopao();
pao[i]=addChild(pp);//添加并显示实例
pao[i].x=mouseX;
pao[i].y=mouseY;
i++;
```

添加Action语句后的【动作】面板如图12.69所示。

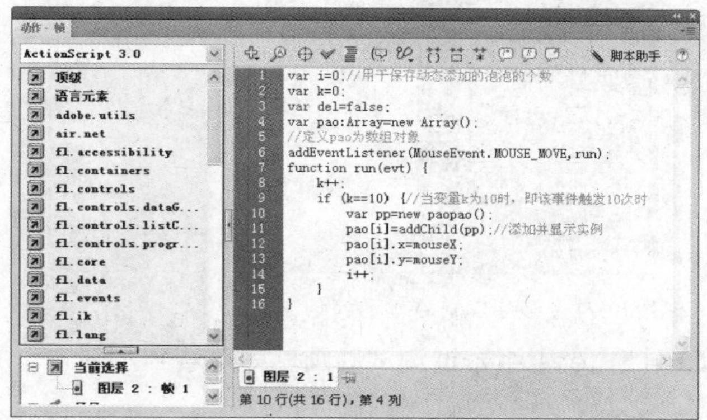

图12.69　定义实例和变量

15 当变量“i”的值为10时，表示已经添加了10个泡泡于场景中，此时设置变量“i”为0，

以便替换先前添加的实例，同时设置变量“del”为“true”，让程序在添加新建的实例时删除以前添加的实例。判断完成后让事件触发器计数变量“k”清零。此时在【动作】面板中添加如下Action语句：

```
if (i==10) {//添加了10个实例时
                i=0;
                del=true;
        }
        k=0;
```

【动作】面板如图12.70所示。

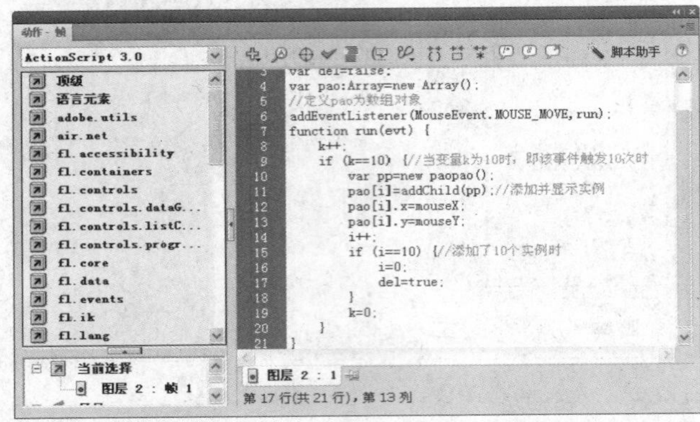

图12.70　设置变量“k”清零

16 最后添加如下语句：

```
if (del) {
                removeChild(pao[i]);//删除添加的实例
```

表示当添加了10个泡泡后再添加泡泡时，应把以前对应的泡泡替换，因此在变量“del”为“true”时将以前添加的对应实例移除，如图12.71所示。

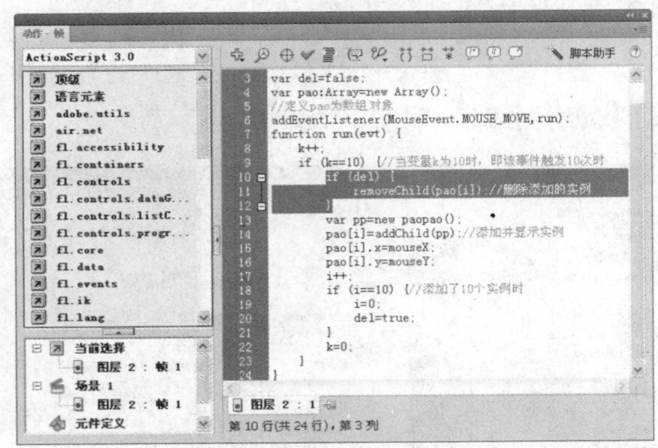

图12.71　移除以前添加的实例

17 保存文档，按【Ctrl+Enter】组合键测试动画，即可看到本例制作的动画的效果，参考图12.60所示。

12.3.2　制作下雨效果

本例中的下雨动画效果是通过动态添加多个雨滴下落的动画影片剪辑来实现的。雨滴下落动画是采用影片剪辑内部的补间动画来实现的。

最终效果

本例制作完成后的最终效果如图12.72所示。

图12.72　下雨最终效果

解题思路

1 定义元件类。
2 动态添加元件实例。
3 随机函数的应用。
4 动态改变元件实例的位置。

操作提示

1 新建一个Flash文档，并将文档大小改为“310×400”像素，将其保存，命名为“下雨效果”。
2 执行【文件】→【导入】→【导入到舞台】命令，导入背景图片，并调整其大小，使其与舞台大小一致，如图12.73所示。
3 按下【Ctrl+F8】组合键打开【创建新元件】对话框，创建影片剪辑元件“雨滴”，单击【确定】按钮进入影片剪辑元件的编辑状态。
4 绘制一个如图12.74所示的雨滴形状，在【属性】面板中对其边框颜色及大小和填充颜色进行设置，如图12.75所示。
5 按【F8】键将绘制的雨滴形状转换为图形元件。
6 选中第15帧，按【F6】键插入关键帧，然后选中第1帧，单击鼠标右键，在弹出的快捷菜单中选择【创建传统补间】选项。
7 选中第15帧中的元件实例，在【属性】面板中设置其坐标，如图12.76所示。

图12.73　导入背景图片

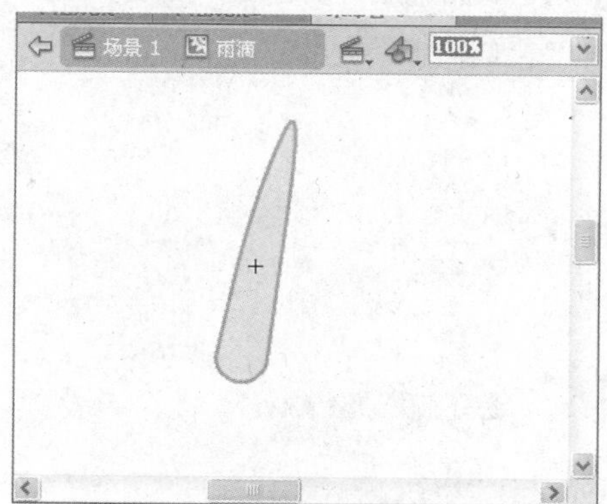

图12.74　绘制雨滴形状

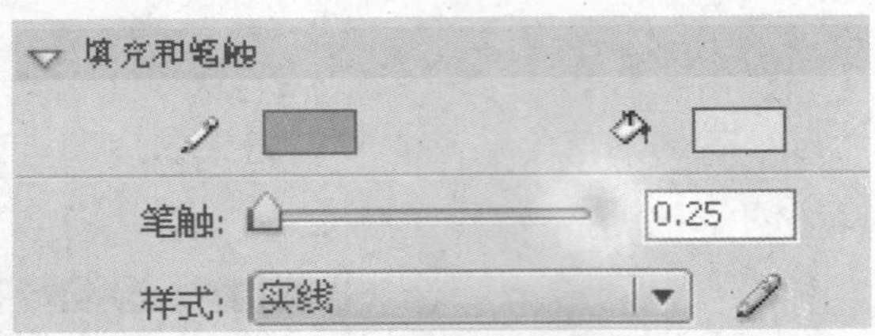

图12.75 设置雨滴形状的边框大小及填充颜色

图12.76 设置元件坐标

8 新建图层2，选中第1帧，执行【窗口】→【动作】命令，打开【动作】面板。添加如图12.77所示的脚本，从而设置当前影片剪辑实例的位置为影片场景上方的随机位置。

9 接着输入Action脚本语句设置当前元件实例的X轴方向的比例"scaleX"为0.5~1.5之间的随机数值，同时让Y轴方向上的比例"scaleY"与"scaleX"相同，让该元件实例每次播放到第1帧时其大小是随机的，如图12.78所示。

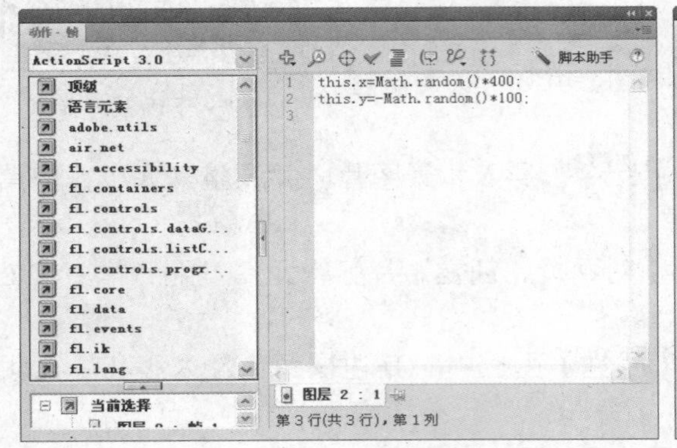

图12.77 输入脚本设置元件实例的随机位置

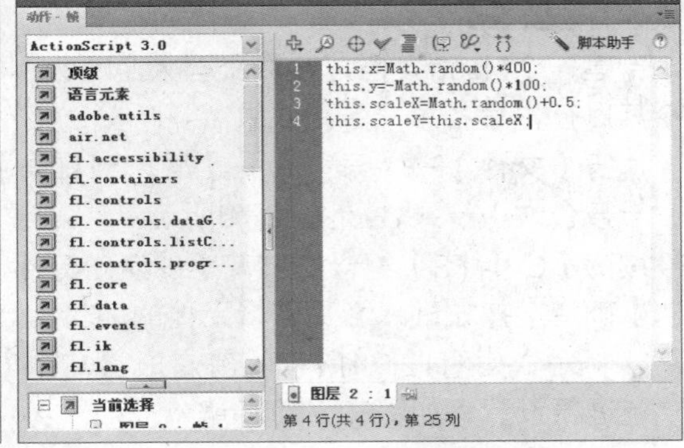

图12.78 输入设置元件实例随机改变大小的脚本

10 在【库】面板中的"雨滴"元件上单击鼠标右键，在弹出的快捷菜单中选择【属性】命令，如图12.79所示。

11 在打开的【元件属性】对话框中进行如图12.80所示的设置。

图12.79 选择【属性】命令

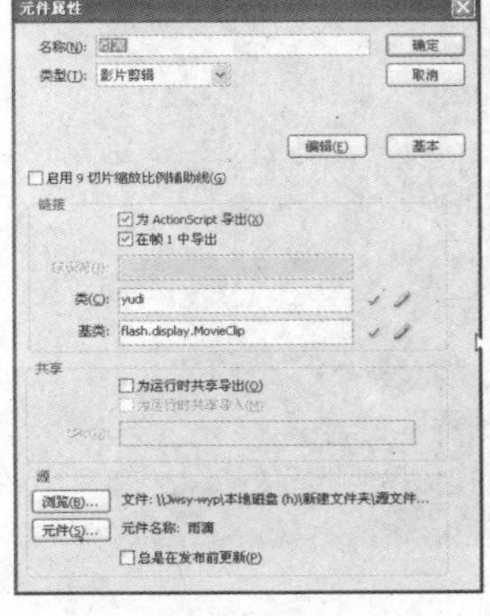

图12.80 设置元件属性

12 单击【确定】按钮完成设置。

13 返回主场景，单击【新建图层】按钮，新建图层2，并选中图层2的第1帧。

14 执行【窗口】→【动作】命令，打开【动作】面板。在【动作】面板中定义一个用于保存动态添加到场景上的元件实例的数组对象"obj"，输入以下语句：

```
var obj:Array=new Array();
```

15 然后定义一个用于保存动态添加元件实例个数的变量"i"，输入以下语句：

```
var i=0;
```

此时的【动作】面板如图12.81所示。

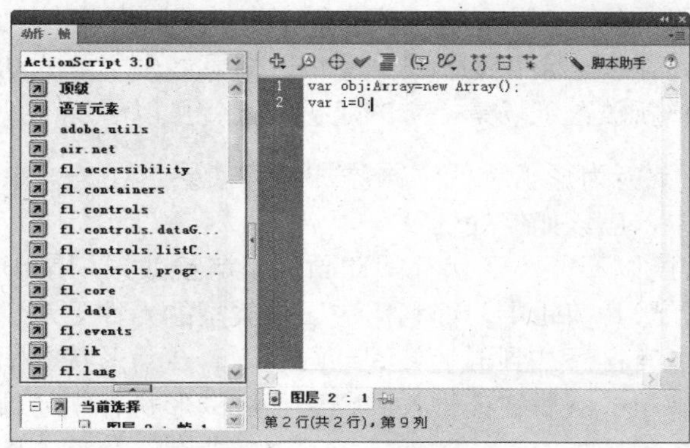

图12.81　定义数组对象和变量

16 然后在【动作】面板中添加进入帧事件侦听，设置并定义事件响应函数"run"。输入以下语句：

```
addEventListener(Event.ENTER_FRAME,run);
function run(evt)
```

17 再在"run"函数中添加"if"条件语句，当"i<100"时，添加"yudi"元件实例，并将其保存在"obj"数组对象中同时显示于场景中，添加的语句如下：

```
if (i<100) {
        var yu=new yudi();
        obj[i]=addChild(yu);
        i++;
```

此时的【动作】面板如图12.82所示。

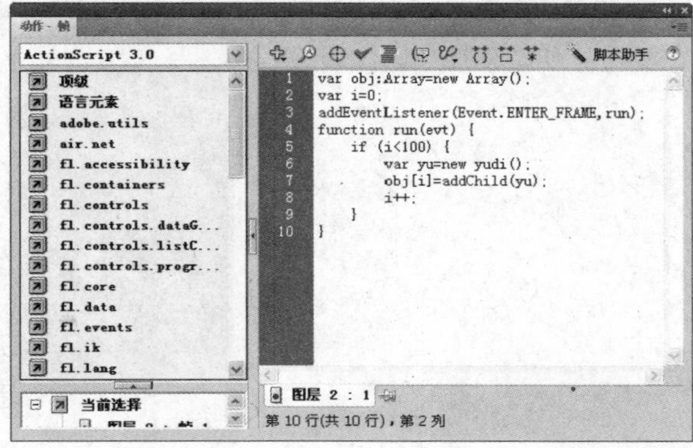

图12.82　添加"if"语句

18 按【Ctrl+Enter】组合键测试动画，即可看到本例制作的动画的效果，参考图12.72所示。

12.4 答疑与技巧

问 是否可以用脚本来实现雨滴下落的动画？

答 当然可以，在前面的实例中，将“雨滴”元件实例中的补间动画删除，添加脚本让该实例的X坐标值和Y坐标值逐渐发生变化，即可产生下落的动画，当下落到场景下方之后，将其重新放置到场景上方的随机位置就可以了。

问 在Flash CS4中不能为形状补间动画添加滤镜效果，但是如果对类似的形状变化动画应用滤镜效果，应该如何处理？

答 Flash CS4中之所以不能为形状补间动画应用滤镜效果，是因为滤镜效果只能添加到文本、按钮和影片剪辑中，而利用这三种类型的元件无法创建形状补间动画，因此滤镜效果不能直接添加到形状补间动画中。若要为形状补间动画添加滤镜，可先新建一个影片剪辑，然后在该影片中创建相应的形状补间动画，返回到主场景并将该影片剪辑应用到场景中，此时就可为其添加所需的滤镜效果，即通过将形状补间动画转换为影片剪辑的方法，间接地为其添加滤镜效果。

结束语

本章介绍了如何应用Flash自带的特效及如何利用Action语句实现视觉特效，并通过典型实例对这些知识的具体运用进行了讲解，使读者对不同特效效果的制作思路和方法有了一定的掌握，从而为制作出个性化的特效动画作品打下坚实的基础。

Chapter 13

第13章 组件应用

本章要点

入门——基本概念与基本操作

- 组件的基本概念
- 添加组件
- 设置组件属性

进阶——典型实例

- 制作趣味测试动画
- 制作网络交友信息调查表

提高——自己动手练

- 制作对话框效果
- 制作图片浏览下拉列表

答疑与技巧

本章导读

组件是包含有参数的复杂的动画剪辑，本质上是一个容器，包含有很多资源。Flash CS4中的各种组件可以使动画具备某种特定的交互功能。用户还可以自己扩展组件，从而拥有更多的Flash界面元素或动画资源。同时组件也带有一组唯一的动作程序方法，可用在运行时设置参数和其他选项。在Flash组件中，最常用的是User Interface组件，其中主要包括按钮（Button）、单选按钮（RadioButton）、复选框（CheckBox）、列表框（List）和下拉列表框（ComboBox）等。

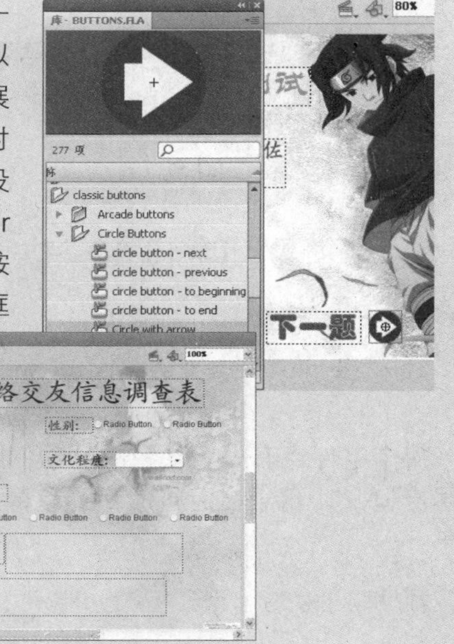

13.1 入门——基本概念与基本操作

Flash CS4自带了【组件】面板，在该面板中存放了很多已经制作好的组件，如单选按钮、复选框等组件，利用这些制作好的组件可以在很短的时间内制作一个交互式动画，如调查表、选择题等。掌握了组件的基本概念、创建的方法及属性的设置，在制作交互式动画时就会更加得心应手。

13.1.1 组件类型

Flash中的组件能够提供丰富Internet应用程序的构建块。一个组件就是一段带有参数的影片剪辑，因此利用Flash制作出的Web内容具有极强的感染力，吸引人们的视线。

组件是面向对象技术的一个重要特征。通过修改相关参数可以改变组件的外观和行为，因此组件可以提供创建者想要的任何功能。组件既可以是简单的用户界面控件（如按钮），也可以包含内容（如滚动窗格），还可以是不可视状态（如FocusManager，它用于控制应用程序中接收焦点的对象）。

组件是按字母顺序分类排列的，可在【组件】面板中找到它们。

执行【窗口】→【组件】命令，即可打开【组件】面板。在Flash CS4的【组件】面板中默认提供了两组不同类型的组件，如图13.1所示，单击左侧的⊞图标，打开一个组，可以看到其中有许多组件，如图13.2所示。每个组件都有预定义参数，可在制作Flash动画时设置这些参数。

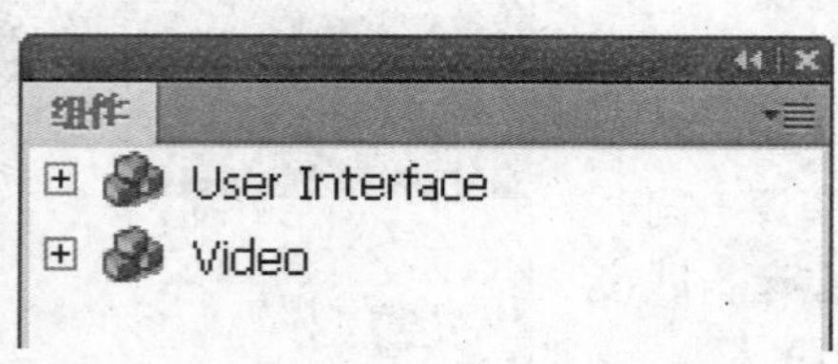

图13.1 【组件】面板

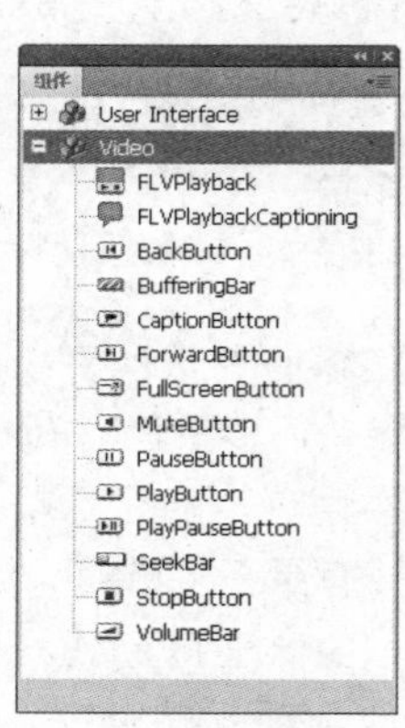

图13.2 展开组

提示 每种类型的Flash组件只需要在电影中添加一次即可。

每个组件还有一组独特的“动作脚本”方法、属性和事件，它们也称为API（应用程序编程接口），用于在运行时设置参数和其他选项。每个组件描述都包含了以下几个方面的信息：

- 辅助功能。

- 设置组件参数。
- 键盘交互与实时预览。
- 在应用程序中使用组件。
- 自定义组件的样式和外观。
- “动作脚本”方法、属性和事件。

下面来了解一下两个默认组件的具体功能。

1. User Interface组件

利用User Interface组件可与应用程序进行交互。在Flash组件中，最常用的是User Interface组件，包括按钮（Button）、单选按钮（RadioButton）、复选框（CheckBox）、列表框（List）、下拉列表框（ComboBox）、滚动窗格（ScrollPane）等。这些常用组件的功能如表13.1所示。

表13.1　User Interface常用组件

组件名称	说明
Button组件	一个大小可调整的按钮，可使用自定义图标来自定义
CheckBox组件	允许用户进行布尔值选择（真或假）
ComboBox组件	允许用户从滚动的选择列表中选择一个选项。该组件可以在列表顶部有一个可选择的文本字段，以允许用户搜索此列表
List组件	允许用户从滚动列表中选择一个或多个选项
RadioButton组件	允许用户在相互排斥的选项之间进行选择
ScrollPane组件	使用自动滚动条在有限的区域内显示影片剪辑、位图和SWF文件

2. Video组件

该组件是一个媒体组件，从中可以查看FLV文件，并且包括了对该文件进行操作的控件。这些控件包括BackButton、BufferingBar、ForwardButton、MuteButton、PauseButton、PlayButton、PlayPauseButton、SeekBar、StopButton 和 VolumeBar。

提示　以上都是在ActionScript3.0的Flash文档中可以添加的组件，还有一部分与ActionScript3.0的Flash文档不兼容的组件，按下【Ctrl+N】组合键，打开【新建文档】对话框，选择【ActionScript2.0】选项，单击【确定】按钮即可创建ActionScript2.0的Flash文档。此时执行【窗口】→【组件】命令，打开的【组件】面板包括4个组，如图13.3所示。利用Data组件可以加载和处理数据源的信息，利用Media媒体组件可播放和控制媒体流。

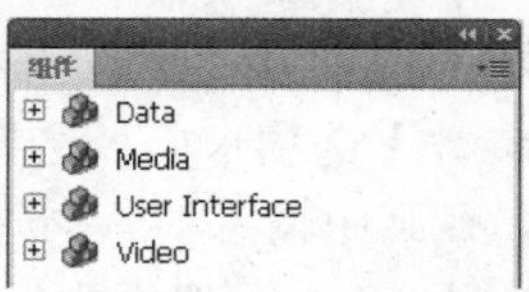

图13.3　ActionScript2.0的Flash组件

13.1.2　添加组件

向Flash文档中添加组件一般有两种方式：一是在创建时添加组件；二是使用

ActionScript在运行时添加组件。

1. 在创建时添加

在创建时使用【组件】面板向Flash文档添加组件的一般步骤如下：

1 执行【窗口】→【组件】命令或按【Ctrl+F7】组合键，打开【组件】面板。

2 在【组件】面板中选择需要的组件，如图13.4所示。

3 将选择的组件从【组件】面板拖到舞台上或双击选择的组件，选择的组件实例将添加到舞台上。将【User Interface】组中的【RadioButton】组件拖动到场景中即可创建一个单选按钮，如图13.5所示。

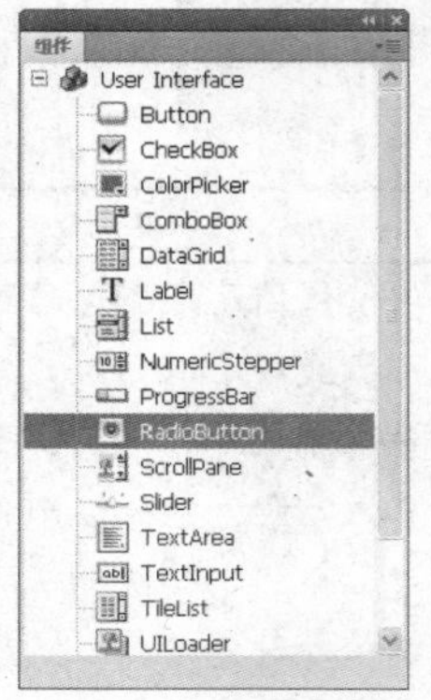

图13.4 选择需要的组件

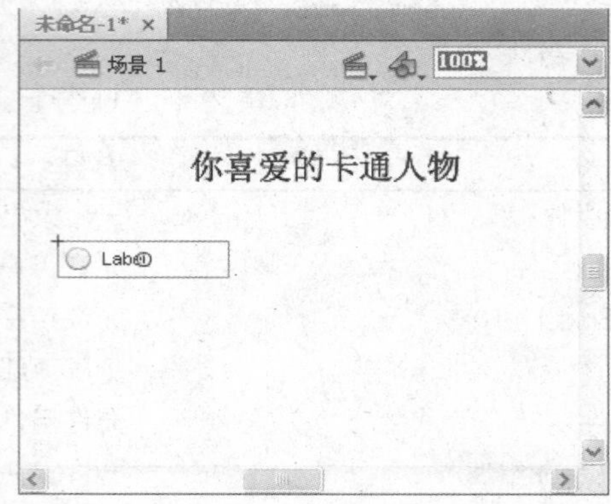

图13.5 将组件拖入舞台

4 将【RadioButton】组件复制5个，如图13.6所示。

5 选中舞台中的第一个单选按钮，执行【窗口】→【组件】命令或单击【属性】面板中的【组件检查器面板】按钮）打开【组件检查器】面板，如图13.7所示。

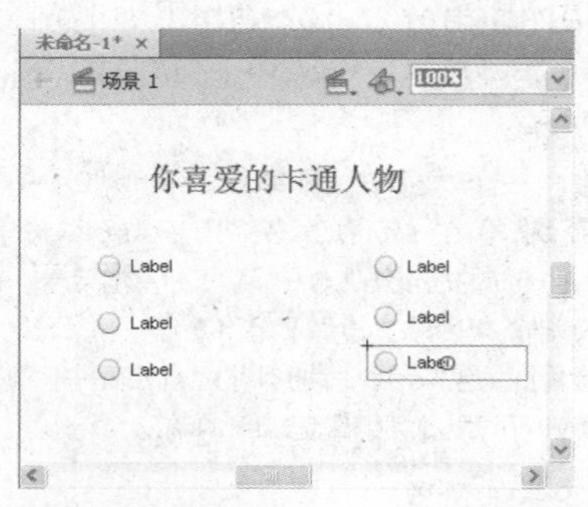

图13.6 复制5个组件

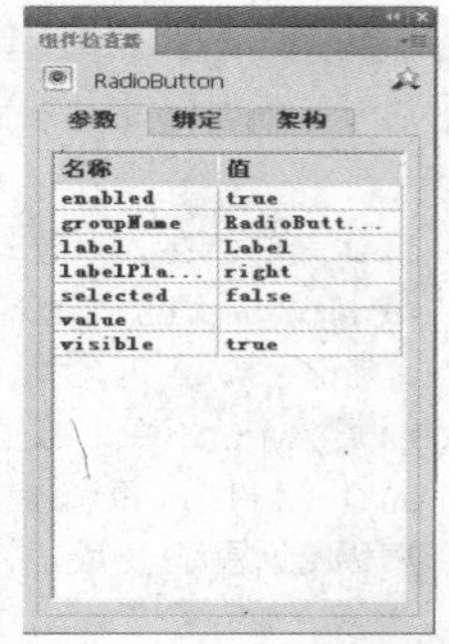

图13.7 【组件检查器】面板

6 在【组件检查器】面板中的【参数】选项卡中，选择【名称】列表中的【label】选项，此时会激活其右侧的【值】项，在其中输入“漩涡鸣人”，如图13.8所示。

7 选择【selected】选项，在其右侧的下拉列表框中选择【false】选项，如图13.9所示。

8 用同样的方法设置其他5个单选按钮的属性，名称分别为“星矢”、“犬夜叉”、“千寻”、“我爱罗”和“杀生丸”文字，其他设置的值与上一步相同。

9 完成设置后，舞台中的组件的最终效果如图13.10所示。

图13.8　添加【label】值

图13.9　选择【false】选项

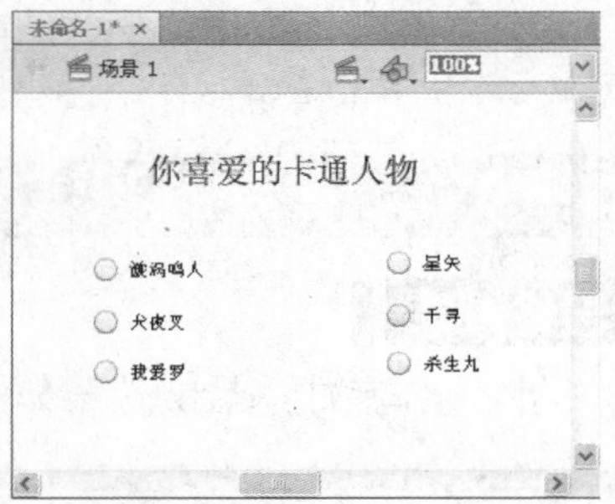

图13.10　添加完单选按钮的效果

2. 使用ActionScript在运行时添加

在Flash CS4中，可以使用ActionScript在运行时添加组件。在ActionScript脚本中，用户可采用createClassObject()方法（大多数组件都从UIObject类继承该方法）向Flash应用程序动态添加组件。

在运行时添加组件，首先需要将组件从【组件】面板拖放到当前文档的【库】面板中，然后在时间轴上选择需要添加组件的一帧，按【F9】键打开【动作】面板，在脚本编辑区输入ActionScript代码。

3. 设置组件大小

向Flash文档中添加组件实例后，可以使用多种方法设置组件的大小。

使用任意变形工具

在舞台上选择需要设置组件大小的组件实例，然后在【工具】面板中单击【任意变形工具】按钮，拖动鼠标即可改变组件大小，如图13.11所示。

使用【属性】面板

在舞台上选择需要设置组件大小的组件实例，然后在【属性】面板的【宽度】和【高度】文本区域单击，直接输入相应的数值即可，如图13.12所示。

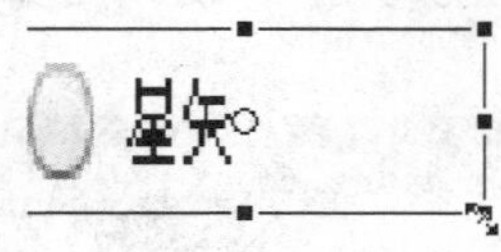

图13.11　拖动组件改变大小

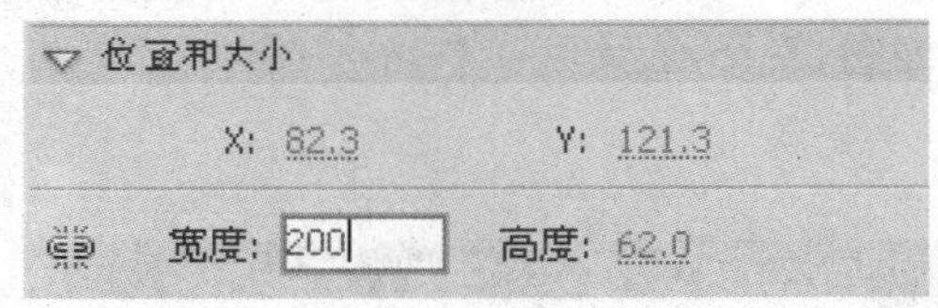

图13.12　输入数值改变大小

使用setSize()方法

在ActionScript代码中，从任何组件实例中都可以调用setSize()方法来调整组件大小。例如，下列代码即可将hTextArea组件的大小调整为200像素宽、300像素高：

```
hTextArea.setSize(200,300);
```

13.2 进阶——典型实例

通过前面的学习，读者一定对Flash CS4中Action语句的添加方法和基本语法有了大概的了解，下面通过几个实例练习Action语句的应用。通过对这些实例的实战演练，读者应熟练掌握在Flash CS4中制作Action特效动画的一般思路和方法。

13.2.1 制作趣味测试的交互动画

最终效果

动画制作完成的最终效果如图13.13所示。

图13.13　趣味测试预览效果

解题思路

1 导入素材图片。
2 创建组件并设置属性。
3 添加Action语句。

操作步骤

1 新建一个Flash文档ActionScript2.0，将场景大小设置为“600×400”像素，如图13.14所示。
2 执行【文件】→【导入】→【导入到库】命令，将素材图片导入到库中。
3 将图片从【库】面板拖曳到舞台中，使用任意变形工具调整其大小，使其与舞台大小一致，如图13.15所示。

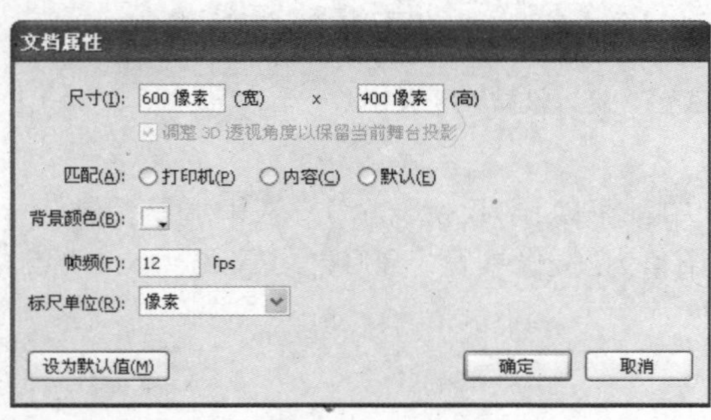

图13.14　设置文档属性

图13.15　调整图片大小

4 选择图层1的第4帧，按【F5】键插入帧。
5 单击【新建图层】按钮，创建一个新图层2，在舞台中输入相关的文字内容，如图13.16所示。

6 执行【窗口】→【公用库】→【按钮】命令，打开【库-BUTTONS.FLA】面板，如图13.17所示。

图13.16　输入文字

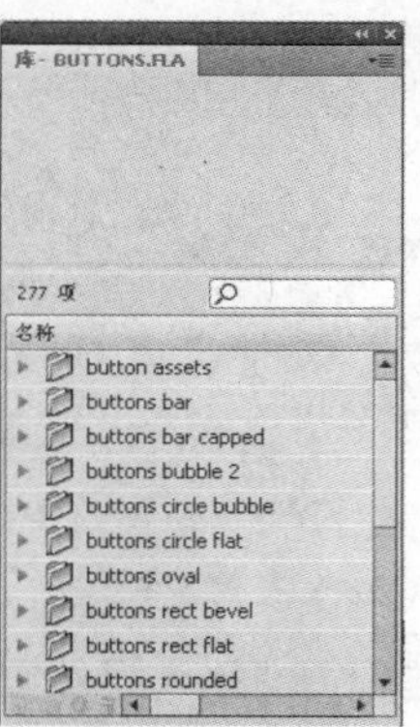

图13.17　【库-BUTTONS.FLA】面板

7 双击【classic buttons】选项左侧的文件夹图标，打开该文件夹所包含的文件，然后再双击【Arcade buttons】选项左侧的文件夹图标。

8 在打开的列表中选择【arcade buttons-orange】选项，将其从【库-BUTTONS.FLA】面板拖曳到舞台中，如图13.18所示。

9 使用文本工具在按钮旁边输入文字“进入测试”，如图13.19所示。

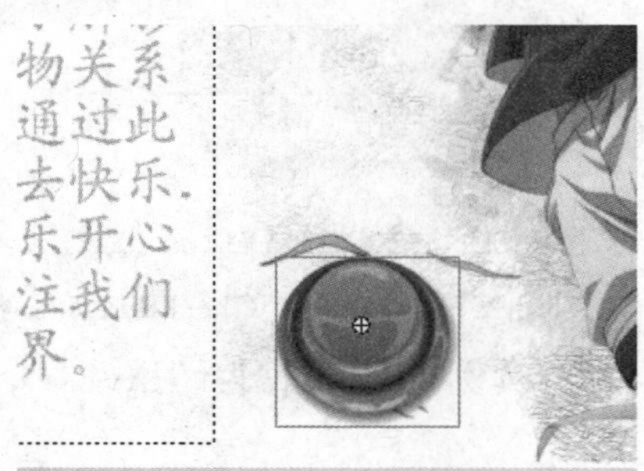

图13.18　将按钮拖入舞台

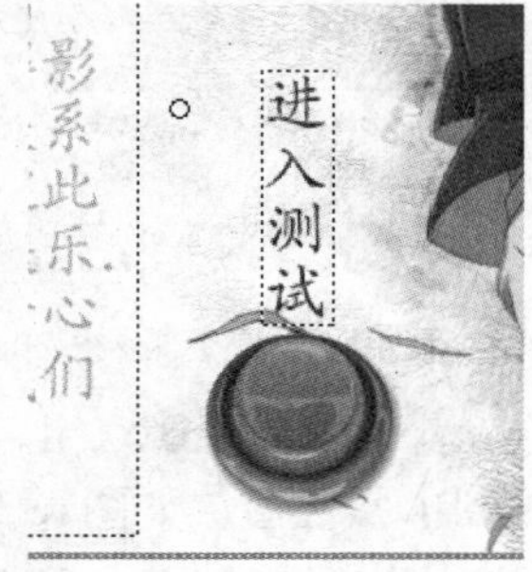

图13.19　输入文字

10 选择图层2的第2帧，单击鼠标右键，在弹出的快捷菜单中选择【插入关键帧】选项。

11 删除不需要的内容，并利用文本工具输入测试题目，如图13.20所示。

12 执行【窗口】→【组件】命令，在打开的【组件】面板中将CheckBox组件拖曳到题目的下方，如图13.21所示。

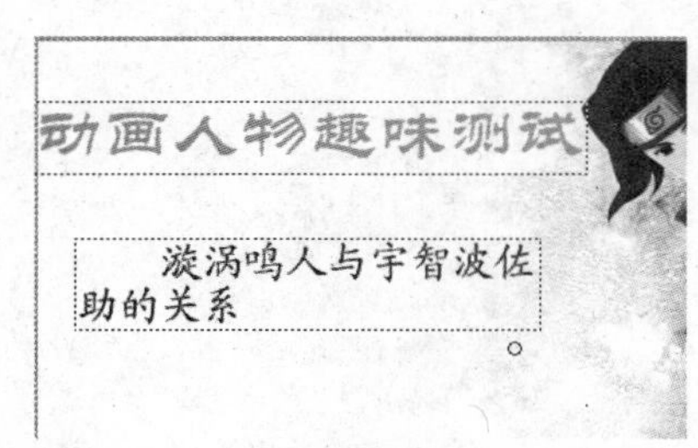

图13.20　输入题目

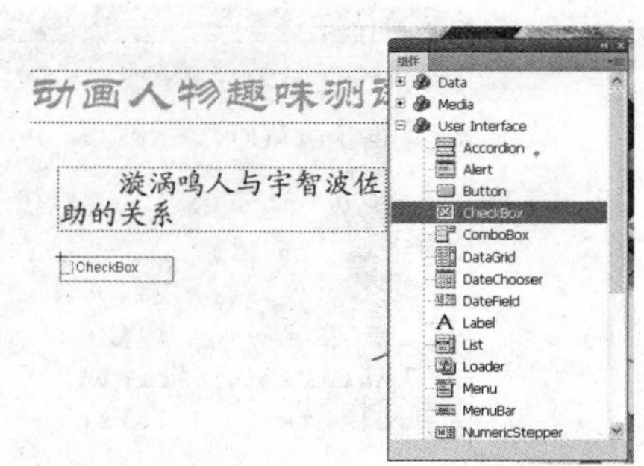

图13.21　拖入组件

13 选中CheckBox组件，在【组件检查器】面板中设置相应的参数值，如图13.22所示。

14 在【属性】面板中将实例名称改为“zq”，如图13.23所示。

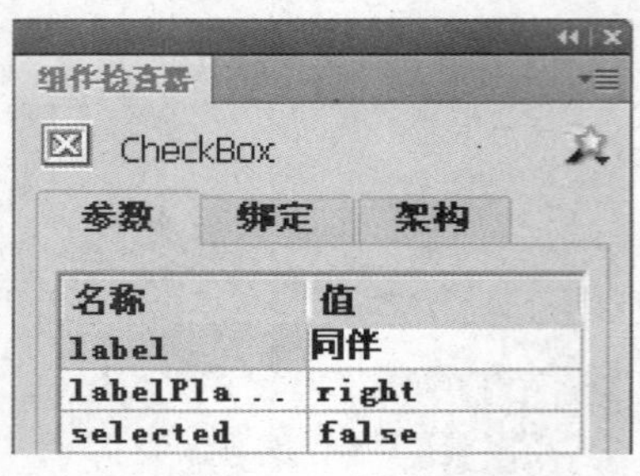

图13.22　设置CheckBox组件参数

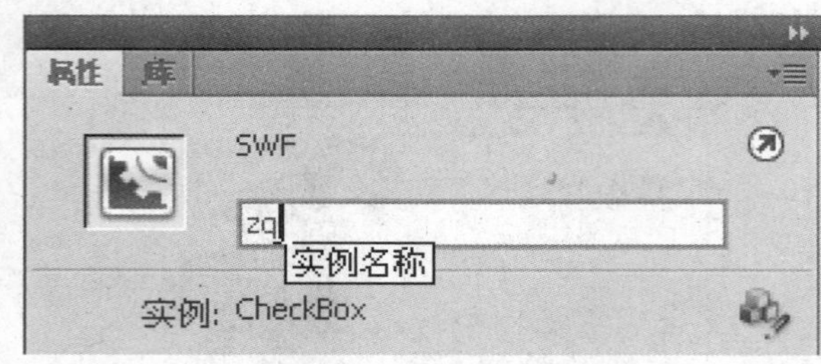

图13.23　设置实例名称

15 将设置完成的CheckBox组件复制3个，并放置到合适的位置。

16 选择第2个CheckBox组件，在【属性】面板中将实例名称改为“cw1”，并将【label】属性值改为“敌人”，如图13.24所示。

17 选择第3个CheckBox组件，在【属性】面板中将实例名称修改为“cw2”，并修改【label】属性值，如图13.25所示。

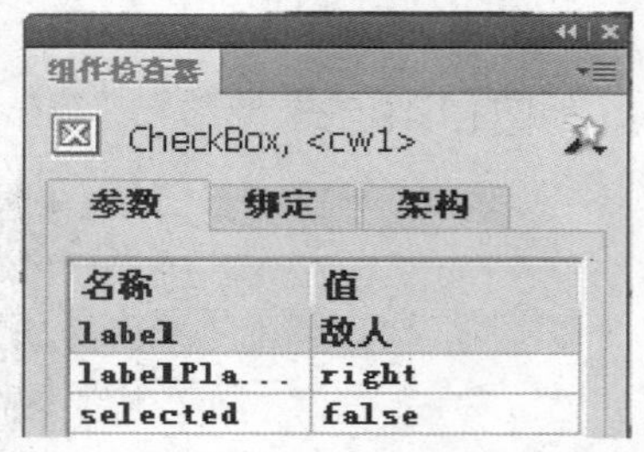

图13.24　设置第2个CheckBox组件参数

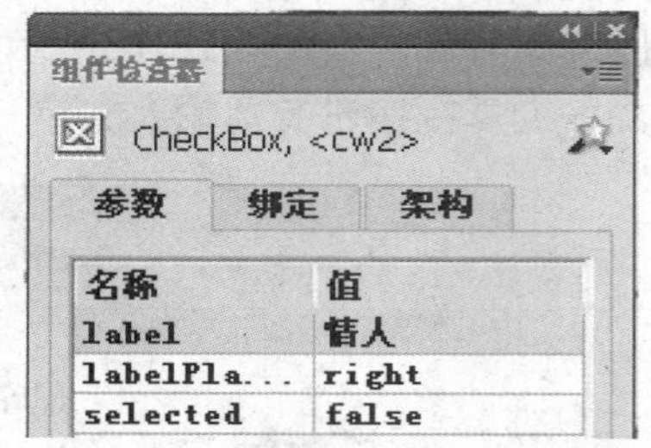

图13.25　设置第3个CheckBox组件参数

18 选中第4个CheckBox组件，在【属性】面板中将实例名称修改为“cw3”，并修改【label】属性值，如图13.26所示。

19 使用文本工具在舞台中复选框的下方输入文字“答案”。

20 使用文本工具在“答案：”右侧拉出一个文本框，在【属性】面板中进行相应设置，如图13.27所示。

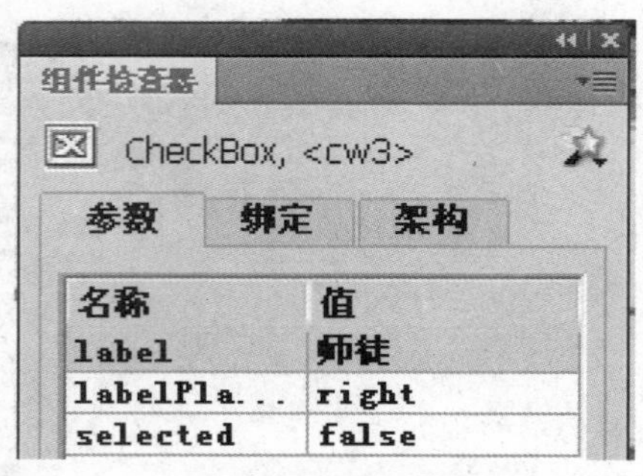

图13.26　设置第4个CheckBox组件参数

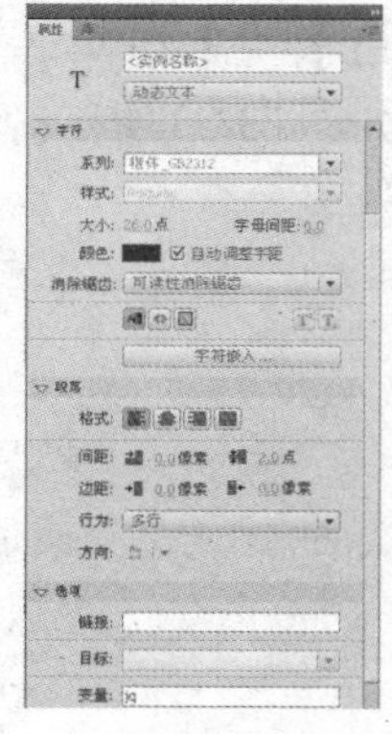

图13.27　设置文本框属性

21 执行【插入】→【新建元件】命令，打开【创建新元件】对话框，新建一个按钮元件，如图13.28所示。

22 单击【确定】按钮进入按钮元件的编辑状态，分别制作该按钮的【弹起】帧、【指针经过】帧、【按下】帧和【点击】帧中的按钮状态，完成对按钮元件的制作，如图13.29所示。

图13.28　创建新元件

图13.29　制作按钮

23 返回到主场景，将新建的按钮元件从【库】面板拖动到场景中的动态文本框右侧，如图13. 30所示。

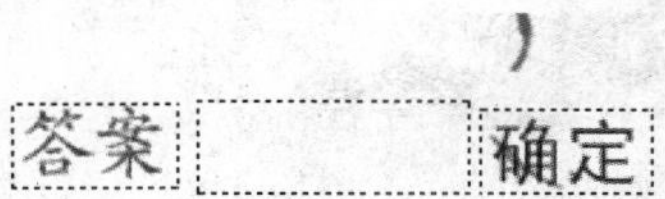

图13.30　将“确定”按钮拖入舞台

24 使用文本工具在舞台右侧输入“下一题”文字。

25 在【库-BUTTONS.FLA】面板中，双击【classic buttons】选项，再双击【Circle Buttons】选项，在其中选择【Circle with arrow】按钮，将其拖动到场景中“下一题”文字的右方，如图13.31所示。

26 按照前面的方法在图层2的第3帧插入关键帧，然后输入第2道题目。

27 使用相同的方法将CheakBox组件拖动到文字下方，并在【属性】面板中输入实例名称，在【组件检查器】面板中设置【label】参数值。

28 将复选框复制3个，使用同样的方法分别输入3个复选框的实例名称和【label】属性值，如图13.32所示。

29 复制文字“下一题”，将其改为“上一题”，并拖动到适当位置复制一个“上一题”的按钮，使用任意变形工具将其翻转，调整位置，如图13.33所示。

30 在第4帧插入关键帧，用同样的方法制作第3道题目，效果如图13.34所示。

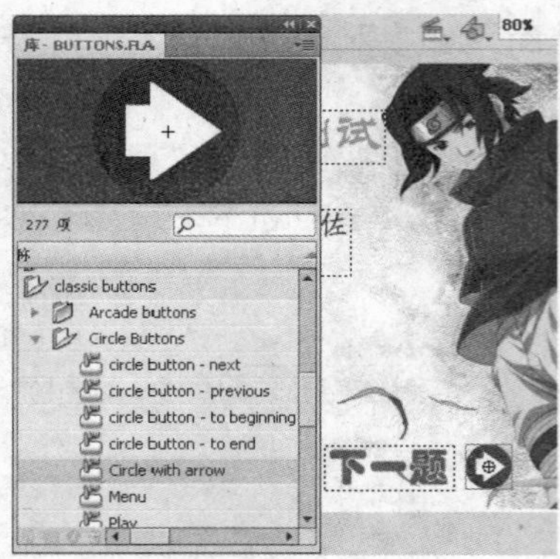

图13.31 拖入按钮

图13.32 设置第2道题目的组件

图13.33 复制文字和按钮

图13.34 第3题效果

31 选中图层2的第1帧，按【F9】键打开【动作–帧】面板，在其中输入以下Action语句：

```
stop();  //停止播放
```

32 选中第2帧，在【动作–帧】面板中输入如下语句：

```
_root.jg="";
stop();
```

输入后的【动作】面板如图13.35所示。

33 分别选中第3帧和第4帧，在【动作】面板中输入与第2帧相同的语句。

34 选中第1帧中的“进入测试”按钮，在【动作–按钮】面板中输入如下语句：

```
on (release) {
gotoAndStop(2);  //单击该按钮跳转到第2帧。
}
```

输入后的【动作–按钮】面板如图13.36所示。

35 选中第2帧中的“下一题”按钮，在【动作–按钮】面板中输入如下语句：

```
on (release) {
gotoAndStop(3);  //单击该按钮跳转到第3帧。
}
```

输入后的【动作–按钮】面板如图13.37所示。

36 选中第3帧中的“下一题”按钮，在【动作-按钮】面板中输入如下语句：

```
on (release) {
gotoAndStop(4);   //单击该按钮跳转到第4帧。
}
```

输入后的【动作-按钮】面板如图13.38所示。

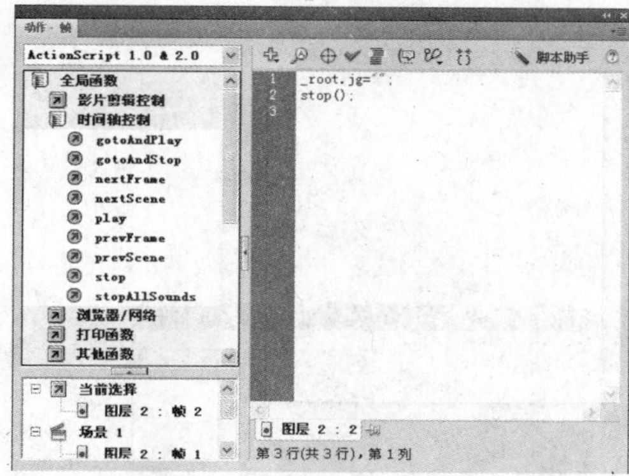

图13.35　【动作-帧】面板

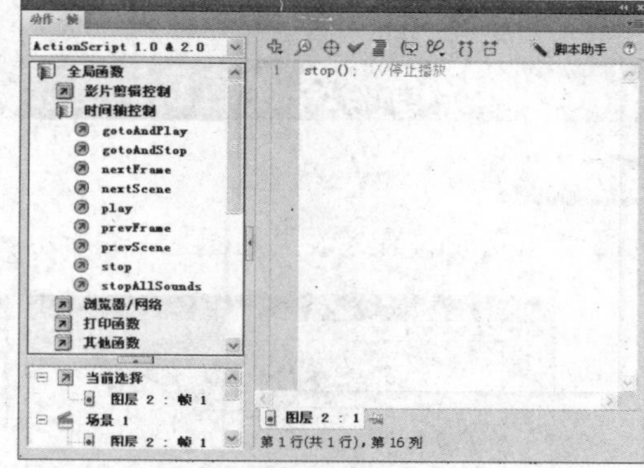

图13.36　输入“进入测试”按钮的Action语句

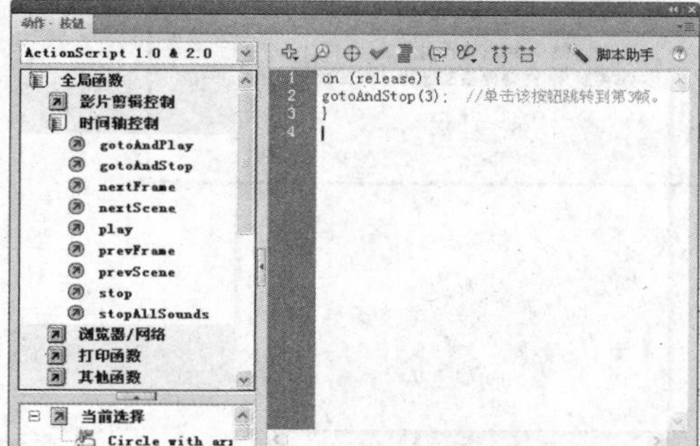

图13.37　输入“下一题”按钮的Action语句

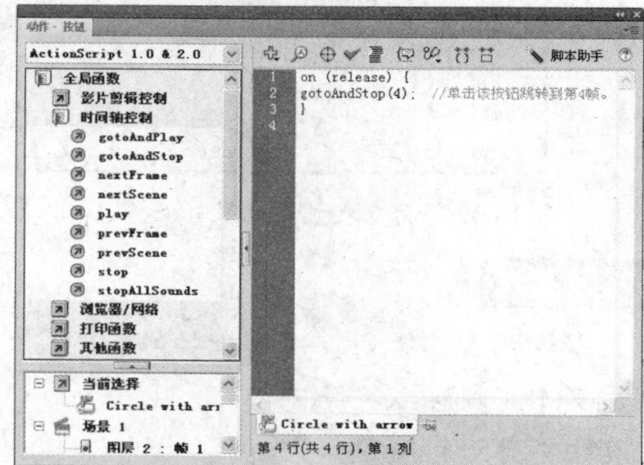

图13.38　输入第3帧中“下一题”按钮的Action语句

37 选中第3帧中的“上一题”按钮，在【动作-按钮】面板中输入如下语句：

```
on (release) {
gotoAndStop(2);   //单击该按钮跳转到第2帧。
}
```

38 选中第4帧中的“上一题”按钮，在【动作-按钮】面板中输入如下语句：

```
on (release) {
gotoAndStop(3);   //单击该按钮跳转到第3帧。
}
```

39 选中第2帧中的“确定”按钮，在【动作-按钮】面板中输入如下语句：

```
on (press) {
if (_root.zq.selected == true && _root.cw1.selected == false && _root.cw2.selected == false && _root.cw3.selected == false) {
_root.jg ="正确";
  } else {
_root.jg = "错误";
```

```
    }
}
```

40 分别选中第3帧和第4帧中的“确定”按钮，在【动作–按钮】面板中为其输入与第2帧中“确定”按钮相同的语句。

41 执行【控制】→【测试影片】命令（或按【Ctrl+Enter】组合键），在Flash播放器中得到动画的预览效果，参考图13.13所示。

13.2.2 制作网络交友信息调查表

最终效果

动画制作完成的最终效果如图13. 39所示。

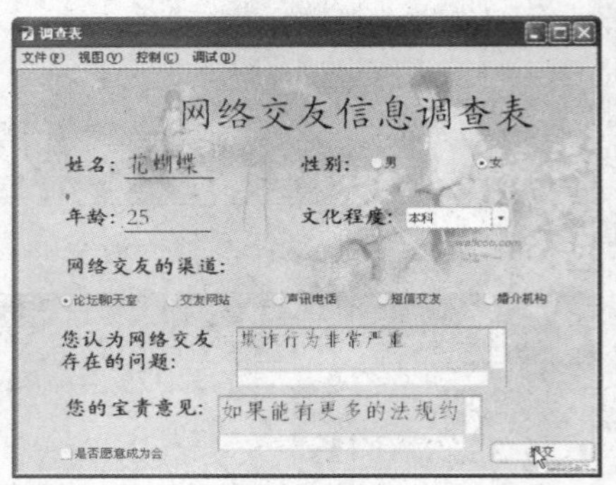

图13.39　调查表预览效果

解题思路

1 导入素材图片，并对其进行相关的编辑。

2 利用文本工具输入文字内容。

3 添加组件并进行属性设置。

4 添加Action语句。

操作步骤

1 新建一个Flash文档，并将文档保存为“调查表”。

2 双击图层1名称，将图层1重新命名为“背景”，导入需要的图片，调整其大小，使其与舞台场景大小一致，如图13.40所示。

3 选中背景图片，按【F8】键将其转换为图形元件，调整该元件的Alpha值，如图13.41所示。

4 单击【新建图层】按钮，新建一个图层，并将其命名为“文本”。使用文本工具在舞台上方输入调查表的标题“网络交友信息调查表”，在其下方依次输入“姓名：”、“性别：”、“年龄：”、“文化程度：”以及“网络交友的渠道：”等文字，如图13.42所示。

5 在“姓名：”、“年龄：”右侧利用线条工具绘制一条直线，如图13.43所示。

图13.40　导入背景图片

图13.41　调整元件透明度

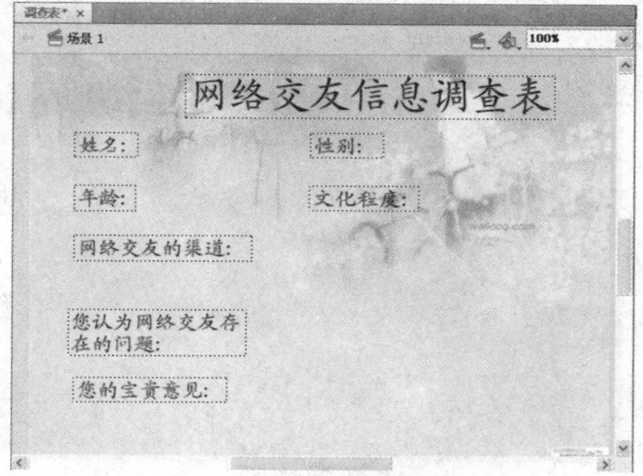

图13.42　输入文字

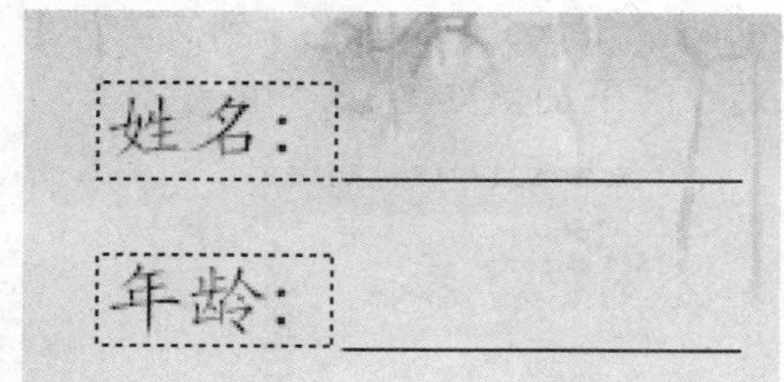

图13.43　绘制两条直线

6 在“姓名：”右侧拖出一个文本框，在【属性】面板中将其设为【输入文本】类型，并命名为“name”，其他选项保持默认状态，如图13.44所示。

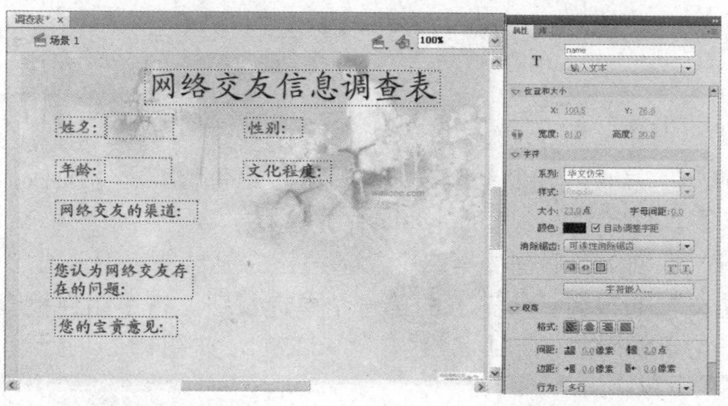

图13.44　设置文本框属性

7 在“年龄：”右侧绘制一个文本框，在【属性】面板中将其设为【输入文本】类型，并命名为“age”。

8 在“您认为网络交友存在的问题：”右侧拖出一个文本框，在【属性】面板中将其设为【输入文本】类型，命名为“question”，在【行为】下拉列表框中选择【多行】选项，如图13.45所示。

9 在“您的宝贵意见：”右侧拖出一个文本框，在【属性】面板中将其设为【输入文本】类型，命名为“advice”，在【行为】下拉列表框中选择【多行】选项，如图13.46所示。

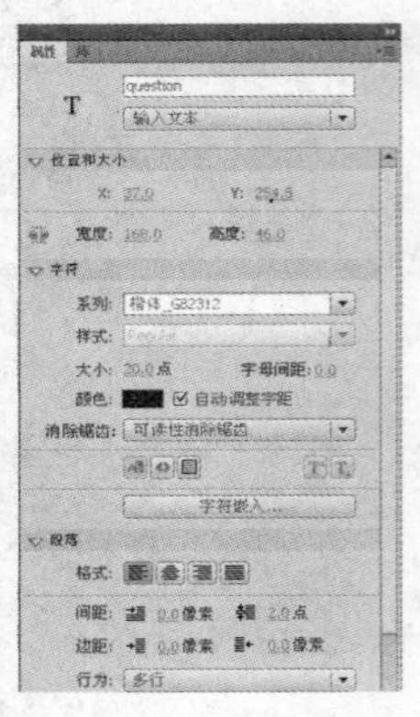

图13.45 设置文本框属性

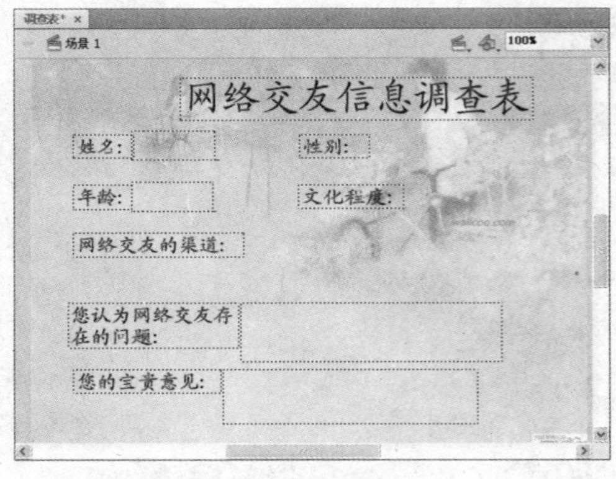

图13.46 拖动文本框并设置属性

10 单击【新建图层】按钮，创建一个新图层，并命名为“组件”，执行【窗口】→【组件】命令，打开【组件】面板，如图13.47所示。

11 拖动两个RadioButton组件到文本“性别：”后面，拖动5个该组件到文本“网络交友的渠道：”下面，如图13.48所示。

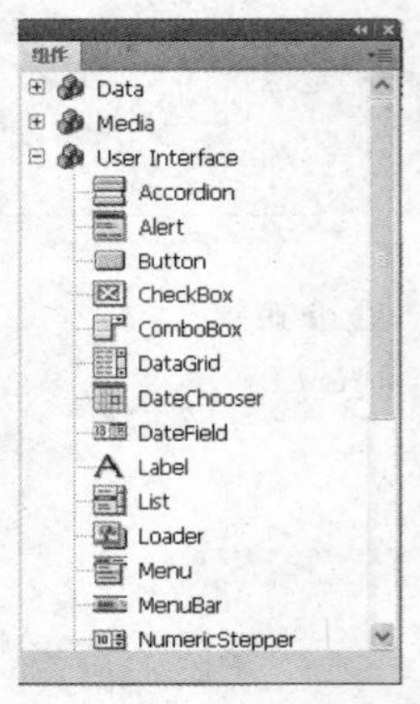

图13.47 【组件】面板

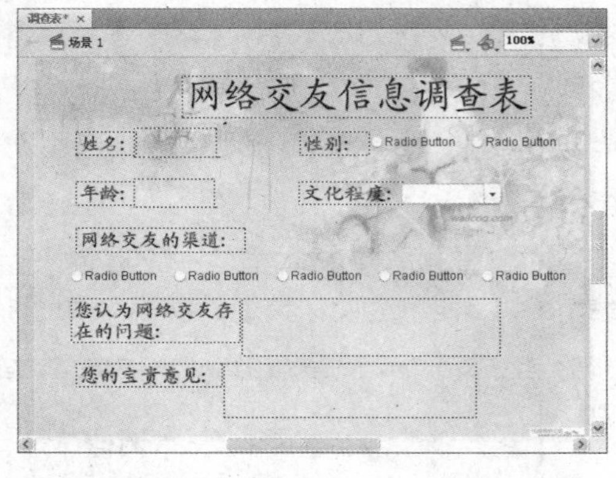

图13.48 放置组件

12 选中文本“性别：”后的第一个单选按钮，打开【组件检查器】面板，在【参数】选项卡下将其显示文字设为“男”，如图13.49所示。

13 用同样的方法将“性别：”后面的第二个单选按钮的显示文字设置为“女”。

14 选中文本“网络交友的渠道：”下方的第一个单选按钮，在【组件检查器】面板中将其显示文字设为“论坛聊天室”，组名设为“qudao”，如图13.50所示。

图13.49 设置组件属性

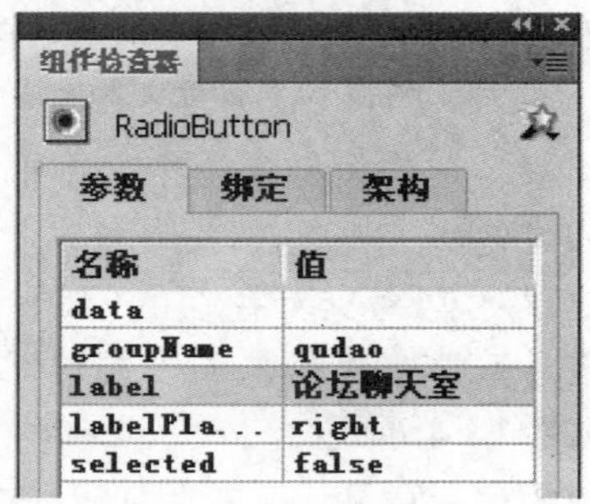

图13.50 设置RadioButton组件属性

15 用同样的方法设置其他几个单选按钮，分别按顺序将其显示文字设为“交友网站”、“声讯电话”、“短信交友”和“婚介机构”，如图13.51所示。

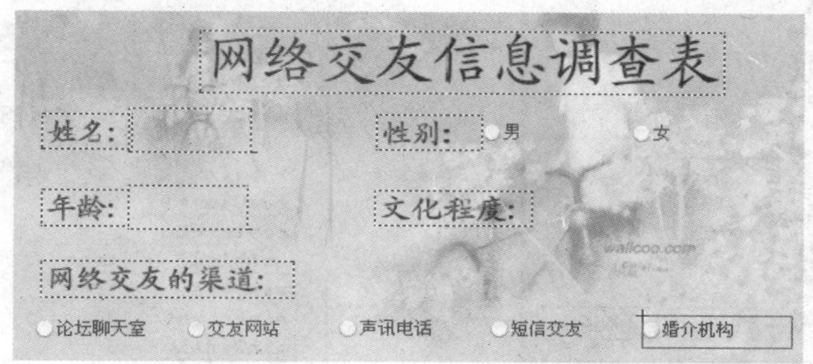

图13.51　单选按钮显示效果

16 在【组件】面板中将ComboBox组件拖曳到文本“文化程度：”后。

17 在【组件】面板中将ScrollPane组件拖曳到“您网络交友的渠道：”和“您的宝贵意见：”右侧，调整其大小，使其与原来绘制的文本框相同。

18 在【组件】面板中将CheckBox组件拖动到场景的左下方。

19 在【组件】面板中将Button组件拖动到场景的右下方，效果如图13.52所示。

20 选中文本“文化程度：”后的下拉列表框，在【属性】面板中将其实例名称设置为“wenhua”，如图13.53所示。

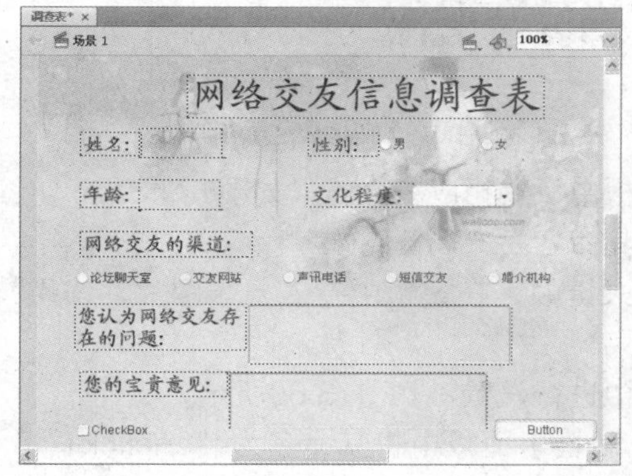

图13.52　放置其他组件

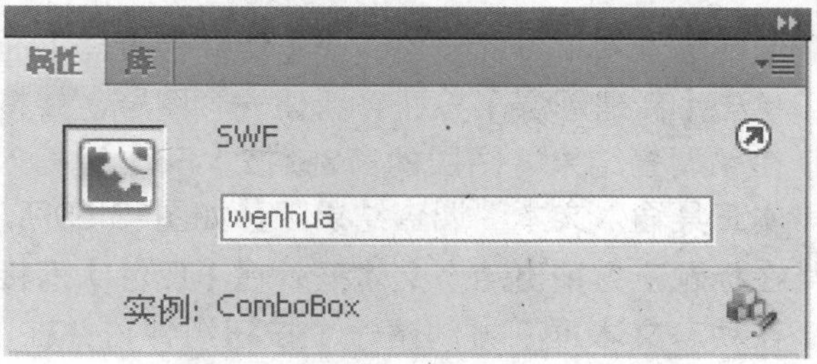

图13.53　修改实例名称

21 打开【组件检查器】面板，在【参数】选项卡下选择【data】参数项，单击【值】列表框中的按钮，打开【值】对话框，在其中单击【+】按钮增加选择值，如图13.54所示。

22 用相同的方法设置【labels】参数的数值，如图13.55所示。

23 选中文本“您认为网络交友存在的问题：”右侧的ScrollPane组件，在打开的【组件检查器】面板中设置相应的参数值，如图13.56所示。

24 使用同样的方法和值设置“您的宝贵意见：”右侧的ScrollPane组件的属性。

25 选中场景左下方的复选框，在打开的【属性】面板中，将【实例名称】设置为“fuxuan”，并在【组件检查器】面板中设置相应的参数值，如图13.57所示。

图13.54　添加Data值

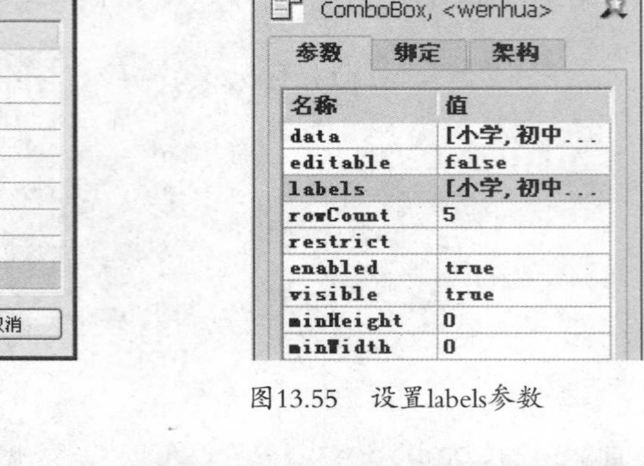

图13.55　设置labels参数

图13.56　设置ScrollPane组件参数

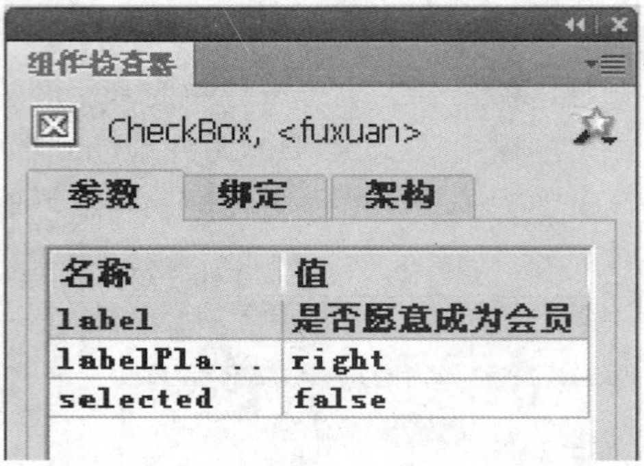

图13.57　设置CheckBox组件参数

26 选中场景右下方的按钮，在【组件检查器】面板中设置相应参数值，如图13.58所示。

27 单击【新建图层】按钮，新建一个图层，并将其命名为“调查结果”。

28 在“调查结果”图层的第2帧按【F6】键插入关键帧，在该帧中导入一张图片，使用文本工具输入文本“调查结果”，如图13.59所示。

29 在标题下方拖出动态文本框，在【属性】面板中进行设置，如图13.60所示。

30 在动态文本框下方创建一个按钮组件，并在【属性】面板中将其命名为“onclick1”，在【组件检查器】面板中将【labels】参数值修改为“返回”，如图13.61所示。

图13.58　设置button组件参数

图13.59　导入图片并输入文本

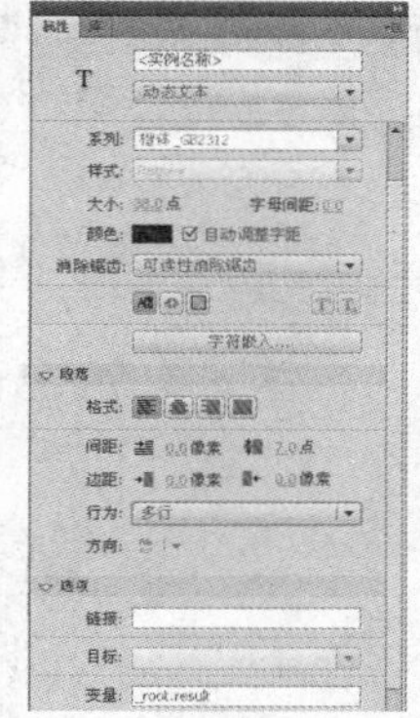

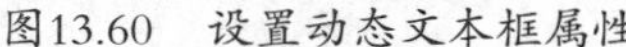

图13.60 设置动态文本框属性

图13.61 添加“返回”按钮

31 选中“调查结果”层的第1帧，在【动作-帧】面板中输入如下语句：

```
stop();
```

输入后的【动作-帧】面板如图13.62所示。

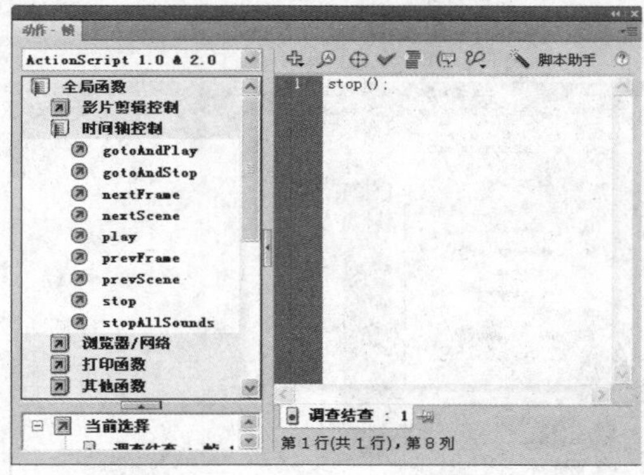

图13.62 输入第一帧语句

32 选中“组件”图层中的“提交”按钮，在【动作-按钮】面板中输入如下语句：

```
on (click) {   //设置单击“提交”按钮后将出现的动作
if (_root.fuxuan.getValue() == true) {
text = "是";
} else {
text = "否";
}  //根据组件“fuxuan”的取值决定变量“text”的显示内容
_root.result = "姓名:"+_root.name.text+"\r年龄: "+_root.age.text+"\r文化程度:"+_root.wenhua.getValue()+"\r性别:"+_root.radioGroup.getValue()+"\r交友渠道:"+_root.qudao.getValue()+"\r存在问题:"+_root.quesion.text+"\r宝贵意见:"+_root.advice.text+"\r会员:"+text;     //提取各个输入文本框的值以及各组件实例的选择值，并以字符串的形式显示在第二个页面的_root.result文本框中
_root.gotoAndStop(2);    //跳转并停止在第2帧
}
```

输入后的【动作-组件】面板如图13.63所示。

图13.63　输入“提交”按钮的语句

33 选中“调查结果”图层中的“返回”按钮，在【动作】面板中输入如下语句：

```
on (click) {
_root.gotoAndStop(1);   //单击“返回”按钮将返回到第一个页面
}
```

输入后的【动作-组件】面板如图13.64所示。

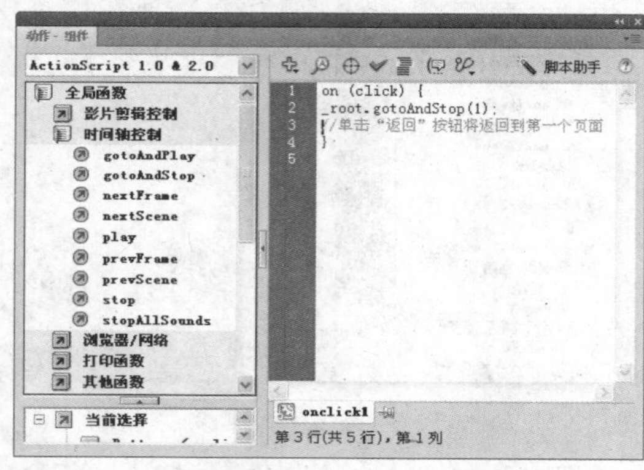

图13.64　输入“返回”按钮的语句

34 执行【控制】→【测试影片】命令（或按【Ctrl+Enter】组合键），在Flash播放器中得到动画的预览效果，参考图13.39所示。

13.3 提高——自己动手练

在掌握了组件的基础知识和基本操作以及相关的应用之后，我们通过两个实例的制作进一步巩固了所学知识，下面再通过两个实例的实战演练提高读者自己动手的能力。

13.3.1　制作对话框效果

最终效果

本例制作完成后的最终效果如图13.65所示。

解题思路

1 绘制所需图形，并对颜色设置渐变效果。
2 编写组件内部脚本。
3 定义组件。

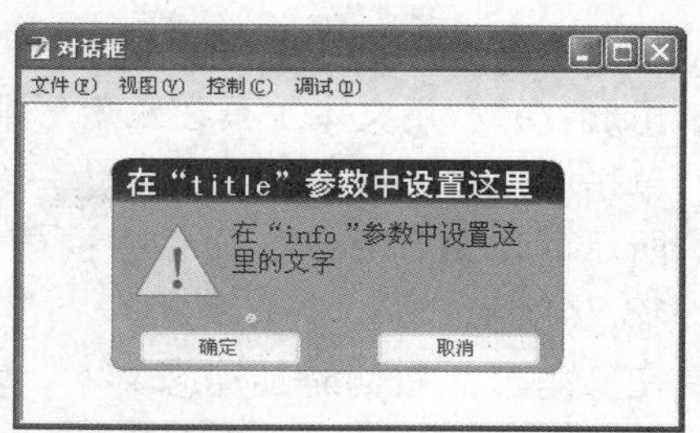

图13.65　对话框最终效果

操作提示

1 新建一个Flash文档，将文档大小设为“400×200”像素，并将文档保存为“对话框”。
2 执行【插入】→【新建元件】命令，打开【创建新元件】命令，创建一个新的影片剪辑元件，命名为“对话框”，如图13.66所示，并进入元件的编辑状态。
3 选择【工具】面板中的【矩形工具】按钮，在【属性】面板中设置其属性，如图13.67所示。

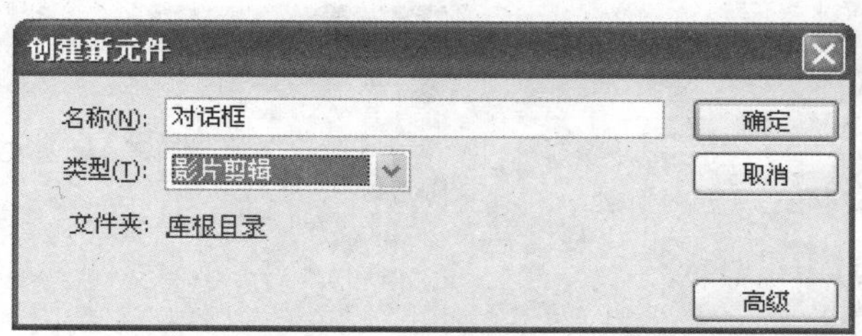

图13.66　创建新元件

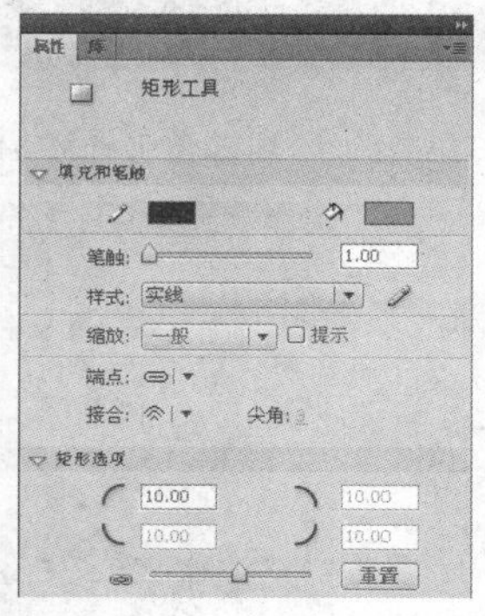

图13.67　设置矩形工具属性

4 然后在舞台中绘制一个圆角矩形，如图13.68所示。
5 利用选择工具框选圆角矩形上面的一小部分，如图13.69所示。

图13.68　绘制圆角矩形

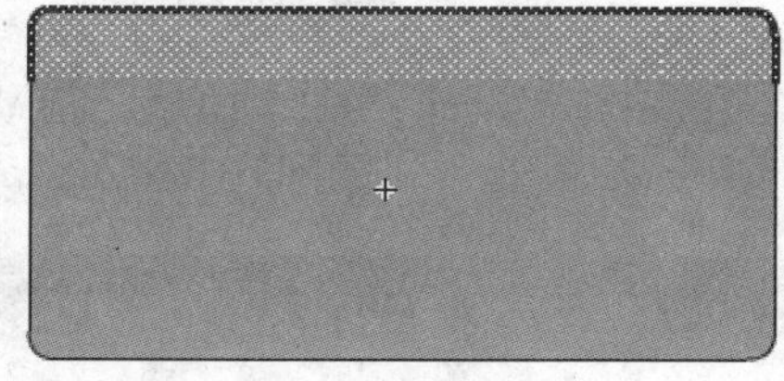
图13.69　选中矩形上面的一小部分

6 为选中的部分填充“黑色到灰色”的线性渐变，并利用渐变变形工具调整填充效果，如图13.70所示。
7 选择【工具】面板中的【墨水瓶工具】按钮，为标题栏下方添加灰色线条，如图13.71所示。

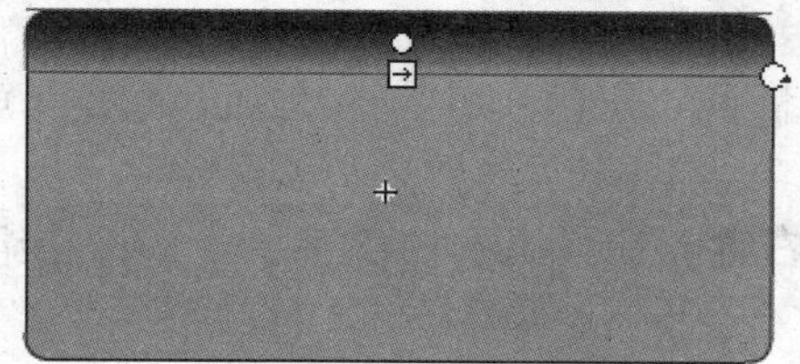
图13.70　调整渐变色

图13.71　添加灰色线条

8 单击【新建图层】按钮，创建一个新的图层2，绘制一个填充为黄色、边框为灰色的三角形，并利用文本工具在三角形中间添加一个红色的字符“T”，如图13.72所示。

9 单击【新建图层】按钮，创建一个新的图层3，添加动态文本“标题文字”到如图13.73所示的位置，并在【属性】面板中设置文本属性，将实例名称改为“titletxt”，如图13.74所示。

10 在三角形的右侧添加动态文本，输入文本内容并设置文本属性如图13.75所示，设置文本实例名称为“infotxt”。

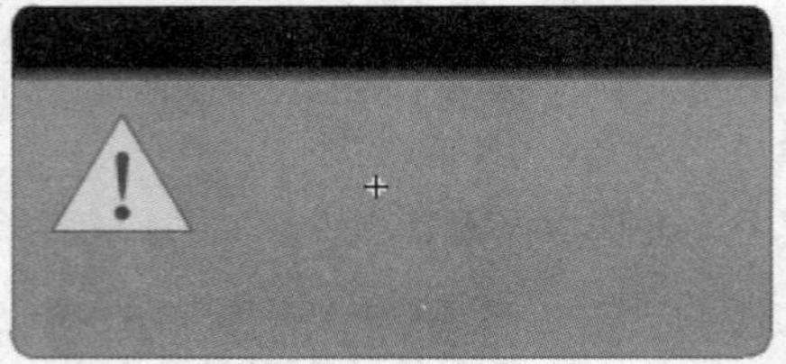

图13.72　绘制三角形并添加字符

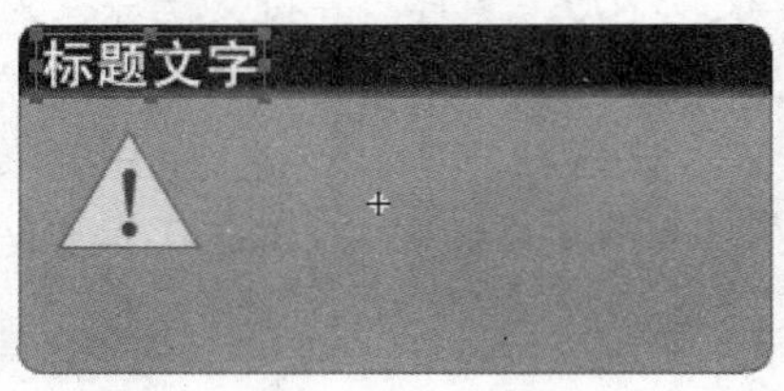

图13.73　添加动态文本

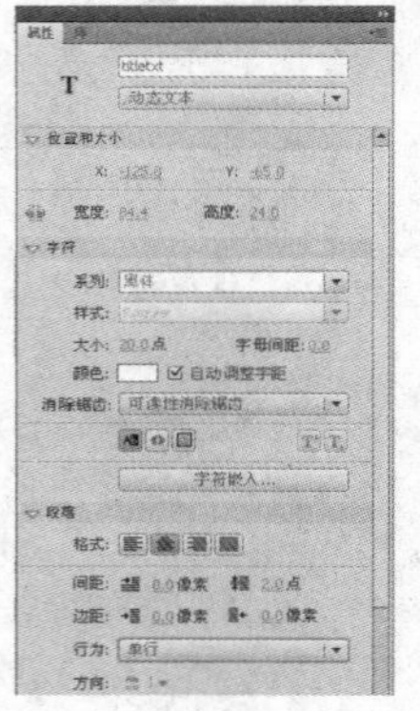

图13.74　设置文本属性

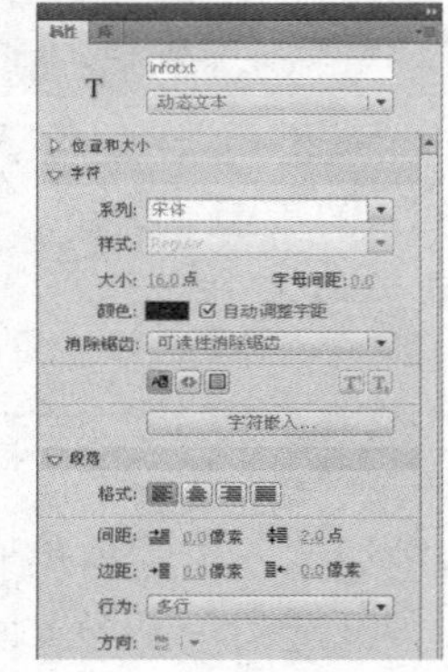

图13.75　添加动态文本并设置属性

11 新建图层4，打开【组件】面板，拖动两个Button组件到场景中，并将实例名称分别改变“ok”和“cls”，如图13.76所示。

图13.76　设置实例名称

12 然后在【组件检查器】面板中的【参数】选项卡下，将【label】值分别设定为“确定”和“取消”。

13 在【库】面板中的【对话框】元件上单击鼠标右键，在弹出的快捷菜单中选择【组件定义】选项，打开【组件定义】对话框。

14 在【组件定义】对话框中单击+按钮，添加“title”参数，如图13.77所示。

15 然后将变量值设为“tt”，在类型下拉列表框中选择“String”选项，如图13.78所示。

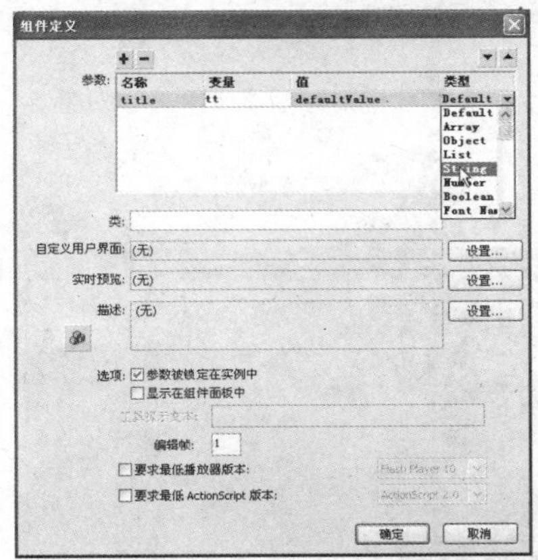

图13.77　添加“title”参数

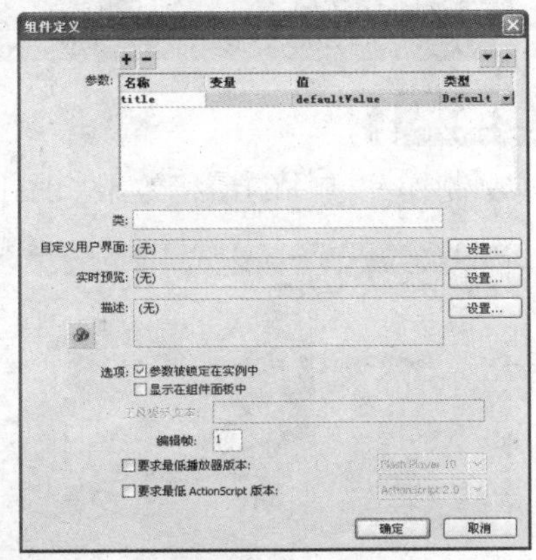

图13.78　设置参数的其他属性

16 同理添加“info”参数并设置其属性，如图13.79所示。

名称	变量	值	类型
title	tt	defaultValue	String
info	info	defaultValue	String

图13.79　添加“info”参数

17 在【库】面板中双击【对话框】元件，进入该元件编辑状态，单击【新建图层】按钮，创建新的图层5。

18 选择图层5的第1帧，按【F9】键打开【动作-帧】面板，添加Action脚本，设置元件中的标题文本和内容文本与参数中设置的一致，如图13.80所示。

19 将【库】面板中的组件“对话框”拖入舞台，如图13.81所示。然后打开【组件检查器】面板，设置组件的参数，如图13.82所示。

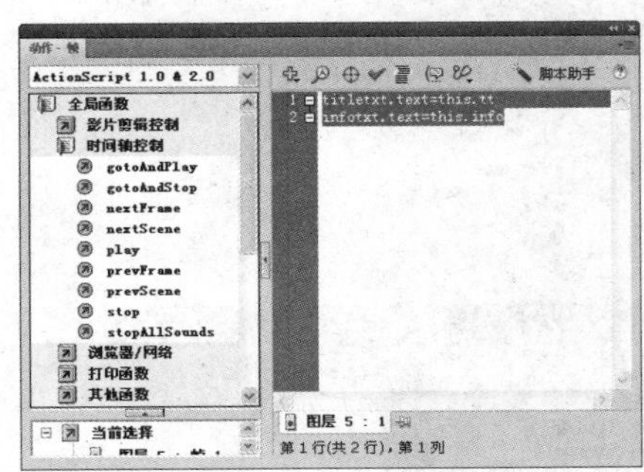

图13.80　为第1帧添加Action脚本

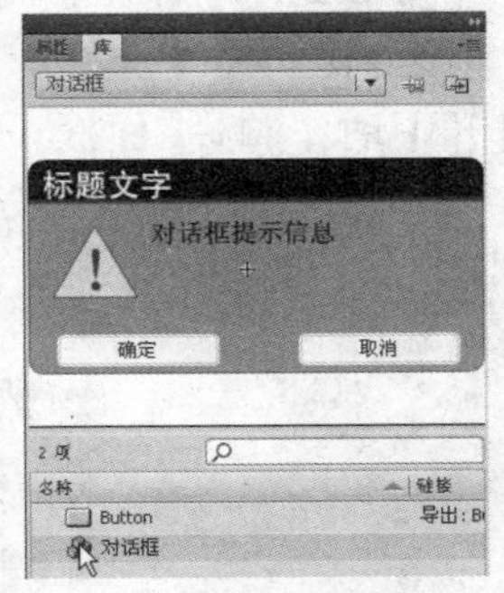

图13.81　将组件拖入舞台

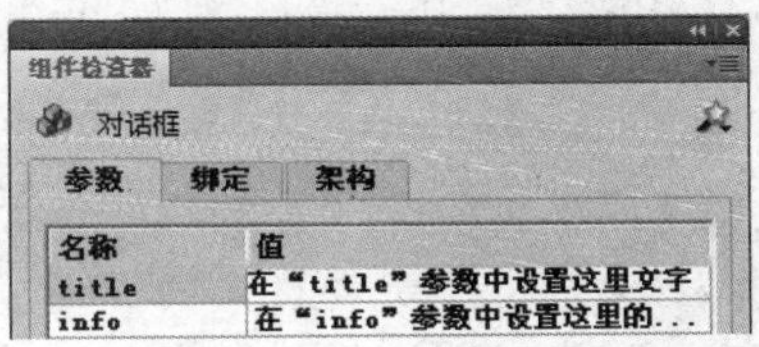

图13.82　设置组件的参数值

20 按【Ctrl+Enter】组合键即可预览动画效果，参考图13.65所示。

13.3.2 制作图片浏览下拉列表

最终效果

本例制作完成后的最终效果如图13.83所示。

图13.83 图片浏览下拉列表最终效果

解题思路

1 导入图片素材并编辑主场景。

2 为所需组件及帧添加Action语句。

操作提示

1 新建一个Flash文档，在【属性】面板中将背景颜色设为“黑色”，并将文档保存为“图片浏览”。

2 执行【文件】→【导入】→【导入到库】命令，将所需的七幅图片导入到【库】面板中。

3 从【库】面板将第一幅图片拖动到场景中，调整其大小与场景大小一致，如图13.84所示。

4 选中第1帧，按【F9】键打开【动作-帧】面板，输入以下语句：

```
stop();  //停止播放
```

添加脚本后的【动作-帧】面板如图13.85所示。

图13.84 将第一幅图片拖入场景

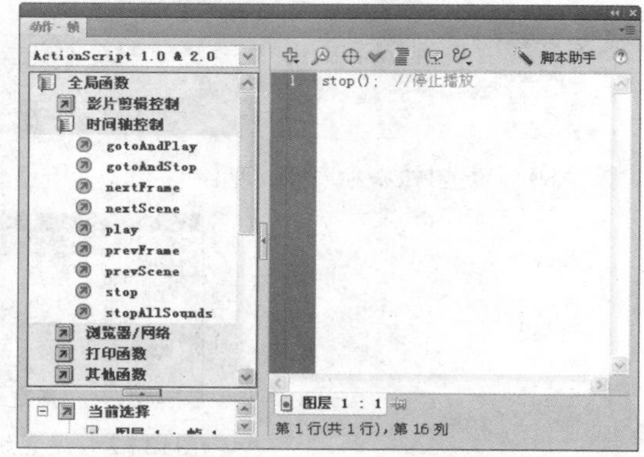

图13.85 为第1帧添加脚本

5 在图层1的第2～7帧分别插入空白关键帧，然后将其他图片依次放置到各帧中，如图13.86所示。并为各帧添加以下语句：

```
stop();   //停止播放
```

图13.86　插入空白关键帧并放入图片

6 单击【新建图层】按钮，创建一个新的图层2，选中第1帧，选择【工具】面板中的【文本工具】按钮，在舞台输入“请选择图片”，并将文本颜色设为“黑色”，如图13.87所示。

图13.87　输入文本

7 单击【新建图层】按钮，创建一个新的图层3，按【Ctrl+F7】组合键打开【组件】面板，在【组件】面板中将ComboBox组件拖放到文字右侧，如图13.88所示。

图13.88　放置ComboBox组件

8 保持ComboBox组件的选中状态，按【Shift+F7】组合键打开【组件检查器】面板，对该组件的参数进行设置，如图13.89所示。

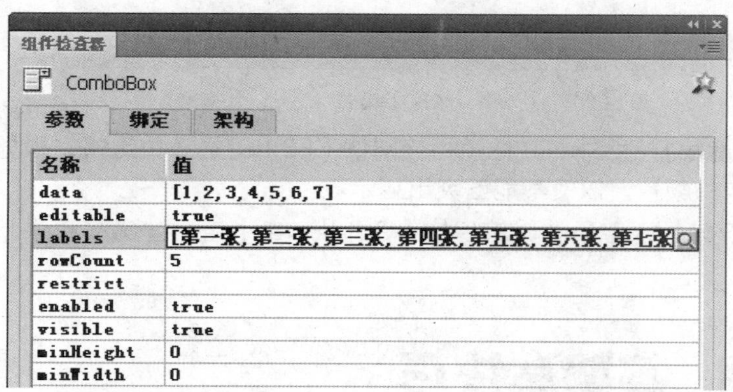

图13.89　设置ComboBox组件属性

9 在【属性】面板中将其实例名称改为“ym”。

10 继续保持ComboBox组件的选中状态，按【F9】键打开【动作-组件】面板，输入以下语句：

```
onClipEvent (enterFrame) {
   if (_root.ym.getValue() == "第一张") {
_root.gotoAndStop(1);
}
if (_root.ym.getValue() == "第二张") {
    _root.gotoAndStop(2);
}
```

```
if (_root.ym.getValue() == "第三张") {
    _root.gotoAndStop(3);
}
if (_root.ym.getValue() == "第四张") {
    _root.gotoAndStop(4);
}
if (_root.ym.getValue() == "第五张") {
    _root.gotoAndStop(5);
}
if (_root.ym.getValue() == "第六张") {
    _root.gotoAndStop(6);
}
if (_root.ym.getValue() == "第七张") {
    _root.gotoAndStop(7);
}  //根据在ComboBox组件中选择的项目，跳转到相应的帧显示图片
}
```

添加脚本后的【动作-组件】面板如图13.90所示。

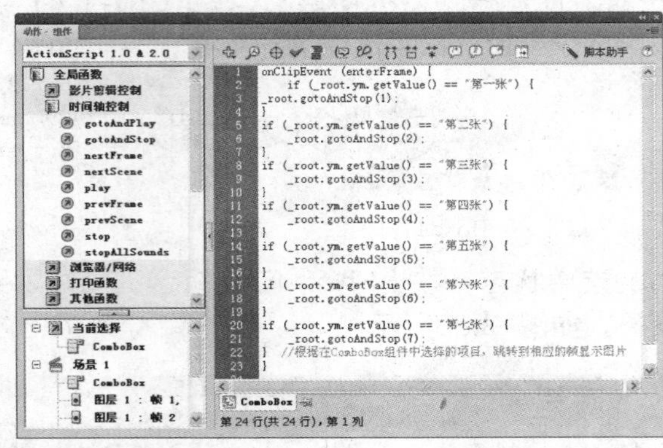

图13.90 【动作-组件】面板

11 选择图层2中除第1帧之外的其他帧，分别按【F6】键插入关键帧，根据每一帧中图片的颜色修改文本的颜色，以使其能够突出显示。

12 在图层2的第7帧插入普通帧，然后按【Ctrl+Enter】组合键测试动画，最终效果参考图13.83所示。

13.4 答疑与技巧

问 组件的参数可以在哪些面板中显示出来?

答 组件的参数除了可以在【属性】面板中显示其属性外，还可在【组件检查器】面板中显示。

问 怎样在下拉列表框顶部产生一个可编辑的文本框，以便手动输入一个值?

答 可在列表框顶部创建一个可编辑的文本字段，这样也可方便用户搜索此列表。

问 为什么拖入组件到舞台中，有时可以看见有时又看不见?

答 这是因为“动态预览”功能被关闭，在默认情况下该功能处于启用状态。执行【控

制】→【启用动态预览】命令，可开启该功能。这样组件出现在Flash的舞台上时，即可查看该组件信息，包括其大概尺寸。实时预览反映了不同组件的不同参数。

结束语

本章对Flash CS4中组件的基本概念、组件属性的设置方法，以及如何添加组件进行了介绍。通过两个典型实例的制作，对本章所学内容进行了必要的练习。在学习和应用组件的过程中，读者除了掌握本章介绍的常用组件之外，还需要根据实际应用的情况，对【组件】面板中的其他组件进行了解。另外，组件作用的发挥，除了组件属性的设置外，还需要相关Action语句的配合应用。所以读者还需要对相关语句进行必要的了解和学习，以确保能够熟练掌握和应用组件，并能够利用组件制作出具有实用功能的交互动画作品。

Chapter 14

第14章 网页广告动画制作

本章要点

入门——基本概念与基本操作

- Flash广告的应用领域
- Flash广告的基本特点

进阶——典型实例

- 制作汽车广告

提高——自己动手练

- 制作通信公司广告

答疑与技巧

本章导读

随着互联网的迅猛发展，网络广告空前盛行，Flash动画以其效果精美、制作方便快捷而倍受青睐，使得Flash网页广告动画成为网络世界不可或缺的重要组成部分。本章将对Flash广告的特点及基本类型等基础知识进行介绍，并通过实例制作，使读者学习和掌握在Flash CS4中制作网页广告的基本方法和技巧。

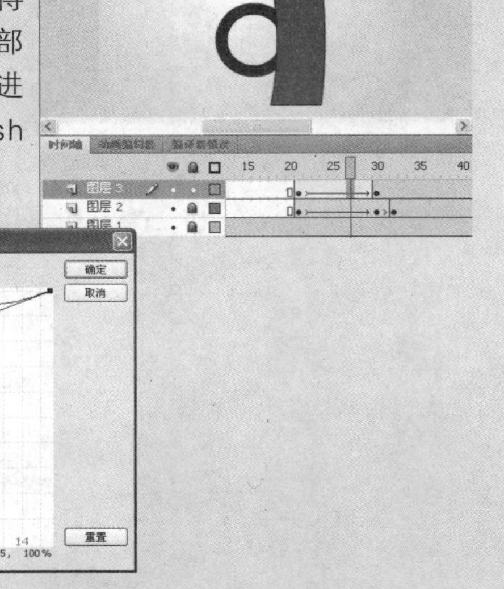

14.1 入门——基本概念与基本操作

Flash广告体积小，表现内容丰富，在网络中可以发挥媒体作用，而且随着网络的深入发展，其优势越来越明显。下面我们就来了解一下Flash网页广告的应用领域及其基本特点。

14.1.1 Flash广告的应用领域

Flash广告主要在网络中进行宣传，因此其应用领域也主要体现在网络方面，主要包括以下3个应用领域：

- 用于宣传特定内容：其主要作用是对指定的内容进行宣传，以扩大其知名度或影响力，如宣传特定服务、机构或人物、网站域名以及为某种活动制造声势，如图14.1所示。

图14.1 用于宣传特定内容的广告

- 用于链接指定内容：作为广告，这类网页自身只携带了少量的广告信息，甚至不包含广告信息，而只是通过独特的表现手法，吸引观众注意并使观众点击该广告，然后链接到相应的网站或网页，为观众提供更为全面和详实的信息，如图14.2所示。

图14.2 用于链接指定内容的广告

- 用于演示特定产品：这类广告的作用是演示广告主体的主要功能和特点，使潜在的产品用户提前对该产品有一个大致了解，以提高产品的热销程度，而演示的主体通常为特定的热销产品或即将推出的新产品，如图14.3所示。

图14.3 汽车产品广告

14.1.2 Flash广告的特点

通过前面小节的介绍，了解了Flash广告在网络中的应用领域，从这些应用中可以看出Flash广告具有以下4个特点：

1. 适合网络应用

动画文件小是Flash动画的基本特点，一个包含文字、动画和声音的1分钟长的动画，根据其内容不同，文件大小可以压缩到100~500KB。这样的文件大小非常适合网络传播，即使将广告文件内嵌到网页中，也不会明显地增加网页的数据量。

2. 表现形式多样

Flash广告的表现形式多样，可以包含文字、图片、声音及动画等内容，如果不考虑文件大小因素，还可以在广告中插入视频片段。丰富的表现形式使Flash广告可以更好地表现出广告的内容。

3. 广告针对性强

Flash广告可根据广告主体的特点，对广告主体进行针对性的宣传和表达，对于促销广告可直接着手于促销手段的表现，使观众能更好地理解广告的意图。

4. 具有交互功能

Flash广告除了单纯的演示广告内容外，还可以通过Action语句来实现交互功能，如用户可以通过单击广告中的相应选项来获取自己感兴趣的内容，或通过单击Flash广告链接到相关页面，以了解更加详细的产品或服务信息。

14.2 进阶——制作汽车广告

学习了网页广告动画的特点和应用范围，下面通过实例的制作来讲解网页广告动画的制作方法和技巧。

最终效果

动画制作完成的最终效果如图14.4所示。

图14.4　广告预览效果

解题思路

1 导入所需图片素材。
2 绘制图形。
3 创建补间动画。
4 创建遮罩动画。

操作步骤

1. 广告开场的视觉效果

1 新建一个Flash文档，按【Ctrl+J】组合键打开【文档属性】对话框，设置文档大小为“360×300”像素，帧频为“30”fps。

2 按【Ctrl+F8】组合键打开【创建新元件】对话框，创建一个“背景”图形元件，如图14.5所示。

3 进入元件编辑状态，绘制一个矩形，设置填充色为“白色到浅灰”的放射状渐变，如图14.6所示。

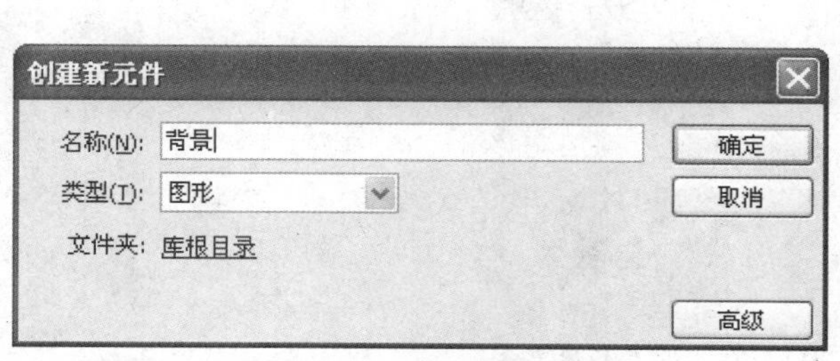

图14.5 【创建新元件】对话框

图14.6 绘制矩形

4 返回主场景，将【库】面板中的图形元件“背景”拖曳到舞台中，并将其对齐到舞台的中心位置，如图14.7所示。

5 按【F5】键在图层1的第177帧插入帧，然后锁定图层1。

6 单击【新建图层】按钮，新建图层2。

7 按【Ctrl+F8】组合键打开【创建新元件】对话框，创建一个“环形”图形元件，然后在该元件的编辑状态下绘制如图14.8所示的圆环。

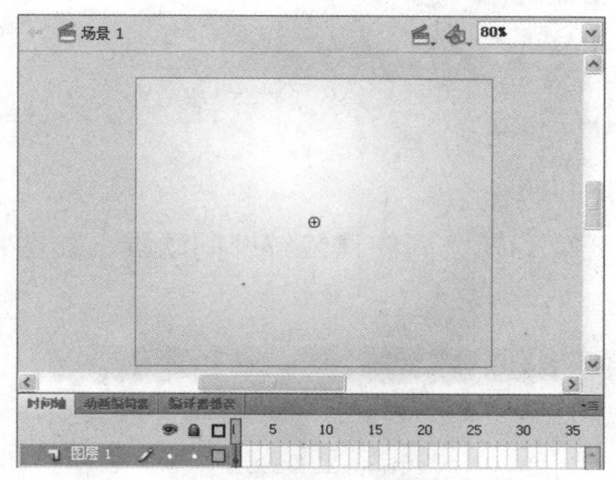

图14.7 把图形元件“背景”拖曳到舞台中

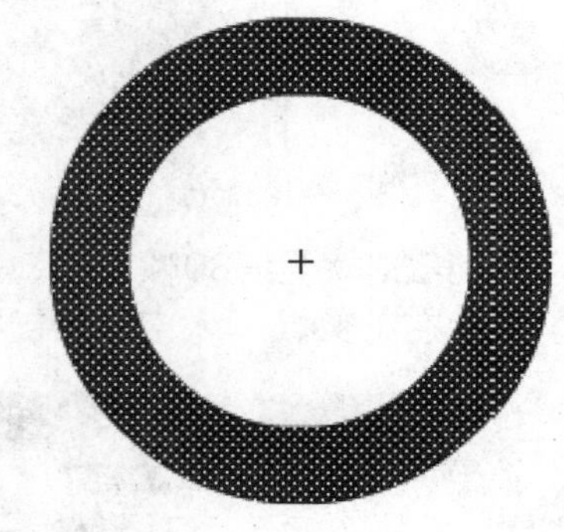

图14.8 绘制圆环

提示 由于本例的图层比较多，并且多数图层重叠，所以每结束一层的编辑，马上将其锁定，防止相互干扰。必要时还可以隐藏图层。

8 返回主场景，选择图层2的第21帧，按【F6】键插入关键帧，将【库】面板中的图形元件“环形”拖曳到舞台中，并将其对齐到舞台的中心位置。

9 然后分别在图层2的第30帧、第32帧按【F6】键插入关键帧。

10 选中第21帧中的“环形”元件，打开【变形】面板，将元件缩小到原来的34%，如图14.9所示。

11 然后在【属性】面板中，打开【色彩效果】区域中的【样式】下拉列表，从中选择【高级】选项，进行如图14.10所示的设置。

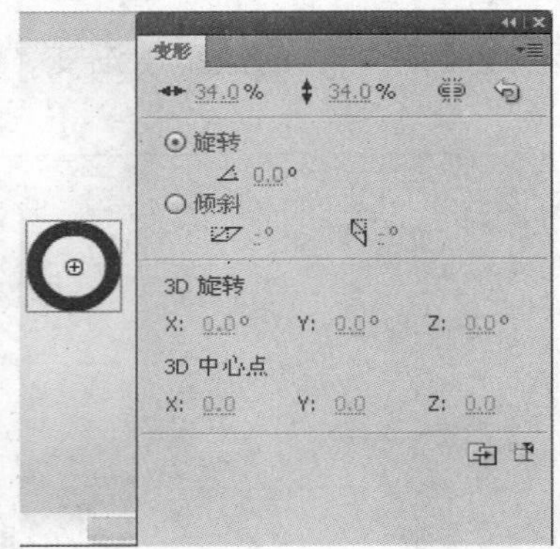

图14.9 将环形缩小

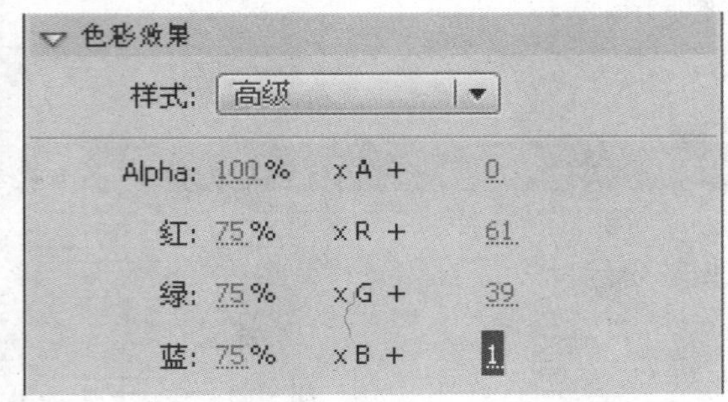

图14.10 设置颜色

12 按照缩小第21帧中图形元件的方法将第30帧中的元件缩小到原来的58%，将第32帧中的元件缩小到原来的47%，并将第32帧中元件的颜色进行如图14.11所示的设置。

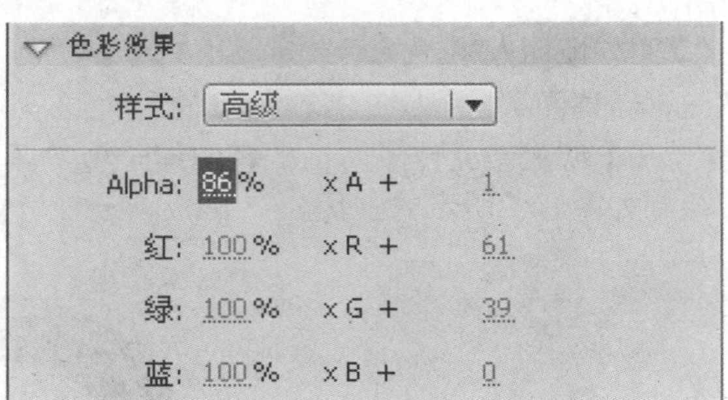

图14.11 设置第32帧中元件的颜色

13 在图层2的第20帧至第30帧之间、第30帧至第32帧之间创建传统补间动画，如图14.12所示。然后在第33帧插入空白关键帧。

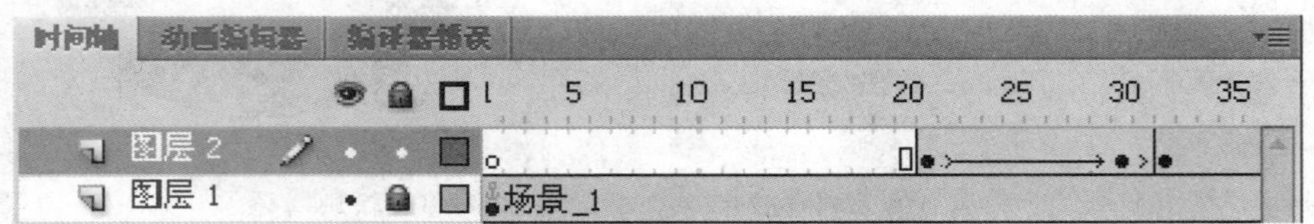

图14.12 创建“环形”变化的动画

14 单击【新建图层】按钮，新建图层3。在该图层的第21帧按【F6】键插入关键帧，并用矩形工具绘制一个矩形，然后用选择工具改变它的形状，效果如图14.13所示。

15 选中图层3的第30帧，按【F6】键插入关键帧，利用选择工具改变舞台中的图形的形状，如图14.14所示。

16 选中第21帧至第30帧之间的任意一帧，单击鼠标右键，在弹出的快捷菜单中选择【创建补间形状】选项，创建形状补间动画，如图14.15所示。

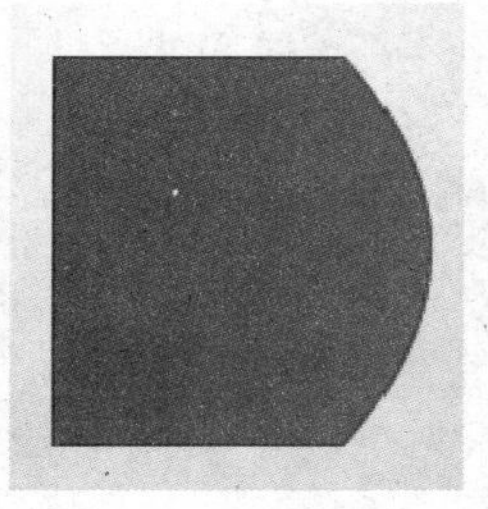

图14.13　绘制矩形并改变形状

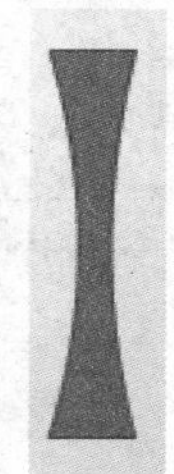

图14.14　第30帧中的图形形状

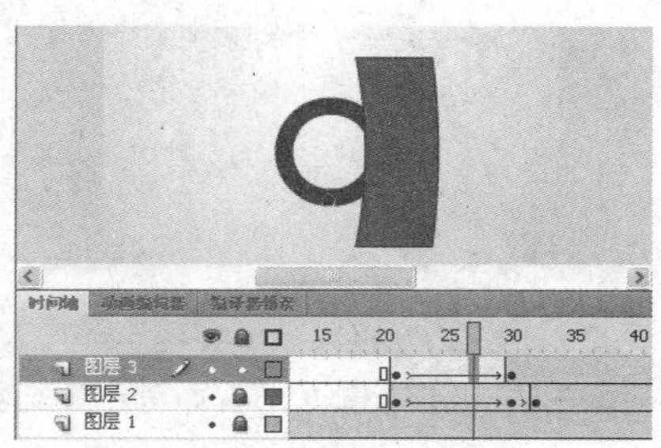

图14.15　创建形状补间动画

17 按【Ctrl+F8】组合键打开【创建新元件】对话框，创建一个“弓形”图形元件，然后在该元件的编辑状态下绘制弓形。

18 选中图层3的第31帧，插入空白关键帧，再在第32帧插入关键帧，将【库】面板中的图形元件“弓形”拖曳到舞台中，利用【变形】面板将其缩小到原来的54%，利用任意变形工具调整旋转方向，如图14.16所示。

19 在图层3上单击鼠标右键，在弹出的快捷菜单中选择【遮罩层】选项，创建遮罩动画。然后在第33帧插入空白关键帧。

20 单击【新建图层】按钮，新建图层3。按【Ctrl+F8】组合键创建“橙色圆”图形元件，如图14.17所示。

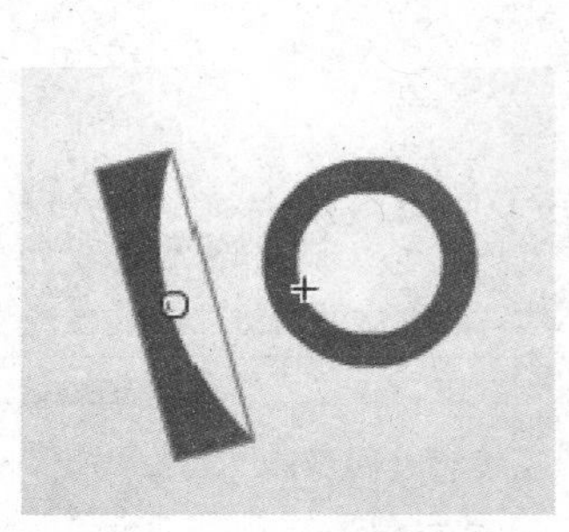

图14.16　放入“弓形”元件

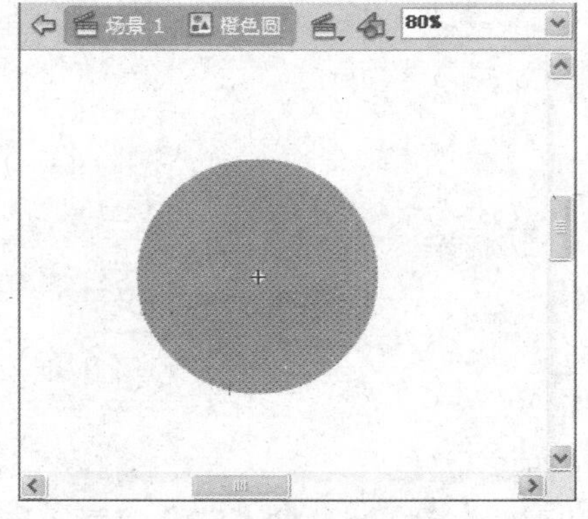

图14.17　创建“橙色圆”图形元件

21 选中图层4的第1帧，将“橙色圆”图形元件拖曳到舞台中，对齐到舞台的中心位置，并将其缩小到原来的54%，如图14.18所示。

22 选中图层4的第11帧，按【F6】键插入关键帧，然后将该帧中的图形元件放大到原来的490%。

23 保存“橙色圆”元件的被选中状态，将其透明度改为“0%”，并在第1帧至第11帧之间创建传统补间动画，如图14.19所示。

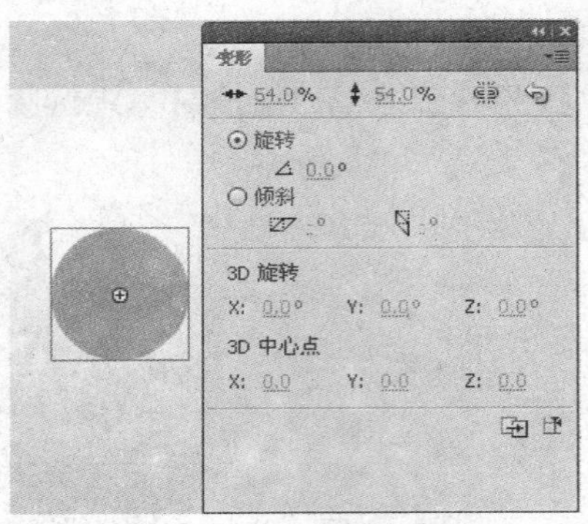

图14.18 缩小“橙色圆”图形元件

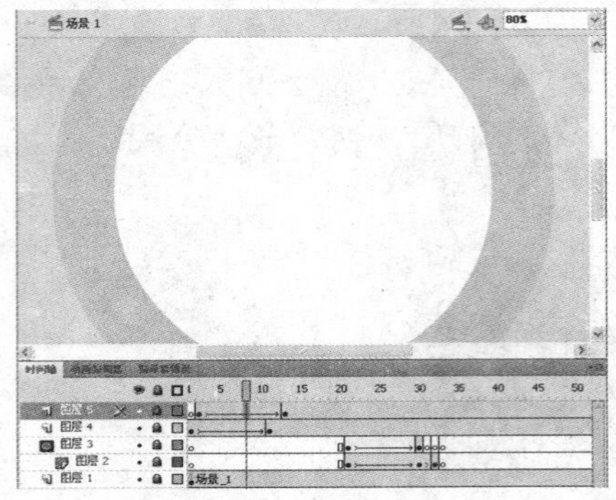

图14.19 创建传统补间动画

24 创建新的图层5并在第2帧插入关键帧。

25 新建一个“黑色圆”图形元件，在该元件的编辑区域绘制一个黑色圆形。

26 返回主场景，选中图层5的第2帧，将“黑色圆”元件拖入舞台中，将其对齐到舞台的中心位置，并将该帧中的“黑色圆”缩小到原来的6%。

27 保持“黑色圆”元件的选中状态，将其在第2帧中的颜色改为“白色”。单击【属性】面板中【色彩效果】区域中的【样式】下拉列表，从中选择【色调】选项进行设置即可，如图14.20所示。

28 选中图层5的第13帧，插入关键帧，将白色圆放大到原来的490%，然后在第2帧至第13帧之间创建传统补间动画，如图14.21所示。

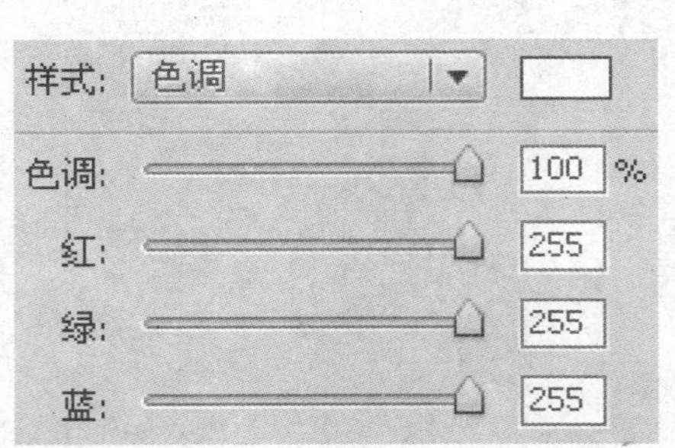

图14.20 修改色调

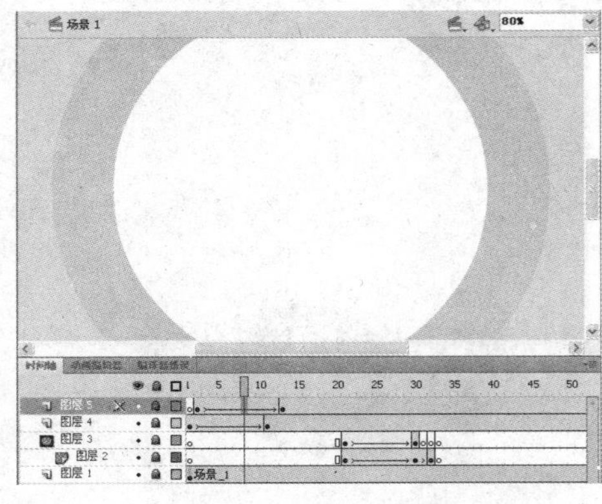

图14.21 创建传统补间动画

29 选中图层5的第14帧，按【F7】键插入空白关键帧，并将图层5锁定。

30 创建新的图层6，在第5帧按【F6】键插入关键帧。再次将【库】面板中的图形元件“橙色圆”拖曳到舞台中，对齐到舞台的中心位置，利用【变形】面板将其缩小到原来的61%，如图14.22所示。

31 选中图层6的第13帧，按【F6】键插入关键帧。将第13帧中的图形元件“橙色圆”放大到原来的680%，并将透明度改为0%，然后创建第5帧至第13帧之间的传统补间动画，如图14.23所示。

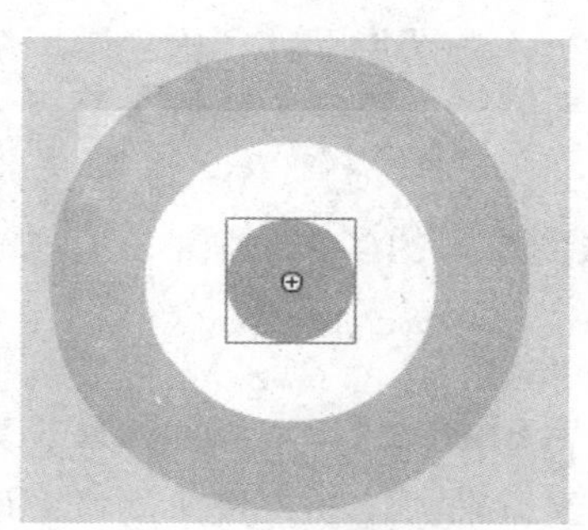

图14.22　再次将“橙色圆”元件拖入舞台

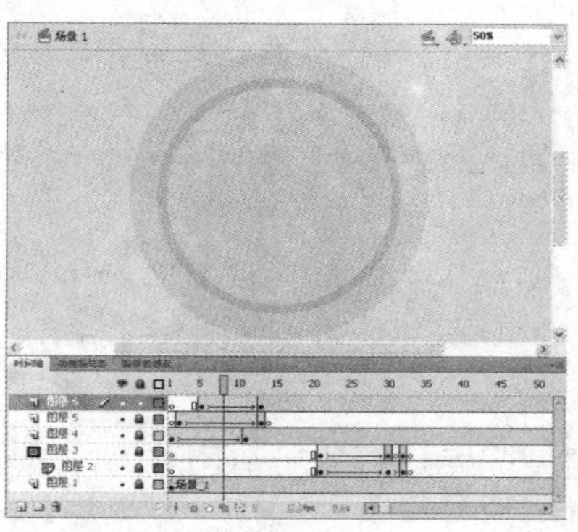

图14.23　图层6的动画效果

32 将图层6锁定并隐藏所有图层。

33 创建新的图层7，选中第24帧，按【F6】键插入关键帧。从【库】面板中将“环形”图形元件拖曳到舞台中并且对齐到舞台的中心，使用【变形】面板将其缩小到原来的34%。

34 选中图层7的第31帧，插入关键帧，并将“环形”图形元件缩小到原来的38%，然后创建第31帧至第34帧之间的传统补间动画，如图14.24所示。

35 锁定图层7，创建新的图层8，在其第24帧处插入关键帧，用矩形工具绘制一个矩形并用选择工具改变它的形状，如图14.25所示。

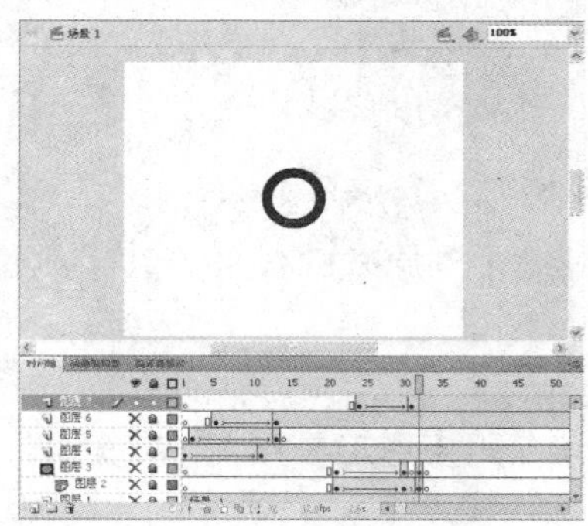

图14.24　创建图层7的动画

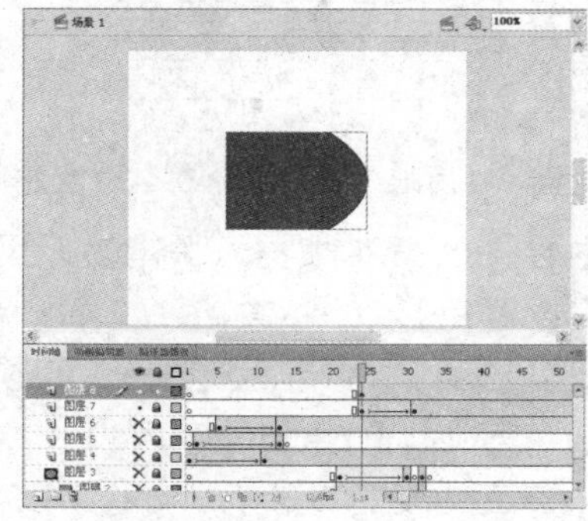

图14.25　绘制矩形并改变形状

36 在图层8的第31帧插入关键帧，改变舞台中的图形，如图14.26所示。

37 选中图层8的第24帧至第31帧之间的任意一帧，单击鼠标右键，在弹出的快捷菜单中选择【创建补间形状】选项，创建补间形状动画，如图14.27所示。

图14.26　改变第31帧中的矩形形状

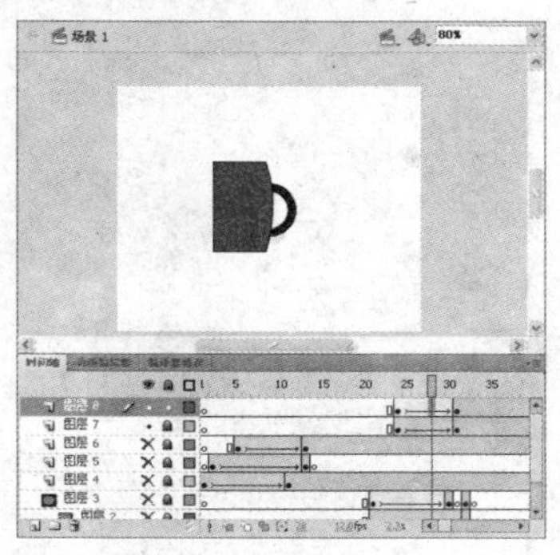

图14.27　创建形状补间

38 在图层8上单击鼠标右键，在弹出的快捷菜单中选择【遮罩层】选项，创建遮罩动画。

39 创建新图层9，在其第7帧插入关键帧，将【库】面板中的图形元件“橙色圆”拖曳到舞台中，并且对齐到舞台的中心，然后将其缩小到原来的30%，在【属性】面板中将其色调设为白色。

40 在第13帧插入关键帧，将图形元件“橙色圆”放大到原来的410%，并在【属性】面板中将透明度设为31%，如图14.28所示。

41 锁定图层9，并隐藏所有图层。

42 创建新的图层10，在第11帧插入关键帧，将【库】面板中的“环形”元件拖入舞台中，并对齐到舞台的中心，利用【变形】面板将其缩小到原来的12%，在【属性】面板中进行设置，如图14.29所示。

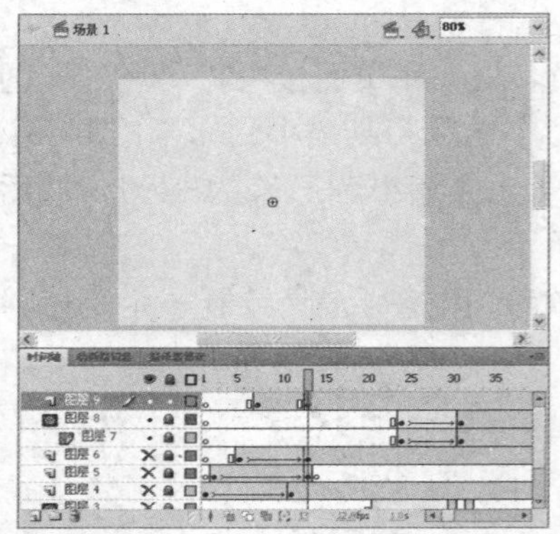

图14.28 将图形元件“橙色圆”缩放并调整透明度

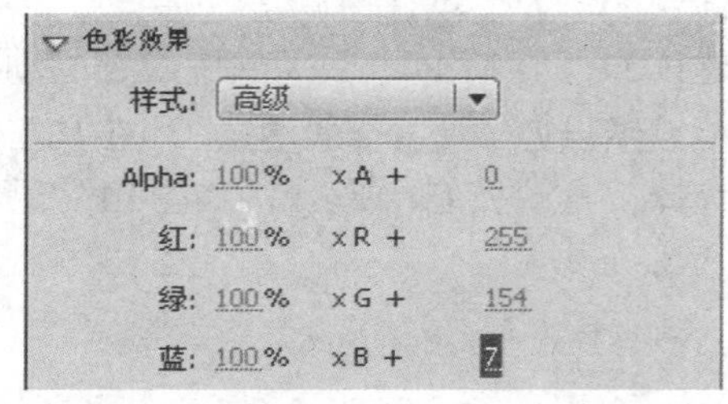

图14.29 设置【高级】样式

43 在图层10的第20帧插入关键帧，用【变形】面板将其缩小到原来的48%，在【属性】面板中设置色彩效果，如图14.30所示。

44 在图层10的第11帧至第20帧之间创建传统补间动画。

45 锁定图层10，创建新的图层11，在第11帧插入关键帧，用矩形工具绘制一个矩形，并利用选择工具改变其形状，如图14.31所示。

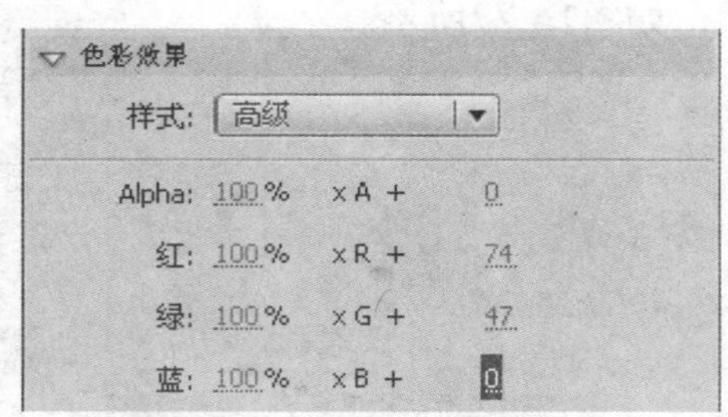

图14.30 设置第20帧中的高级值

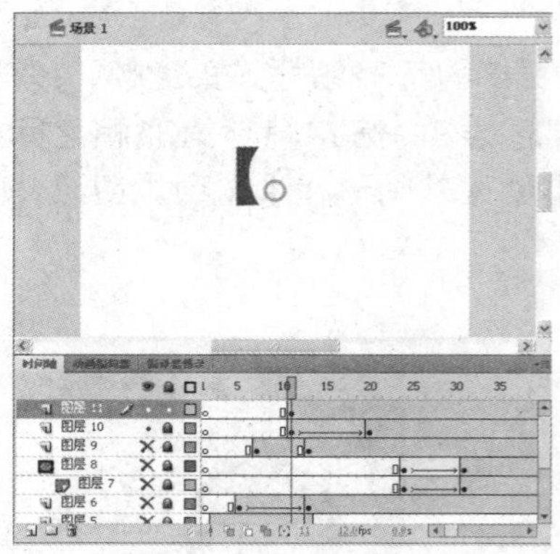

图14.31 绘制矩形并改变形状

46 在图层11的第21帧处插入关键帧，改变舞台中图形的形状，如图14.32所示。

47 创建第11帧至第21帧之间的形状补间动画。并将图层11改变为遮罩层，创建遮罩动画。

48 将图层10和图层11隐藏。新建图层12，在第14帧插入关键帧，将【库】面板中的图形元件“环形”拖曳到舞台中，并且对齐到舞台的中心。

49 用【变形】面板将第14帧中的图形元件“环形”缩小到原来的16%，然后在【属性】面板中设置【高级】样式，如图14.33所示。

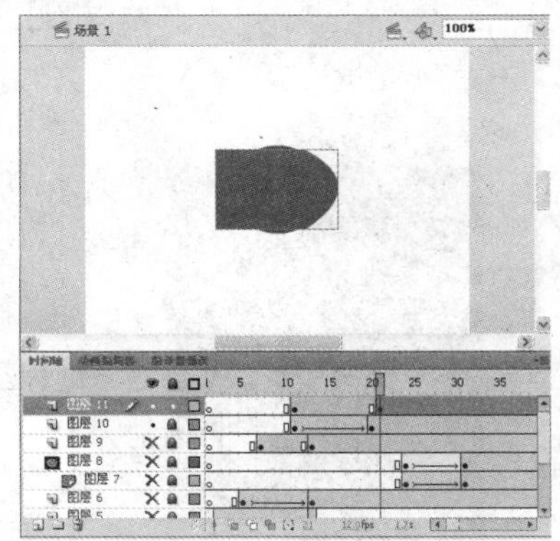
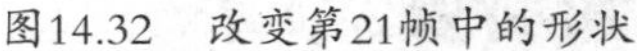

图14.32　改变第21帧中的形状

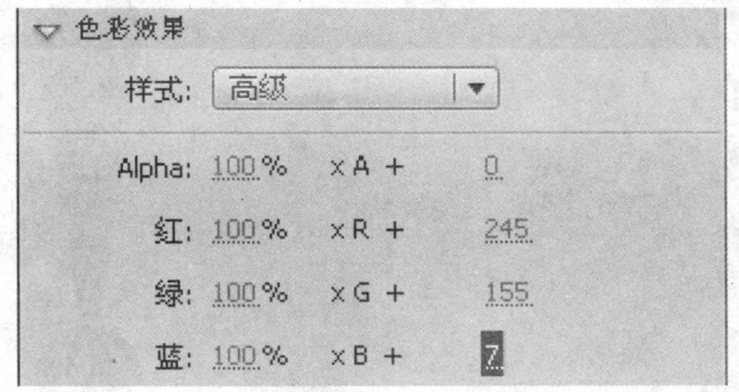

图14.33　设置第14帧中图形的【高级】样式

50 在图层10的第24帧插入关键帧，将第24帧中的图形元件“环形”缩小到原来的33%，在【属性】面板中设置【高级】样式，如图14.34所示。

51 在图层12的第14帧和第24帧之间创建传统补间动画。

52 创建新的图层13，在第14帧插入关键帧，用矩形工具绘制一个矩形，并利用选择工具改变其形状，如图14.35所示。

53 在图层13的第24帧处插入关键帧，将刚刚绘制的矩形的形状改为如图14.36所示的形状。然后创建第14帧和第24帧之间的形状补间动画。

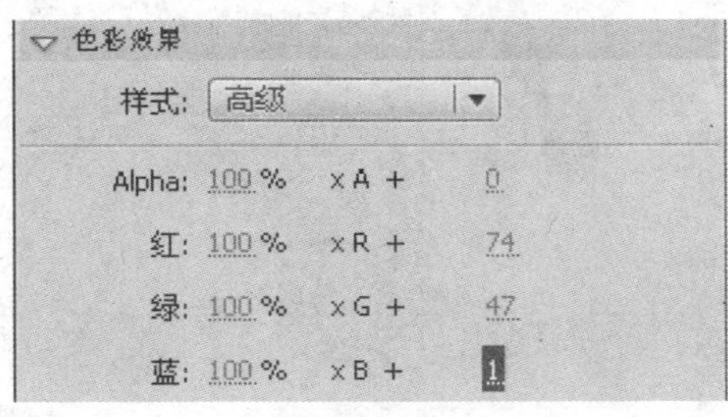

图14.34　设置第24帧中图形色彩的高级值

图14.35　绘制矩形并改变形状

图14.36　改变形状

54 将图层13改为遮罩层，创建遮罩动画。

55 隐藏图层12和图层13。新建图层14，在第17帧插入关键帧。将【库】面板中的图形元件“黑色圆”拖曳到舞台中，并且对齐到舞台的中心。

56 在图层14的第31帧和第45帧插入关键帧。将第17帧中的图形元件“黑色圆”缩小到原来的14%，在【属性】面板中设置其【高级】样式，如图14.37所示。

57 选中图层14的第31帧中的图形元件“黑色圆”，将其缩小到原来的23%，再选中第45帧中的图形元件“黑色圆”，将其缩小到原来的11%，并将其透明度改为0%，将图形元件左移80像素。

58 在第17帧和第31帧之间及第31帧和第45帧之间创建传统补间动画。

59 锁定图层14，新建图层15，在第20帧插入关键帧。

60 按下【Ctrl+F8】组合键创建“上半截”影片剪辑元件，并进入元件编辑状态，绘制如图14.38所示的图形，然后将其转换为图形元件。

61 在影片剪辑元件中新建图层2，绘制一个如图14.39所示的矩形，将刚刚绘制的图形的上半部分完全遮盖。

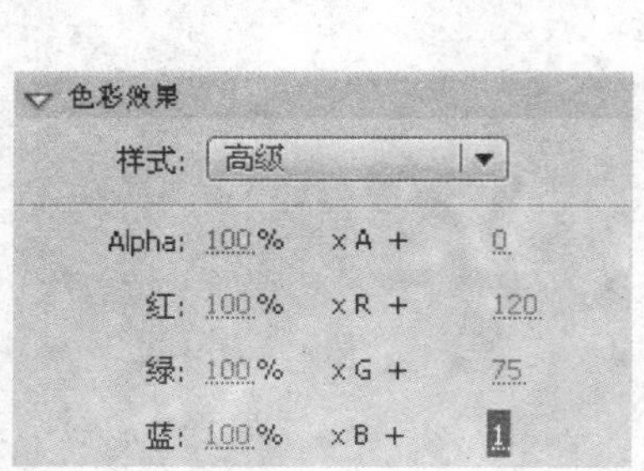

图14.37　设置第17帧中图形色彩的高级值

图14.38　绘制图形

图14.39　绘制矩形

62 在图层2上单击鼠标右键，在弹出的快捷菜单中选择【遮罩层】选项，效果如图14.40所示。

63 返回主场景，将“上半截”元件拖曳到图层15的第20帧处的舞台中，用【变形】面板将其缩小到原来的44%，用任意变形工具将元件“上半截”的中心点下移，如图14.41所示。

64 将第20帧中的“上半截”元件旋转23度，如图14.42所示。

图14.40　创建遮罩层

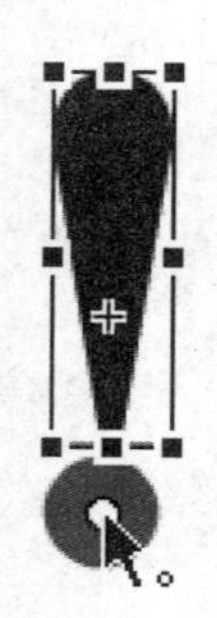
图14.41　移动中心点

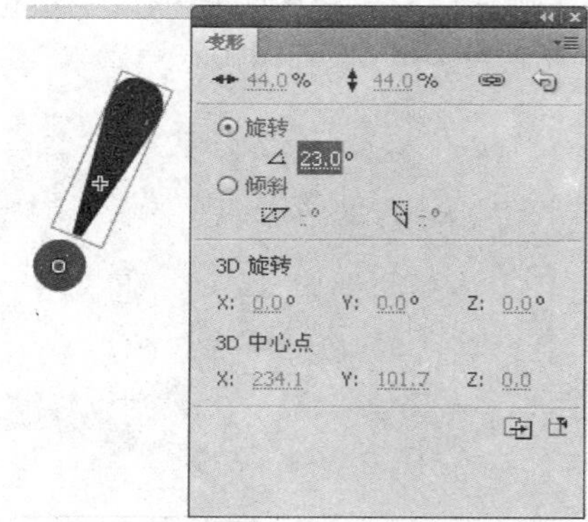

图14.42　旋转元件

65 分别在图层5的第32帧和第45帧插入关键帧，将第32帧中的“上半截”元件旋转60度，将第45帧中的“上半截”元件旋转−15度。然后将第45帧中的元件透明度设为0%，同时将其左移。

66 创建第32帧至第45帧之间的传统补间动画。选中第32帧，在【属性】面板中进行如图14.43所示的设置。

67 锁定图层15，并隐藏图层14和图层15。新建图层16，在第36帧插入关键帧。

68 创建“上半截！组成方形”图形元件，如图14.44所示。将“上半截！组成方形”图形元件拖入舞台中，创建动画。

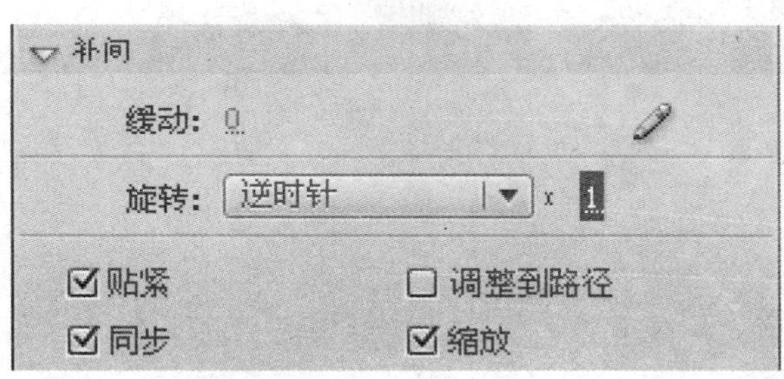

图14.43　设置旋转方式及旋转次数

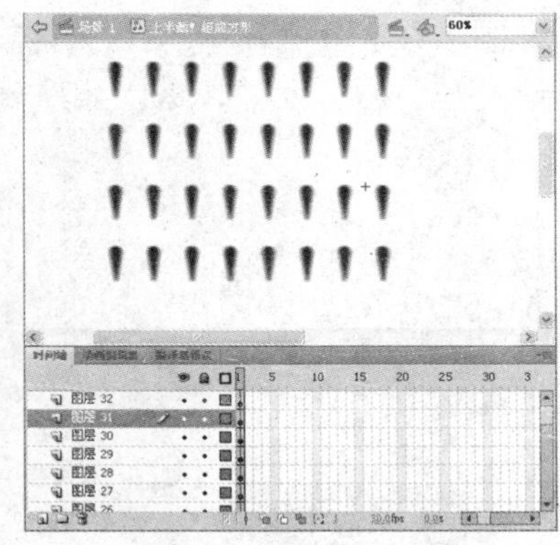

图14.44　创建图形元件

69 创建“上半截！组成矩形”影片剪辑元件，并将“上半截！制作矩形动画”影片剪辑元件拖入舞台，创建动画。然后将“上半截！组成矩形”拖放到图层16的第36帧处，用【变形】面板将其放大到原来的160%，旋转-8度，并将透明度设为0%，如图14.45所示。

70 在图层16的第72帧中插入关键帧，将影片剪辑元件的大小变为原来的100%，然后左移，并将透明度改为100%，如图14.46所示。

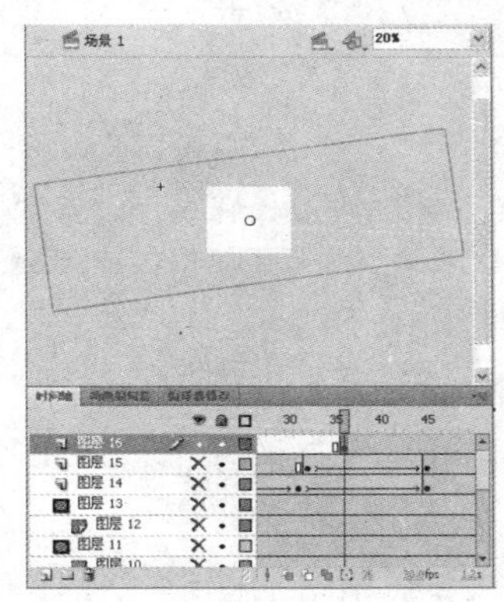

图14.45　编辑“上半截！组成矩形”影片剪辑元件　　图14.46　第72帧中的影片剪辑元件

71 在第83帧处插入关键帧，利用任意变形工具改变舞台中的元件形状，如图14.47所示。

72 创建图层16中第36帧至第72帧和第72帧至第83帧之间的传统补间动画。

2. 汽车图片动画制作

1 新建图层17，在第69帧插入关键帧，然后创建一个新图形元件，将其命名为“楼”，导入素材图片，如图14.48所示。

2 返回主场景，将【库】面板中的图形元件“楼”拖曳到舞台中。在【变形】面板中对其进行设置，宽和高分别放大为335%和200%，用任意变形工具改变其形状，透明度设为0%，效果如图14.49所示。

3 在第83帧插入关键帧，删除编辑过的图形元件，再次将“楼”元件拖入舞台并对齐到舞台的中心，然后创建第69帧至第83帧之间的传统补间动画。

4 在第92帧插入空白关键帧，并隐藏和锁定图层17。

5 新建图层18，在第80帧插入关键帧。

6 创建“车”图形元件，进入元件编辑状态，将图片素材导入舞台，如图14.50所示。

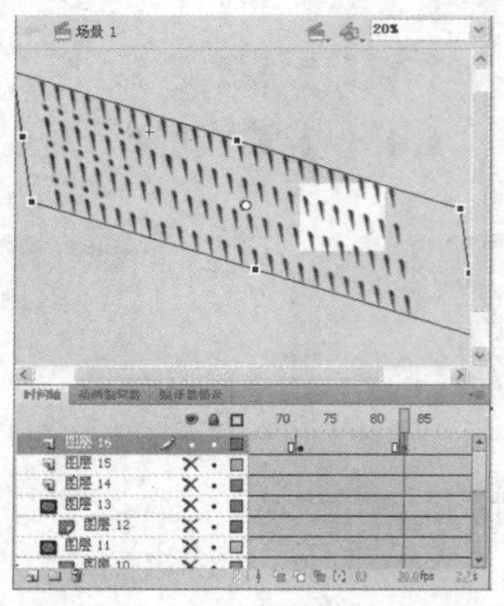

图14.47 改变第83帧中的元件形状

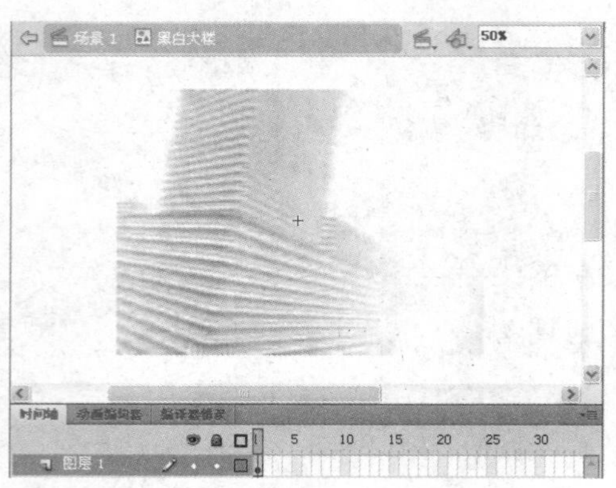

图14.48 导入素材图片

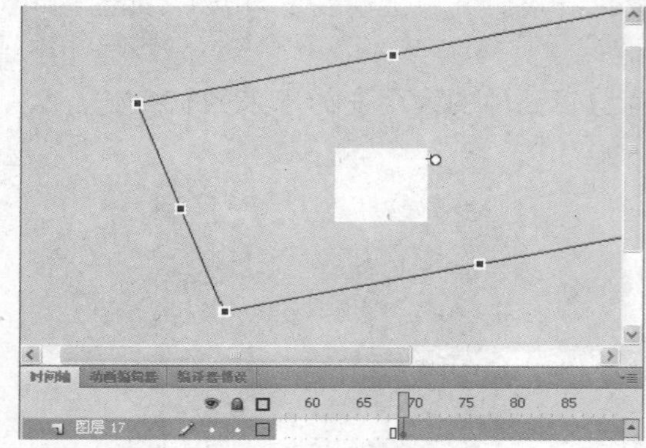

图14.49 改变图形元件形状

图14.50 导入素材图片

7 返回主场景，将“车”元件拖入舞台，对齐到舞台中心，并在【属性】面板中设置其色彩的【高级】样式值，如图14.51所示。

8 分别在图层18的第83帧和第84帧插入关键帧，然后选中第84帧中的图形元件，在【属性】面板中设置其色彩的【高级】样式值，如图14.52所示。

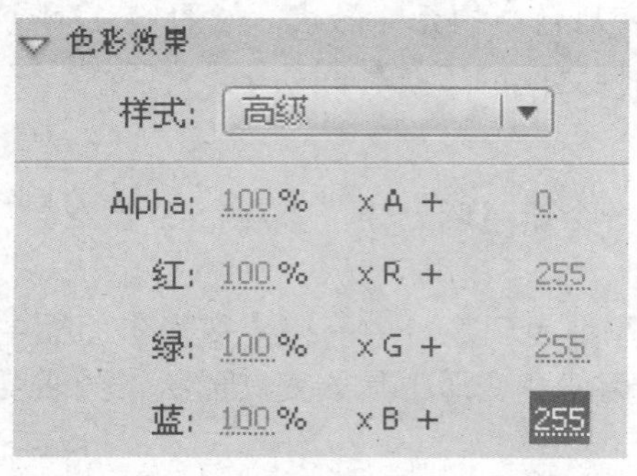

图14.51 第80帧中图形元件的【高级】样式值

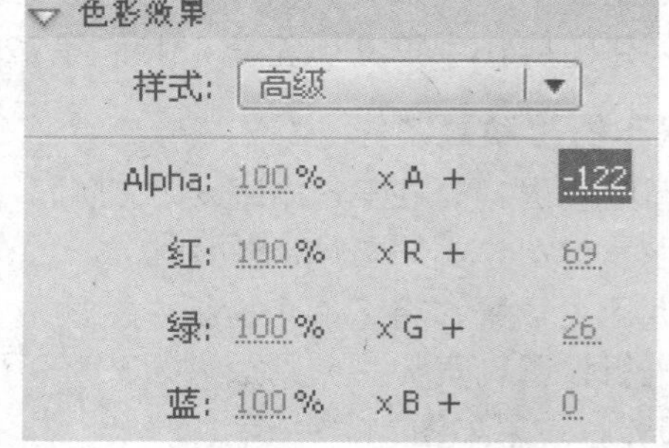

图14.52 第84帧中的图形元件的【高级】样式值

9 按【F6】键在图层18的第92帧插入关键帧，删除编辑过的图形元件，再次将【库】面板中的图形元件“车”拖曳到舞台中，对齐到舞台的中心，如图14.53所示。

10 分别在图层18的第206帧和第222帧按【F6】键插入关键帧，并在【库】面板中将第222帧中的图形元件的透明度设为0%。

11 分别在图层18的第80至83帧、第84至92帧和第206至222帧之间创建传统补间动画。

12 锁定并隐藏图层18。新建图层19，按【F6】键在第83帧插入关键帧。

13 创建一个新的图形元件，并命名为“雪佛兰新乐风”，进入元件编辑状态，利用文本工具在舞台中输入“雪佛兰新乐风”，文本样式为“黑体、仿斜体、仿粗体、黑色”。

14 在该元件场景中新建图层2，将图层1中的文本打散后复制到图层2，将字体改为“白色”，并使两个图层中的文本重叠，效果如图14.54所示。

图14.53　编辑第92帧中的图形元件

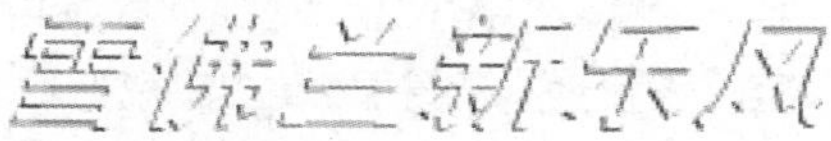

雪佛兰新乐风

图14.54　输入文本并设置相关属性

15 返回主场景，将“雪佛兰新乐风”元件拖入图层19的第83帧处的舞台，位置如图14.55所示。

16 按【F6】键分别在图层19的第99、192和212帧插入关键帧。

17 选择第83帧的图形元件“雪佛兰新乐风”，在【属性】面板中设置其透明度为“0%”。

18 将第99帧中的“雪佛兰新乐风”左移，如图14.56所示。

图14.55　放置“雪佛兰新乐风”元件

图14.56　第99帧中元件的位置

19 再将第192帧中的“雪佛兰新乐风”左移，如图14.57所示。

20 将第212帧中的元件移出舞台，并将其透明度改为“0%”，如图14.58所示。

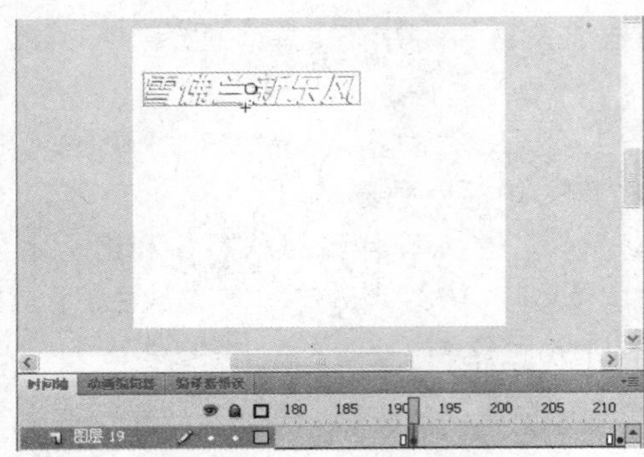
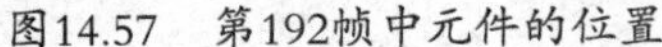

图14.57　第192帧中元件的位置

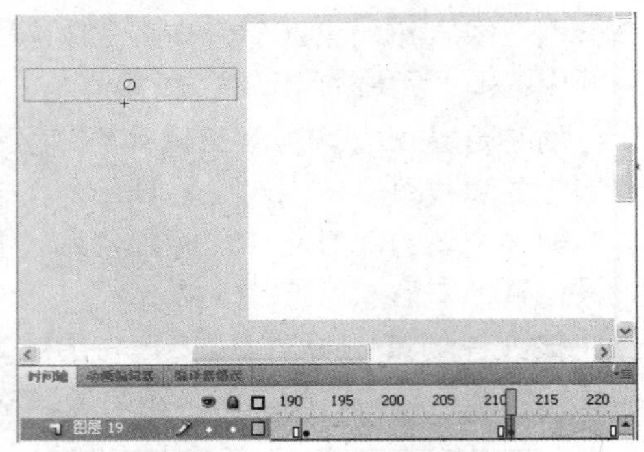

图14.58　第212帧中元件的位置

21 在图层19的第83帧到第99帧之间、第99帧到第192帧之间、第192帧到第212帧之间创建传统补间动画。

22 新建图层20，按【F6】键在第89帧插入关键帧。

23 按【Ctrl+F8】组合键创建一个图形元件，命名为“惊叹”，按照制作“雪佛兰新乐风”元件的方法制作“惊叹”元件。

24 返回主场景，在图层20的第89帧处将“惊叹”元件拖入舞台，位置如图14.59所示。

25 按【F6】键分别在图层20的在第105、192、、212和217帧插入关键帧。

26 将第89帧中的“惊叹”图形元件的透明度设为0%，然后将第105帧中的“惊叹”图形元件向左移，位置如图14.60所示。

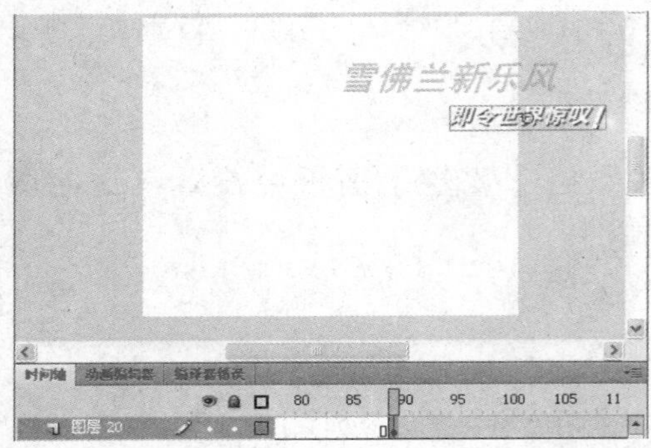

图14.59　拖入“惊叹”元件

图14.60　第105帧中图形元件的位置

27 再分别将第192帧和第212帧中的图形元件左移，位置分别如图14.61和图14.62所示。

图14.61　第192帧中图形元件的位置

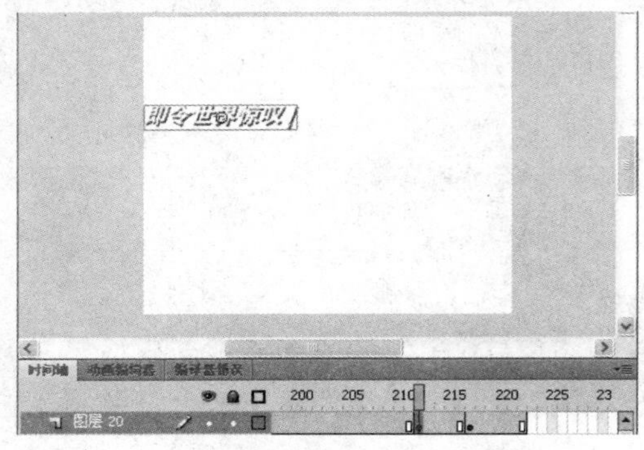

图14.62　第212帧中图形元件的位置

28 选中第217帧中的图形元件，将其移出舞台，并在【属性】面板中设置透明度为0%。

29 在图层20的第89帧到第105帧之间、第105帧到第192帧之间、第192帧到第212帧之间、第212帧到第217帧之间创建传统补间动画。

30 锁定、隐藏图层19和图层20。

3. 车标的动画制作

1 单击【新建图层】按钮，新建图层21，按【F6】键在第213帧插入关键帧。

2 按【Ctrl+F8】组合键创建一个图形元件，命名为“文字标志”，进入元件编辑状态，将素材图片导入舞台，如图14.63所示。

3 返回主场景，将“文字标志”元件拖入图层21的第213帧处的舞台中，对齐到舞台的中心。

4 按【F6】键分别在图层21的第235、280和299帧插入关键帧。

5 分别选中图层21的第213帧和299帧，在【属性】面板中将透明度设为0%。

6 在图层21的第213帧到第235帧之间、第280帧到第299帧之间创建传统补间动画。

7 单击【新建图层】按钮，新建图层22，按【F6】键在第296帧插入关键帧。

8 按【Ctrl+F8】组合键创建一个图形元件，命名为“图形标志”，进入元件编辑状态，将素材图片导入舞台，如图14.64所示。

图14.63　乐风文字标志

图14.64　乐风图形标志

9 返回主场景，将【库】面板中的图形元件“图形标志”拖曳到舞台中，并且对齐到舞台的中心。

10 按【F6】键分别在图层22的第314帧、第377帧和第399帧插入关键帧。

11 选择图层22的第296帧和第399帧的图形元件“图形标志”，分别在【属性】面板中将其透明度改为0%。

12 在图层22的第296帧到第314帧之间和第377帧到第399帧之间创建传统补间动画。

13 按【F7】键分别在图层2到图层15的最末一个关键帧后面插入空白关键帧，如图14.65所示。

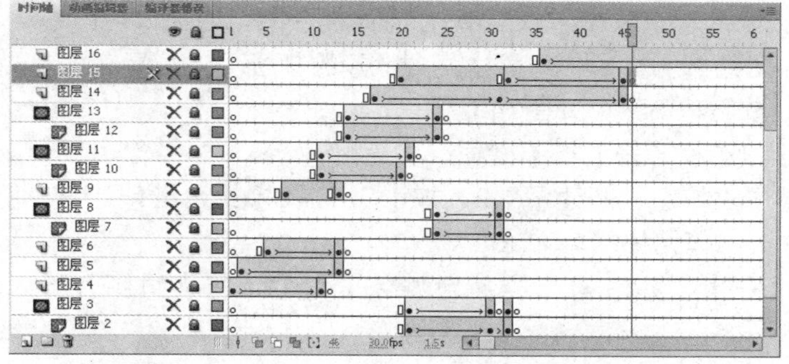

图14.65　在图2到图层15的最末一个关键帧后面插入空白关键帧

14 整个动画制作完毕，按【Ctrl+Enter】组合键预览动画效果，参考图14.4所示。

14.3 提高——制作通信公司广告

通过前面实例的实战演练，相信读者对制作Flash网页广告的基本过程与方法有了一定的了解，下面再通过一个实例巩固所学知识。

本例制作一则通信类公司或产品的广告动画。

最终效果

本例制作完成后的最终效果如图14.66所示。

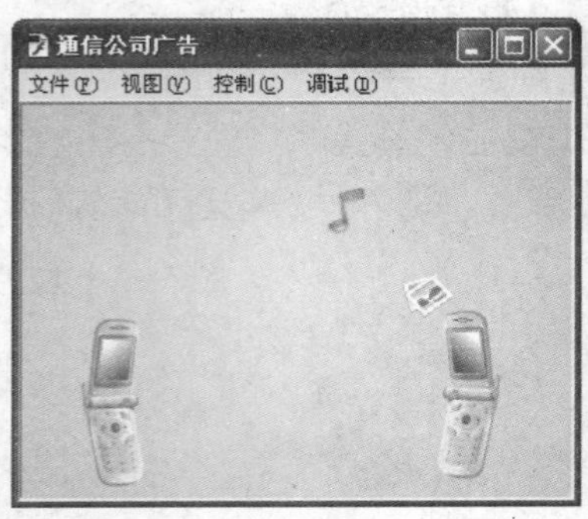

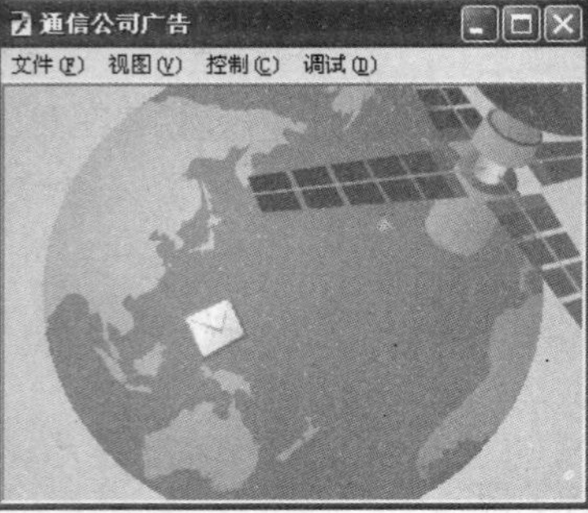

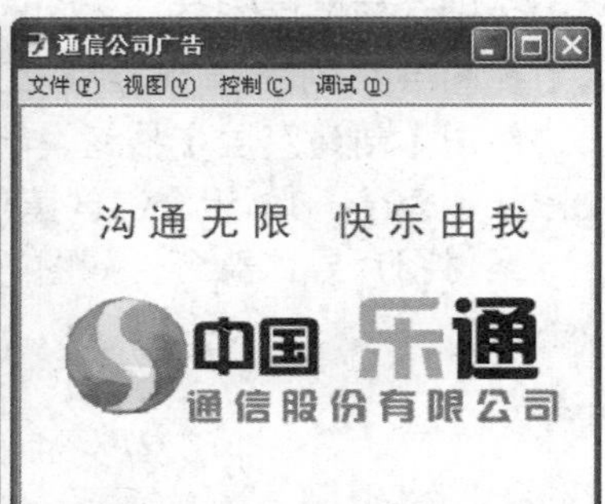

图14.66　通信公司广告最终效果

解题思路

1 导入素材文件。
2 创建引导层动画。
3 复制粘贴动画。
4 翻转帧。
5 应用滤镜效果。

操作提示

1 新建一个Flash文档，按【Ctrl+J】组合键打开【文档属性】对话框，设置文档大小为“320×240”像素，帧频为“25”fps，将其保存为“通信公司广告”。
2 利用矩形工具绘制一个与场景大小相同的矩形，并填充为“#E2EDFA”、“#B4D2FE”放射状渐变，如图14.67所示。
3 选择图层1的第380帧，按【F5】键插入普通帧。
4 单击【新建图层】按钮，新建图层2，按【Ctrl+F8】组合键创建一个图形元件，命名为“手机”，并进入该元件的编辑状态。
5 执行【文件】→【导入】→【导入到舞台】命令，将素材图片导入到舞台中，如图14.68所示。

图14.67　绘制矩形并填充渐变色

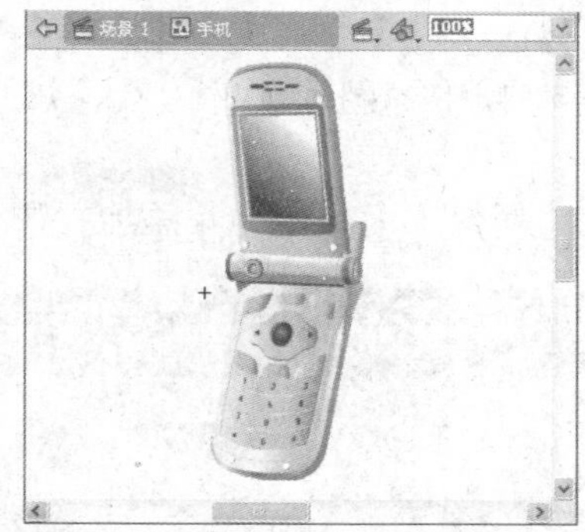
图14.68　导入素材图片

6 返回主场景，将【库】面板中的“手机”图形元件拖入舞台，调整其大小和位置，如图14.69所示。

7 选择图层2的第15帧，将“手机”移动到如图14.70所示的位置。

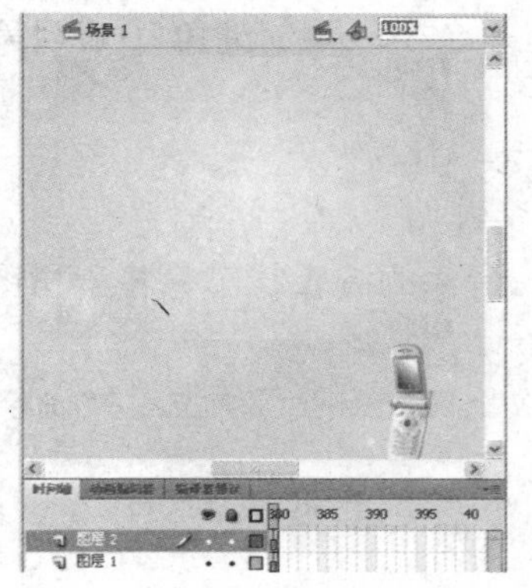
图14.69　将“手机”图形元件放入舞台

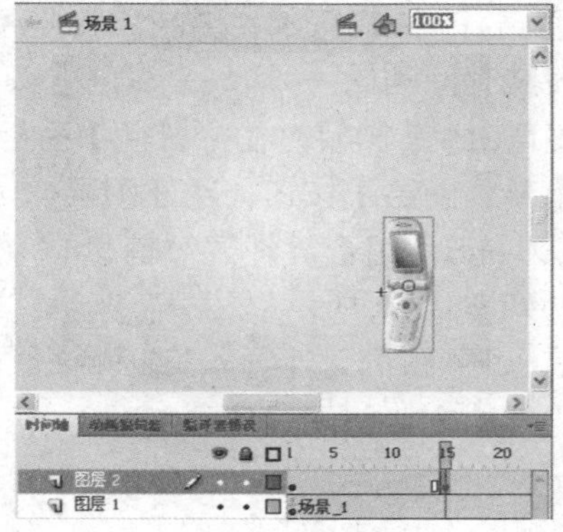
图14.70　移动“手机”的位置

8 选中图层2的第1帧至第15帧之间的任意一帧，单击鼠标右键，在弹出的快捷菜单中选择【创建传统补间】选项。

9 选中图层2的第1帧，单击【属性】面板中的【编辑缓动】按钮，打开【自定义缓入/缓出】对话框，进行如图14.71所示的设置。

10 单击【新建图层】按钮，新建图层3，选择第10帧，按【F6】键插入关键帧，再次将“手机”元件从【库】面板中拖放到如图14.72所示的位置。

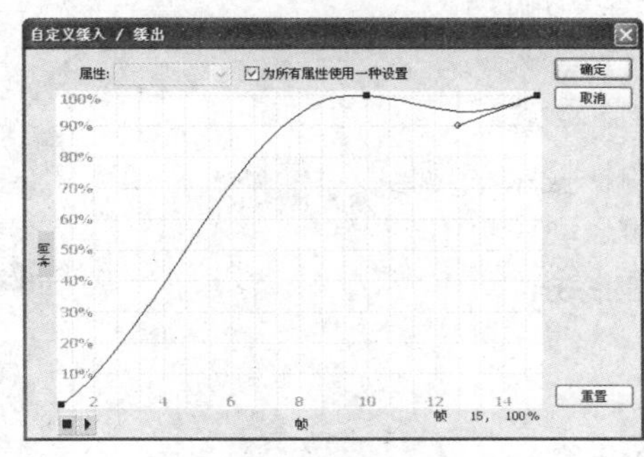

图14.71　设置第1帧中的动画缓动曲线

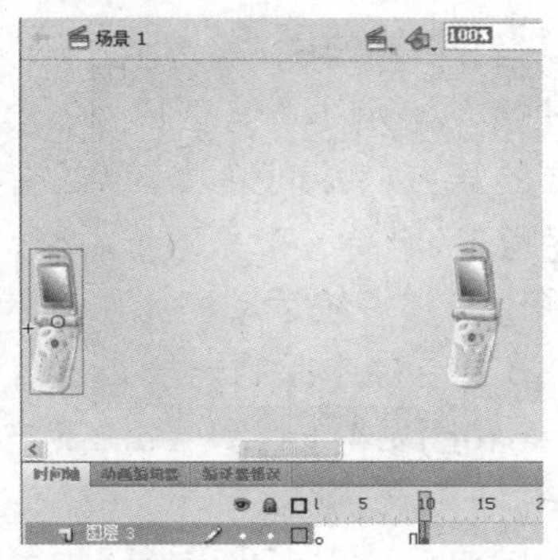
图14.72　图层3中“手机”的位置

11 执行【修改】→【变形】→【水平翻转】命令，对第10帧中的图形元件进行翻转。

12 选中第10帧中的图形元件，在【属性】面板中将其改为影片剪辑元件，如图14.73所示。

13 然后在【属性】面板中为其添加“调整颜色”滤镜，并进行如图14.74所示的设置。

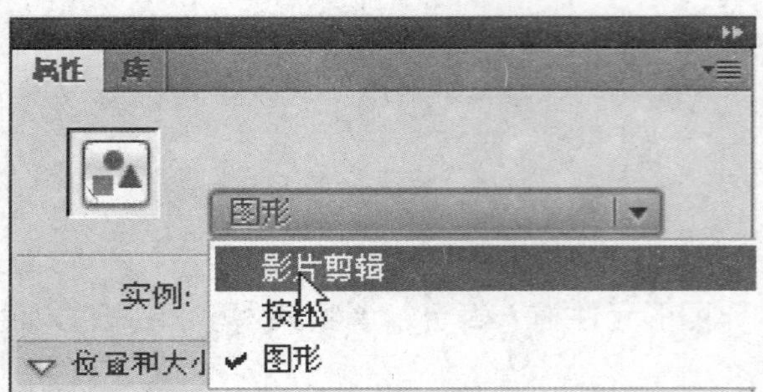

图14.73 转换元件类型

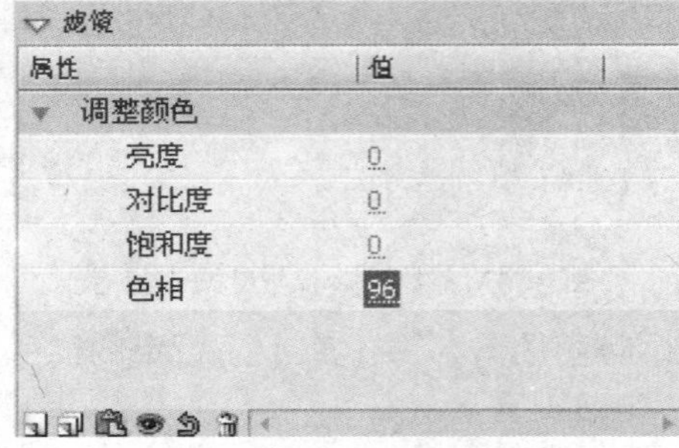

图14.74 添加滤镜

14 在图层3的第25帧插入关键帧，将“手机”元件移至舞台中，并创建第10帧至第25帧之间的传统补间动画。

15 选中图层3的第10帧，在【属性】面板中将缓动值改为“100”。

16 单击【新建图层】按钮，新建图层4，在第20帧插入关键帧。

17 按【Ctrl+F8】组合键创建“信息1”图形元件，进入元件的编辑状态，将素材图片导入舞台，如图14.75所示。

18 将“信息1”图形元件导入第20帧处的舞台，放置到如图14.76所示的位置并调整大小。

19 按照同样的方法创建“信息2”和“信息3”图形元件。

图14.75 导入“信息”图片

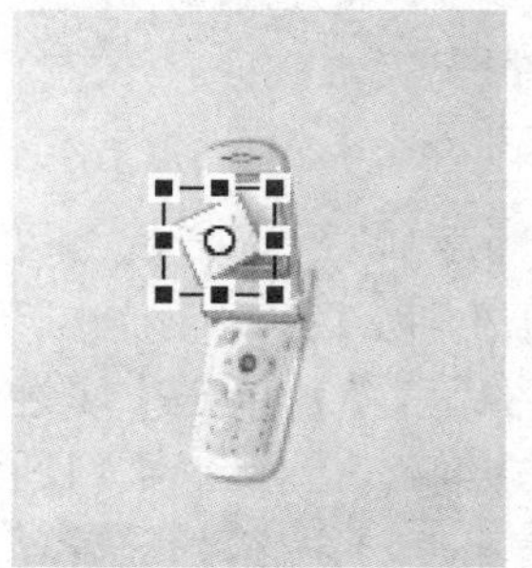

图14.76 调整“信息1”的位置和大小

20 新建图层5和图层6，分别在这两个图层的第20帧插入关键帧，将元件“信息1”和“信息2”分别导入两个图层的舞台，并调整大小和位置。

21 选择图层6的名称，单击鼠标右键，在弹出的快捷菜单中选择【添加传统运动引导层】选项，添加运动引导层，并在引导层中绘制一条如图14.77所示的曲线。

22 将图层5和图层4拖到图层6的下方，将它们转换为被引导层。

23 分别在图层4、图层5和图层6的第40帧插入关键帧，

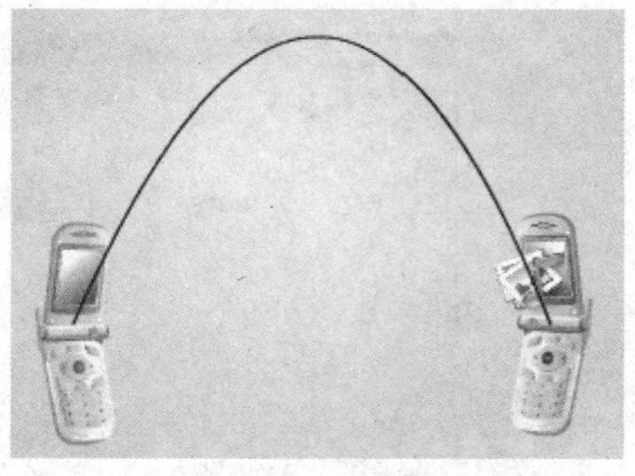

图14.77 绘制曲线

并在这3个图层的第20帧至第40帧之间创建传统补间动画。

24 在图层4、图层5和图层6的第20帧和第40帧，将三个图形元件的中心分别吸附到引导线的左右两端，如图14.78所示。

25 分别调整图层4、图层5和图层6的补间动画的时间关系，调整后的效果如图14.79所示。

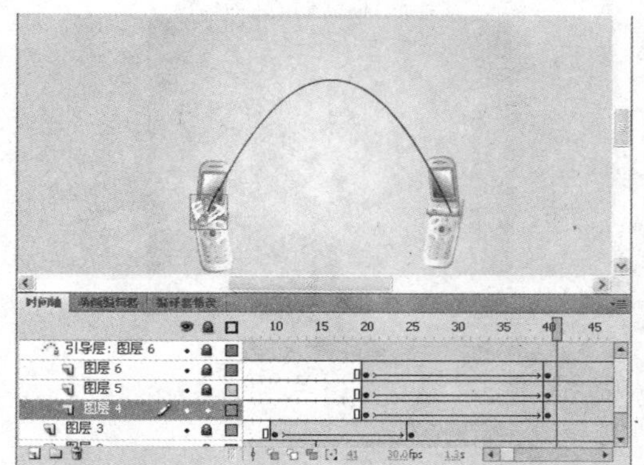

图14.78　将元件吸附到引导线上

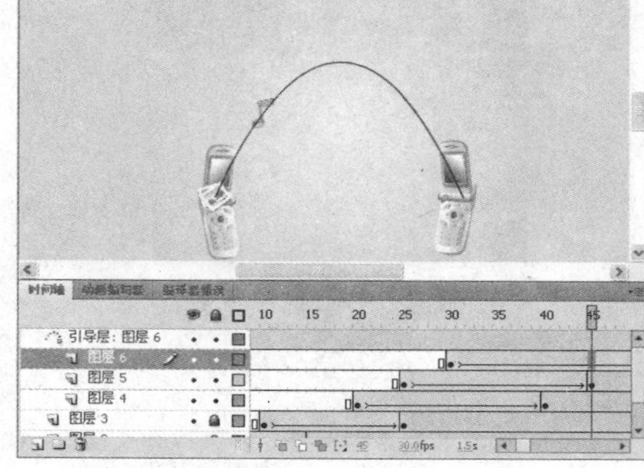

图14.79　调整时间关系

26 将图层6中的第30帧至第51帧复制到该图层的第60帧至第81帧，然后保存第60帧至第81帧的选中状态，单击鼠标右键，在弹出的快捷菜单中选择【翻转帧】命令，如图14.80所示。

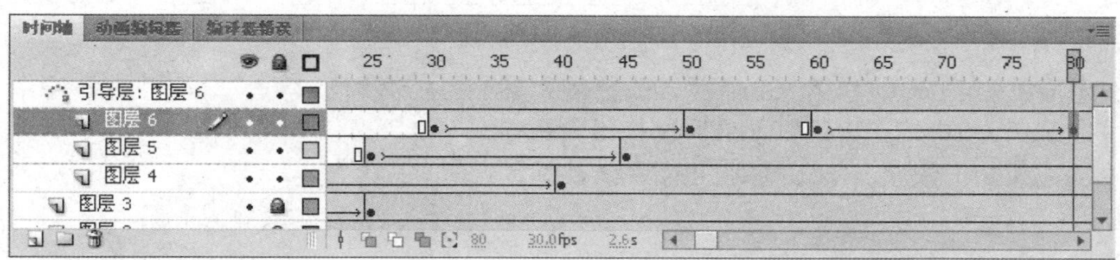

图14.80　复制并翻转帧

27 用相同的方法将图层5中的动画复制到第56帧至第77帧并翻转动画，将图层4中的动画复制到第50帧至第71帧并翻转动画。

28 在图层3的第70帧和第80帧插入关键帧，将第80帧中的“手机”元件拖到舞台之外，如图14.81所示。

29 创建第70帧至第80帧之间的传统补间动画。

30 选中图层3的第70帧，在【属性】面板中将缓动值设为“–100”。

31 在图层3的第81帧按【F7】键插入空白关键帧，然后按【F6】键插入关键帧。

32 按【Ctrl+F8】组合键创建“电话”图形元件，进入元件编辑状态，将“电话”图片素材拖入舞台中。

33 在图层3的第82帧插入关键帧，然后将“电话”元件放入舞台，并调整位置及大小，如图14.82所示。

34 在图层3的第95帧插入关键帧，将“电话”元件实例移到如图14.83所示的位置。

35 在第82帧和第95帧之间创建传统补间动画，并将第82帧的缓动值设为“100”。

36 将图层4、图层5和图层6的第20帧至第81帧分别复制至各图层的第100帧处，如图14.84所示。

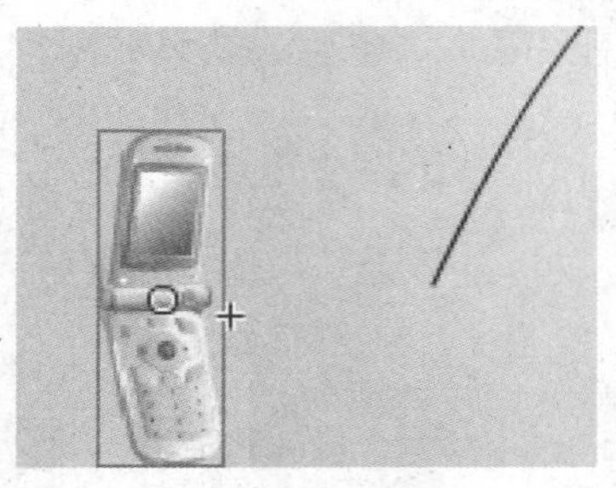

图14.81 将元件移出舞台

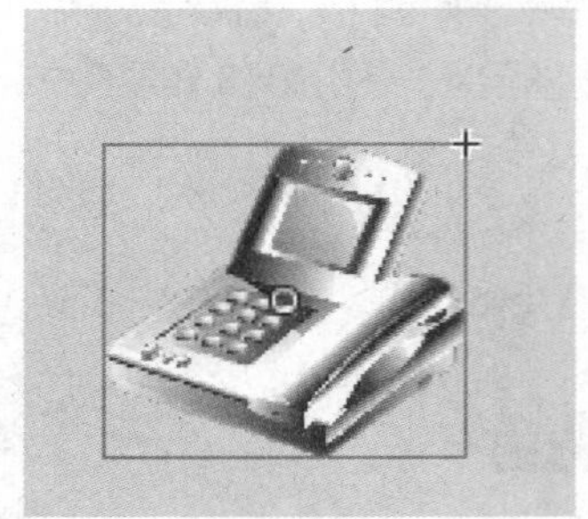

图14.82 调整“电话”元件的位置和大小

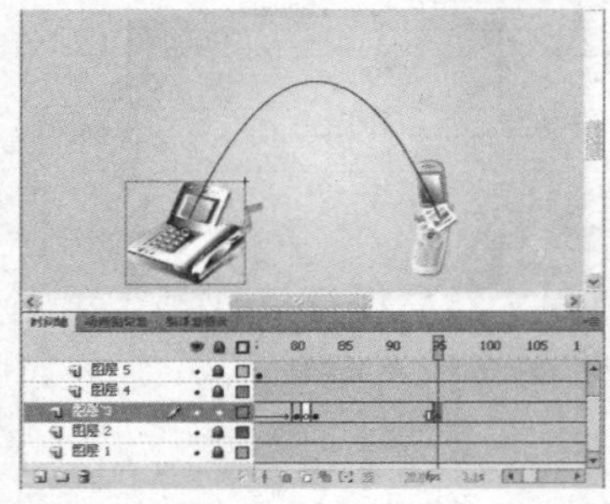

图14.83 第95帧中元件实例的位置

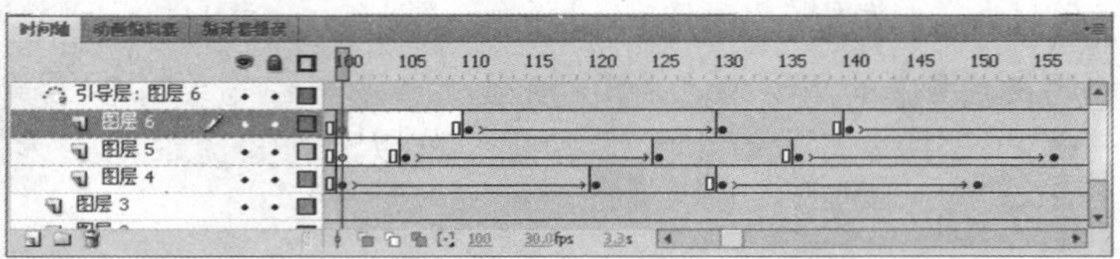

图14.84 复制并粘贴帧

37 在图层3的第150帧和第160帧插入关键帧，然后将第160帧中的“电话”元件实例拖出舞台，并创建第150帧至第160帧之间的传统补间动画。

38 创建“电脑”图形元件。

39 按照制作“电话”元件实例动画的方法将“电脑”拖入舞台中，创建从左向右出现的动画，如图14.85所示。

40 将图层4、图层5和图层6的第20帧至第81帧分别复制到各图层的第170帧处，如图14.86所示。

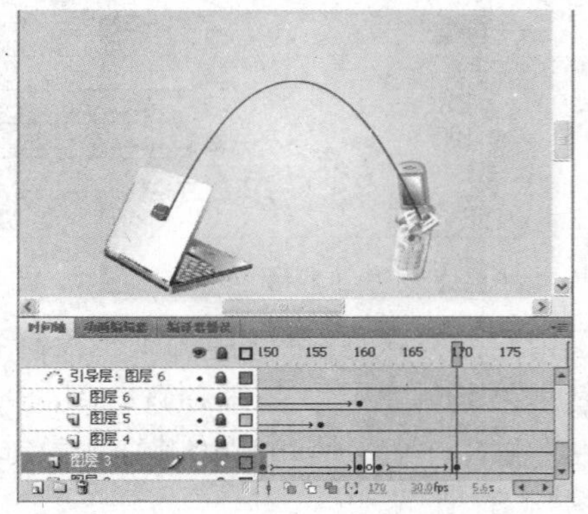

图14.85 创建“电脑”从左向右出现的动画

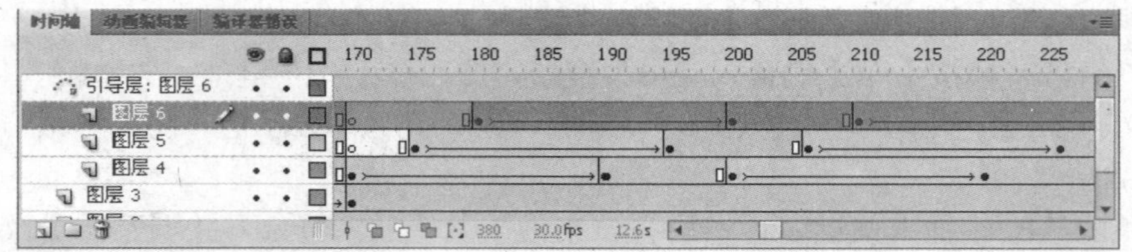

图14.86 复制并粘贴帧

41 分别在图层3的第221帧至第230帧插入关键帧，将第230帧中的“电脑”元件实例移出舞台，在【属性】面板中将第221帧的缓动值设为“-100”。

42 分别在图层3、图层4、图层5和图层6的第231帧按【F7】键插入空白关键帧。

43 在图层2的第235帧和第252帧插入关键帧，移动第252帧中元件实例的位置，如图14.87所示。

44 创建第235帧至第252帧之间的传统补间动画。

45 在第253帧插入关键帧，并将元件实例进行水平翻转，如图14.88所示。

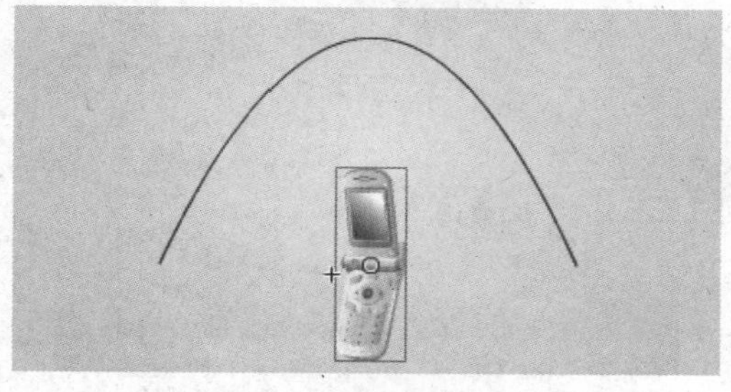

图14.87　第252中元件实例的位置

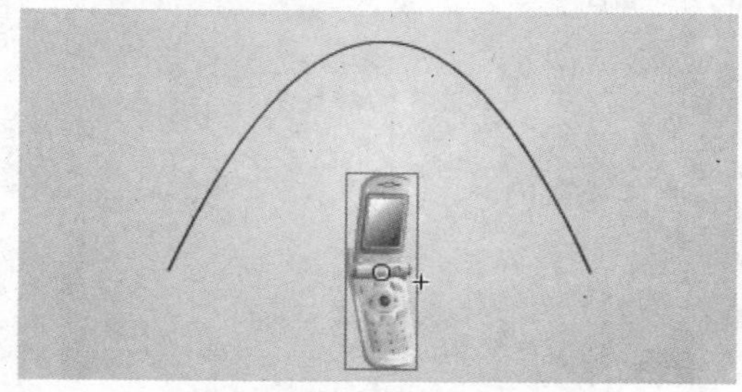

图14.88　水平翻转图形元件

46 在第265帧插入关键帧，将元件实例移到如图14.89所示的位置。

47 在图层2下方新建图层8，在第290帧插入关键帧。

48 按【Ctrl+F8】组合键创建“地球”图形元件，进入元件编辑状态，将“地球”图片素材拖入舞台中。

49 返回主场景，将“地球”元件实例拖到舞台中，并将其放大到原来的200%。

50 在第350帧插入关键帧并调整“地球”的大小，将其缩小到原来的80%。

51 将第290帧中元件实例的透明度改为0%，并创建第290帧至第350帧之间的传统补间动画，如图14.90所示。

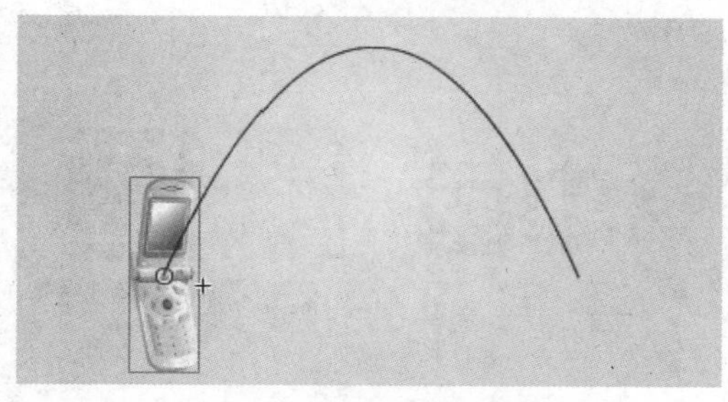

图14.89　第265帧中元件的位置

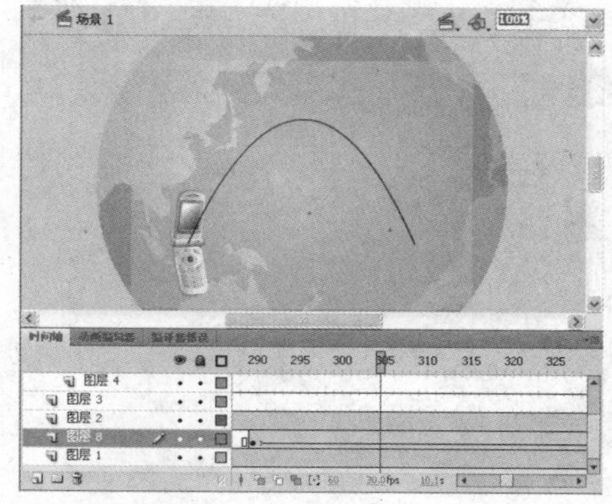

图14.90　创建动画

52 在图层2的第290帧和第304帧插入关键帧，将第304帧中的图形元件缩小到原来的10%，并创建第290帧和第304帧之间的传统补间动画，然后在第305帧插入空白关键帧。

53 新建图层9，在第286帧插入关键帧，将图形元件“信息1”拖到舞台中，调整其位置和大小，如图14.91所示。

54 在第350帧插入关键帧，将该帧中的图形元件缩小到原来的80%。

55 在第361帧插入关键帧并调整元件实例的位置，将其放置到舞台的右上角，然后在第362

帧插入空白关键帧。

56 按【Ctrl+F8】组合键创建“卫星”图形元件，进入元件编辑状态，将“卫星”图片素材拖入舞台中。

57 返回主场景，在图层3的第311帧插入关键帧，将“卫星”元件实例拖到舞台右上角，如图14.92所示。

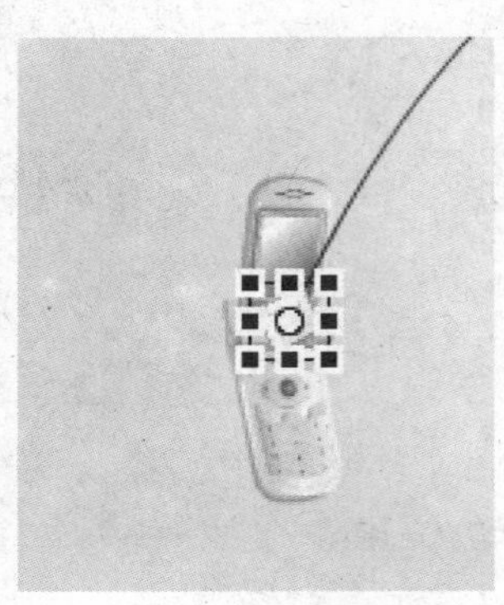

图14.91 调整“信息1”的位置和大小

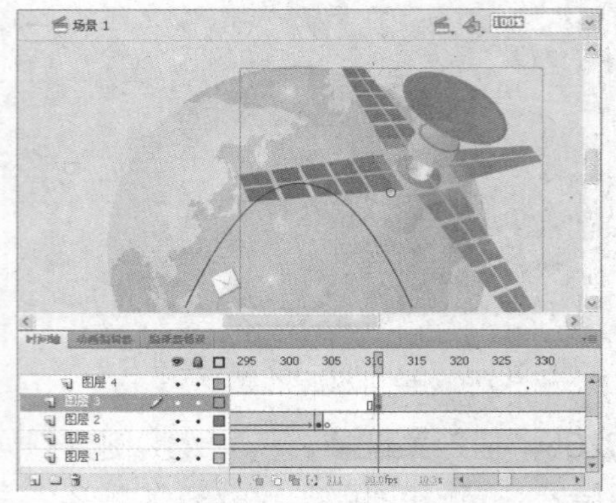

图14.92 将“卫星”拖到舞台中

58 在第361帧插入关键帧，调整“卫星”元件实例的大小，缩小到原来30%，并创建第311帧至第361帧之间的传统补间动画。

59 按【Shift+F2】组合键打开【场景】面板，单击【添加场景】按钮新建场景2，如图14.93所示。

60 按【Ctrl+F8】组合键创建“LOGO”图形元件，进入元件编辑状态，利用文本工具输入文字，并将其排列成如图14.94所示的效果。

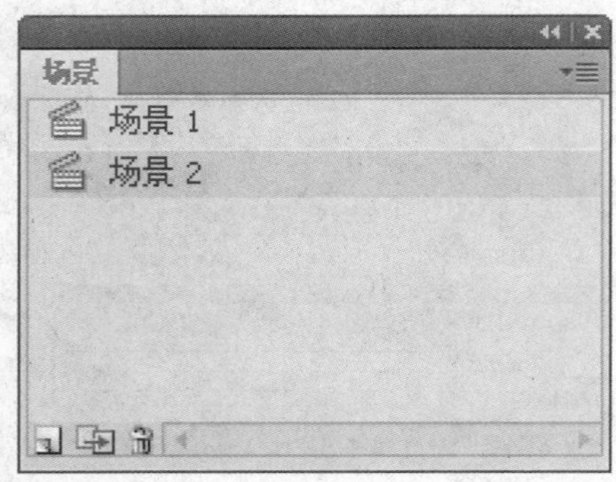

图14.93 【场景】面板

图14.94 编辑“LOGO”图形元件

61 将“LOGO”图形元件拖到场景2的舞台中，并放置到合适的位置，如图14.95所示。

62 再利用文本工具在“LOGO”图形的上方输入文本，如图14.96所示，然后在第60帧插入帧。

图14.95 将元件放入舞台中

图14.96 输入文本

63 保存文件，按【Ctrl+Enter】组合键测试动画，效果参考图14.66所示。

14.4 答疑与技巧

问 如何在片头动画中实现背景音乐的开关和选择功能?

答 如果要在片头动画中实现背景音乐的开关功能，那么作为背景的声音就不能通过【属性】面板直接添加到场景或帧中，而应在【库】面板中为其添加链接属性，然后为用于实现开关功能的按钮添加attachSound和stopAllSounds脚本，对链接的声音进行调用。这样即可在单击按钮时，实现声音的开启或关闭功能。同理，若要实现背景音乐的选择功能，只需为多个声音文件设置链接属性，并通过为按钮添加相应的attachSound脚本，实现声音的选择功能。

问 如何使片头播放后自动关闭并链接到相应的网页? 要在片头中实现页面的选择功能，应如何处理?

答 要实现这种功能，只需在片头最后一个关键帧中，添加getURL和fscommand("quit","");脚本即可。若要实现页面的选择功能，则可在片头中添加多个按钮，并为各按钮添加链接到不同网址的getURL脚本，通过单击片头中的相应按钮链接到不同的网页，实现简单的页面选择功能。

结束语

本章主要介绍了Flash网页广告制作的一般思路和制作方法。在制作Flash网页广告时，可以很简单地通过补间动画来实现，也可以很复杂地运用AS代码来实现。但是无论通过何种方式制作，制作的动画效果一定要新颖独特，能够吸引人，同时还要做到主题鲜明，让人一目了然，读者在以后的动画制作过程中要用心体会这些特点。

Chapter 15

第15章 贺卡与MTV制作

本章要点

入门——基本概念与基本操作

- MTV的制作流程
- MTV的镜头应用
- MTV的优化

进阶——典型实例

- 制作生日贺卡
- 制作MTV——牵你的手

提高——自己动手练

- 制作MTV——不会分离

答疑与技巧

本章导读

贺卡动画MTV是Flash在商业应用之外的一种延伸。因为制作费用低廉、表现形式多样且适合网络传播等特点，利用Flash制作的动画MTV在网络上大量传播。用Flash制作MTV的方法主要有两种，一种方法是根据歌曲内容设计故事情节，这种MTV要求有较高的绘画功底和丰富的想象力；还有一种方法就是通过各种图片的转换、变形和文字的各种特效来制作MTV，它没有一定的故事情节，只是通过富有意境的图片和文字来表达歌曲的内容、情感和意境，给人以更大的想象空间。下面我们就来讲解关于MTV制作的相关知识。

15.1 入门——基本概念与基本操作

利用Flash制作动画MTV，可以充分发挥人们的想象力，根据自己想要表达的情感塑造一种超然的意境，从而丰富人们视觉和感受。在学习制作动画MTV之前，首先应该对Flash MTV的基本制作流程和常见的镜头运用方式进行必要的了解。

15.1.1 MTV的制作流程

能否制作出一个精美的MTV是考验每个动画制作者是否具有深厚功底的重要标准。因此每个制作者除了具备动画制作的基本功之外，还应掌握MTV制作的基本流程，这也是保证MTV最终品质的重要因素之一。本节就来对Flash MTV的基本制作流程进行介绍。

1. 前期策划

在制作MTV前，首先要对MTV进行前期策划。在前期策划阶段，应确定用于制作MTV的歌曲，MTV所采用的风格，以及为MTV设计一个要表现的情节内容和角色形象等内容。制作MTV就像演一部戏一样，这部戏反映什么、演员如何上场以及如何退场都要想好。在策划的过程中，建议读者将策划出来的内容（如主要场景、角色布置，以及场景之间的过渡方式等）都以草图的方式记录下来，为后期的制作提供方便。

2. 搜索素材

在前期策划后，即可根据策划的内容，有针对性地搜索MTV中需要用到的文字、图片以及声音等素材。可通过专门的软件对素材进行编辑和修改，或对需要的素材进行提取。

提示　所选择的音乐素材，即歌曲一定要是MP3格式，虽然在网上下载的一些音乐也标明是MP3，但并不是正规的MP3格式文件，因此是不能导入Flash的，对这类MP3要重新进行加工处理，可用软件将其转换成为MP3格式并进行压缩，使之成为能导入Flash软件的声音文件。

3. 制作MTV动画要素

在搜索素材后，就可根据策划的内容，在Flash中制作MTV所需的动画要素，如绘制角色形象，制作动画中需要用到的影片剪辑等。

4. 导入歌曲并编辑场景

完成动画要素的制作后，即可将歌曲导入到场景中，然后结合歌曲文件的实际情况，利用动画要素对场景进行编辑和调整，最后为编辑好的场景添加相应的字幕即可。

5. 调试并发布MTV

完成动画的初步编辑后，通过预览动画的方式检查MTV的播放效果，并根据测试结果对MTV的细节部分进行调整。调整完毕之后，对MTV的发布格式以及图像和声音的压缩品质进行设置并发布。

15.1.2 MTV的镜头应用

MTV实际上就是一部简化并浓缩了的动画电影，所以多借鉴和参考电影中的镜头应用技巧，对于MTV情节的表现以及加强动画的画面表现力都有极大的帮助。下面我们就对MTV中常见的镜头应用方式进行简单介绍。

1. 跟随

“跟随”是指将镜头沿动画主体的运动轨迹进行跟踪，即模拟动画主体的主视点。该镜头通常用在表现主体运动过程或运动速度上（注意：在表现跟随时，主体本身的大小是不变的），这类镜头可以带给观众一种跟随动画主体一起运动的感觉。

2. 推

“推”是指将动画镜头不断向前推进，使镜头的视野逐渐缩小，从而将镜头对准的动画主体放大。使用推动镜头通常可以给观众两种感觉：一种是感觉自己不断向前，而主体不动；另一种是感觉自己不动，而主体不断向自己接近。

3. 移

“移”是指镜头位置固定不动，使动画主体在场景中进行上下或左右的运动。这种镜头表现方式一般给人以动画主体在运动的感觉。

4. 拉

“拉”是指将镜头不断向后拉动，使镜头视野扩大，并同时将动画主体缩小。使用拉动镜头可以给观众两种感觉：一种是感觉自己不断向后，而主体不动；另一种是感觉自己不动，而主体不断离去。

5. 摇

“摇”是指镜头位置固定不动，而画面上下左右摇动或旋转。通过在场景中做大幅度的移动，给人以环视四周的感觉。

6. 切换

“切换”是指在动画播放过程中将一种镜头方式转换为另一种镜头方式（也可引申为从一个场景切换到另一个场景）。在动画MTV制作中，切换镜头这种方式是最常用的，适当的切换镜头能让动画影片不至于很快变得单调乏味。

15.1.3 MTV的优化

Flash MTV由于它的小巧精干而风靡全球，可是由于经验不足，有可能制作出来的MTV文件很大。针对目前网络带宽资源的现状，我们在制作MTV时有必要对自己的Flash作品精益求精——做到“苗条怡人”。

要让自己制作的Flash MTV更精练、影片文件变得最小，应该从以下几个方面入手：

- 使用除歌词以外的文字，要做到精而少，尽量减少文字的叙述。不必要的文字不要过多用到影片里面。同时做到尽量不要把文字的图形打散。
- 应尽量把所用的位图转为影片剪辑元件或图形元件。
- 选好图片。导入的图片格式最好是jpg或gif这两种网络盛行的压缩图片格式。
- 网络上下载导入使用的音乐文件，最好是经过正规压缩的MP3格式声频文件，这样源代码不会太大。
- 导入音乐后，在其属性设置里一定要取消选中【使用MP3默认品质】复选框，然后，将其品质设置如下：【压缩】选择【MP3】选项；【位比率】选择【16Kbps】选项；【品质】选择【快速】选项。这样设置后，3MB的MP3格式的文件输出后不足500KB，音质只有少量的损失，基本不影响音质。

- 如果非要把图片“打散”也就是“分离”，应该尽量在图片所在的帧中进行。
- 制作影片时，不要在同一帧上放置过多的影片剪辑，如果在同一帧上放置过多的影片剪辑，制作出来的SWF文件就会成倍增大。
- 完成Flash制作后，在导出影片的导出【Flash Player】对话框中，将【JPEG品质】项设为50%-60%即可，默认为80%，因为设定值越大，影片的文件也越大；同时要选中【音频事件】区域下面的【覆盖声音设置】复选框。

15.2 进阶——典型实例

通过前面章节的学习，相信读者已经掌握了Flash动画制作的基本方法。同时，在前面小节中对MTV动画制作技术要点进行了简单介绍，使读者对动画MTV有了一定了解，下面将在此基础上制作两个MTV动画。通过这两个实例的制作，读者应熟练掌握贺卡与MTV动画的制作方法和技巧。

15.2.1　制作生日贺卡

最终效果

动画制作完成的最终效果如图15.1所示。

图15.1　生日贺卡动画预览效果

解题思路

1 创建所需元件。
2 创建形状补间动画。
3 导入声音文件。
4 编辑声音素材。

操作步骤

1 新建一个Flash文档。
2 在舞台中绘制一个与场景大小相同的矩形，设置填充色后的效果如图15.2所示。
3 选中矩形，按【F8】键打开【转换为元件】对话框，将矩形转换为图形元件，如图15.3所示。

图15.2　绘制矩形并设置渐变填充色

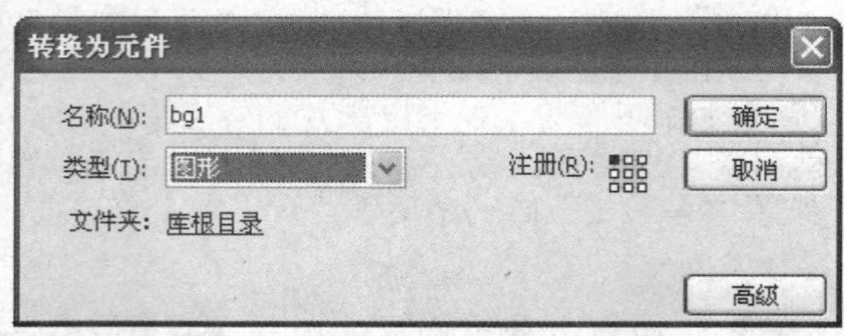

图15.3　将图形转换为元件

4 单击【新建图层】按钮，创建一个新的图层2，并在场景中绘制如图15.4所示的山的形状，按照同样的方法将其转换为图形元件，命名为“bg2”。

5 按下【Ctrl+F8】组合键打开【创建新元件】对话框，创建一个影片剪辑元件，将其命名为“草”，如图15.5所示。

图15.4　绘制山的形状

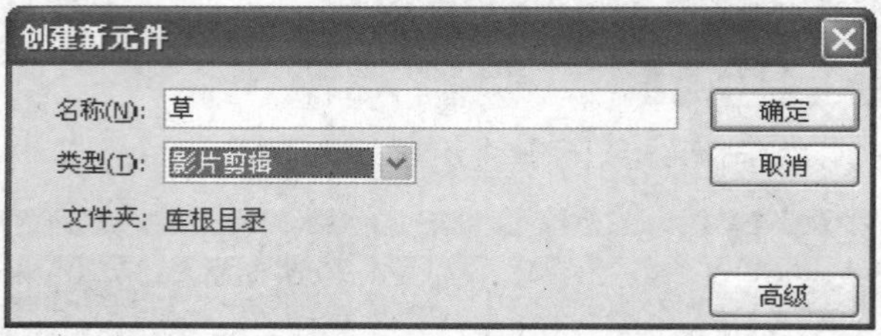

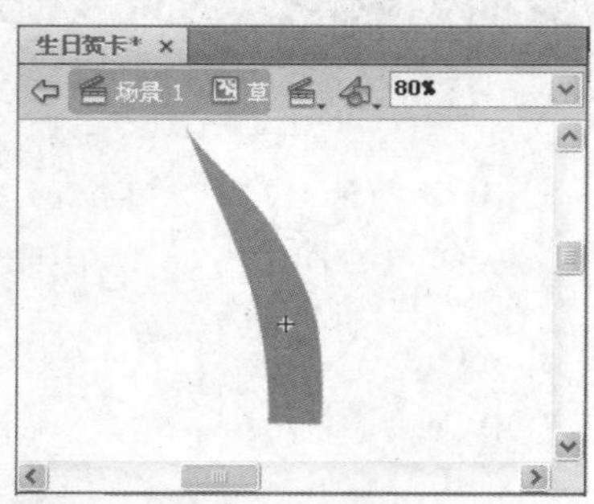

图15.5　创建影片剪辑元件

6 单击【确定】按钮进入影片剪辑元件的编辑状态，然后利用钢笔工具在场景中绘制小草的轮廓，为其填充颜色后将笔触线条删除，如图15.6所示。

7 选中第3帧，按【F6】键插入关键帧，绘制如图15.7所示的图形。

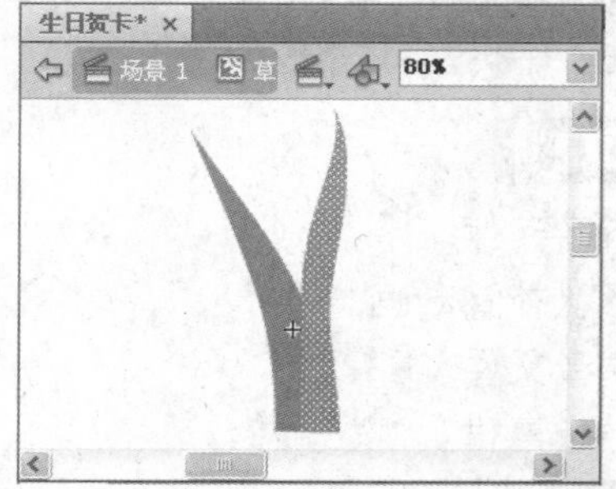

图15.6　绘制小草

图15.7　绘制另一草叶

8 按照同样的方法在第5帧绘制图形，如图15.8所示。

9 单击【新建图层】按钮，创建新的图层2，选中第5帧，按【F6】键插入关键帧，如图15.9所示。

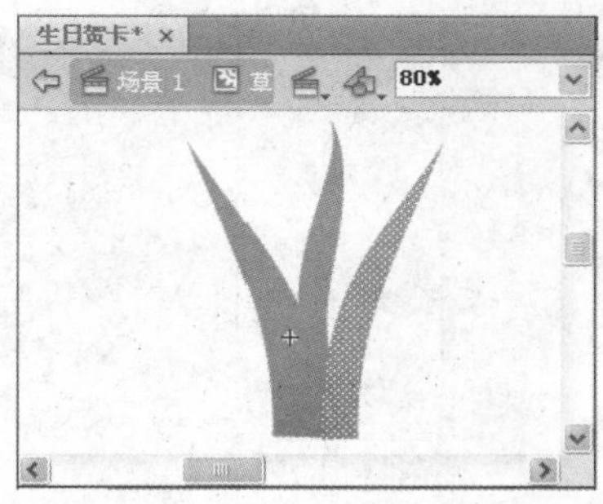
图15.8　绘制第5帧中的图形

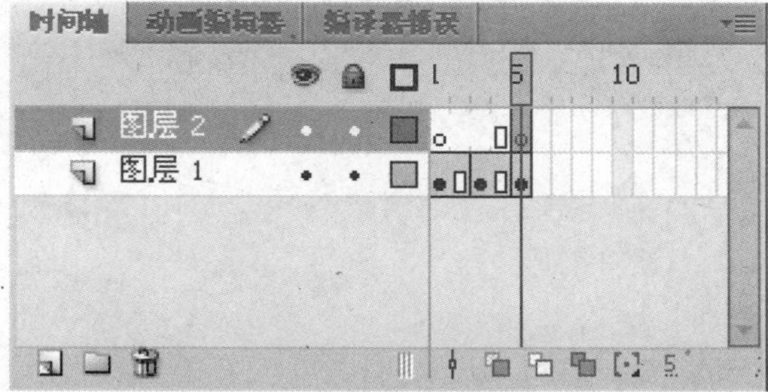

图15.9　新建图层并插入关键帧

10 选中图层2的第5帧，按【F9】键打开【动作-帧】面板，在其中输入以下Action语句：

```
stop ()
```

添加Action语句后的【动作-帧】面板如图15.10所示。

11 按下【Ctrl+F8】组合键打开【创建新元件】对话框，创建另一个影片剪辑元件，将其命名为“小花”。

12 利用绘图工具绘制如图15.11所示的小花的图形，并将绘制的小花转换为图形元件。

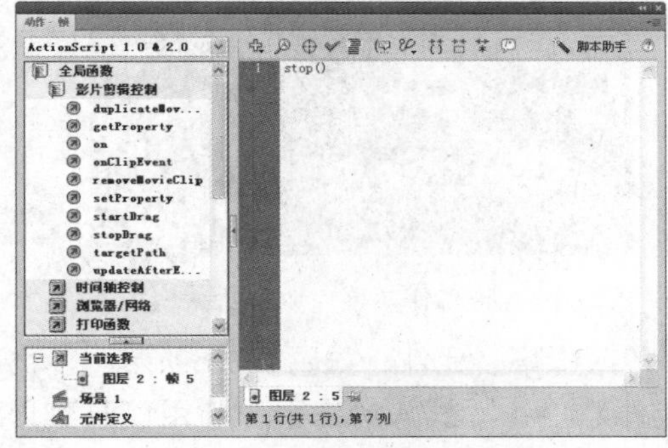
图15.10　【动作-帧】面板

图15.11　绘制小花

提示　也可导入已经绘制好的图形或图片素材。

13 选中第8帧，按【F6】键插入关键帧，并利用任意变形工具调整图形的形状，如图15.12所示。

提示　调整形状之前要将图形的中心点移到图形的底部，如图15.13所示。

14 选中第1帧至第8帧中的任一帧，单击鼠标右键，在弹出的快捷菜单中选择【创建传统补间】选项，创建小花摇摆的动画。

15 选中第10帧，按【F6】键插入关键帧，再将“小花”调整为第1帧时的形状，并创建传统补间动画。

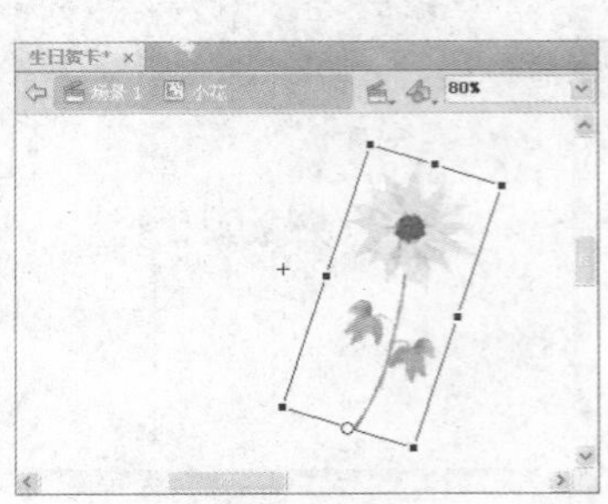
图15.12　调整图形的形状

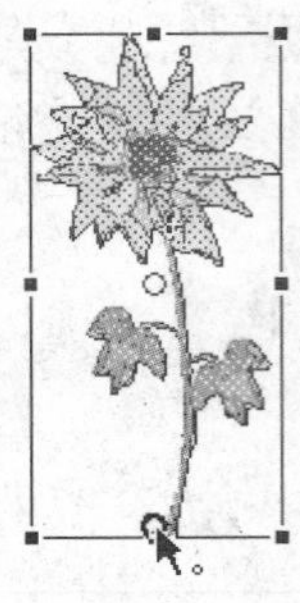
图15.13　调整中心点

16 选中第20帧，按【F5】键插入帧，如图15.14所示。

17 返回主场景，在图层1和图层2的第100帧按【F5】键插入帧，并创建新的图层3。

18 选择图层3的第2帧，按【F6】键插入关键帧，将【库】面板中的“草”元件拖入场景中，并调整实例的大小，如图15.15所示。

图15.14　创建小花摇摆动画

图15.15　将元件“草”放入场景

19 按照同样的方法在第6、10、14和第18帧中放入“草”元件，如图15.16所示。

20 新建图层4，在第20帧处插入关键帧，将元件“小花”放入场景中，利用任意变形工具将其中心点调整到下方，如图15.17所示。

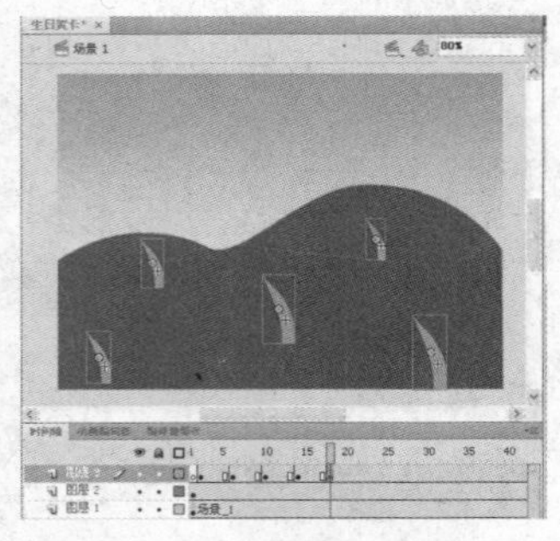
图15.16　在其他帧中放入元件

图15.17　调整中心点

21 在图层4的第25帧插入关键帧，然后利用任意变形工具将“小花”放大一倍，并在第20帧和第25帧之间创建补间动画，如图15.18所示。

22 新建图层5、图层6、图层7和图层8，按照在图层4制作动画的方法，分别在图层5的第23帧、图层6的第26帧、图层7的第29帧和图层8的第32帧创建不同大小的花长大的效果，如图15.19所示。

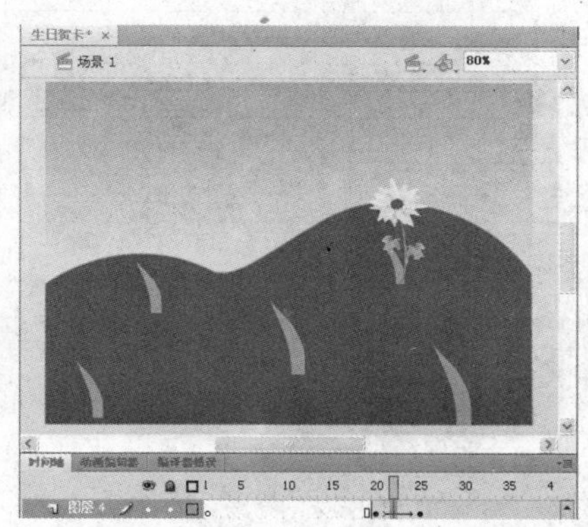

图15.18　创建补间动画

图15.19　完成小花成长的动画

23 在图层1和图层2之间创建一个新的图层9，然后隐藏除图层1和图层8之外的所有图层，在图层8的第36帧插入关键帧，绘制如图15.20所示的白云的形状。

24 分别在图层9的第55帧和第60帧插入关键帧，然后绘制如图15.21和15.22所示的图形。

图15.20　绘制白云

图15.21　第55帧中的图形

图15.22　第60帧中的图形

25 创建第36帧至第55帧和第55帧至第60帧之间的补间形状动画。

26 新建图层10，分别在第45帧、第65帧和第70帧插入关键帧并绘制如图15.23、15.24和15.25所示的图形，然后在各关键帧之间创建补间形状动画。

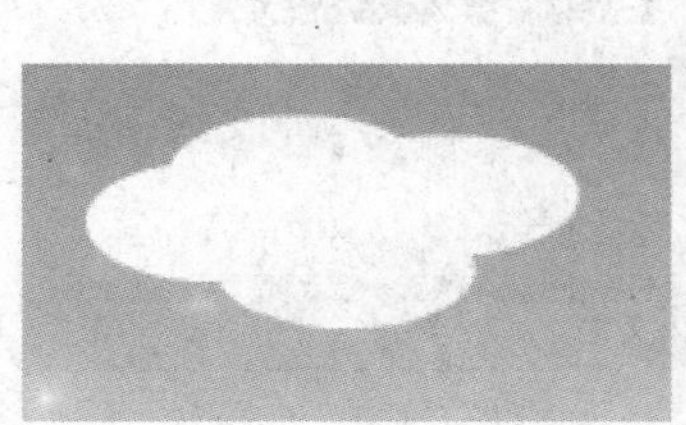

图15.23　第45帧中的图形

图15.24　第65帧中的图形

图15.25　第70帧中的图形

27 按照同样的方法新建图层11，分别在第55帧、第70帧和第75帧之间插入关键帧并绘制图形，创建“快”字的形状补间动画，如图15.26所示。

28 新建图层12，分别在第62帧、第77帧和第82帧插入关键帧并绘制图形，然后在各关键帧之间创建“乐”字的形状补间动画，如图15.27所示。

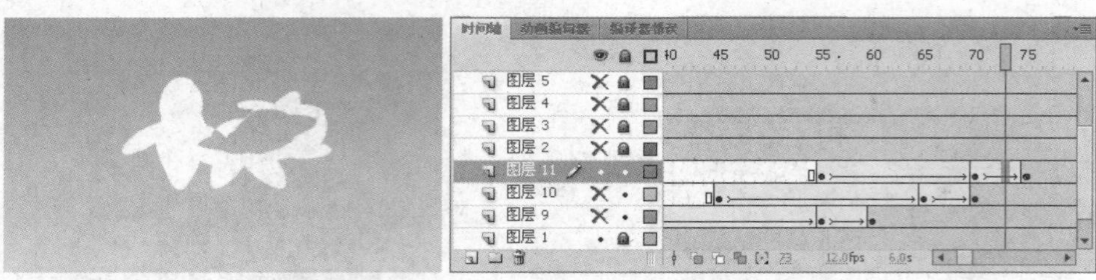

图15.26　图层11的动画制作

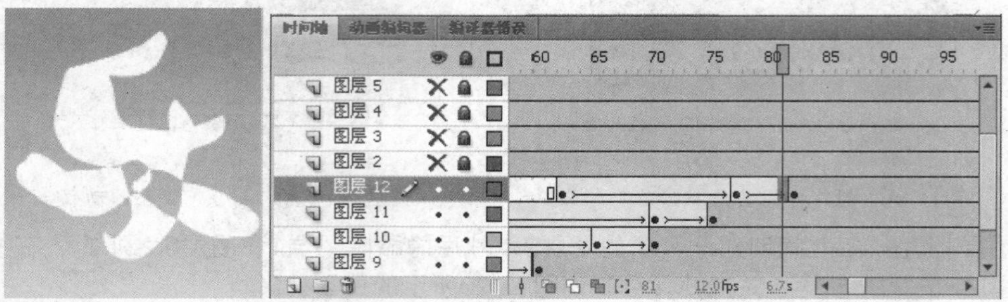

图15.27　制作“乐”字补间形状动画

29 取消所有图层的隐藏，在最上层新建图层13，在第95帧插入关键帧，绘制一个大小为“550×400”像素的矩形，并设置为“黑色到黑色透明的渐变”，并调整渐变方向，然后将其转换为图形元件，如图15.28所示。

30 在第100帧插入关键帧，然后将第95帧中矩形的Y坐标设为“-200”，在第95帧和第100帧之间创建传统补间动画。

31 在所有图层的第160帧处插入帧。

32 新建图层14，在第100帧处插入关键帧，然后将“蛋糕”图片素材导入到库中，再从库中将其拖到舞台中，调整其大小，如图15.29所示。

图15.28　绘制填充色为黑色到黑色透明的矩形

图15.29　放入蛋糕图片

33 将“蛋糕”图片转换为影片剪辑元件“生日蛋糕”。

34 进入“生日蛋糕”元件的编辑状态，在其中新建图层2，绘制一个如图15.30所示的椭圆，为其填充放射状渐变，渐变色设置如图15.31所示。

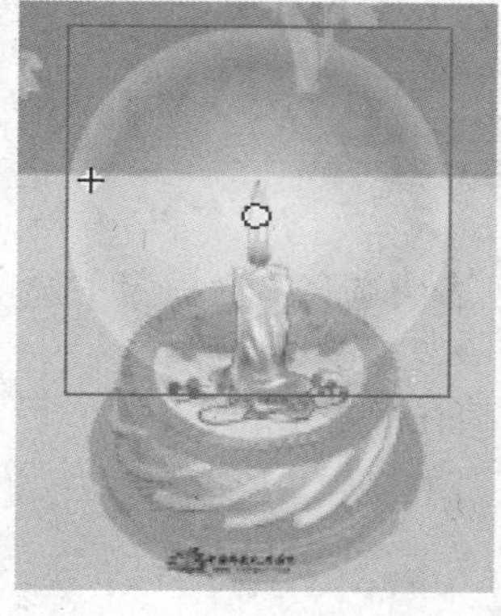

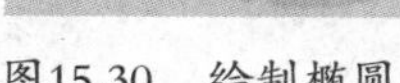

图15.30　绘制椭圆

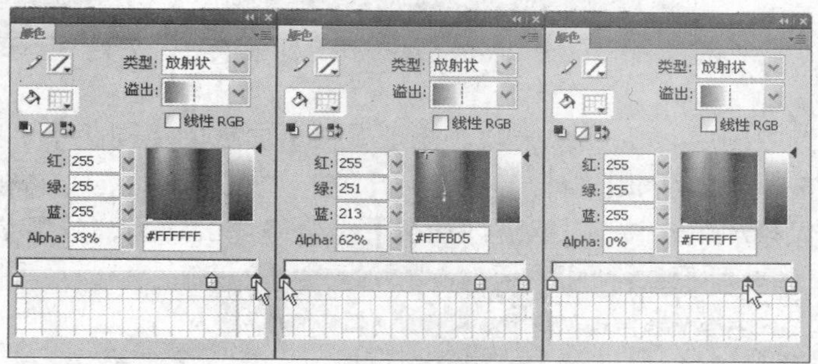

图15.31　设置渐变色

35 在图层1的第3帧插入帧，在图层2的第2帧和第3帧插入关键帧，并调整烛光，如图15.32所示。

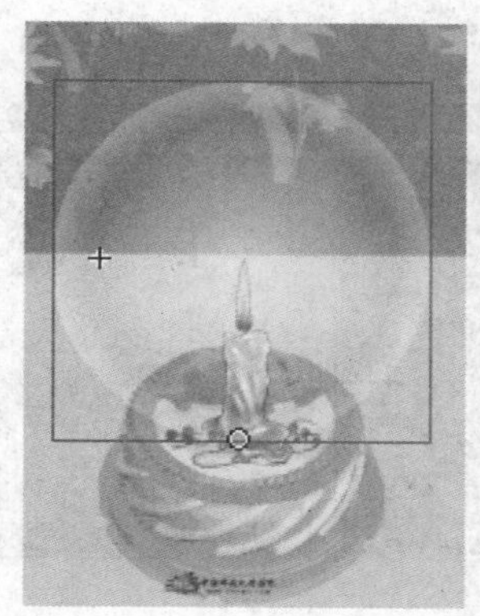

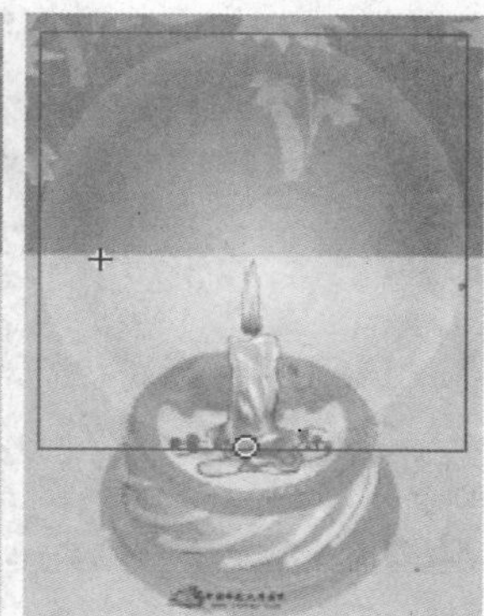

图15.32　第2帧和第3帧中的烛光

36 返回主场景，在图层14的第110帧插入关键帧，调整“生日蛋糕”的位置和大小，并在第100帧和第110帧之间创建传统补间动画。

37 分别选择图层14的第135帧和第139帧，插入关键帧，将“生日蛋糕”调整到与场景大小相同，然后在第135帧和第139帧之间创建传统补间动画，如图15.33所示。

38 在第140帧处插入空白关键帧，绘制一个黑色矩形，将场景完全遮住，然后在第142帧和第145帧插入关键帧。

39 在第142帧将矩形的填充色改为“白色”，然后将第145帧中的矩形改为如图15.34所示的形状，在第142帧到第145帧创建形状补间动画。

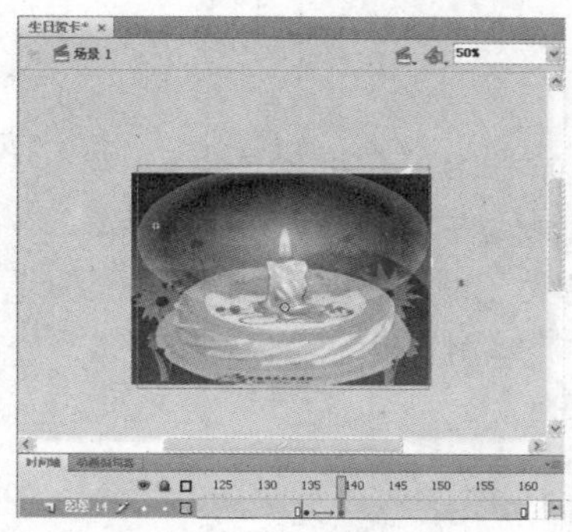

图15.33　创建补间动画

图15.34　第145帧中的图形

40 新建图层15，执行【文件】→【导入】→【导入到舞台】命令，将音乐文件“生日快乐.mp3”导入到场景中，如图15.35所示。

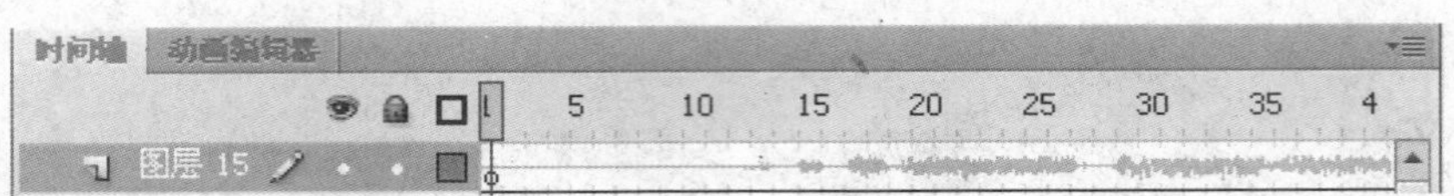

图15.35　导入音乐

41 选中图层15的任意一帧，在【属性】面板的【同步】下拉列表中选择【数据流】选项。

42 按下【Ctrl+J】组合键，打开【文档属性】对话框，将帧频设为“6”。

43 保存动画，按下【Ctrl+Enter】组合键测试动画，效果参考图15.1所示。

15.2.2　制作MTV“牵你的手”

最终效果

动画制作完成的最终效果如图15.36所示。

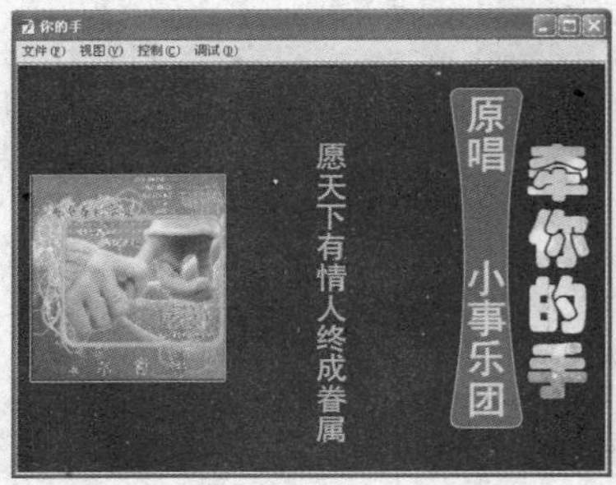

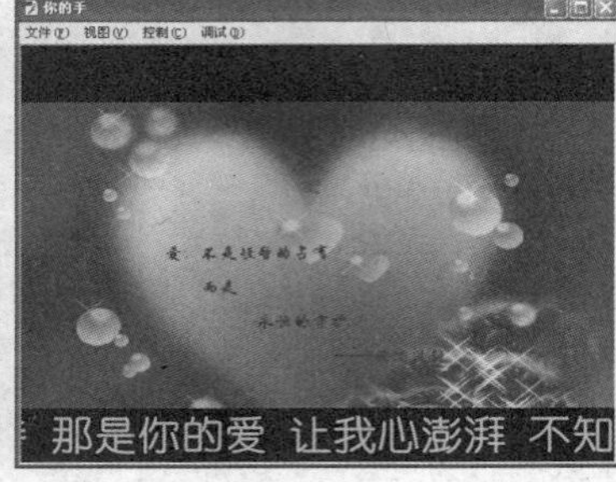

图15.36　MTV预览效果

解题思路

1 制作MTV的序幕。

2 制作MTV场景。

3 为MTV场景添加歌词。

4 添加声音并进行编辑。

操作步骤

1. 制作MTV序幕

1 新建一个Flash文档，设置背景为黑色，保存文档，并命名为“牵你的手”。

2 按【Ctrl+F8】组合键创建一个名为“线条”的影片剪辑元件，如图15.37所示。

3 单击【确定】按钮进入元件编辑状态，将图层1重命名为“线条横1”。

4 用线条工具绘制一条水平直线，将其设为柠檬黄色，其笔触高度设为“0.25”，直线宽度设置为“1”，如图15.38所示。

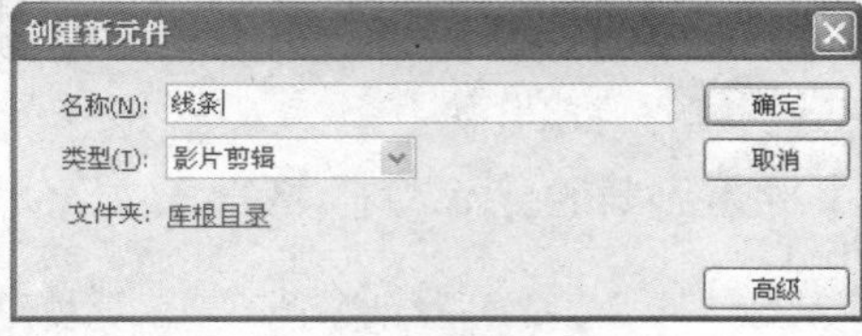

图15.37　创建影片剪辑元件

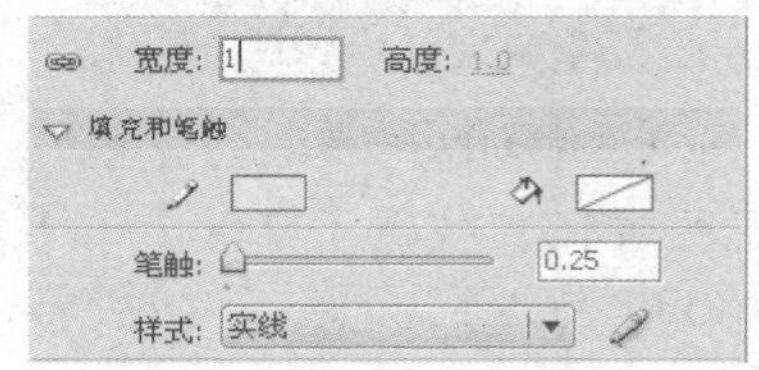

图15.38　设置线条属性

5 在第25帧插入关键帧，选中该帧中的直线，在【属性】面板中将其宽度设为“182”像素。

6 选中第1帧，单击鼠标右键，在弹出的快捷菜单中选择【创建补间形状】选项，即可在第1帧和第25帧之间创建形状补间动画，最后在第85帧按【F5】键插入帧。

7 新建名为“线条竖1”的图层，在第25帧插入关键帧，以图层“线条横1”的第25帧的直线的右端点为起点绘制一条竖直的柠檬黄色直线，将其高度设置为“1”。

8 在图层“线条竖1”的第50帧插入关键帧，选中该帧中的直线，将其高度设置为“200”，然后在第25帧和第50帧之间创建形状补间动画，如图15.39所示。

9 新建一个图层，并命名为“线条横2”，在第25帧插入关键帧，并将图层“线条横1”的第25帧复制到该帧。

10 选中该帧中的线条，在【属性】面板中设置线条的Y值为“157”。

11 将第25帧复制到第1帧，选中第1帧中的线条，用任意变形工具将其向右缩短，直到为一个点为止，然后在第1帧和第25帧之间创建形状补间动画，如图15.40所示。

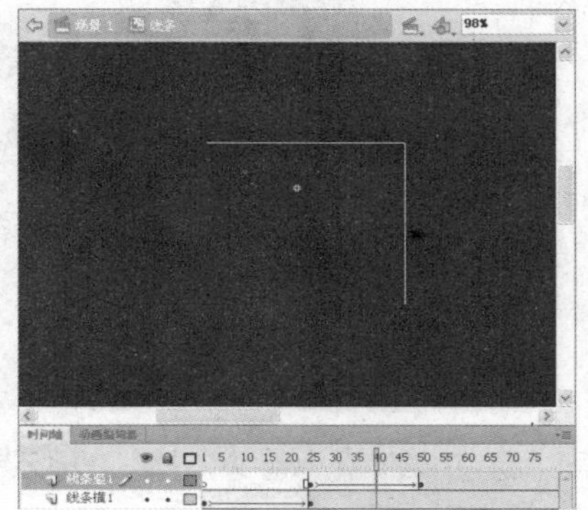

图15.39　创建线条竖1的补间动画

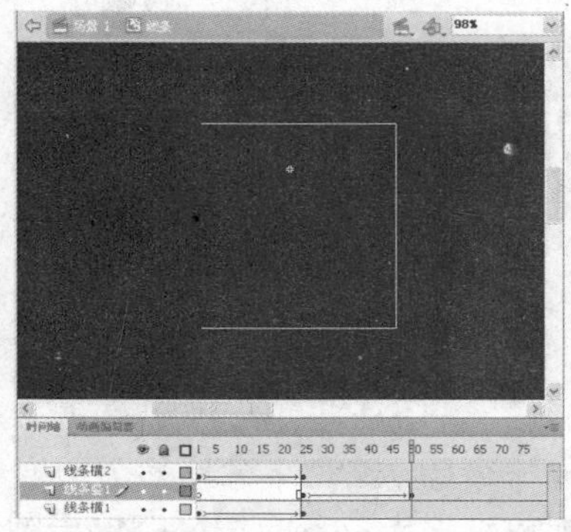

图15.40　创建线条横2的动画

12 新建一个图层，并命名为“线条竖2”，在第50帧插入关键帧，并将图层“线条竖1”的第50帧复制到该帧。

13 选中第50帧中的线条，将其移到两条横线条的右侧。

14 再将第50帧复制到第25帧，选中第25帧中的线条，用任意变形工具将其向下缩短，直到为一个点为止，然后在第25帧和第50帧之间创建补间动画，如图15.41所示。

15 新建图层5，并命名为“牵手”，在第25帧插入关键帧，导入图片“牵手”，使其刚好位于两条水平的柠檬黄色线条之间，如图15.42所示。

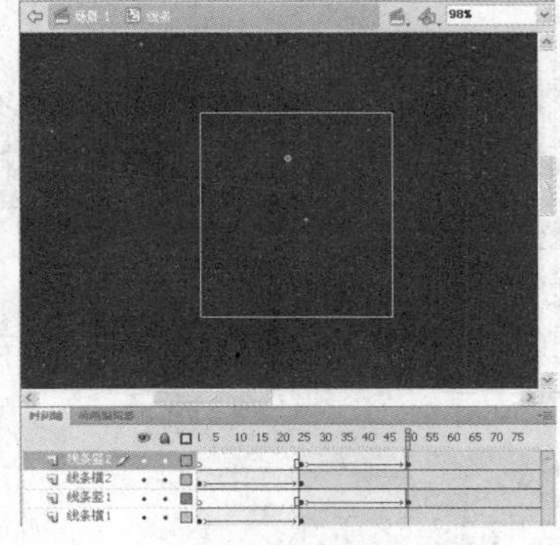

图15.41　创建线条竖2的动画

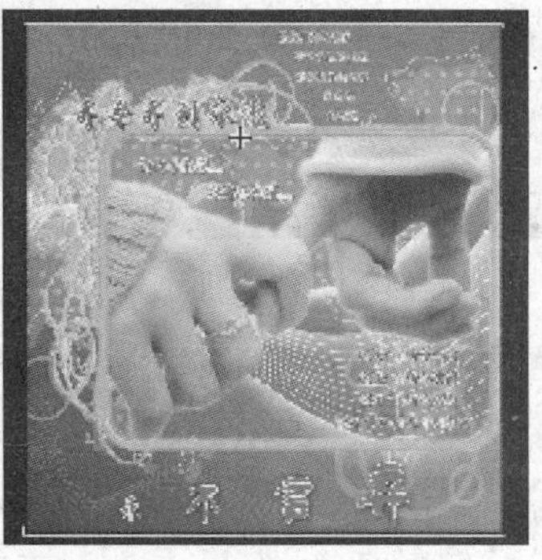

图15.42　导入图片

16 执行【修改】→【转换成元件】命令，将图片转换为图形元件“牵手”。

17 然后选中“牵手”图形元件，在【属性】面板中将其透明度改为“0%”。

18 在“牵手”图层的第85帧插入关键帧，并将该帧中的图形元件的透明度改为“100%”，并在第25帧和第85帧之间创建传统补间动画。

19 选中“牵手”图层的第85帧，按【F9】键打开【动作-帧】面板，在其中输入“stop()”，如图15.43所示。

20 创建一个名为“名称”的影片剪辑元件，在图层1中输入“牵你的手”几个字，并将其设置为“华文琥珀、60号”，字体颜色设为“#FF9900”，在第60帧按【F5】键插入普通帧，如图15.44所示。

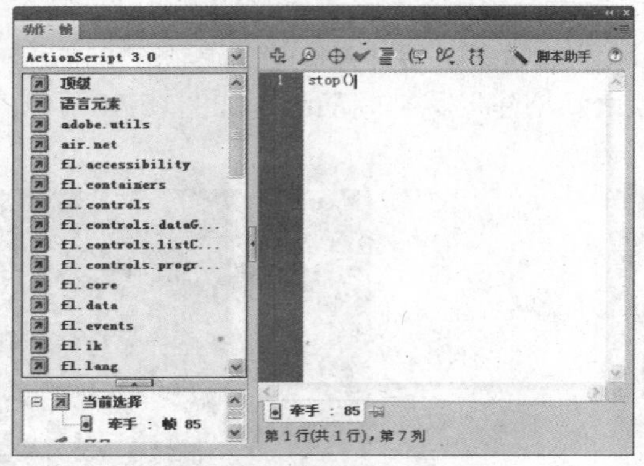

图15.43 输入Action语句

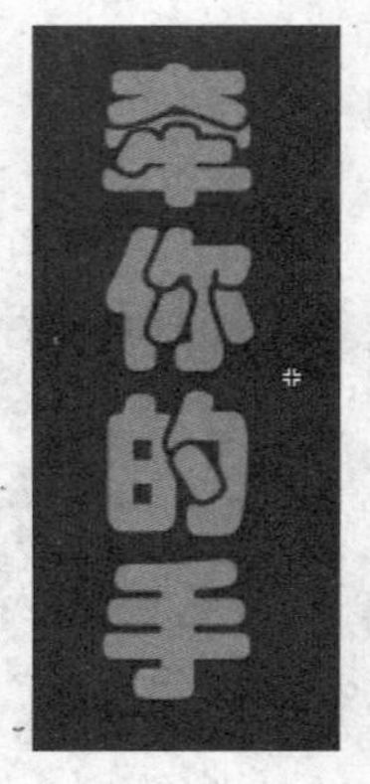

图15.44 输入歌名

21 新建一个图层2，并将其移至图层1的下方，在其中选中第1帧，导入图形“背景”并将其拖放到适当位置，使文字位于图形的右侧，如图15.45所示。

22 在图片图层的第60帧插入关键帧，将图形向右移动，使文字位于图形的左侧，如图15.46所示。

图15.45 导入图片

图15.46 移动图片

23 在该图层的第1帧和第60帧之间创建传统补间动画，然后选中图层1，单击鼠标右键，在弹出的快捷菜单中选择“遮罩层”命令，形成遮罩动画，如图15.47所示。

24 创建一个名为“小事乐团”的图形元件，在其中输入“原唱 小事乐团”几个字，并将其设为“黑体、40、黄色”，并绘制底纹图形，如图15.48所示。

25 创建一个名为“歌手”的影片剪辑元件，在第1帧中将图形元件“小事乐团”导入到元件编辑场景，然后在第15帧插入关键帧。

26 选中第1帧中的图形元件“小事乐团”，在【变形】面板中将其大小设为原大小的500%，将其Alpha值设为0%，然后在第1帧和第15帧之间创建传统补间动画。

27 选中第15帧，按【F9】键打开【动作–帧】面板，输入“stop()”语句，效果如图15.49所示。

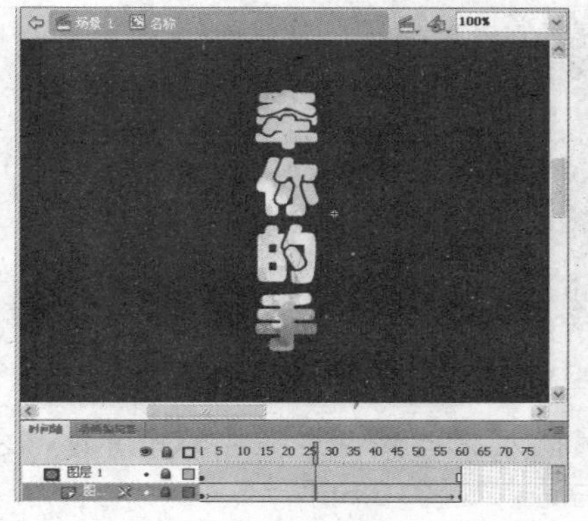

图15.47 遮罩动画

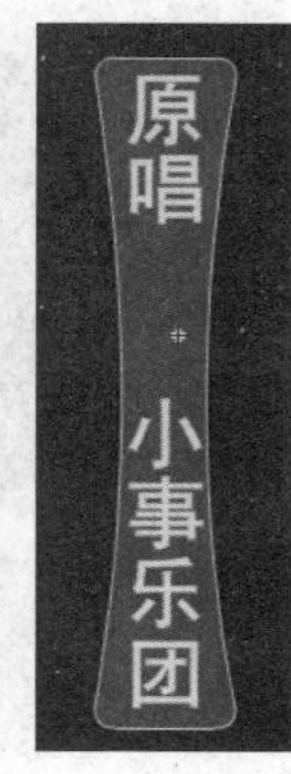

图15.48 创建图形元件

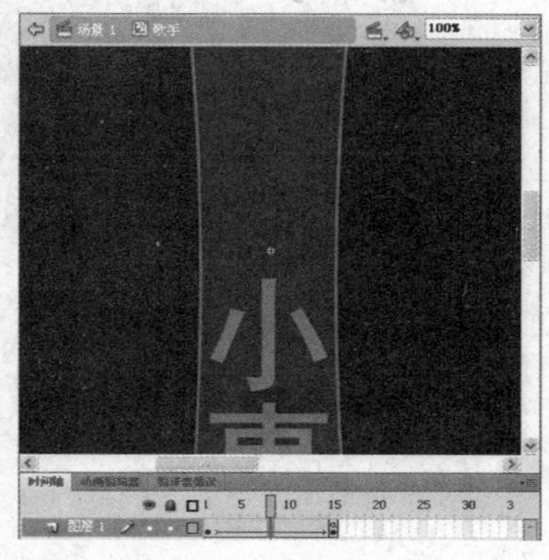

图15.49 创建影片剪辑元件

28 创建一个名为“说明”的影片剪辑元件，在元件编辑场景中输入“献给天下有情人”几个字，并设为“黑体、30、粉红色”，如图15.50所示。

29 在第40帧按【F5】键插入普通帧，然后新建一个图层，并命名为“圆形”，在场景中绘制一个圆形，放置在文字上方，其宽度比文字宽，如图15.51所示。

30 在“圆形”层的第40帧插入关键帧，用任意变形工具将圆形向下拉长，使其覆盖所有文字，如图15.52所示。

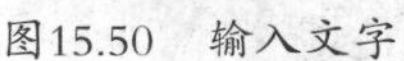

图15.50 输入文字

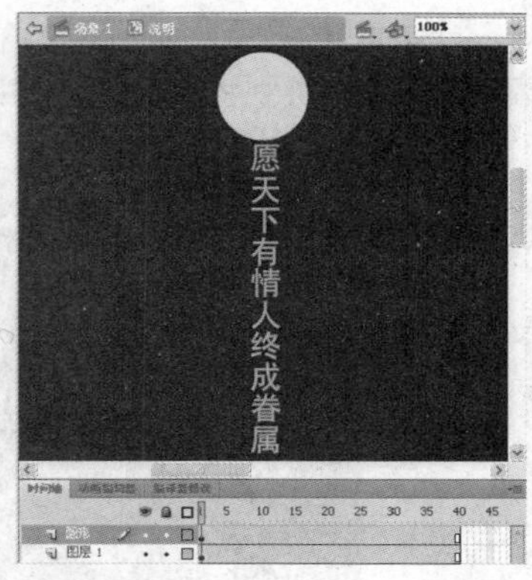

图15.51 绘制圆形

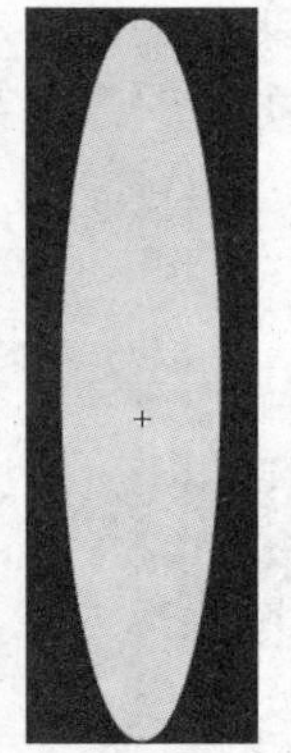

图15.52 将圆形拉长

31 在“圆形”层的第1帧和第40帧之间创建形状补间动画，然后选中第40帧，按【F9】键打开【动作–帧】面板，输入“stop()”语句。

32 用鼠标右键单击“圆形”层，在弹出的快捷菜单中选择“遮罩层”命令即可得到文字录入效果，如图15.53所示。

33 回到主场景中，在第1帧中绘制一个矩形，其大小为刚好能覆盖场景，然后在第95帧插入普通帧。

34 新建一个图层，并命名为“图形”，将影片剪辑元件“线条”拖放到场景左边，如图15.54所示。

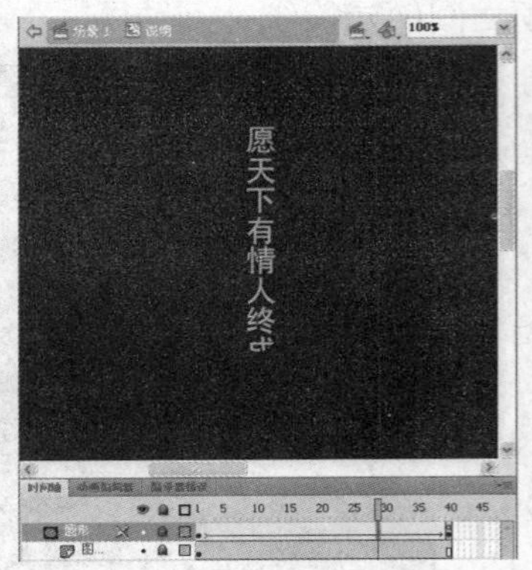

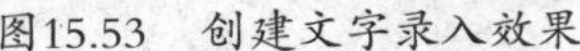

图15.53 创建文字录入效果

图15.54 将“线条”拖入场景

35 新建一个图层，并命名为“歌曲名称”，在第25帧插入关键帧，将影片剪辑元件“名称”拖放到场景右边，再将“歌手”也拖放到场景右边，如图15.55所示。

36 新建一个图层，并命名为“说明”，在第40帧插入关键帧，将影片剪辑元件“说明”拖放到场景中间。

2. 制作MTV场景

1 创建一个名为“场景”的影片剪辑元件，回到场景中选中图层1中的矩形，按【Ctrl+C】组合键复制，再切换到“场景”的元件编辑窗口，单击鼠标右键，在弹出的快捷菜单中选择“粘贴到当前位置”命令将矩形粘贴到场景中心位置。

2 用选择工具拖动选取矩形的上半部分，单击鼠标右键，在弹出的快捷菜单中选择“剪切”命令。然后新建一个图层2，在场景中单击鼠标右键，在弹出的快捷菜单中选择“粘贴到当前位置”命令将上半部分矩形移动到图层2中，如图15.56所示。

图15.55 放入“名称”和“歌手”元件

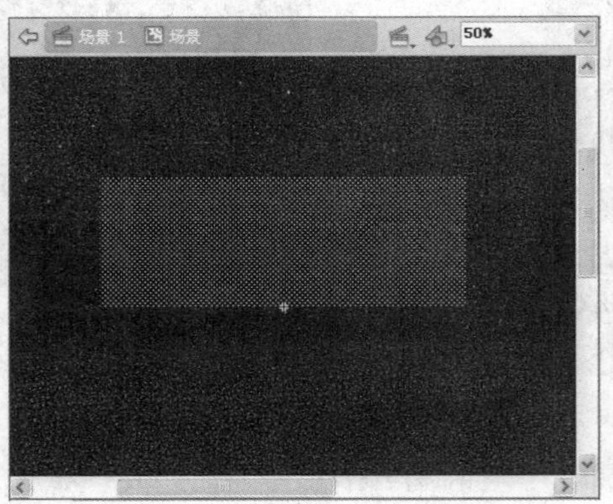

图15.56 粘贴矩形上半部分

3 在图层1的第30帧插入关键帧，选中该帧，并选择任意变形工具，将鼠标光标移动到上方中间的控制点，按住鼠标左键向下拖动，当其高度变为“55”时松开鼠标左键，然后在第1帧和第30帧之间创建形状补间动画。

4 在图层2的第30帧插入关键帧，将鼠标光标移动到下方中间的控制点，按住鼠标左键向上拖动，当其高度变为“55”时松开鼠标左键，然后在第1帧和第30帧之间创建形状补间动画，如图15.57所示。

5 分别在图层1和图层2的第335帧按【F5】键插入普通帧。

6 新建一个图层，并命名为“红心”，然后将其移动到图层1下方，并隐藏图层1和图层2，使其处于不可见状态。在“红心”层的第1帧中导入图形“红心”，并将其转换为图形元件，其位置和大小如图15.58所示。

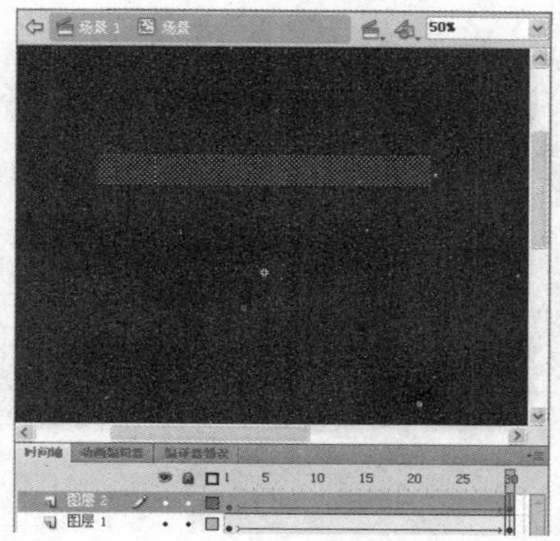

图15.57　创建矩形两个部分的动画

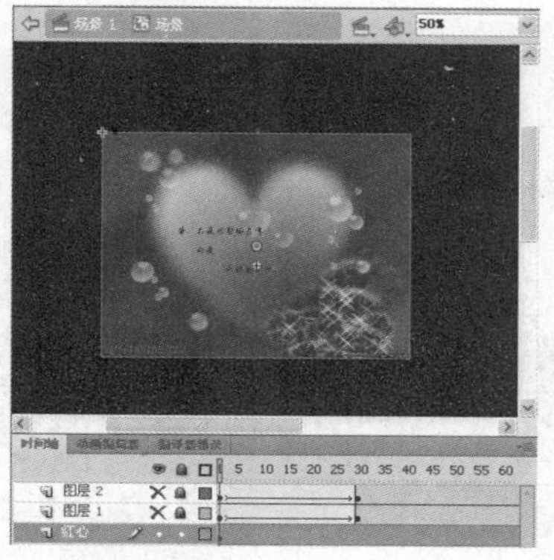

图15.58　将图片转换为元件

提示　在该影片剪辑中的所有图层都必须位于图层1和图层2的下方。

7 在第30帧和第110帧插入关键帧，打开图层1和图层2的眼睛图标，选中第110帧中的“红心”，按【↑】键使其向上移动，当图形的下方与下面的矩形条上方重合时停止移动，如图15.59所示。

8 在第140帧插入关键帧，然后选中该帧中的“红心”，将其透明度设为0%，最后分别在第30帧和第110帧、第110帧和第140帧之间创建传统补间动画。

9 新建一个图形元件，并命名为“期待”，在其元件编辑场景中导入图形“1.jpg”，如图15.60所示。

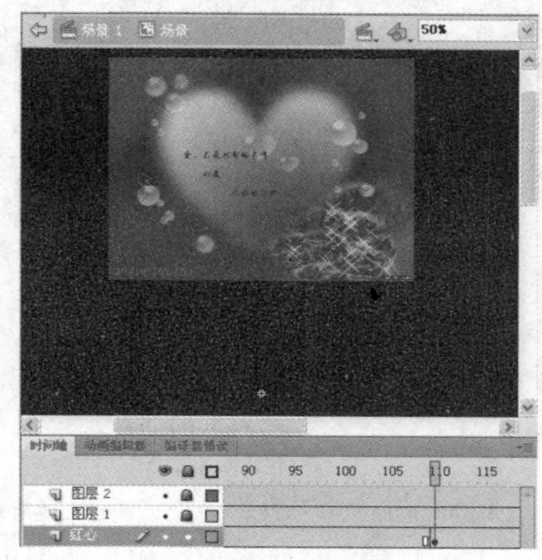

图15.59　移动图形

图15.60　导入第一幅图片

10 进入“场景”影片剪辑元件的元件编辑区，新建一个图层，并命名为“期待”，在第110帧插入关键帧，将图形元件“期待”导入到场景中心，设置其宽度和高度，如图15.61所示。

11 在第140帧插入关键帧，选中该帧中的图形，将其宽度改为“550”，高度为“400”，然后在第110帧和第140帧之间创建动作补间动画。

12 在第150帧和第185帧插入关键帧，选中第185帧中的图形元件，将其Alpha值设为0%，然后在第150帧和第185帧之间创建动作补间动画，如图15.62所示。

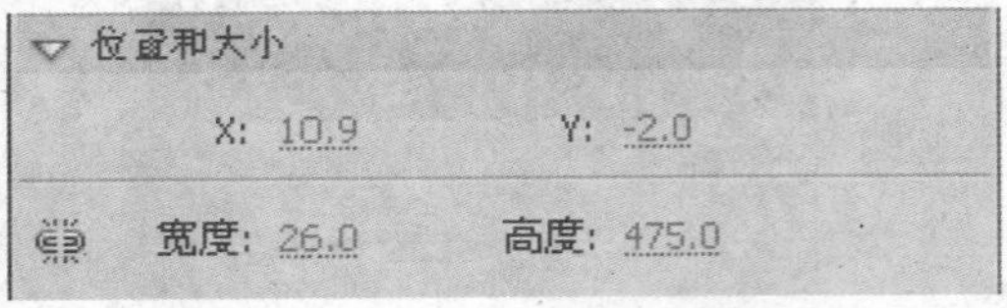

▽ 位置和大小

X: 10.9　Y: -2.0

宽度: 26.0　高度: 475.0

图15.61　设置宽和高

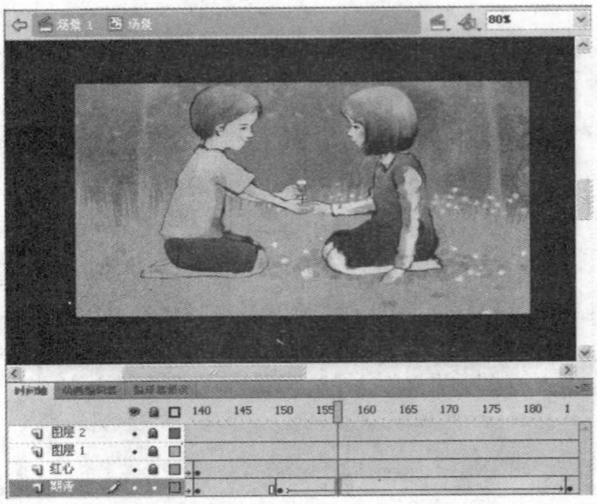

图15.62　创建第二幅图片的动画

13 创建一个名为“等待”的图形元件，在元件编辑场景中导入图形“等待”，如图15.63所示。

14 回到影片剪辑元件“场景”，新建一个图层，并命名为“等待”。在第146帧插入关键帧，将图形元件“等待”拖放到场景中心，并将其大小设为原大小的1倍，将其Alpha值设为0%。

15 在第195帧插入关键帧，将元件设为原大小的72%，在【属性】面板的【色彩效果】下拉列表框中选择【无】选项。在第146帧和第195帧之间创建动作补间动画，如图15.64所示。

图15.63　导入“等待”图片

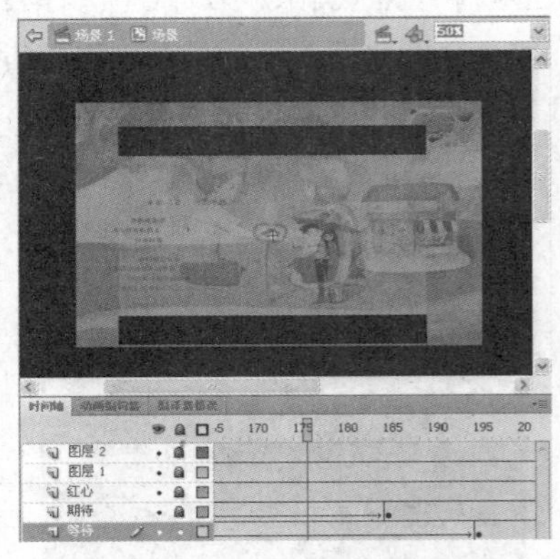

图15.64　创建第三幅图片的动画

16 创建一个名为“水滴”的图形元件，在其中用椭圆工具绘制一个圆形，将其边线设为蓝色，中间填充由白到蓝的放射状渐变，然后用部分选取工具选中圆形，拖动其中的结点，将其变形为如图15.65所示的形状。

17 创建一个名为“水”的影片剪辑元件，在第1帧中将图形元件“水滴”拖放到场景中，并将其大小设为原大小的30%，将”Alpha”值设为“20%”，如图15.66所示。

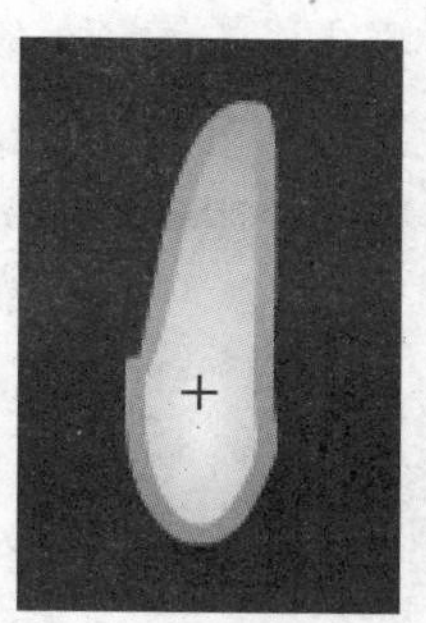

图15.65　水滴形状

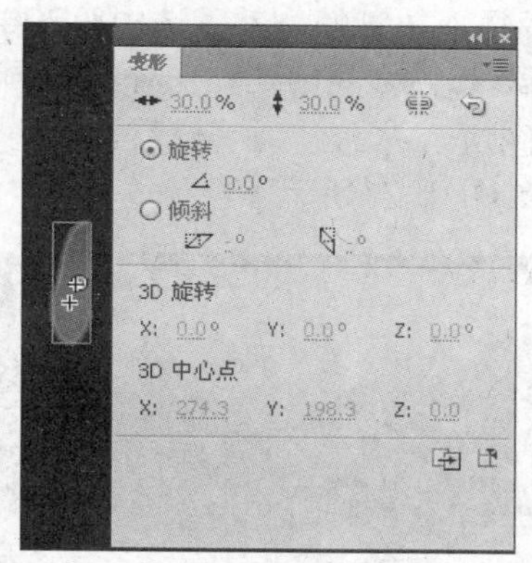

图15.66　更改“水滴”属性

18 在第75帧插入关键帧，将该帧中的元件大小设为原大小，将Alpha值设为100%，然后向下移动适当的距离，最后在第1帧和第75帧之间创建传统补间动画。

19 回到影片剪辑元件“场景”，在“等待”图层的第196帧插入关键帧，将“水”拖放到场景中的适当位置，然后按住【Ctrl】键并拖动“水”，复制两个元件到适当位置。

20 将第195帧分别复制到第254帧和292帧，选中第292帧中的元件，将其Alpha值设为30%，然后在第254帧和第292帧之间创建补间动画。

21 创建一个名为“相约”的图形元件，在其中导入并打散图形“爱神之箭”，如图15.67所示。

22 回到影片剪辑元件“场景”，新建一个图层，并命名为“永不分开”，在第260帧插入关键帧，将图形元件“相约”拖放到场景中心，在【变形】面板中进行如图15.68所示的设置，并将其Alpha值设为0%。

23 在第292帧插入关键帧，将该帧中的元件的Alpha值设为100%，并在打开的【变形】面板中进行如图15.69所示的设置。然后在第260帧和第292帧间创建补间动画，在第295帧插入关键帧。

图15.67　导入图片并打散

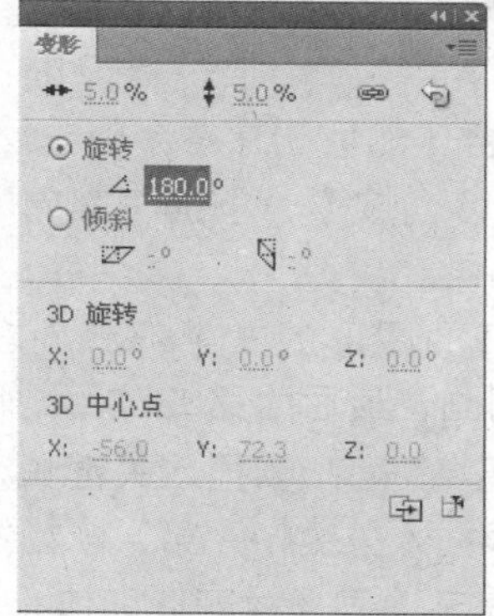

图15.68　【变形】面板

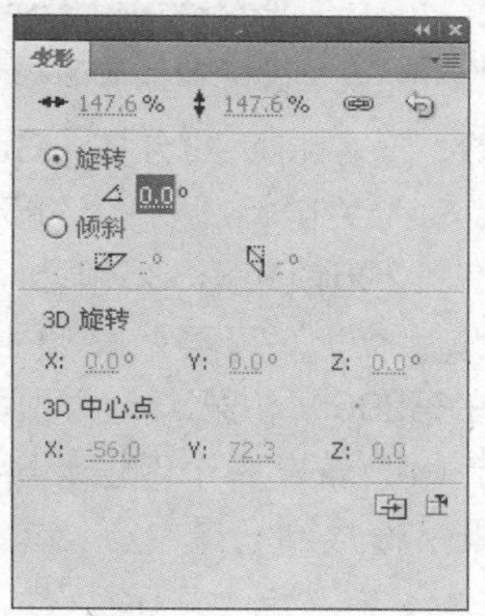

图15.69　对第292帧中图形变形

24 创建名为“左右”的图形元件，在其中导入图形“漂流”，如图15.70所示。

25 在影片剪辑元件“场景”中新建一个图层，并命名为“漂流”，在第296帧插入关键帧，将图形元件“左右”导入到场景中心。

26 在第335帧插入关键帧，然后选中第296帧中的图形元件，将其Alpha值设为0%，并在第296帧和第335帧之间创建动作补间动画。

27 新建一个图层，并命名为“燃烧生命”，在该层的第296帧插入关键帧，在其中导入图形素材，如图15.71所示。

图15.70 导入“漂流”图形

图15.71 导入素材

28 按【Ctrl+B】组合键将图形打散，用铅笔工具在其中绘制一条曲线，将图形分为两部分，如图15.72所示。

图15.72 绘制线条

29 将曲线删除，分别将两部分按【Ctrl+G】组合键组合，然后删除左半部分。

30 在第335帧插入关键帧，选中该帧中的图形右边部分，按【→】键将其向右移动适当距离，然后在第296帧和第335帧之间创建动作补间动画。

31 创建“燃烧生命1”图层，按照上面的方法将分开的图形的左半部分向左移到适当距离。然后在第296帧和第335帧之间创建动作补间动画，最后为第335帧添加stop语句。

32 回到主场景中，新建一个图层，并命名为“场景”，在第96帧插入关键帧，将影片剪辑元件“场景”拖放到场景中心位置，然后在第425帧插入关键帧，第一个场景创建完成。

33 选中第425帧，在“动作”面板中添加stop语句，表示动画播放到此即停止。

提示 完成动画制作以后除场景最后一帧外的其他所有帧的stop语句都要删掉，以免影响动画效果。

3. 添加歌词

1 进入“场景”影片剪辑元件，在图层2上方新建一个图层，并命名为“歌词”。在第30帧插入关键帧，并在下面的黑色矩形的右边输入歌词“在你的眼中 有一种期待 那是你的爱 让我心澎湃 不知该不该 敞开我心怀 让明天不再是空白 我的心为你等待 心为你等待 所有的无奈和感慨我都能明白 你的心象一片海 潮起潮落为了爱 让我们永不分开”，并设置为“幼圆、40、中黄色”。

2 在第350帧插入关键帧，并将输入的歌词向左移到场景左方，然后在第30帧和第350帧之间创建动作补间动画，如图15.73所示。

4. 添加歌曲

1 回到主场景中，新建一个图层，并命名为“音乐”，在第5帧插入关键帧，执行【文件】→【导入】→【导入到库】命令，在打开的【导入到库】对话框中选择“你的手.mp3”。

2 单击【打开】按钮将“你的手.mp3”导入动画中，选中第5帧，在【属性】面板的【声音】区域的【名称】下拉列表框中选择“你的手.mp3”选项，如图15.74所示，并在【同步】下拉列表框中选择【开始】选项。

图15.73　添加歌词

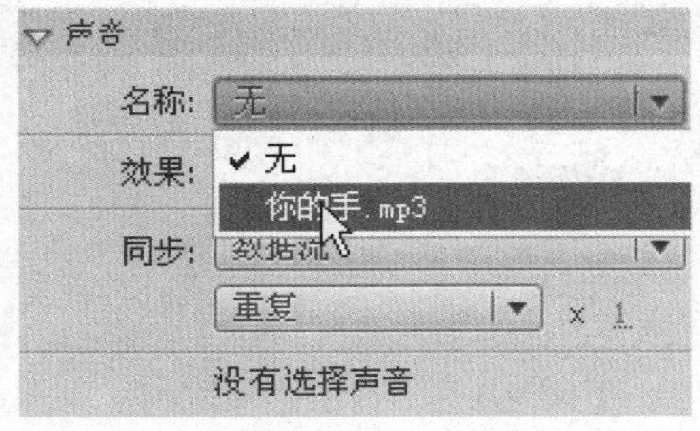

图15.74　选择歌曲

3 单击【属性】面板的按钮，打开【编辑封套】对话框，将终点游标拖至第460帧，然后单击【确定】按钮完成编辑，如图15.75所示。

4 按【Ctrl+Enter】组合键测试影片，效果参考图15.36所示。

提示 在制作一个MTV之前，要先选一首容易表现内容的歌曲，然后再构思场景并对所需的素材进行选择。在制作时，导入的图片的色彩总体上要比较统一，歌词与音乐也要注意同步，因此制作时要经过多次测试与调试。

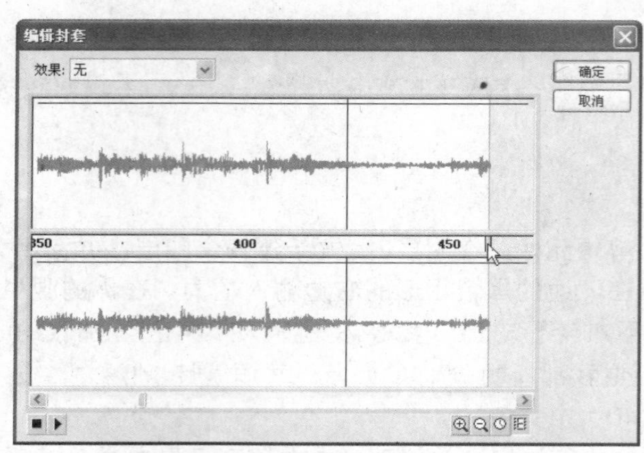

图15.75 编辑声音

15.3 提高——制作MTV“不会分离”

通过前面两个实例的实战演练，相信读者对制作贺卡和MTV的基本过程与方法有了一定的了解，下面再通过一个实例巩固所学知识。

最终效果

本例制作完成后的最终效果如图15.76所示。

图15.76 MTV最终效果

解题思路

1 利用文本工具输入文本并为文本添加滤镜效果。
2 创建传统补间动画。
3 利用绘图工具绘制所需图形。
4 添加背景音乐。
5 编辑音乐文件。

操作提示

1 新建一个Flash文档，将背景颜色改为“#A4D3E6”，保存文档，并命名为“不会分离”。

2 将图层1重命名为“背景”，利用矩形工具在舞台中绘制一个无边框的矩形，大小与舞台大小一致，并为其填充“#FFFFFF”到“#5BB0D2”的线性渐变色。同时，X和Y坐标均为“0.0”。

3 利用渐变变形工具调整矩形的渐变方向，如图15.77所示。

4 利用刷子工具在场景中绘制白云，并将其转换为“云”图形元件，然后在场景中放置几个“云”图形元件，如图15.78所示。

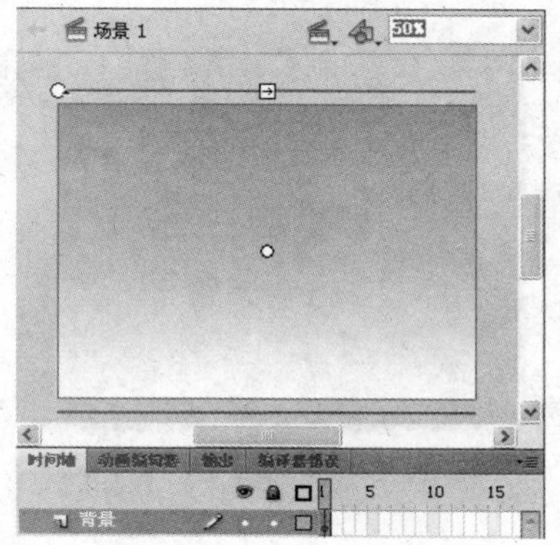

图15.77　调整渐变方向

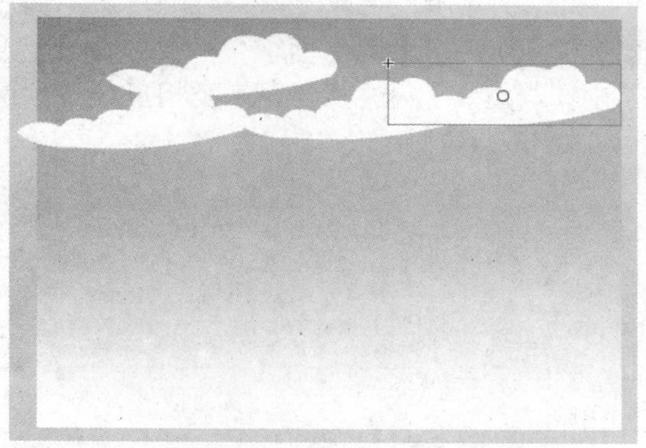

图15.78　放置“云”图形元件

5 在“背景”图层的第15帧按【F5】键插入帧。

6 按【Ctrl+F8】组合键创建一个名为“标题”的图形元件，进入元件编辑状态，利用文本工具输入文本“不会分离”，字体为“华文琥珀”，字体大小为“60”，字体颜色为“白色”，然后为其添加投影滤镜，如图15.79所示。

7 回到主场景，新建图层2，将【库】面板中的“标题”元件拖入场景中，在【属性】面板中将其透明度改为0%。

8 在图层2的第15帧按【F6】键插入关键帧，然后在【属性】面板中将其透明度改为100%。

9 选中图层2的第1帧至第15帧之间的任意一帧，单击鼠标右键，在弹出的快捷菜单中选择【创建传统补间】选项，创建文字由透明到逐渐显现的动画，如图15.80所示。

图15.79　设置文本属性

图15.80　创建动画

10 将图层2重命名为“标题”，然后在图层的第71帧至第88帧之间创建文本由显现到透明的传统补间动画。在“背景”图层的第88帧插入帧，延长动画的长度。

提示 在动画制作的过程中，随着动画长度的增加，要在“背景”图层添加插入普通帧，后面不再描述此操作，读者在制作的过程中要注意。

11 新建图层3，重命名为“演唱”，按照制作“标题”元件的方法创建“演唱”图形元件，设置字体为“华文彩云”，颜色为“蓝色”，效果如图15.81所示。

12 返回主场景，将【库】面板中的“演唱”元件拖入场景中，按照制作“标题”动画的方法制作“演唱”从透明到显示及相反效果的两段传统补间动画，如图15.82所示。

图15.81 设置文本属性

图15.82 创建“演唱”图层的动画

13 在“标题”和“演唱”图层的第89帧按【F7】键插入空白关键帧。

14 新建图层4，重命名为“布景”，然后利用矩形工具在场景中绘制一个黑色的“回”字形图形，如图15.83所示。

15 按【Ctrl+F8】组合键创建一个名为“楼房”的图形元件，进入元件编辑状态，绘制如图15.84所示的几座高矮不一的楼房。

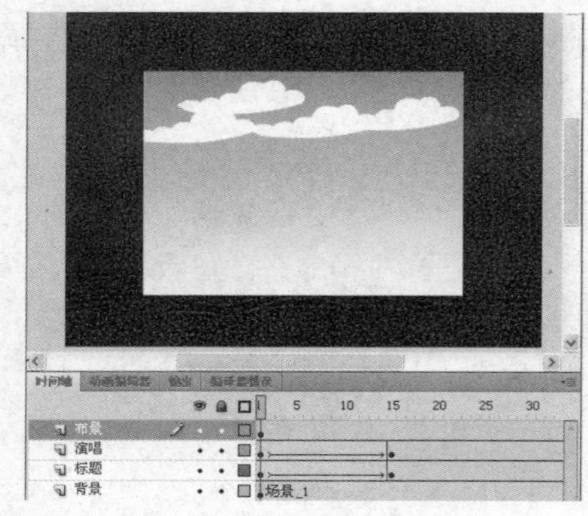

图15.83 绘制布景

图15.84 绘制楼房

16 回到主场景，在“演唱”图层的上方新建一个图层，重命名为“楼房”，然后将“楼房”图形元件拖入第90帧处的场景中，在该图层的第90帧至第106帧创建“楼房”由透明到显示、且位置稍向上移动效果的传统补间动画，如图15.85所示。

17 然后在第120帧至第343帧之间创建楼房由左向右移动的动画，在第344帧至第371帧之间创建楼房逐渐变为透明的动画，如图15.86所示。

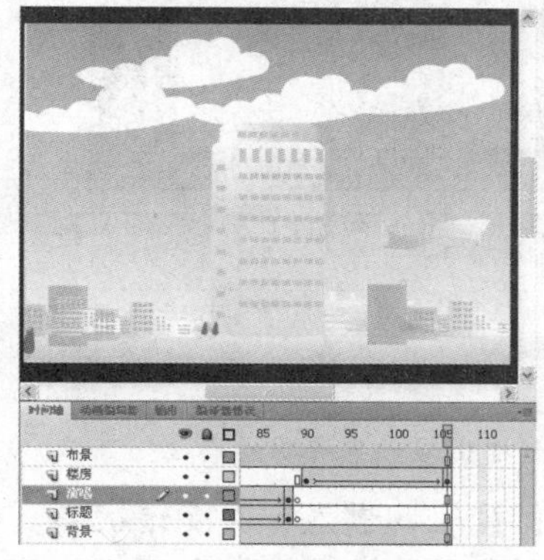
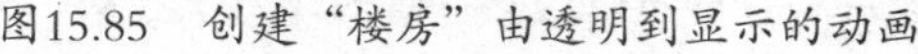

图15.85　创建“楼房”由透明到显示的动画

图15.86　创建移动动画及渐变动画

18 按【Ctrl+F8】组合键分别创建“男头”、“男身”、“男手左”、“男手右”及“男脚左”、“男脚右”等图形元件，在每个元件内部绘制男生身体的各个部位。

19 创建“行李”图形元件，如图15.87所示。然后创建“男生”图形元件，将“行李”图形元件和男生身体的各部分组合，如图15.88所示。

20 按【Ctrl+F8】组合键创建“男生行走”影片剪辑元件，利用前面创建的图形元件制作一个男生行走的动画效果，如图15.89所示。

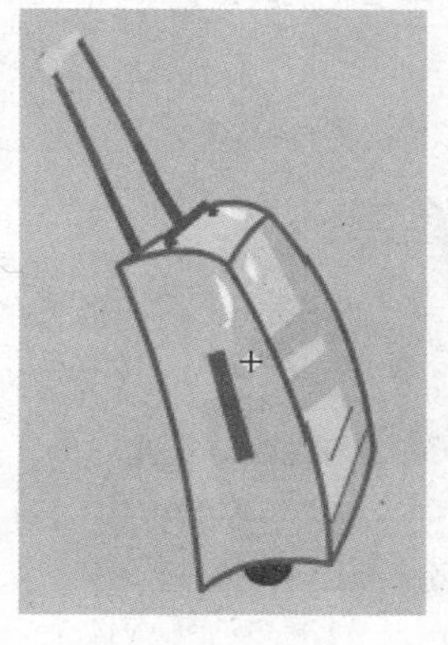

图15.87　绘制行李图形

图15.88　“男生”图形元件

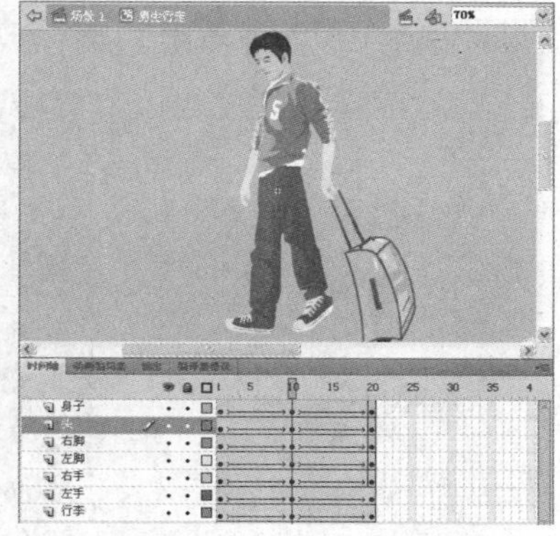

图15.89　行走动画

21 在“楼房”图层上方新建一个图层并重命名为“男生”，将“男生”图形元件拖入第383帧的场景中，在该图层的第383帧至第410帧之间创建由透明到显示的动画，在第410帧至第421帧之间创建元件逐渐向下移动的动画，如图15.90所示。

22 在“男生”图层的第460帧至第484帧之间创建由显示到透明的传统补间动画，如图15.91所示。然后在第714帧插入关键帧，将“男生行走”影片剪辑元件拖入场景，在第714帧和第799帧之间创建男生从下方走到上面的动画。再在第800帧至第900帧之间创建从右向左走并逐渐缩小的动画，在第900帧至960帧之间创建逐渐消失的动画。

图15.90 创建由透明到显示及上移的动画

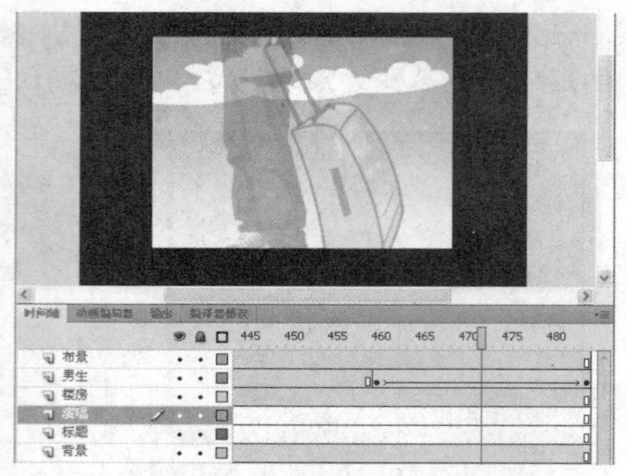

图15.91 创建由显示到透明的动画

23 按【Ctrl+F8】组合键创建一个图形元件，命名为“仰视”，进入元件编辑状态，导入素材文件“天空”，将其打散后适当缩小，然后利用矩形工具绘制多个小矩形，填充颜色使其具有楼房的感觉，如图15.92所示。

24 返回主场景，在“男生”图层的上方创建“旋转的天空”图层，然后将刚刚创建的“仰视”图形元件拖入该图层第485帧处的舞台，然后在第661帧插入帧，将第485帧处的元件透明度改为0%。

25 在第485帧至第661帧之间的任意一帧处单击鼠标右键，在弹出的快捷菜单中选择【创建补间动画】选项，创建自动添加关键帧的补间动画。

26 选中第518帧，然后利用任意变形工具将舞台中的元件放大，并在【属性】面板中将透明度改为100%，效果如图15.93所示。

图15.92 “仰视”图形元件

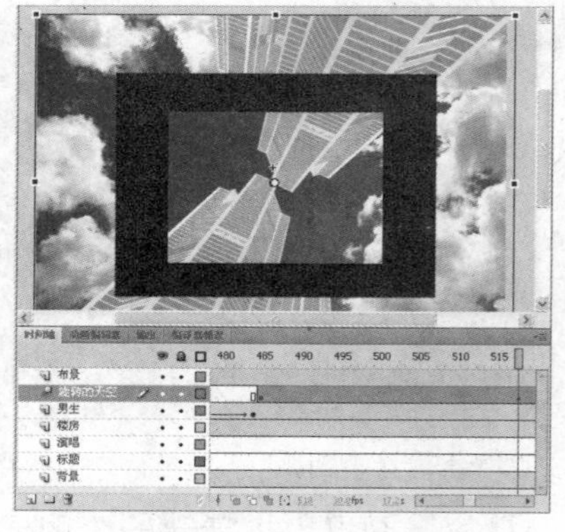

图15.93 第518帧中的图形元件

27 选中第629帧，在【属性】面板中设置元件旋转方式及次数，如图15.94所示，并将元件缩小。

28 选中第661帧，在【属性】面板中将透明度改为1%。

29 新建“建筑1”图形元件，进入元件的编辑状态，绘制如图15.95所示的建筑物。

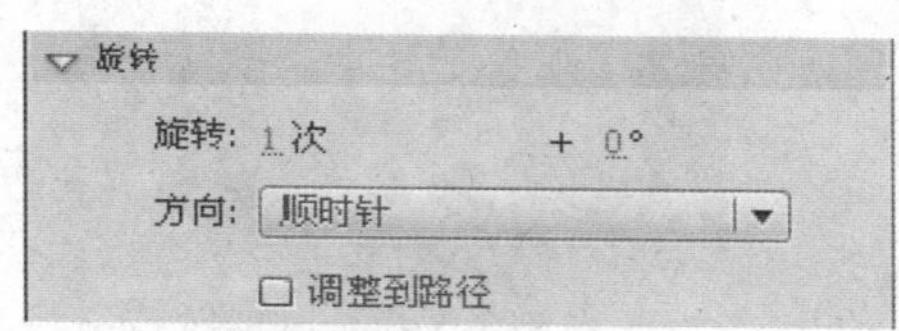

图15.94　设置旋转属性

图15.95　绘制“建筑1”

30 新建“建筑2”图形元件，进入元件的编辑状态，绘制如图15.96所示的另一种风格的建筑物。

31 在“旋转的天空”图层上方新建一个图层并重命名为“房子1”，在第640帧至第799帧、第799帧至第900帧、第900帧至第960帧之间创建“建筑1”图形元件实例由透明到显示、由小到大和逐渐消失的传统补间动画。

32 然后再创建“建筑2”图形元件实例的第961帧至第1010帧和第1010帧至第1080帧之间的由透明到显示再逐渐放大的传统补间动画。

33 最后创建第1239帧至第1323帧之间的传统补间动画，然后将“房子1”图层拖到“背景”层之上。

34 此时测试动画发现“白云”的显示不太合理，选中“背景”图层的第383帧，按【F7】键插入空白关键帧。

35 创建女生身体各部分的图形元件，然后创建“女生”影片剪辑元件，利用刚刚绘制的身体各部分组合成一个完整的人物，制作头部左右晃动的动画，如图15.97所示。

图15.96　绘制另一建筑

图15.97　创建女生头部摇动的动画

36 创建“男生与女生”影片剪辑元件，将“女生头”、“女生身体”和“男头”及“男身”等图形元件拖入场景中，制作男生与女生拥抱的形象，如图15.98所示。

37 在“男生”图层上方创建一个新图层，并命名为“男女”，将“男生与女生”元件拖入场景中，在该图层的第1034帧至第1181帧之间创建元件实例从下方移到上面的传统补间动画，然后在第1239帧至第1323帧之间创建元件实例由大变小的传统补间动画，如图15.99所示。

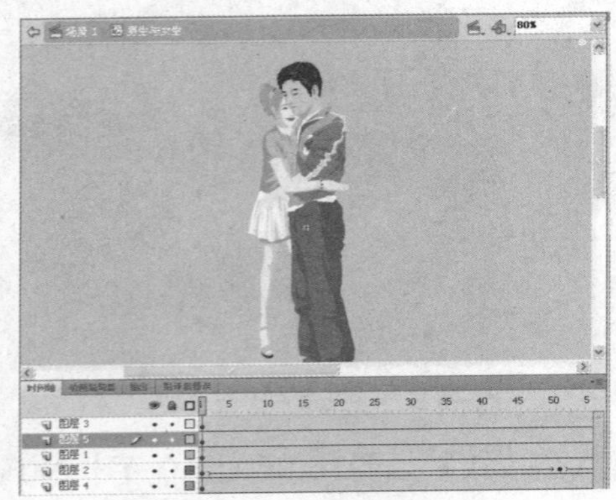

图15.98　绘制男女拥抱的形象

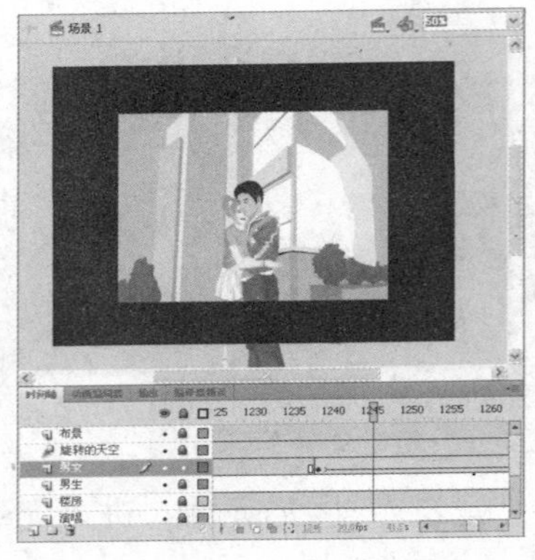

图15.99　创建“男女”动画

38 在“布景”图层上方创建一个新的图层，并命名为“音乐”，将“不会分离.mp3”音乐文件导入到库中，选中该图层的第1帧，在【属性】面板中【声音】区域的【名称】下拉列表中选择【不会分离.mp3】选项，如图15.100所示。

39 单击【编辑声音封套】按钮，打开【编辑封套】对话框，设置音乐结束的时间，如图15.101所示。

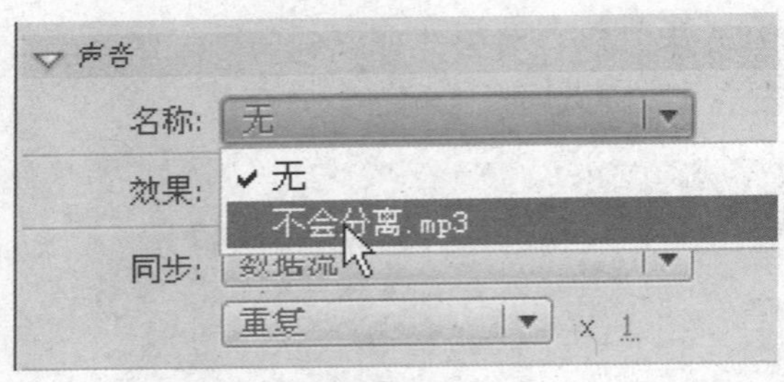

图15.100　选择音乐文件

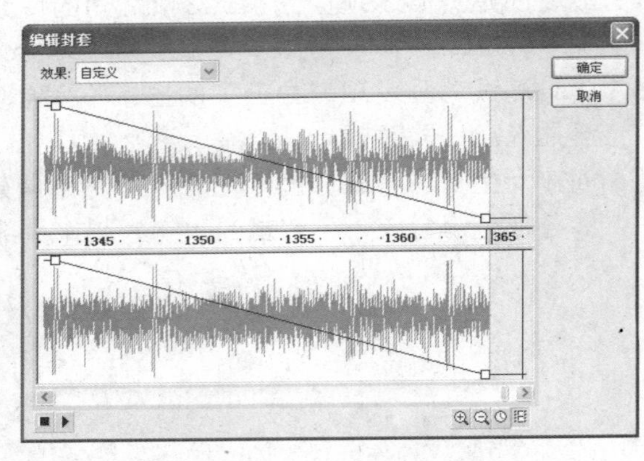

图15.101　设置音乐结束的时间

40 在【属性】面板中设置音乐同步方式为“数据流”。

41 在“布景”图层上方创建一个新的图层，并命名为“歌词”。按【Enter】键播放动画，在唱出一句歌词的地方再次按下【Enter】键停止播放动画，然后在“歌词”图层的相应帧中插入关键帧，在场景中输入对应的歌词，设置自已喜欢的字体即可。

42 按【Enter】键继续播放动画，在第一句歌词唱完所对应的图层帧中插入空白关键帧。用同样的方法创建多个关键帧，并输入歌词。

43 歌词输入完成后保存动画并测试动画效果即可，最终效果参考图15.76所示。

15.4 答疑与技巧

问 一般情况下，制作MTV的过程是怎样的?

答 首先做好准备工作。即理解歌曲的意境，构思动画的情节，并收集需要的素材。然后制作MTV中需要的各种图形元件、按钮元件、影片剪辑元件等。再将MTV分为多个场景，将各种元件放置到各场景中的相应位置，并调整它们的播放顺序和播放时间。接下来为每个动画加入相应的歌词。最后为动画导入歌曲素材，并测试动画，调整帧的位置，使歌词与歌曲同步，这个过程需要反复修改。

问 要让歌词与歌曲同步，该怎么办呢?

答 MTV应有的特点是动画内容跟随歌词而出现，歌词又应与歌曲同步。要调整歌词与歌曲的对应关系，最常用的方法就是试听、校对、修改，再试听、校对、修改，如此反复，直到完全准确为止，虽然比较繁琐，但操作很简单也很有用。

结束语

本章对利用Flash制作MTV动画的方法进行了讲解，主要包括MTV的制作流程及MTV中镜头的应用等内容。两个典型实例具体讲解了MTV的制作方法，使读者对MTV及贺卡的制作方法有了进一步的巩固。读者可以根据自己的思路制作不同风格和不同类型的MTV作品，为以后制作更加精美的MTV动画作品打下基础。

反侵权盗版声明